Panorama of Mathematics

数学概览 17

Langlands纲领和他的数学世界

— R. 朗兰兹 著

— 季理真 选文

— 黎景辉 等译

高等教育出版社·北京

图书在版编目（CIP）数据

Langlands 纲领和他的数学世界 /（加）R. 朗兰兹（Robert Langlands）著；季理真选文；黎景辉等译. -- 北京：高等教育出版社，2018. 8（2023.2重印）

ISBN 978-7-04-049929-2

Ⅰ. ①L… Ⅱ. ①R… ②季… ③黎… Ⅲ. ①数学－普及读物 Ⅳ. ①O1-49

中国版本图书馆 CIP 数据核字（2018）第 128520 号

策划编辑 王丽萍　　责任编辑 和 静　　封面设计 姜 磊　　版式设计 张 杰
插图绘制 于 博　　责任校对 殷 然　　责任印制 朱 琦

出版发行	高等教育出版社	网　　址	http://www.hep.edu.cn
社　　址	北京市西城区德外大街4号		http://www.hep.com.cn
邮政编码	100120	网上订购	http://www.hepmall.com.cn
印　　刷	涿州市京南印刷厂		http://www.hepmall.com
开　　本	787mm×1092mm 1/16		http://www.hepmall.cn
印　　张	30.75		
字　　数	440千字	版　　次	2018年8月第1版
购书热线	010-58581118	印　　次	2023年2月第2次印刷
咨询电话	400-810-0598	定　　价	79.00元

本书如有缺页、倒页、脱页等质量问题，请到所购图书销售部门联系调换

物 料 号 49929-00

《数学概览》编委会

《数学概览》序言

当你使用卫星定位系统 (GPS) 引导汽车在城市中行驶, 或对医院的计算机层析成像深信不疑时, 你是否意识到其中用到什么数学? 当你兴致勃勃地在网上购物时, 你是否意识到是数学保证了网上交易的安全性? 数学从来就没有像现在这样与我们日常生活有如此密切的联系。的确, 数学无处不在, 但什么是数学, 一个貌似简单的问题, 却不易回答。伽利略说: “数学是上帝用来描述宇宙的语言。” 伽利略的话并没有解释什么是数学, 但他告诉我们, 解释自然界纷繁复杂的现象就要依赖数学。因此, 数学是人类文化的重要组成部分, 对数学本身以及对数学在人类文明发展中的角色的理解, 是我们每一个人应该接受的基本教育。

到 19 世纪中叶, 数学已经发展成为一门高深的理论。如今数学更是一门大学科, 每门子学科又包括很多分支。例如, 现代几何学就包括解析几何、微分几何、代数几何、射影几何、仿射几何、算术几何、谱几何、非交换几何、双曲几何、辛几何、复几何等众多分支。老的学科融入新学科, 新理论用来解决老问题。例如, 经典的费马大定理就是利用现代伽罗瓦表示论和自守形式得以攻破; 拓扑学领域中著名的庞加莱猜想就是用微分几何和硬分析得以证明。不同学科越来越相互交融, 2010 年国际数学家大会 4 个菲尔兹奖获得者的工作就是明证。

现代数学及其未来是那么神秘, 吸引我们不断地探索。借用希尔伯特的一句话: “有谁不想揭开数学未来的面纱, 探索新世纪里我们这门科学发展的前景和奥秘呢? 我们下一代的主要数学思潮将追求什么样的特殊目标? 在广阔而丰富的数学思想领域, 新世纪将会带来什么样的新方法和新成就? ” 中国有句古话: 老马识途。为了探索这个复杂而又迷人的神秘数学世界, 我们需要数学大师们的经典论著来指点迷津。想象一下, 如果有机会倾听像希尔伯特或克莱因这些大师们的报告是多么激动人心的事情。这样的机会当然不多, 但是我们可以通过阅读数学大师们的高端科普读物来提升自己的数学素养。

作为本丛书的前几卷, 我们精心挑选了一些数学大师写的经典著作。例如, 希尔伯特的《直观几何》成书于他正给数学建立现代公理化系统的时期; 克莱因的《数学讲座》是他在 19 世纪末访问美国芝加哥世界博览会时在西北大学所做的系列通俗报告基础上整理而成的, 他的报告与当时的数学前沿密切相关, 对美国数学的发展起了巨大的作用; 李特尔伍德的《数学随笔集》收集了他对数学的精辟见解; 拉普拉斯不仅对天体力学有很大的贡献, 而且还是分析概率论的奠基人, 他的《关于概率的哲学随笔》讲述了他对概率论的哲学思考。这些著作历久弥新, 写作风格堪称一流。我们希望这些著作能够传递这样一个重要观点, 良好的表述和沟通在数学上如同在人文学科中一样重要。

数学是一个整体, 数学的各个领域从来就是不可分割的, 我们要以整体的眼光看待数学的各个分支, 这样我们才能更好地理解数学的起源、发展和未来。除了大师们的经典的数学著作之外, 我们还将有计划地选择在数学重要领域有影响的现代数学专著翻译出版, 希望本译丛能够尽可能覆盖数学的各个领域。我们选书的唯一标准就是: 该书必须是对一些重要的理论或问题进行深入浅出的讨论, 具有历史价值, 有趣且易懂, 它们应当能够激发读者学习更多的数学。

作为人类文化一部分的数学, 它不仅具有科学性, 并且也具有艺术性。罗素说: “数学, 如果正确地看, 不但拥有真理, 而且也具有至高无上的美。” 数学家维纳认为 “数学是一门精美的艺术”。数学的美主要在于它的抽象性、简洁性、对称性和雅致性, 数学的美还表现在它内部的和谐和统一。最基本的数学美是和谐美、对称美和简洁美, 它应该可以而且能够被我们理解和欣赏。怎么来培养数学的美感? 阅读数学大师们的经典论著和现代数学精品是一个有效途径。我们希望这套数学概览译丛能够成为在我们学习和欣赏数学的旅途中的良师益友。

严加安、季理真
2012 年秋于北京

目录

主编推荐

公正地说, Langlands 纲领称得上 20 世纪数学上最重要的成就之一. 它将数学的许多分支如数论、分析、代数和几何都统一起来, 指引了几代数学家研究的方向, 也将继续是今后数学家们的航海导向. 正因如此, 选编 Langlands 教授的综述性文章以及作为该纲领的创造者对它的起源的解释信件进行翻译出版是有价值的.

2015 年, 我就此想法与 Langlands 教授进行了沟通, 他表示非常支持, 并将选择文章的权利授予我. 我意识到这是一个艰巨和重要的任务. 我征求了多位研究 Langlands 纲领的知名专家的意见, 包括 James Arthur, Bill Casselman, Stephen Gelbart, Tom Hales 以及 Robert Kottwitz, 列出了备选的文章发给 Langlands 教授询问意见. 列入清单的文章着重于 Langlands 提出纲领的意图以及纲领强大的应用, 还包括 Langlands 教授在准备提出整个纲领之时写给 Weil 的那封著名的信件. Langlands 教授对选文非常认可, 但作了小部分修改, 增加了两篇文章. 在此, 对上述教授和 Langlands 教授本身在选文中提供的帮助表示感谢.

这一想法也得到了高等教育出版社王丽萍编辑的全力支持. 但是整个的翻译工作和编辑工作是艰辛的, 花费了不少时间, 因此也要对为本书出版做出贡献的译者们尤其是黎景辉教授 (他为此做出了有力的组织工作) 以及高教社的编辑们表示感谢.

Langlands 教授的工作及其深远的影响无须介绍和解释. 我要重点提出的是, Langlands 教授特意为本书撰写了长长的序言. 对于多数数学家来说, 做数学并非易事. 在序言中, Langlands 也坦承, 在他研究生涯之初, 由于难以获得成功, 他几乎想放弃数学. 可见, 数学研究中遇到困难对每个人来说都是再平常不过的现象和体验了.

后面, 我附上了 Langlands 教授在普林斯顿高等研究院办公室的两张照片, 或许大家并不是很清楚, 就是在这间办公室, 爱因斯坦度过了他的最后学术生涯, 而照片中的那块黑板也是爱因斯坦经常用之演算的.

希望读者们在阅读完本书之后, 能够更好地理解 Langlands 纲领的故事, 尤其是 Langlands 纲领的起源.

季理真

2018 年 3 月

Langlands 教授在其办公室, 这边曾是爱因斯坦的办公室. —— Landlands 提供

自序*

当季理真接触我并提议把我的一些散文 —— 也许用更合适的或夸耀的形容词来说, 比较具历史性的、哲理性的, 又或者比较容易理解的文章 —— 翻译成中文时, 我实在有点被奉承的感觉. 季理真也建议译出我为这个文选写的自序. 许多我或想记下的, 在文集中收入的早期文章里多半已说及, 那就不必在此重复了. 但作为补充, 我想借此机会组织一下零碎的回忆, 也许付出的代价是, 令某些认为我只应该谈数学的读者失望了. 我将尝试将数学作为一个专业来评论, 在引入这些评论时我忍不住回忆起数学对我来说是没有意义的那些年代.

当我开始下笔之际, 我意识到我将要面对的读者群的经历和背景是我所不熟悉的. 在过去的年月里, 我理解认识世界上部分区域的历史、文化、语言和文学. 这自然包括了我的祖国加拿大和跟它最接近的邻国美国. 美加两国边界接壤, 我在年轻时, 步行三十分钟便可以到达. 我还认识欧洲的一些国家, 如英国、法国、德国和俄罗斯等, 再者, 便是中东的两个国家, 包括我相当熟知的土耳其和略有认知的以色列. 然而, 在这地球上还有很大的区域, 我是几乎完全陌生的, 譬如说, 南美洲、非洲和亚洲. 亚洲幅员辽阔, 区域覆盖沙特阿拉伯、伊朗、印度、东南亚国家、中国、日本和韩国, 等等. 我对于澳大利亚和印度

*自序由黎景辉和关丽雄翻译.

这两个国度也略有认知, 部分原因是因为它们都曾是大英帝国的一部分. 我曾到过印度, 更曾经尝试学习印地语, 我觉得那是很有魅力的语言, 虽然, 因为其他事务的关系, 我把印地语的学习暂时搁下来, 但我还是希望日后可以找机会重新投入. 我跟澳大利亚的关联应该说是比较迂回的, 我祖母的父亲出生在塔斯马尼亚岛, 他是一个来自英国士兵的儿子. 我第一回听到有关他的生活历程是从我奶奶那里, 那年, 奶奶年纪已经非常大了, 她娓娓道来了一段家族史: 作为一个士兵妻子的生活, 他的死亡带来的打击, 有关他们孩子的故事, 她和孩子们的归国, 流离中最后是哪几个存活了, 最终到达英国, 等等. 虽然听到这些家史的时候, 我已经不是一个小孩子了, 然而, 直到一段日子后, 我才慢慢地把资料消化, 重整思绪去细想我的奶奶和我等有关的人怎样去看待这段家族史里面的人物.

在下笔撰写这段文字时, 为了试图减低我对中国的无知, 我先后找来了两本相当不同的书作参考: Jacques Gernet 的 *Le monde chinois*, Simon Leys 的 *Essais sur la Chine*. 看罢两书, 尤其是从 Jacques Gernet 的文字中, 我深深认识到我的无知. 我深信要能消除这无知, 必有很大的好处, 不过, 这恐怕不是几个星期的业务, 大概要花上更长的时间了. 相对而言, 估计日后阅读这个文集的读者, 大概对于有关于北美的事情必略有所知, 譬如说欧洲殖民化、有关殖民时期的历史等, 然而, 文集的读者们却大抵不可能跟我对这北美大地有同等的感受. 在那几个地域上, 我度过了童年、青少年, 在那些土壤上生活孕育形成了我的性格, 其影响至深. 这些地方亦随时间全变了.

作为一个数学家, 我从数学所得的, 我所关心的, 我认为是目标的, 都在初期的十五六年间定形. 我估计阅读这篇文章的绝大多数读者是华人, 他们对于我早年的情况大抵不会知情, 正如我对他们的背景也所知不多.

我早期的一篇自述 *Mathematical retrospections* 比较简略, 没有尝试说明我儿童时代的周边环境, 大多数当代的中国人对那个区域和那个时代是陌生的. 那个时代正值 19 世纪末, 是糅合了英国殖民大迁移时期的最后阶段, 是美国人开发占领土地和大量的欧洲人口因二次世界大战而迁移的一段时代洪流. 当时尚未开始亚洲人的大举移民.

驱使造就我的气质让我成为一个数学家的背景因素, 不仅有遗传因素, 还有我童年成长时的环境因素, 我生命的这一段时光也许是年轻数学家最想知道的. 尽管程度上仅是轻微的, 童年环境给我的自由、独立对我的影响最大. 我从回顾这些情况开始. 对那些对我的过去和没有什么不寻常的家庭史不太感兴趣并希望我立刻谈对数学的观察理解和它的传统的读者, 我先道个歉. 然而, 这篇文章也正是一个难得的机会, 可以让我把家族源流诉之于文字, 也就此带引出我跟历史洪流的直接关系, 诚然这些事实是最平凡普通不过的, 但不失为历史上的一个元素. 所以, 我把我的童年事回忆归纳起来, 尽管看似相当遥远, 但那实在是我进入成熟期前的准备阶段.

虽然在动笔写这篇自序的时候, 我最初的意念是撰写自传以作序言, 但是一路写来, 我却发现我的思路大相径庭, 我仿佛是在回避这个方向. 在我的青少年时代, 常有的冲动意识较之我的实际行动更加大胆. 可以说在那个阶段, 在处理事情的时候, 我会因为对自己的能力缺乏自信而举棋不定, 不大愿意参与那些会让自己不安的事情. 我觉得更容易接受那些不牵涉个人的、不会揭露过多资料的事项.

我在卑诗省的温哥华地区出生并在此生活了近二十年, 这一地区近年来有大量的移民迁入, 他们主要来自东方的国度, 其中以中国和印度最多. 如果更精准地说明, 1936 年我出生在 New Westminster, 我的婴幼儿时代是在此北面大约 70 英里、靠近 Powell 河的 Lang Bay 度过的, 后来便回到 New Westminster 开始上学, 稍后我们家搬到 White Rock, 在那里我度过我的青春期. 后来我去了温哥华, 在大学修课, 待了五年. 辗转经年, New Westminster 现在已发展成为市郊区域. 1958 年我进了研究生院, 打从那年开始, 我就没有再回到此地长住, 除了偶尔作短暂停留. 时光流转, 我的脑海里泛起了许多记忆, 譬如, 这地区的地理风貌, 19 世纪期间和 20 世纪初在此地发生的事情, 还有我和我的家人的生活. 这个区域历经变化. 变化虽然是平和的, 但很明确地有痕迹可寻: 那里本来是一片略有开发雏形的半乡郊, 部分地方基本上还是村野环境, 关于这里常住人口的组成, 除了那些少数但显而易见的土著族裔外, 主要的人口组成部分是那些来自远方欧洲大陆的所谓旧国家的家族, 他们跟旧大陆仍然有密切联系, 或者说, 他们大多来自英国和爱尔兰. 延展涵盖到加拿大东部, 许多地域已进入城市化, 社群发展复杂了, 而且明显比较富裕.

加拿大跟它的邻国美国和大多数国家一样, 是以征服和压迫立国的. 在美加这两个国家现在接壤的区域, 征服通常会被引述成为是发现, 这个越过偌大土地的跨境路程的所谓发现还是近代的, 譬如说: Alexander Mackenzie 在 1793 年抵达 Bella Coola 河的河口; Lewis 和 Clark 在 1805 年到达了 Columbia 河河口; Simon Fraser 在 1808 年抵达了后来以他名字命名的 Fraser 河. 在这三条河流里, 第一和第三条只流经加拿大, 第二条则流经加拿大的土地后, 穿越美国然后入海.

我的童年和少年时代在一个方圆很小的地域里度过, 先是在 New Westminster 生活, 念小学, 稍后搬到 White Rock, 在此念中学, 然后是去温哥华上大学. 让我讲述一下那里的地理环境, 温哥华背靠 Fraser 河的北岸出口; New Westminster 位于 Fraser 河的较上游处. 河口尽都是冲积岛屿, 河的南岸地区的 Surrey 和 Delta, 延伸到那片与美国接壤的边界, 是方圆 $15 \sim 20$ 英里的冲积区. 当我还是孩子的那个年代, 这里主要是农田, 虽然当地的一些农夫在别的地方就业. 我家的叔叔中, 有三个在 New Westminster 的码头当工人 (装卸工人), 他们其中的两个便是在 Surrey 有小牧场的. 我记忆中那里唯一养殖的是家禽. White Rock 虽是在 Surrey 范围内, 那近岸的周边一带与美国边境接壤的出海口处很近, 那里距离一条小河 Campbell 河的河口不太远. 在此处, 我有一个远房亲戚, 那是我祖父的亲戚, 跟一个表亲结婚, 他们就拥有一个比较有规模的农牧场, 饲养了奶牛, 那时候我还尝试去参与些农务, 那些农庄还栽种了果树. 这位亲戚还懂得寻找和推测水源, 他更是 Langley 地区最后一个饲养马匹和拥有马车的人, Langley 跟 Surrey 毗邻.

Lang Bay 位于温哥华和 Bella Coola 两地的中间, 与世隔绝, 临近河岸. 有关此地的回忆, 首先是我们在那里租住一栋避暑用的房子, 邻舍住了一名老妇和她的孙女. 我尚存记忆的景象主要是海、海岸、丛林、沼泽、邻居的田野和一只自由放牧在田里的山羊. 很偶尔才会有来自南边的访客. 当我到了该上学的年龄, 由于我的母亲是爱尔兰裔天主教徒, 她十分想要回到 New Westminster, 好让我能进教区办的学校读书, 再者, 也好让她更接近她原来的大家庭 —— 三个姐妹和六个兄弟.

我在学业上很有成就, 除了念书, 我也学会了对修女的崇敬, 修女们多是年轻的且往往是美丽和温柔的. 在那个时代, 对于修士们传统的厚重服式, 我觉得是最正常不过的, 虽然到了今天, 基本上也许已因彻底改革而被抛弃. 我很快便学会了阅读, 算术对我来说也绝无难度, 我也因此跳了级. 我喜欢阅读, 甚至深受 *Books of Knowledge* 这套书的影响, 那时候, 这套书籍是非常流行的读物. 我更尝试自学法语, 流连于各书卷中, 想象着随这英国人的小家庭, 带着宠物狗, 到巴黎和法国去游玩. 就像今天的许多失落绝望的旅客, 我当年从来没有超越地域, 仅止步于 Calais, 虽然我是在向相反的方向前进. 这让我又经过了好些年才再尝试学这种语言, 结果也差强人意, 勉强地应付过去了.

我曾经有一个短暂的时期对宗教信仰非常狂热 —— 在我七八岁时甚至有过想成为一名修士的念头, 这大概跟我的母亲作为天主教徒的信仰背景有些关系. 但很快就因为我的学术知识的能力和追寻知识的热忱而淡化, 那时我还未离开 New Westminster, 我渴望能拥有更多的自由的感觉愈发强烈, 尤其特别想离开教会学校而转到公立学校去读书.

我们家在二次大战后不久就搬到 White Rock, 在那里我度过青春期, 1946 年到此, 1953 年便离家去上大学. 在 White Rock 的这些年不能算是学术修为的年代. White Rock 天主教徒着实不多, 那些跟我一道成长的玩伴们, 确实没有几个看见过教堂的内部. 不幸的是, 我的母亲是非常虔诚的教徒, 她对于宗教的崇敬和热切让她深信和坚持我必须继续留下, 参与教会事工. 我的父母亲的结合是一个混合的婚姻, 基于两人对宗教信仰的不同诠释. 我的父亲不是教徒, 但为了他因赌博而略带的犯罪感, 也为了弥补自己的罪过, 他在每个星期天早上都会把我带到教堂去, 好让我跟母亲一块儿望弥撒, 在那里我极不情愿地做了好些日子的祭坛辅祭男童, 负责的是一位跟我不太咬弦的爱尔兰裔神父. 父亲则会待在家中. 去教堂要办告解和忏悔, 这都是些很严肃的事业, 可是我在十二岁以后, 对此事的唯一反应就是推诿, 得过且过或是胡乱堆砌些事件来应酬. 当然, 还有比这些更糟糕的事. 为此, 我感到很羞愧, 作为一个青少年, 我没有能力去抗拒那来自父母的压力, 所以我极不情愿去回忆这个年少时的弱点. 幸运的是, 在还不到十七周岁时, 我便离家上大学了, 自此, 我便放弃和脱离宗教的约束, 完全远离教堂. 记忆中再次踏足教堂, 只参加过一回子夜弥撒, 以及偶尔需要参加的葬礼和因为旅游观光. 另外, 也为了我的妻子的缘故, 我做出让步, 那是为了取悦她的母亲, 尽管我的妻子本人其实是一个不拘小节的人, 对这等事也并不在意, 结果是我们在教堂举行婚礼, 不过那不是一个天主教堂.

我的童年时代的社会是个开荒前线的社会, 因此是令别人 (主要是原住民) 付上代价而自己取得独立的社群, 在经济上或者其他方面, 他们只得到微小的收获, 重大成就远在他们的想象之外, 他们之中只有几个不幸地要面对法治的制裁. 如此我会说, 除天主教会外, 我的童年鼓励一种自然的独立性, 即使不是必然无惧的独立性, 这是数学家的一个有用的特征.

回想起来, 我着实并不完全理解我母亲跟教会的关系. 她那偌大的家族成员里, 大部分都没有像她那样把宗教看得那么重要. 她的童年生活条件困难. 按照我的理解, 她的父亲是一个火车司炉工, 任职于加拿大国营铁路. 他出事的那天, 他的那列车迎面与另一列火车碰撞, 外祖父有幸存活下来, 但他并没有从事件中恢复过来, 从此患上癫痫症, 有严重的心理障碍, 随后又酗酒, 患上酒精中毒. 外祖父余生的大部分时间都生活在疗养所, 不过, 他的情况容许他在周末回家. 他会从 Essondale 徒步回 New Westminster 的家, 随行的便只有他的一条狗. 他每回都得长途跋涉. 我的外祖母十六岁就跟外祖父结婚, 车祸后她便要负起家庭的重担. 她当过打杂家佣, 为那些经济条件不错的人家服务. 这样一来, 我的母亲本该是一个活泼的年轻女子, 既是学校的篮球队成员, 也受朋友喜爱, 却因家贫, 要穿着她的同学送的旧衣服. 这等经历令她无法忘怀. 据我的理解, 我的外祖母 Emily (娘家姓 Dickson) 对于她女儿的这等感受是不以为然的. 她是一个非常热情的女人, 深受儿女和孙辈的敬爱. 我跟她相处的日子只有几年的光景. Dickson 绝不是传统爱尔兰人的姓氏, 但我母亲的祖辈似乎都是爱尔兰裔, 他们似乎在很大程度上 —— 也许应该说整个族群 —— 完全迁离了爱尔兰, 他们原籍爱尔兰西南大地, 譬如说 Kilkenny Co., 他们的这个大迁移应该是早在当年的大饥荒发生前便进行的. 我相信, 那一回的大饥荒对于爱尔兰西南大地的影响较之其他灾区轻微. 我的外祖父的姓氏 Phelan 肯定是爱尔兰人的姓氏, 我更相信他的族群来自爱尔兰西部的地域, 也就是 Cork 这个地方. 但我记得在阅读过的爱尔兰的历史篇章里看过一则说法, Phelan 的族群所在被诺曼底人侵略, 他们试图抵抗, 12 世纪期间, 在爱尔兰东南大地挣扎求存的一部分人稍后辗转迁移到了加拿大.

溯源寻根, 我母亲远祖辈主要是爱尔兰后裔, 但其中也有一个例外①, 这位远祖是一个年轻的德国人名叫 Schildknecht, 他在美国独立战争前便离开了他的祖家德国的 Wittenberg 或者 Wittenberge 地区, 他加入了在 South Carolina 的保王党兵团, 成为一名下士. 美国独立战争结束, 英国战败, 这个德国人却因为曾效忠而获得补偿, 他获得一片土地, 那块土地在 Ship Harbour, 即 Nova Scotia 地域. 在这块土地上, 他与妻子定居下来, 他的妻子虽出生在美国的英属殖民地, 但显然她确实是德裔移民的女儿. 后来, 经历了几代的后裔与爱尔兰移民的联婚关系, Schildknecht 这个家族姓名也逐渐地演化成为 Shellnutt. 一个远祖辈, Mary Catherine Shellnutt 便嫁给了 O'Bryan. 我的外曾祖母正是他们的孙女. 这个家族的人口不断地繁衍, 几代下来, 他们肯定有不少的男丁, 现今在 Nova Scotia 地域, Shellnutt 这个姓氏似乎是相当普遍. 我综观一下, 我母亲的三个兄弟都是码头工人, 她的祖父亦然. 他就是在那场著名的 1917 年发生的 Halifax 港口的大爆炸中丧生, 一艘运载军火弹药的法国货船在港口爆炸, 当地伤亡惨重, 2000 个居民死亡, 9000 人受伤. 爆炸发生的时候, 当时他并非正在工作, 事实上他们是在回家的路上遇难, 他刚与妻子望完了弥撒.

从诸事看来, 我母亲的家族还是会受到大环境譬如说那些偶发性的世界事务的影响. 他们本身或许并不怎么特意去关心. 关于寻根问祖这些事, 我的父母亲的祖辈们都没有像一些传统群族般花上太多的心思去处理家谱这一类的事, 真正比较下功夫恐怕是几个世代以后的

① 关于我父亲和母亲的家谱信息, 感谢我的远亲 Paricial Kilt 和 Sophie Josephson, 以及已故的 Beverley Erickson.

事务. 我父亲的家族可算是新移民, 相对而言, 我母亲的父母在加拿大各地都生活过, 他们从 Halifax 迁移到 New Westminster, 我的母亲在 Saskatchewan 出生时, 他们曾经尝试在当地留下来从事耕牧, 但是不成功. 我的祖母尚在英国时便怀了我的父亲, 他们稍后渡海而来加拿大, 在我的父亲出生后没多久, 祖母便带着她的孩子回英国去住上了好些年, 原因是祖母来自英国, 而要在卑诗省过日子, 余生都生活在帐篷里似的, 她接受不了. 祖母回抵英国以后的生活也不容易, 她身边是三个嗷嗷待哺的孩子, 包括我父亲和他的两个姐姐, 一个是他的双胞胎, 另一是在他之前出生的尚在襁褓的大姐.

我的祖母来自一个有七个孩子的大家庭, 她排行第六. 我手上没有关于她母亲的资料, 我倒是知道她的祖父曾在英国军队服役, 在爱尔兰的 Cork 地区驻扎, 祖母的祖父就在此相识了一个叫 Mary 的女子, 稍后他俩结婚. 我们现存没有任何资料可以了解这位 Mary 的身世或者她的祖先辈, 我们甚至不知道她的姓氏. 她可能是爱尔兰裔, 或许是一个英国士兵的女儿. 这一切都无从查考. 另一方面, 可以这么说, 就像我的外祖母一样 (甚至是超越前者), 这位女士似乎是一个非常机智和勇敢的女人. 按照塔斯马尼亚岛 Hobart 的档案纪录, 我的高祖父母是在澳大利亚结婚的, 他们俩的第一个孩子当时已经出生. 1845 年高祖父在塔斯马尼亚岛去世, 时年 36 岁. 他并非因担任的军事职务而丧生, 他是因病致死的. 他的坟墓和碑石在塔斯马尼亚岛著名的墓园 The Isle of the Dead 仍然可以找到. 他的遗孀显然是一个足智多谋的女子. 高祖母设法带着家小, 携着两个儿子和两个女儿回英国去, 我的曾祖父就是那最年轻的儿子. 不久, 她安插儿子们入读约克公爵军校 (Duke of York's Military School), 那是伦敦附近的一所学校, 专门为军士的孤儿而设. 她更在此处找到一份洗衣的工作, 也为她的大女儿找到了工作. 按照 1851 年人口普查的纪录, 她的一家都被列为是居住在这所学校里的.

户籍中的个别人口的出生地资料如下: (1) Flowers, Elizabeth, 13 岁, 学校院长佣工, 生于 Enniskillin, 爱尔兰; (2) Flowers, Mary. F., 39 岁, 洗衣工, 生于 Cork, 爱尔兰; (3) Richard Flowers, 10 岁, 士兵之子, 生于 Manchester, 英国; (4) Robert Flowers, 10 岁, 士兵之子, 生于 Hobart,

Van Diemen's Land, 澳大利亚.

以上纪录中的两个儿子并非双胞胎, 他们被列作同龄是因为两人出生时间仅相差八个月, 当中其实还有一个二姐, Mary Ann, 她当年 8 岁. 还有最年幼的一个儿子似乎在婴孩时夭折了. 总而言之, 五个孩子在短短的五年内出生. 很自然地, 大儿子继续留在军校中, 然后参军当上士兵, 终其一生都是同一个军阶. 至于那个小儿子 Robert Flowers, 也就是我祖母的父亲, 我的外曾祖父, 他自军校退籍, 转由他的母亲抚养, 他首先在布店工作, 之后转行成了拍卖员, 时光流转, 他在 Newcastle-on-Tyne 地区当选委员, 之后更当上市议员. 他似乎一直是一个负责任的儿子. 虽然, 我手头目前没有任何资料说明他母亲往后的生活情况, 据知, 他的两个姐姐住在 Newcastle-on-Tyne 想必与他有联系. 她俩后来结婚, 多年后才过世.

我的祖母比较晚婚, 那时候她已接近 30 岁甚至 30 多岁了. 我理解的当时情况是她本来没打算出嫁, 一直待在家里, 住在她父亲在 Westgate 的大房子里. 据知, Westgate 是 Newcastle 一个比较富裕和高级的住宅区域. 我的外曾祖父丧妻多年后, 决定再婚, 他的新夫人相当年轻, 俩人年龄差别近 30 岁, 这位女士也同样来自富裕家庭, 婚后便觉得住宅的空间不够, 换而言之, 这个家是再也容不下我的祖母了. 于是, 她决定结婚, 嫁给了一个比自己还要年轻的人, 那便是我的祖父. 他们似乎都同属卫理教会, 但我不能肯定. 单就祖母这一方来看她的父亲的再婚, 也许是她未必能欣然接受的, 但那却为她父亲的晚年添上福乐.

我的祖母是她的家族里唯一移居国外的成员. 我从她和祖父那里获得许多有关所谓老家或是祖家的概念, 那是一个经常在他们的居所被提及和感受到的事. 在他们的家里, 有一个 Kitchener 的半身雕像, 雕像座上标记着 Kitchener of Khartoum, 那是颂扬他在非洲的殖民功绩. 我个人对所谓的远祖国家的看法跟他们有异, 早年我根本未能理解那种特殊关系, 所以作为一个数学家, 最初遇上一些英国人时, 有过一些不当的反应, 后来才让我改变了观念.

在我的祖父母婚后大概两三年的时候, 我的曾祖父经营的家具制造业务失败了, 究竟是因为一般的经济问题, 又或是因为疾病的影响, 到底是精神心理方面的或是生理上的毛病, 我无从解答. 结果是他全家移居加拿大: 他同行的两个女儿都分别嫁给牧师, 其中一个在为 Kispiox 的印第安人传教, 那个地方位于卑诗省的北面, 稍后我的曾祖父也葬于此地. 曾祖父的两个儿子都是职业木匠, 想必是在他们父亲的店里学艺, 其中一人后来在一次建筑工程事故中死亡, 那是在温哥华的 Hudson Bay 发生的. 我的祖母不是一个很快乐的女人, 但要是把她跟她的丈夫和孩子相比, 又或是跟我的母亲的家族作比较, 她很有文化修养. 她会弹钢琴, 当我开始上大学, 开始对文化发生兴趣时, 我还从她那里借了 Thomas Kempis 的 *The Imitation of Christ*, 那是一本非常著名的文艺复兴时期的作品. 我不得不承认, 我一直忘了把书归还与她. 按照我的记忆, 她可以花上几个小时读圣经和做其他跟宗教信仰有关的事, 当我开始对世界诸事因好奇而发生兴趣的时候, 我几乎已没有多少机会跟她谈话了, 再者, 她也愈来愈衰老. 她毕生拥有的文艺修养和知识, 我想必定是在她尚未出嫁以前, 也就是在她父母家居住时吸纳的. 来自我的母系的表亲的数量较之那些从我的父系而来的堂亲还要多, 相对而言, 那些父系而来的堂亲看人生事业好像是比较实际的, 特别注意到价值观, 譬如说较重视大学教育, 其中便有两人念了商业学位, 并成为会计师, 另一个从美国一所著名的大学取得工程学位, 现任职 IBM. 这位表亲的母亲, 也就是我父亲的大姐, 年轻时是个小学老师, 然后她成了一名护士. 与此同时她的妹妹和她的两个兄弟都没有完成高中, 可以这么推论, 两个男生顺理成章地成为木匠学徒. 我的祖父有一位朋友跟他一样来自 Newcastle, 移民到加拿大后仍然和他保持密切的联系. 直到祖父去世后, 在祖父的葬礼上, 他告诉我当年他向我的祖父再次提亲, 他属意于祖父的长女, 但他再次被回绝了, 据知理由是因为她的教育背景会使得条件较逊的人未必能驾驭. 在决定这些事情时, 我的祖母担当了哪种角色, 我无从而知.

在我的意识中, 我认识的祖母是个脆弱的、内敛沉默寡言的老妇, 在她的垂暮之年, 她的孩子们也没有给她什么支持. 在众多的家人中我的父亲对她的关顾总算是比较用心, 可是我的母亲在这事上是不太合作的. New Westminster 不算是一个大城镇, 我母亲的兄弟姐妹会很自然地便组成一个庞大而热闹的群体, 但是他们都没有像我的母亲那样的虔诚. 我的祖母并不赞成我父母的这段婚姻, 我相信, 她也从来没有掩饰这个感受. 我父亲倒是很努力地去经营和投入这段婚姻. 对于祖母是否知道我父亲的那众多的严重的失误, 我深感怀疑. 在父亲 15 岁生日时, 祖母送给他一本圣经, 其中她托付了一个微小的期盼, 祖母希望他能把它细读.

来自我母亲家族的表兄弟姐妹特别多, 青少年时期, 我感情上觉得他们更容易接近. 他们彼此之间相处融洽, 与他们的母亲的关系也更亲近, 虽然我的父亲肯定是亲近他的双胞胎妹妹. 所以, 据我所知, 除了我之外, 在我的父亲家族里只有一个或两个我的堂亲上过大学. 教育程度的高低当然不会对他们日后事业的发展有所阻碍. 那个时候, 就以我来说, 就是当上了高中生, 也绝对没有任何打算要上大学的. 我的梦想是, 就像人人都挂在口边的那个说法, 到了 15 周岁, 按照法律的许可, 我便会退学, 搭便车到多伦多, 踏上我的人生路. 事实上, White Rock 有相当多的年轻学生, 刚到了法定的年龄便退学去讨生活, 许多都从事那些季节性的工种, 如砍伐业或者不需要什么技术的劳工. 我的母亲基于她个人儿时的经历, 或者基于我对阅读、书写和算术的表现, 对我的将来有所期盼, 但在她的心目中是希望她的儿子成为一个教士或医生. 事实上, 就在我念高中时, 在大伙儿都要参与的智商测试中, 我显然脱颖而出, 人们都观察和注意到了我在学术范畴的课题上的表现, 我具有高于一般人的水平, 但我却不以为然, 没有多大的感觉.

在 New Westminster 生活的那几个年头, 让我有机会跟我那众多的表亲一块儿结伴成长, 他们大都跟我的年龄相若. 在 40 年代的前半部分, New Westminster 是一个叫人感到舒逸、很不错的地方. 它在 1858 年便成了当年卑诗省殖民地的首府, 它的地域一直较之温哥华大, 温哥华要到了 20 世纪初才正式建埠. 它的城市是经过精心规划的, 不算大, 但有广阔的栗树成荫的街道、宽敞的林荫大道和公园. 生活在这令人喜悦. 回想起来, 或许是因为二次大战期间的关系, 在我的童年时代, 街道上几乎没有机动车辆. 港口码头一带也不是频繁作业, 那所谓的城镇, 方圆也不过一两英里, 让我等 6 到 9 岁的孩子随意地到处溜达. 如果以此作为一个城市生活的导航介绍, 那肯定是有点儿美化了. 我的母亲后来告诉我, 入学以后我甚至于不大懂得如何去保护自己, 免受那些带点粗犷的同学欺凌, 但我倒是没有这方面的印象. 我记得的两起童年时代的动手打架事件, 都是发生在 White Rock 的. 第一回, 那次并不是我挑起争端的, 我在盛怒下重挫对手, 结果要旁观的人把我给拉开; 第二回, 的确是我挑起事端的, 结果是我的鼻子给打塌了.

在 New Westminster 居住期间, 有几件事情仿佛烙印在我的记忆里: 在我的玩伴中, 其中一个的哥哥离家出走, 据我所知他再也没有回来. 一个同学跟我在同一所天主教学校里, 那是一个跟我同龄的女同学, Maruka, 我相信她是乌克兰裔, 她的父母都是做园艺的, 后来经营了一个蛮成功的园圃, 可是我的这位同学却染上了那阵子流行的且会致命的儿童疾病, 她染病才几天便过世. 因为我和她是邻居, 所以我俩常一块儿上学. 虽然在她去世的时候我并没有因之而觉得特别困扰, 可是在我的记忆中她的形象总是挥之不去. 我还记得她的母亲因女儿病逝的事而哭泣, 我的母亲尝试去安慰她, 不幸的是在不到几年间, 同样的事情又再次发生, 那是在二次大战刚要结束前, 邻居中, 一位母亲收到了她儿子的死亡通知, 我的母亲也去安慰她. 在我的家族里, 叔伯辈都没有受到战争的影响. 不过战争对他们的下一代却有影响. 其中一个小叔, 最年轻的那一个, 在空军服役, 还有一个表兄弟, 他出生在美国的 Montana, 战时他曾在美国海军服役, 战后回到 New Westminster . 他的父亲早年离家浪游, 在美国生活了一些时间, 根据我的理解, 他后来在第一次世界大战结束前加入美国海军. 我的祖父早年便曾尝试去把他带回老家, 但他就是执意不回. 父子俩都娶了美国人.

我认为 New Westminster 的部分地区近年因城市化、交通运输等发展而有些不胜负荷, 虽然也有些部分仍保留着其早年的魅力风貌. 此地开发的那一年是 1858 年, 距离 Fraser 到达那条以他的名字命名的河的河口也不过是几十年的光景. 人们很容易便忘怀了加拿大以及在更大程度上美国也都是建立在征服和剥夺上, 诚然, 这种情况在许多其他国家在过去的几百年, 甚至是早在千年前已经是存在的事实. New Westminster 和这一带的地域, 它的开发和垦殖都让当地的原住民付出沉重的代价. 这段历史在维基百科有详尽的资料记载.

1879 年, 联邦政府在 New Westminster Indian Band 地域规划安置三个印第安部族的保护区, 包括了 104 英亩 (0.42 平方公里) 的南 New Westminster 保护区, 22 英亩 (89 000 平方米) 在 Fraser 河北岸的 North Arm 保护区, 以及在 Poplar Island 上的 27 英亩 (110 000 平方米) 的保护区. 那年, 天花疫病暴发, 死亡无数, 让 New Westminster Band 保护区里的印第安部族人口由 400 人减少到 100 人以下. 许多劫后生还的 Qayqayt 族人被安排去跟其他的部族同居, 如邻近的 Musqueam Indian Band. 他们在 Poplar Island 的保护区也因此变成了原住民天花疫病隔离区. 数十年过去, Poplar Island 保护区被划定归属于 "所有的海岸部落族群". 1913 年, 联邦政府收回了 New Westminster Band 这个保护区的大部分土地的拥有权. 1916 年更把 Poplar Island 的其他土地移交给卑诗省政府.

以上种种并不只是在 Fraser 河的河口这一带仅有的几件无理掠夺事件. 那一回, 驾车去 Richmond 地区, 因为好奇而让我留下一些记忆, 在那片偌大的冲积带地域, 有些土地在二次大战前本来是由日本裔移民所垦殖的. 有关于他们在战时遭遇的资料记录, 可以查看以下由 Ann Gomer Sunahara 撰写的 *The Politics of Racism* 中的第 5 章: Dispossession.

让我在以下引用其中的几个句子.

二次大战期间的日裔加拿大人被政治剥夺的事件是时任退休福利和卫生部长的 Ian Mackenzie 一手经办的, 他也是当年在席的代表 Vancouver Centre 的国会议员. 1942 年 4 月, Ian Mackenzie 巡访加拿大西岸地区, 接受他的选民招待, 那是就他对在卑诗省的日本人进行的连根拔起措施的感激, 他曾对人们保证, 他将继续努力去歼除他所谓的日本的威胁. "这是我的意愿", 他在 1942 年 4 月 4 日宣示, "只要我继续出任公职, 必尽我所能不让这些日本人再有机会回来了."

日裔加拿大人在 1942 年期间主要从事几种行业, 特别是渔业和务农. 在农耕方面, 日本人种植的浆果和蔬菜在市场占有的份额最多. 生产罐头果酱的厂家和浆果市场营销代理们都担心, 因为这个战时的手段 —— 驱逐垦种浆果的日裔农民 —— 会引致果子产量大幅下降,甚至会使 1942 年浆果失收. 那么, 对于这些反日的加拿大农户来说, 当年最显而易见的解决方法便是迫使日裔加拿大农民出售他们的农场 …… 在这种政策下, 售价自然偏低 ……

我在前文提到的那次行程, 是在我大约 7 岁的那一年, 我随着一个朋友和他的父亲出行, 他对于新购入的产业 —— 从一个日本人那里低价买来的农场非常满意. 尽管我只有 7 岁, 但我已经能观察到当时的情况, 虽然那时我对此事还没有成形的道德判断. 大势使然, 大多数失去了农地的日裔加拿大人都搬到加拿大的东部去, 但有一个日裔家庭在战后却回来了, 在 White Rock 买了个农场. 他们家的其中一个女儿是我妻子的朋友, 她在我们的婚礼上当伴娘, 后来搬到了夏威夷, 嫁给一个带中国血统的年轻小伙子. 稍后当夏威夷成为美国的一个州后, 他俩再迁居到加利福尼亚州, 在那里生儿育女. 每年的圣诞节, 我的妻子都会接到她的消息.

在 White Rock 一片面积不大的土地上, 有一个印第安人保护区, 住的都是原住民部族, 人口不多. 这个部落跟其他的部落一样, 在 19 世纪因那些随着殖民者而来的疾病感染而人口锐减. 他们只有几个孩子进了当地人念的学校, 但大多都是很快便退学, 本地人的孩子对这些印第安人孩子总是不爱理睬. 在我小的时候, 这种现象对我来说是最正常不过的. 在镇里也有些原籍的土著梅蒂人 (metis), 他们跟其他人口基本上没有大的区别. 我父母经营的商店下铺上居, 跟这个印第安人保护区一街之隔. 他们的部族酋长偶尔会来我家的店铺买木材或其他建筑材料. 他会与我的母亲聊天, 母亲通常在店铺里主理收银台, 她当掌柜. 城镇里那些喜欢钓鱼或是爱好独自闲逛的男孩都会流连在这个保护区, 因为河道就流经这个保护区的范围, 此处还有小栈道可以通到跟边境接壤的地方, 也就是美国的 Blaine.

我那年 9 岁快到 10 周岁, 我们一家来到 White Rock, 我离开此地去上大学时是 16 岁, 往后我只在暑假才回来, 我 19 岁时, 从此离开这个地方去走我的人生路. 那地方叫人感到很舒服但又有点奇怪, 是一个颇适合青少年度过青葱岁月的地方. 那儿临海, 有海洋和海岸, 但只有那么几条船. 除了捕蟹船只, 为数不多的船多半是小划艇, 船主通常都是美国人, 他们在岸上都有夏天度假用的小屋. 在边境两侧生活的孩子们鲜有互动交流. 一般的感觉是美国人比较容易辨认出来, 他们看似比较富有, 无论是从正面还是从背面观察, 身形都是略为饱满的.

二次大战以前, 这个城镇主要是供人们度假的区域, 习惯上, 这地方比较接近 New Westminster, 由于那年代缺乏桥梁和隧道连接温哥华的那一方. 战争结束后, 这个地方的功能在我看来好像有了些变化. 原来的夏日度假屋成了租金较廉的出租住处. 那里住下了一些为数不少的家庭, 家里好像是没有父亲的, 又或者是那些父亲只是偶然出现, 看来都是些不负责任的父亲. 在此地经营酒吧或是歌舞厅的业主在我眼中都是蛮富有的. 住下来的还有其他组合的家庭, 他们家的孩子看来都有更大的自由度, 于我而言, 有一定的吸引.

我的妻子还保留着她的那本高中的年鉴, 里面存有当时所有由 7 年级至 12 年级的学生的照片, 据估计, 这所学校当年有大约 400 个学生. 我对他们的相貌和名字是有印象的, 有些更是颇熟悉的. 因为其中许多是来自周边的乡野地区, 他们比较内敛, 多半放学后便直接回家, 所以我对他们的认识了解不多. 反之, 那些家都在本城镇的同学, 关于他们的事, 我就掌握得比较多了, 这些人里面有许多是退学离校、全职或兼职工作的年轻人. 那时候强制的义务教育只限于 15 周岁以下的国民, 而我有着渴求自由独立的愿望, 每有想到便蠢蠢欲动, 也因此让我跟那些已离开学校的同伴更接近, 可是, 因为某些原因又或是因为父母的约束吧, 我太年轻, 未敢胆大妄为, 也就不能完全从我母亲强加给我的束缚中挣脱, 我的父亲也待我如出一辙. 我自幼接受天主教熏陶, 很自然地相信任何罪行都会被审判, 神总会监察到的, 还有就是那位我很敬爱的刚去世的祖母, 也会站在神的那一边看着我.

我心底里尽管羡慕那些可以自由独立离校的退学生, 但事实上我并不是可以跟他们为伍成群的. 我很早便入学, 中间更跳过一个级别, 所以我的很多同学其实已经留过班, 有些甚或是不仅留一次, 而是几年间还是停留在同一个班级, 也因此他们的岁数比我大. 再者, 相对于我而言, 他们看起来有更多的自由, 尽管他们也许对读和写都有困难, 但我很羡慕他们, 这一群人倒是男女都有的. 我的母亲终其一生对罪行有极大的恐惧感, 奇怪的是, 她的兄弟姐妹中没有几个有着她同样的观点, 她更认为书籍是罪恶根源, 所谓的书籍当然不是指那些儿童的图书类别, 也因此, 我跟她在这方面有很大的分歧, 使得日子有阵子过得并不容易. 至于我的父亲, 他那来自循道卫理教会 (加拿大联合教会的变异版) 的背景并没有让他幸免于对罪恶的凝重感, 宗教的力量让他生就了一种强烈的责任感, 也因而让他对某些邻居的作为觉得不以为然, 从而造成心理上的压力. 在这种成长环境下, 我往往竭尽全力去争取那一点点的自由. 我很快便习染了说粗话, 虽然我绝对不能在家里用上一言半语的粗话. 在 12 岁到 14 岁的这个阶段, 就讲粗话这件事上, 我大概跟那些被公认的、在温哥华城内极富有想象力的、用词粗鄙的印度裔出租车司机又或者是美国现今的一些政治人物不相伯仲, 到了 14 岁和 16 岁, 对于使用这种说话形式来表达的激情慢慢消退. 在那些年里, 学校舞会算是为青年男女提供文明的社交活动. 在一次舞会中, 我认识了几乎跟我一样胆小的她, 但与我相比, 她显然对未来颇有筹划. 这是决定性的, 也许应该说是一个决定我的人生的事件.

二次战争结束后的一段时期百废待兴, 那是一个对经济发展极有利的时期. 那时期决定性的条件是劳动力. 我的父母那时已从 New Westminster 迁到 White Rock, 这其中有可能得益于我母亲的推动, 在那里他们携手创业, 经营销售木材和建筑材料的生意. 我的父亲运用他的技术性知识去料理木材事业, 他是个经验丰富的木匠, 尽管他从未获得正式的合格技术工人证书, 我的母亲则去料理账目上的事. 由于营运的模式不是即时付款, 那在当年是非常正常且相当普遍的, 尽管是今天也不会例外, 一般由我的父亲负责去追讨逾期未付的货款, 对他来说, 这从来都不是一件愉快的事. 对我来说, 这个生意的业务也让我有所作为, 否则我会变得无所事事. 虽然我的体魄不算是孱弱的, 可我也不是一个特别强壮的青年, 我更不是体育运动型.

虽然尝试过也争取过, 但我总是较之我的同学年幼, 所以从来没有被挑选进入学校的田径运动队. 另一方面, 在那些年代, 一桶桶的钉子、满满的水泥袋子、农耕用的砖块、合成夹板、石膏板以及各种木材等都得要人工搬运到卡车上或以同样的方式卸载. 从 12 或 13 岁开始我都在店铺里做帮工, 我就是这样度过课余和周六的时间. 在我念大学的年代, 每年的夏天假期, 我也会在这店铺工作, 赚钱去支付学校冬季学期的食宿. 这意味着, 经过了这些年的锻炼, 我在 20 岁的时候便练就了强壮的身体, 在随后的 60 年里, 我的健康大体上都没有什么问题. 也可以这么说, 因为在建材店里长大, 耳濡目染, 尽管我没有特别机敏的身体, 也不是真能掌握需要的技巧, 但我勉强可以应付家里的一些修修补补的工作. 然而, 随着时间的流转, 除了钻研数学外, 我越来越不愿意花心思在任何其他的事上. 随着年龄的增长, 数学研究花费的心力思绪所要求的质和量越来越重.

说起来其实有点怪怪的, 我过去似乎从来没有去仔细回想这些儿时的经历, 我跟父亲之间, 在这店铺以外的环境, 像是从来没有什么互动似的, 那些年跟他在一块儿干活, 也并没有发生过不愉快的事, 虽然他偶尔会因为我的笨手笨脚或不够灵巧而有些不耐烦. 事实上, 跟我的父亲一起工作是蛮适意的. 他对我也很是慷慨, 给我的工资也不错, 足以让我满足少年时的奢华需要, 去添装购物或看电影等, 他也建议我在店铺以外找其他的事情做, 譬如当一个运输帮工, 这个工种只是在加拿大才有的名称, 那就是当本地的轻型货车司机的助手, 这份工作是比较悠闲的, 在运送的路途上坐在司机旁看看世界, 让时光流走, 不过, 如果货物是要运到温哥华或者 New Westminster 去的, 满车都是水泥、排水道砖瓦或窗框和门板等, 那装卸过程可是极艰辛的工作啊!

战后经济复苏, 我们家的店铺业务蓬勃发展, 表面上那是我父亲一力承担在经营, 但是我相信, 我的母亲在背后也用了很多心思, 虽然在当下我没有立时感觉到. 我父亲终究还是喜欢生活得舒适一点, 随着业务走上轨道, 他们很快有足够的能力修建了一幢楼房来经营建材生意, 在店铺之上盖了住所, 我们家就住在楼上. 这幢楼房的外墙是石面的, 配有大块的玻璃窗户, 在那个年头, 那可算是有点规模的大户建筑. 现在那个楼房已变成了一座餐馆. 随着时光流转, 我的父亲给自己买了一辆 Buick, 在那个年头, 这款车算是豪华汽车, 他还在镇上最好的地区, 在临海的山崖上修建了一幢楼房, 楼房可以远眺 Juan de Fuca 海峡的壮丽景色. 不幸的是, 随着我母亲的衰老和生病, 她再也不能像过去一样去拯救他, 劝导他不至于过分沉迷于赌博. 赌博从来便是父亲良久以来的陋习, 只是一向没有让孩子们知晓, 也就是因为这个暗藏的隐忧, 多年来累积的焦虑把母亲给拖垮了. 他逐渐变得不善营生, 慢慢地他们失去了一切. 到那时, 我早已离家. 那重担便落在我的两个姐妹的肩上, 她们也竭尽所能, 使损失和灾难的程度减到最轻.

我想我应该回到有关于我的学术发展的这个话题上, 当年发生了什么? 我不是想要搭便车远走多伦多吗? 是怎样让我去上大学了? 这其中可能是因为我的一个才认识的朋友的影响, 但是这也许是个不经意而非潜意识的事, 虽然我也深表怀疑她会支持我搭便车的计划. 她肯定不会愿意参与此事. 这无疑意味着, 我俩便会从此分道扬镳.

我必须要在这里提到两件事情. 首先, 在高中的最后一年, 我们学校来了一个新的老师, Crawford Vogler, 他让我们用上了新的教材, 他向我们介绍了英国文学. 他是一个很热心、体贴的老师. 我记得, 他给了其中两三个学生安排了一个特别的作业. 我被指派要做一个读书报告, 那是维多利亚时代的著名作家 George Meredith 的 *The Ordeal of Richard Feverel*. 这件事叫我有点费解, 他对我的任何期盼必会是失望的. 然而, 正如我曾在上文提到过, 我的智商测试结果或许会让他意识到我有些不寻常的天赋. 这个读书报告大抵让他很失望, 但尽管如此, 他在往后的日子, 在一个面对全班同学的场合上向我作出引导并解释我是应该去读大学的. 要去上大学的话, 那就意味着我要考上那所卑诗大学. 当时卑诗省内还没有其他的大学, 再者在那时, 在我的脑海中就从来没有想过会有到其他地方去的可能性. 我深受这位老师的建议所感召, 我不仅打算要去投考他们的入学考试, 我还埋首温习作准备. 结果我考上了, 获取了助学金以支付学费.

继续说第二件影响我前途的事, 我父亲在学校里待了 9 年以后便成了一名木工学徒. 反过来看我的未来妻子的家庭背景, 她父亲受的教育不多, 他在 Prince Edward Island 出生, 他的父母亲是法国人跟爱尔兰人的结合, 他两岁的时候, 母亲逝世, 他从此便由一个苏格兰人的家庭抚养成长. 所以他的母语是 Gaelic 语, 他的体质大概比较弱, 跟这个苏格兰人家里的大块头儿子们生活在一起不太容易, 所以他很年轻便离开了这个家, 在魁北克的林场工作, 就在那里他跟那些砍伐工人学会了法语. 他一定是个相当灵敏的家伙, 因为他的任务有些时候是要去清除树干的阻塞. 这工序是先要在阻塞埋下小量的炸药, 引爆前要马上快速跑离这棵树, 而不小心跌倒是会致命的.

无论在苏格兰家庭生活时或者后来在伐木场的年代, 他都没有学会读和写. 直到大萧条时期, 他才有了机遇, 因为那个时候各个工会或政党都承诺不仅要养活失业的人们, 还要教育他们. 他一直保留了这些书, 那是 Frederick Engels、Karl Kautsky、August Bebel 和其他社会主义作家的书, 他就是在那个时间学会了读和写, 我们仍然藏有其中大部分的书. 他记忆力很强, 喜欢背诵这些书里的长长的段落. 我估计他对阅读还是能力有限, 他的妻子 (我的岳母) 在他俩婚后一定给他上了不少的课.

我的父亲的阅读能力还可以, 虽然写作则是另外的一回事. 印象中, 我仅在某一次的紧急情况下, 收过他的一张便条. 当年, 我从未来岳父母家的藏书中带走了一本书, 那是 Ernest R. Trattner 的 *The Story of the World's Great Thinkers*, 里面是许多世界上有名的极具影响力的思想家的生平的故事, 例如 Copernicus、Hutton、Marx、Pasteur、Freud、Einstein. 我记得 Hutten 的故事叫我颇有感触, 有关于地球历史的篇章, 我也是特别地印象深刻. 这本书在 20 世纪的 30 年代晚期到 40 年代初期曾非常流行, 所以仍然很容易在二手书堆中找到它.

我在前文中已经花了不少的篇章介绍有关于我的家族的事. 接下来, 我想谈一下我的妻子的家族. 她母亲本人的家庭, 像我母亲的家庭一样, 同样是人口众多, 共有 10 个孩子, 她家并不是从英国迁移来加拿大的, 他们是第一次世界大战的时候, 便从苏格兰移民到此. 我的祖父和他的兄弟虽然都曾回到祖家去从军, 但他们当年也年纪不小, 据我所知, 他们根本没遇上过战争. Lord Kitchener, 他可是一个我非常熟悉的人物, 在我的祖父母家的饭厅里便有他的头像, 他任国务大臣, 专门主理战争事务, 就是他一开始提出政策, 把来自同一个家庭的儿子们, 也就是兄弟一起送到同一个战场上去, 他的原则是兄弟一块并肩作战, 他们会更有战斗力. 其结果是, 许多家庭因此一下子便失去了他们家所有的儿子. 我妻子的祖父的家族似乎就是这个政策下的牺牲品, 那倒不是她的祖父家而是他的一个兄弟的家族, 他本人移民后在战时加入了加拿大军队, 他虽然受伤了但总算活下来. 但他的四个兄弟因为留在苏格兰而参加了英军作战, 很显然在 Lord Kitchener 的政策下, 起码其中的三兄弟在同一个战役中阵亡, 后来他们终于停用了这个政策.

我妻子父亲的家族里有些成员在加拿大住了很长的时间, 在 1763 年英国征服了此地以后进行的人口普查中发现, 这个家族里有一个后人来自 Basque 裔的渔夫和 Micmac 族土著女子的婚生子. 我的儿女都知道自己的血脉中有着这些元素, 虽然那几乎在外形上是不可察见的. 尽管如此, 我的一个女儿, 她是我的四个孩子中唯一的金发儿, 她的牙医最近就告诉她说, 从她的牙齿结构看, 肯定是有着那土著祖先的明确迹象.

有一件事情肯定标志着我是怎样从混沌的童年时代走进学术之门的大学年代的, 那就是能力测试. 测试后, 学校里的老师作了磋商和诸多的考量, 他们认为按照我的算术的天分, 我大概可以去学会计, 虽然他们也提到了继续在学术方面进修的可能性. 我猜在那个时候, 我的意愿是深造数学和物理等学科, 从这个设想发展下去, 更有人指出, 在这种情况下, 我甚至应考虑去攻读博士学位. 我听了许多的建议, 在还没有开始研究修读之前, 我回到 White Rock, 即使现在我也不能说明是什么促使我去了那当年还不是我的岳父母的家, 他们俩当时已就寝. 我问了未来岳父一个问题, 什么是博士. 有点出人意料的是, 他竟然是知道的. 稍后, 我有机会向一位数学家 Dr. Jennings 咨询, 他正是有博士这个称谓的, 其实那是加拿大的大学的传统习尚. 他向我建议说, 作为一个数学家需要学习几门外语. 我果然把他的话当作金科玉律, 很严肃地投入这个方向, 但, 我必须承认学习的过程不见得很有效率. 那时候, 大学一年级, 修读法语和其他的一门语言是正常的必修课. 在一年级的学期末, 我找来了一本基本的德语语法书, 就在那年的暑假里, 我把它念完了, 便自以为我对这门语言已有了足够的准备, 第二年我就改修俄语的课程去了.

现在回想起来, 这些所谓的学习有点杂乱, 着实是有点可笑的. 在往后的日子里, 我才有机会比较系统且更严格地去学懂和掌握应用这些外语. 时移势易, 我其实非常同情当今的数学家, 尤其是那些来自说英语系统的同侪, 他们过去鲜有机会去学习那些传统的欧洲语言, 这种情况到了最近才有些改变, 许多来自欧洲大陆的数学家出现, 然而, 就是欧洲人本身也在不自觉地扼杀欧洲大地上的语言 —— 如法国人便把 Breton 的地方语都摧毁遗忘了, 德国人彻底地把 Yiddish 推向末路, 更遑论那些更不重要的地方语像 Sorbian 等, 这些语言的生存空间很有限, 即使有些人想要排除万难去重整这些快要消失的语言也实在不容易. 这归咎于人们都接受了一个概念, 即英语的运用是大势所趋, 文化成果显而易见. 有些人, 当然, 像 Springer-Verlag 出版社的编辑们, 也不能不从运营商的角度去看, 即出版的数学书是否应备为几种语言, 又或者因现今中国的影响而有其他的发展.

我的大学一年级的学习, 一个很基本和重要的项目就是要把英语水平提高, 正如我在前文已暗示过, 我在念高中时比较任性, 结果是我忽略了英语的基础文法. 这一年来, 我非常用功刻苦 —— 这种投入的程度在上课时甚至给我的同学们带来点娱乐, 他们中有些是成年人, 就是这课的老师 Dr. Morrison 亦然, 因为对于他教授过的每一首诗, 我要是遇上不熟悉的字, 都会句斟字酌地去查字典.

数学这门课对我来说是新的尝试, 其中的课题以今天的标准来看不过都是些基础课题而已, 我还记得大部分的时间是讲三角学. 第二个学年也进程缓慢, 我修读了数学和逻辑学, 作为一个数学家, 我曾屡次自学逻辑这门课, 但总未见成功. 这一年, 还念了物理学、俄语, 还有英国文学, 那是从英国文学的早期一直到 19 世纪, 介绍了 Chaucer, Fielding 等一些英国文学作家, 他们对我来说都蛮有吸引力的. 我们在高中时已认识了莎士比亚.

第三年的课比较有趣. 由于种种原因, 多变量微积分课程我都学得不理想, 只能归咎于那位老师, Dr. Leimanis, 我说不出来他是否是个认真优秀的教师, 还是因为我跟他无法调和. 不过 Marvin Marcus 这位老师 (现在年纪颇大了) 当时向我们推介的 Courant 那本经典的有关微积分的书, 我认真读了, 但偶尔会觉得其中关于反函数定理的部分说明得比较表面. 大概是在大学二年级又更可能是在第三年的时候, 我修读了两个为期半年的课, 其中的一科是 Dr. Christian 的代数课, 他的课非常精彩, 他选用了一本有名的 Dickson 的书. 总的来说, 在那些年代, 我还是很混沌不清的, 还没能够正确地掌握其中的那些有趣的重点, 例如关于三次方程理论的问题. 另外的半年课程是线性代数和几何, 用的书也是些广泛使用的美国书, 作者的名字我可就忘了.

在那年的夏季, 我跟从了 Dr. Christian 的建议, 读 Halmos 的那本关于向量空间的书, 这书在当年也是很常见的大学用书. 我承认当年我的确很喜欢他的那种抽象的表达手法, 从某种角度来看这种热情对一个数学家来说是好的, 但是最好不要被它淹没了. 还有一本书在某种意义上就好像是一道命运的标记, 这书对我的影响造就了我成为自守形式和 Hecke 理论的专家, 那是一本我自己找到的 Schreier 和 Sperner 俩人写的 *Modern Algebra and Matrix Theory*, 这本来自德语原文的翻译本有相当的篇幅处理初等因子理论.

到了大学第四年, 我整个人完全投入到数学研究中. 不能说那不是我自己的错, 我在那个时候是决意完全放弃了任何意图去做一个物理学家. 现在回想起来, 我当时没有 (现在也没有) 具备合适的想象力, 但决定性的事件是在第三年的热力学课程. 这是一个很困难的课, 尤其是有关热和熵的问题, 为此我用心地写了一个颇具篇幅的文章, 呈交作业, 很可惜我没有留下底稿. 以我当年的年纪 —— 我刚满 19 周岁 —— 加上我本来就缺乏一般人都经历过的基础大学预科教育, 这篇作业其实也不是太糟糕的. 这门课的老师, 一位从英国来的实验物理学家, 选择把这篇作业拿出来在课堂上公开讪笑. 我相信, 那就是一个转折点. 当然, 考虑到我拥有的所谓天赋潜质, 这是最好的发展方向. 事实上, 也是在这一年, 有一门我非常享受的物理课, 那就是光学, 它自然包括各种实验. 我很幸运在实验室里遇上了一个合作伙伴, Alan Goodacre, 在实验室做实验是这门课程的一个重要组成部分, 而跟他一块儿做实验总是能达到预期的结果. 我们分工合作, 较容易的也就是理论的部分由我处理, 他就处理那些困难的部分, 即动手实验. 在往后的日子里, 我仍然有机会偶尔在渥太华跟他见面, 多年来, 他都在那些重要的实验室中当实验物理学家.

在大学的第四年, 除了修读第二个俄语课, 我把学习集中在数学课题上. 我学会了 (又或者应该说我开始学会了) 很多知识, 包括: 函数理论, 特别是 Konrad Knopf 德文的翻译本的第三卷中的 Weierstrass 椭圆函数理论; 常微分方程, 包括一些特殊函数和初步谱理论; 这都是我自己尝试去研读理解的. 往后在读研究院时, 以及后来的几年里, 我补充了 Coddington 和 Levinson 的书, 还有 M. H. Stone 有关 Hilbert 空间算子谱理论的书, 这两本书为日后 Eisenstein 级数一般理论提供了极佳的准备, 这个研究是我的主要科研成就, 而从这个工作得出的主要成果就是所谓的 Langlands 纲领 (Langlands programme). Galois 理论是其他课程的主题, 但关于此课没有什么好说的了. 在我四年级时又或者更可能在随后的一年, 我参与了交换代数研讨班, 班上研读的是 D. G. Northcott 的 *Ideal Theory*, 也就是在这个基础上, 在接下来的一年里我就书里提到的一些想法和问题, 找了一个题材方向去写我的硕士论文. 因为当年的教授中没有一个人熟悉这个题目, 他们也不知道如何处理, 结果是, 基于他们的善良心态, 我想也因为我的表现在其他方面也都令人满意, 我的论文就如此被接纳了, 然而, 在此我不得不承认日后我在其中发现了一个重要的错误 —— 让我继续下去, 说说我念研究院的年代. 那年是 1957 至 1958, 这一年可以说是我的本科四年再加上我在耶鲁大学的两年研究生生涯中, 我生命中最费力求存的一段日子. 在那时, 我已经结婚近一年, 可以说我是早婚吧, 那年, 我除了念研究院, 还要教本科课程, 参与授课是研究生必经的训练, 借此获得硕士学位必要的学分, 也是继续攻读博士学位的重要阶段, 在此期间我终于开始写硕士论文. 我对那一年的记忆几乎是了无痕迹的: 我和妻子蜗居在一辆旅行拖车上; 我在任教的一年级班里遇上了一个非常迷人的女孩, 若当时我是未婚或没有恋人, 我就热恋起来; 另一件事情就跟另一个物理学教授有关联. 这我可是记得很清楚.

这次涉及课末考试, 那是一个研究生课 —— 物理数学方法, 这门课由一位来自欧洲的教授讲授. 课程着重在有限群的表示、特征标、正交性, 等等. 只有一个习作: 就是分析四面体群在四个端点的切空间的和上的表示. 教授想象这些切空间取自然度量, 他预计学生用正交关系分解表示. 当然最佳最直接的答案是用从端点出发的三条边为非正交基, 问题就可立刻获解. 教授只看见我计算中的 0 与 1, 以为我这笨蛋不适当地引入正则表示, 于是他本来打算给我打个不及格, 这将意味着我的硕士学位就此泡汤, 也就跟耶鲁大学无缘了. 他似乎是极其顽固的, 但不知何故, 他最终还是给了我一个及格的等级. 也许是他的同事给他阐明我的答案.

总而言之, 我在卑诗大学度过的这些年有很大的收获, 裨益良多.

我学到了一些东西: 学懂了英文写作; 学会了另外的三种语言, 起码达到了初级班的阶段; 一些入门级的物理学, 这都是些无伤大雅的经历; 从修读的课程又或者是我自己找来阅读的书等诸多途径, 我更学了数学. 那小小的校园, 树木成荫, 给人很舒服的感觉. 这些年以后, 我所看到的照片显示, 就像许多地方一样, 它现在如沥青沙漠一般.

我还想补充的是, 在这段时间里, 我大体上很满意能有机会自由独立地去涉猎和阅览各个数学领域. 我始终深信, 作为数学家当做的事, 甚至超越证明定理, 就是保存过去的创造, 不一定是全部, 但一定包括那些支援这个领域的深度和知识文化价值的部分, 这是一种需要更多创造性、不局限于洞察和预见的活动. 虽然我对抽象性有无比的钟爱, 我看过了 Halmos, 还有 Dixmier 的 *Les algèbres d'opérateurs dans l'espace hilbertien*, 这本书是我念硕士时从首到尾看完的. 不过, 我却未能保持对逻辑学的兴趣, 即使是 Paul Rosenbloom 的 *The elements of mathematical logic* 就把我击败了.

在前往耶鲁大学时我是充满希望的. 几个月后我妻子带着我们的第一个孩子到来, 不到一年的时间, 第二个孩子也出生了. 在耶鲁念书, 我学了两三个有用的课程, 一个是 Nelson Dunford 的泛函分析基础, 他的用书是 *Linear Operators* (第 1 部分), 那是他跟 Jack Schwartz 合写的. 就是在这门课中, 读者会在书中的第二卷看到我的第一个定理. 还有一门是 Einar Hille 的课, 他的用书是 *Functional Analysis and Semi-groups*. Hille 是一个分析高手, 修读他的课, 我因之而得以更理解各种经典分析, 特别是 Laplace 变换. 第三个课程是偏微分方程, Felix Browder 给的课是专题选讲. 这位教授讲课有些漫不经心, 从来不会准备齐全, 他有时做一个证明两三次, 结果也未必能把它完成. 那时, 我是很勤奋的, 课后把笔记带回家, 我通常总是能够用收集起来的材料把证明写出来, 所以说, 我从他讲的课实在是得益不少的.

在这期间, 我也读了大量的书, 都是些 Dover 的便宜版本. 其中几本书我有特别深刻的印象, 如 D. V. Widder 的 *The Laplace transform* (在普林斯顿大学出版社系列里), Burnside 的 *The Theory of Groups of Finite Order*, 还有初版的 Zygmund 的 *Trigonometrical Series*. 我肤浅地读了 Burnside 的这本书, 竟萌生了要证明 Burnside 猜想的夸大野心,

这个猜想在不久之后由 Feit 和 Thompson 证出. Zygmund 的那本书我看得相当小心仔细, 也因此它救了我, 让我得以在年终的口试过关了. 我并没有系统地为这个年终的口试作准备, 我大意地以为我所知道的便足够应付. 然而事实上, 我马上便发觉我早已把在温哥华学的交换代数几乎忘干净了. 所以当时的情势不妙极了. 代数考试之后是分析考试, 考官是 Shizuo Kakutani, 幸运的是, 他熟悉很多 Riesz 兄弟的凸性定理, 而我当时因为刚读过 Zygmund 的三角学系列, 也会这一套, 因而口试通过. 如此真是奇迹般救了我.

在那年的某个时候, 我解决了关于李半群的一个问题, 那是 Hille 引入的课题, 我就在夏假里, 把我学过的椭圆偏微分方程和有关李半群的看法整理并写下来, 最后完成了我认为是可以接受的论文. 事情的发展正如那年我在温哥华的硕士论文一样, 耶鲁大学这边的教授也没有人能去评审它, 也因此便带出了一些问题, 那就是这样的论文是否能够被接受. Kakutani 对此是反对的, 但他的同事还是决定接受这论文. 幸好, 这一回, 我没有发现任何错误而其中的大部分材料后来被编进 Derek Robinson 的 *Elliptic Operators and Lie groups* 一书中. 因此, 我的这篇论文取得了一些成功.

我的博士论文既然已经写完了, 我留在耶鲁大学的第二年就完全自由了. 这是我职业生涯中最快乐的一段日子, 也是过去的几年里, 第一回我手上有的是时间. 当时有人建议组织一个多复变函数的讨论班, 不过因组织者意见不同而告吹. 此外 S. Gaal 开讲 Selberg 那篇关于迹公式的文章和 Godement 已开始称为 Eisenstein 级数的理论, 这是由 Hecke 和他的学生 Maass 发起的专题. 我读了那些在研讨会上提到的文章. 这些文中关于解析区域的结果让我证明了一些相对简单关于 Eisenstein 级数的解析延拓的定理, 这是幸运的巧合吧. 在 Gaal 的演讲中的一个题目成为我日后研究的中心. 我倒是忘了这些文章的标题和作者的姓名.

我想值此机会写下对耶鲁大学的感谢, 我在那里当过两年博士生. 那个时候, 当我决定要进修数学博士课程, 我申请了哈佛、耶鲁和威斯康星等大学而他们都接纳了我. 哈佛大学未能提供任何的经援; 耶鲁大学给了我一个奖学金; 威斯康星则给了我一个助教的位置作补助. 耶鲁大学也因此成为最佳的选择. 我在这里是要说明或承认我很幸运. 我被免于突然加入一班来自主要中心、受过良好训练、充满竞争力的年轻数学家之中而产生的考验, 反之, 这没有压力的两年让我可以成为数学家, 又或是开始成为数学家. 这两年的训练, 让我来到普林斯顿后面对这里的学生和年轻的教授们的高要求风格, 应付有余.

其实我到普林斯顿来, 很大程度上是机遇的事. 修毕了博士后, 我自然是渴望可以留在耶鲁大学, 我也相信, 大部分教授也会很高兴让我留校, 但 Kakutani 再次反对, 他这一回成功了. 到普林斯顿去是冒险的抉择. Leonard Gross 当时也在耶鲁大学, 但后来他转校到了康奈尔大学, 他建议我跟我的一个朋友去一趟 Institute for Advanced Study, 在那里有他的一些朋友, 那都是些他在芝加哥的学生时代便认识的人, 其中有 Edward Nelson 和 Paul Cohen, 他们在那里会待上一年. 机缘巧合, 我碰上了 Nelson 而有机会跟他讲了一下我对李半群的工作. 原来, 他也正在做类似的题目. 他对我留下了不错的印象, 因为翌年他便会到普林斯顿大学上任当助理教授, 他向未来同事们建议, 聘我作为助教. 我就是这样收到聘约的, 其中没有申请程序, 没有什么推荐信, 什么都没有, 就单单凭着 Nelson 的口头推荐而成事. 年轻数学家跟他们年长的同事一样, 在美国或是毫无疑问地在其他地方也是如此 —— 美国经常不幸地被看成是一个典型 —— 即在他们的学府生涯里要背负着繁文缛节, 这较之他们的先辈更严重. 我估计如果我是在今天才当数学家, 无论在国内外, 我会是另外的一个完全不同的人, 事实上, 我也许早已放弃了科研的数学事业, 或许根本就没有开始.

我在普林斯顿大学的第一年, 半群的研究跟我毫无关系. 主要是因为 Selberg 的工作, 许多的数学家因此又回到研究 Hecke 的方向上去, Robert Gunning 在普林斯顿开了一个课, 那就是探讨 Hecke 的理论, 我参加了. 还有就是有关分析的一个研讨会, Salomon Bochner 也有出席, 我相信他很想发展培育这个方向. 期间, 我被邀请就我的工作来做一个报告, 因为实在没有什么可以谈的, 我就提到那个在前文提到过的, 为了准备 Gaal 的研讨, 在看材料时偶拾而来的一些看法, Bochner 很欣赏, 这是我意料之外的, 我想他欣赏的是, 这个跟我的论文没联系的工作显示了我有独立思考的能力. Bochner 是涉猎广泛的分析家, 他早期在德国的时候, 我相信, 他认识 Göttingen 学派的 Helmut Hasse、Emmy Noether 等人. 他鼓励我继续去研究这些级数, 也就是自守形式, 特别是把这些结果从有理数域推广到有理数域的有限扩张域, 于是我便得学习代数数. 这是我第一次接触德语资料, Landau 的一本课本和 Hecke 的 *Vorlesungen über die Theorie der Algebraischen Zahlen*, 之后很快, 我在这个 Eisenstein 级数的追溯中, 去看 Hecke 和 Siegel 的文章, 这些文章创造了自守形式的现代理论. 在这时期我看了 Hardy 和 M. Riesz 的 *The general theory of Dirichlet's series*. 在此书中我学了 Landau 的一个非常重要关于正系数 Dirichlet 级数的定理. 我相信这定理隐藏在 Rankin 和 Selberg 关于 Ramnaujan 猜想的工作内. Rankin 是 Hardy 的学生.

在 1970 年发表的文章 *Problems in the theory of automorphic forms* 中, 我观察到可以从我所谓的函子性 (functoriality) 加上 Landau 定理推导出很一般的 Ramanujan 猜想. 这是一个我事后没有质疑过的信念. 不过在写这序言时我又翻了一下这篇文章, 并观察到函子性及 Landau 定理是不足够的, 还需要用上 Godement 和 Jacquet 的书 *Zeta functions of simple algebras* 中的主要定理, 并且要明白 $L^2(GL(n,F)\backslash GL(n,\mathbb{A}_F))$ 的谱分解 (见 Moeglin 和 Waldspurger 的文章). 我的论文中没有提及这些, 两者都是后来出现的. 我要重看 Godement-Jacquet 定理才明白它为什么和怎样是一个强定理.

在 Siegel 之后, 我会果断地说, 现代理论差不多是由 Selberg 和 Harish-Chandra 创造出来的. Selberg 的迹公式是一种 Frobenius 互反定理, 不过解析水平高多了. Harish-Chandra 在约化理论的工作, 虽然比不上他在表示论的贡献, 却把自守形式理论从某个群改变为一般的约化群, 最后成为表示论的一部分. 当然, 作为一个年轻的数学家, 我很自然沿着这条路线走. 正如我刚才观察到的, 无可避免地, 迹公式几乎立即成为本理论的核心, 迹公式的本质是表示论.

一个不是那么明显但又不可避免的课题是类域论. 当年, 它不仅存在于普林斯顿的学术氛围中, Artin 才离开不久, 而且 Bochner 好像也觉得这是一个重要的题目. 想必是在 1963 年夏末, 他建议我应该甚至宣称我将会开一个类域论的课程, 在当时这是一个有点奇怪的课题, 大部分数学家根本不感兴趣. 这叫我大吃一惊! 我才不过刚开始学习代数数论而新学期即将开始. 我抗辩说这是完全不可能的, 但他坚持要进行. 我只能同意并着手准备课程, 这样非交换类域论, 即使不是核心, 但是肯定已进入我的数学野心的边缘了.

1964 至 1965 的学年, 我在加州的伯克利度过, 没有担任教学任务. 我最初的计划是学懂代数几何. 这时 Grothendieck 尚未主宰这个数学领域的发展, 我随身带了几本书, 包括 Weil 的 *Algebraic Geometry* 和 Conforto 的 *Abelsche Funktionen und Algebraische Geometrie*. 我甚至和 Phillip Griffiths 组织了代数几何的研讨班, 显然从研讨班他比我得益更多. 他清楚地表示抗议走这个方向, 我也是在这一年对 Harish-Chandra 的那些有关球函数和矩阵系数的文章产生浓厚的兴趣, 我想用我当时很喜欢的超几何函数来构造这个理论, 但是没有成功. 总的来说, 在这一年里我的数学成就乏善可陈.

接下来的一年, 我回到普林斯顿, 情况也未有好转. 在这个时期, 我有两个野心, 大抵是有点非分狂想, 我希望可以在非交换类域论上取得一些进展并创造 Hecke L-函数的一般理论. 我却完全没有进展, 所以到了 1966 年的春天, 我甚至开始相信数学研究并不是我的理想事业. 事实上, 我还生活在伯克利的那一年, 就已经有这样的感觉和思绪. 回想起来, 在 1963 年和 1964 年之间的学年, 一方面我为讲课来学习类域论, 此外还在撰写篇幅相当长的关于 Eisenstein 级数的文章, 也许就是这年的用功造成了无形的疲惫, 带来的后果就是伯克利这一年的数学 “饥荒”. 无论如何, 正如我在别处也讲述到, 我的一个朋友, Orhan Türkay, 那是我在普林斯顿时认识的, 他也刚好在伯克利留了一年的时间. 他提议我到土耳其去, 建议我到新创建的中东技术大学. 我当时没有认真地去考虑他的建议. 然而, 在我回到普林斯顿以后, 发觉我跟这两个数学难题纠缠而无果时, 我想起了他的邀请, 再者, 我也受了 Agatha Christie 小说的影响, 真想去体现那浪漫的中东之旅, 今天回想起来, 那实在是有点不可思议的行动, 特别是一个带着妻子和四个年幼的孩子同行的旅程.

作为一个愉快的分散转移, 在 1965 至 1966 年, 我为工程学院的学生讲数学课, 那是我的同侪看作有失尊严的任务. 我整体的感觉非常好, 乐在其中, 我与那些工程专业的学生很快乐地查看了各种吸引我的书籍. 从 Maxwell 的 *Electricity and Magnetism* 我学会了绘制调和函数等值线的方法. 对我和我的学生来说, 这实在是很有趣. 从 Relton 的 Bessel 函数的书中, 我学会了实用谱理论. 我没想五六十年前比今天更容易获得更好的专著, 虽然我那时更容易找到时间、精力和耐心去读它们.

一旦决定了到国外去待上一年或以上, 开始进行安排以后, 生活变得更简单, 更轻松. 因为没有什么有意思的事情可以做, 也许在夏天或秋天吧, 我开始Eisenstein 级数常数项的一些计算. 一旦计算出来, 我还记得当时的感觉, 那不就是显然易见的一般 Hecke L-函数的例子吗? 而这正是我过去一段日子一直在寻找却又徒劳无功的. 我没有改变出国计划, 但却因而放弃花费时间在学习土耳其语和提高俄语能力上, 学习语言是有趣的消闲, 但我得放下, 而去深入审视这些计算的意义. 到年底我便相当清楚该怎样进行下去, 我在跟 André Weil 的一次很随意的谈话中, 解释了我的想法. 在我们的这次对话后, 我把那解释说明手写下来, 交送给 Weil, 可是他仍然感觉这个解释说明欠缺说服力, 但他请我去参加他的一个研讨班, 其中他希望可以把 GL(2) Hecke 理论推广到一般数域上. 他在复数域上已遇上了问题. 我先后给他发了两封信, 为他解说这个复数域上的理论, 一封是在我出发前往土耳其前送出, 另外一封在我到土耳其以后才发送. 在这两封信里我用了多年累积下来的微分方程的知识, 以及我为了尝试建立一个广义 Hecke 理论所得的研究经验. Weil 读不懂就去找 Jacquet 帮忙, 就是这样我开始和 Jacquet 合作发展一个如我设想的 GL(2) 的自守形式理论, 也许亦如 Jacquet 所愿.

除了童年时代我会越过边境去邻近接壤的美国去, 以及我后来在耶鲁、普林斯顿、伯克利三地生活了多年, 我从来没有出过国, 更遑论涉足说法语的加拿大地区, 所以这一回到土耳其去, 是我真正首度在别的一个国度生活. 虽然这是一个令人愉快的和有启发性的外访, 也没有因此打乱我的数学工作 (尽管我有那意图), 可是我没有完成我所希望做到的 —— 学会当地的语言, 我甚至几乎没有去游走这个异国, 对于这个国家的历史, 我也仅知皮毛而已. 我的第一个错误是没有跳入外语里, 我那个时候完全不明白, 一个人只懂得英语, 那么在许多方面, 在与世界接触的时候, 英语却是一种障碍. 英语一方面吸引很多人, 甚至不适宜的人; 另一方面也疏远其他人, 或多或少, 英语成为亲密认知一个地方和人的障碍. 也许我这么说有些夸张, 比如说, 在这个年代, 一个从事学术事业的人要掌握英语几乎跟学开汽车般容易, 但也有不少学者, 尤其是相当多的数学家 (我的同侪) 会推崇英语, 把它视作是知识成就, 只要有机令他们便彰显这种想法, 尤其在学术出版上, 以英语为主要的语言, 也许让一些人错过阅读数学的快乐. 在我出访土耳其前, 我一直不明白这种情况. 1967 年, 这种情况并非如今天那么极端. 这一回的出国期间, 我结识了一些当地的学生, 勉强学会了一些当地的语言, 多年以后, 生活经验更丰富, 准备得更充分, 我回到土耳其来, 而当年的一切都变得更有用. 一些我从前的学生都跟我成了朋友.

虽然我坚决地立下宏愿, 要花更多的时间在语言和历史上, 但数学工作仍是当前的要务, 我实在没有时间去满足这些偏好, 达到令人满意的水平. 我现在尚有一个最后的数学项目, 一旦完成, 又或者是我能做一些令人鼓舞的进展, 则我希望就此打住, 用余生去玩味语言和历史. 我的记忆在衰退中, 体能也大不如前, 但我对于未来是充满期盼的.

我的数学研究工作主要是自守形式理论和因其引申的许多发展, 另一个重点方向是重正化 (renormalization). 我相信我的大部分同侪会认为我能胜任讨论自守形式; 很少人会认为我能讨论重正化. 虽然如此我还是尝试简短地讨论重正化, 因为我相信它是一个有巨大的潜质、深度和困难度的研究方向, 也是数学家们在过去都没有花费太大努力的课题. 在此, 如在自守形式的情形, 主要的失败似乎是不愿面对核心的问题, 忘记了这两种情况的核心问题是构建一个理论, 而不是出于某种好处去证明一个定理.

自守形式是另一回事, 其中的许多重大问题没有被完全忽略, 但我们不明白的比明白的更多. 目前, 该课题跟算术、解析数论、代数几何、微分几何都有很强的联系. 有三种不同的理论, 对应于三个情况:

代数数域; 有限域上一元函数域; 紧 Riemann 面, 即复数域上一元函数域. 它们有许多相似之处, 但又有许多重要的不同的地方. 它们的早期形式与罗塞塔石碑是有名的类比, 除 GL(1) 外, 这是不包括约化李群的. Weil 为此撰文 *De la Métaphysique aux mathématiques*, 这个简单和迷人的描述对现代理论而言是一个比较不具有说服力的类比. 话虽如此, 该文还是值得一读. 2009 年 Edward Frenkel 在题为 *Gauge theory and Langlands duality* 的 Bourbaki 演讲中把这个类比推广 —— 文中列出四个专题: 数论、有限域上的曲线、Riemann 面和量子物理学. 在这篇文章里我宁愿留在纯数学领域中, 事实上, 我缺乏相当的能力迫使我这样做.

我将会在俄文的文章 "Об аналитическом виде геометрической теории автоморфных форм" 中详细地讨论第三个问题. 目前对三个专题我会局限在一个比较表面的介绍. 第一个是代数数论和不定方程的核心, 它的历史起源自 18 世纪或 19 世纪初, 自 Gauss 和 Kummer 无间断地一直到 20 世纪中; 第二个是有限域论的主要部分, 可以说它从 Galois 开始, 但随着 Hasse 和 Weil 引入有限域上代数几何而扮演更重要的角色; 第三个最多只算作 Riemann 面的一部分, 在回想起 Euler 关于椭圆积分的关注时, 这个理论并不完全起源自 19 世纪初的数学家如 Abel, Jacobi, Weierstrass 和 Riemann, 以及他们关于代数曲线或 Riemann 面的研究, 而是当时所得的新富饶. 我甚至没有转入第四个专题, 考虑到与物理理论的关系, 它被忽略了, 在 Hecke 算子的几何定义中, 从它引申的微分几何、曲率和Chern-Gauss-Bonnet 定理, 这都是 20 世纪的创作. 在我的数学研究工作已接近终曲之际, 我感到非常遗憾的是我过去没有花足够的时间去研读这些早期创始人的理论.

可以肯定, 不必要先去理解全部理论已可以造出自守形式的创作. 而另一方面, 故意把自己局限于几个已经尝试过的方法和几个熟悉的概念之内, 故意罔顾过去 250 年的主流数学概念的奇妙融合和整体连贯性, 在我看来那是不可饶恕的自残, 正如上述, 不同的语言可以提供更丰富的知识, 从而弥补不足之处. 对于许多甚至大部分的当代数学家, 几乎无法学习过去的数学. 这种无知是不幸的. 人类在地球上的日子尚短, 实在不宜忘记我们的历史和成就, 其中当然包括数学.

如果漠不关心数学的过去和我们与它的距离, 我想, 情况会变得更严重, 如果或当亚洲国家在数学上占有重要的角色, 那么英语不再是主要的语言, 甚至无法满足沟通需求. 有可能数学降为无聊的追求, 为争取论文的引用数, 为得奖, 或只为取得终身职位. 我们着实很难不悲观! 在我看来 (至少是我的观点的粗略简化), 因为欧洲人在企图征服或主宰世界时没有用力去维护过去遗留下来的知识, 我们已经失去或摧毁了很多.

回头说这三个理论. 我在第一个专题花的时间最多, 亦相信它是最难的, 目前最少人研究. 两个主要的问题都是非常一般的: 函子性和互反律. 从函子性推出 Ramanujan 猜想的一般形式, 于是得 (除 Riemann 假设外) 所有自守 L-函数的性质. 第一个工具是由 James Arthur 所发展的迹公式. 然后需要从解析数论观点 (如 Ali Altuğ 的工作) 发展迹公式, 以求达到目的, 我认为要公式化和证明不定等式, 从而比较两个不同的不定方程的解的个数, 正如在我的文章 *A prologue to functoriality and reciprocity: Part 1* 中所预测的. 我没有在这方面做研究, 也许是因为我没有想法, 更可能是我相信这是需要花几十年去完成的工作, 而我已经没有几十年了. 只要证明了函子性, 或得到一定的进展, 便得面对互反律: 原相 Galois 群是否是自守 Galois 群之商? 这是一个更艰巨的问题. 或许有些数学家会努力提出一些解答, 但巨大的无知叫我不敢提供任何建议. 否则, 我们只有零星的结果和零碎的方法, 虽然是重要的, 例如 Fermat 定理的证明. 我猜除了上述关于二群之商之外不会有其他一般性的结果, 具体信息是另一回事.

在前面提到我还在写的那篇俄语的文章里我考虑第三个专题, 那就是 Riemann 面上的理论 —— 问题是怎样明显给出复数域上一元函数域上的自守 Galois 群. 没有相应的原相 Galois 群. 我只讨论无分歧表示, 于是研究 Galois 群的一个有趣的大商, 为此我定义一个所谓的 AB-群, 因为这首先由 Atiyah 和 Bott 引入. 我尝试说服读者这就是所求的无分歧自守 Galois 群. 不过我还需努力.

我还未有机会去考虑有限域上的几何理论, 不过, 在听闻 Vincent Lafforgue 的工作后, 我很想自问有限域 κ 上函数域的 Galois 群是否差不多就是定义在 κ 上的曲线的有理函数域的 Galois 群, 我还没有空闲时间去研究他的论文.

接下来的数年间, 我被一种完全不同的数学理论吸引. 在 1984/85, 我很幸运地与物理学家 Giovanni Gallavotti 碰面, 我俩谈了一些很有趣的话题, 我得益不少. 我们在高等研究所漫步, 他向我描述了从重正化所产生的数学问题. 那都是些非常漂亮的, 有很大影响的, 并在某些意义上数学家们还未去研究的方向. 我发现, 若真的希望去了解它们的重要意义, 那得学很多东西, 无论是量子场论或流体动力学, 甚至是相关的数学. 我从来没有能够掌握这诸多的学问, 虽然我跟一个同事 Yvan Saint-Aubin 一块儿花了大量时间去做数值实验. 我希望, 在我成功说明 Riemann 面 (的函数域) 的自守理论的函子性之后, 能再一次回到重正化, 也许不是希望会有什么成就, 而只是盼望对此问题能比从前有更深入的了解吧.

让我试着用一个非常简单且有点人为的例子来描述相关问题. 我谈不上可以讨论量子场论或流体动力学. 重正化与标度有关. 设有未知成分的多孔材料的立方 (我只限于二维), 已知水从一小表面 α 流往另一小表面 β 的概率 —— 横越概率 —— 于是两面之间有开渠道. 由横越概率所组成的集合 $\{\pi(\alpha,\beta)\}$ 是材料的性质. 一个极端的例子是, 一边是实心的不可通过的材料, 概率是 x, 另一边是空心的全通的材料, 概率是 $1-x$. 然后取 8 个如此的立方放在一起得边长双倍的立方. 它有不同的横越概率, 因为在这个大的立方中会有很多路径穿插在 8 个小立方之间. 现改变标度使得新的立方边长为 1, 原立方边长为 $\frac{1}{2}$. 如此继续. 则如大自然一样, 我们从很小很简单的开始, 却得到很大的. 发生了什么呢? 通常会预计, 即对大多数初始概率, 当大小增长时, 全渗透性或无渗透性概率会变得越来越高. 另一方面, 可能有自维布局出现. 当然有无穷多个初始概率, 甚至是无穷维的初始概率空间. 然而, 或全会或有部分会在无穷重复下收缩为一点. 这些点及其性质引起了极大关注. 例如若我们从这样一点的邻域出发会怎样. 通常, 存在一个有限余维数的子空间在上述的运作下收缩至这点, 而在其他方向膨胀使得 (除始自此子空间的点外) 在上述的运作重复作用下的轨迹形成离散的双曲线. 这是很简单的动力学.

然而还不是很清楚如何创建这样的系统. 准确地说, 至少在数学意义下, 还不是很清楚如何创建这样有物理意义的系统, 或证明一个假设有物理意义的系统有预期的数学性质. 在毫无野心的前提下, 去思考这些问题, 企图明白部分已知的和一些未知的, 我相信是件愉快的事.

Preface

Robert P. Langlands

I was quite flattered by the suggestion of Lizhen Ji that some of my more casual writings–more historical, more philosophic, or more accessible might be more appropriate or more flattering adjectives–be translated into Chinese and by his proposal that they be preceded by a few comments, also to be translated. Much that I might write appears already in the earlier essays and it is better not to repeat that here, but it can be supplemented and my impulse is to do so, to profit from the occasion to introduce order into scraps of memory, even at the cost of disappointing those readers who would prefer that I confine myself to mathematics. I shall try to offer some comments on mathematics as a profession, but I cannot resist introducing them with fragmentary recollections of the period when mathematics meant nothing to me.

It also occurs to me as I begin that I am writing for readers with experience and a background with which I am unfamiliar. Over the years, there are parts of the world with whose history, circumstances, language and literature I have become familiar, not just my native Canada and an immediate neighbour, the United States of America, whose border I could reach as an adolescent in 30 minutes on foot, but a number of European countries Great Britain, France, Germany and Russia, as well as two Middle Eastern countries, Turkey and, to a much lesser extent, Israel. There are, however, large swaths of the globe with which I am almost completely unfamiliar: South America, Africa, and Asia, a great region, extending from Saudi Arabia, Iran, India, the South-East Asian countries, China, Japan and Korea. Only with Australia and India do I have any concrete experience, in part because they were parts of the British empire. I have seen India; I had even begun to learn Hindi, which I found appealing. This effort was interrupted but I still hope to return to it. With Australia my experience was at second hand; my grandmother's father was born in Tasmania, the son of a British private soldier. I first heard of his adventures from my grandmother when she was very old: a soldier's wife, his death, their children, her return with the children, those who survived, to England. Although I was then no longer a child, it was only later that I could put the scraps together to understand what she or I had to do with the people in the story.

I am, as I write these pages, trying to mitigate my ignorance of China with a pair of quite different books: *Le monde chinois* by Jacques Gernet and *Essais sur la Chine* by Simon Leys. What is clear from both, but especially from the first, is how ignorant I am. It would certainly be of great value to me to overcome this ignorance, but that will take longer than a few weeks. Although it is unlikely that any reader of this essay will be so ignorant of North American, its early history prior to the European colonization, and its history subsequent to those events, it is unlikely that he or she has any notion of the specific circumstances of that part of North America in which I spent my childhood and youth at the time in which my personality was being formed. They have changed utterly in the intervening years.

My stance as a mathematician, what I owe to mathematics, what, in so far as they are of concern to me, I regard as its purposes, have been conditioned by the first fifteen or sixteen years. Most readers of this note, who will be, I assume, largely Chinese, will be as ignorant of the circumstances of my early years as I am of theirs, even those who might be persuaded otherwise.

An earlier essay *Mathematical retrospections* was autobiographical, but was brief and no effort was made to explain the ambience in which as a child I found myself. Moreover my early life was passed in a region and during a historical period with which most, indeed almost all, contemporary Chinese will not be acquainted. It was the tail end of a brief frontier period between the arrival of the British and the Americans and their seizure of the territory at the end of the nineteenth century and the considerable European integration following the Second World. The large-scale Asian immigration had not yet begun.

Since my temperament as a mathematician was conditioned not only genetically but also by the circumstances of my childhood, these may very well be the aspect of my life about which a young mathematician might be most curious. I was more influenced by the independence, slight as it was, allowed by them, than aware of the injustices that may have permitted it. I begin by recalling these circumstances, apologizing first to those readers who may none the less be impatient with my impulse to recall my past and the past of my family, neither of which has much unusual to offer, and would rather I turn immediately to whatever observations I might make about mathematics and its traditions. Nevertheless, this essay is one of the few occasions I have had to reflect in print on my own genealogical background, thus on my immediate relation to history, which, unexceptional as it may be, is one element of any relation to history at large. So I shall recall it, as well as, in a rather distant way, the style of my childhood, which was, in its own manner, preparation for my mature years.

Although my initial impulse was to write an autobiographical preface, it appears as I proceed that I shy away from that. Especially as an adolescent, my impulses were bolder than my actions. They were uncertain and checked by a justified lack of confidence in my own possibilities, a reluctance to find myself in uneasy circumstances. It is more agreeable to reflect on less personal, less revealing topics.

I was born and passed the first two decades of my in the vicinity of Vancouver, British Columbia, an area now overwhelmed by immigration from the Orient, above all, China and India. More precisely, I was born in New Westminster in 1936, spent the first few years of my childhood on the shore about seventy miles to the north, in Lang Bay close to Powell River, returned to New Westminster to begin school, then moved to White Rock, where I passed my adolescence, and then went to Vancouver, of which New Westminster is now a suburb, to the University for five years, leaving in 1958 for graduate school, never to return except for short visits. I recall first the geography of the area, then the circumstances there in nineteenth century and the beginning of the twentieth as well as the circumstances of my family and me. It is an area that has seen changes that, although peaceful have been definitive: a semi-rural, even partly rural environment, with a population that, apart from a visible, but small, indigenous component, still had close ties to the Old Country, generally meaning Great Britain and Ireland, and to Eastern Canada, has become more urban, much more cosmopolitan, and undoubtedly much more sophisticated, and apparently, much wealthier.

Canada, like its neighbour, the United States, like most countries, was built on conquest and oppression. In the area where the two countries now meet, this conquest is often referred to as a discovery, and this discovery, in so far as overland voyages are concerned is recent: Alexander Mackenzie reached the mouth of the Bella Coola river in 1793; Lewis and Clark reached the mouth of the Columbia River in 1805; Simon Fraser reached the mouth of the Fraser river in 1808. The first and last of these rivers lie in Canada, the second reaches the ocean in the USA.

My childhood and youth were passed in a very small compass, first New Westminster and elementary school, then White Rock and high school, then Vancouver and university, I recall the geography. Vancouver lies with its back to the northern bank of the Fraser River at its mouth; New Westminster lies just a little upstream. The mouth of the river itself is formed from alluvial islands and the region south of it, Surrey and Delta, as far as the border with the US, a matter of 15-20 miles is also alluvial. When I was child, it was almost largely farmland, although some of the farmers had employment elsewhere. Three of my uncles were longshoremen (stevedores) on the docks at New Westminster and two of these also had small farms in Surrey. As I recall the only livestock consisted of fowl. White Rock lay at the time in Surrey but on the coast, almost at the point where the border with the USA first reaches the sea, not far from the mouth of a small river, the Campbell. I had at its source a more distant relative, married to a cousin, perhaps, of my grandfather, with a genuine farm: cows to be milked, something I attempted there but never since, and fruit to be harvested. He was also a water diviner and the owner of the last horse and buggy in Langley, the municipality adjacent to Surrey.

Lang Bay, about half-way between Vancouver and Bella Coola, was isolated and on the shore. My first recollections are from there, where we lived in a rented summer house, with two neigbours, an elderly woman and her grand-daughter. My memory is largely of sea, shore, the woods, which were boggy, the neigbour's fields, and a grazing goat. Occasionally but seldom, there were visitors from the south. When I came of school age, my mother, a Catholic of Irish descent, was eager to return to New Westminster where there was a parochial school and, I suppose, to her large family, three living sisters and six brothers. I flourished in the school, appreciated the nuns, who were often young, often pretty and gentle. The traditional costume, now largely, perhaps completely, abandoned, I regarded as normal. I learned to read quickly, had no trouble with the arithmetic, and skipped a grade. I liked to read, even, under the influence of the *Books of Knowledge*, popular at the time and pedalled door-to-door, tried, for reasons otherwise forgotten, to learn French on my own, accompanying in the various volumes a little British family, complete with dog, on its voyage to Paris and France. Like today's more desperate voyagers, I never got beyond Calais, although I was going in the opposite direction. It was many years before I returned to the language, but then with somewhat more success. My faith was also fervent for a brief period – I even toyed at the age of seven or eight with the notion of becoming a priest, something that would have corresponded to my mother's ambitions for my recently discovered academic ability, as it would have to those of many Catholic mothers of the period, but already before leaving New Westminster my faith was failing and my desire for a greater freedom growing. In particular, I wanted to leave the parochial school for the public school.

We moved to White Rock very shortly after the war, where I spent my adolescence, arriving in 1946 and leaving for university in 1953. These were not academic years. There were very few Catholics in White Rock, indeed the children with whom I consorted never saw the inside of a church. My mother was, unfortunately attached to the Church and eager, even desperate that I remain in it. The marriage was a mixed marriage and my father, to compensate for his own sins–principally, perhaps only, gambling–would join in her efforts to bring me to church every Sunday morning, where I was a reluctant altar boy to a disagreeable priest of Irish descent. He himself stayed at home. Church meant also confession, a vicious practice, to which, for me, the only response after the age of twelve was prevarication or invention. There are, of course, many other practices that are very much worse and not far to seek. I was ashamed, as an adolescent, of my inability to resist my parents' pressure and still do not like to recall my youthful weakness. Luckily, once I left home to attend University and I was then not yet seventeen, I could abandon the Church and churches completely except for one midnight mass, the occasional funeral, and some touristic visits. Also as a concession to my wife, who was pleasing her mother, who herself appears to have been negligent about such niceties, we were married in a church, not however a Catholic church.

The Catholic Church aside, I would say that my childhood–in a society that had not yet ceased to be a frontier society, thus a society of people who had acquired independence at more of a cost to others, in this instance largely to the indigenous inhabitants, than to themselves, among people who, by and large, were indifferent to any but an extremely modest success, financial or otherwise, major success being beyond their imagination, and only a few of whom were unlucky enough to have occasion to be confronted with authority, –encouraged a natural, even if not necessarily bold, independence, a very useful characteristic for a mathematician.

I do not entirely understand my mother's relation to the Church. A good part of her large family did not take the Church nearly so seriously as she did. Her childhood had some difficult elements. Her father was, I believe, a fireman on the Canadian National Railroad, who barely survived a head-on clash with another train and did not recover from the incident, suffering in following years from epilepsy, severe psychic disorders, as well as, I understand, alcoholism. He spent a good deal of his time in an institution, although he could, apparently, return home on weekends, from Essondale to New Westminster on foot accompanied by his dog. That was a substantial trek. So my grandmother, who had been married at sixteen, was responsible for the family. She worked as a charwoman, in the houses of women who were better off. As a result, my mother, who was a apparently a lively, popular young woman, on her school's basketball team, found herself wearing the cast-off clothes of her classmates. She never forgot it. My grandmother, Emily, whose maiden name was Dickson, was, so far as I know, above such feelings. She was a tremendously warm woman, beloved of her children and grandchildren. I knew her only for a few years. Dickson is not an irish name, but my mother's ancestors seem otherwise to have been almost entirely Irish and they seem largely, perhaps entirely, to have left Ireland, usually south-east Ireland, for example, Kilkenny Co., before the famine. I believe that the South-East was not strongly affected by it. My grandfather's family name, Phelan, is distinctly Irish and has, I believe, its origins in a region farther to the west, in the town of Cork, but as I recall reading once in a history of Ireland, the tribe of the Phelans was displaced by the Norman invaders, whom it was attempting to resist, to south-eastern Ireland in the 12th Century, whence some of them came much later to Canada

One exception to the Irish descent of my mother is an ancestor,[①] a young German named Schildknecht who left Wittenberg or Wittenberge in Germany just before the American Revolution, in which he fought as a corporal in the South Carolina Loyalist Regiment. As compensation after Great Britain's loss, he was granted land in Ship Harbour, Nova Scotia where he settled with his wife, born in the American colonies but clearly the daughter of German emigrants. The name Schildknecht became Shellnutt and their descendants mixed with the Irish immigrants. A daughter Mary Catherine Shellnutt married an O'Bryan. My grandmother's mother was her granddaughter. They must have had a number of male children as well because the surname Shellnutt seems to be fairly common in Nova Scotia. As I observed, three of my mother's brothers were longshoreman. So was her paternal grandfather. He was killed in the famous Halifax explosion of 1917 when a French cargo ship that was carrying munitions exploded in the harbour leaving 2000 residents of the city dead and 9000 injured. He was not working at the time, rather he was, with his wife, on the way home from mass

In these peripheral ways my mother's family was affected by the fortuities of the world's affairs. They themselves were not much concerned with these. Even the genealogical information on both sides is not traditional, but has been, by and large, the result of efforts of a later generation. My father's family were more recent immigrants. My mother's parents moved across Canada from Halifax to New Westminster, stopping for an unsuccessful attempt at farming in the province of Saskatchewan where my mother was born. My father seems to have been conceived in England and his mother, who was apparently not prepared for life in a tent in British Columbia, returned with her children to England for a couple of years not

① My information about the genealogy of my maternal and paternal ancestors, I owe to cousins, close and distant, to whom I am very grateful: Paricial Kilt, née Phelan, Sophie Josephson, and the late Beverley Erickson, née Phelan.

long after his birth. That he had two sisters, one his twin, the other born a very short time before him, did not make her life any easier.

She was the sixth child in a family of seven. Her paternal grandfather—I know nothing of her mother—had been a private in the British Army, who stationed for a while in Cork, Ireland met and married, either then or later, a woman called Mary. Nothing more is known about her antecedents, nor about her surname. She may have been Irish or, perhaps, the daughter of an English soldier. I cannot say. On the other hand, like my mother's mother, perhaps even more so, she seems to have been a very resourceful and courageous woman. The marriage was apparently first recorded in Hobart, Tasmania, at the time their first child was born. Her husband died in Tasmania in 1845 at the age of 36, not in the course of his military duties but of an illness. His grave and gravestone are still to be found in a famous cemetery, the Isle of the Dead, in Tasmania. His wife managed not only to find her way back to England, with at least two sons, of which my great-grandfather was the youngest and two daughters, and to enroll the sons in the Duke of York's Military School, a school near London for the orphans of soldiers. She found employment for herself in the same institution as a laundress and for her eldest daughter as well. The whole family is listed in the 1851 Census as residing in the School. The individual indications with place of birth are as follows: (i) Flowers, Elizabeth, 13, servant of Quartermaster, Enniskillin, Ireland; Flowers, Mary. F., 39, Laundress, Cork, Ireland; Richard Flowers, 10, soldier's son, Manchester, England; Robert Flowers, 10, soldier's son, Hobart, Van Diemen's Land, Australia. The sons were not twins, but the birth of the second was only eight months after that of the first. There was also a second sister, Mary Ann, eight years old at the time. A last son seems to have died in infancy. All in all, five children were born in about five years. Apparently the older son remained in the school and then joined the British army as a private, a rank at which he remained all his life. The younger son, Robert Flowers, my grandmother's father, asked to be released into his mother's custody, became first a draper and then an auctioneer, and with time, he became, in Newcastle-on-Tyne, first a councillor and then an alderman. He seems to have been a responsible son. Although, I have no information as to his mother's fate, it is clear that his two sisters came to Newcastle-on-Tyne, presumably with him, where they married and, much later, died

My paternal grandmother was married relatively late, as she was approaching thirty, perhaps past it. My reading of the circumstances is that she expected to remain at home, in her father's house, which I believe was a substantial house in Westgate, so far as I know a well-to-do quarter in Newcastle. However at some point her father, who was a widower, decided to marry again. His new wife was considerably younger, almost thirty years, also well-to-do, and apparently took up enough space in his home that there was no longer room for my grandmother. So she herself married, a slightly younger man, my grandfather. They appear to have been members of the same Methodist congregation, but I am not certain. So far as I know, her father's marriage, however unwelcome it may have been for her, was a blessing for him in his later years.

My grandmother was the only member of her family to emigrate. From her and from my grandfather as well, not from my mother's family, I acquired the notion of the *old country*, a notion often invoked in their house. It was represented in their home by a bust of Kitchener, labelled Kitchener of Khartoum, invoking his famous colonial exploits in Africa. I was, myself, disabused of any notion of a special relation to the old country when I later met, as a mathematician, a number of Englishmen. I may simply have been unfortunate in my first encounters. I came to know more agreeable specimens later.

Some time after ny grandparents' marriage, two or three years, the business of my paternal grandfather's father, who was a cabinet maker seems to have collapsed, whether for general economic reasons or for illness, mental or physical,I cannot say. His whole family moved to Canada: two daughters, both of whom were married to clergymen, one apparently a missionary to the Indians of Kispiox, in northern British Columbia, where my great-grandfather is buried, and two sons, both carpenters, presumably trained in their father's shop, one of whom was later killed in an accident during the construction of the Hudson Bay building in Vancouver. My grandmother appears to have been an unhappy woman, although she was, in comparison with her husband, her children, and my mother's family cultivated. She could play the piano and, when I began university and acquired some intellectual interests, it was from her that I borrowed the *The imitation of Christ* by Thomas Kempis, a famous medieval work of devotional literature. I confess that I neglected to return it. So far as I know, she passed a good many hours with the Bible and other devotional matters, but by the time I became curious about the world, I had little occasion to talk to her and, she, in any case, was growing senile. Whatever cultivation she had, she had acquired, I should think, in her parents' home. I had many more maternal cousins than paternal, but there was a greater awareness of the value, at least commercial, of a university education among the paternal cousins, two had business degrees and became accountants, another had a degree in engineering from a prominent American university and worked for International Business Machines. His mother, my father's eldest sister, had been trained first as an elementary school teacher and, then, as a nurse, while her sister and her two brothers all left high-school early, presumably, at least in the case of the boys, to become apprentice carpenters. A friend of my grandfather with whom he had emigrated from Newcastle and to whom he remained close until my grandfather's death told me, at my grandfather's funeral, that he had reproached my grandfather for favouring the eldest daughter, but was told that the others would not profit so well as she from any more extensive education. What role my grandmother played in these decisions, I do not know.

I knew her as a frail, rather withdrawn woman, who had little support from her children as she aged. My father perhaps assumed more of the charge, than any other, but my mother did not cooperate. New Westminster was not a large town, and my mother's brothers and sisters would have formed a large and boisterous group, not all so pious as my mother. My grandmother did not approve of the marriage and did not, I believe, disguise her feelings. My father made, however, a better marriage than he deserved. I doubt that my grandmother was aware of his more serious failings, although she expressed in the Bible she gave him on his fifteenth birthday only a feeble hope that he would read it.

I had far more cousins on my mother's side and found them more congenial, at least as an adolescent. They were easier with each other and with their mother, although my father was certainly close to his twin sister. So far as I know, apart from me, only one or two of the very youngest of my maternal cousins attended university. This did not, necessarily, prevent them from prospering. I myself, as a high-school student, had no notion whatsoever of attending university. My dream was to quit school, as one said, as soon as the law permitted, namely at the age of fifteen, and to take to the road, hitch-hiking to Toronto. Certainly, a large number of students in White Rock left at this age and found work, often seasonal, as loggers or as unskilled labourers of one kind or another. My mother, by temperament or as a consequence of her childhood experience and of my response to reading, writing, and arithmetic, will have had some ambitions for me, but more likely as a priest or a medical doctor. It was certainly noticed at the high school I attended, by observation or from the IQ tests to which we were all subject, that I had more than the usual aptitude for academic topics, but I myself was not impressed.

The few years spent in New Westminster were an occasion to meet a good many of my numerous cousins, a good proportion of whom were of about my age. New Westminster was a pleasant city in which to pass the first half of the 1940's. It was founded in 1858 as the capital of the Colony of British Columbia and remained larger than Vancouver, itself founded considerably later, until into the twentieth century. It was well and carefully planned, not large but with broad chestnut-lined streets, spacious boulevards and parks. It was a joy to be in. Thanks to the Second World War, the streets were during my early childhood almost entirely free of motorized vehicles. The port itself, on the river, did not intrude and the town, hardly more than a mile or two square was everywhere accessible to a child between the ages of six and nine. So as an introduction to urban life it could not have been gentler. I was told later by my mother that I had some trouble at first protecting myself from larger bellicose schoolmates, but I have no memory of that. The only childhood fisticuffs I remember were in White Rock. There were only two incidents. In the first, not provoked by me, I, in a burst of fury, pummelled my larger opponent and had to be pulled off him by the spectators; in the second, provoked by me, I had my nose broken.

Very few events from New Westminster are fixed in my memory: an older brother of some playmates ran away from home, and so far as I know, never returned. a classmate at the Catholic school, a girl my age, Maruka, Ukrainian I believe, whose parents were gardeners who later opened a prosperous nursery, was taken ill by one of the childhood diseases feared at the time and died within a few days. She was also a neighbour and we walked to school together. Although I was not particularly troubled by her death at the time, her image has stayed with me. I also remember her mother weeping as my own mother tried to console her, as well as a second attempt at consolation a couple of years later, just before the war's end, when a second neighbour received the notice of her son's death. My own family, uncles in particular, were not affected. Perhaps they all had children. One uncle, the youngest, served in the Air Force although he never went abroad, and a cousin, who had been born in the American state of Montana, went off to serve in the US Navy, returning to New Westminster some time later. His own father had spent some time in the USA, having run off, I believe, to join the American Navy towards the end of the First World War. My grandfather had brought him home from a similar earlier attempt, but yielded to his obstinancy. Both the father and the son married Americans.

I think that parts of New Westminster have suffered lately from urbanization and traffic, but I believe also that other parts retain their earlier charm. The year of its founding, 1858, was not many years after Fraser reached the mouth of the river that bears his name. I have recalled that the beginnings of Canada were often not laudable, but neither were those of many other countries, centuries, even millenia earlier. New Westminster and the general area, was founded and developed at a great cost to the indigenous residents. The history is recorded in Wikipedia.

In 1879, the federal government allocated three reserves to the New Westminster Indian Band, including 104 acres (0.42 km^2) of the South Westminster Reserve, 22 acres (89,000 m^2) on the North Arm of the Fraser River, and 27 acres (110,000 m^2) on Poplar Island.[11] A smallpox epidemic devastated the New Westminster Band, reducing the band members from about 400 people to under 100. Many of the remaining Qayqayt were assimilated into other local reserves, such as the neighbouring Musqueam Indian Band. Their reserve on Poplar Island was turned into an Aboriginal smallpox victim quarantine area. For decades, the Poplar Island reserve was designated as belonging to "all coast tribes". In 1913 the federal government seized most of the New Westminster Band's reserve lands. In 1916 the remaining land on Poplar Island was turned over to the BC government.

These were not the only cases of dispossession in the mouth of the Fraser River. One curious memory is a trip in an automobile to Richmond, a large alluvial island parts of which were farmed before the war by Japanese. An account of their treatment can be found at

http://www.japanesecanadianhistory.ca/Chapter5.html

from which I cite three or four phrases

The dispossession of Japanese Canadians was an accomplishment of Ian Mackenzie, the Minister of Pensions and Health and the Member of Parliament for Vancouver Centre. In April 1942, Mackenzie had journeyed to the West Coast to accept the gratitude of his constituents for his role in the uprooting of British Columbia's Japanese population and to assure them that he would continue his efforts to obliterate what he called the Japanese menace. "It is my intention," he declared on 4 April 1942, "as long as I remain in public life, to see they never come back here."

Japanese Canadians in B.C. in 1942 were concentrated in relatively few occupations, notably fishing and agriculture.2 In agriculture, Japanese Canadians dominated the berry and vegetable industries.

The jam cannery owners and the berry marketing agents feared that the removal of these berry farmers would produce a large decline in, or the failure of, the 1942 berry crop.

The most obvious solution, to anti-Japanese British Columbians, was to force the Japanese Canadian farmers to sell their farms...

The selling prices, consequently, were much lower ...

My trip at the age of about seven years was with a friend and his father, who was quite content with his new purchase, a cut-rate Japanese farm. At the age of seven I was aware of the situation, but do not recall that I had any moral judgement on the matter. Apparently, most of the Japanese who lost their farms moved to the East, but there was one family who returned and bought a farm in White Rock. One of the daughters was a friend of my wife and a bridesmaid at our wedding, later moving to Hawaii, marrying a young man of Chinese descent, and then, after Hawaii became a state of the USA, to California, where they raised their family. My wife hears from her at Christmas.

In White Rock there was a small area of land, an Indian reserve, reserved for the members of a local tribe, of which there were only a few members remaining. The tribe, like many others, had been decimated in the nineteenth century by a disease that arrived with the colonists. The few children went to the local school but did not remain long and were pretty much ignored by the other children. This seemed to me at the time a normal state of affairs. There were also a few metis in the town, but they were not distinguished from the rest of the population. My parents' store and our home above it were across the street from the reserve, but not from its residences. The chief came occasionally to buy lumber or other building material and would chat with my mother, who was usually at the cash register. Those boys in the town who were fond of fishing and of solitude would spend time in the reserve because the river ran through it, as did the trail to the border and the adjacent American town of Blaine.

I was nine, almost ten, years old when we arrived in White Rock, sixteen when I left it for university, returning only in the summer, and nineteen when I left it for good. It was a pleasant, but a strange, place for an adolescent. There was the ocean and the shore, although there were few boats. Except for the crab fisherman, the owners of the few boats, namely small rowboats, were usually Americans with a summer cottage. There was little exchange between the children on our side of the border and those on the other. The Americans were considered richer and were recognizable, from the front or from the back, by a slight plumpness.

Before the war the town's principle function was as a resort village in proximity to New Westminster and, to a lesser extent because of the lack of bridges and tunnels, to Vancouver. After the war, it served a different function, or so it seems to me on reflection. The summer cottages afforded inexpensive lodging. So there were a good number of families with no father, with a father who appeared only infrequently, or a feckless father. The proprietor of the local hotel or of the local dance hall were in my eyes rich. There were other families and their children as well, but those children whose families allowed them, for one reason or another, more freedom appealed to me.

My wife has a copy of the year book of the high school with photos of the classes, thus for grades 7 to 12. They suggest that there were about four hundred children in the school. Their faces and names are by and large familiar, but many of them came from the surrounding rural areas and many kept pretty much to themselves returning home directly after school, so that I knew much less about them and their circumstances than about those in the town itself, where there were also those youths who had left early to find work full or part time. Schooling was only compulsory until age 15. A hint of restiveness, a desire for independence, drew me to those who had left school or were free, for one reason or another, of parental constraints, but I was very young, not very bold, and could not entirely free myself from the interdictions imposed on me by my mother and, in her wake, my father. As a Catholic child, I believed, without any question that any sins would be observed not only by God above but by my recently deceased grandmother, whom I cherished, at his side.

It is not that I was up to the company of the children or youths whom I admired or envied. I had started school rather early and had skipped a grade, while a good number of my classmates had failed a grade, thus been kept back, and not just once but several times, so that they were substantially older than I was. Moreover they had substantially more freedom than I. They may not have been able to read or write with any ease, but I envied them, both the boys and the girls. My mother, curiously enough, because it was not shared by a good number of her brothers and sisters, had a fear of sin, in particular of books, not of course childrens' books, as a source of sin, that made life with her difficult. My father, whose Methodist/Wesleyan (in the diluted Canadian form of the United Church) background had not left him immune to sin, but had left him with a strong sense of propriety and of possible disapproval of the neighbours, provided no relief. So I had to struggle for whatever freedom I had. I did quickly take to foul language, although I could not use it at home. From the age of twelve to the age of fourteen, I could probably compete with the most imaginative or coarse of Indian taxi-drivers in Vancouver or of current American politicians, but between the ages of fourteen and sixteen my passion for this form of expression slowly dissipated. In those years I met, at one of the school dances, called *mixers* and introduced to encourage civilized social intercourse between the boys and the girls in the school, someone almost as timid as I but, in contrast to me, with plans for the future. This was a decisive, perhaps the decisive, event in my life.

A determining feature of those years may have been labour. The period after the war was an economically favourable period. My parents had moved to White Rock, away from New Westminster, probably at the urging of my mother, where they had founded a business– lumber and building supplies. My father provided the technical competence–he had training as a carpenter, although he never acquired his journeyman's papers–while my mother took care of the books. As would be normal at the time, perhaps today as well, my father was responsible for the collection of overdue accounts, which were frequent enough. This was, for him, not an agreeable task. For me, the fortunate aspect of the business was to provide me with an occupation to fill time that would otherwise have been idled away. Although in no way fragile, I was not a particularly strong youth, nor was I particularly athletic. I tried but I was younger than my classmates, so that I was never chosen for school athletic teams. On the other hand, in those days, kegs of nails, sacks of cement, agricultural tiles, plywood, plasterboard, and lumber of all kinds were loaded onto trucks by hand and unloaded in the same way. From the age of twelve or thirteen that was how I spent my time after school and on Saturdays. During the university years it was how I spent the summers, earning the funds to pay for the winter's food and lodging. It meant, above all, that I arrived at twenty reasonably robust, with a body that has not failed me, at least not seriously, over the next sixty years. It also meant that, without being particularly adroit physically, I could manage, although not with great skill, those household tasks associated with the building trades. However, as time went on I was ever more disinclined to undertake anything outside mathematics that demanded patience. With age, mathematics demands that quality more and more.

On reflection and I have, oddly enough, never indulged myself in reflection about these matters, after my early childhood, even during, I had little to do with my father outside these common labours. There was little disagreeable about them. Although he was occasionally impatient with my lack of dexterity, it was pleasant to work with my father. He was generous with my pay, adequate to allow me to indulge my juvenile sartorial extravagance, to go to the movies and so on, and, now and again, as a diversion, he suggested that I work as a swamper, a term used only in Canada, thus as a helper on the local light-delivery truck, which was not only more leisurely, with a good deal of time spent beside the driver watching the world go by, but entailed occasionally a trip to Vancouver or New Westminster for a load of cement, drainage tiles, or sashes and doors. This was hardly work!

The postwar years were prosperous; the business thrived, ostensibly under the hand of my father, but the determination was, I believe, my mother's, although this was not apparent to me at the time. My father had a modest taste for luxury. As the business prospered, they were soon able to construct a building to house it, with an apartment upstairs for the family. With a stone facing and large plate glass windows, it was at that time and place an imposing edifice. It now houses a restaurant. With time, my father was able to buy himself a Buick, at that time a luxury automobile, and to construct a house in the best part of town, on a cliff on the shore with a splendid view over the Strait of Juan de Fuca. Unfortunately, as my mother grew older and became ill, she was no longer able to save him from himself, and a vice–gambling–that had been present from the beginning, although hidden from the children, and a constant source of anxiety to her, took over. He, and thus they, slowly lost everything. By then, I was far away. It fell to my two sisters to do what they could, and it was considerable, to mitigate the disaster.

To return to my own development, how did it happen that rather than hitchhiking to Toronto, I went to university? It may have been the effect of my new acquaintance, but that would have been an unconscious effect, although I doubt that she would have encouraged my hitchhiking plans. She would certainly not have been willing to be a part of them. It would undoubtedly have meant that we parted ways.

There were two things. First of all, in the last year of high school, we had a new teacher, Crawford Vogler, and a new textbook, a textbook that introduced us to English literature. He was a very enthusiastic, very sympathetic teacher. I recall that he gave two or three students special assignments. I was asked to report on the novel *The Ordeal of Richard Feverel* by the well-known Victorian novelist George Meredith. It was all a little puzzling to me and any expectation on his part must have been disappointed. However, as I remarked above, I will have been given an IQ test and he will have been aware of any unusual talent. That will have been the source of his disappointed confidence in me. None the less, he took, either then or on some other occasion, a full class period to explain to me in front of the other students that I must go to university. Going to university meant going to the University of British Columbia. There were then no other universities in the province and the possibility of going elsewhere would never have crossed my mind. I was impressed then and there by the suggestion and decided not only to take the entrance examinations but to study for them. I was successful; I even received a bursary to pay the academic fees.

Secondly, although my father had left school after nine years to become an apprentice, my wife, not at that time of course, was the child of a man with a more meagre educational background – born on Prince Edward Island, into a mixed, Franco-Irish marriage his mother died when he was two years old and he was given into the care of a Scottish family. So his initial language was Gaelic, but apparently somewhat frail and uncomfortable with the robust sons of the family, he left home at an early age, working in the logging camps of Quebec, where he learned French, as spoken by the loggers. He must have been quite agile, since his task was sometimes to clear log-jams. This was done by inserting an explosive in the jam and then running away, from one log to another, in order to be clear of the jam before the explosion freed the logs– a slip would be fatal.

What he had not learned neither with the Scots nor in the logging camps was to read and write. His chance came during the Great Depression, when various unions or political parties undertook not only to feed the unemployed but also to educate them. He had kept some books, by Frederick

Engels, Karl Kautsky, August Bebel and other socialist authors, that he undertook to read at that time, most of which we still have. He liked to cite at length various passages from these books. He had a good memory but reading was always difficult for him. I think his wife, my mother-in-law, gave him further lessons after their marriage. My own father could read well enough, although writing was another matter. I do not think I ever received more than one brief note from him, in an emergency. One book in particular, I took away from my future father-in-law's library to read, *The Story of the World's Great Thinkers* by Ernest R. Trattner with biographies of many of the world's renowned thinkers, for example, Copernicus, Hutton, ... Marx, Pasteur, Freud, ..., Einstein. I remember being particularly impressed by the story of Hutton and the age of the earth. The book itself had been very popular, deservedly so, in the late thirties and early forties of the last century. So second-hand copies are still easily found.

I recalled at length various genealogical facts related to my family. I recall one or two related to my wife. They are striking. Her mother's family, like my mother's large with ten children, had emigrated not from England but from Scotland at the time of the First World War. My grandfather and his brother had returned to the Old Country as soldiers but they were sufficiently old that they never, so far as I know, saw battle. Lord Kitchener, who as I recalled was a familiar figure to me from my grandparents' dining room, was the Secretary of State for War for Great Britain at the beginning and had introduced the policy of sending brothers together to the battlefield on the principle that side-by-side they would fight better. The result was that many families lost all their sons at one stroke. My wife's grandfather's family seem to have been so affected, not her grandfather and one of his brother's who had also emigrated, who survived, although injured, as members of the Canadian army, but the four brothers who remained in Scotland and fought with the British army all perished, at least three apparently as a result of Kitchener's policy, which I believe was finally abandoned.

Part at least of her father's family had been in Canada much longer, descendants of a Basque fisherman and his Micmac wife, who are to be found in the census undertaken by the British after the conquest in 1763. My children are aware of their descent, although it is hardly apparent. Nevertheless, one my daughters, the blonde among the four children, learned recently from her dentist that there is an aspect of her dental structure that is a sure sign of an indigenous ancestor.

Almost the first event marking the change from childhood years to university years were aptitude tests. They were followed by consultation with some member of the university's teaching staff. I was offered, given my arithmetic talent, such possibilities as accountancy although academic possibilities were also mentioned. I suppose I expressed an intention to study mathematics and physics and it was observed that in that case I might even want to take a Ph.D. degree. I listened and, my studies not having yet begun, returned to White Rock, where for some reason or other I visited the house of my future in-laws, who were in bed. I took the opportunity of asking my future father-in-law what a Ph.D. was. Some what surprisingly, now but not then, he knew. Sometime later, I consulted with a mathematician, Dr. Jennings, with the title for professors customary in Canadian universities, who suggested to me that as a mathematician there would be several foreign languages to be learned. I took his remark seriously, although, initially, seriously may not have entailed effectively. One year of French or some other language was a normal requirement. At the end of the first year I acquired a basic text for German grammar and reading it over the summer felt that I was adequately equipped in that direction, and in the second year moved on to a course in Russian.

In retrospect, these efforts were a little ridiculous, but I had occasion later to make more serious and more effective attempts to master these and other languages. I pity the mathematicians of today, not only the native speakers of English who have no occasion to learn the classical European languages, which offered until recently, outside mathematics and within mathematics as well, a great deal but also the European mathematicians and mathematicians from elsewhere, but especially the Europeans–the French who have all but destroyed Breton, the Germans, who have destroyed above all Yiddish but also less important languages as well, like Wendish/Sorbian– who now are assiduously rendering their own more and more difficult of access. They, with a notion that acquiring English is today still a cultural achievement, merit perhaps more contempt than pity. Some, of course, like the editors of Springer Verlag, are in it for the money. It may be that the response as to whether mathematics should be a matter of several languages or of one will ultimately be given by the Chinese.

In my first year of university, my principle preoccupation was some mastery of English. As I have implied I was in high-school negligent and had ignored the basics not of English orthography but of English grammar. I was assiduous–to the amusement of the other students, some of them adults, and the teacher, Dr. Morrison–consulting the dictionary for every unfamiliar word in every poem and learning, in particular, to avoid comma splices.

The mathematics was new to me but by today's standards elementary, largely, as I recall, trigonometry. The second year was again relatively slow, mathematics and a course of logic, a subject about which, as a mathematician, I have tried to inform myself but always unsuccessfully. The physics course, the Russian course, and the course on English literature, from the beginning to the nineteenth century, Chaucer, Fielding, and a good number of other authors, all appealed to me. We had been introduced to Shakespeare in high-school.

The third year was more interesting. For various reasons the multivariable calculus courses were not successful, a bad and indifferent teacher undermined the efforts of a conscientious and potentially excellent teacher, Dr. Leimanis. However Marvin Marcus, now very old but still, I believe, with us, recommended Courant's classic book on differential and integral calculus, which I studied, but occasionally, as with the inverse function theorem, in too superficial a manner. Either in the second but more likely third year, I had two other courses, each, as I recall, half-year courses. Dr. Christian gave an excellent course on algebra from a well-known book of Dickson. Once again, I did not always grasp adequately the interest of various important points, for example, the theory of the cubic equation. The textbook in the other course, on linear algebra and geometry was also a widely used American text, the names of whose authors I forget, but during the summer, at the suggestion of Christian, I read Halmos's book on vector spaces, widely used at the time. I confess that I fell in love with the abstraction of his presentation, a passion good in its way for a mathematician, but it is best not to be overwhelmed by it. A book that, in some sense, was a surer sign of my fate as a specialist of automorphic forms and the Hecke theory was a book that I found on my own, a translation *Modern Algebra and Matrix Theory* of a once familiar German text by Schreier and Sperner where the theory of elementary divisors is treated at length.

By the fourth year, I could give myself up almost completely to mathematics. Not entirely through a fault of my own, I had abandoned any intention I may have had to become a physicist. In retrospect, I did not and do not have the right kind of imagination, but the decisive event was a course in thermodynamics in the third year. This is a difficult subject, in particular the topics of heat and entropy and in response to a homework question I wrote an extravagantly long essay, which unfortunately I did not keep. Given my age–I had just turned nineteen–and my lack of a solid pre-university education, it probably was not so bad. The teacher, an English experimentalist, chose to mock it in class. That, I think, was the turning point. Certainly, given the nature of whatever talent I had, it was for the best. I did, that year, have a physics course that I much enjoyed, the optics course, above all the experiments. I was fortunate to have a partner, Alan Goodacre, in the laboratory experiments that were an important part of the course and that in his hands always yielded the expected, thus the correct, results. There was a division of labour, in which I took the easy half, the theory, and he the difficult half, the experiments. I still have occasion to meet him occasionally in Ottawa, where he was an experimentalist with the dominion laboratories for many years.

So, in the fourth year, I focussed except for a second course in Russian on mathematics. I learned or began to learn a great deal: function theory, in particular from the third volume, which I studied on my own, of the prescribed text, a translation of a German text by Konrad Knopf, the Weierstrass theory of elliptic functions; ordinary differential equations, including something about special functions and the beginnings of spectral theory, which I supplemented later in graduate school and the years immediately following, with the book of Coddington and Levinson and with M.H. Stone's book on the spectral theory of operators in Hilbert space, both excellent preparation for the general theory of Eisenstein series, which has been a major concern of my career and which led to its major achievement, what is often referred to as the Langlands programme. Galois theory was the principal topic in another course but it went by, I am afraid, more or less unremarked. I also participated in my fourth year at university, or more likely in the following year, in a seminar on commutative algebra, based on the book *Ideal Theory* of D.G. Northcott. In any case, I managed during the following year to write, on my own initiative, a master's thesis on some idea or problem that I found in it. None of the professor's were familiar with the topic so that they were uncertain what to do. Out of the goodness of their hearts and, I suppose, because my performance was otherwise satisfactory they accepted it–even though I had had to confess at some point during the proceedings that I had found an important error in it–and let me move on to graduate school. That year 1957-58, between my four undergraduate years and my two graduate years at Yale, was one of the most demanding of my life. I had been married a year before, at a very young age, was teaching one undergraduate course, my first experience of lecturing, was taking enough courses to acquire the necessary credits for a master's degree, without which I could not move on to the important stage of a doctoral degree, and finally I was writing the master's thesis. I remember almost nothing from that year: life in a trailer with my wife; a charming girl in the freshman class I was teaching who seemed to be taken with me, an infatuation to which unmarried and otherwise uncommitted I would have been happy to respond; as well as an incident with a second professor of physics. This I remember clearly.

The occasion was the final examination of a course on mathematical methods in physics, a course for graduate students offered by this professor, an immigrant from Europe. The focus was the representation theory of finite groups, characters, orthogonality and so on. The single problem assigned was to analyze the representation of the tetrahedral group on the sum of the four tangent spaces at the vertices, each a three-dimensional space, which he thought of as provided with the natural metric. He expected the students to decompose the representation using the orthogonality relations. The best, most direct solution is of course to use a non-orthogonal basis directed away from the vertices along the edges. Then the problem is solved by inspection. He looked at all the zeros and ones in the calculation and was persuaded that I, as a thick-headed student, had inappropriately introduced the regular representation and was about to fail me, which would have meant no master's degree and no move to Yale. He seemed to be obdurate, but for unexplained reasons ultimately gave me a passing grade. Perhaps a colleague explained the solution to him.

All in all, the years at the University of British Columbia were very profitable. I learned something: how to write English, a beginning in three other languages, a little bit of physics that did no harm and, both in the courses and on my own, a good deal of mathematics. The campus too was a pleasure, small and forested. Photographs I have seen suggest that it is now an asphalt desert, but so are many places.

I add as well that I was by and large satisfied with my independent reading in various mathematical domains. It still seems to me that a mathematician's obligation, as much, even more, than proving theorems, an activity that sometimes demands more ingenuity than insight or foresight, is the preservation of the creations of the past, not necessarily all, but certainly those that sustain the subject's depth and intellectual pertinence. Although I had an exaggerated fondness for abstraction, one nourished by Halmos, it was sated by the book of Dixmier, *Les algèbres d'opérateurs dans l'espace hilbertien* which I believe I managed to read from beginning to end as a part of my studies for the master's degree. Nor was I able to maintain a sustained interest in logic, even the introductory text *The elements of mathematical logic* by Paul Rosenbloom defeated me.

I set off for Yale University full of hope and my wife followed in a couple of months with our first child. A second one was to be born less than a year later. At Yale I followed two or three helpful courses, one on the basics of functional analysis with Nelson Dunford, using the book *Linear Operators, Part 1*, that he wrote with Jack Schwartz. As one can see from the second volume of the book, it was in this course that I first proved something that could be called a theorem. Another course was formally given by Einar Hille and made use of his book *Functional Analysis and Semi-groups*. Hille was a consummate analyst and it was a pleasure to acquire some familiarity with various objects of classical analysis, especially the Laplace transform, from it. A third course was given by Felix Browder on partial differential equations, especially the topics of current concern to specialists. He was never well-prepared, often taking two or three runs at a proof without ever succeeding in completing it. I, however, was diligent, took my notes home and usually managed to put the collected information together to arrive at a proof, so that I gained much from his lectures.

I also read a great deal, especially from Dover paperbacks, which were available cheaply. I remember, in particular, D.V. Widder's book, *The Laplace transform*, in the Princeton University Press series, Burnside's book *The Theory of Groups of Finite Order*, and the first edition of Zygmund's book *Trigonometrical Series*, a book I read carefully. I read the second book superficially, forming the extravagant ambition of proving the Burnside conjecture on groups of odd orber, proved not much later by Feit and

Thompson. Zygmund's book I seemed to have read quite carefully, for it saved me from failing the oral examinations at the end of the year. I had not systematically prepared for them, thinking I could take a chance with what I knew. It turned out that I had largely forgotten what I had learned about commutative algebra in Vancouver. So things were looking bad. After algebra came analysis, and the examiner Shizuo Kakutani fortunately knew a great deal about various convexity theorems, due to one or the other of the brothers Riesz, that I too had at my fingertips – at the time, from a recent reading of Zygmund's book on trigonometrical series, but not today. So I was saved by a kind of miracle

Sometime during the year, I solved a problem about Lie semi-groups, a topic introduced by Hille and during the summer, putting together on my own what I had learned about elliptic partial differential and about Lie semigroups, wrote what I considered an acceptable thesis. As with my master's thesis in Vancouver, no-one on the faculty could read it, so that there was some question as to whether it could be accepted. Kakutani was opposed to this, but his colleagues decided none the less to accept it. Fortunately, I did not discover any errors and much of the material was later incorporated into the book *Elliptic Operators and Lie groups* by Derek Robinson. So it had some success.

Having prepared the doctoral thesis I was completely free for the entire second year of my stay at Yale. This was one of the happiest years of my professional life. For the first time in several years, my time was my own. There was one seminar proposed on functions of several complex variables that, as it turned out, never took place because of some discord between the organizers, and lectures by S. Gaal on the paper of Selberg on the trace formula and what Godement began to refer to as Eisenstein series, a topic begun by Hecke and Maaß, a student of Hecke. I read the articles that were to be treated in the seminar on my own. By a fortunate coincidence the material on domains of holomorphy they contained allowed me to prove some relatively simple theorems on the holomorphic continuation of the

Eisenstein series, a topic in Gaal's lectures which later became central for me. I forget the titles of the articles and the names of their authors.

I would like to insert here a note of appreciation to Yale for the two years I spent there as a student. After deciding to apply for admission to a doctoral program in mathematics, I applied at Harvard, Yale, and Wisconsin. Harvard accepted me, but with no money; Yale accepted me with a bursary; and Wisconsin accepted me with a position as teaching assistant. Yale was thus the best choice. What I want to admit or to explain here is how fortunate I believe I was to be spared the trial of a sudden immersion in an atmosphere of competitive and well-trained young mathematicians who had spent their undergraduate years in major centres and to have had rather two stressless years if not to make a mathematician of myself at least to have a start at it. When I arrived at Princeton after these two years my schooling was up to the more demanding style of my contemporaries, the students, and of the young faculty.

In fact my arrival at Princeton was a matter largely of chance. I would have preferred to stay at Yale and, I believe, most of the faculty would have been happy to keep me, but Kakutani was again opposed and this time successfully. The place, Princeton, and the time were chosen by hazard. Leonard Gross, then at Yale, but who later spent his career at Cornell University, suggested to me and a friend a trip to the Institute for Advanced Study, where some of his friends from his student days in Chicago, among them Edward Nelson and Paul Cohen, were spending a year. I happened to speak briefly with Nelson about my work on Lie semi-groups. It turned out that he had investigated similar topics. He was favourably impressed and, as he was to become an assistant professor at Princeton University in the following year, suggested to his future colleagues that they appoint me as an instructor. I received the appointment with no application, no letters of recommendation, nothing, only the oral recommendation of Nelson. The lives of young mathematicians, and of their older colleagues as well, in the USA, and no doubt elsewhere as well – the USA often serves as an unfortunate model far beyond its borders – are more burdened with red tape than they once were. If I had become a mathematician in the present context, domestic and international, I would, I believe, have become quite a different one and, indeed, abandoned the undertaking, or perhaps never have begun it.

Semi-groups had, however, little to do with my first years at Princeton. In part because of the work of Selberg, a good many mathematicians had returned to the study of Hecke and Robert Gunning was offering a course on his theory in Princeton which I attended. There was also a seminar on analysis, that Salomon Bochner attended and, I believe, fostered. I was asked to deliver a talk on my own work and, not having anything else to offer, discussed the somewhat accidental efforts inspired by Gaal's seminar. Bochner appreciated it, not I would guess, so much because of the material, but because it had no relation whatsoever to my thesis, an indication of independent thought. Bochner was an analyst of broad scope, who during the early part of his career in Germany had known, I believe, Helmut Hasse, Emmy Noether and others in the Göttingen school. He encouraged me to pursue the study of these series and, thus of automorphic forms, in particular to extend the considerations from the field of rational numbers to finite extensions of this field, thus to learn about algebraic numbers. This was my first introduction to German texts, a text of Landau and that, *Vorlesungen über die Theorie der Algebraischen Zahlen*, of Hecke, and then, rather quickly as I pursued the topic of Eisenstein series, the papers of Hecke and Siegel, in which the modern theory of automorphic forms was created. Sometime during this period I also came across the monograph *The general theory of Dirichlet's series* by Hardy and M. Riesz that contains the very important theorem of Landau on Dirichlet series with positive coefficients, a theorem that was, I believe, implicit in the work of Rankin and Selberg on Ramnaujan's conjecture. Rankin was a student of Hardy.

I observed in the paper *Problems in the theory of automorphic forms,* that appeared in 1970 that functoriality in my sense and the theorem of Landau taken together would yield not only Ramanujan's conjecture itself but also a very general form of it. This is a conviction I had not afterwards questioned. On writing this preface, however, I glanced again at that paper and observed that functoriality and the theorem of Landau were not in themselve sufficient; one would need in addition the principal theorem of Godement and Jacquet in their treatise *Zeta functions of simple algebras* as well as the understanding of the spectral decomposition of $L^2(GL(n,F)\backslash GL(n,\mathbb{A}_F))$, available in a paper of Moeglin and Waldspurger. There is no reference to these works, both of which appeared later, in my paper. I have to return to the Godement-Jacquet theorem and understand why and how it is so strong.

After Siegel the modern theory was created, hardly entirely but I would say decisively, first by Selberg, whose trace formula, although a form of the Frobenius reciprocity theorem, was at a much more difficult analytic level, and Harish-Chandra, whose work on reduction theory, although in comparison with his work on representation theory minor, transformed the theory of automorphic forms into a part of the theory not of particular reductive groups but of all reductive groups and, ultimately, an aspect of representation theory. Certainly I, as a young mathematician, moved naturally along this route. It was inevitable; as I just observed, the trace formula, which became almost immediately after its introduction central to the theory, is intrinsically representation-theoretic.

A topic that was less obvious, but in its way also inevitable, was class field theory. Not only was it in the air in Princeton, from which Artin had not long been absent, but it was apparently also a topic that Bochner felt was important and it must have been in late summer of 1963, that he suggested that I should or declared that I must offer a course in class field theory, at the time an arcane topic, of no interest to the bulk of mathematicians. I was flabbergasted! I had hardly begun to learn algebraic number theory and the semester was about to begin. I protested that it was out of the question, but he insisted. I yielded and set about preparing the course, which placed the problem of a non-abelian class field theory, if not at the centre, certainly on the fringes of my mathematical ambition.

The academic year 1964-65 I spent at Berkeley in California with no teaching responsibilities. My initial ambition was to learn algebraic geometry. This was before Grothendieck dominated the subject and I took with me Weil's *Algebraic Geometry* and Conforto's *Abelsche Funktionen und Algebraische Geometrie*. I even organized with Phillip Griffiths a seminar on algebraic geometry from which he clearly profited much more than I. I was also infatuated during that year with Harish-Chandra's papers on spherical functions and matrix coefficients and wanted to construct that theory along the lines of the theory of hypergeometric functions with which I was taken at the time, but was unsuccessful. All in all, I was disappointed with my mathematical accomplishments during that year.

The next year, back in Princeton, was no better. I had formed two ambitions, both rather extravagant, to make some progress in non-abelian class field theory and to create a general theory of Hecke L-functions. I made no progress and by the spring of 1966 was coming to believe that mathematics was not the career for me. Indeed I had sentiments of this sort already during the year in Berkeley. The year 1963/64, a year in which I not only was learning class field theory for the course I was giving but also writing up the extremely long paper on Eisenstein series, may have caused an unrecognized exhaustion that was the source of the mathematical famine of the Berkeley year. Anyhow, as I have recounted elsewhere, a friend, Orhan Türkay whom I had met in Princeton and who was also spending a year in Berkeley, suggested I come to Turkey, not to his university where he taught economics but to the newly created Middle East Technical University. It was not a suggestion that I initially took seriously. However, after my return to Princeton and a fruitless struggle with the two topics mentioned, I recalled his invitation and began, influenced perhaps by Agatha Christie novels, to reflect on the possibility of a romantic trip to the Middle East, today a somewhat incredible notion, especially for someone accompanied by a wife and four young children.

As a diversion, a pleasant one, during 1965-66 I offered to teach mathematics for engineers, a task that was beneath the dignity of my colleagues. I enjoyed it and the engineering students and I had, as well, the pleasure of consulting various books that appealed to me. From Maxwell's *Electricity and Magnetism* I learned methods for plotting the level lines of harmonic functions, an amusing occupation for me and for the students; Relton's book on Bessel functions was an opportunity to learn some concrete spectral theory. I do not suppose that specialized monographs were better or more readily available fifty or sixty years ago than today, but I was more likely to find the time, the energy, and the patience to read them.

Once having begun to make the arrangements for a year, or more, abroad, life became simpler and more relaxed. For lack of anything better to do, I began, perhaps in the summer or the autumn, to make some idle calculations of the constant terms of the Eisenstein series. Once calculated, it was, as I recall, almost immediately evident that they offered examples of a general notion of a Hecke L-function, what I had been searching for in vain. I did not change my plans, but did abandon my efforts to learn Turkish and to improve my knowledge of Russian, both appealing pastimes that had to be abandoned in order to investigate the implications of these calculations. By the end of the year I had a fairly clear idea of what might be done and, during a brief, unexpected conversation with André Weil began to explain what I had in mind. A more detailed hand-written explanation sent after the conversation he did not find persuasive, but he did invite me to attend a seminar in which he was explaining how he hoped to extend the Hecke theory for $GL(2)$ to general number fields. He was having trouble with the complex case. I explained the theory in this case to him in two letters, one sent before the departure for Turkey, one after my arrival, in which, thanks to the knowledge of ordinary differential equations acquired over the years and to my own experiences in attempting to create a generalized Hecke theory, the complex case was treated. Weil was unable to read them, but turned to Jacquet for help, and this led to the joint effort with Jacquet to develop a theory of automorphic forms for $GL(2)$ compatible with my expectations, and perhaps with Jacquet's as well.

Apart from childhood excursions across the nearby border and my years at Yale, Princeton, and Berkeley, I had never been abroad, never visited French-speaking Canada, so that Turkey was my first experience with a genuinely different country. Although it was a pleasant and instructive visit that did not interfere with my mathematical projects, I did not accomplish what I had hoped, scarcely, in spite of my intentions, learned the language, scarcely visited the country and acquired only a superficial understanding of its history. My first mistake was not to take an immediate linguistic plunge, not to understand that for an anglophone English is, in many respects, a handicap in one's encounter with the world. The language itself attracts too many people and the wrong sort; it alienates others and is, by and large, an obstacle to a genuine intimacy with a land and its people. I exaggerate but for, say, an academic to acquire English today is scarcely more difficult than learning to drive an automobile, yet there are many academics, in particular, a good number of my fellow mathematicians, who regard it as a genuine intellectual accomplishment, which they are eager to display whenever the occasion arises. They and, in particular, their excessive use of English as a vehicle of publication deprives the field of a great deal of whatever secondary intellectual pleasures it offers. Before my first visit to Turkey, I did not understand this. The situation was not so extreme in 1967 as it is today. At all events during this visit I acquired some knowledge of the language, some acquaintances among the students that, when many years later, more experienced, better prepared, I returned, served me well. A number of the former students became friends.

In the meantime, I had been more determined in my efforts, linguistic and historical, but since my major preoccupation was always mathematics, I was not able to satisfy these predilections to any satisfactory extent. I have presently one final mathematical project, but once it is accomplished, or even if I make some encouraging progress, I hope to pass the time left to me indulging them. My memory is failing; so are my energies, but I am nevertheless hopeful.

The major undertaking of my mathematical career has been the theory of automorphic forms and its many manifestations, and a secondary one has been renormalization. I think that most of my colleagues regard me as competent to discuss automorphic forms; very few will regard me as competent to discuss renormalization. I shall nevertheless attempt to do so very briefly, because I fear it is a subject with enormous potential and enormous depth although also enormously difficult that has not been met with any genuinely adequate effort on the part of mathematicians. Here, however, as with automorphic forms, the principal failing seems to be a reluctance to come to terms with the central issues, to forget that the central problem in both cases is to construct a theory, not to prove something that with a certain amount of good will passes muster as a theorem.

Automorphic forms are another matter, for the major problems have not been entirely neglected, but there is still much more that we do not understand than that we understand. At present, the subject has strong ties to arithmetic, to analytic number theory, to algebraic geometry, and to differential geometry. There are three different theories, relevant in three different contexts: the theory over an algebraic number field; the theory over a function field in one variable over a finite field; the theory over a compact Riemann surface, thus over a function field in one variable over $\mathbb{C}$. They have many similarities, but a number of important differences. There is a famous analogy of earlier forms of them, in which reductive Lie groups, apart from $GL(1)$, played no role, with the Rosetta stone. Weil has written a brief and charming description of it in the essay *De la métaphysique aux mathématiques*, but the analogy is less persuasive for the modern theories. The essay is none the less well worth reading. There is an extension of the analogy in a Bourbaki lecture of Edward Frenkel, *Gauge theory and*

Langlands duality, that appeared in a Bourbaki lecture in 2009. He has our three topics, which he lists as *Number theory, Curves over* $\mathbb{F}_q$, *Riemann surfaces* but he adds a fourth, *Quantum Physics*. I prefer to remain in this essay within the domain of pure mathematics, indeed lack of competence forces me to do so.

I shall be discussing the last of the three topics at more length in an article Об аналитическом виде геометрической теории автоморфных форм but for now I prefer to confine myself to a very superficial review of the three theories mentioned. It is well to recall that the first theory, which is central to the theory of algebraic numbers and diophantine equations, has a history beginning late in the eighteenth century or early in the nineteenth, with Gauss and Kummer and continuing without interruption until the middle of the last century; the second, which may ultimately form a major part of the theory of finite fields, is thus a theory that begins perhaps with Galois, but began to play a much larger role with the introduction by Hasse and Weil of an algebraic geometry over finite fields; the third is at best a part of the theory of Riemann surfaces, which itself does not, as one remarks when recalling Euler's concern with elliptic integrals, begin entirely with early nineteenth century mathematicians like Abel, Jacobi, Weierstrass, and Riemann and their study of algebraic curves or Riemann surfaces, but acquires at that time a new richness. It also entails – even without turning to the fourth, neglected topic – a relation to, perhaps speculative, physical theories, the introduction – in the definition of the geometric form of the Hecke operators – of differential geometry, curvature, and the Chern-Gauss-Bonnet theorem, which appears – in spite of its name – to be, in its present form, largely a twentieth century creation. I, myself, greatly regret as my career draws to a close not having spent enough time with the writings of the early founders of these theories.

It is certainly not necessary to understand the theories as a whole to contribute to the theory of automorphic forms. On the other hand, deliberately to restrict one's attention to a few tried methods and to a few familiar concepts, and deliberately to turn one's back on a marvelous fusion and coherence of many of the principal mathematical concepts of the past 250 years, seems to me an unpardonable form of self-mutilation, rendered more tempting by the linguistic, thus intellectual, inadequacies noted above. For many, even most, contemporary mathematicians, the mathematical past is largely inaccessible. This ignorance is unfortunate. Humans have not been on the earth for such a long time that it is appropriate to forget our history, or that of our accomplishments, mathematics among them. The indifference to the mathematical past and the distance from it will, I suppose, nevertheless become more pronounced if or when the Asian nations assume a major role in mathematics and even English ceases to be the principal, or even an adequate, medium of communication. The possibility of reducing mathematics to a trivial pursuit, a struggle for a large number of citations, for a prize, or just for a tenured position, is also there. It is difficult not to be pessimistic! In my view, or at least in a coarse simplification of my view, a great deal has been lost or destroyed in the largely successful European – at least initially, for the centre of power shifted in the last century – attempt to conquer or dominate the world and little is done to preserve what remains.

To return to the three theories. I have spent most time with the first and believe that it the most difficult, although it may now have the fewest practitioners. The two principal questions are very general: functoriality and reciprocity. Functoriality entails an answer to such questions as Ramanujan's conjecture in its general form, thus it entails establishing all the expected properties of automorphic L-functions short of the Riemann hypothesis. A first tool is the trace formula in the form established and developed extensively by James Arthur. Then it requires a development of the trace formula, in the sense of analytic number theory, say in the form with which Ali Altuğ has been struggling, whose goal would be, in my view, the formulation and the proof of the diophantine equalities, thus a comparison of the number of solutions of two different diophantine equations, necessary for the comparisons envisaged in my essay *A prologue to functoriality and reciprocity: Part 1.* This is not work that I myself have undertaken, perhaps because I have no ideas, but largely because I think of it as an undertaking that requires decades and I myself do not have decades. Once functoriality has been established or some progress with it has been accomplished, there will remain reciprocity: is the motivic galoisian group a quotient of the automorphic galoisian group? This is an even more daunting problem. There may be domains and mathematicians whose efforts suggest solutions but my ignorance is so great that I am reluctant to offer any advice. Otherwise, we have only scraps of results, scraps of a method, but they are serious scraps, prominent in, for example, the proof of the Fermat conjecture. I do not suppose we shall ever have any general information about these two groups more concrete than a statement that one is a quotient of the other. Specific information is another matter.

In the article in preparation whose title appears above, I broach the problem of an explicit description of the automorphic galoisian group for the third form of the theory of automorphic forms, thus the theory over a Riemann surface. There is no analogue of the motivic galoisian group. I confine myself in the article to unramified representations, thus to a nevertheless large and interesting quotient of the galoisian group, and define a group that I call the AB-group because it was introduced by Atiyah and Bott and make some effort to persuade the reader that it is indeed the unramfied automorphic galoisian group for the third theory. Further reflection is, however, necessary.

I have not yet had a chance to examine the geometric theory over a finite field, but, after hearing of the work of Vincent Lafforgue, I am tempted to ask myself whether the automorphic galoisian group over function fields over a finite field κ is not pretty much the Galois group of the function field F_κ, the field of rational functions on the curve defined over κ, although I have not yet had the leisure to study his papers.

For a period of several years, I was absorbed by an altogether different mathematical theory. Sometime in 1984/85 I had the good fortune of an enlightening conversation with the physicist Giovanni Gallavotti. As we strolled on the grounds of the Institute for Advanced Study, he described to me the mathematical problems arising from renormalization. They are very beautiful, of very general concern, and, in some sense, not sufficiently studied by mathematicians. There is, as I discovered, a great deal to learn if one wishes to understand their significance, whether in quantum field theory or fluid dynamics, or even in a more mathematical context. I was never able to come to grips with all these matters, although a colleague Yvan Saint-Aubin and I spent a great deal of time with numerical experiments. Once again I hope, after I have succeeded in explaining what I see as the expression of functoriality in the automorphic theory over (the function fields of) Riemann surfaces to return to renormalization, not in the hope of accomplishing anything, but in the hope of understanding the problems in more depth than before.

Let me try to describe the relevant issues in a very simple, somewhat factitious example. I am hardly in a position to discuss quantum field theory or fluid mechanics. Renormalization is related to a change of scale. Suppose we have a cube (my personal experience is limited to dimension two) of porous material whose precise constitution is unknown, although we know the probability – referred to as a crossing probability – that water forced into the material on one small area α on the surface can make its way to another small area β, thus that there is an open channel between them. The collection of crossing probabilities $\{\pi(\alpha,\beta)\}$ is a property of the material used. An extreme case would be that the initial choice was between a solid, thus impassable, cube with probability x and an empty cube, in which all crossings are possible, with probability $1-x$ We can then think of taking eight of such cubes and placing them together to form a cube with double the original linear dimension. It will have different crossing probabilities, because in the larger cube, they are affected by the possibility of a very large number of paths, moving in and out of the eight constituent curves. Then we change scale so that the new cube has edges of length one, thus so that the original cube has sides of length $1/2$. We continue in this way. Thus we start with something very small and perhaps very simple, as nature seems to do, and arrive at something very large. What happens? We can expect that most of the time, thus for most initial probability distributions, as the size grows, complete permeability or complete impermeability become more and more likely. On the other hand, it may be that some other configurations maintain themselves or are generated in the process. There are of course an infinite number of initial diistributions, even an infinite-dimensional space of initial distributions. Nevertheless there may be a tendency for all of it, or for large chunks of it, to be shrunk by an infinite number of repetitions to a point. These points and their nature are of considerable interest. What happens, for example, if we start from a point in the vicinity of one these limit points. Typically, there is a subspace of finite codimension that contracts under the operation described to the point while there is an expansion in the remaining directions, so that each orbit under repeated applications of the process described forms a kind of discrete hyperbola, except for those that start on the subspace. These dynamics are very simple.

It is, however, not even well understood how to create such systems. More to the point it is not well understood, certainly not in a mathematical sense, how to create such systems that are physically relevant nor how to demonstrate that some system, presumed to be physically relevant, has the the expected mathematical properties. It would, I think, be a pleasure to reflect on these matters, to try to understand some part of what is known and something of what is not known, but with absolutely no ambitions.

第一章 给 Weil 的信*

编者评语†: 在 1967 年 1 月, 当他在普林斯顿大学时, Langlands 手写了一封 17 页的信给 André Weil, 勾画出迅速被称为 “Langlands 猜想” 的理论. 即使在今天这封信也值得认真阅读, 虽然它的符号按目前的标准来看有些笨拙. 在这封信里首次亮相的正是后来所谓的 “*L*-group”, 就像 Gargantua 的《巨人传》一样, 令人惊讶地成熟. 为便于阅读, Weil 要求做这封信的打字版, 这是在 60 年代后期和 70 年代在专家中广为流传的. 这封信是不标注日期的. Harish-Chandra 为此写的说明有助于确定这封信的日期.

作者评语: 给 Weil 的信上没有写日期. 然而, 多亏了 David Lieberman, 我得知 Chern (陈省身) 在 IDA 数学座谈会的演讲是在 1967 年 1 月 6 日. Harish-Chandra 的备忘上写的日期是 1 月 16 日. 因此, 此信该写于 1 月 6 日和 1 月 16 日之间.

几天后这封手写的信用打字机重录, 让 Weil 更容易阅读. 此时加入了四个注记并修改了一两个短语以求更清楚. 这些修改并入这个版本. 否则, 信件是原样的, 甚至不幸的语法错误亦没有被纠正.

信中强调具体的互反律的显式, 对此读者或会诧异. 笔记 “A little bit of number theory” 会澄清我心里的想法.

---

* 原文写于 1967 年, 于 2011 年公开. 本章由黎景辉翻译.

† Langlands 教授的大部分文章由几位学者整理并转化成 Tex 版本后放在了普林斯顿高等研究所网站上, 本书的编者评语为整理 Langlands 文章的学者所写.

尊敬的 Weil 教授,

当我试图清楚阐述在 Chern 的演讲之前问你的问题的时候, 我联想到两个更普遍的问题. 不胜感激你对这些问题的意见. 我还没有机会严肃地思考这些问题, 除了作为一个偶然的谈话的延续, 我不会问这些问题. 我希望你会给它们在这个阶段所需要的容忍. 当说完问题后我将简要评论其成因.

这将需要一些讨论, 但我想定义一些 Euler 积, 我会称之为 Artin-Hecke L-级数, 因为 Artin L-级数 (用大特征标 (Grössencharaktere) 的 L-级数) 和 Hecke 在自守形式理论中引入的级数都是特例. 第一个问题当然将是这些级数是否定义带函数方程的亚纯函数. 关于函数方程我会说几句. 我稍后会阐述第二个问题. 这个问题是推广问题: Abel L-级数是否是大特征标的 L-级数? 因为我想为约化群上的自守形式阐述问题, 我必须假设可以推广约化理论的一些结果.

不幸的是, 我必须用专门的术语. 设 k 为有理数域或它的完备化. 设 $\tilde{G}$ 是单群的积, 也许是交换, 在 k 上分裂. 假设非交换因子 [**2**][①] 是单连通的. 空积和 $\tilde{G}=\{1\}$ 均不是没有趣的. 固定一个分裂 Cartan 子群 $\tilde{T}$ 并设 $\tilde{L}$ 为 $\tilde{T}$ 的权格. $\tilde{L}$ 包含根. 我要定义和 $\tilde{G}$ 共轭的群与和 $\tilde{L}$ 共轭的格. 只要为单群做此定义便足够, 因为之后我们可取直积及直和. 若 $\tilde{G}$ 是交换单群, 设 $\tilde{L}'$ 是 $\tilde{L}$ 的任意子格并设共轭 ${}^c\tilde{L}$ 为 $\tilde{L}'$ 的对偶 (即 $\mathrm{Hom}(\tilde{L}',\mathbb{Z})$). 它包含 $\tilde{L}$ 的对偶 ${}^c\tilde{L}'$. 设 ${}^c\tilde{G}$ 为一维分裂环面, 它的权格和 ${}^c\tilde{L}$ 等同. 若 $\tilde{G}$ 是非交换单群, 设 $\tilde{L}'$ 是由根所生成的格并设 ${}^c\tilde{L}$ 为 $\tilde{L}'$ 的对偶. ${}^c\tilde{L}$ 包含 $\tilde{L}$ 的对偶 ${}^c\tilde{L}'$. 如常, 对每个根 α, 在对应于 $\tilde{T}$ 的 Cartan 子代数内选 H_α 使得 $\alpha(H_\alpha)=2$. 线性函数 ${}^c\alpha(\lambda)=\lambda(H_\alpha)$ 生成 $\tilde{L}'$. 存在唯一的单连通群 ${}^c\tilde{G}$, 它的权格同构于 ${}^c\tilde{L}$ 使得 ${}^c\tilde{G}$ 的根对应于 ${}^c\alpha$. 固定 $\tilde{G}$ 的单根 $\alpha_1,\cdots,\alpha_\ell$, 则可取 ${}^c\alpha_1,\cdots,{}^c\alpha_\ell$ 为 ${}^c\tilde{G}$ 的单根. 现回到一般的情形.

若 L 为 $\tilde{L}'$ 和 $\tilde{L}$ 之间的格, L 自然对应于被 $\tilde{G}$ 所覆盖的群 G. L 的对偶格 ${}^cL$ 在 ${}^c\tilde{L}'$ 和 ${}^c\tilde{L}$ 之间, 亦决定被 ${}^c\tilde{G}$ 所覆盖的群 ${}^cG$. 称 ${}^c\tilde{G}$ 为 G 的共轭. 设 $\mathfrak{h}$ 为 $\tilde{T}$ 的李代数. 对每个根 α 取根向量 X_α 使得满足 Chevalley 条件. 设 ${}^c\mathfrak{h}$ 为 ${}^c\mathfrak{g}$ 的 Cartan 子代数, 并对每个根 ${}^c\alpha$ 取根

① 原手写稿的页码.

向量 ${}^cX_\alpha$ 使得满足 Chevalley 条件. 考虑 $\mathfrak{g}$ 的自同构使得 $\mathfrak{h}$ 映为 $\mathfrak{h}$, 在集 $\{X_\alpha|\alpha$单根$\}$ 上是排列, 以及把 L, $\tilde{L}'$, $\tilde{L}$ 映为自己. 这样的同构组成的群记为 Ω. 同样定义 ${}^c\Omega$. ${}^c\Omega$ 为 Ω 的逆步, 于是 Ω 与 ${}^c\Omega$ 同构. [**3**] 这样 Ω 透过 G 和 ${}^cG$ 的自同构来作用. 设 K 为 k 的有限 Galois 扩张, 同态 δ 映 $\mathfrak{G}=\mathfrak{G}(K/k)$ 到 Ω 的像为 Ω^δ. 设 G^δ 和 ${}^cG^\delta$ 为对应的 G 和 ${}^cG$ 的型.

为了定义 L-级数的局部因子, 我回想在 K 是 p 进域 k 的无分歧扩张时有关 G_k^δ 的 Hecke 代数的一些事实. 如果我们适当选择 G_k^δ 的一个极大紧子群, 则根据 Bruhat 和 Satake, Hecke 代数是同构于 ${}^cL^\delta$ 的群代数的子集, 其中集合 ${}^cL^\delta$ 在 ${}^cG^\delta$ 的 Weyl 群 ${}^cW^\delta$ 作用下不变, 它的元素是 ${}^cL$ 里由 ${}^c\Omega^\delta$ 所固定的. (其实我们引申了一点他们的结果.) 因此, 可以扩张任何从 Hecke 代数到复数的同态 χ 为从 ${}^cL$ 的群代数到复数的同态 χ'. ${}^cT$ 有最少一个元素 g 使得如果 $f=\sum\limits_{\lambda\in L}a_\lambda\xi_\lambda$ (ξ_λ 是 λ 按乘法写出) 则 $\chi'(f)=\sum a_\lambda\xi_\lambda(g)$. 半直积 $\mathfrak{G}\ltimes_\delta{}^cG$ 是复群. 设 π 为它的复表示. 若 σ 是 Frobenius 则

$$\frac{1}{\det(1-x\pi(\sigma\ltimes g))}\quad(x\text{ 不变量})$$

[**4**] 是对应于 χ 和 π 的局部 ζ 函数. 我需验证这只取决于 χ 而不取决于 g. 若有权 λ, 设 n_λ 为 σ 固定 λ 的最小方幂数, 并且若 $n_\lambda|n$ 和 π 作用在 V 上, 设 σ^n 在

$$\{v\in V|\pi(h)v=\xi_\lambda(h)v,\forall h\in{}^cT\}$$

上的迹为 $t_\lambda(n)$, 则

$$\begin{aligned}\log\frac{1}{\det(1-x\pi(\sigma\ltimes g))}&=\sum_{n=0}^{\infty}\frac{x^n}{n}\sum_{\lambda\in L}\sum_{n_\lambda|n}t_\lambda(n)\xi_\lambda(g^{\sigma^{n-1}}g^{\sigma^{n-2}}\cdots g)\\&=\sum_{n=0}^{\infty}\frac{x^n}{n}\sum_{\lambda\in L}\sum_{n_\lambda|n}t_\lambda(n)\xi_{\frac{n}{n_\lambda}(\sum_{k=0}^{n_\lambda-1}\lambda^{\sigma^k})}(g).\end{aligned}$$

此外, 如果 ω 是 ${}^cW^\delta$ 的一个元素, 我们总是可以选择它的代表 w 使 w

与 σ 交换. 则若 g 换作 $w^{-1}gw$ 时, 局部 ζ 函数并不改变. 所以它等于

$$\frac{1}{[{}^cW^\delta:1]}\sum_{n=0}^{\infty}\frac{x^n}{n}\sum_{\lambda\in L}\sum_{n_\lambda|n}t_\lambda(n)\sum_{w\in {}^cW^\delta}\xi_{\frac{n}{n_\lambda}(\sum_{k=0}^{n_\lambda-1}\lambda^{\sigma^k})^w}(g),$$

因为

$$\sum_{w\in {}^cW^\delta}\xi_{\frac{n}{n_\lambda}(\sum_{k=0}^{n_\lambda-1}\lambda^{\sigma^k})^w}$$

属于 Hecke 代数的像, 这就完成验证.

我不知道这是否是可行的, 但让我们假设复表示的特征标分开 $\mathfrak{G}\ltimes_\delta {}^cG$ 内的半单共轭类. 则按以上我可以把从 Hecke 代数到复数的同态 χ 对应于半单元素 $\sigma\ltimes g$ 的共轭类. [**5**] 反过来给定 $\mathfrak{G}\ltimes_\sigma {}^cG$ 内的半单共轭类, 按 Borel-Mostow, 它包含 ${}^cT$ 的正规化子内的元素. 然后, 它甚至包含了一个把正根送为正根的元素①. 因此, 如果共轭类在 $\mathfrak{G}$ (Abel 群) 的投影是 σ, 共轭类包含一个元素形式如 $\sigma\ltimes g$, $g\in {}^cT$. 如上述 g 决定一个从 Hecke 代数到复数的同态. 如果同态 χ 完全由与它对应的局部 ζ 因子所确定, 则它完全由 $\sigma\ltimes g$ 的共轭类所确定, 并且我们拥有: Hecke 代数到复数的同态与 $\mathfrak{G}\ltimes_\delta {}^cG$ 内投影到 σ 的半单共轭类之间的一对一的对应关系. 只需要检查 χ 在形式如下的元素上的取值

$$\sum_{w\in {}^cW^\delta}\xi_{(\sum_{k=1}^{n_\lambda}\lambda^{\sigma^k})^w},$$

其中 $\sum_{k=1}^{n_\lambda}\lambda^{\sigma^k}$ 属于正 Weyl 房, 由局部 ζ 函数所确定. 这可以通过通常的归纳来完成, 因为 $\sum\lambda^{\sigma^k}$ 在 $\mathfrak{G}$ 下不变, 所以 $\mathfrak{G}\ltimes_\delta {}^cG$ 的表示限制至 ${}^cG$ 的最高权是不可约的.

现在我要尝试定义 Artin-Hecke L-级数. 要做到这一点, 对每个 p 让我们固定 $\mathbb{Q}$ 的代数闭包 $\overline{\mathbb{Q}}$ 往 $\overline{\mathbb{Q}}_p$ 的嵌入. 我们将稍后回来检查这级数是独立于这些选择. 在下一段将隐含这些选择.

假设我们有 G 在有理数上的一个扭型 $\overline{G}$. 可以分两步达到这扭曲. 首先对一个合适的 Galois 扩张 $K/\mathbb{Q}$ 取同态 $\delta:\mathfrak{G}=\mathfrak{G}(K/\mathbb{Q})\to\Omega$ 以获得 G^δ. 然后以上闭链 $\{a_\tau|\tau\in\mathfrak{G}\}$ [**6**] 扭转 G^δ.

① 这可能是真的, 并且证明所需的材料可能在文献中. 然而, 这并不如我写这封信的时候想的那么明显.

假设以下为事实:

(i) 设有线性群 G 作用在 V 上. 设 L 为 $V_{\mathbb{Q}}$ 内的 Chevalley 格. 则 $G^{\delta}_{\mathbb{Q}_p}$ 与 $L\otimes_{\mathbb{Z}}\overline{\mathbb{Z}}_p$ ($\overline{\mathbb{Z}}_p$ 为 $\overline{\mathbb{Q}}_p$ 的整数环) 的稳定子的交集 $G^{\delta}_{\mathbb{Z}_p}$, 对几乎所有 p 是上述的一个极大紧子群.

(ii) 对几乎所有 p, $\{a_\tau\}$ 限制至

$$\mathfrak{G}(K\mathbb{Q}_p/\mathbb{Q}_p)=\mathfrak{G}(K_p/\mathbb{Q}_p)=\mathfrak{G}_p$$

时分裂. 再者对这样的 p, 在 G_{K_p} 与 $L\otimes_{\mathbb{Z}}\overline{\mathbb{Z}}_p$ 的稳定子的交集内存在 b 使得 $a_\sigma=b^{\tau\sigma}b^{-1},\sigma\in\mathfrak{G}_p$.

现取 p 满足 (i) 和 (ii) 并不在 K 内分歧. 因

$$\overline{G}_{\mathbb{Q}_p}=\left\{g\in G^{\delta}_{K_p}|g^{\sigma a_\sigma}=g,\ \sigma\in\mathfrak{G}_p\right\},$$

映射 $g\to g^b$ 是从 $\overline{G}_{\mathbb{Q}_p}$ 到 $G^{\delta}_{\mathbb{Q}_p}$ 的同构. 再者我们可取 $\overline{G}_{\mathbb{Z}_p}$ 为 $\overline{G}_{\mathbb{Q}_p}$ 与 $L\otimes_{\mathbb{Z}}\overline{\mathbb{Z}}_p$ 的稳定子的交集, 于是此映射把 $\overline{G}_{\mathbb{Z}_p}$ 映为 $G_{\mathbb{Z}_p}$. 在 Hecke 代数上所诱导出的同构与 b 的选择无关. 现有 $\overline{G}_A=\prod_p\overline{G}_{\mathbb{Q}_p}$. 设 $\overline{G}_{\mathbb{Q}}\backslash\overline{G}_A$ 上的自守形式 ϕ 对几乎所有 p 是 Hecke 代数的特征函数. 则, 对几乎所有 p, 有从 Hecke 代数到复数的同态. 于是有 $\mathfrak{G}_p\ltimes_\delta{}^cG\subseteq\mathfrak{G}\ltimes_\delta{}^cG$ 内的半单共轭类 α_p. 设 π 为 $\mathfrak{G}\ltimes_\delta{}^cG$ 的复表示, 我定义 Artin-Hecke L-级数为

$$L(s,\pi,\phi)=\prod_p\frac{1}{\det\left(1-\dfrac{\pi(\alpha_p)}{p^s}\right)}\quad(\text{对几乎所有 }p\text{ 取乘积})$$

[7] 我需验证这些级数与 $\overline{\mathbb{Q}}$ 往 $\overline{\mathbb{Q}}_p$ 的嵌入无关①. 暂固定 p. 我们已使用原来的嵌入把 $\overline{\mathbb{Q}}$ 认同为 $\overline{\mathbb{Q}}_p$ 的子域. 让我们保留这个认同. 任何其他嵌入便是 $x\to x^\tau$, 其中 $\tau\in\mathfrak{G}(\overline{\mathbb{Q}}/\mathbb{Q})$. 若我们使用原来的嵌入把 $\mathfrak{G}_p$ 认同为 $\mathfrak{G}$ 的子群, 则新的嵌入所给出从 $\mathfrak{G}_p$ 至 $\mathfrak{G}$ 的映射是 $\sigma\to\tau\sigma\tau^{-1}$. (把 τ 与它在 $\mathfrak{G}$ 的像认同.) δ 限制至 $\mathfrak{G}_p$ 则被代替为 δ', 其中 $\delta'(\sigma)=\delta(\tau\sigma\tau^{-1})$. 于是 $G^{\delta}_{\mathbb{Q}_p}$ 被代替为 $G^{\delta'}_{\mathbb{Q}_p}$. 映射 $g\to g^{\delta(\tau)}$ 是从 $G^{\delta'}_{\mathbb{Q}_p}$ 至 $G^{\delta}_{\mathbb{Q}_p}$ 的同构. 若 $g\in G^{\delta}_{\mathbb{Q}}\subset G^{\delta}_{\mathbb{Q}_p}$, 则 g 为 g^τ 的像, 所以此映射与 $G^{\delta}_{\mathbb{Q}}$ 在两个群的嵌入交

① 亦应验证对充分大的 Re(s) 这级数收敛. 有一个方法可以做验证, 但我还未证实此对所有群均可行.

换. 新的上闭链 $\{a'_\sigma\}$ 是

$$a_{\tau\sigma\tau^{-1}} = a_\tau^{\sigma\tau^{-1}} a_\sigma^{\tau^{-1}} a_{\tau^{-1}} = a_\tau^{\sigma\tau^{-1}} a_\sigma^{\tau^{-1}} a_\tau^{-\tau^{-1}}$$

的像, 因为对所有 σ 和 τ, $a_{\sigma\tau} = a_\sigma^\tau a_\tau$. 其像为 $\delta(\tau)a_\tau^\sigma a_\sigma a_\tau^{-1}\delta(\tau^{-1})$. 所以

$$\begin{aligned}\overline{G}'_{\mathbb{Q}_p} = \{g \in G_{K_p} | g &= g^{\delta(\tau)\sigma\delta(\sigma)a_\tau^\sigma a_\sigma a_\tau^{-1}\delta(\tau^{-1})} \\ &= g^{\delta(\tau)a_\tau\sigma\delta(\sigma)a_\sigma a_\tau^{-1}\delta(\tau^{-1})}, \text{对 } \sigma \in \mathfrak{G}_p\}\end{aligned}$$

并且映射 $g \to g^{\delta(\tau)a_\tau}$ 是从 $\overline{G}'_{\mathbb{Q}_p}$ 至 $\overline{G}_{\mathbb{Q}_p}$ 的同构. 它与 $\overline{G}_{\mathbb{Q}}$ 在这二群的嵌入交换, 因为

$$\overline{G}_{\mathbb{Q}} = \{g \in G_K | g^{\rho\delta(\rho)a_\rho} = g, \forall \rho \in \mathfrak{G}\}.$$

而且对几乎所有 p 它映 $\overline{G}'_{\mathbb{Z}_p}$ 为 $\overline{G}_{\mathbb{Z}_p}$. 这样若我们对每个 p 选个新的嵌入, 则得新的加元群 (adèle group) $\overline{G}'_A$. 上述 [**8**] 映射定义从 $\overline{G}'_A$ 至 $\overline{G}_A$ 的同构, 把 $\overline{G}_{\mathbb{Q}}$ 映至 $\overline{G}_{\mathbb{Q}}$. 这样便得从 $\overline{G}_{\mathbb{Q}}\backslash\overline{G}'_A$ 至 $\overline{G}_{\mathbb{Q}}\backslash\overline{G}_A$ 的映射, 同时以上引入的自守形式 ϕ 定义 $\overline{G}_{\mathbb{Q}}\backslash\overline{G}'_A$ 上有同样性质的自守形式 ϕ'. 我们需要检验

$$L(s, \phi', \pi) = L(s, \phi, \pi).$$

再固定 p. 则若 $a_\sigma = b^\sigma b^{-1}$,

$$\begin{aligned}a'_\sigma &= \delta(\tau)a_\tau^\sigma b^\sigma \delta(\tau^{-1})\delta(\tau)b^{-1}a_\tau^{-1}\delta(\tau^{-1}) \\ &= \left[\delta'(\sigma^{-1})\sigma^{-1}\delta(\tau)a_\tau b\delta(\tau^{-1})\sigma\delta(\sigma)\right]\left[\delta(\tau)a_\tau b\delta(\tau^{-1})\right]^{-1},\end{aligned}$$

所以 a'_σ 为 $b' = \delta(\tau)a_\tau b\delta(\tau^{-1})$ 所分裂. 对几乎所有 p, b' 属于 $L \otimes_{\mathbb{Z}} \overline{\mathbb{Z}}_p$ 的稳定子. 因此得以下的交换图表.

$$\begin{array}{ccc} \overline{G}'_{\mathbb{Q}_p} & \xrightarrow{g \to g^{b'}} & G^{\delta'}_{\mathbb{Q}_p} \\ {\scriptstyle g \to g^{\delta(\tau)a_\tau}} \downarrow & & \downarrow {\scriptstyle g \to g^{\delta(\tau)}} \\ \overline{G}_{\mathbb{Q}_p} & \xrightarrow{g \to g^{b}} & G^{\delta}_{\mathbb{Q}_p} \end{array}$$

这是说若对应于 ϕ' 的 $\tau\mathfrak{G}_p\tau^{-1} \ltimes_\delta {}^cG$ 的共轭类含 α'_p, 则 $\alpha'_p = \tau\alpha_p\tau^{-1}$. 这说明对几乎所有 p, α'_p 和 α_p 共轭, 并且 $L(s, \phi', \pi)$ 和 $L(s, \phi, \pi)$ 只相差有限个因子.

第一个问题是这些乘积是否定义了带通常类型极点在全复平面的亚纯函数, 以及对每个 ϕ 是否存在自守形式 ψ 使得对所有 π, $L(s,\phi,\pi)/L(s,\psi,\tilde{\pi})$ 是初等函数①. [**9**] $\tilde{\pi}$ 是 π 的逆步表示.

在进入第二个问题之前, 我想说我一直在做一些关于 Eisenstein 级数的实验, 虽然工作远未完成, 看起来我或将会得到一些上述类型的级数, 并由于这些级数和 Eisenstein 级数的关系, 它们在全复平面是亚纯函数. 在数量较少的情况下甚至有可能从 Eisenstein 级数的函数方程得到这些级数的函数方程. 上述定义试图找到某类 Euler 乘积, 这类乘积包含从 Eisenstein 级数来的乘积, 此外它不受任何人工的限制.

现设 $G = \mathrm{GL}(n)$, $\mathfrak{G}$ 的作用是平凡的, π 是表示 $g \to g$, 或许可以用 Tamagawa 的观点来处理上述级数. 这引发第二个问题. 假设我们有 K, G 和 δ 如上, 并有 K', G' 和 δ'. 若 $K \subset K'$ 则有同态 $\mathfrak{G}' \to \mathfrak{G}$. 另外假设同态 ω 是从 $\mathfrak{G} \ltimes_{\delta'} {}^cG'$ 至 $\mathfrak{G} \ltimes_{\delta} {}^cG$ 使得下图交换.

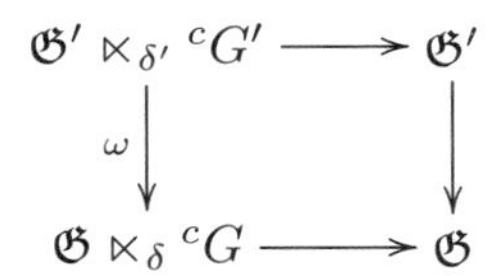

若在 $G'^{\delta'}$ 的某个内型上取满足以上条件的自守形式 ϕ', 则对几乎所有 p, ϕ' 定义 $\mathfrak{G}' \ltimes_{\delta'} {}^cG'$ 内一个共轭类 α_p'. [**10**] 设 α_p 为 α_p' 在 $\mathfrak{G} \ltimes_{\delta} {}^cG$ 的像. 第二个问题如下. 是否有 G^{δ} 的某内型上的自守形式 ϕ 使得对几乎所有 p, 与之关联的共轭类是 α_p?

关于这个问题的肯定答案的推论, 我给出一些想法.

(i) 取 $\mathfrak{G}' = \mathfrak{G}$, 设 G' 是秩 ℓ 的分裂环面, ℓ 等于 ${}^cG^{\delta}$ 的有理秩, $\mathfrak{G}'$ 平凡作用在 G' 上. 设 A 是 ${}^cG^{\delta}$ 的极大分裂环面. 因 $\mathfrak{G}$ 平凡作用在 A 上, $\mathfrak{G}' \ltimes_{\delta'} {}^cG' \cong \mathfrak{G} \times A \subseteq \mathfrak{G} \ltimes_{\delta} {}^cG$. 由于在 $G'_{\mathbb{Q}} \backslash G'_A$ 上有 ℓ 参数组的自守形式, 问题的肯定回答意味着同样结果在 G^{δ} 的某内型上亦成立. 但这是我们从 Eisenstein 级数理论得知的.

(ii) 取 $\mathfrak{G}' = \mathfrak{G}$, 设 $G' = \{1\}$. 映 $\mathfrak{G}' \ltimes_{\delta'} {}^cG'$ 至 $\mathfrak{G} \times \{1\} \subseteq \mathfrak{G} \ltimes_{\delta} {}^cG$. 在这种情况下取 ϕ 是在某合适的 Eisenstein 级数取参数为零所得的自守

① 看来是可取 $\psi = \phi$.

形式应该可以获得问题的肯定答案. ϕ' 当然是一个常数.

(iii) 现在说说问题和 Artin 的互反律的关系. 对有理数域取 $\mathfrak{G}'$ 为交换, $G=\{1\}$, 并让 χ 是 $\mathfrak{G}'$ 的特征标. 设 $\mathfrak{G}'=\mathfrak{G}, G$ 是带平凡 $\mathfrak{G}$ 作用的一维分裂环面. 让 ω 映 $\tau \ltimes 1$ 为 $\tau \ltimes \chi(\tau)$. 然后, 问题的肯定答案[**11**]就是有理数域的循环扩张的 Artin 的互反律. 现在假设我们有以下的情况.

$K/\mathbb{Q}$ 是 Galois, K_1'/K_1 是 Abel 扩张. 设 $\mathfrak{G}=\mathfrak{G}(K/\mathbb{Q})$, 设 $\mathfrak{G}_1$ 是 $\mathfrak{G}$ 内固定 K_1 的元素并设 $\mathfrak{G}_1'$ 是 $\mathfrak{G}$ 内固定 K_1' 的元素. 最后设 χ 是 $\mathfrak{G}(K_1'/K_1)=\mathfrak{G}_1/\mathfrak{G}_1'$ 的特征标, 于是亦为 $\mathfrak{G}_1$ 的特征标. 我将取 $\mathfrak{G}'=\mathfrak{G}$ 和 $G'=\{1\}$. 设 $\ell=[\mathfrak{G}_1:\mathfrak{G}]$ 和 $\mathfrak{G}=\cup_{i=1}^{\ell}\mathfrak{G}_1\tau_i$, 其中 $\tau_1\in\mathfrak{G}_1$. 设 i_σ 使得 $\tau_i\sigma\in\mathfrak{G}_1\tau_{i_\sigma}$. 设 G 为 ℓ 个一维分裂环面的直积 $T_1\times\cdots\times T_\ell$. 用 $(t_1\times\cdots\times t_\ell)^{\delta(\sigma)}=t_{1_{\sigma^{-1}}}\times\cdots\times t_{\ell_{\sigma^{-1}}}$ 定义 δ. 容易验证 $\delta(\sigma)\delta(\tau)=\delta(\sigma\tau)$. 再者 G^δ 就是 K_1 的乘法群. 还有 ${}^cG=G$. 用 $\tau_i\sigma^{-1}=\rho_i^{-1}(\sigma)\tau_{i_{\sigma^{-1}}}$ 定义 $\rho_i(\sigma)$. 则

$$\tau_i\tau^{-1}\sigma^{-1}=\rho_i^{-1}(\tau)\tau_{i_{\tau^{-1}}}\sigma^{-1}=\rho_i^{-1}(\tau)\rho_{i_{\tau^{-1}}}(\sigma)\tau_{i_{\tau^{-1}\sigma^{-1}}};$$

于是 $\rho_i(\sigma\tau)=\rho_{i_{\tau^{-1}}}(\sigma)\rho_i(\tau)$. 用下式定义 ω

$$\omega(\sigma\ltimes 1)=\sigma\ltimes(\chi(\rho_1(\sigma))\times\cdots\times\chi(\rho_\ell(\sigma))).$$

则

$$\begin{aligned}\omega(\sigma\ltimes 1)\omega(\tau\ltimes 1)&=\sigma\tau\ltimes\prod_{i=1}^{\ell}\chi(\rho_{i_{\tau^{-1}}}(\sigma))\chi(\rho_i(\tau))\\&=\omega(\sigma\tau\ltimes 1).\end{aligned}$$

[**12**] 顺便说一句, 如果把 τ_i $(1 \leqslant i \leqslant \ell)$ 换为 $\tau_i' = \mu_i\tau_i$, 其中 $\mu_i \in \mathfrak{G}_1$, 则 $\rho_i'(\sigma) = \mu_{i_{\sigma^{-1}}}^{-1}\rho_i(\sigma)\mu_i$ 和

$$\omega'(\sigma \ltimes 1) = (\chi(\mu_1) \times \cdots \times \chi(\mu_\ell))^{-1}\omega(\sigma \ltimes 1)(\chi(\mu_1) \times \cdots \times \chi(\mu_\ell)).$$

所以基本上映射并不取决于陪集代表的选择. 我会取 ϕ' 为常数. 由 Artin 的互反律, χ 对应于 $K_1^\times \backslash I_{K_1}$ 的特征标, 即 $G_{\mathbb{Q}}^\delta \backslash G_A^\delta$ 上的自守形式 ϕ. 我声称, ϕ 就是提供这个问题的一个肯定答案的自守形式.

[**13**] 为了证明这一点, 我们利用陪集代表选择的自由. 设素数 p 在 K 内不分歧. 固定 K 在 $\overline{\mathbb{Q}}_p$ 的嵌入. 把 K 认同为它的像. 设 $\mathfrak{p}_1, \cdots, \mathfrak{p}_r$ 为 p 在 K_1 内的素除子. 在 $\mathfrak{G}$ 内选 $\mu_1, \cdots, \mu_r$ 使得从 K_1 至 $\overline{\mathbb{Q}}_p$ 的映射 $x \to x^{\mu_j}$ 可扩张为从 K_1 在 $\mathfrak{p}_j$ 的完备化至 $\overline{\mathbb{Q}}_p$ 的连续映射. 设 $L_j = [K_1^{\mu_j}\mathbb{Q}_p : \mathbb{Q}_p]$, $n_j = [L_j : \mathbb{Q}_p]$. 若 σ_p 为 Frobenius 自同构, $\mu_j\sigma_p^k$ $(1 \leqslant j \leqslant n, 0 \leqslant k \leqslant n_j)$ 为 $\mathfrak{G}_1$ 的陪集代表. 若 $\tau_i = \mu_j\sigma_p^k$, 则 $\rho_i(\sigma_p) = 1$, 除非 $k = 0$ 时 $\rho_i(\sigma_p) = \mu_j\sigma_p^{n_j}\mu_j^{-1}$. 所以 $\omega(\alpha_p') = \alpha_p$ 是以下元素的共轭类

$$\sigma_p \ltimes \prod_{j=1}^{\ell}\left(\chi(\mu_j\sigma_p^{n_j}\mu_j^{-1}) \times 1 \times \cdots \times 1\right).$$

$\mu_j\sigma_p^{n_j}\mu_j^{-1}$ 属于对应于 $\mathfrak{p}_j$ 在 $\mathfrak{G}_1$ 内的 Frobenius 共轭类.

另一方面 $G_{\mathbb{Q}_p}^\delta \subseteq G_A^\delta$ 是形如 $\prod_{j=1}^r\prod_{k=0}^{n_j-1} x_j^{\sigma^k}$ 的元素所组成的集合, 其中 x_j 为 L_j 的非零元素. 按定义, 若 $|x_j| = p^{-o(x_j)}$, ϕ 限制至此元素是

$$\prod_{j=1}^{\ell}\chi(\mu_j\sigma_p^{n_j}\mu_j^{-1})^{o(x_j)}.$$

因为 ${}^CG = G$ 对应的共轭类是由任一元素

$$\sigma_p \ltimes \prod_{j=1}^{r}\prod_{k=0}^{n_j-1}\alpha_{jk}$$

决定, 其中

$$\prod_{j=1}^{r}\prod_{k=0}^{n_j-1}\alpha_{jk}^{o(x_j)} = \prod_{j=1}^{\ell}\chi(\mu_j\sigma_p^{n_j}\mu_j^{-1})^{o(x_j)}.$$

[**14**] 由上述我们便知 $\omega(\alpha_p')$ 是这样一个元素.

(iv) 最后, 我想评论第二个问题的肯定答案对找寻非 Abel 扩张的分裂律可能具有的影响. 我曾计划讨论任意基域, 但现在我意识到

必须取 $\mathbb{Q}$ 为基域. 然而, 人们想必可以回头对数域上的群重新阐述这两个问题. 第一个问题对基域的选择是不敏感的, 但第二个问题对基域的选择是敏感的. 至此之前, 我并不欣赏这一点; 因为重写这封信不会多得好处, 我满意于取基域为 $\mathbb{Q}$ 这个选择.

设 K 为 $\mathbb{Q}$ 的 Galois 扩张, $\mathfrak{G} = \mathfrak{G}(K/\mathbb{Q})$. 我们需要一个方法对几乎所有 p 找得 $\mathfrak{G}$ 内 Frobenius 共轭类 $\{\sigma_p\}$. 这样对 $\mathfrak{G}$ 所有的表示 $\pi : \mathfrak{G} \to \mathrm{GL}(m, \mathbb{C})$, 我们需要找迹 $\pi(\sigma_p)$ 或 $\pi(\sigma_p)$ 在 $\mathrm{GL}(m, \mathbb{C})$ 的共轭类. 让我们固定 π. 如前取 $\mathfrak{G}' = \mathfrak{G}$, $G' = \{1\}$, ϕ' 为常值函数. 取 $G = \mathrm{GL}(m)$. 我来检验 ${}^cG$ 是 $\mathrm{GL}(m)$. 取 $\tilde{G} = {}^c\tilde{G} = A \times \mathrm{SL}(m)$, 其中 A 是一维分裂环面. 则

$${}^c\tilde{L} = \tilde{L} = \left\{(z; z_1, \cdots, z_m) | z, z_i - z_j \in \mathbb{Z}, \sum_{i=1}^{m} z_i = 0\right\},$$

$${}^cL = L = \left\{(z; z_1, \cdots, z_m) | z_i + \frac{z}{m} \in \mathbb{Z}, \sum_{i=1}^{m} z_i = 0\right\},$$

$${}^c\tilde{L}' = \tilde{L}' = \{(mz; z_1, z_2 - z_1, \cdots, z_{n-1} - z_{n-2}, -z_{n-1}) | z, z_i \in \mathbb{Z}\}.$$

偶对如下给出:

$$\langle (z; z_1, \cdots, z_m), (y; y_1, \cdots, y_m) \rangle = \frac{zy}{m} + \sum_{i=1}^{m} z_i y_i.$$

[**15**] 无论如何 $G = {}^cG = \mathrm{GL}(m)$. 定义 ω 为

$$\omega(\sigma \ltimes 1) = \sigma \ltimes \pi(\sigma).$$

$\mathfrak{G}$ 在 G 的作用是平凡的. 因 $\omega(\alpha_p') = \alpha_p$ 是 $\sigma_p \ltimes \pi(\sigma_p)$ 的共轭类而这共轭类当然决定 $\pi(\sigma_p)$ 的共轭类, 我们需要的只是一个找寻 α_p 的方法.

假如有 $\mathrm{GL}(m)$ 的某内型上的自守形式 ϕ 为以上问题提供肯定的答案. 为了找 α_p, 我们只需计算 Hecke 代数 H_p 内有限个元素在特征函数 ϕ 的特征值. 选取有限集合 S (S 包含无穷个素数), 使得若 $\overline{G}_S = \prod_{q \in S} \overline{G}_{\mathbb{Q}_q}$ 和 $\overline{G}_{S'} = \prod_{q \notin S} \overline{G}_{\mathbb{Z}_q}$, 则 $\overline{G}_A = \overline{G}_{\mathbb{Q}} \overline{G}_S \overline{G}_{S'}$ 且 ϕ 是 $\overline{G}_{\mathbb{Q}} \backslash \overline{G}_A / \overline{G}_{S'}$ 上的函数.

假设 $p \notin S, f$ 是 $\overline{G}_{\mathbb{Z}_p} a \overline{G}_{\mathbb{Z}_p}$ 的特征函数, $\overline{G}_{\mathbb{Z}_p} a \overline{G}_{\mathbb{Z}_p}$ 是无相交并集 $\cup_{i=1}^{n} a_i \overline{G}_{\mathbb{Z}_p}$. 若 $g \in \overline{G}_S$, 因 $a_i \in \overline{G}_{\mathbb{Q}_p}$,

$$\begin{aligned}\lambda(f)\phi(g) &= \int_{\overline{G}_{\mathbb{Z}_p}} \phi(gh) f(h) dh \\ &= \sum_{i=1}^{n} \phi(g a_i) = \sum_{i=1}^{n} \phi(a_i g).\end{aligned}$$

在 $\overline{G}_{\mathbb{Q}}$ 内选 $\overline{a}_1, \cdots, \overline{a}_n$ 使得 $(\overline{a}_i)^{-1} a_i \in \overline{G}_{S'}$, 设 $\overline{a}_i$ 投射至 $\overline{G}_S$ 为 b_i. 若 $\chi(f)$ 为 f 的特征值,

$$\chi(f)\phi(g) = \sum \phi((\overline{a}_i)^{-1} a_i g) = \sum \phi(b_i^{-1} g).$$

[**16**] 粗略地说, $\overline{a}_1, \cdots, \overline{a}_n$ 是通过求解一些以 p 为参数的不定方程得到的. 则 $\phi(b_i^{-1} g)$ 取决于 $\overline{a}_i$ 在 $\overline{G}_{\mathbb{Q}_\infty} = \overline{G}_{\mathbb{R}}$ 的投射和 $\overline{a}_i \bmod S$ 内有限素数的幂方的同余性质. 若对每个 $g \in \overline{G}_S$, $\phi(hg)$ 作为 h 属于 $\overline{G}_{\mathbb{R}}$ 的连通分支的函数是有理函数, 则我们会得到一个好的分裂律. 这将相当复杂, 但原则上不比 Dedekind-Hasse 的三次方程的分裂域的分裂律更糟. 然而, 因强逼近,$\phi(hg)$ 将可能不会是有理函数, 除非 $m = 1$ 或 2. 因此, 我们只能得到一个超越分裂律.

虽然如此, 如果我们取 G 为 $2n$ 个变量的辛群, ${}^cG$ 是 $2n+1$ 个变量的正交群, 则强逼近不会成为障碍, 因为 G 有内型使得 $\overline{G}_{\mathbb{R}}$ 是紧群, 且我们可能希望从考量 $\mathfrak{G}$ 至 ${}^cG$ 的嵌入获得关于如 σ_p 的阶的规律.

R. Langlands 诚敬

后记: 让我补充以下内容.

(v) 设 K 为 $\mathbb{Q}$ 的二次扩张. 设 $\mathfrak{G}' = \mathfrak{G} = \mathfrak{G}(K/\mathbb{Q})$. 设 $G' = {}^cG' = A_1 \times A_2$, 其中 A_1, A_2 为一维分裂环面. 若 σ 为 $\mathfrak{G}$ 的非平凡元素, 设 $(t_1 \times t_2)^{\delta'(\sigma)} = t_2 \times t_1$. 设 $G = \mathrm{GL}(2)$, $\mathfrak{G}$ 在 G 上的作用为平凡的. 用下式定义 ω

$$\begin{aligned}\omega(1 \times (t_1, t_2)) &= \begin{pmatrix} t_1 & 0 \\ 0 & t_2 \end{pmatrix}, \\ \omega(\sigma \times (t_1, t_2)) &= \begin{pmatrix} 0 & 1 \\ 1 & 0 \end{pmatrix} \begin{pmatrix} t_1 & 0 \\ 0 & t_2 \end{pmatrix} = \begin{pmatrix} 0 & t_2 \\ t_1 & 0 \end{pmatrix}.\end{aligned}$$

$G'^{\delta'}_A$ 是 K 的理元群 (idèle group). 取 ϕ' 为大特征标. 不是不可以想象, Hecke 和 Maass [**17**] 关于二次扩张的大特征标的 L-级数和自守形式的关系的工作将提供这个情况下第二个问题的肯定答案.

第二章 自守形式理论中的问题*

编者评语: 这里将更完整地解释 1967 年寄给 Weil 的信中提出的猜想. 这最早是以耶鲁大学预印版的形式出现, 之后发表于华盛顿一个会议的会刊.

作者评语: 这些讲义基于我在华盛顿的演讲 (它们大概写于那不久之后). 我推测, 该演讲发表于 1969 年某个时刻, 因而是写信给 Weil 两年多之后的事情了. 它们是关于信中提出的猜想的首个出版物. 与此同时, 已经积累了相当数量的证据.

我相信, 该信件写于它所描述的发现几天、至多几周之后. 这些发现并不成熟. 局部的含义似乎还没有确切的阐述, 并且重点不是放在互反律作为构建 Artin L-函数的解析延拓的途径, 而是放在关于除了 $\mathrm{GL}(n)$ 之外的重要的群 (满足的) 具体、基本的法则, 因为这些群上有各向异性的 R-形式. 关于在 R 上各向异性的群上的自守 L-函数的系数可以用一点数论的基本方式解释. 此外, 我并不知晓 Weil 关于 Hecke 理论的论文以及 Taniyama 猜想. 事实上, 我不是一位训练有素 (甚至可能不是受青睐) 的数论学家, 我没有被很好地告知关于 Hasse-Weil L-函数, 抑或椭圆曲线 (的知识). 在信件传达之后, 我从 Weil 本人

* 原文发表于 *Lectures in Modern Analysis and Applications* III, C. T. Taam, ed., Springer Lecture Notes in Mathematics 170, 1970, pp. 18–61. 本章由中国科学院数学与系统科学研究院陈阳洋、孙斌勇、薛华健翻译.

那知道了他的文章和 Weil 群. 这隐含在那次演讲中, 并在它的更成熟版中部分提到. 首先, 受 Weil 对 Hecke 理论的再检验的鼓舞, Jacquet 和我发展了关于 GL(2) 的一套理论, 包含一些局部和整体的完整的声明, 尽管在这两个层面上有关互反律的主要问题仍然没有解决. GL(2) 的局部理论产生 ϵ-因子, 文字上的对应要求这些因子在 Artin L-函数中同样存在. 我在土耳其花了一年取得的一个成果是证明了这些 ϵ-因子存在. 在 Jacquet 的合作下, 接下来一年的一个成果是关于 GL(2) 上, 还有四元数代数上的自守形式的对应的完整证明. 当然, 这种对应在经典中已经出现. 我相信, 我们的成果是局部精确性, 特别地对重要的、一般性的局部现象的理解.

虽然在演讲中特别关注 G' 是平凡的, 从而其自守 L-函数不是别的正是 Artin L-函数的情形, 但这一点也不强调函子性需要 Artin L-函数的解析延拓. 这是显然的, 但我还没有了解强调这种显然的优点. 其他函子性的例子可能对 1998 年的一个数论学家来说是很好的选择. 然而, 在 1967 年, 看到最近建立的 Eisenstein 级数的解析理论与一个具有更深层次算术含义的猜想框架如此相符, 是相当令人愉快的事.

在 §7 的末尾出现的关于椭圆曲线的问题, 只是对 Taniyama-Shimura-Weil 猜想的补充, 它是该猜想一个准确的局部形式. 得益于 Carayol 和更早期一些作者的工作, 只要该猜想能解决, 那么, 它就能被解决. 当时, 如同在给 Serre 的信上的评注中指出的, 最引人入胜的地方是特殊表示与具有非整 j-不变椭圆曲线的 l-进表示之间的关系.

我相信, 对 L-函数和 Ramanujan 猜想的观察已经被证实是很有用的.

以感恩之心, 献给 Salomon Bochner

1. 虽然没有太多重大进展, 自守形式的算术理论在最近还是受到了很大关注. 在这个讲座中, 我将从一个群表示论学生而不是数论专家的角度, 来阐述一下这个理论中最吸引人的一些问题. 具体地讲, 我想给出一系列问题. 读者可以把它们当作猜想, 而我更倾向于把它们看成这个理论的基础性假设. 这些问题已经引导我们发现了一些有趣的事实. 虽然已经有足够长的时间让我来最仔细地审查这些问题, 我还是未能想当然地接受它们. 在起始定义阶段, 我希望这项工作是具有完全一般性的, 但由于缺少时间和技能, 我不得不作一些假设.

也许我应该为这样一个猜测性的讲座道歉. 然而还是会有一些有趣的事实散落在这些问题中. 而且, 来自自守形式理论的这些未解决的群表示论问题比已经解决的问题在技术上更简单. 它们的重要性可能更容易从外部被欣赏.

设 G 是一个定义在整体域 F 上的连通约化群. 这样 F 是一个数域, 或者是一个有限域上的单变量函数域. 记 $\mathbb{A}(F)$ 是 F 的 adèle 环. 那么 $G_{\mathbb{A}(F)}$ 是局部紧拓扑群而 G_F 是它的离散子群. 群 $G_{\mathbb{A}(F)}$ 作用在 $G_F\backslash G_{\mathbb{A}(F)}$ 的函数空间上, 特别地, 它作用在 $L^2(G_F\backslash G_{\mathbb{A}(F)})$ 上. 给定 $G_{\mathbb{A}(F)}$ 的一个不可约表示 π, 我们应该可以确切定义它是否出现在 $L^2(G_F\backslash G_{\mathbb{A}(F)})$ 中. 我还没给出这个定义, 它在目前还不重要. 如果 G 是可交换的, 这表示 π 是 $G_F\backslash G_{\mathbb{A}(F)}$ 的一个特征. 如果 G 不是可交换的, 至少在 π 是 $L^2(G_F\backslash G_{\mathbb{A}(F)})$ 的不可约子表示的时候我们认为 π 出现在 $L^2(G_F\backslash G_{\mathbb{A}(F)})$ 中.

如果 G 是 GL(1), 那么对每个这样的 π, Hecke 都定义了一个 L-函数. 如果 G 是 GL(2), Hecke 在没有具体提到群表示的情况下也引入了一些 L-函数. 我想讨论的问题的中心是对这些 π 定义它们的 L-函数, 并且证明这些函数有我们所期待的解析性质. 我还将解释这些新的函数和 Artin L-函数及代数簇的 L-函数之间可能存在的关系.

给定 G, 我将引入一个复解析群 $\hat{G}_F$. 对 $\hat{G}_F$ 的每个复解析表示 σ 及每个 π, 我想定义一个 L-函数 $L(s,\sigma,\pi)$. 让我先说几句关于定义这些函数的一般方法. $G_{\mathbb{A}(F)}$ 是限制直积 $\coprod_{\mathfrak{p}} G_{F_{\mathfrak{p}}}$. 这里 $\mathfrak{p}$ 取遍 F 的所有有限或者无限的素点. 我们可以期待有以下结论, 虽然据我所知它还没被证明:π 可以写成 $\otimes_{\mathfrak{p}}\pi_{\mathfrak{p}}$, 其中 $\pi_{\mathfrak{p}}$ 是 $G_{F_{\mathfrak{p}}}$ 的酉表示.

首先, 对 $F_{\mathfrak{p}}$ 上的一个代数群 G, 我将定义一个代数群 $\hat{G}_{F_{\mathfrak{p}}}$. 对 $\hat{G}_{F_{\mathfrak{p}}}$ 的任意一个复解析表示 $\sigma_{\mathfrak{p}}$ 以及 $G_{F_{\mathfrak{p}}}$ 的一个酉表示 $\pi_{\mathfrak{p}}$, 我将定义一个局部 L-函数 $L(s,\sigma_{\mathfrak{p}},\pi_{\mathfrak{p}})$. 当 $\mathfrak{p}$ 是非 Archimedes 时, 它具有形式

$$\prod_{i=1}^{n}\frac{1}{1-\alpha_i|\varpi_{\mathfrak{p}}|^s},$$

这里 n 是 $\sigma_{\mathfrak{p}}$ 的次数, 一些 α_i 可能等于 0. 当 $\mathfrak{p}$ 是无穷素点时, 它基本上是一些 Γ-函数的乘积. $L(s,\sigma_{\mathfrak{p}},\pi_{\mathfrak{p}})$ 应该只依赖于 $\sigma_{\mathfrak{p}}$ 和 $\pi_{\mathfrak{p}}$ 的等价类. 对 $F_{\mathfrak{p}}$ 上的任意非平凡加法特征 $\psi_{F_{\mathfrak{p}}}$, 我还希望定义一个因子 $\epsilon(s,\sigma_{\mathfrak{p}},\pi_{\mathfrak{p}},\psi_{F_{\mathfrak{p}}})$. 作为 s 的函数, 它具有形式 ae^{bs}.

应该会有一个从 $\hat{G}_{F_{\mathfrak{p}}}$ 到 $\hat{G}_F$ 的解析同态, 它在 $\hat{G}_F$ 的内自同构作用下是确定的. 这样, 对任意 $\mathfrak{p}$, σ 确定了 $\hat{G}_{F_{\mathfrak{p}}}$ 的一个表示 $\sigma_{\mathfrak{p}}$. 我想定义

$$L(s,\sigma,\pi)=\prod_{\mathfrak{p}}L(s,\sigma_{\mathfrak{p}},\pi_{\mathfrak{p}}). \tag{A}$$

当然我们必须证明这个乘积在一个半平面上是收敛的. 我们将看到怎么做这件事. 然后我们希望证明这个函数可以解析延拓到整个复平面上. 设 ψ_F 是 $F\backslash\mathbb{A}(F)$ 的一个非平凡特征, 把它在 $F_{\mathfrak{p}}$ 上的限制记作 $\psi_{F_{\mathfrak{p}}}$. 我们希望除了有限多个 $\mathfrak{p}$ 之外, $\epsilon(s,\sigma_{\mathfrak{p}},\pi_{\mathfrak{p}},\psi_{F_{\mathfrak{p}}})$ 都恒等于 1. 我们还希望

$$\epsilon(s,\sigma,\pi)=\prod_{\mathfrak{p}}\epsilon(s,\sigma_{\mathfrak{p}},\pi_{\mathfrak{p}},\psi_{F_{\mathfrak{p}}})$$

不依赖于 ψ_F. 函数方程应该为

$$L(s,\sigma,\pi)=\epsilon(s,\sigma,\pi)L(1-s,\tilde{\sigma},\pi),$$

这里 $\tilde{\sigma}$ 是 σ 的对偶表示.

我们要求得太多而且太快. 我们应该要做的是在非分歧的时候定义 $L(s,\sigma_{\mathfrak{p}},\pi_{\mathfrak{p}})$ 和 $\epsilon(s,\sigma_{\mathfrak{p}},\pi_{\mathfrak{p}},\psi_{F_{\mathfrak{p}}})$, 验证只有有限多个分歧的素点, 证明 (A) 中如果只对非分歧素点做乘积的话它在 s 的实部充分大时是收敛的. 如果知道了怎样证明函数方程, 我们也就会在非分歧的情况

给出这个定义. 顺便说一下, 我们引入这些神秘的加法特征, 只是因为我们可以用它们来证明一些事实, 所以比不引入它们要好.

在我们的讨论中, 非分歧到底是什么意思? 首先, 为了让 $\mathfrak{p}$ 是非分歧的, G 必须在 $F_\mathfrak{p}$ 上准分裂并且在 $F_\mathfrak{p}$ 的一个非分歧扩张上分裂. 在这种情况下, 我们将发现 $G_{F_\mathfrak{p}}$ 有一个典范的极大紧子群的共轭类. 为了让 $\mathfrak{p}$ 是非分歧的, $\pi_\mathfrak{p}$ 在这些极大紧子群上的限制必须包含平凡表示. 我们还需要在 $\psi_{F_\mathfrak{p}}$ 上加条件. 虽然这不是太重要, 但我还是想具体说一下. 如果 $\mathfrak{p}$ 是非 Archimedes 的, 那么 $\psi_{F_\mathfrak{p}}$ 在 $F_\mathfrak{p}$ 的整数环 $O_{F_\mathfrak{p}}$ 上的限制是平凡的, 并且 $O_{F_\mathfrak{p}}$ 是满足这一条件的 $F_\mathfrak{p}$ 的最大理想. 如果 $F_\mathfrak{p}$ 是 $\mathbb{R}$, 那么 $\psi_{F_\mathfrak{p}}(x)=e^{2\pi ix}$, 如果 $F_\mathfrak{p}$ 是 $\mathbb{C}$, 那么 $\psi_{F_\mathfrak{p}}(z)=e^{4\pi i\mathrm{Re}(z)}$. 当 $\mathfrak{p}$ 非分歧的时候, 我们希望 $\epsilon(s,\sigma_\mathfrak{p},\pi_\mathfrak{p},\psi_{F_\mathfrak{p}})$ 等于 1.

2. 对任意域 F 上的连通约化群我们都可以定义 $\hat{G}_F$. 先取 F 上的一个准分裂群 G, 并假设它在 F 的一个 Galois 扩张 K 上分裂. 取定一个定义在 F 上的 G 的 Borel 子群 B, 并记 T 为定义在 F 上的 B 的一个极大环面群. 把 T 的有理特征群记为 L. 把 G 写成 G^0G^1, 其中 G^0 是交换的而 G^1 是半单的. 那么 $G^0\cap G^1$ 是有限的. 记 $T^0=G^0$, $T^1=T\cap G^1$, 那么 $T=T^0T^1$. 记 T^0 的有理特征群为 L_+^0, 记 L_+^0 中在 $T^0\cap T^1$ 上为 1 的元素组成的群为 L_-^0. 记 L_-^1 为 T^1 的根生成的群. 对任意域 R, 记 $E_R^1=L_-^1\otimes_\mathbb{Z}R$. Weyl 群 Ω 作用在 L_-^1 上, 所以它也作用在 E_R^1 上. 设 $(\cdot,\cdot)$ 是 $E_\mathbb{C}^1$ 上一个 Ω-不变的非退化双线性型. 假定它在 $E_\mathbb{R}^1$ 上的限制是正定的. 记

$$L_+^1=\left\{\lambda\in E_\mathbb{C}^1 \mid \text{对任意根 } \alpha, 2\frac{(\lambda,\alpha)}{(\alpha,\alpha)}\in\mathbb{Z}\right\}.$$

记 $L_-=L_-^0\oplus L_-^1$, $L_+=L_+^0\oplus L_+^1$. 我们把 L 看作是 L_+ 的子格, 它包含了 L_-.

记 $\alpha_1,\cdots,\alpha_l$ 是 T^1 关于 B 的单根, 记

$$(A_{ij})=\left(2\frac{(\alpha_i,\alpha_j)}{(\alpha_i,\alpha_i)}\right)$$

为 Cartan 矩阵. 如果 σ 属于 $\mathfrak{G}(K/F)$, λ 属于 L, 那么 $\sigma\lambda$ 也属于 L, 这里 $\sigma\lambda(t)=\sigma(\lambda(\sigma^{-1}t))$. 所以 $\mathfrak{G}(K/F)$ 作用在 L 上. 它也作用在 L_-

和 L_+ 上, 并且这三个作用是相容的. 根 $\alpha_1, \cdots, \alpha_l$ 组成的集合以及 Cartan 矩阵在这个作用下都是不变的.

对包含 $\mathbb{Q}$ 的域 R, 记 $E_R = L\otimes_{\mathbb{Z}} R$, $\hat{E}_R = \mathrm{Hom}_R(E_R, R)$. 格

$$\begin{aligned}\hat{L}_+ &= \mathrm{Hom}(L_-,\mathbb{Z}) = \mathrm{Hom}(L_-^0,\mathbb{Z})\oplus\mathrm{Hom}(L_-^1,\mathbb{Z}) = \hat{L}_+^0\oplus\hat{L}_+^1,\\ \hat{L} &= \mathrm{Hom}(L,\mathbb{Z}),\\ \hat{L}_- &= \mathrm{Hom}(L_+,\mathbb{Z}) = \mathrm{Hom}(L_+^0,\mathbb{Z})\oplus\mathrm{Hom}(L_+^1,\mathbb{Z}) = \hat{L}_-^0\oplus\hat{L}_-^1\end{aligned}$$

可以看成是 $\hat{E}_{\mathbb{C}}$ 的子群. 如果记 $E_R^0 = L_-^0\otimes_{\mathbb{Z}} R$, 那么 $E_R = E_R^0\oplus E_R^1$. 用显然的方法定义 $\hat{E}_R^0$ 和 $\hat{E}_R^1$, 我们就得到 $\hat{E}_R = \hat{E}_R^0\oplus\hat{E}_R^1$. 我们还是用 $(\cdot,\cdot)$ 记 $\hat{E}_{\mathbb{C}}^1$ 上与 $E_{\mathbb{C}}^1$ 上的双线性型共轭的双线性型. 具体地讲, 如果 λ 和 μ 属于 $E_{\mathbb{C}}^1$, $\hat{\lambda}$ 和 $\hat{\mu}$ 属于 $\hat{E}_{\mathbb{C}}^1$, 并且对所有 $\eta\in E_{\mathbb{C}}^1$ 满足 $\langle\eta,\hat{\lambda}\rangle = (\eta,\lambda)$ 及 $\langle\eta,\hat{\mu}\rangle = (\eta,\mu)$, 那么 $(\lambda,\mu) = (\hat{\lambda},\hat{\mu})$.

如果 α 是一个根, 我们用以下性质定义它的余根 $\hat{\alpha}\in\hat{E}_{\mathbb{C}}^1$: 对任意 $\lambda\in E_{\mathbb{C}}^1$, 都有

$$\langle\lambda,\hat{\alpha}\rangle = 2\frac{(\lambda,\alpha)}{(\alpha,\alpha)}$$

余根生成 $\widehat{L}_-^1$. 以下等式总是成立的:

$$(\hat{\alpha},\hat{\beta}) = 4\frac{(\alpha,\beta)}{(\alpha,\alpha)(\beta,\beta)}$$

和

$$2\frac{(\hat{\alpha},\hat{\beta})}{(\hat{\alpha},\hat{\alpha})} = 2\frac{(\alpha,\beta)}{(\beta,\beta)}.$$

所以矩阵

$$(\hat{A}_{ij}) = \left(2\frac{(\hat{\alpha}_i,\hat{\alpha}_j)}{(\hat{\alpha}_i,\hat{\alpha}_i)}\right)$$

是矩阵 (A_{ij}) 的转置. 由

$$\hat{S}_i(\hat{\alpha}_j) = \hat{\alpha}_j - \hat{A}_{ij}\hat{\alpha}_i = \hat{\alpha}_j - A_{ji}\hat{\alpha}_i$$

定义的 $\hat{E}_{\mathbb{C}}^1$ 上的线性变换 $\hat{S}_i$ 是由

$$S_i(\alpha_j) = \alpha_j - A_{ij}\alpha_i$$

定义的 $E_{\mathbb{C}}^1$ 上的线性变换 S_i 的逆步. 这样, 由 $\{\hat{S}_i \mid 1 \leqslant i \leqslant l\}$ 生成的群 $\hat{\Omega}$ 典范同构于有限群 Ω. 所以根据一个众所周知的定理 (参见 [7] 的第 VII 章), $(\hat{A}_{ij})$ 是一个单连通复群 $\hat{G}_+^1$ 的 Cartan 矩阵. 设 $\hat{B}_+^1$ 是 $\hat{G}_+^1$ 的一个 Borel 子群, $\hat{T}_+^1$ 是 $\hat{B}_+^1$ 的一个 Cartan 子群. 我们把 $\hat{T}_+^1$ 关于 $\hat{B}_+^1$ 的单根等同于 $\hat{\alpha}_1, \cdots, \hat{\alpha}_l$, 而把具有自由基 $\{\hat{\alpha}_1, \cdots, \hat{\alpha}_l\}$ 的复线性空间等同于 $\hat{E}_{\mathbb{C}}^1$. 我们也可以把 Ω 与 $\hat{\Omega}$ 等同起来. $\hat{T}_+^1$ 的每个根都等于某个 $\omega\hat{\alpha}_i$, $\omega \in \Omega$, $1 \leqslant i \leqslant l$. 如果 $\omega\alpha_i = \alpha$, 那么 $\omega\hat{\alpha}_i = \hat{\alpha}$. 这是因为

$$\langle \lambda, \omega\hat{\alpha}_i \rangle = \langle \omega^{-1}\lambda, \hat{\alpha}_i \rangle = 2\frac{(\omega^{-1}\lambda, \alpha_i)}{(\alpha_i, \alpha_i)} = 2\frac{(\lambda, \omega\alpha_i)}{(\omega\alpha_i, \omega\alpha_i)} = 2\frac{(\lambda, \alpha)}{(\alpha, \alpha)}.$$

所以 $\hat{T}_+^1$ 的根就是那些余根. 如果 λ 属于 $\hat{E}_{\mathbb{C}}^1$, 那么

$$2\frac{(\lambda, \hat{\alpha})}{(\hat{\alpha}, \hat{\alpha})} = \langle \alpha, \lambda \rangle,$$

所以

$$\hat{L}_+^1 = \left\{ \lambda \in \hat{E}_{\mathbb{C}}^1 \mid \text{对所有余根 } \hat{\alpha}, 2\frac{(\lambda, \hat{\alpha})}{(\hat{\alpha}, \hat{\alpha})} \in \mathbb{Z} \right\}$$

等于 $\hat{T}_+^1$ 的权的集合.

令

$$\hat{G}_+^0 = \mathrm{Hom}_{\mathbb{Z}}(\hat{L}_+^0, \mathbb{C}^*),$$

它是一个复约化李群. 令 $\hat{G}_+ = \hat{G}_+^0 \times \hat{G}_+^1$. 如果记 $\hat{T}_+^0 = \hat{G}_+^0$, $\hat{T}_+ = \hat{T}_+^0 \times \hat{T}_+^1$, 那么 $\hat{L}_+$ 是 $\hat{T}_+$ 的复解析特征的集合. 如果记

$$\hat{Z} = \left\{ t \in \hat{T}_+ \mid \text{对任意 } \lambda \in \hat{L}, \lambda(t) = 1 \right\},$$

那么 $\hat{Z}$ 是 $\hat{G}_+$ 的正规子群, $\hat{G} = \hat{G}_+/\hat{Z}$ 也是一个复李群. $\mathfrak{G}(K/F)$ 自然作用在 $\hat{L}_-$, $\hat{L}$ 和 $\hat{L}_+$ 上. 这个作用保持集合 $\{\hat{\alpha}_1, \cdots, \hat{\alpha}_l\}$ 不变. $\mathfrak{G}(K/F)$ 自然作用在 $\hat{G}_+^0$ 上. 我想定义它在 $\hat{G}_+^1$ 及 $\hat{G}_+$ 上的作用. 取 $\hat{T}_+^1$ 的李代数中的元素 $H_1, \cdots, H_l$ 使得对任意 $\lambda \in \hat{L}_+^1$, 都有

$$\lambda(H_i) = \langle \alpha_i, \lambda \rangle.$$

取定对应于余根 $\hat{\alpha}_1, \cdots, \hat{\alpha}_l$ 的根向量 $X_1, \cdots, X_l$, 以及对应于这些余根的相反向量的根向量 $Y_1, \cdots, Y_l$. 假定 $[X_i, Y_i] = H_i$. 对 $\sigma \in \mathfrak{G}(K/F)$, 记

$\sigma(\hat{\alpha}_i) = \hat{\alpha}_{\sigma(i)}$. 那么 (参见 [7] 的第 Ⅶ 章) 存在唯一一个 $\hat{G}_+^1$ 的李代数的自同构 σ 使得

$$\sigma(H_i) = H_{\sigma(i)}, \quad \sigma(X_i) = X_{\sigma(i)}, \quad \sigma(Y_i) = Y_{\sigma(i)}.$$

这些同构显然决定了 $\mathfrak{G}(K/F)$ 在这个李代数上的一个作用, 所以也决定了它在 $\hat{G}_+^1$ 上的一个作用. 由于 $\mathfrak{G}(K/F)$ 保持 L 不变, 它在 $\hat{G}_+$ 上的作用诱导了它在 $\hat{G}$ 上的作用. 如果把 $\hat{B}_+ = \hat{T}_+^0 \times \hat{B}_+^1$ 和 $\hat{T}_+$ 在 $\hat{G}$ 中的像分别记作 $\hat{B}$ 和 $\hat{T}$, 那么这个作用保持 $\hat{B}$ 和 $\hat{T}$ 不变. 我想把 $\hat{G}_F$ 定义为半直积 $\hat{G} \rtimes \mathfrak{G}(K/F)$.

然而这样定义的 $\hat{G}_F$ 依赖于 B, T 以及 $X_1, \cdots, X_l$, 而且 $\hat{G}_F$ 带有它的单位连通分支的一个 Borel 子群 $\hat{B}$, $\hat{B}$ 的一个 Cartan 子群 $\hat{T}$, 以及 T 关于 B 的单根集与 $\hat{T}$ 关于 $\hat{B}$ 的单根集之间的一个一一对应. 设 G' 是另一个定义在 F 上的准分裂群, 并且它在如下意义下在 K 上同构于 G: 存在一个同构 $\varphi : G \to G'$ 使得对所有 $\sigma \in \mathfrak{G}(K/F)$, $\varphi^{-1}\sigma(\varphi)$ 都是内自同构. 设 B' 是 G' 的一个定义在 F 上的 Borel 子群, T' 是 B' 的一个定义在 F 上的 Cartan 子群. 那么存在 G 的一个定义在 K 上的内自同构 ψ 使得 $\varphi\psi$ 把 B 映到 B', 把 T 映到 T'. 这样, $\varphi\psi$ 确定了 $\hat{L}$ 到 $\hat{L}'$ 的一个同构, 以及 $\{\alpha_1, \cdots, \alpha_l\}$ 和 $\{\alpha'_1, \cdots, \alpha'_l\}$ 之间的一个一一对应. 它们都只依赖于 φ, 并且都与 $\mathfrak{G}(K/F)$ 的作用可交换. 所以 φ 诱导了从 $\hat{G}_+^0$ 到 $(\hat{G}_+^0)'$ 的一个同构. 而且存在从 $\hat{G}_+^1$ 到 $(\hat{G}_+^1)'$ 的唯一一个同构使得它在李代数上的作用把 H_i 映到 H'_i, X_i 映到 X'_i, Y_i 映到 Y'_i. 这两个同构一起定义了从 $\hat{G}_+$ 到 $\hat{G}'_+$ 的一个同构. 如果我们假设 α_i 对应于 α'_i, $1 \leqslant i \leqslant l$, 那么这个同构把 $\hat{Z}$ 映到 $\hat{Z}'$, 并且确定了一个和 $\mathfrak{G}(K/F)$ 可交换的从 $\hat{G}$ 到 $\hat{G}'$ 的同构. 所以我们得到了一个从 $\hat{G}'_F$ 到 $\hat{G}_F$ 的同构 $\hat{\varphi}$. 特别地, 取 $G' = G$, 取 φ 为恒等映射, 我们知道 $\hat{G}_F$ 在差一个典范同构下是确定的.

设 G 是定义在 F 上的一个约化群, K 是 F 的 Galois 扩张, G' 和 G'' 是定义在 F 上的在 K 上分裂的准分裂群, $\varphi : G' \to G$ 和 $\psi : G'' \to G$ 是满足以下条件的定义在 K 上的同构: 对任意 $\sigma \in \mathfrak{G}(K/F)$, $\varphi^{-1}\sigma(\varphi)$ 和 $\psi^{-1}\sigma(\psi)$ 是内自同构. 那么 $(\psi^{-1}\varphi)^{-1}\sigma(\psi^{-1}\varphi)$ 也是内自同构, 从而存在 $\hat{G}'_F$ 与 $\hat{G}''_F$ 之间的一个典范同构. 所以我们可以定义 $\hat{G}_F = \hat{G}'_F$. 它依赖于 K, 但我们没必要强调这一点. 然而我们有时还是会用 $\hat{G}_{K/F}$ 来

代替 $\hat{G}_F$.

3. 尽管是一种比较简单的情形, 也许仍然值得对 G 是 $\mathrm{GL}(n)$ 和 $K=F$ 的情形实行前面的构造. 我们取 T 是对角矩阵群, B 是上三角矩阵群. G^0 是非零数量矩阵群, G^1 是 $\mathrm{SL}(n)$. 如果 λ 属于 L 而且

$$\lambda:\begin{pmatrix} t_1 & & 0 \\ & \ddots & \\ 0 & & t_n \end{pmatrix} \rightarrow t_1^{m_1}\cdots t_n^{m_n},$$

其中 $m_1,\cdots,m_n$ 属于 $\mathbb{Z}$, 我们记 $\lambda=(m_1,\cdots,m_n)$. 于是 L 等同于 $\mathbb{Z}^n$. 我们可以将 $E_{\mathbb{R}}$ 等同于 $\mathbb{R}^n$, $E_{\mathbb{C}}$ 等同于 $\mathbb{C}^n$. 如果 λ 属于 L_+^0,

$$\lambda: tI \rightarrow t^m,$$

其中 m 属于 $\mathbb{Z}$, 我们记 $\lambda=\left(\frac{m}{n},\cdots,\frac{m}{n}\right)$. 于是 L_-^0 作为 L 和 L_+^0 的子群由 $(m,\cdots,m)$ 组成, 其中 m 属于 $\mathbb{Z}$. 秩 l 是 $n-1$ 且

$$\begin{aligned} \alpha_1 &= (1,-1,0,\cdots,0), \\ \alpha_2 &= (0,1,-1,0,\cdots,0), \\ &\ \ \vdots \\ \alpha_l &= (0,\cdots,0,1,-1). \end{aligned}$$

于是

$$L_-^1=\left\{(m_1,\cdots,m_n)\in L \mid \sum_{i=1}^n m_i=0\right\}.$$

集合 $E_{\mathbb{C}}^1$ 由所有 $E_{\mathbb{C}}$ 中满足条件

$$\sum_{i=1}^n z_i=0$$

的元素 $(z_1,\cdots,z_n)$ 组成. $E_{\mathbb{C}}^1$ 上的双线形型可以取作 $E_{\mathbb{C}}$ 上的双线形型

$$(z,w)=\sum_{i=1}^n z_i w_i$$

的限制. 于是

$$L_+^1=\left\{(m_1,\cdots,m_n) \mid \sum_{i=1}^n m_i=0 \text{ 且 } m_i-m_j\in\mathbb{Z}\right\}.$$

我们可以用 $E_{\mathbb{C}}$ 上给定的双线形型将 $\hat{E}_{\mathbb{C}}$ 等同于 $E_{\mathbb{C}}$. 那么操作 "ˆ" 保持所有的格和根不动. 于是 $\hat{G}_{+}^{0}=\mathrm{Hom}(L_{+}^{0},\mathbb{C})$. 任意的非奇异的复数量矩阵 tI 定义了 $\hat{G}_{+}^{0}$ 中的一个元素, 即同态

$$\left(\frac{m}{n},\cdots,\frac{m}{n}\right)\to t^{m}.$$

我们将 $\hat{G}_{+}^{0}$ 等同于数量矩阵群. $\hat{G}_{+}^{1}$ 为 $\mathrm{SL}(n,\mathbb{C})$. $\hat{G}_{+}^{0}\times\hat{G}_{+}^{1}$ 到 $\mathrm{GL}(n,\mathbb{C})$ 有一个自然的满射. 它将 $tI\times A$ 映到 tA. 易见映射的核为 $\hat{Z}$, 所以 $\hat{G}_{F}$ 是 $\mathrm{GL}(n,\mathbb{C})$.

4. 为了定义局部 L-函数, 证明几乎所有的素点都是非分歧的, 并且证明所有非分歧素点上的局部 L-函数的乘积当 s 的实部充分大时是收敛的, 我们需要一些关于定义在局部域上的群的约化理论的事实 (参见 [1]). 尽管仍然不完整, 那套理论已经取得许多进展. 不幸的是, 我们所需要的事实似乎在文献中找不到. 但如果此时假定这些事实的话我们并不会丢掉很多信息. 关于这些群的一些确切的断言都是很容易被验证的.

设 K 是非 Archimedes 局部域 F 的一个非分歧扩张, G 是 F 上的一个准分裂群并且在 K 上分裂. 记 B 为 G 的一个 Borel 子群, T 是 B 的一个 Cartan 子群, 两者都定义在 F 上. 记 K 上的赋值为 v. 这样 v 是 K 的乘法群 K^{*} 到 $\mathbb{Z}$ 的一个满同态, 它的核是 K 的单位群. 如果 t 属于 T_{F}, 用如下公式定义 $v(t)\in\hat{L}$: 对所有的 $\lambda\in L$, $\langle\lambda,v(t)\rangle=v(\lambda(t))$. 如果 σ 属于 $\mathfrak{G}(K/F)$, 那么

$$\langle\lambda,\sigma v(t)\rangle=\langle\sigma^{-1}\lambda,v(t)\rangle=v(\sigma^{-1}(\lambda(\sigma t)))=v(\lambda(t)),$$

这是因为对所有的 a 属于 K^{*}, $\sigma t=t$ 且 $v(\sigma^{-1}a)=v(a)$. 这样 v 是从 T_{F} 到 $\hat{M}$ 的一个同态, 这里 $\hat{M}$ 表示群 $\hat{L}$ 在 $\mathfrak{G}(K/F)$ 的作用下的不变子群. 事实上易见这是一个满同态.

我们假设下面的引理.

引理 1. *在 G 的李代数中存在一个 Chevalley 格, 它的稳定化子 U_{K} 在 $\mathfrak{G}(K/F)$ 的作用下是不变的. U_{K} 的正规化子等于自身. 而且, $G_{K}=B_{K}U_{K}$, $H^{1}(\mathfrak{G}(K/F),U_{K})=1$, $H^{1}(\mathfrak{G}(K/F),B_{K}\cap U_{K})=1$. 如果我们选定两个这样的 Chevalley 格, 设它们的稳定化子分别为 U_{K},U_{K}', 那么 U_{K}' 与 U_{K} 在 G_{K} 中共轭.*

如果 g 属于 G_K 且 σ 属于 $\mathfrak{G}(K/F)$, 记 $g^\sigma=\sigma^{-1}(g)$. 如果 g 属于 G_F, 我们可以将它写作 bu, 其中 b 属于 B_K, u 属于 U_K. 这样 $g^\sigma=b^\sigma u^\sigma$, $u^\sigma u^{-1}=b^{-\sigma}b$. 根据上面的引理, 存在 v 属于 $B_K\cap U_K$ 使得 $u^\sigma u^{-1}=b^{-\sigma}b=v^\sigma v^{-1}$. 于是 $b'=bv$ 属于 B_F, $u'=v^{-1}u$ 属于 $U_F=G_F\cap U_K$, 以及 $g=b'u'$. 因此, $G_F=B_FU_F$.

如果对某个 g 属于 G_K, $gU_Kg^{-1}=U'_K$, 那么 $g^\sigma U_Kg^{-\sigma}=U'_K$, 于是 $g^{-\sigma}g$ 属于 U_K, U_K 的正规化子等于自身. 根据引理, 存在 u 属于 U_K 使得 $g^{-\sigma}g=u^\sigma u^{-1}$. 从而 $g_1=gu$ 属于 G_F 且 $g_1U_Kg_1^{-1}=U'_K$. 因此, U_F 和 U'_F 在 G_F 中共轭.

记 $C_c(G_F,U_F)$ 为 G_F 上满足如下条件的紧支撑函数组成的集合: 对任意的 u 属于 U_F, g 属于 G_F 满足条件 $f(gu)=f(ug)=f(g)$. $C_c(G_F,U_F)$ 在卷积之下成为一个代数, 称之为 Hecke 代数. 如果 N 是 B 的幂单根, 记 dn 为 N_F 上的一个 Haar 测度, 对 b 属于 B_F, 令 $\dfrac{d(bnb^{-1})}{dn}=\delta(b)$. 如果 λ 属于 $\hat{M}$, 选取 t 属于 T_F 使得 $v(t)=\lambda$. 对 f 属于 $C_c(G_F,U_F)$, 令

$$\hat{f}(\lambda)=\delta^{1/2}(t)\left\{\int_{N_F\cap U_F}dn\right\}^{-1}\int_{N_F}f(tn)dn.$$

群 $\mathfrak{G}(K/F)$ 作用于 Ω, 记 Ω^0 为不动点群. 于是 Ω^0 作用于 $\hat{M}$, 记 $\Lambda(\hat{M})$ 为 $\hat{M}$ 在 $\mathbb{C}$ 上生成的群代数, 记 $\Lambda^0(\hat{M})$ 为 $\Lambda(\hat{M})$ 在 Ω^0 作用下的不动点. 我们仍需下面的引理 (参见 [12]).

引理 2. 映射 $f\to\hat{f}$ 是从 $C_c(G_F,U_F)$ 到 $\Lambda^0(M)$ 的一个同构.

假设用 B_1 取代 B, T_1 取代 T. 注意到 $T\simeq B/N$ 以及 $T_1\simeq B_1/N_1$. 如果 $u\in G_F$ 把 B 映到 B_1, 那么它把 N 映到 N_1, 这样便定义了从 T 到 T_1 的一个映射. 这个映射不依赖于 u. 这确定了从 L_1 到 L 和 $\hat{L}$ 到 $\hat{L_1}$ 的 $\mathfrak{G}(K/F)$ 不变的映射, 从而确定了从 $\hat{M}$ 到 $\hat{M}_1$ 以及从 $\Lambda^0(\hat{M})$ 到 $\Lambda^0(\hat{M}_1)$ 的映射. 设 $\hat{f}$ 映到 $\hat{f}_1$, $\hat{\lambda}$ 映到 $\hat{\lambda_1}$. 如果我们选取 $u\in U_F$ (我们可以做到这一点), 那么

$$\hat{f}_1(\hat{\lambda}_1)=\hat{f}(\hat{\lambda})=\delta^{1/2}(t)\left\{\int_{N_F\cap U_F}dn\right\}^{-1}\int_{N_F}f(tn)dn.$$

令 $N_F\cap U_F=V$. 记相应的对应于 N_1 的群为 V_1, 那么 $uVu^{-1}=V_1$. 选

取 $d(unu^{-1}) = dn_1$, 由于 $f(ugu^{-1}) = f(g)$, 等式的右边等于

$$\delta^{1/2}(utu^{-1}) \left\{ \int_{V_1} dn_1 \right\}^{-1} \int_{N_F} f(utu^{-1}unu^{-1}) dn.$$

如果 utu^{-1} 投影到 $t_1 \in T_1$, 那么 $\delta(utu^{-1}) = \delta(t_1)$ 且 $v(t_1) = \hat{\lambda}_1$. 此外,

$$\int_{N_F \cap U_F} dn = \int f(t_1 n_1) dn_1,$$

且图表

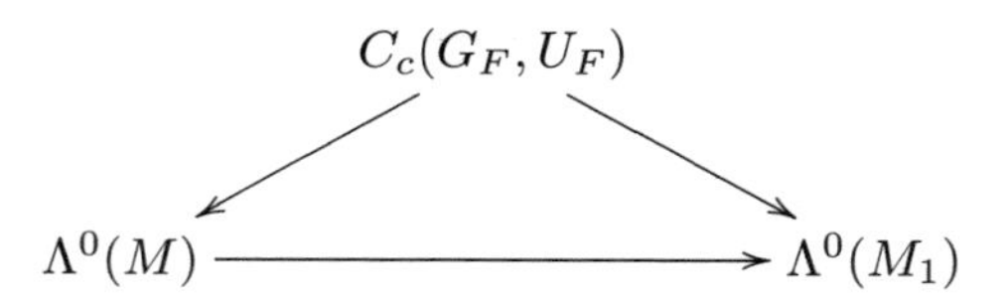

是交换的.

如果 $gU_F g^{-1} = U'_F$, 那么映射 $f \to f'$ 是 $C_c(G_F, U_F)$ 到 $C_c(G_F, U'_F)$ 的一个同构, 其中 $f'(h) = f(g^{-1}hg)$. 且它不依赖于 g. 我们可以选取 g 属于 B_F. 于是

$$\hat{f}'(\lambda) = \delta^{1/2}(t) \left\{ \int_{N_F \cap U'_F} dn \right\}^{-1} \int_{N_F} f(g^{-1}tng) dn.$$

由于 $g^{-1}tng = t(t^{-1}g^{-1}tg)g^{-1}ng$, 第二个积分等于

$$\int_{N_F} f(tg^{-1}ng) dn.$$

因为

$$\frac{d(g^{-1}ng)}{dn} = \left\{ \int_{N_F \cap U'_F} dn \right\}^{-1} \int_{N_F \cap U_F} dn,$$

我们得到 $\hat{f}'(\hat{\lambda}) = \hat{f}(\hat{\lambda})$ 而且图表

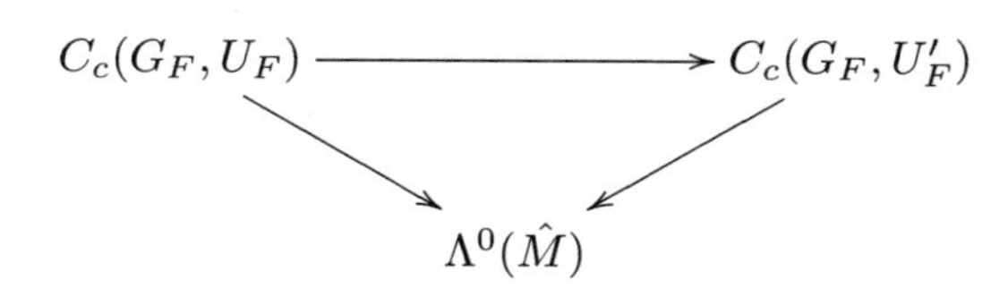

是交换的.

我将不再具体提及这些图的交换性. 然而, 这些交换性是很重要的, 因为它们预示着下面的定义具有所要求的不变性 (如果这些定义的确有些意义).

如果 π 是 G_F 在 H 上的一个不可约酉表示, 且它在 U_F 上的限制包含着恒等表示, 那么

$$H_0=\{x\in H \mid \text{对所有的 } u\in U_F, \pi(u)x=x\}$$

是 H 的一个一维子空间. 如果 f 属于 $C_c(G_F,U_F)$, 则

$$\pi(f)=\int_G f(g)\pi(g)dg$$

将 H_0 映到自身. 这样 $C_c(G_F,U_F)$ 在 H_0 上的表示确定了 $C_c(G_F,U_F)$ 或者 $\Lambda^0(\hat{M})$ 到复数环的一个同态 χ. π 被 χ 所决定. 为了定义局部 L-函数, 我们研究这些同态. 首先注意到, 如果 χ 对应着一个酉表示, 则

$$|\chi(f)|\leqslant\int_{G_F}|f(g)|dg.$$

由于 $\Lambda(\hat{M})$ 是 $\Lambda^0(\hat{M})$ 上的有限生成模, 任意 $\Lambda^0(\hat{M})$ 到 $\mathbb{C}$ 的同态可以扩张为 $\Lambda(\hat{M})$ 到 $\mathbb{C}$ 的同态, 且它必然具有形式

$$\sum\hat{f}(\lambda)\lambda\to\sum\hat{f}(\lambda)\lambda(t), \tag{B}$$

其中 $t\in\hat{T}$. 反之, 给定 t,(B) 决定了一个 $\Lambda^0(\hat{M})$ 到 $\mathbb{C}$ 的同态 χ_t. 我们将会证明 $\chi_{t_1}=\chi_{t_2}$ 当且仅当 $t_1\times\sigma_F$ 和 $t_2\times\sigma_F$ 在 $\hat{G}_F$ 中共轭, 其中 σ_F 是 Frobenius 变换. 如果 t 属于 $\hat{G}$ 且 σ 属于 $\mathfrak{G}(K/F)$, 我们简记 $t\times\sigma$ 为 $t\sigma$. 已知 (参见 [4]) $\hat{G}_F$ 的每个在 $\mathfrak{G}(K/F)$ 上的投影为 σ_F 的半单元共轭于某个 $t\sigma_F$, 其中 $t\in\hat{T}$. 因此, 所有的 Hecke 代数到复数环 $\mathbb{C}$ 的同态与 $\hat{G}_F$ 在 $\mathfrak{G}(K/F)$ 上的投影为 σ_F 的半单元的共轭类之间存在一个一一对应.

设 ρ 是 $\hat{G}_F$ 的一个复解析表示, χ_t 是对应于 π 的 $\Lambda^0(\hat{M})$ 到 $\mathbb{C}$ 的同态, 我们定义局部 L-函数

$$L(s,\rho,\pi)=\frac{1}{\det(I-\rho(t\sigma_F)|\pi_F|^s)},$$

其中 π_F 是 O_F 的极大理想的生成元.

我们可以将 $\hat{T}$ 等同于 $\mathrm{Hom}_{\mathbb{Z}}(\hat{L},\mathbb{C}^*)$. 由正合列

$$0\to\mathbb{Z}\xrightarrow{\varphi}\mathbb{C}\xrightarrow{\psi}\mathbb{C}^*\to 0,$$

其中 $\varphi(z)=\dfrac{2\pi i}{\log|\pi_F|}z, \psi(z)=|\pi_F|^{-z}$, 我们有正合列

$$0\to L=\operatorname{Hom}_{\mathbb{Z}}(\hat{L},\mathbb{Z})\xrightarrow{\varphi}E_{\mathbb{C}}=\operatorname{Hom}_{\mathbb{Z}}(\hat{L},\mathbb{C})\xrightarrow{\psi}\hat{T}\to 0.$$

记 $V_{\mathbb{C}}$ 为 $\mathfrak{G}(K/F)$ 在 $E_{\mathbb{C}}$ 中的不变量, $W_{\mathbb{C}}$ 是 σ_F-1 的值域. 那么 $E_{\mathbb{C}}=V_{\mathbb{C}}\oplus W_{\mathbb{C}}$. 若 w 属于 $W_{\mathbb{C}}$, λ 属于 $\hat{M}$, 则 $\langle w,\lambda\rangle=0$, 且用 $t\psi(w)$ 替换 t 不改变 χ_t. 如果 $w=\sigma_F v-v$, $\psi(v)=s$, 则

$$t\psi(w)\sigma_F=ts^{-1}\sigma_F(s)\sigma_F=s^{-1}(t\sigma_F)s$$

共轭于 $t\sigma_F$. 这样, 我们必须证明 $t_1=\psi(v_1)$, $t_2=\psi(v_2)$, 其中 v_1, v_2 属于 $V_{\mathbb{C}}$, 于是便有 $t_1\sigma_F$ 和 $t_2\sigma_F$ 共轭当且仅当 $\chi_{t_1}=\chi_{t_2}$.

一些评注是必要的. 我们还有分解 $\hat{E}_{\mathbb{C}}=\hat{V}_{\mathbb{C}}\oplus\hat{W}_{\mathbb{C}}$ 以及 $\hat{M}=\hat{L}\cap\hat{V}_{\mathbb{C}}$. 记所有正的余根在 $\hat{V}_{\mathbb{C}}$ 上的投影为 $\hat{Q}$. 如果 S 是所有正的余根在群 $\mathfrak{G}(K/F)$ 作用下的一条轨道, 那么 S 中的每个元素在 $\hat{V}_{\mathbb{C}}$ 上有相同的投影. 由于 $\Sigma_{\hat{\alpha}\in S}\hat{\alpha}$ 属于 $\hat{V}_{\mathbb{C}}$, 此相同的投影一定是

$$\frac{1}{n(S)}\sum_{\hat{\alpha}\in S}\hat{\alpha},$$

其中 $n(S)$ 是集合 S 的元素个数. 记 $S_1,\cdots,S_m$ 为 $\{\hat{\alpha}_1,\cdots,\hat{\alpha}_l\}$ 在 $\mathfrak{G}(K/F)$ 作用下的所有轨道, 令

$$\hat{\beta}_i=\frac{1}{n(S_i)}\sum_{\hat{\alpha}\in S_i}\hat{\alpha}.$$

$\hat{Q}$ 中每个元素都是 $\hat{\beta}_1,\cdots,\hat{\beta}_m$ 的非负系数的线形组合. 注意到如果 ω 属于 Ω^0 且 ω 在 $\hat{M}$ 上的作用是平凡的, 那么 ω 保持每个 β_i 不动, 这样它将正根映到正根. 因此, w 是 1. 如果我们以任意方式将 $\hat{E}^1_{\mathbb{R}}$ 上的内积扩张到 $\hat{E}_{\mathbb{R}}$ 上并且令

$$\hat{C}=\{x\in\hat{V}_{\mathbb{R}}\mid(\hat{\beta}_i,x)\geqslant 0, 1\leqslant i\leqslant m\}$$

以及

$$\hat{D}=\{x\in\hat{E}_{\mathbb{R}}\mid(\hat{\alpha}_i,x)\geqslant 0, 1\leqslant i\leqslant l\},$$

则 $\hat{C}=\hat{D}\cap\hat{V}_{\mathbb{R}}$. 因此, $\hat{C}$ 的任意两个元素都不会落在同一个 Ω^0 轨道.

记 $\hat{\mathfrak{g}}_i$ 为 $\hat{G}$ 的李代数的子代数, 它由对应于 S_i 中的余根及其相反余根的根向量生成. $\hat{\mathfrak{g}}_i$ 在 $\mathfrak{G}(K/F)$ 的作用下是不变的. 记 $\hat{G}_i$ 为相应的解析子群并且令 $\hat{T}_i = \hat{T} \cap \hat{G}_i$. 记 μ_i 为 $\hat{T}_i$ 的 Weyl 群中唯一将所有正根映为负根的元素. 如果 σ 属于 $\mathfrak{G}(K/F)$, 则 $\sigma(\mu_i)$ 具有同样的性质, 于是 $\sigma(\mu_i) = \mu_i$. 任取 w 属于 $\hat{T}$ 的正规化子且在 $\hat{\Omega}$ 中的像是 μ_i. 那么 $w\sigma_F(w^{-1})$ 属于 $\hat{T}$, 它在 $\hat{T}/\psi(W_{\mathbb{C}})$ 中的像不依赖于 w. 我们断言像是 1. 为此, 将 $\hat{\mathfrak{g}}_i$ 写为单代数的直和 $\sum_{k=1}^{n_i} \hat{\mathfrak{g}}_{ik}$. 如果 $[K:F] = n$, $\hat{\mathfrak{g}}_{i1}$ 的稳定化子是 $\left\{\sigma_F^{jn_i} \mid 0 \leqslant j \leqslant \frac{n}{n_i}\right\}$. 我们可以假设

$$\hat{\mathfrak{g}}_{ik} = \sigma_F^{k-1}(\hat{\mathfrak{g}}_{i1}).$$

如果 $\hat{G}_{ik}$ 是 $\hat{G}$ 的对应于李代数 $\hat{\mathfrak{g}}_{ik}$ 的解析子群, 取 w_1 属于 $\hat{T} \cap \hat{G}_{i1}$ 的正规化子使得 w_1 将 $\hat{\mathfrak{g}}_{i1}$ 的正根映为负根. 我们可以选取 $w = \prod_{k=0}^{n_i-1} \sigma_F^k(w_1)$. 那么

$$\begin{aligned} w\sigma_F(w^{-1}) &= (w_1\sigma_F(w_1^{-1}))(\sigma_F(w_1)\sigma_F^2(w_1^{-1}))\cdots(\sigma_F^{n_i-1}(w_1)\sigma_F^{n_i}(w_1^{-1})) \\ &= w_1\sigma_F^{n_i}(w_1^{-1}). \end{aligned}$$

$\hat{\mathfrak{g}}_{i1}$ 的 Dynkin 图是连通的而且 $\hat{\mathfrak{g}}_{i1}$ 在 $\mathfrak{G}(K/F)$ 中的稳定化子在图上的作用是传递的. 这样它属于类型 A_1 或 A_2.

在第一种情形下,Dynkin 图退化为一个点, 这样稳定化子的作用只能是平凡的, 于是 $w_1 = \sigma_F^{n_i}(w_1)$. 在第二种情形下, $\mathrm{SL}(3,\mathbb{C})$ 是 G_{i1} 的单连通覆盖群；我们可以选取覆盖映射使得 $\hat{T} \cap \hat{G}_{i1}$ 是对角矩阵的像且 $\sigma_F^{n_i}$ 对应于 $\mathrm{SL}(3,\mathbb{C})$ 的自同构

$$A \to \begin{pmatrix} 0 & 0 & 1 \\ 0 & -1 & 0 \\ 1 & 0 & 0 \end{pmatrix} {}^tA^{-1} \begin{pmatrix} 0 & 0 & 1 \\ 0 & -1 & 0 \\ 1 & 0 & 0 \end{pmatrix}.$$

我们可以选取 w_1 为

$$\begin{pmatrix} 0 & 0 & 1 \\ 0 & -1 & 0 \\ 1 & 0 & 0 \end{pmatrix}$$

的像. 那么 $\sigma_F^{n_i}(w_1)=w_1$.

μ_i 在 $\hat{V}$ 上的作用是关于垂直于 β_i 的超平面的反射. 因此 $\mu_1,\cdots,\mu_m$ 生成 Ω^0. 如果 ω 属于 Ω^0, 取 w 属于 $\hat{T}$ 的正规化子且在 Ω 中的像是 ω. $w\sigma_F(w^{-1})$ 在 $\hat{T}/\psi(W_{\mathbb{C}})$ 中的像只依赖于 ω, 记之为 δ_ω. 则

$$\begin{aligned}\delta_{\omega_1\omega_2}&=w_1w_2\sigma_F(w_2^{-1}w_1^{-1})=w_1(w_2\sigma_F(w_2^{-1}))w_1^{-1}(w_1\sigma_F(w_1^{-1}))\\&=\omega_1(\delta_{\omega_1})\delta_{\omega_1}.\end{aligned}$$

由于 δ_ω 在生成元上是 1, 上面的关系式说明它恒等于 1.

回到最初的问题, 我们首先证明如果 $\chi_{t_1}=\chi_{t_2}$ 则存在 ω 属于 Ω^0 使得 $\omega(t_1)=t_2$. 于是, 如果 w 属于 $\hat{T}$ 在 $\hat{G}$ 中的正规化子且它在 Ω 中的像是 ω, 我们有 $w(t_1\sigma_F)w^{-1}=t_2w\sigma_F(w^{-1})\sigma_F$. 由于 $w\sigma_F(w^{-1})$ 属于 $\psi(W_{\mathbb{C}})$, 右边的元素共轭于 $t_2\sigma_F$.

如果 t 属于 $\hat{T}$, 也用 χ_t 表示 $\Lambda(\hat{M})$ 到 $\mathbb{C}$ 的同态

$$\sum\hat{f}(\lambda)\lambda\to\sum\hat{f}(\lambda)\lambda(t).$$

如果不存在 ω 使得 $\omega(t_1)=t_2$, 则存在 $\hat{f}$ 属于 $\Lambda(\hat{M})$ 使得对所有的 $\omega\in\Omega^0$,

$$\chi_{t_2}(\hat{f})\neq\chi_{\omega(t_1)}(\hat{f}).$$

记

$$\Pi(X-\omega(\hat{f}))=\sum_{k=0}^{n}\hat{f}_kX^k.$$

每个 $\hat{f}_k$ 属于 $\Lambda^0(\hat{M})$. 将 χ_{t_1}, χ_{t_2} 作用在两边, 我们有

$$\prod_\omega(X-\chi_{\omega(t_1)}(\hat{f}))=\sum_{k=0}^{n}\chi_{t_1}(\hat{f}_k)X^k=\sum_{k=0}^{n}\chi_{t_2}(\hat{f}_k)X^k=\prod_\omega(X-\chi_{\omega(t_2)}(\hat{f})).$$

$\chi_{t_2}(\hat{f})$ 是右边的多项式的一个根, 但不是左边的根, 矛盾.

如果 $t_1\sigma_F$ 和 $t_2\sigma_F$ 共轭, 则对 $\hat{G}_F$ 的每个表示 ρ,

$$\operatorname{trace}\rho(t_1\sigma_F)=\operatorname{trace}\rho(t_2\sigma_F).$$

设 ρ 作用在 X 上, 对 λ 属于 $\hat{M}$, 记 t_λ 为 $\rho(\sigma_F)$ 在

$$X_\lambda=\{x\in X\mid \text{对所有的 } t\in\hat{T},\ \rho(t)x=\lambda(t)x\}$$

上的迹. 如果 t 属于 $\psi(W_{\mathbb{C}})$, 则 $\lambda(t)=1$. 如果 ω 属于 Ω^0 且 w 作为 T 的正规化子中的一个元素在 Ω 中的像为 ω, 则 $X_{\omega\lambda}=\rho(w)X_\lambda$. $w^{-1}\sigma_F w=w^{-1}\sigma_F(w)\sigma_F$ 在 X_λ 上的迹为 $t_{\omega\lambda}$. 由于 $\lambda(w^{-1}\sigma_F(w))=1$, 我们有 $t_{\omega\lambda}=t_\lambda$ 且

$$\operatorname{trace}\rho(t\sigma_F)=\sum_{\lambda\in\hat{C}}t_\lambda\left(\sum_{\mu\in S(\lambda)}\mu(t)\right),$$

其中 $S(\lambda)$ 是 λ 的轨道. 定义

$$\hat{f}_\rho=\sum_{\lambda\in\hat{C}}t_\lambda\sum_{\mu\in S(\lambda)}\mu,$$

则 $\hat{f}_\rho$ 属于 $\Lambda^0(\hat{M})$ 且

$$\operatorname{trace}\rho(t\sigma_F)=\chi_t(\hat{f}_\rho).$$

现在我们只需说明这些 $\hat{f}_\rho$ 生成向量空间 $\Lambda^0(\hat{M})$. 这是一个简单的归纳论证, 因为每个 $\lambda\in\hat{C}$ 都是 $\hat{G}_F$ 的限制在 $\hat{G}$ 上不可约的表示的最高权.

5. 如果 t 属于 $\hat{T}$, 则存在唯一一个 G_F 上的函数 ϕ_t 使得对所有的 u 属于 U_F 和 g 属于 G_F, 有 $\phi_t(ug)=\phi_t(gu)=\phi_t(g)$, 并且对所有的 f 属于 $C_c(G_F,U_F)$, 有

$$\chi_t(f)=\int_{G_F}\phi_t(g)f(g)dg.$$

在很一般的假定下, I. G. MacDonald 发现了 ϕ_t 的一个公式. 然而, 他的假定并不涵盖我们感兴趣的情形. 我将假定他的定理的推广是成立的. 为了陈述它, 我们不妨假设 t 属于 $\psi(V_{\mathbb{C}})$.

设 $\hat{N}$ 是 $\hat{B}$ 的幂单根, $\hat{\mathfrak{n}}$ 是其李代数, 且设 τ 是 $\hat{T}\times\mathfrak{G}(K/F)$ 在 $\hat{\mathfrak{n}}$ 上的表示. 如果 t 属于 $\psi(V_{\mathbb{C}})$, 考虑由下式定义的 $\hat{M}$ 上的函数 θ_t

$$\theta_t(\lambda)=c|\pi_F|^{-\langle\rho,\lambda\rangle}\sum_{\omega\in\Omega^0}\frac{\det(I-|\pi_F|\tau^{-1}(\omega(t)\sigma_F))}{\det(I-\tau^{-1}(\omega(t)\sigma_F))}\lambda^{-1}(\omega(t)).$$

如果 $n(\hat{\beta})$ 是 $\hat{Q}$ 中投影到 $\hat{\beta}$ 的正根的数量, 则

$$c=\prod_{\beta\in Q}\frac{1-|\pi_F|^{n(\hat{\beta})\langle\rho,\hat{\beta}\rangle}}{1-|\pi_F|^{n(\beta)(\langle\rho,\beta\rangle+1)}}.$$

上式表明, $\theta_t(\lambda)$ 只在对任意的 ω 属于 Ω^0, $\tau(\omega(t)\sigma_F)$ 的特征值都不为 1 时有意义. 然而, 由 Kostant 在 [8] 中的结果, 我们可以将它写成另外一种形式使得其对所有的 t 有意义. 设 $\hat{\rho}$ 是所有余根之和的一半. $\hat{\rho}$ 属于 $\hat{V}$. 如果 λ 属于 $\hat{M}$ 且 $\lambda+\hat{\rho}$ 是非奇异的, 即对所有的 $\hat{\beta}$ 属于 $\hat{Q}$, $(\lambda+\hat{\rho},\hat{\beta})\neq 0$, 设 Ω^0 中的元素 ω 把 $\lambda+\hat{\rho}$ 映到 $\hat{C}$, 且设 χ_λ 是 $\operatorname{sgn}\omega$ 乘以 $\hat{G}_F$ 上最高权为 $\omega(\lambda+\hat{\rho})-\hat{\rho}$ 的表示的特征. 如果 $\lambda+\hat{\rho}$ 是奇异的, 令 $\chi_\lambda\equiv 0$. 如果

$$\det(I-|\pi_F|\tau^{-1}(t\sigma_F))=\sum_{\mu\in\hat{M}}b_\mu\mu(t),$$

那么

$$\theta_t(\lambda)=c|\pi_F|^{-<\rho,\lambda>}\sum_{\mu\in\hat{M}}b_\mu\chi_{\mu-\lambda}(t\sigma_F).$$

易见 $b_\mu=0$, 除非

$$\mu=-\sum_{\hat{\alpha}\in S}\hat{\alpha},$$

其中 S 是在 $\mathfrak{G}(K/F)$ 作用下不变的正余根构成的集合的一个子集. 如果 U 是这样的 μ 所构成的集合, 那么 $\{\hat{\rho}+\mu|\mu\in U\}$ 在 Ω^0 的作用下不变. 假设 $\hat{\rho}+\mu$ 非奇异且属于 $\hat{C}$. 由于对任意的 $1\leqslant i\leqslant l$, $\langle\alpha_i,\hat{\rho}\rangle=1$ 以及 $\langle\alpha_i,\mu\rangle$ 是整数, μ 必须属于 $\hat{C}$. 这种情况只有当 $\mu=0$ 时才会发生. 所以如果 $b_\mu\neq 0$, 则要么 $\hat{\rho}+\mu$ 是奇异的, 要么 $\hat{\rho}+\mu$ 在 $\hat{\rho}$ 的轨道上且在 $\hat{G}_F$ 上 $\chi_\mu(g)\equiv\pm 1$. 于是 $\theta_t(0)$ 的值与 t 无关. 选取 t_0 使得对任意的 $1\leqslant i\leqslant m$, $\hat{\beta}_i(t_0)=|\pi_F|^{-\langle\rho,\hat{\beta}_i\rangle}$. $\tau(\omega(t_0)\sigma_F)$ 的特征值是 $\zeta|\pi_F|^{-\langle\rho,\omega^{-1}\hat{\beta}\rangle}$, 其中 $\hat{\beta}$ 属于 $\hat{Q}$ 且 ζ 是一个 $n(\hat{\beta})$ 次单位根. 如果 $\omega\neq 1$, 则存在 $\hat{\beta}_i$ 使得对某个 $\hat{\beta}$ 属于 $\hat{Q}$, $\omega^{-1}\hat{\beta}=-\hat{\beta}_i$. 于是 $\langle\rho,\omega^{-1}\hat{\beta}\rangle=-\langle\rho,\hat{\beta}_i\rangle=-1$, 并且 $\tau(\omega(t_0)\sigma_F)$ 有特征值 $|\pi_F|$. 所以

$$\theta_{t_0}(0)=c\frac{\det(I-|\pi_F|\tau^{-1}(t_0\sigma_F))}{\det(I-\tau^{-1}(t_0\sigma_F))}=1.$$

我们将假定如果 t 属于 $\psi(V_{\mathbb{C}})$, a 属于 T_F, 且 $\lambda=v(a)$, 则

$$\phi_t(a)=\theta_t(\lambda).$$

如果对所有的 f 属于 $C_c(G_F,U_F)$,

$$|\chi_t(f)|\leqslant\int_{G_F}|f(g)|dg,$$

则 ϕ_t 是有界的. 我想要证明如果 ϕ_t 是有界的, λ 属于 $\hat{L}$, $\hat{D}$ 中的元素 $\bar{\lambda}$ 落在 λ 在 Ω 作用下的轨道, 并且 t 属于 $\psi(V_{\mathbb{C}})$, 则有

$$|\lambda(t)| \leqslant |\pi_F|^{-\langle\rho,\bar{\lambda}\rangle}.$$

设 $t=\psi(v)$, 那么不是 v 而是 $\mathrm{Re}\,v$ 是由 t 所决定, 且

$$|\lambda(t)| = |\pi_F|^{-\mathrm{Re}\,\langle v,\lambda\rangle}.$$

我们将证明如果 ϕ_t 是有界的, 则对所有的 λ 属于 $\hat{E}_{\mathbb{R}}$, $\mathrm{Re}\,\langle v,\lambda\rangle \leqslant \langle\rho,\bar{\lambda}\rangle$. 如果 ω 属于 Ω^0 且 $\mathrm{Re}\,\omega v$ 属于 $\hat{C}$, 则 $\mathrm{Re}\,\langle\omega v,\omega\lambda\rangle = \mathrm{Re}\,\langle v,\lambda\rangle$. 不妨假设 v 属于 C (这是 $\hat{C}$ 的类比). 那么

$$\mathrm{Re}\,\langle v,\lambda\rangle \leqslant \mathrm{Re}\,\langle v,\bar{\lambda}\rangle.$$

我们不妨同时假定 $\lambda=\bar{\lambda}$. 我们想证明对所有的 λ 属于 $\hat{D}$, 有 $\mathrm{Re}\,\langle v,\lambda\rangle \leqslant \langle\rho,\lambda\rangle$. 由于 ρ 和 v 属于 $V_{\mathbb{C}}$, 我们只需证明 λ 属于 $\hat{C}$ 的情形. 设 $\hat{C}^0$ 是 $\hat{C}$ 的内部, 满足上述论断的 $\hat{C}$ 中的 λ 组成 $\hat{C}$ 的一个闭、凸、正齐性的子集. 所以, 如果它包含 $\hat{M}\cap\hat{C}^0$, 那么它必须是 $\hat{C}$.

设 S 是由使得 $\mathrm{Re}\,\langle v,\hat{\alpha}\rangle = 0$ 的单余根 $\hat{\alpha}$ 构成的集合. 令 Σ_0 是由 S 中的元素线性组合得到的正余根的集合, Σ_+ 是其他的正余根. 如果 $\hat{\mathfrak{n}}_0$ 和 $\hat{\mathfrak{n}}_+$ 分别是由 Σ_0 和 Σ_+ 中的余根对应的根向量张成的空间, 那么 τ 分解为两个表示 τ_0(在 $\hat{\mathfrak{n}}_0$ 上) 和 τ_+(在 $\hat{\mathfrak{n}}_+$ 上) 的直和. 设 $\hat{H}$ 是由 Σ_0 和 $-\Sigma_0$ 的余根对应的根向量生成的李代数所对应的解析子群, Θ^0 是由代表元落在 $\hat{H}$ 的元素构成的 Ω^0 的子群. 如果 ω 属于 Ω^0 且 $\mathrm{Re}\,\omega v = \mathrm{Re}\,v$, 则 ω 属于 Θ^0. 如果 $\mathrm{Re}\,\omega v \neq \mathrm{Re}\,v$, 则对所有 $\lambda\in\hat{M}\cap\hat{C}^0$, $\mathrm{Re}\,\langle\omega v,\lambda\rangle < \mathrm{Re}\,\langle v,\lambda\rangle$. 记 $\lambda=\lambda_1+\lambda_2$, 其中 λ_1 是 S 中的余根的一个线性组合, 而 λ_2 正交于这些根. 如果 $s=\psi(u)$, u 属于 $V_{\mathbb{C}}$, 考虑

$$\theta_s'(\lambda) = c|\pi_F|^{\langle u-\rho,\lambda_2\rangle}\frac{\det(I-|\pi_F|\tau_+^{-1}(s\sigma_F))}{\det(I-\tau_+^{-1}(s\sigma_F))}$$
$$\left(\sum_{\Theta^0}\frac{\det(I-|\pi_F|\tau_0^{-1}(s\sigma_F))}{\det(I-\tau_0^{-1}(s\sigma_F))}|\pi_F|^{\langle\omega u-\rho,\lambda_1\rangle}\right).$$

函数 θ_s' 不必对所有的 s 有定义. 然而, 前面的讨论应用于 $\hat{H}$ 而不是 $\hat{G}$ 上表明该函数在 t 处有定义, 并且 $\theta_t'(0)\neq 0$. 由 l'Hospital 法则, 作为

λ 的函数, θ_t' 等于 $|\pi_F|^{\langle v-\rho,\lambda\rangle}$ 乘以一个关于 λ_1 的多项式和纯虚数指数之积的线性组合. 所以, 它在任意开的锥上不恒为 0.

令 $\theta_t''=\theta_t-\theta_t'$, 则 θ_t'' 是关于 λ 的多项式和 $|\pi_F|^{\langle \omega v-\rho,\lambda\rangle}$ 之积的一个线性组合, 其中 $\operatorname{Re}\omega v\neq \operatorname{Re} v$. 所以, 如果 λ 落在 $\hat{C}$ 的内部, 则

$$\lim_{n\to-\infty}|\pi_F|^{\langle\rho-v,n\lambda\rangle}\theta_t''(n\lambda)=0,$$

并且

$$\lim_{n\to-\infty}|\pi_F|^{\langle\rho-v,n\lambda\rangle}\theta_t(n\lambda)=\lim_{n\to-\infty}|\pi_F|^{\langle\rho-v,n\lambda\rangle}\theta_t'(n\lambda).$$

如果对某个 λ 属于 $\hat{C}$, $\langle\rho,\lambda\rangle<\operatorname{Re}\langle v,\lambda\rangle$, 那么存在 λ 属于 $\hat{C}$ 使得 $\langle\rho,\lambda\rangle<\operatorname{Re}\langle v,\lambda\rangle$, 并且 $\theta_t''(n\lambda)$ 作为 n 的函数不恒为 0. 由于 ϕ_t 是有界的,

$$\lim_{n\to-\infty}|\pi_F|^{\langle\rho-v,n\lambda\rangle}\theta_t'(n\lambda)=0,$$

但是 $|\pi_F|^{\langle\rho-v,n\lambda\rangle}\theta_t'(n\lambda)$ 具有形式

$$\sum_{k=0}^{q}\varphi_k(n)n^k,$$

其中 $\varphi_k(n)$ 是纯虚数指数 e^{ixn} 的线性组合. 容易知道当 n 趋于 $-\infty$ 时它不可能趋于 0.

6. 设群 G 定义在整体域 F 上. 存在定义于 F 上的准分裂群 G' 和定义在 F 的 Galois 扩张 K 上的同构 $\varphi: G\to G'$, 使得对于所有的 σ 属于 $\mathfrak{G}(K/F)$, $a_\sigma=\varphi^\sigma\varphi^{-1}$ 是 G' 的内自同构. 假定在 G' 的李代数上存在一个 O_F 格 $\mathfrak{g}_{O_F}$ 使得 $O_K\mathfrak{g}_{O_F}$ 是一个 Chevalley 格.

如果 $\mathfrak{p}$ 是 F 的有限素点, $\mathfrak{P}$ 是 K 中整除 $\mathfrak{p}$ 的一个素数, $F_\mathfrak{p}$ 上的群 G 由 G' 缠绕余链 $\{a_\sigma\}$ 限制到 $\mathfrak{G}(K_\mathfrak{P}/F_\mathfrak{p})$(将此限制映射记为 $\bar{a}$) 而得到. 设 $\bar{G}'$ 是 G' 的伴随群. 如果 $\bar{U}'_{K_\mathfrak{P}}$ 是格 $O_{K_\mathfrak{P}}\mathfrak{g}_{O_F}$ 的稳定化子, 那么, 对几乎所有的 $\mathfrak{p}$, $\bar{a}$ 取值在 $\bar{U}'_{K_\mathfrak{P}}$ 里. 如果 $K_\mathfrak{P}/F_\mathfrak{p}$ 也是非分歧的, 那么 G 在 $F_\mathfrak{p}$ 上是准分裂的, 因为 $H^1(\mathfrak{G}(K_\mathfrak{P}/F_\mathfrak{p}),\bar{U}'_{K_\mathfrak{p}})=\{1\}$. 设 S 是那些在 K 上非分歧且 $\bar{a}$ 取值在 $\bar{U}'_{K_\mathfrak{P}}$ 的素点 $\mathfrak{p}$ 的集合. 设 G 作用在 F 上的空间 X 上, X_{O_F} 是 X_F 的一个格. 令 $U_{F_\mathfrak{p}}$ 为 $O_{F_\mathfrak{p}}X_{O_F}$ 在 $G_{F_\mathfrak{p}}$ 里的稳定化子, $U'_{F_\mathfrak{p}}$ 为 $O_{F_\mathfrak{p}}\mathfrak{g}_{O_F}$ 在 $G'_{F_\mathfrak{p}}$ 里的稳定化子. 那么对几乎所有的 $\mathfrak{p}$, $\varphi(U_{F_\mathfrak{p}})=U'_{F_\mathfrak{p}}$. 如果 $\mathfrak{p}$ 亦属于 S, 选取 $U^{\bar{\prime}}_{F_\mathfrak{p}}$ 中的元素 u, 使得对所有的

σ 属于 $\mathfrak{G}(K_{\mathfrak{P}}/F_{\mathfrak{p}})$, $\varphi^\sigma\varphi^{-1} = \mathrm{Ad}\ u^\sigma u^{-1}$. 那么 $\varphi^{-1}\mathrm{Ad}\ u$ 定义在 F 上且 $\varphi^{-1}\mathrm{Ad}\ u(U'_{F_{\mathfrak{p}}}) = U_{F_{\mathfrak{p}}}$. 所以, $U_{F_{\mathfrak{p}}}$ 是第 4 节中的一个紧子群.

为了证明几乎所有的 $\mathfrak{p}$ 是非分歧的, 我们只需观察如果 π 出现在 $L^2(G_F\backslash G_{\mathbb{Z}(F)})$ 中 (不管它的确切定义是什么), 以及 $\pi = \bigotimes_{\mathfrak{p}} \pi_{\mathfrak{p}}$, 那么对几乎所有的 $\mathfrak{p}$, $\pi_{\mathfrak{p}}$ 限制到 $U_{F_{\mathfrak{p}}}$ 包含了平凡表示.

如果 $\mathfrak{p}$ 是非分歧的, 设相应于 $\pi_{\mathfrak{p}}$ 的 $C_c(G_{F_{\mathfrak{p}}}, U_{F_{\mathfrak{p}}})$ 的同态为 $\chi_{t_{\mathfrak{p}}}$. 为了证明局部 L-函数的乘积在一个半平面上收敛, 只需证明存在一个正常数 a 使得对所有非分歧的 $\mathfrak{p}$, $\rho(t_{\mathfrak{p}}\sigma_{F_{\mathfrak{p}}})$ 的每个特征值被 $|\pi_{\mathfrak{p}}|^{-a}$ 所界定. 不妨假设 $\sigma_{F_{\mathfrak{p}}}(t_{\mathfrak{p}}) = t_{\mathfrak{p}}$, 如果 $n = [K:F]$, 那么 $(t_{\mathfrak{p}}\sigma_{F_{\mathfrak{p}}})^n = (t_{\mathfrak{p}})^n$, 因此我们只需证明 $\rho(t_{\mathfrak{p}})$ 的特征值被 $|\pi_{\mathfrak{p}}|^{-a}$ 所界定. 这个已经在上一节中被我们所证明.

7. 一旦所有的定义明确下来, 我们便可以开始提出问题了. 我希望的是这些问题能得到肯定的答案. 第一个问题是最初已提出来的那一个.

问题 1. *是否可以在分歧素点上定义局部 L-函数 $L(s, \rho, \pi)$ 和局部因子 $\epsilon(s, \rho, \pi, \psi_F)$, 使得如果 F 是一个整体域, $\pi = \otimes\pi_{\mathfrak{p}}$, 以及*

$$L(s, \rho, \pi) = \prod_{\mathfrak{p}} L(s, \rho_{\mathfrak{p}}, \pi_{\mathfrak{p}}),$$

那么 $L(s, \rho, \pi)$ 在整个复平面上亚纯, 且只有有限多个极点, 同时满足函数方程

$$L(s, \rho, \pi) = \epsilon(s, \rho, \pi)L(1 - s, \tilde{\rho}, \pi)$$

和

$$\epsilon(s, \rho, \pi) = \prod_{\mathfrak{p}} \epsilon(s, \rho_{\mathfrak{p}}, \pi_{\mathfrak{p}}, \psi_{F_{\mathfrak{p}}}).$$

Eisenstein 序列的理论能被用来 (见 [9]) 给出部分肯定这个问题的一些新奇的例子. 然而, 这个理论并不提供解决这个问题的普适性方法. 如果 $G = \mathrm{GL}(n)$ 那么 $\hat{G}_F = \mathrm{GL}(n, \mathbb{C})$. 一旦局部域上的一般线性群的表示论被很好地理解, 在 $G = \mathrm{GL}(n)$ 及 ρ 是 $\mathrm{GL}(n, \mathbb{C})$ 的标准表示的情形, Godement 以及其他一些先行者的工作允许我们期待 Hecke 和 Tate 的方法能被用来回答第一个问题. 引导 Artin 提出一般互反律的想法启发我们可以尝试通过回答一系列更深的问题来回答它. 为了精确性而非清晰性, 我把它们按照相互启发的相反顺序写下来. 如果 G 定义在局部域 F 上, 设 $\Omega(G_F)$ 是 G_F 的不可约酉表示的等价类构成的集合.

问题 2. 设 G 和 G' 定义在局部域 F 上, G 是准分裂的, G' 由 G 通过一个内自同构变换而得. 那么 $\hat{G}_F = \hat{G}'_F$. 是否存在一个对应 R, 其定义域是 $\Omega(G'_F)$, 值域包含于 $\Omega(G_F)$, 使得如果 $\pi = R(\pi')$, 那么对 $\hat{G}_F$ 的任意表示 ρ, 有 $L(s,\rho,\pi) = L(s,\rho,\pi')$?

注意到 R 不需要是一个函数, 我不知道是否可以期待

$$\epsilon(s,\rho,\pi,\psi_F) = \epsilon(s,\rho,\pi',\psi_F).$$

我们应该在 F 是实数域的情形仔细观察这个问题, 尽管我还没有这样做. 毫无疑问, 在这种情形下我们需要 Harish-Chandra 的工作.

假设第二个问题有肯定的回答, 我们能提出一个整体的版本.

问题 3. ①设 G 和 G' 定义在整体域 F 上, G 是准分裂的, G' 由 G 通过一个内自同构变换而得. 假设 $\pi' = \bigotimes_{\mathfrak{p}} \pi'_{\mathfrak{p}}$ 在 $L^2(G'_F \backslash G'_{\mathbb{A}(F)})$ 中出现. 对每一个 $\mathfrak{p}$ 选取 $G_{F_{\mathfrak{p}}}$ 的一个表示 $\pi_{\mathfrak{p}}$ 使得 $\pi_{\mathfrak{p}} = R(\pi'_{\mathfrak{p}})$. 那么是否有 $\pi = \bigotimes_{\mathfrak{p}} \pi_{\mathfrak{p}}$ 在 $L^2(G_F \backslash G_{\mathbb{A}(F)})$ 中出现?

对于 $G = \mathrm{GL}(2)$ 和 G' 是一个四元数代数的可逆元构成的群, 肯定性的证据包含在 Eichler 的论文 [3] 和 Shimizu 的论文 [16] 中. Jacquet (见 [16]) 正在得到关于这些群的更一般的结果, 不过他的工作还没有完成.

问题 4. 假设 G 和 G' 是定义在局部域 F 上的两个准分裂群. 设 G 在 K 上分裂, G' 在 K' 上分裂, $K \subseteq K'$. 令 ψ 是 $\mathfrak{G}(K'/F)$ 到 $\mathfrak{G}(K/F)$ 的自然映射. 假设 φ 是一个从 $\hat{G}'_{K'/F}$ 到 $\hat{G}_{K/F}$ 的复解析同态, 使得图表

$$\begin{array}{ccc} \hat{G}'_{K'/F} & \longrightarrow & \mathfrak{G}(K'/F) \\ \downarrow{\scriptstyle\varphi} & & \downarrow{\scriptstyle\psi} \\ \hat{G}_{K/F} & \longrightarrow & \mathfrak{G}(K/F) \end{array}$$

是交换的. 是否存在一个对应 R_φ, 其定义域是 $\Omega(G'_F)$, 值域包含于

① 这个问题在这种原始的形式下并不总是有肯定的答案 (参考 [6]). 适当的问题当然更精致, 但是没有本质的区别.

$\Omega(G_F)$ 中, 使得如果 $\pi = R_\varphi(\pi')$, 那么对 $\hat{G}_F$ 的任意表示 ρ 及任意非平凡的加性特征 ψ_F, 有 $L(s,\rho,\pi) = L(s,\rho\circ\varphi,\pi')$ 并且 $\epsilon(s,\rho,\pi,\psi_F) = \epsilon(s,\rho\circ\varphi,\pi',\psi_F)$?

当然 R_φ 应该具有函子性. 并且在非分歧的情形下, 如果 π' 对应于共轭类 $t'\times\sigma'_F$, 那么 π 应该对应于 $\varphi(t'\times\sigma'_F)$. 我还没有机会仔细观察这个问题在 F 是实数域的情况.

这个问题有一个整体的形式.

问题 5. 假设 G 和 G' 是定义在整体域 F 上的两个准分裂群. 设 G 在 K 上分裂, G' 在 K' 上分裂, $K\subseteq K'$. 假设 φ 是一个 $\hat{G}'_{K'/F}$ 到 $\hat{G}_{K/F}$ 的复解析同态, 使得图表

$$\begin{array}{ccc} \hat{G}'_{K'/F} & \longrightarrow & \mathfrak{G}(K'/F) \\ \big\downarrow{\scriptstyle\varphi} & & \big\downarrow \\ \hat{G}_{K/F} & \longrightarrow & \mathfrak{G}(K/F) \end{array}$$

是交换的. 如果 $\mathfrak{P}'$ 是 K' 的一个素点, $\mathfrak{P} = \mathfrak{P}'\cap K$, 且 $\mathfrak{p} = \mathfrak{P}'\cap F$. φ 决定了同态 $\varphi_\mathfrak{p}: \hat{G}'_{K'_{\mathfrak{P}'}/F_\mathfrak{p}} \to \hat{G}_{K_\mathfrak{P}/F_\mathfrak{p}}$ 使得图表

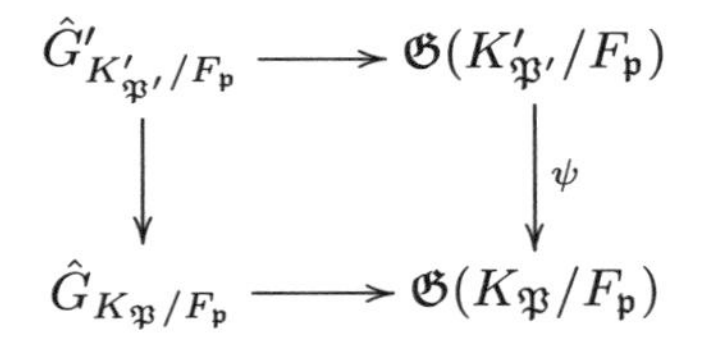

是交换的. 如果 $\pi' = \otimes\pi'_\mathfrak{p}$ 在 $L^2(G'_F\backslash G'_{\mathbb{A}(F)})$ 中出现. 对每个 $\mathfrak{p}$ 选取 $\pi_\mathfrak{p} = R_{\varphi_\mathfrak{p}}(\pi'_\mathfrak{p})$. 那么是否有 $\pi = \bigotimes_\mathfrak{p}\pi_\mathfrak{p}$ 在 $L^2(G_F\backslash G_{\mathbb{A}(F)})$ 中出现?

第三和第五个问题的肯定回答将帮助我们通过检验一般线性群上的自守形式来解决第一个问题.

这里值得通过几个例子来指出第五个问题的难点. 取 $G' = \{1\}$, $G = \mathrm{GL}(1)$, K' 是 F 的任意 Galois 扩张, 并且 $K = F$. 在这种情形下, Artin 互反律断言最后两个问题具有肯定的答案.

假设 G 是准分裂的, 且 $G' = T$. 我们可以将 $\hat{G}'_F$ 等同于 $\hat{G}_F$ 的子群 $\hat{T}\times\mathfrak{G}(K/F)$. 所以我们取 $K' = K$. 设 φ 是嵌入. 在这种情形下 π' 是 $G'_F\backslash G'_{\mathbb{A}(F)}$ 的一个特征. 第四个问题已被 Eisenstein 序列理论

有所保留地肯定回答. 类似地, 第五个问题也被 Eisenstein 序列理论有所保留地回答. 此保留并不重要. 我只想指出 Eisenstein 序列是解决这些问题的预备知识. 现在 G 如前所示, 取 $G''=\{1\}$ 和 $K''=K$, 于是 $\hat{G}''_F=\mathfrak{G}(K/F)$. 设 ψ 将 $\sigma\in\mathfrak{G}(K/F)$ 映到 $\sigma\in\hat{G}_F$. 则 π'' 只有一种选择. $G_F\backslash G_{\mathbb{A}(F)}$ 上相应的自守形式空间必须是对应于 $G'_F\backslash G'_{\mathbb{A}(F)}$ 的平凡特征的自守形式空间. 对于这个特征所有的保留都适用. 我应该指出对应于 π'' 的空间并不是显而易见的. 它不是常值函数空间. 证明它的存在性需要用到 Eisenstein 序列的理论.

取 $G=\mathrm{GL}(2)$, 且 G' 是 F 的一个可分二次扩张 K' 的乘法群. 令 $K=F$. 那么 $\hat{G}'_F$ 是半直积 $(\mathbb{C}^*\times\mathbb{C}^*)\rtimes\mathfrak{G}(K'/F)$. 如果 σ 是 $\mathfrak{G}(K'/F)$ 中的非平凡元, 那么 $\sigma((t_1,t_2))=(t_2,t_1)$. 设 φ 定义为

$$\varphi:(t_1,t_2)\to\begin{pmatrix}t_1&0\\0&t_2\end{pmatrix}$$

$$\varphi:\sigma\to\begin{pmatrix}0&1\\1&0\end{pmatrix}.$$

在局部的情况下 R_φ 的存在性在 $\mathrm{GL}(2,F)$ 的表示论中是一个已知的事实 (比如参考 [6]). 第五个问题可以通过 Hecke 理论 (见 [6]) 和其他的方法 (见 [15]) 得到肯定的回答.

设 E 是 F 的一个可分扩张, 定义于 F 上的群 G 由 E 上的 $\mathrm{GL}(2)$ 通过纯量限制而得. 设 G' 是定义于 F 上的群 $\mathrm{GL}(2)$, $K'=K$ 是包含 E 的任意 Galois 扩张. 令 X 是齐性空间 $\mathfrak{G}(K/E)\backslash\mathfrak{G}(K/F)$. 那么 $\hat{G}_F$ 是 $\prod\limits_{x\in X}\mathrm{GL}(2,\mathbb{C})$ 和 $\mathfrak{G}(K/F)$ 的半直积. 如果 σ 属于 $\mathfrak{G}(K/F)$, 那么

$$\sigma\left(\prod_{x\in X}A_x\right)\sigma^{-1}=\prod_{x\in X}B_x,$$

其中 $B_x=A_{x\sigma}$. 定义 φ 为

$$\varphi(A_x\times\sigma)\left(\prod_{x\in X}A_x\right)\times\sigma.$$

尽管在这种情形我们对第五个问题已知的并不多, 然而 Doi 和 Naganuma 的论文 [2] 富有启发性.

假设 G 和 K 已经给定, 设 $G' = \{1\}$, K' 是 F 的任意包含 K 的 Galois 扩张. 如果 F 是一个局部域, 第四个问题问: 对每个 $\mathfrak{G}(K'/F)$ 到 $\hat{G}_F$ 且使得图表

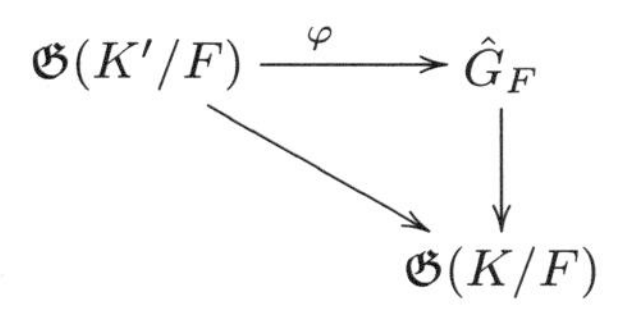

交换的同态 φ, 是否至少对应 G_F 的一个不可约酉表示? 如果 F 是整体域, 第五个问题是: 对于 φ 是否相应地有一个出现在 $L^2(G_F\backslash G_{\mathbb{A}(F)})$ 中的 $G_{\mathbb{A}(F)}$ 的表示?

我们引入的 L-函数的定义包含了 Artin L-函数. 然而, Weil (见 [17]) 推广了 Artin L-函数的概念. 前面的观察表明了推广的 Artin L-函数和这篇文章的 L-函数之间的关系. Weil 的定义需要介绍一些局部紧群 —— Weil 群. 如果 F 是一个局部域, 记 C_F 是其乘法群. 如果 F 是整体域, 记 C_F 是其 idèle 类群. 如果 K 是 F 的 Galois 扩张, 那么 Weil 群 $W_{K/F}$ 是 $\mathfrak{G}(K/F)$ 通过 C_K 的扩张

$$1 \to C_K \to W_{K/F} \to \mathfrak{G}(K/F) \to 1.$$

存在一个 $W_{K/F}$ 到 C_F 的自然同态 $\tau_{K/F}$. 如果 F 是整体域, $\mathfrak{P}$ 是 K 的一个素点, 且 $\mathfrak{p} = F \cap \mathfrak{P}$, 那么存在同态 $\alpha_{\mathfrak{p}} : W_{K_{\mathfrak{P}}/F_{\mathfrak{p}}} \to W_{K/F}$. $\alpha_{\mathfrak{p}}$ 在相差一个内自同构的意义下是唯一的. 如果 σ 是 $W_{K/F}$ 的一个表示, 那么 $\sigma_{\mathfrak{p}} = \sigma \circ \alpha_{\mathfrak{p}}$ 的类与 $\alpha_{\mathfrak{p}}$ 无关. 这里 $W_{K/F}$ 的表示 σ 是一个复有限维表示, 它使得对所有的 $w \in W_{K/F}$, $\sigma(w)$ 是半单的.

如果 F 是局部域, 且 ψ_F 是 F 的非平凡的加性特征, 那么对 $W_{K/F}$ 的任意表示 σ, 我们能定义 (参考 [11]) 一个局部 L-函数 $L(s,\sigma)$ 和一个因子 $\epsilon(s,\sigma,\psi_F)$. 如果 F 是整体域, σ 是 $W_{K/F}$ 的一个表示, 则相应的 L-函数是

$$L(s,\sigma) = \prod_{\mathfrak{p}} L(s,\sigma_{\mathfrak{p}}).$$

乘积取遍所有素数, 包括那些 Archimedes 点. 如果 ψ_F 是 $F\backslash\mathbb{A}(F)$ 的非平凡的加性特征, 那么对几乎所有的 $\mathfrak{p}$, $\epsilon(s,\sigma_{\mathfrak{p}},\psi_{F_{\mathfrak{p}}}) = 1$,

$$\epsilon(s,\sigma) = \prod_{\mathfrak{p}} \epsilon(s,\sigma_{\mathfrak{p}},\psi_{F_{\mathfrak{p}}})$$

与 ψ_F 无关, 且

$$L(s,\sigma)=\epsilon(s,\sigma)L(1-s,\tilde{\sigma}),$$

其中 $\tilde{\sigma}$ 是 σ 的对偶表示.

问题 6. 假设 G 在局部域 F 上是准分裂的且在其 Galois 扩张 K 上是分裂的. 设 $\hat{U}_F$ 是 $\hat{G}_F$ 的一个极大紧子群. 又设 K' 是 F 的一个包含 K 的 Galois 扩张, φ 是 $W_{K'/F}$ 到 $\hat{U}_F$ 的一个同态, 使得图表

$$\begin{array}{ccc} W_{K'/F} & \longrightarrow & \mathfrak{G}(K'/F) \\ \Big\downarrow{\scriptstyle\varphi} & & \Big\downarrow \\ \hat{U}_F & \longrightarrow & \mathfrak{G}(K/F) \end{array}$$

可交换. 是否存在 G_F 的不可约酉表示 $\pi(\varphi)$ 使得对 $\hat{G}_F$ 的任意表示 σ, 有 $L(s,\sigma,\pi(\varphi))=L(s,\sigma\circ\varphi)$, 且 $\epsilon(s,\sigma,\pi(\varphi),\psi_F)=\epsilon(s,\sigma\circ\varphi,\psi_F)$?

对 φ 复合上 $\hat{U}_F$ 的一个内自同构不会改变 $\pi(\varphi)$, 至少不会改变其等价类. 如果 F 是非 Archimedes 域且 K'/F 非分歧, F 上的赋值 v 与 $\tau_{K'/F}$ 的复合定义了 $W_{K/F}$ 到 $\mathbb{Z}$ 的一个满同态 ω. 如果 $u=t\times\sigma_F$ 属于 $\hat{U}_F$, 我们可以定义 φ 为

$$\varphi(w)=u^{\omega(w)}.$$

那么 $\pi(\varphi)$ 是对应于 Hecke 代数到 $\mathbb{C}$ 的同态 χ_t 的表示.

我们同样可以提出一个整体的问题.

问题 7. 假设 G 在局部域 F 上是准分裂的且在其 Galois 扩张 K 上是分裂的. 设 K' 是 F 的一个包含 K 的 Galois 扩张. φ 是 $W_{K'/F}$ 到 $\hat{U}_F$ 的一个同态, 使得图表

$$\begin{array}{ccc} W_{K'/F} & \longrightarrow & \mathfrak{G}(K'/F) \\ \Big\downarrow{\scriptstyle\varphi} & & \Big\downarrow \\ \hat{U}_F & \longrightarrow & \mathfrak{G}(K/F) \end{array}$$

可交换. 如果 $\mathfrak{P}'$ 是 K' 的一个素点, 且 $\mathfrak{p}=\mathfrak{P}'\cap F$. 则 $\varphi_{\mathfrak{p}}=\varphi\circ\alpha_{\mathfrak{p}}$ 将 $W_{K'_{\mathfrak{P}'}/F_{\mathfrak{p}}}$ 映到 $\hat{U}_{F_{\mathfrak{p}}}$. 如果 $\pi(\varphi)=\bigotimes_{\mathfrak{p}}\pi(\varphi_{\mathfrak{p}})$, 那么 $\pi(\varphi)$ 是否在 $L^2(G_F\backslash G_{\mathbb{A}(F)})$ 中出现?

在 G 是交换群的时候这两个问题都有肯定的答案 (见 [10]) 并且映射 $\varphi \to \pi(\varphi)$ 是满的. 在这种情形下, 我们的 L-函数都是推广的 Artin L-函数. 如果 $G = \mathrm{GL}(2)$ 且 $K = F$, 在假设某些推广的 Artin$L$-函数具有期待的解析性质的条件下, Hecke 理论能被用来对这两个问题给出肯定的答案. 如果进展顺利, 细节将出现在 [6] 中.

我很想要以关于这篇文中的 L-函数与对应非奇异代数簇的 L-函数之间的关系的一些合理又确切的问题来结束这一系列问题. 不幸的是, 我没有能力胜任这件事. 由于它可能是有趣的, 我想问一个关于椭圆曲线对应的 L-函数的问题. 如果 C 定义在特征为 0 的局部域 F 上, 我将赋予它一个 $\mathrm{GL}(2, F)$ 的表示 $\pi(C/F)$. 如果 C 定义在特征为 0 的整体域 F 上, 那么对每个素点 $\mathfrak{p}$, $\pi(C/F_{\mathfrak{p}})$ 有定义. $\pi = \bigotimes_{\mathfrak{p}} \pi(C/F_{\mathfrak{p}})$ 在 $L^2(\mathrm{GL}(2, F)\backslash\mathrm{GL}(2, \mathbb{A}(F)))$ 中是否出现呢? 如果答案是肯定的, 那么 $L(s, \sigma, \pi)$ 的解析性质是被知晓的, 其中 σ 是 $\mathrm{GL}(2, \mathbb{C})$ 的标准表示 (见 [6]). 并且它将是椭圆函数相应的一个 L-函数. 有一些可以用来检验这个问题的例子, 我希望在 [6] 中对它们加以讨论.

为了定义 $\pi(C/F)$, 我用了 Serre 的结果 (见 [14]). 假设 F 是非 Archimedes 域, 并且 C 的 j-不变元是整的. 取任意与剩余域特征不同的素数 l, 考虑 l-进表示. 存在一个 F 的有限 Galois 扩张 K, 使得如果 A 是 K 的极大非分歧扩张, 这个 l-进表示可以看成 $\mathfrak{G}(A/F)$ 的表示. 存在 $W_{K/F}$ 到 $\mathfrak{G}(A/F)$ 的同态. $\mathfrak{G}(A/F)$ 的 l-进表示决定了 $W_{K/F}$ 在 $\mathrm{GL}(2, R)$ 的表示 φ, 其中 R 是 $\mathbb{Q}_l$ 的有限生成子域. 设 σ 是 R 到 $\mathbb{C}$ 的一个子域的同构. 那么

$$\psi : w \to |\tau_{K/F}(w)|^{1/2} \varphi^{\sigma}(w)$$

是 $W_{K/F}$ 在 $\mathrm{GL}(2, \mathbb{C})$ 的一个极大紧子群上的表示. 设 $\pi(C/F)$ 是问题 6 中的表示 $\pi(\psi)$. 如果 C 具有好的约化性, ψ 的等价类将不依赖于 l 和 σ. 我不知道在一般情况下这个是否成立. 但这无关紧要, 因为我们并不要求 $\pi(C/F)$ 是由 C 唯一确定的.

如果 j-不变元不是整的, 那么 l-进表示具有形式

$$\sigma \to \begin{pmatrix} \chi_1(\sigma) & * \\ 0 & \chi_2(\sigma) \end{pmatrix},$$

其中 χ_1 和 χ_2 是两个 F 的代数闭包的 Galois 群在 $\mathbb{Q}_l$ 的乘法群上的表示. 如果 A 是 F 的极大 Abel 扩张, 那么 χ_1 和 χ_2 可以看成是 $\mathfrak{G}(A/F)$ 的表示. 存在一个 F 的乘法群 F^* 到 $\mathfrak{G}(A/F)$ 的典范映射. 于是 χ_1 和 χ_2 定义了 F^* 上的特征 μ_1 和 μ_2, μ_1 和 μ_2 取值在 $\mathbb{Q}^*$ 里, 且 $\mu_1\mu_2(x) = \mu_1\mu_2^{-1}(x) = |x|^{-1}$. 比如, 在 [6] 中, 对于推广的特征 $x \to |x|^{1/2}\mu_1(x)$ 和 $x \to |x|^{1/2}\mu_1(x)$ 相应地有一个 $\mathrm{GL}(2,F)$ 的酉表示, 称之为特殊表示. 我们把它作为 $\pi(C/F)$.

如果 F 是 $\mathbb{C}$, 由问题 6, 取 $\pi(C/F)$ 为 $\mathrm{GL}(2,\mathbb{C})$ 的相应于 $\mathbb{C}^* = W_{\mathbb{C}/\mathbb{C}}$ 到 $\mathrm{GL}(2,\mathbb{C})$ 的映射

$$s \to \begin{pmatrix} \frac{z}{|z|} & 0 \\ 0 & \frac{\bar{z}}{|z|} \end{pmatrix}$$

的表示. $\mathbb{C}^*$ 在 $W_{\mathbb{C}/\mathbb{R}}$ 中的秩为 2. 由 $\mathbb{C}^*$ 的特征 $z \to |z|^{-1}$ 诱导的 $W_{\mathbb{C}/\mathbb{R}}$ 的表示是 2 次的. 如果 $F = \mathbb{R}$, 由问题 6, 取 $\pi(C/F)$ 为相应于这个诱导表示的 $\mathrm{GL}(2,\mathbb{R})$ 的表示.

8. 我想要以对本文中的 L-函数和 Ramanujan 猜想及其推广之间的关系的一些评注作为结束. 假设 $\pi = \otimes\pi_{\mathfrak{p}}$ 在尖点形式中出现. Ramanujan 猜想的最一般形式是: 对所有的 $\mathfrak{p}$, $\pi_{\mathfrak{p}}$ 的特征是一个温和分布 (见 [5]). 然而, 对非 Archimedes 域, 特征和温和分布这两个概念都还没被定义. 一个弱一点的问题是: 在所有的非分歧非 Archimedes 素点上, $\hat{G}_F$ 里相应于 $\pi_{\mathfrak{p}}$ 的共轭类是否都与 $\hat{U}_F$ 相交 (见 [13])? 如果确是如此, 那么它应该在 L-函数的行为中反映出来.

假设除掉所有的分歧点, G 是一个 Chevalley 群, 以及 $K = F = \mathbb{Q}$. 同时假设所有的表示 $\pi_{\mathfrak{p}}$ 是非分歧的. 如果 $\mathfrak{p}$ 是非 Archimedes 点, 存在 $G_{\mathbb{Q}}$ 里相应于表示 π_p 的共轭类 $\{t_p\}$. 我们可以取 t_p 在 $\hat{T}$ 中. 猜想即是: 对所有的 λ 属于 $\hat{L}$,

$$|\lambda(t_p)| = 1.$$

因为在 ∞ 处非分歧, 如 [9] 那样, 对应于 π_∞, 在 $\hat{G}_{\mathbb{Q}}$ 的李代数上有一个半单共轭类 $\{X_\infty\}$. 我们可以取 X_∞ 在 $\hat{T}$ 的李代数里. 在 ∞ 处的猜想即是: 对所有的 λ 属于 $\hat{L}$,

$$\operatorname{Re}\lambda(X_\infty) = 0.$$

如果 σ 是 $\hat{G}_{\mathbb{Q}}$ 的复解析表示, 记 $m(\lambda)$ 为 λ 在 σ 中的重数. 那么

$$L(s,\sigma,\pi)=\prod_{\lambda}\left\{\pi^{\frac{-s(s+\lambda(\infty))}{2}}\Gamma\left(\frac{2+\lambda(X_{\infty})}{2}\right)\prod_{p}\frac{1}{1-\dfrac{\lambda(t_p)}{p^s}}\right\}^{m(\lambda)}.$$

如果猜想成立, 那么对所有的 σ, $L(s,\sigma,\pi)$ 在 $\operatorname{Re}s=1$ 的右半平面解析.

设 F 是一个非 Archimedes 局部域, G 是 F 上的准分裂群, 且在 F 的某个非分歧扩张上分裂. 如果 f 属于 $C_c(G_F,U_F)$, 设 $f^*(g)=\bar{f}(g^{-1})$. 若 $\hat{f}$ 和 $\hat{f}^*$ 分别为 f 和 f^* 在 $\Lambda^0(M)$ 中的像, 那么 $\hat{f}^*(\lambda)$ 是 $\hat{f}(-\lambda)$ 的复共轭. 如果 t 属于 $\hat{T}$, 定义 t^* 使得对所有的 λ 属于 $\hat{L}$, $\lambda(t^*)=\overline{\lambda(t^{-1})}$. $\chi_t(f^*)$ 的复共轭是

$$\sum\hat{f}(-\lambda)\overline{\lambda(t)}=\sum\hat{f}(\lambda)\lambda(t^*)=\chi_{t^*}(f).$$

如果 χ_t 是一个酉表示对应的同态, 那么对所有的 f, $t\times\sigma_F$ 共轭于 $t^*\times\sigma_F$, $\chi_t(f^*)$ 是 $\chi_t(f)$ 的复共轭, 且对任意 $\hat{G}_F$ 的表示 ρ, $\rho(t\times\sigma_F)$ 的迹的复共轭是 $\tilde{\rho}(t\times\sigma_F)$ 的迹, 其中 $\tilde{\rho}$ 是 ρ 的对偶表示. 在我们考虑的情形, 当 $K=F$ 时这意味着 $\rho(t_p)$ 的迹是 $\tilde{\rho}(t_p)$ 的迹的复共轭. 类似地, 在无穷远点的讨论表明 $\rho(X_\infty)$ 的特征值是 $\tilde{\rho}(X_\infty)$ 的特征值的复共轭.

假设对所有的 σ, $L(s,\sigma,\pi)$ 在 $\operatorname{Re}s=1$ 的右半平面解析. 由于 Γ-函数没有零点, 函数

$$\prod_{\lambda}\left\{\prod_{p}\frac{1}{1-\frac{\lambda(t_p)}{p^s}}\right\}^{m(\lambda)} \tag{C}$$

也没有零点. 设 $\sigma=\rho\otimes\tilde{\rho}$. 那么这个 Dirichlet 级数的对数是

$$\sum_{p}\sum_{n=1}^{\infty}\frac{1}{n}\frac{\operatorname{trace}\sigma^n(t_p)}{p^{ns}}.$$

由于

$$\operatorname{trace}\sigma^n(t_p)=\operatorname{trace}\rho^n(t_p)\operatorname{trace}\tilde{\rho}^n(t_p)=|\operatorname{trace}\rho^n(t_p)|^2,$$

这个对数具有正的系数. 所以原来的那个也如此. 根据 Landau 定理, 它在 $\operatorname{Re}s>1$ 上绝对收敛, 从而它的对数级数也是如此. 特别地, 当

$\mathrm{Re}\, s > 1$ 时,

$$\det\left(1 - \frac{\sigma(t_p)}{p^s}\right)$$

不为零, 从而 $\sigma(t_p)$ 的特征值的绝对值都小于或等于 p. 如果 λ 是权, 选取 ρ 使得 $m\lambda$ 出现在 ρ 中. 那么 $(m\lambda)(t_p) = \lambda(t_p)^m$ 是 $\rho(t_p)$ 的一个特征值, $\overline{\lambda(t_p)}^m$ 是 $\tilde{\rho}(t_p)$ 的一个特征值, 于是 $|\lambda(t_p)|^{2m}$ 是 σ 的特征根, 且对所有的 m 和 λ, 有

$$|\lambda(t_p)| \leqslant p^{\frac{1}{2m}}.$$

所以对所有的 λ, $|\lambda(t_p)| \leqslant 1$. 用 $-\lambda$ 代替 λ, 可得对所有的 λ, $|\lambda(t_p)| = 1$. 由于当 $\sigma = \rho \otimes \tilde{\rho}$ 时 (C) 在 $\mathrm{Re}\, s > 1$ 上非零, 函数

$$\prod_{\lambda} \Gamma\left(\frac{2 + \lambda(X_\infty)}{2}\right)^{m(\lambda)}$$

在 $\mathrm{Re}\, s > 1$ 上解析. 这推出如果 $m(\lambda) > 0$, 那么

$$\mathrm{Re}\, \lambda(X_\infty) \geqslant -1.$$

类似前面的讨论可以得到对所有的 λ, $\mathrm{Re}\, \lambda(X_\infty) = 0$.

如果承认推广的 Ramanujan 猜想, 我们能问关于共轭类 $\{t_p\}$ 的渐近分布. 关于这个问题的答案我无法做任何的猜测. 一般情况下, 不可能在一个初等的模式下计算出 Hecke 算子的特征值. 所以, 我们不能期待问题 7 推导出初等互反律. 然而, 当 $G_{F_\mathfrak{p}}$ 在无穷素点是交换的或者紧的时候, 这些特征值应当具有初等的含义. 因此, 问题 7 连同问题 3 中的对应的值域包含的信息, 可能最终推导出初等但极其复杂的互反律. 在目前对它不可能做任何的推测.

参考文献

[1] F. Bruhat and J. Tits, *Groupes algébriques simples sur un corps local*, Driebergen Conference on Local Fields, Springer-Verlag, 1967.

[2] K. Doi and H. Naganuma, *On the algebraic curves uniformized by arithmetical automorphic functions*, Ann. of Math. vol. 86 (1967).

[3] M. Eichler, *Quadratische Formen und Modulfunktion*, Acta Arith. vol. 4 (1958).

[4] F. Gantmacher, *Canonical representation of automorphisms of a complex semi-simple Lie group*, Mat. Sb. vol. 47 (1939).

[5] Harish-Chandra, *Discrete Series for Semi-Simple Lie Groups* II, Acta Math. vol. 116 (1966).

[6] H. Jacquet and R. P. Langlands, *Automorphic Forms on* GL(2), in preparation.

[7] N. Jacobson, *Lie Algebras*, Interscience, 1962.

[8] B. Kostant, *Lie Algebraic Cohomology and the Generalized Borel-Weil Theorem*, Ann. of Math. vol. 74 (1961).

[9] R. P. Langlands, *Euler Products*, Lecture Notes, Yale University (1967).

[10] ____________, *Representations of Abelian Algebraic Groups*, Notes, Yale University (1968).

[11] ____________, *On the Functional Equation of the Artin L-functions*, in preparation.

[12] I. Satake, *Theory of Spherical Functions on Reductive Algebraic Groups over p-adic Fields*, Publ. Math. No. 18, I.H.E.S (1963).

[13] _______, *Spherical Functions and Ramanujan Conjecture, in Algebraic Groups and Discontinuous Subgroups*, Amer. Math. Soc. (1966).

[14] J. P. Serre, *Groupes de Lie ℓ-adic attachés aux courbes elliptiques*, Colloque de Clermont-Ferrand (1964).

[15] J. A. Shalika and S. Tanaka, *On an Explicit Construction of a Certain Class of Automorphic Forms*, Notes, Institute for Advanced Study (1968).

[16] H. Shimizu, *On Zeta functions of quaternion algebras*, Ann. of Math. vol. 81 (1966).

[17] A. Weil, *Sur la Theoriè du Corps de Classes*, Jour. Math. Soc. Japan vol. 3 (1951).

第三章　GL(2) 上的自守形式*

在 [3] 中 Jacquet 与我以群表示论的观点研究了自守形式的一般理论. 借此机会我叙述得到的结果并阐释我们的观点.

对我们来说, 不可避免地要考虑 $\mathrm{GL}(2,\mathbf{Q})\backslash\mathrm{GL}(2,\mathbf{A}(\mathbf{Q}))$ 上的函数而不是上半平面上的函数, 这里 $\mathbf{A}(\mathbf{Q})$ 为 $\mathbf{Q}$ 的 adèle 环. 我们也将 $\mathbf{Q}$ 替换为任意数域或 (有限域上单变量) 函数域 F. 如 [3] 所述我们可以引进一函数空间, 称为自守形式空间, 并将 $\mathrm{GL}(2,\mathbf{A}(F))$ 的一不可约表示 π 看作 $\mathrm{GL}(2,F)\backslash\mathrm{GL}(2,\mathbf{A}(F))$ 上的自守形式空间的一个组成部分.

这样的一个表示可在某种意义上写成张量积

$$\pi=\otimes_v\pi_v,$$

其中乘积遍取域的所有赋值, π_v 为 $\mathrm{GL}(2,F_v)$ 的一不可约表示, F_v 为 F 在 v 上的完备化. 如此之 π_v 对应一个局部 ζ 函数 $L(s,\pi_v)$, 该局部 ζ 函数对于 Archimedes v 用 Γ 函数定义, 对于其他 v 则取如下形式

$$\frac{1}{(1-\alpha|\tilde{\omega}_v|^s)(1-\beta|\tilde{\omega}_v|^s)},$$

这里 $\tilde{\omega}_v$ 为 F_v 的一个单值化参数. 设 ψ 为 $F\backslash\mathbf{A}(F)$ 的一个非平凡特征, ψ_v 为 ψ 在 F_v 上的限制, 则又存在 $\epsilon(s,\pi_v,\psi_v)$ 因子, 其对于 π_v 的集

---

* 原文发表于 *Proceedings of the International Congress of Mathematicians*, Nice (1970). 本章由叶扬波翻译.

合来说几乎都等于 1. 函数

$$L(s,\pi)=\prod_v L(s,\pi_v)$$

以及

$$L(s,\tilde{\pi})=\prod_v L(s,\tilde{\pi}_v)$$

(其中 $\tilde{\pi}_v$ 是 π_v 的逆步表示) 对于 s 在某一右半平面由乘积定义, 并可解析延拓为整个复平面上的一个半纯函数. 设

$$\epsilon(s,\pi)=\prod_v \epsilon(s,\pi_v,\psi_v)$$

则

$$L(s,\pi)=\epsilon(s,\pi)L(1-s,\tilde{\pi}).$$

这当然就是 Hecke 和 Maass 的函数方程, 只不过基域更加一般. 其逆定理有多种形式. 在此我不论述它们 (参见 [3]), 只指出它们源于 [6] 的基本思想.

逆定理可被用来阐释我的文章 [4] 中的某些建议, 以及 Weil [6] 中的某些密切相关的提议. 对于 Weil 群的不可约二维表示, 假设 Weil 的广义 Artin L-函数全纯, 则在局部域上有一个从 F_v 上的 Weil 群的不可约二维表示到 $\mathrm{GL}(2,F_v)$ 的不可约表示的一个映射

$$\sigma_v\to\pi(\sigma_v).$$

如果 σ 是整体域 F 的 Weil 群的一个表示而 σ_v 为 σ 在 F_v Weil 群上的限制, 则表示

$$\pi(\sigma)=\otimes_v\pi(\sigma_v)$$

是 $\mathrm{GL}(2,\mathbf{A}(F))$ 在自守形式空间上的表示的一个组成部分. 并且 Artin L-函数 $L(s,\sigma)$ 等于 $L(s,\pi(\sigma))$. 这个断言只在函数域的情况下被证明为一个定理.

据我理解, Weil 的提议也在函数域的情况下被验证了 [7]. 通过加强局部理论, Weil 的提议可望得到些微改善. 虽然这些改善据我所知并未被证明, 我仍想叙述一下. 如果 C 是 F 上的一个椭圆曲线, 特征

为 0, 则根据 [4] 对每一个 F_v 我们都有一个 $\mathrm{GL}(2, F_v)$ 的表示 $\pi(C/F_v)$, 其仅依赖于 F_v 上的曲线 C. 改进过的 Weil 的提议为

$$\pi(C) = \otimes_v \pi(C/F_v),$$

它是一个自守形式空间的一个组成部分. 然后 $L(s, \pi(C))$ 通过可能的修正应该就是曲线的 ζ 函数 $L(s, C)$. 由于 $\pi(C)$ 是它自身的逆步表示, 我们应该有

$$L(s, C) = \epsilon(s, \pi(C)) L(1 - s, C),$$

同时因子

$$\epsilon(s, \pi(C)) = \prod_v \epsilon(s, \pi_v, \psi_v)$$

应能只用曲线的局部性质来计算, 而不需要利用自守形式理论. 对于椭圆模函数对应曲线的 Jacobi 中的 $\mathbf{Q}$ 上的椭圆曲线 C, 我们知道自守形式空间中存在 π 使得对几乎所有的赋值 π 的局部因子都等于 $\pi(C)$ 的局部因子. 它们在所有赋值上都相等的断言是一个关于这类曲线的 j 不变量的一个有意义的断言. 我知道 Deligne 在这方面得到了一个相当普适的结果. Casselman [1] 也得到了类似的结果.

设 G' 为 F 上的四元数代数的乘法群, 又设 π' 为 $G'_F \setminus G'_{\mathbf{A}(F)}$ 上自守形式空间中的 $G'_{\mathbf{A}(F)}$ 的表示. 我们可以构造 ζ 函数

$$L(s, \pi') = \prod_v L(s, \pi'_v),$$

使其具有通常性质. 这里 π' 在某种意义下可以写成

$$\pi' = \otimes_v \pi'_v.$$

可以定义从 G'_{F_v} 的表示到 $\mathrm{GL}(2, F_v)$ 的表示的局部映射

$$\pi'_v \to \pi(\pi'_v),$$

使得整体上当 π' 为 $G'_F \setminus G'_{\mathbf{A}(F)}$ 上自守形式空间中的组成部分,

$$\pi(\pi') = \otimes_v \pi(\pi'_v)$$

就是 $\mathrm{GL}(2, F) \setminus \mathrm{GL}(2, \mathbf{A}(F))$ 上自守形式空间的组成部分. 同时

$$L(s, \pi') = L(s, \pi(\pi')).$$

如果域 F 具有特征 0, 这些 $L(s,\sigma), L(s,C), L(s,\pi')$ 和 $L(s,\pi)$ 之间的猜想关系不能导出初等数论的结果. 这一点与通常 L-函数恒等式不一样, 因为定义 $L(s,\pi)$ 的 Euler 乘积的局部因子是以超越的方法确定的. 但是 $L(s,\sigma), L(s,C)$ 和 $L(s,\pi')$ (至少当四元数代数在任意 Archimedes 赋值下不分裂) 的局部因子可由初等方法确定. 因此一边是 $L(s,\sigma)$ 和 $L(s,C)$ 而另一边是 $L(s,\pi')$ 的关系就具备了某种意义. 文献中可以找到这类关系的零散例子. 要想得到这个方向的一般理论, 我们需要一个判别方法来确定自守形式空间中 $\mathrm{GL}(2,\mathbf{A}(F))$ 的表示 π 何时对应一个 $G'_F \setminus G'_{\mathbf{A}(F)}$ 上自守形式空间里的表示 π'. 假设 π 的局部因子 π_v 对任意使四元数代数不分裂的赋值都属离散序列, Jacquet 和我证明了这样的一个判别方法. 这个判别方法可以很方便地应用到 $\pi(\sigma)$ 与 $\pi(C)$.

参考文献

[1] Casselman, W., *Some new abelian varieties with good reduction*, preprint, Princeton University.

[2] Igusa, J.I., *Kroneckerian Model of Fields of Elliptic Modular Functions*, Amer. Jour. Math., Vol 81, 1959.

[3] Jacquet, H. and Langlands, R.P., *Automorphic Forms on GL(2)*, Springer-Verlag, 1970.

[4] Langlands, R.P., *Problems in the Theory of Automorphic Forms*, preprint, Yale University.

[5] Weil, A., *Sur la Théorie du Corps de Classes*, Jour. Math. Soc. Japan., Vol. 3, 1951.

[6] Weil, A., *Über die Bestimmung Dirichletscher Reihen durch Funktionalgleichungen*, Math. Ann., Vol. 168, 1967.

[7] Weil, A., *Lecture notes*, Institute for Advanced Study, 1970.

第四章 源于青年之梦的若干当代问题*

Hilbert 第 12 问题提醒我们以下三个主题之间的血缘关系, 尽管这个提醒应该是多余的. 一是类域论或者数域的 Abel 扩张理论, 这在 20 世纪初便达到了近乎完成的形式. 二是椭圆曲线或者更广泛的 Abel 簇的代数理论, 五十年来一直是一个恢宏茁壮的研究方向. 第三则是自守函数理论, 它成熟较慢, 而且仍紧密交缠于 Abel 簇的研究, 特别是其模空间的研究. 三者后来经历的发展经常是分离的.

当然, 这些主题在 Hilbert 的时代才刚从数学全景中分化为个别的理论, 而在 Kronecker 的时代, 它们仅仅是椭圆模函数与分圆域理论的附庸. 青年之梦 (Jugendtraum) 一词见于 Kronecker 在 1880 年写给 Dedekind 的一封信①, 其中阐述了他联系虚二次域的 Abel 扩张和带复乘椭圆曲线的工作. 由于这些主题交织得如此紧密, 在当时要区分青年之梦涉及的种种数学几无可能, 尤其是要区分其中的代数层面和分析或数论层面. 或因如此, Hilbert 才会将历史进程中的一个偶然, 兴许也是必然, 误作是 “最紧密的交互联系” (innigste gegenseitige

* 原文发表于 *Mathematical developments arising from Hilbert's problems*, Proc. Sympos. Pure Math., 1974 (28). 本章由中国科学院数学与系统科学研究院李文威翻译.

① Gesammelte Werke, Bd V.

Berührung). 倘若我们试着采取一位老于世故的当代数学家的视角, 来观照青年之梦的数学内容, 对此或能有更允当的判断.

域 k 上的椭圆曲线是某个射影空间 $\mathbf{P}^n$ 中由方程

$$g_i(x_0, \cdots, x_n) = 0$$

定义的一条曲线 A, 连同一个从 $A \times A$ 到 A 的有理映射

$$z_j = f_j(x_0, \cdots, x_n; y_0, \cdots, y_n)$$

使得 A 的点集成为群. 粗略地说 —— 必须正视这个副词 —— 任意交换环 R 上的椭圆曲线的定义相同, 但 f_j 和 g_i 的系数须取自 R, 这里皆假设 R 是 Noether 环. 如果有一条 B_1 上的椭圆曲线及同态 $\varphi : B_1 \to B_2$, 那么将 f_i 和 g_j 的系数用它们在 φ 下的像取代, 便得到 B_2 上的椭圆曲线. 借此, 交换 Noether 环 B 上的椭圆曲线的同构类集 $\mathcal{A}(B)$ 给出这些环所成范畴上的共变函子.

在复乘理论里我们引入一个子函子. 取 E 为虚二次域并令 O 为 E 中的整数环. 现在我们仅感兴趣于环 B 配上同态 $\psi : O \to B$ 以及使得图表

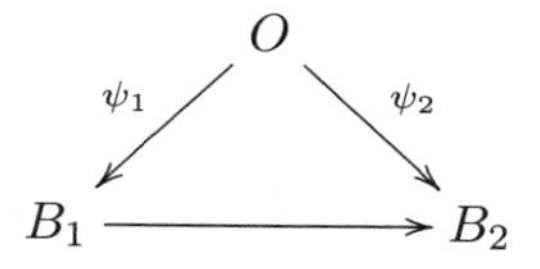

交换的映射 $B_1 \to B_2$. 在 B 上的椭圆曲线在零点的切空间 $T(A)$ 是 B-模. 我们感兴趣的是 B 上的 Abel 簇 A, 连同 O 的元素在 A 上通过自同态的作用, 使得 $x \in O$ 在 $T(A)$ 上的作用正是乘以 $\psi(x) \in B$. 这给出了新的函子 $B \to \mathcal{A}^O(B)$. 若 n 为正整数而且仅考虑使 n 在其中可逆的环 B, 则可以进一步细化. 可令 $A_n(B)$ 为 A 中系数在 B 而且阶整除 n 的点, 并作为额外资料引入一个 O-模的同构

$$\lambda : O/nO \to A_n(B),$$

这就定义了一个新函子 $B \to \mathcal{A}_n^O(B)$.

利用当代代数几何的方法 (笔者所知尚浅) 可以证明对此函子存在一个泛对象. 这是一个环 B_n, 同态 $O \to B_n$, 环 B_n 上的 Abel 簇 A',

一个 O 在 A' 上的作用及一同构

$$\lambda' : O/nO \to A'_n(B_n)$$

使之满足前述各条件, 并使得对任意 B, 任一 $\mathcal{A}_n^O(B)$ 中元素都可透过函子性由 A', λ' 和一个唯一确定的同态 $B_n \to B$ 得到. 这对于小的 n 不尽正确, 然而通过一些技术考量即可处理, 不在话下.

这些办法不但建立了 B_n 的存在性, 还能从函子 $\mathcal{A}_n^O$ (亦即环上的椭圆曲线) 的性质读出环 B_n 的性质. 例如光滑性的概念, 或者用数论语言说是无分歧性, 便能翻译为可形变性的概念. 人们对椭圆曲线和 Abel 簇的形变理论已经有充分理解, 而且可以证明 $F_n = B_n \otimes_O E$ 是有限直和 $\bigoplus E_i$, 其中 E_i 是 E 的有限代数扩张, 在整除 n 的素数之外非分歧, 而且若以 O_i 表示 E_i 的整数环, 那么 B_n 作为 F_n 的子环等于

$$\bigoplus O_i \left[\frac{1}{n}\right].$$

在此 $O_i \left[\frac{1}{n}\right]$ 是 E 中由 O_i 和 $\frac{1}{n}$ 生成的子环.

若我们将 E 嵌入 $\overline{\mathbf{Q}} \subset \mathbf{C}$, 则代数 F_n 被 $\mathfrak{G}(\overline{\mathbf{Q}}/E)$ 在从它到 $\mathbf{C}$ 的 E- 同态集上的作用所确定, 后者即 $\mathcal{A}_n^O(\overline{\mathbf{Q}}) = \mathcal{A}_n^O(\mathbf{C})$. 若作用可迁则此代数为域. 在研究 F_n 之前我们先引入一些它的自同构. 这些是由将这个函子暂时限制到使每个正整数都可逆的环上, 再取自同构所定义的. 也就是以 F_n 代替 B_n.

令 I_f 为无穷位的分量为 1 的 E 的全体 idèle. 我们可将 $E^\times$ 嵌入 I_f. 下面要定义 I_f 在函子 $\mathcal{A}_n^O$ 上的作用. 令 O_f 为处处整并且无穷位分量为 1 的 adèle 环. 先假设 $g \in I_f \cap O_f$. 存在正整数 m 和 $h \in I_f \cap O_f$ 使得 $gh = m$. 假设 $\{A, \lambda\} \in \mathcal{A}_n^O(B)$ 给定. 存在 B 的扩张 B' 以及 (层的!) 同构

$$\lambda' : O/n'O \to A_{n'}(B')$$

使得

$$m\lambda'(x) = \lambda(x).$$

g 作用于 $O/n'O$, 而且我们借由除以

$$\{\lambda'(gx) \mid x \in nO\}$$

定义一条新的椭圆曲线 A_1. 存在同源 $\psi : A \to A_1$ 以上式为核, 我们定义 λ_1 为

$$\lambda_1(x) = \psi(\lambda'(gx)).$$

事实上, $\{A_1, \lambda_1\}$ 定义了 $\mathcal{A}_n^O(B)$ 的一个元素. g 的作用将 A, λ 映至 A_1, λ_1. 由于 O 中元素的作用易见是平凡的, 我们可以将此作用延拓到 I_f, 办法是让 ℓg 的作用等于 g 的作用, 其中 ℓ 是正整数.

容易用显式写出在 $\mathcal{A}_n^O(\mathbf{C})$ 上的作用. 若 $g \in I_f$, 令 gO 为理想 $gO_f \cap E$. 我们业已将 E 嵌入 $\mathbf{C}$, 而 $\mathbf{C}$ 对 gO 的商是一条带 O 作用的椭圆曲线 A^g. 进一步,

$$A_n^g(\mathbf{C}) = \frac{gO}{n} \Big/ gO.$$

若将 O/nO 视为 O_f/nO_f, 可以定义 λ^g 为

$$x \to \frac{gx}{n}.$$

置

$$K^n = \{k \in I_f \mid k \equiv k^{-1} \equiv 1 \pmod{n}\}$$

则 A^g, λ^g 同构于 A^h, λ^h 当且仅当

$$h \in E^\times g K^n$$

于是 $\mathcal{A}_n^O(\mathbf{C})$ 作为集合正是商空间 $E^\times \backslash I_f / K^n$, 而 I_f 在商空间上的作用是显然的.

根据函子性, $\mathfrak{G}(\overline{\mathbf{Q}}/E)$ 和 I_f 在 $\mathcal{A}_n^O(\overline{\mathbf{Q}}) = \mathcal{A}_n^O(\mathbf{C})$ 上的作用相交换, 因此存在唯一的从 $\mathfrak{G}(\overline{\mathbf{Q}}/E)$ 到 $E^\times \backslash I_f / K^n$ 的同态 $\sigma \to \varphi(\sigma)$, 使得 σ 和 $\varphi(\sigma)$ 的作用相同. 特别地, 由此可知 $\mathfrak{G}(\overline{\mathbf{Q}}/E)$ 透过一个 Abel 商而作用. 要了解同态 $\sigma \to \varphi(\sigma)$, 仅须在当 σ 是 E 中素理想 $\mathfrak{p}$ 处的 Frobenius , 而且 $\mathfrak{p}$ 不整除 n 时辨识 $\varphi(\sigma)$.

令 $E_\mathfrak{p}$ 为 E 对 $\mathfrak{p}$ 的完备化, $\overline{E}_\mathfrak{p}$ 为 $E_\mathfrak{p}$ 的一个代数闭包, 而 $\overline{O}_\mathfrak{p}$ 为 $\overline{E}_\mathfrak{p}$ 中的整数环. 固定一个嵌入 $\overline{\mathbf{Q}} \hookrightarrow \overline{E}_\mathfrak{p}$.

$$\mathcal{A}_n^O(\overline{\mathbf{Q}}) \xrightarrow{\sim} \mathcal{A}_n^O(\overline{E}_\mathfrak{p}) = \mathrm{Hom}_O(B_n, \overline{E}_\mathfrak{p}) = \mathrm{Hom}_O(B_n, \overline{O}_\mathfrak{p}).$$

由于 B_n 在 $\mathfrak{p}$ 非分岐, 记 O 在 $\mathfrak{p}$ 处的剩余域 $\kappa_{\mathfrak{p}}$ 的代数闭包为 $\overline{\kappa}_{\mathfrak{p}}$, 我们可利用映射 $\overline{O}_{\mathfrak{p}} \to \overline{\kappa}_{\mathfrak{p}}$ 得到

$$\mathrm{Hom}_O(B_n, \overline{O}_{\mathfrak{p}}) \simeq \mathrm{Hom}_O(B_n, \overline{\kappa}_{\mathfrak{p}}) = \mathcal{A}_n^O(\overline{\kappa}_{\mathfrak{p}}).$$

这些同构都不影响 Frobenius 的作用. 因为 p 在 $\overline{\kappa}_{\mathfrak{p}}$ 中不可逆, 群 I_f 不再作用, 至少方式不同以往. 然而由在无穷位和 p 处等于 1 的 idèle 构成的群 I_f^p 仍有作用, 因为对这些 idèle, 辅助整数 m 可取成与 p 互素, 特征 p 时 p-可除点的反常行为带来的困难于是消失. 其实基于眼下的简单情况, 不难为 I_f 的遗漏部分 I_p (亦即 $O \otimes \mathbf{Q}_p$ 的乘法群) 定义一个作用. 然而我们想避免一切特设的技巧. 这里需要的是对于特征 p 的域上的椭圆曲线, 在概型论意义下了解由其 p-幂阶点构成的有限子群. 一般的方法是 Dieudonné 模的理论. 我这里不给出其定义. 它是一个函子地系于 A 的模 $D(A)$, 此时 I_p 的作用被 $D(A) \otimes \mathbf{Q}$ 的 O-自同构群的作用取代. 在我们处理的特殊情形下, 这个群被证明是 I_p, 于是 I_f 依然作用. 进一步, $E^\times$ 和 K^n 的作用仍是平凡的. 由于 I_f 由 $E^\times$, I_f^p 和 K^n 所生成, 其作用与上面引入的集合间同构相匹配.

若 ϖ 是 $O_{\mathfrak{p}}$ 的极大理想的生成元, 则 $\varpi \in E_{\mathfrak{p}}^\times \subseteq I_p$. Dieudonné 模的理论在手, 立见 ϖ 在 $\mathcal{A}_n^O(\overline{\kappa}_{\mathfrak{p}})$ 上的作用等于 Frobenius 作用. 因此 F_n 为域, 而且它作为 E 的 Abel 扩张, 在类域论下对应到 $E^\times I_\infty K^n \subseteq I$. 此外, 类域论给出的同态

$$\mathfrak{G}(\overline{\mathbf{Q}}/E) \to \mathfrak{G}(F_n/E) \simeq I/E^\times I_\infty K^n \simeq I_f/E^\times K^n$$

正是 $\sigma \to \varphi(\sigma)$. 至此我们没用上任何实算术, 出场的仅是有限域的算术. 然而青年之梦的要点之一在于 E 的所有 Abel 扩张皆包含于某个 F_n. 为此我们诉诸类域论.

但是椭圆模函数还未现身. 令 $V(\mathbf{Z})$ 为 $\mathbf{Z}$ 上长度为 2 的列向量构成的模. 可考虑将 B 映到全体同构

$$\lambda : V(\mathbf{Z}/n\mathbf{Z}) \to A_n(B)$$

集的函子. 此函子也由一个环 J_n 上的泛对象表示. 固定一个同构

$$O \simeq V(\mathbf{Z})$$

并遗忘 O 作用便得到态射 $\mathcal{A}_n^O \to \mathcal{A}_n$, 这给出同态 $\eta: J_n \to B_n$. 若在 E 上作嵌入 $B_n \to \mathbf{C}$, 那么其像当然如上述般生成一个类域. 合成此嵌入与 η 遂给出从 J_n 或 $J_n \otimes \mathbf{C}$ 到 $\mathbf{C}$ 的一个同态.

$J_n \otimes \mathbf{C}$ 是一个 $\mathbf{C}$ 上代数簇 S_n 的有理函数环, S_n 的点给出从 J_n 到 $\mathbf{C}$ 的同态, 亦即 $\mathcal{A}_n(\mathbf{C})$ 的元素. 特别地, 为得到 ψ 我们必须对 J_n 的元素在 $S_n(\mathbf{C})$ 的某点求值. 至少就解析观点, 有一套更具体的方式来看待 $S_n(\mathbf{C})$, 因而亦可用于 $J_n \otimes \mathbf{C}$. 令 G 为群 $\mathrm{GL}(2)$. 令 J_0 为矩阵

$$\begin{pmatrix} 0 & -1 \\ 1 & 0 \end{pmatrix}.$$

若 $g = (g_\infty, g_f)$ 属于 $G(\mathbf{A})$, 其中 $g_\infty \in G(\mathbf{R})$ 而 $g_f \in G(\mathbf{A}_f)$, 我们置

$$g_f V(\mathbf{Z}) = g_f V(\mathbf{Z}_f) \cap V(\mathbf{Q}).$$

这里 $\mathbf{Z}_f$ 是 $\mathbf{Z}$ 在 $\mathbf{A}_f$ 中的闭包, 而 $V(\mathbf{Z}_f) = V(\mathbf{Z}) \otimes \mathbf{Z}_f$. 因此 $g_f V(\mathbf{Z})$ 是 $V(\mathbf{R})$ 中的格. 令 $J = g_\infty J_0 g_\infty^{-1}$. 我们用 J 定义乘以 $\sqrt{-1}$, 从而将 $V(\mathbf{R})$ 变为 $\mathbf{C}$ 上的一维空间. 那么

$$V(\mathbf{R}) / g_f V(\mathbf{Z})$$

是 $\mathbf{C}$ 上的椭圆曲线 A^g. 此外

$$A_n^g(\mathbf{C}) = \frac{g_f V(\mathbf{Z})}{n} \Big/ g_f V(\mathbf{Z}),$$

故可取 λ^g 为

$$x \to \frac{g_f x}{n}.$$

$\{A^g, \lambda^g\}$ 的同构类完全由 g 在双陪集空间

$$G(\mathbf{Q}) \backslash G(\mathbf{A}) / K_\infty K^n$$

中的像确定, 其中 K_∞ 是 J_0 在 $G(\mathbf{R})$ 里的中心化子, 而 K^n 是

$$\{k \in G(\mathbf{Z}_f) \mid k \equiv 1 \pmod{n}\}.$$

此双陪集空间具有自然的复结构, 以下可视同 $S_n(\mathbf{C}) = \mathcal{A}_n(\mathbf{C})$.

仔细分析这些双陪集, 可见 $S_n(\mathbf{C})$ 由有限多个连通分支组成, 每一片都是 Poincaré 半平面对某个同余子群的商. 而 $J_n \otimes \mathbf{C}$ (包括 J_n 里

的元素) 则是这些连通分支上的函数, 它们实则正是水平为 n 的椭圆模函数. 易用显式找出 $S_n(\mathbf{C})$ 中对应到上述同态 ψ 的点. 综上, 我们推得 J_n 里的椭圆模函数在

$$G(\mathbf{Q})\backslash G(\mathbf{A})/K_\infty K^n$$

上某些容易求得的点上取值能够生成类域 F_n. 如前所述, 此空间的每个连通分支都是 Poincaré 半平面对同余子群的商. 将 J_n 里的函数拉回半平面就得到超越函数.

Hilbert 在第 12 问题中强调了以超越函数的值生成类域的这一层面, 他也建议对任意数域寻找具备类似性质的超越函数. 无论公平与否, 第 12 问题迄今仍颇受冷落. 所有相关进展都源于针对另一目的之无心插柳, 尽管后者也可以溯源到青年之梦. 这些主要是 Shimura (志村五郎) 的研究.

二十世纪数论的一个特征是 ζ 函数与 L 函数的统治地位, 在猜想层面上犹然. 对于和数域上的代数簇相系的 L 函数, 其解析性质的确定格外困难, 甚至往往是不可能的. 然而 Shimura 业已对某些簇进行了极深入的研究, 一如由椭圆模函数定义的簇, 这些簇与代数群密切相关. 基于种种原因, 我们期望这些 Shimura 簇的 L 函数可以由定义该簇的群或者其他相关群上自守形式的 L 函数表达. 这本身固不足以建立所求的解析性质, 却是第一步. 受 Eichler 早先的工作启发, Shimura 得以对一些 Shimura 簇验证这个期望, 处理的基本是曲线情形.

然而还遗留着许多问题. 我想在本讲剩下的部分随意谈谈其中之一. 关于互反律有种种概念, 全都隐含于类域论. 举例明之, 一个定理若断言由 Diophantus 资料 (亦即数域上代数簇) 所定义的一个 L 函数等于一个由解析资料 (亦即自守形式) 所定义的 L 函数, 则可视为一种互反律. 这观点有其道理, 因为 Artin 互反律即是这种断言. Eichler 和 Shimura 的结果也具有这般形式. 不过还有一个更具体的概念可资运用.

假设有个定义在数域 E 上的代数簇 S. 假定其方程组的系数取定, 使之在某个有限素数集 Q 外皆为整. 若 $\mathfrak{p} \notin Q$ 而 $\kappa_\mathfrak{p}$ 表示 E 在 $\mathfrak{p}$ 的剩余域, 则我们可对方程组作模 $\mathfrak{p}$ 约化, 继而谈论 S 中系数属于 $\overline{\kappa}_\mathfrak{p}$

的点集 $S(\overline{\kappa}_{\mathfrak{p}})$, 它带有 Frobenius $\Phi_{\mathfrak{p}}$ 的作用. 对集合 $S(\overline{\kappa}_{\mathfrak{p}})$ 连同 $\mathfrak{p} \notin Q$ 时所有 $\Phi_{\mathfrak{p}}$ 作用的显式描述亦可视作一种互反律. 例如在 $E = \mathbf{Q}$ 而 S 由方程

$$x^2 + 1 = 0$$

定义的情形, 当 $p \neq 2$ 时集合 $S(\overline{\kappa}_p)$ 有两个元素, Φ_p 作用平凡与否取决于 $p \equiv 1$ 或 $p \equiv 3 \pmod 4$. 这是二次互反律的第一个补充.

Shimura 簇很可能也有这般意义下的互反律. 我想明确描述互反律最可能采取的形式. 这描述诚然只是猜测, 但是在我所掌握的技巧限度内, 我业已验证了当 Shimura 簇来自 Abel 簇模问题的解时的情形.

为了了解一个簇的 ζ 函数, 至少在了解其 Euler 积对几乎所有 $\mathfrak{p}$ 的因子的意义下, 我们仅须对每个正 n 了解 $S(\kappa_{\mathfrak{p}}^n)$ 的基数, 这里 $\kappa_{\mathfrak{p}}^n$ 是 $\kappa_{\mathfrak{p}}$ 的 n 次扩张. 这无非是 $\Phi_{\mathfrak{p}}^n$ 在 $S(\overline{\kappa}_{\mathfrak{p}})$ 中的不动点数目. 或许能期望这由 $S(\overline{\kappa}_{\mathfrak{p}})$ 和 $\Phi_{\mathfrak{p}}$ 作用的显式描述来确定; 因此由 Shimura 簇在第二种意义下的互反律出发, 至少就其 ζ 函数而论, 我们能得到第一种意义下的互反律. 然而这会涉及一些组合学难题, 迄今仍无严肃的探究. 但我在若干情形下已能跨越这道门槛, 包括任意高维数的情形.

Deligne① 对 Shimura 工作的阐述格外透彻, 兼有他自己的改进. 从一个 $\mathbf{Q}$ 上的约化代数群 G 和一个定义在 $\mathbf{C}$ 上的同态 $h_0 : \mathrm{GL}(1) \to G$ 出发. (G, h_0) 须满足一些简单的形式条件. 若令 R 表示从 $\mathbf{C}$ 上的 $\mathrm{GL}(1)$ 作纯量限制所得到的 $\mathbf{R}$ 上环面, 使得在 $\mathbf{C}$ 上有

$$R \simeq \mathrm{GL}(1) \times \mathrm{GL}(1)$$

则合成

$$h : R \xrightarrow{\sim} \mathrm{GL}(1) \times \mathrm{GL}(1) \to G$$

是定义在 $\mathbf{R}$ 上的同态, 此处第二个映射是 $(x, y) \to h_0(x)^\rho h_0(y)$, 其中 ρ 表示复共轭. 我们要求 $h(\mathbf{R})$ 在 $G_{\mathrm{der}}(\mathbf{R})$ 里的中心化子是 $G_{\mathrm{der}}(\mathbf{R})$ 的极大紧子群, 而且若以 K_∞ 代表 $h(\mathbf{R})$ 在 $G_{\mathrm{der}}(\mathbf{R})$ 里的中心化子, 则商 $G(\mathbf{R})/K_\infty$ 还必须带有一个 h_0 给出的不变复结构.

① Séminaire Bourbaki, 1970/71.

事实上要紧的不是 h_0 而是全体 $\mathrm{ad}(g)\circ h_0$, 其中 $g\in G(\mathbf{R})$. 若 T 是 G 中定义在 $\mathbf{Q}$ 上并使得 $T(\mathbf{R})\cap G_{\mathrm{der}}(\mathbf{R})$ 为紧的 Cartan 子群, 则可选取 $h_0'=\mathrm{ad}(g)\circ h_0$ 使之通过 T 分解. 然后用 $\hat{\mu}$ 表示 $h_0':\mathrm{GL}(1)\to T$, 这是 T 的一个余权. 全体满足 $\sigma\hat{\mu}=\omega\hat{\mu}$ 的 $\sigma\in\mathfrak{G}(\overline{\mathbf{Q}}/\mathbf{Q})$ 的固定域记为 E, 其中 ω 取遍 T 的 Weyl 群. 域 E 是 $\mathbf{Q}$ 在 $\mathbf{C}$ 中的有限扩张, 它在 Shimura 簇的研究中扮演重要角色.

若 K 是 $G(\mathbf{A}_f)$ 的紧开子群, 则复流形

$$S_K(\mathbf{C})=G(\mathbf{Q})\backslash G(\mathbf{A})/K_\infty K$$

是一个 $\mathbf{C}$ 上代数簇的复点集. Shimura 曾经犹疑地猜测过, 而 Deligne 则是公开地猜想这族代数簇应当有 E 上的模型 S_K. 精确的猜想还要求 S_K 的某些进一步性质以刻画唯一性. 这些性质以青年之梦为蓝本, 因此任何关于这些典范模型 S_K 的存在性之证明都隐含了第 12 问题的部分解答. 此猜想俗称 Shimura 猜想, 对许多群已经解决, 但离一般情形还差得远. 我的建议将只对满足 Shimura 猜想的群才有意义.

群 $G(\mathbf{A}_f)$ 作用于

$$\varprojlim_K S_K(\mathbf{C}).$$

它应当反映于 $G(\mathbf{A}_f)$ 在定义于 E 上的

$$\varprojlim_K S_K$$

的一个作用.

取定 E 的素数 $\mathfrak{p}$ 并设 p 为 $\mathbf{Q}$ 中被它整除的素数. 我当假设群 G 在 $\mathbf{Q}_p$ 上准分裂而在一个非分歧扩张上分裂. 回忆到 G_{sc} 代表导出群 G_{der} 的单连通形式, Bruhat 与 Tits 给出了与 $G_{\mathrm{sc}}(\mathbf{Q}_p)$ 相应的厦, $G(\mathbf{Q}_p)$ 作用其上. 一个 $G(\mathbf{Q}_p)$ 的特殊紧子群是 Bruhat–Tits 厦的一个特殊顶点对 $G(\mathbf{Q}_p)$ 的稳定化子与

$$\{g\in G(\mathbf{Q}_p)\mid \text{对所有定义于 } \mathbf{Q}_p \text{ 上的 } G \text{ 的有理特征标 } \chi,\ |\chi(g)|=1\}$$

之交. 我们只关心如下形式的 K

$$K=K^pK_p,$$

其中 $K^p \subset G(\mathbf{A}_f^p)$ 而 K_p 是 $G(\mathbf{Q}_p)$ 的特殊极大紧子群.

簇 S_K 既然定义在 E 上, 便也定义在 $E_\mathfrak{p}$ 上. 设 $O_\mathfrak{p}$ 为 $E_\mathfrak{p}$ 的整数环. 要谈论 $S_K(\overline{\kappa}_\mathfrak{p})$ 必得有 $O_\mathfrak{p}$ 上的模型. 目前我还不知该如何刻画. 当 S_K/E 固有且光滑时, 大概 $S_K/O_\mathfrak{p}$ 亦然. 但是当 S_K/E 非固有时, 对无穷远处的性状必须多费心思. 现在我且无视这个困难, 径直描述期望中 $S_K(\overline{\kappa}_\mathfrak{p})$ 的结构. 仅须考虑

$$\varprojlim_{K^p} S_K(\overline{\kappa}_\mathfrak{p}) = S_{K_p}(\overline{\kappa}_\mathfrak{p})$$

的结构, 前提是我们知道 $G(\mathbf{A}_f^p)$ 如何作用于右项, 这是由于

$$S_K(\overline{\kappa}_\mathfrak{p}) = S_{K_p}(\overline{\kappa}_\mathfrak{p})/K^p.$$

集合 $S_{K_p}(\overline{\kappa}_\mathfrak{p})$ 应该是某些对 $G(\mathbf{A}_f^p)$ 和 $\Phi = \Phi_\mathfrak{p}$ 不变的子集之并. 每个子集都从下列资料构造:

(i) 一个 $\mathbf{Q}$ 上的群 H 及嵌入 $H(\mathbf{A}_f^p) \hookrightarrow G(\mathbf{A}_f^p)$;

(ii) 一个 $\mathbf{Q}_p$ 上的群 $\overline{G}$ 及嵌入 $H(\mathbf{Q}_p) \hookrightarrow \overline{G}(\mathbf{Q}_p)$;

(iii) 具有 $\overline{G}(\mathbf{Q}_p)$ 和 Φ 作用的空间 X, 两作用彼此交换.

嵌入 $H(\mathbf{A}_f^p) \hookrightarrow G(\mathbf{A}_f^p)$ 和 $H(\mathbf{Q}_p) \hookrightarrow \overline{G}(\mathbf{Q}_p)$ 一旦同对角嵌入 $H(\mathbf{Q}) \hookrightarrow H(\mathbf{A}_f)$ 合成, 就给出 $H(\mathbf{Q})$ 在 $G(\mathbf{A}_f^p) \times X$ 上的作用. 我提过的子集具如下形式

$$Y = H(\mathbf{Q})\backslash G(\mathbf{A}_f^p) \times X.$$

$G(\mathbf{A}_f^p)$ 以显然方式作用于右侧, 而 Φ 通过它在 X 上的作用而作用.

在大胆规定 H, G 和 X 的一般选取之前, 为熟悉状况, 我们应当先速览 $G = \mathrm{GL}(2)$, h 为

$$(a+ib, a-ib) \to \begin{pmatrix} a & -b \\ b & a \end{pmatrix}, \quad a, b \in \mathbf{C}, \quad a^2+b^2 \neq 0$$

的情形. 便于记忆起见, 我采用的符号与 Deligne 稍异, 我的 h 是他的逆. 对于这对 G, H, 对每个 $\mathbf{Q}$ 的虚二次扩张 F 都存在一个子集, H 是从 F 以通常方式构作的 $\mathbf{Q}$ 上的群 F^*, 使得 $H(\mathbf{Q}) = F^\times$, 群 $\overline{G}$ 也是 H, 而 X 是 $H(\mathbf{Q}_\mathfrak{p}) = (E \otimes \mathbf{Q}_p)^\times \simeq \mathbf{Q}_p^\times \times \mathbf{Q}_p^\times$ 对单位子群 $H(\mathbf{Z}_p) = \mathbf{Z}_p^\times \times \mathbf{Z}_p^\times$ 之商. 若 $\mathfrak{p}$ 是 p 在 E 中的素除子之一, 而 ϖ 是相应的一致化参数, 则

Φ 是 $\varpi \in (E \otimes \mathbf{Q}_p)^\times$ 的乘法作用. 还有一个额外的子集. 对此, 取 H 为 $\mathbf{Q}$ 上除在无穷位和 p 之外到处分裂的四元数代数的乘法群, 取 $\overline{G}$ 为 H. 取 X 为商 $\overline{G}(\mathbf{Q}_p)/\overline{G}(\mathbf{Z}_p)$, 这里 $\overline{G}(\mathbf{Z}_p)$ 是该代数对 p 作完备化再取极大序所得到的乘法群. 在此序中任取生成极大理想的 ϖ, 则 Φ 就是乘以 ϖ.

对于最后一个子集中的 X 还有另一套描述, 有助于进一步洞察一般的情形. 令 $\mathfrak{k}$ 为 $\mathbf{Q}_p$ 的极大非分岐扩张的完备化, 而 $\mathfrak{o}$ 表示其整数环. 记 Frobenius 作用为 $a \to {}^\sigma a$. 令 $\mathcal{H}$ 为 $\mathfrak{k}$ 上长度 2 的列向量空间里的 $\mathfrak{o}$格集. $\mathcal{H}$ 是 $G(\mathfrak{k})$ 的 Bruhat–Tits 厦的顶点集. 置

$$b = \begin{pmatrix} 0 & 1 \\ p & 0 \end{pmatrix}.$$

定义 Φ 在 $\mathcal{H}$ 上的作用为

$$\Phi\mathfrak{k} = b^\sigma \mathfrak{k}.$$

则

$$\overline{G}(\mathbf{Q}_p) = \left\{ g \in G(\mathfrak{k}) \mid b^\sigma g b^{-1} = g \right\}$$

而 X 是 $\mathcal{H}$ 中全体满足下式的 $\mathfrak{x}$ 所成集合

$$p\mathfrak{x} \subsetneq \Phi\mathfrak{x} \subsetneq \mathfrak{x}.$$

几何上, 这意味着 $\mathfrak{x}$ 和 $\Phi\mathfrak{x}$ 在 $G_{\mathrm{sc}}(\mathfrak{k}) = \mathrm{SL}(2, \mathfrak{k})$ 的 Bruhat–Tits 厦里的像由一条边相连. 为了验证 X 的两套描述本质无异, 我们利用 Bruhat–Tits 厦是树的这一性质. 这是一个有趣的练习.

为了定义一般情形的 $H, \overline{G}$ 和 X, 我们固定 $\overline{\mathbf{Q}} \hookrightarrow \mathbf{C}$, 并在今后取定一个嵌入 $\overline{\mathbf{Q}} \hookrightarrow \overline{\mathbf{Q}}_p$ 使其在 E 中定义的素理想为 $\mathfrak{p}$. 假设 $\gamma \in G(\mathbf{Q})$ 并且是半单的. 进一步假设 γ 的特征值在无穷位和 p 之外的绝对值皆为 1. 令

$$H^\circ = \left\{ g \in G \mid \text{对某个 } \mathbf{Z} \text{ 中 } m \neq 0 \text{ 有 } g\gamma^m = \gamma^m g \right\}.$$

群 H° 连通, 而且它当然是定义在 $\mathbf{Q}$ 上的. 假设 $h^\circ : R \to H^\circ$ 并且合成

$$R \xrightarrow{h^\circ} H^\circ \hookrightarrow G$$

在 $G(\mathbf{R})$ 下共轭于 h. 如果 T 是 H° 中定义在 $\mathbf{Q}$ 上并使得 $T(\mathbf{R}) \cap G_{\mathrm{der}}(\mathbf{R})$ 为紧的 Cartan 子群, 那么和先前一样, 必要时以 $\mathrm{ad}(g) \circ h^\circ$ 代 h°, $g \in H^\circ(\mathbf{R})$, 可以假设 h° 通过 T 分解. 相应的

$$h_0^\circ : \mathrm{GL}(1) \to T$$

是 T 的余权 $\hat{\mu}$. 虽然 $\hat{\mu}$ 不由 h° 唯一确定, 但它在 T 对 H° 的 Weyl 群作用下的轨道则是; 这对于下面的讨论已经足够.

若 $L(T)$ 是 $\mathbf{Z}$- 模

$$\mathrm{Hom}(T, \mathrm{GL}(1))$$

而且

$$\hat{L}(T) = \mathrm{Hom}(\mathrm{GL}(1), T)$$

则 $\hat{L}(T)$ 也是

$$\mathrm{Hom}(L(T), \mathbf{Z}).$$

借下式定义 $\hat{\lambda}(\gamma) \in \hat{L}(T)$:

$$|\lambda(\gamma)|_p = p^{-\langle \lambda, \hat{\lambda}(\gamma) \rangle}, \quad \lambda \in L(T).$$

令 M 为 H° 全体定义于 $\mathbf{Q}_p$ 上的有理特征标构成的格. 若在 $\mathbf{Q}$ 中存在 $r > 0$ 使得 $\hat{\lambda}(\gamma) - r\hat{\mu}$ 与 M 正交, 则称 (γ, h°) 是 Frobenius 型的.

稍后将为 Frobenius 型偶引入一个等价关系. 对每个等价类都将有相应的 $H, \overline{G}$ 和 X, 以及

$$Y = H(\mathbf{Q}) \backslash G(\mathbf{A}_f^p) \times X.$$

我们也将为每个等价类定义一个重数 d. 若以 dY 代表 d 份 Y 的无交并, 当 (γ, h°) 取遍 Frobeinus 型偶的等价类时, 诸 dY 的无交并作为带 Φ 和 $G(\mathbf{A}_f^p)$ 作用的集合应该同构于 $S_{K_p}(\overline{\kappa}_\mathfrak{p})$.

眼下先固定 γ 和 h°. 群 H 将来自 H° 的内扭. 由于 Hasse 原理对伴随群 H_{ad}° 成立, 仅须局部地确定扭转即可! 当然也要验证带有给定局部性状的整体扭转存在, 但这可由标准技巧处理. 此扭转在无穷位和 p 之外平凡. 在无穷位其选取使 $H_{\mathrm{der}}(\mathbf{R})$ 为紧. 在描述 p 处的扭转

之前, 我们引入定义在 $\mathbf{Q}_p$ 上的 G 的子群 $\overline{G}^\circ$. 它是个连通子群, 其李代数由 G 的李代数里满足

$$\mathrm{Ad}\gamma(V) = \epsilon V$$

的元素 V 张成, 其中 $\epsilon \in \overline{\mathbf{Q}}_p$ 而 $|\epsilon|_p = 1$. $\overline{G}$ 将是 $\overline{G}^\circ$ 的一个扭形.

实际上我们将同时扭转 $\overline{G}^\circ$ 和 H°. 若 T 如上, 令 T_{ad} 为它在 H°_{ad} 里的像, 而 $\overline{T}_{\mathrm{ad}}$ 为它在 $\overline{G}^\circ_{\mathrm{ad}}$ 里的像. 我们取 T 使得 T_{ad} 在 $\mathbf{Q}_p$ 上非迷向. 取 $\mathbf{Q}$ 在 $\overline{\mathbf{Q}}$ 中的 Galois 扩张 k 使 T 分裂. 假设 $a_{\sigma,\tau}$ 是 $k_p/\mathbf{Q}_p$ 的基本 2-上闭链. 由于

$$T(k_p) = \hat{L}(T) \otimes k_p^\times$$

我们可引入 1-上链

$$\sigma \to a_\sigma = \sum_{\tau \in \mathfrak{G}(k_p/\mathbf{Q}_p)} \sigma\tau\hat{\mu} \otimes a_{\sigma,\tau}.$$

它取值在 $T(k_p)$ 但并非 1-上闭链, 不过它在 $T_{\mathrm{ad}}(k_p)$ 或 $\overline{T}_{\mathrm{ad}}(k_p)$ 中的像则是. 与下述映射合成

$$H^1(\mathfrak{G}(k_p/\mathbf{Q}_p), T_{\mathrm{ad}}(k_p)) \to H^1(\overline{\mathbf{Q}}_p, H^\circ)$$
$$H^1(\mathfrak{G}(k_p/\mathbf{Q}_p), \overline{T}_{\mathrm{ad}}(k_p)) \to H^1(\overline{\mathbf{Q}}_p, \overline{G}^\circ)$$

遂得到用以在 p 处扭转 H° 和 $\overline{G}^\circ$ 的上闭链. 当然必须验证这些扭转与一切辅助资料的选取无关.

同态 $H^\circ \to G_{\mathrm{der}}\backslash G$ 给出 $H \to G_{\mathrm{der}}\backslash G$. 重数 d 是 $H^1(\overline{\mathbf{Q}}, H)$ 里除 p 之外 (包括无穷位) 处处平凡, 并落在

$$H^1(\overline{\mathbf{Q}}, H) \to H^1(\overline{\mathbf{Q}}, G_{\mathrm{der}}\backslash G)$$

的核里的元素个数. 由于上述诸例牵涉的群具有特殊的上同调性质, 由之推测 d 的一般值恐怕失之鲁莽.

定义最复杂的对象是集合 X. 置

$$\hat{\nu} = \sum_{\tau \in \mathfrak{G}(k_p/\mathbf{Q}_p)} \tau\hat{\mu}$$

并记

$$\hat{\nu} \otimes x \in \hat{L}(T) \otimes k_p^\times = T(k_p)$$

为 $x^{\hat{\nu}}$. 以上闭链 $a_{\sigma,\tau}$ 定义 Weil 群 $W_{k_p/\mathbf{Q}_p}$. 若 $w=(x,\sigma)\in W_{k_p/\mathbf{Q}_p}$, 其中 $x\in k_p^\times$, $\sigma\in\mathfrak{G}(k_p/\mathbf{Q}_p)$, 置

$$b_w=x^{\hat{\nu}}a_\sigma.$$

则 $w\to b_w$ 是 1- 上闭链. 令 D 为 H° 在 $\mathbf{Q}_p$ 上的极大分裂中心子环面. 令 $\mathfrak{k}$ 为 $\mathbf{Q}_p$ 的极大非分岐扩张. 可以证明若我们将 k_p 扩张到某个 k_p' 并将 b_w 提升到 $W_{k_p'/\mathbf{Q}_p}$, 则它的类可由一个如下形式的上闭链 $\{\overline{b}_w\}$ 代表

$$\overline{b}_w=\overline{b}_w'\overline{b}_w'',$$

其中 $\overline{b}_w'\in T(\mathfrak{k})$, $\overline{b}_w''\in D(\overline{\mathbf{Q}}_p)$ 而且

$$\left|\lambda(\overline{b}_w'')\right|_p=1$$

对 D 的所有有理特征标皆成立. 此外, 若以 W° 表 $W_{k_p/\mathbf{Q}_p}\to\mathfrak{G}(\overline{\mathbf{F}}_p/\mathbf{F}_p)$ 的核, 那么可选取 $\overline{b}_w'$ 使得对所有 $w\in W^\circ$ 皆有 $\overline{b}_w'=1$. 若 w 是 $W_{k_p/\mathbf{Q}_p}$ 中任一个映到 $\mathfrak{G}(\overline{\mathbf{F}}_p/\mathbf{F}_p)$ 里的 Frobenius 自同构的元素, 置

$$b=\overline{b}_w'.$$

视 b 为 $G(\mathfrak{k})$ 的元素. 变动辅助资料的效果是以 $cb^\sigma c^{-1}$ 代替 b, 这里 σ 是 $\mathfrak{k}$ 上的 Frobenius. 这种变动并不碍事. 观察到我们可以将 $\overline{G}(\mathbf{Q}_p)$ 实现为

$$\left\{g\in G(\mathfrak{k})\mid b^\sigma gb^{-1}=g\right\}.$$

群 K_p 决定了 $G_{\mathrm{sc}}(\mathbf{Q}_p)$ 的 Bruhat–Tits 厦的一个特殊顶点, 这也是 $G_{\mathrm{sc}}(\mathfrak{k})$ 的厦的特殊顶点, 因而它决定了 $G(\mathfrak{k})$ 的一个抛物岩堀子群 (parahoric subgroup) $K_p(\mathfrak{k})$. 置

$$\mathcal{H}=G(\mathfrak{k})/K_p(\mathfrak{k}).$$

命 F 为映射 $\mathcal{H}\to\mathcal{H}$, 它将 g 代表的元素映到 $b^\sigma g$ 代表的元素.

在 G 的抛物子群共轭类以及具有 $K_p(\mathfrak{k})$ 中代表元的抛物岩堀子群共轭类之间有个双射. 由 T 和所有满足 $\langle\alpha,\hat{\mu}\rangle\leqslant 0$ 的根 α 对应的单参数子群生成一个抛物子群, 所确定的共轭类记为 $\mathfrak{J}$. 对 $\mathcal{H}$ 中任意的点 $\mathfrak{x}$, 它在 $G_{\mathrm{sc}}(\mathfrak{k})$ 的每个单因子 $G_i(\mathfrak{k})$ 的 Bruhat–Tits 厦里都确定了一

个特殊顶点 $\mathfrak{x}_i$. 我们仅考虑如下的 $\mathfrak{x}$: 若 $\mathfrak{y}=F\mathfrak{x}$, 则对每个 i, 或者 $\mathfrak{x}_i$ 和 $\mathfrak{y}_i$ 相同, 或者由一条边相连. 于是 $\mathfrak{x}_i$ 和 $\mathfrak{y}_i$ 决定了 $G_i(\mathfrak{k})$ 的一个抛物岩堀子群, 从而 $\mathfrak{x}$ 和 $\mathfrak{y}$ 也决定了 $G(\mathfrak{k})$ 的一个抛物岩堀子群. 使得此子群属于 $\mathfrak{J}$ 的点 $\mathfrak{x}$ 构成了 X. 群 $G(\mathbf{Q}_p)$ 作用于 X. 若 $r=[E_{\mathfrak{p}}:\mathbf{Q}_p]$, 定义 $\Phi_{\mathfrak{k}}$ 之作用为 F^r.

定义 (γ_1,h_1°), (γ_2,h_2°) 之间等价性的正确条件看来是局部的, 对每个有限位都有一个条件, 对无穷位则无. 应该存在正整数 m, n 和 $G(\mathbf{Q})$ 的中心里每个特征值都是单位的元素 δ, 使得首先对每个 $\ell\neq p$, γ_1^m 和 $\delta\gamma_2^n$ 在 $G(\mathbf{Q}_\ell)$ 中共轭. 它们应该也在 $G(\mathfrak{k})$ 中共轭. 令

$$\delta\gamma_2^n=g\gamma_1^m g^{-1},\quad g\in G(\mathfrak{k}).$$

假设 b_1 和 b_2 分别在 $H_1^\circ(\mathfrak{R})$ 和 $H_2^\circ(\mathfrak{R})$ 中以上述方式对应到 (γ_1,h_1°) 和 (γ_2,h_2°). 则有 $gb_1{}^\sigma g^{-1}\in H_2^\circ(\mathfrak{k})$. 等价性的最后一个条件是 $H_2^\circ(\mathfrak{k})$ 中存在 c 使得

$$cgb_1{}^\sigma g^{-1\sigma}c^{-1}=b_2.$$

为了替 Shimura 簇的 ζ-函数定义函数方程里的 Γ-因子, 必须先对它们在 E 的无穷位的性状有所了解. 这就产生了两个问题. 若 τ 是 $\overline{\mathbf{Q}}$ 在 $\mathbf{Q}$ 上的自同构, 我们可以对 E 上的族 S_K 运用 τ 以得到 ${}^\tau E$ 上的簇族 ${}^\tau S_K$. 此新族应当是由某个新的 $({}^\tau G,{}^\tau h_0)$ 所定义的 Shimura 簇的典范模型. 一个明显的猜测如下. ${}^\tau G$ 应当是 G 的一个内扭, 它在每个有限位皆平凡. 记复共轭为 ρ 而 T 的选取如上, 则在无穷位用以扭转的上闭链应当是 $\rho\to t_\rho$, 其中

$$\lambda(t_\rho)=(-1)^{\langle\lambda,\tau\hat{\mu}-\hat{\mu}\rangle},\quad \lambda\in L(T).$$

于是 T 也可以视作 ${}^\tau G$ 在 $\mathbf{R}$ 上的 Cartan 子群. 同态 ${}^\tau h_0$ 应当正是合成

$$\mathrm{GL}(1)\xrightarrow{\tau\hat{\mu}}T\hookrightarrow{}^{I\tau}G.$$

若域 E 为实, 则复对合作用于 $S_K(\mathbf{C})$, 后者作为复流形同构于

$$G(\mathbf{Q})\backslash G(\mathbf{A})/K_\infty K.$$

应该有可能在此双陪集空间上以显式定义相应的对合. 仅当 $\rho\hat{\mu}=\omega\hat{\mu}$ 时 E 方能为实, 其中 ω 属于 T 对 G 的 Weyl 群. 若然, ω 可以用 T 在

$G(\mathbf{R})$ 里的正规化子的一个元素 w 实现. 元素 w 将正规化 K_∞, 因此映射 $g \to gw$ 可以降到商空间. 这应该给出所求的对合.

Shimura 和 Shih 正在做这两个问题, 它们比初看上去的要深.

第五章 L-函数与自守表示*

§1. 引言

在研究 L-函数的过程中, 会遇到至少三个不同的问题: 函数方程及其解析延拓; L-函数的零点; 以及在某些特殊情况下, 确定 L-函数在某些特定点的取值. 第一个问题是最简单的, 当然它也是唯一一个本人进行过深入研究的问题.

通常有以下两类 L-函数, 我们对它们作简单描述: 一类是推广了 Artin L-函数的原相 L-函数, 它们是通过纯算术形式定义的; 另一类是自守 L-函数, 是由先验性信息定义的. 在这类自守 L-函数中, 有一类特殊 L-函数, 即标准 L-函数, 是一个例外, 它们是广义的 Hecke L-函数, 其函数方程和解析延拓性可被直接证明.

对其他的 L-函数, 解析延拓性并非如此容易建立. 但所有的证据显示, 实际存在的 L-函数要比各种定义蕴含的要少. 并且每个 L-函数, 不管是原相 L-函数还是自守 L-函数, 都必须与标准 L-函数等价. 这些等价性通常很深刻, 延续历史称谓, 我们称之为互反律. 一种 L-函数的互反律一旦被证明, 解析延拓性便自然成立. 所以, 对互反律成立的情形, 解析延拓性便不是人们关注的焦点, 但目前只有极少这样的互

---

* 原文首次发表于 *Proceedings of the International Congress of Mathematicians*, Helsinki (1978). 本章由江苏师范大学数学与统计学院俞小祥译.

反律被证明成立.

自守 L-函数是经由表示论方法定义的, 所以很自然地, 调和分析在互反律的研究中扮演很重要的角色. 最近一个较小的进展是对 Galois 群的四面体群表示和一些二阶表示所对应的 Artin L-函数的互反律的证明. 我不想把重点放在调和分析的技术性处理上. 关注此问题的人很容易从文献 [6] 中获取相关知识, 在该文献中, 很多文章都对自守表示作了介绍. 所以在此, 我将略过证明, 而代之以对过去半个世纪中在 L-函数及互反律的进展上作一个回顾.

§2. Artin 和 Hecke L-函数

首先, 一个 L-函数是具有 Euler 积性的 Dirichlet 级数, 故初始时其被定义在一个右半平面. 我将给出最为人熟知的 L-函数, 即Riemann zeta-函数 (ζ-函数)、Dedekind zeta-函数及 Dirichlet L-函数的显式定义, 然后介绍 20 世纪由 Hecke[19] 及 Artin[2] 引进的更一般的 L-函数, 不管是已知的还是未知的 L-函数, 都将转换到 Artin 互反律形式.

尽管有些交叉, 这两类 L-函数的起源还是不同的. 假设 F 是一个数域或者 (像有些人喜欢的那样) 是一个函数域 (尽管我更倾向于将函数域只作为背景, 因为它们将在 Drinfeld 的论文 [12] 中被专题讨论), 那么 Hecke L-函数就是一个关于 $F^\times \backslash I_F$ 上特征 χ 的 Euler 积 $L(s,\chi)$, 这里, I_F 是 F 的 idèle 群. 如果 v 是 F 的一个素位, 则 $F_v^\times$ 能嵌入 I_F 而 χ 导出 $F_v^\times$ 上的一个特征 χ_v. 我们通过对 F 上的所有素位作乘积来定义 $L(s,\chi)$:

$$L(s,\chi)=\prod_v L(s,\chi_v).$$

如果 v 是 Archimedes 素位, 则 $L(s,\chi_v)$ 是由 Γ-函数生成的. 重点是: 如果 v 是与 $\mathfrak{p}$ 对应的素位, 而 χ_v 在局部域的单位群上是平凡的 (对 χ_v 几乎处处成立), 则有

$$L(s,\chi_v)=\frac{1}{1-\alpha(\mathfrak{p})/N\mathfrak{p}^s},$$

其中

$$\alpha(\mathfrak{p})=\chi_v(\varpi_{\mathfrak{p}}),$$

而 $\varpi_{\mathfrak{p}}$ 是 $\mathfrak{p}$ 上的一个标准生成元. 函数 $L(s,\chi)$ 能被解析延拓到整个复平面, 因其具有如下函数方程

$$L(s,\chi_v)=\epsilon(s,\chi)L(1-s,\chi)^{-1},$$

其中 $\epsilon(s,\chi)$ 是初等函数 ([35]).

Artin L-函数是由一个 Galois 群 $\mathrm{Gal}(K/F)$ 的有限维表示 ρ 定义的, 其中 K 是一个有限扩张. 它是由算术性质定义的, 而它的分析性质极难建立. 同样地,

$$L(s,\rho)=\prod L(s,\rho_v),$$

其中 ρ_v 是 ρ 在分解群上的限制. 就我们的目的而言, 只需定义 K 上非分歧的 $\mathfrak{p}$ 所对应的局部因子即可. 然后, $\mathrm{Gal}(K/F)$ 上的 Frobenius 共轭类 $\Phi_{\mathfrak{p}}$ 就能确定, 并且

$$L(s,\rho_v)=\frac{1}{\det(I-\rho(\Phi_{\mathfrak{p}})/N\mathfrak{p}^s)}=\prod_{i=1}^{d}\frac{1}{1-\beta_i(\mathfrak{p})/N\mathfrak{p}^s},$$

其中, $\beta_1(\mathfrak{p}),\cdots,\beta_d(\mathfrak{p})$ 是 $\rho(\Phi_{\mathfrak{p}})$ 的所有特征值.

尽管我们知道 $L(s,\rho)$ 在整个复平面上亚纯, 当 ρ 是非平凡的不可约表示时, 断言 $L(s,\rho)$ 在整个复平面上全纯的 Artin 猜想还远未能解决. 当 ρ 是一维表示时,Artin 自己对此给出了一个证明 [3], 而现在对四面体群表示 ρ 和一些八面体群表示 ρ,Artin 猜想也被证明是成立的. 尽管这两个 L-函数的定义是不同的,Artin 的方法是证明一维表示 ρ 所对应的 L-函数 $L(s,\rho)$ 等于一个 Hecke L-函数 $L(s,\chi)$, 这里, $\chi=\chi(\rho)$ 是一个 $F^\times\backslash I_F$ 上的特征. 他采用所有已知的类域论方面的知识, 并且证明了 $L(s,\rho)$ 与 $L(s,\chi(\rho))$ 的相等性几乎等价于 Artin 互反律. Artin 互反律断言存在一个从 I_F 到一个 Abel 扩张的 Galois 群 $\mathrm{Gal}(K/F)$ 的一个满同态, 此同态在 $F^\times$ 上平凡, 并且在几乎所有的素理想 $\mathfrak{p}$ 上, 将 $\varpi_{\mathfrak{p}}$ 映到 $\Phi_{\mathfrak{p}}$.

$L(s,\rho)$ 与 $L(s,\chi)$ 的相等性意味着 $\chi(\varpi_{\mathfrak{p}})$ 与 $\rho(\Phi_{\mathfrak{p}})$ 关于所有的 $\mathfrak{p}$ 几乎处处相等. 近距离的观察表明, 这两个等式可由一些看上去复杂, 但实际上初等的算子定义的. 所以, 关于一维表示 ρ 的互反律, 正像二次或高次互反律所蕴含的一样, 其本质上是很基本的, 并且对所有的

ρ 与任意给定的 $\mathfrak{p}$, 是能通过计算直接验证的. 而另一方面, 四面体群表示 ρ 的互反律看上去在本质上非常复杂, 故必须通过 Artin 猜想而不是传统的方法判定.

§3. 原相 L-函数

假设 V 是数域上的非奇异投射仿射簇, 则对几乎所有的 $\mathfrak{p}$, V 在 $\mathfrak{p}$ 定义的剩余类域 $\mathbf{F}_\mathfrak{p}$ 上具有良好的约简, 所以我们能讨论 $\mathbf{F}$ 的 n 次扩张上的坐标点数 $N(n)$. 根据 Weil 在 [36] 上的方法, 可根据下列式子定义 $Z_\mathfrak{p}(s,V)$:

$$\log Z_\mathfrak{p}(s,V)=\sum_{n=1}^{\infty}\frac{1}{n}\frac{N(n)}{N\mathfrak{p}^{ns}}.$$

依据 Dwork, Grothendieck, Deligne 等人的证明, 有下式成立:

$$Z_\mathfrak{p}(s,V)=\prod_{i=0}^{2d}\prod_{j=1}^{b_i}\left(1-\frac{\alpha_{ij}(\mathfrak{p})}{N\mathfrak{p}^s}\right)^{(-1)^{i+1}}=\prod_{i=0}^{2d}L_\mathfrak{p}^i(s,V)^{(-1)^i}.$$

这里, d 是 V 的维数, b_i 是第 i 个 Betti 数, 而

$$|\alpha_{ij}(\mathfrak{p})|=N\mathfrak{p}^{i/2}.$$

在椭圆曲线情形, 应该是 Hasse([18]) 首先提出证明由 Euler 积

$$\prod_v L_v^i(s,V)$$

定义的 L-函数 $L^i(s,V)$ 具有解析延拓性和函数方程这个问题. 诚然, 要解决这个问题, 首先要对无限素位及 V 不具有良好约简的有限素位上的局部因子作合理的定义.

除了一些特殊情形, $L^i(s,V)$ 一般不会等于一个 Hecke L-函数 $L(s,\chi)$, 这是因为 b_i 通常大于 1 而 $L^i(s,V)$ 是度为 b_i 的 Euler 积. 但有时候, $L^i(s,V)$ 可分解为 b_i 个度为 1 的 Euler 积的乘积, 其中每个 Euler 积是一个 Hecke L-函数. 将一个 L-函数分解为度更小的 Euler 积的思想是非常重要的, 它曾引导 Artin 从 K 上的 zeta-函数转到 $\mathrm{Gal}(K/F)$ 的表示定义的 L-函数. 在 Dedekind 与 Frobenius 的通信中, 这个思想也被间接提到 [9], 在那封信中, 群特征被首次提及. 这种因式分解能用 Grothendieck 的 l-进表示论作简明解释.

域 K 是 F 上的一个维数为 0 的代数簇的函数域, 而 K 的 zeta-函数是 $L^0(s,V)$. 仿射簇 $V_{\bar{F}}$ 是由 V 经由到代数闭包 $\bar{F}$ 的纯量扩张得到的, 有 $[K:F]$ 个点. Galois 群 $\mathrm{Gal}(\bar{F}/F)$ 作用在这些点上, 故自然地作用在 l-进 étale 上同调群 $H^0(V_{\bar{F}})$ 上. 我们可以用定义 Artin L-函数相同的方法定义 zeta-函数, 所不同的是这儿 L-函数是与 $\mathrm{Gal}(\bar{F}/F)$ 在 $H^0(V_{\bar{F}})$ 上的表示联系着的. $V_{\bar{F}}$ 的函数域是 $K\otimes_F\bar{F}$, 而对于 $\mathrm{Gal}(K/F)$ 作用, 我们可定义 $H^0(V_{\bar{F}})$ 上的一个算子 $T(\sigma)$. 如果某些 $T(\sigma)$ 的线性组合是 E 上的幂等元, 我们就能将 $\mathrm{Gal}(\bar{F}/F)$ 表示限制到它的值域, 并采用 Artin 的方法定义这个限制表示的 L-函数 $L(s,E)$. 取一族正交的幂等元并将其和作为单位元, 将得到 $L^0(s,V)$ 或 K 上 zeta-函数的一个因式分解. 由于 $\mathrm{Gal}(K/F)$ 和 $\mathrm{Gal}(\bar{F}/F)$ 表示介于左正则和右正则表示之间, 我们就得到 Artin 分解式

$$L^0(s,V)=\zeta_K(s)=\prod_{\rho}L(s,\rho)^{\deg\rho}.$$

其中 ρ 遍历 $\mathrm{Gal}(K/F)$ 的所有不可约表示.

对于一般的代数簇, 函数 $L^i(s,V)$ 是通过 $\mathrm{Gal}(\bar{F}/F)$ 在 l-进上同调群 $H^i(V_{\bar{F}})$ 上的表示得到的. 定义在 F 上的度为 0 的 V 上的代数映射能确定与 $\mathrm{Gal}(\bar{F}/F)$ 可交换的 $H^i(V_{\bar{F}})$ 上的算子. 与上述相同, 如果这些算子的某些线性组合是 E 上的幂等元, 我们就能定义 $L(s,E)$, 并希望它同样具有解析延拓性. 同时, 当 E 的值域是一维空间时, $L(s,E)$ 是一个 Hecke L-函数.

特别地, 如果单位元能表示成一族秩为 1 的正交幂等元的和, 我们就期望能够证明 $L^i(s,E)$ 是一族 Hecke L-函数的积, 因此具有解析延拓性和函数方程. 这里, 主要的例子是 CM 型的 Abel 簇, 相关的自同态是定义在 F 上的. 这些幂等元可由这些自同态构造获得, 相关定理已由 Shimura, Taniyama,Weil 和 Deuring 证明 (见 [33]).

这些 $L(s,E)$ 函数看起来是恰当的 (也许是最终的) 一般化的 Artin 型 L-函数. 没有理由期望它们还能被更进一步地分解. 仔细分析便能发现 E 的含义其实是很模糊的. 它本来是个原始的、有疑问的概念, 而 Grothendieck 赋予了它精确的定义 ([23, 29]). 但如果不援引与 Hodge 猜想密切相关的一些猜想, 则很难证明它具备我们所期望的所有性质.

事实上, 一旦 Hodge 猜想被证明是错的, 那它将失去很多几何意义. 而且有些 L-函数来自于对 Shimura 簇的研究, 这些函数没有被证明具有 Grothendieck 意义下的原相, 而我们并不能轻易地遗弃它们. 但概念是不可或缺的, 如果这些伴生的问题不能提供有效的答案, 我们就得准备长期的努力.

如果函数 $L(s, E)$ 不能作进一步的分解, 那么 Artin 和 Shimura-Taniyama 的定理表明 Hecke L-函数在原相 L-函数的研究中的适用性受限. 幸运的是,Hecke L-函数是能推广的.

§4. 标准 L-函数和互反律

如果 A 是 F 的 adèle 环, 则 $I_F = \mathrm{GL}(1, A)$, $F^\times = \mathrm{GL}(1, F)$, 而 $F^\times \backslash I_F$ 的特征即为 $\mathrm{GL}(1, A)$ 在 $\mathrm{GL}(1, F)\backslash\mathrm{GL}(1, A)$ 上的连续函数空间的一个表示. 这是最简单的自守表示. $\mathrm{GL}(n, A)$ 作用在商空间 $\mathrm{GL}(n, F)\backslash \mathrm{GL}(n, A)$ 上, 故亦作用在此空间的连续函数空间上. $\mathrm{GL}(n, A)$ 上的一个自守表示本质上是连续函数空间表示的一个不可约分支 π, 但 $\mathrm{GL}(n, A)$ 作为拓扑群是非紧的, 所以一般情况下, π 是无限维的. 故作定义时, 必须留意这个性质 [7]. 对每一个 $\mathrm{GL}(n, A)$ 上的自守表示 π, 我们可以定义一个 L-函数, 它具有解析延拓性并满足如下函数方程 [17]:

$$L(s, \pi) = \epsilon(s, \pi)L(1 - s, \tilde{\pi}),$$

这里, $\tilde{\pi}$ 是 π 的逆步表示. 根据 [14] 中的结果, π 可表示成张量积 $\pi = \bigotimes_v \pi_v$, 其中 v 遍历 F 的所有素位, 而 $L(s, \pi)$ 是 Euler 积 $\prod\limits_v L(s, \pi_v)$. 在有限素位 $v = \mathfrak{p}$ 上,

$$L(s, \pi_v) = \prod_{i=1}^{n} \frac{1}{1 - \alpha_i(\mathfrak{p})/N\mathfrak{p}^s}$$

是度为 n 的函数, 并且对几乎所有的 $\mathfrak{p}$, 矩阵

$$A(\pi_v) = \begin{pmatrix} \alpha_1(\mathfrak{p}) & & 0 \\ & \ddots & \\ 0 & & \alpha_n(\mathfrak{p}) \end{pmatrix}$$

是可逆的.

这些被称作标准 L-函数的函数, 它们的度可以是任意的正整数, 所以, 证明每个 $L(s,E)$ 等于某个标准 L-函数并接着证明它具有解析延拓性并不存在明显的不可逾越的困难. 但要建立这种一般化的互反律却困难重重, 我们必须借重新的思想, 但这方面进展甚微.

如果 $F=\mathbf{Q}$, 则不管解析与否, $\mathrm{GL}(2,A)$ 上的一个自守表示即为通常的自守形式, 它们的 L-函数 $L(s,\pi)$ 在近半个世纪前即为人所知. 这些 L-函数首先是由 Hecke 在 [20] 中引进和研究的, 其后, 非解析型由 Maass 在 [28] 中引进. 将 n 从 1 变到 2 并没有产生实质性的提升, 但这里有两类度为 2 的原相 L-函数.

如果 V 是一条椭圆曲线, 则 $L^1(s,V)$ 是度为 2 的, 它与某一标准 L-函数的相等性由 Taniyama 率先提出, 并由 Weil 在他对 Hecke 理论的研究中 [37] 改进的. 数值计算的结果为此问题提供了很好的证据, 但在理论证明上, 此问题没有取得任何进展, 除了在函数域的情形, 该问题已在 [10] 中获得了证明.

如果 ρ 是二维的 $\mathrm{Gal}(K/F)$ 表示, 那么 Artin L-函数 $L(s,\rho)$ 也是度为 2 的函数. 如果 ρ 是可约的或是二面体群表示, 则关于 $L(s,\rho)$ 的 Artin 定理已被证明. 否则, $\mathrm{Gal}(K/F)$ 在 $\mathrm{PGL}(2,\mathbf{C})=\mathrm{SO}(3,\mathbf{C})$ 中的像是四面体、八面体或者二十面体群. 在文献 [8] 中, 能找到一个关于二十面体表示的互反律的例子, 但一般的结论尚未解决. 在下面论述中, 当描述完函子性以后, 我将回过来介绍关于四面体和八面体群表示.

第一个成功应用度为 2 的标准 L-函数去研究代数簇的 zeta-函数的例子是对于由上半平面模一个算术群所获得的曲线 V 所做的, 这里, 该算术群既可以是 $\mathrm{SL}(2,\mathbf{Z})$ 的同余子群, 也可以是由不定四元数代数定义的群. 此时, $L^1(s,V)$ 是几个 $L(s,\pi)$ 的积, 而此情形与 Jacobi 为 CM 型的曲线是类似的, 唯一不同的是这里用度为 2 的标准 L-函数去替换度为 1 的 Hecke L-函数. 隐藏在因式分解下的投影映射是 Hecke 映射的线性组合.

毫不奇怪这些仿射簇是最先被研究的, 因为它们是由群定义的, 而联系它们的 zeta-函数与自守 L-函数的机理相对较为简单, 就像要研究有理数的扩张就先研究分圆扩张一样. 我们可以从这些仿射簇

及它们的推广形式 —— Shimura 簇的研究中学到很多东西, 遗憾的是当 $n>2$ 时, 没有 Shimura 簇与 $\mathrm{GL}(n)$ 联系, 所以我们必须在更一般化的群上寻求答案.

§5. 自守 L-函数及其函子性

假设 G 是一个整体域上连通、约化的群, 则可类似于 $\mathrm{GL}(n)$, 定义 $G(A)$ 上的自守表示. 关于其上 Eisenstein 级数的研究导出了自守表示的 L-函数的丰富的知识. Artin L-函数和 Hecke L-函数融合为自守 L-函数, 但一般来讲, 自守 L-函数是一种掺杂, Artin L-函数的正确的一般化形式应是原相 L-函数; 而 Hecke L-函数的正确的一般化形式应是标准 L-函数.

对每个 F 上的连通、约化的群 G, 要定义其上的自守 L-函数, 我们必须依赖于一个 L-群 ${}^LG={}^LG_F$ ([5, 25]), 此群是由以下正合列所确定的一个扩张:

$$1\longrightarrow {}^LG^0\longrightarrow {}^LG\longrightarrow \mathrm{Gal}(K/F)\longrightarrow 1,$$

其中 ${}^LG^0$ 是一个连通、约化的复群, K 只是 F 的有限 Galois 扩张. 对每个在 ${}^LG^0$ 上复解析的关于 ${}^LG$ 的有限维连续表示 ρ, 以及每个 $G(A)$ 的自守表示 π, 我们定义一个 L-函数 $L(s,\pi,\rho)$, 此函数是一个度等于 ρ 的维数的 Euler 积. 有证据支持如下猜想: 每个 $L(s,\pi,\rho)$ 满足一个函数方程, 并能被解析延拓到整个复平面上的、具有有限极点的亚纯函数.

π 依然能被表示成张量积 $\pi=\otimes_v\pi_v$, 并且

$$L(s,\pi,\rho)=\prod_v L(s,\pi_v,\rho).$$

在几乎所有的有限素位 v 上, 球面函数理论或 (像有些人喜好的那样) Hecke 算子理论, 将 π_v 对应于一个 ${}^LG$ 上的共轭类 $\{g_v\}=\{g(\pi_v)\}$, 此共轭类在 $G=\{1\}$ 时, 退化为 Frobenius 类. 如果 v 是由 $\mathfrak{p}$ 定义的, 则在此素位上的局部因子为:

$$L(s,\pi_v,\rho)=\frac{1}{\det(1-\rho(g_v)/N\mathfrak{p}^s)}.$$

如果 $G = \mathrm{GL}(n)$, 那么 ${}^LG$ 是半直积 $\mathrm{GL}(n, \mathbf{C}) \rtimes \mathrm{Gal}(K/F)$, 而 $\{g_v\} = \{g(\pi_v)\}$ 在第一个分量上的投影是 $A(\pi_v)$ 的一个类. 因而, 假如 ρ 是第一个分量上的投影, 则 $L(s, \pi, \rho)$ 即是标准 L-函数 $L(s, \pi)$.

自守 L-函数一经定义, 它们就与 Artin L-函数具有明显的相似性. 我们还可以通过如下方法证明它们的解析延拓性: 对给定的 G, π 和 ρ, 存在一个 $\mathrm{GL}(n, A)$ 的表示 π', 满足 $n = \deg \rho$; 对几乎所有的 v, $\{A(\pi'_v)\} = \{\rho(g(\pi_v))\}$; 并且

$$L(s, \pi, \rho) = L(s, \pi').$$

当 $G = \{1\}$ 时, 此即为 Artin L-函数的互反律.

更一般地, 假如 G 和 H 是定义在 F 上的两个连通、约化的群, 并有下图交换:

$$\begin{array}{ccc} {}^LG & \longrightarrow & \mathrm{Gal}(K/F) \\ \phi\downarrow & \nearrow & \\ {}^LH & & \end{array}$$

其中 ϕ 是复解析映射. 则每个 ${}^LG$ 的自守表示 π, 对应于一个 H 的自守表示 π', 并且在几乎所有的 v 上, 满足 $\{g(\pi'_v)\} = \{\phi(g(\pi_v))\}$. 虽然有很多细节需要完善, 但有足够的证据显示上述论断成立. 我将此现象称之为 L-群的函子性.

§6. 一些实例

假设 E 是 F 的一个有限扩张, 则 G 也可看作是定义在 E 上的群, 而 E 上的 L-群 ${}^LG_E$ 则是 ${}^LG_F$ 的一个子群, 它是 $\mathrm{Gal}(K/E)$ 在 ${}^LG_F$ 上的逆像. 前述函子性揭示可从 F 到 E 做一个基变换, 并且, 每个 $G(A_F)$ 的自守表示 π 都对应于一个 $G(A_E)$ 的自守表示 Π, 后者也被称为 π 的一个提升. 在 E 的几乎所有的素位 w 上, 如果 w 整除 v 并且 $f = [E_w : F_v]$, 那么 $\{g(\Pi_w)\}$ 所代表的类必须等于 $\{g(\pi_v)^f\}$ 所代表的类.

根据 Saito([30]) 和 Shintani([34]) 的思想, 当 $G = \mathrm{GL}(2)$ 并且 E 是一个素数次循环扩张时, 可以证明基变换是存在的, 而且我们还能刻

画所有的提升表示 Π. Galois 群 $\mathrm{Gal}(E/F)$ 作用在 A_E 和 $\mathrm{GL}(2,A_E)$ 上, 故自然地作用在 $\mathrm{GL}(2,A_E)$ 的自守表示上. 除了一些平凡的情形, Π 是一个提升当且仅当 Π 在 $\mathrm{Gal}(E/F)$ 作用下不变.

对二维表示, 基变换是证明函子性和 Artin 猜想的第一步. 譬如, 假设 σ 是 $\mathrm{Gal}(\bar{F}/F)$ 的一个四面体群表示, 那么必存在一个 F 的三次循环扩张 E, 使得 σ 在 $\mathrm{Gal}(\bar{F}/E)$ 上的限制 Σ 是一个二面体群元素. 对之应用函子性, 即有 $\mathrm{GL}(2,A_E)$ 的一个自守表示 $\Pi=\Pi(\Sigma)$. Σ 的类在 $\mathrm{Gal}(E/F)$ 作用下不变, 故对 Π 亦然, 所以 Π 是一个提升. 同时, 恰好只有一个 π 可以提升为 Π 并其中心特征为 $\det\sigma$. 该表示应记作 $\pi(\sigma)$, 它的存在性由函子性保证. 因为在 $\mathfrak{p}$ 定义的素位 v 上, $\sigma(\Phi_{\mathfrak{p}})$ 与 $\{A(\pi_v)\}$ 的特征值只相差一个三次单位根, 所以粗看之下这个问题不难证明, 但实际上这是个深刻的结果. 但幸运之神还是眷顾我们, 因为在尚未完全理解所有原因的情况下, 我们还是能简化很多有趣的定理.

有两种方法可以继续我们的研究. 文献 [26] 中采用的方法有个缺点, 那就是它不能应用到所有的域上或所有的四面体群表示上, 它的优点是能继续应用到某些八面体群表示上. 它引用了 Deligne-Serre 的一个刻画与二维 Galois 表示对应的自守表示的定理. 另一个 (见 [15]) 采用了由 Piatetski-Shapiro 和 Gelbart-Jacquet 证明的特殊情形下的一些函子性.

Serre 观察到: σ 与 $\mathrm{GL}(2)$ 在 $\mathrm{PGL}(2)$ 的李代数上的伴随表示 φ 的复合给出了一个三维的单项表示 ρ, 根据 Piatetski-Shapiro 的一个定理 [21], 对其应用函子性, 就产生 $\mathrm{GL}(3,A_F)$ 的一个自守表示 $\pi(\rho)$. 另一方面, $\mathrm{GL}(2)$ 与 $\mathrm{GL}(3)$ 的 L-群分别为 $\mathrm{GL}(2,\mathbf{C})\times\mathrm{Gal}(K/F)$ 与 $\mathrm{GL}(3,\mathbf{C})\times\mathrm{Gal}(K/F)$. 故函子性应使下列同态

$$\varphi\times id:\mathrm{GL}(2,\mathbf{C})\times\mathrm{Gal}(K/F)\longrightarrow\mathrm{GL}(2,\mathbf{C})\times\mathrm{Gal}(K/F)$$

对应于一个从 $\mathrm{GL}(2,A_F)$ 的自守表示到 $\mathrm{GL}(3,A_F)$ 的自守表示的映射 φ_*. φ_* 的存在性由 Gelbart-Jacquet 在 [16] 中获得证明.

如果函子性是一致的并且 $\pi=\pi(\sigma)$, 则必有 $\varphi_*(\pi)=\pi(\rho)$. 反之, 考察四面体群中遗弃一个六阶元的简单情形, 可以证明如果 $\varphi_*(\pi)=\pi(\rho)$, 则必有 $\pi=\pi(\sigma)$. 而 $\varphi_*(\pi)=\pi(\rho)$ 可根据 Jacquet-Shalika[22] 中的解析判别法获得简单证明.

仅就 GL(2) 而言, 循环扩张的基变换也是在经过了很大的努力才获得证明, 主要的工具是迹公式和 Bruhat-Tits 厦理论中的组合论. 这些工作又经由 Arthur[1] 和 Kottwitz[23] 获得改进, 但我们在调和分析方面的认知还不足以对一般群上的基变换问题作实质性的突破. 不管怎样, 我们还能期望在此问题上获得一些进展, 虽然我们尚不清楚基变换问题与 Artin 猜想到底有多远.

在数域情形, 最近在函子性问题上并无其他进展. 但我们仍然可以试着去证明一个原相 L-函数等于一个非标准的自守 L- 函数 $L(s,\pi,\rho)$ 或者此种函数的积. 这个结果也许并不能导出 $L(s,E)$ 的解析延拓性, 但它具有明确的算术意义, 其证明可以指引我们去关注互反律和函子性所蕴含的机制所包含的一些重要特点.

另一些快捷的例子是由 Shimura 簇定义的 L-函数 [27]. 这些簇包含着丰富的思想和问题, 但再一次地, 我们必须缓缓前行, 一边前进, 一边加深我们对调和分析及算术理论的理解. 对于由定义在 $\mathbf{Q}$ 上的、由完全实域 F 上的完全不定的四元数代数的标量限制得到的群所对应的仿射簇, 这些问题是易于处理的. 在 [27] 中, 并没有涉及原相函数, 但是, zeta-函数被表示为度为 2^n 的自守 L-函数的商. 这里, $n=[F:\mathbf{Q}]$ 是仿射簇的维数. 当 $n=2$ 时,Asai 在 [4] 中建立了函数方程并证明了解析延拓性, 于是, 我们有了度为 4 的原相 L-函数的解析延拓性的第一个例子, 同时很显然地, 与之对应的表示是不可约的、非导出的.

参考文献

[1] J. Arthur, *Eisenstein series and the trace formula*, in **6**.

[2] E. Artin, *Über eine neue Art von L-Reihen*, Hamb.Abh.(1923),89-108.

[3] ____, *Beweis des allgemeinen Reziprozitätsgesetzes*, Hamb. Abh. (1927), 353-363.

[4] T. Asai, *On certain Dirichlet series associated with Hilbert modular forms and Rankin's method*, Math. Ann. 226(1977), 81-94.

[5] A. Borel, *Automorphic L-functions*, in **6**.

[6] A. Borel and W.Casselman, eds., *Proceedings of AMS Summer Institute on L-functions and automorphic representations*, Corvallis, 1977.

[7] A. Borel and H.Jacquet, *Automorphic forms and automorphic representations*, in **6**.

[8] J. Buhler, *An icosahedral modular form of weight one*, Lecture Notes in Math, vol. 601, Springer-Verlag, Berlin and New York, 1977.

[9] R. Dedekind, *Gesammelte Mathematische Werke*, F.Vieweg u. Sohn, Brunswick, 1930.

[10] P. Deligne, *Les constantes des équations fonctionnelles des fonctions L*, Lecture Notes in Math., vol. 349, Springer-Verlag, Berlin and New York, 1973.

[11] P. Deligne and J.-P.Serre, *Formes modulaires de poids 1*, Ann. Sci. École Norm. Sup. 4(1971), 507-530.

[12] V. G. Drinfeld, *Langlands conjecture for* GL*(2) over function fields*, these Proceedings.

[13] M. Eichler, *Quaternäre quadratische Formen und die Riemansche Vermutung für die Kongruenzzetafunktion*, Arch. math. 5(1954), 355-366.

[14] D. Flath, *Decomposition of representations into tensor products*, in **6**.

[15] S. Gelbart, *Automorphic forms and Artin's conjecture*, Lecture Notes in Math., vol. 627, Springer-Verlag, Berlin and New York, 1978.

[16] S. Gelbart and H.Jacquet, *A relation between automorphic forms on* GL*(2) and* GL*(3)*, Proc. Nat. Acad. Sci. U.S.A 73(1976), 3348-3350.

[17] R. Godement and H.Jacquet, *Zeta functions of simple algebras*, Lecture Notes in Math., vol. 260, Springer-Verlag, Berlin and New York, 1972.

[18] H. Hasse, *Zetafunktion und L-Funktionen zu einem arithmetischen Funktionenkörper vom Fermatschen Typus*, Abh. Deutsch. Akad. Wiss. Berlin Kl. Math. Phys. Tech. 4(1954).

[19] E. Hecke, *Eine neue Art von Zetafunktionen und ihre Beziehungen zur Verteilung der Primzahlen. I*, Math. Z. 1(1918). II, Math. Z. 6(1920), 11-51.

[20] ____, *Über Modulfunktionen und die Dirichletschen Reihen mit Eulerschen produktentwicklung*, I, II, Math. Ann. 114(1937), 1-28, 316-351.

[21] H. Jacquet, I. I.Piatetski-Shapiro and J. Shalika, *Construction of*

cusp forms on GL*(3)*, Univ. of Maryland, 1975.

[22] H. Jacquet and J. Shalika, *Comparaison des représentations automorphes du groupe linéaire*, C. R. Acad. Sci. Paris 284(1977), 741-744.

[23] S. Kleiman, *Motives*, Algebraic Geometry, Oslo, 1970, F. Oort, ed., Wolters-Noordhoff, Groningen, 1972.

[24] R.Kottwitz, Thesis, Harvard Univ., 1977.

[25] R. Langlands, *Problems in the theory of automorphic forms*, Lecture Note in Math., vol. 170, Springer-Verlag, Berlin and New York, 1970.

[26] ____, *Base change for GL(2)*, Notes IAS, 1975.

[27] ____, *On the zeta-functions of some simple Shimura varieties*, Canad. J. Math.

[28] H. Maass, *Über eine neue Art von nichtanalytischen automorphen Funktionen und die Bestimmung Dirichlestcher Reihen durch Fuktionalgleichungen*, Math. Ann. 121(1944), 141-183.

[29] N. Saavedro-Rivano, *Catégories Tannakiennes*, Lecture Note in Math., Vol. 265, Springer-Verlag, Berlin and New York, 1972.

[30] H. Saito, *Automorphic forms and algebraic extensions of number fields*, Lectures in Mathematics, Kyoto Univ., 1975.

[31] D. Shelstad, *Notes on L-indistinguishability*, in **6**.

[32] G. Shimura, *Correspondences modulaires et les fonctions ζ de courbes algébriques*, J. Math. Soc. Japan 10(1958), 1-28.

[33] G. Shimura and Y. Taniyama, *Complex multiplication of abelian varieties*, Publ. Math. Soc. Japan, Tokyo, 1961.

[34] T. Shintani, *On lifting of holomorphic cusp forms*, in **6**.

[35] J. Tate, *Fourier analysis in number fields and Hecke's zeta-functions*, Algebraic Number Theory, J. W. S. Cassels and A. Fröhlich, eds., Thompson, Washington, 1967.

[36] A. Weil, *Number of solutions of equations in finite fields*, Bull. Amer. Math. Soc. 55(1949), 497-508.

[37] ____, *Über die Bestimmung Dirichletscher Reihen durch Funktionalgleichungen*, Math. Ann. 168(1967), 149-156.

第六章 《The Theory of Eisenstein Systems》的书评*

上半平面上关于双曲度量的 Laplace-Beltrami 算子为

$$\Delta = y^2\left(\frac{\partial^2}{\partial x^2}+\frac{\partial^2}{\partial y^2}\right).$$

Δ 的那些关于模群 $\Gamma = \mathrm{SL}(2,\mathbb{Z})$ 及其同余子群的作用不变的本征函数的算术兴趣在 [17] 中被 Maass 表明, 而他是受了 Hecke 早前工作的启发. 若 $\gamma \in \mathrm{GL}(2,\mathbb{Q})$, 则 $\Gamma_\gamma = \gamma^{-1}\Gamma\gamma \cap \Gamma$ 是 Γ 的有限指数子群. 于是若 $\det\gamma > 0$ (因此 γ 也在上半平面上做分式线性变换), 可引进算子

$$T_\gamma : f \to \sum_{\delta\in\Gamma_\gamma\backslash\Gamma} f(\gamma\delta z), \quad \mathrm{Im}\,(z) > 0.$$

它称为 Hecke 算子. 它与 Δ 交换, 且作用在它的本征空间上. 对这些算子及出现在 Hecke 的工作中的算子的研究对 Diophantus 方程是相当重要的, 特别是对以 Artin 及 Hasse-Weil 等人命名的 Dirichlet 级数的研究. 然而 Δ 在 Γ- 不变的函数上的谱理论是一个纯解析的问题, 这个问题对 $\mathrm{SL}(2,\mathbb{R})$ 的任意一个满足其基本区域都有有限体积的离散

* 原文发表于 *Bulletin of the American Mathematic Society*, 1983(9), 是对 M. Scott Osborn 和 Garth Warner 的《The Theory of Eisenstein Systems》的书评. 本章由熊玮翻译.

子群 Γ 都是有意思的. 若上半平面模 Γ 的商是紧的, 则谱是离散的, 若不然则连续谱会出现, 而其对应的本征函数称为 Eisenstein 级数.

若商不是紧的, 则会出现尖点. 作为例证, 我们可以假设 ∞ 是一个尖点. 这意味着 Γ 包含如下形式的一个子群

$$\Gamma_0 = \left\{ \begin{pmatrix} 1 & na \\ 0 & 1 \end{pmatrix} | n \in \mathbb{Z} \right\},$$

且基本区域的一部分可以取为

$$\{z = x + iy | -a/2 < x \leqslant a/2, y > b\}.$$

其中 a 和 b 是正实数, 而且为了方便起见我们取 $a = 1$.

于是一个在 Γ 作用下不变的函数 ψ 有 Fourier 展开

$$\psi(x,y) = \sum_{n=-\infty}^{\infty} \psi_n(y) e^{2\pi i n x},$$

其中 $\psi_0(y)$ 称为在 ∞ 处的常数项. 若在所有尖点处的常数项都为 0, 则 ψ 称为尖点形式. 若 ψ 是 Δ 的一个本征函数, 则

$$\psi_n'' - 4\pi^2 n^2 \psi_n = \frac{\lambda}{y^2} \psi_n,$$

于是

$$\psi_0 = \alpha y^{1/2+s} + \beta^{1/2-s}, \tag{1}$$

其中 $s^2 - \dfrac{1}{4} = \lambda$. 对 $n \neq 0$, 这个方程有一个指数式递增的解, 这个解在谱理论中不起作用; 这个方程也有一个指数式递减的解, 因此这个解在尖点的一个邻域上是平方可积的, 因为不变体积为 $dxdy/y^2$. 因此可以期望 Δ 在尖点形式空间上的谱是离散的. 这被 Roelcke [18] 所证明.

考虑尖点形式空间关于不变面积 $dxdy/y^2$ 所定义的内积的正交补空间, 这上面的函数由它们的常数项所控制. 因此在这个空间上, Δ 可以认为是算子 $y^2 d^2/dy^2$ 在半直线 $y \geqslant 1$ 上关于测度 dy/y^2 的一个扰动, 或者若有 r 个尖点则可以认为是 r 个这样的算子的直和的一个扰动. 于是在 $-\infty < \lambda \leqslant -\dfrac{1}{4}$ 上应该有一个 r-重的 Lebesgue 类型的连续谱, 以及一个由离散本征值组成的有限集.

此问题有一个特别的特征: 这些扰动本征函数能被精确地构造出来. 注意到 $F(z,s)=y^{1/2+s}$ $(z=z+iy)$ 是 Δ 的一个本征函数, 而所有它的关于 Γ 中元素的平移也是. 级数

$$E(z,s)=\sum_{\Gamma_0\backslash\Gamma}F(\gamma z,s)$$

当 $\mathrm{Re}\,(s)>\dfrac{1}{2}$ 时收敛且给出 Δ 的一个本征函数. 可以对每个尖点构造类似的函数并把它解析地延拓到 $\mathrm{Re}\,(s)=0$, 这样就可以得到连续谱的本征函数. 这个问题是 Roelcke 提出来的, 并且他对同余子群解决了这个问题, 此时这些 Eisenstein 级数化为了经典的级数, 就可借助 Poisson 求和公式来处理. 他只能部分解决一般的问题, 但他利用算子理论 [19] 中的技巧能解析延拓到区域 $\mathrm{Re}\,(s)>0$. 离散谱位于区间 $-\dfrac{1}{4}<\lambda\leqslant 0$ 内, 且对应的本征函数是 $E(z,s)$ 的留数.

Selberg 也考虑了这个问题, 并把它完全解决了 [21]. 关于他的证明, 至少对其中一个而言, 做解析延拓的本质工具是由 (1) 中当 ψ 是一个 Eisenstein 级数时的系数的不等式提供的. 这些是通过对截尾函数做分部积分 [15] 或 Fourier 分析 [16] 而得到的. Selberg 从未发表过一个完整的证明 (参看 [20] 及 [22]), 但 [16] 中对由尖点形式给出的秩为 1 的级数的解析延拓的证明是从他的方法中获得灵感而产生的. 因此它包含同样的成分, 尽管有点变形. [15] 中的证明可能更接近 Selberg 的证明. 由于 s 和 $-s$ 产生相同的本征值, 与多种尖点对应的函数 $E(z,-s)$ 一定可以用 $E(z,s)$ 来表示, 这样得到的函数方程对证明是关键的.

但是 Selberg 在 [21] 中的目的要超出谱理论. 一个在上半平面上的函数 ψ 可以等同于一个在 $G=\mathrm{SL}(2,\mathbb{R})$ 上关于 $K=\mathrm{SO}\,(2)$ 右不变的函数 φ (令 $\varphi(g)=\psi(g(i))$). 若 f 是 G 上一个有紧支集且关于 K 双不变的函数, 则

$$\varphi*f=\int_G\varphi(gh)f(h)dh$$

也是一个关于 Γ 不变的函数的提升. 算子 $\varphi\to\varphi*f$ 相互交换且与 Δ 交换, 它们的谱理论与 Δ 的相同. 它们是积分算子, 核很容易算出来, 并且若 G 对 Γ 的商是紧的且函数是光滑的, 则它们甚至是迹类算子. 迹可以通过对核在对角线上做积分算出来, 而且正如诱导表示的特征

标一样, 可以容易地表示成 f 的轨道积分在 Γ 的共轭类上的一个和. 这是 Selberg 迹公式的一种形式, 在这种情形是一个简单却强大的工具. 若商不是紧的, 则这些算子不再是迹类的, 但它们限制在尖点形式空间上却是. 借助 Eisenstein 级数仍然可以得到限制下来的迹的公式, 但分析起来要更加困难而且结果要复杂很多 [21].

作为一个应用, Selberg 完全算出了作用在给定了权和水平的全纯形式上的 Hecke 算子的迹; 大概在相同的时间,Eichler[8] 借助于一个 Lefschetz 公式处理了这个问题, 至少在权为 2 的时候是这样的. 对这个应用而言, 就不是要考虑 G/K (即上半平面) 上的函数, 而必须考虑由 K 定义的一个丛的截线 (即 G 上在右边按照 K 的一个有限维表示来变换且是 Γ- 左不变的函数). 实际上在 [21] 写作的时候, 众多的发展 (参看 [13] 和 [14]) 明确了自守形式理论恰当的背景是一个约化群 G 和一个算术子群 Γ, 而它的许多方面就只是关于 G 在 $L^2(\Gamma\backslash G)$ 上的无限维表示的一个研究. 一般认为这些发展的起源是 Gelfand-Fomin 在 1952 年发表的文章 [10], 在这篇文章中表示论的方法被引入到了测地流的研究中.

Gelfand[11] 和 Selberg[22] 在 Stockholm 的报告中考虑了一般的问题. Selberg 考虑了任意的一个群, 尽管他限于 K-不变的函数. 他提出了对一般的 Eisenstein 级数做解析延拓的问题, 非常清楚地叙述了他在秩为 1 的情形下的证明的梗概, 并注意了一些其解析延拓能被本质上经典的方法所实现的特殊的多变量级数. 并且他宣称他能处理所有关于 $\Gamma = \mathrm{SL}(n,\mathbb{Z})$, $G = \mathrm{SL}(n,\mathbb{R})$ 的级数, 但证明从未出现. 看起来它们涉及了 theta 级数, 且只能适用于有限的一类群. 他也强调了发展一般的迹公式及用来研究 Hecke 算子的重要性. Gelfand 考虑的是 $\Gamma\backslash G$ 并强调了谱问题, 即把 $L^2(\Gamma\backslash G)$ 分解成不可约表示的直积分. 他引入了一般的尖点形式这个基本的概念, 并叙述了他自己和 Piatetskii-Shapiro 的一个重要定理, 即尖点形式空间上的表示当 G 是半单的时候是不可约表示的离散和. 他也指出了这个问题与散射理论中出现的问题的相似性, 而记住这个相似性确实是很有用的, 尽管这个类比不能太夸大且把一个领域的方法用到另一个领域还不是很有成效.

量子力学中对 d 维空间中 n 个相互作用的粒子 $X_1, \cdots, X_n$ 的

Hamilton 算符 H 的谱分析经常会假设一个直观上非常简单的形式 ([12, §13.2] 有一个简短的描述,[1] 有完整的理论). 如果我们忽略重心的运动, 则束缚态对应离散谱且其数量有限. 更一般地, 若我们把 $X_1, \cdots, X_n$ 分成组 $S_1, \cdots, S_l$, 则关于 S_j 中粒子的 Hamilton 算符 H_j 有以动量 p_j 运动的束缚态 $X_{1,j}, \cdots, X_{m_j,j}$. 对每个划分和每个束缚态的选取 $X_{k_l,1}, \cdots, X_{k_l,l}$, 存在整个 Hilbert 空间 $L^2(\mathbb{R}^{nd})$ 的一个子空间, 这个子空间同构于 $L^2(\mathbb{R}^{ld})$ 且其底参数为 $p_1, \cdots, p_l$; 整个空间上有 H 的作用, 而 H 在这个子空间上的作用为

$$\sum_{j=1}^{l} \frac{1}{2m_j} P_j^2 + C,$$

其中 C 是束缚态的总能量. 因此每个划分和每个束缚态族产生了整个 Hilbert 空间的一部分, 这对应于这些束缚态中自由且独立运动的组. 整个空间是这些部分的正交直和.

Eisenstein 级数理论中与一个按组划分类似的是 G 的一个尖点子群, 它是一个特殊的抛物子群. 若 $G = \mathrm{GL}(n)$, 则它们可以通过选取 n 维坐标空间的一组基 $\{x_1, \cdots, x_n\}$ 及这组基的一个划分 $S_1, \cdots, S_l$ 得到. 若 P_j 是由 $\cup_{1 \leqslant k \leqslant j} S_k$ 生成的空间的稳定化子, 则对应这组基的抛物子群为 $\cap_{j=1}^{l} P_j$.

一般地, 若 P 是关于 Γ 的一个尖点子群且若把 $\Gamma \cap P$ 投射到 P 的一个 Levi 因子上, 则可以得到一个与 Γ, G 类似的偶对 Θ, M. Levi 因子本身为 AM, 其中 A 是一个向量群. A 的一个复特征标 $\chi = \chi(s_1, \cdots, s_l)$ 依赖于 l 个复参数, 且若 Φ 是一个产生 $\Theta \backslash M$ 的谱的一个离散部分的函数, 则我们可以把乘积 $\chi \cdot \Phi$ 提升到 P 上一个函数. 参数 s_j 是 $\sqrt{-1} p_j$ 的类比, 而 Φ 是束缚态族的类比.

取 $G = PK = NAMK$ 上一个形如

$$F(g, s_1, \cdots, s_l) = F(g, s) = F(pk, s) = F(namk, s) = \chi(a) \sum_{j=1}^{n} \Phi_j(m) \Psi_j(k) \tag{2}$$

的函数, 我们可构造 Eisenstein 级数

$$E(g, s) = \sum_{\Gamma \cap P \backslash \Gamma} F(\gamma g, s). \tag{3}$$

它在一个锥上的管状区域内收敛, 但在谱分析需要的点上不是收敛的, 且若重点和 [22] 一样是放在 Eisenstein 级数上, 问题就变成了要证明这些函数能被解析延拓成整个 $\mathbb{C}^l$ 上的半纯函数且它们满足函数方程. 若重点是放在 $L^2(\Gamma\backslash G)$ 的谱分解上, 则也必须显示它们是怎么产生谱分解的. 迄今为止还只能在解决第二个问题的同时来解决第一个问题. 这两个问题在 [16] 中都得到了解决. 最近 Selberg 向我透露了他的一个想法, 他说可以不用谱分解而用 Fredholm 理论来实现解析延拓. 但他还未发展这个想法. 这个想法是值得去实现的.

[16] 中的论证需要关于 Γ 的一些几何假设. 用到的这些假设对算术群已经足够了, 而且确实依赖于它们的约化理论, 并且对第一类 Fuchs 群来说也足够了. 它们允许人们引入常数项

$$\int_{\Gamma\cap N\backslash N}\varphi(ng)dn,$$

定义尖点形式空间为由所有这些关于除 G 以外的尖点子群的常数项为零的函数组成的空间, 并通过常数项这个重要的解析工具来控制本征函数的行为, 特别地可得到 Gelfand-Piatetskii-Shapiro 的定理.

于是若 A 的维数为 1, 因此 $l=1$ 且级数依赖于一个单独的复变量, 而且若函数 Φ_j 取为尖点形式, 则解析延拓和函数方程的证明与处理 $\mathrm{SL}(2,\mathbb{R})$ 的子群时是差不多的. 若 A 的维数大于 1 且 Φ_j 仍是尖点形式, 则借助于一个截断论证和一个部分求和能化到 1 维情形, 这样就产生了结果. 这一点的论证在 [15] 中也有.

[16] 中处理一个一般的 Eisenstein 级数的方法是证明它能通过对一个与尖点形式对应的级数逐次取留数得到, 因此可以把变量的数目每一步都减去一个. 它与如下事实相关: 在双粒子散射问题中, 束缚态在散射矩阵的极点处出现. 主要的困难是要意识到所有的 Eisenstein 级数都是这样来的. 于是解析延拓立刻就有了, 而函数方程和谱分解在论证的过程中就能得到.

它的基本特点很容易描述. 若一个在 $N\backslash G$ 上的函数 φ 有紧支集, 则

$$\theta(g)=\sum_{\Gamma\cap N\backslash\Gamma}\varphi(\gamma g) \tag{4}$$

在 $\Gamma\backslash G$ 上是平方可积的, 且若 φ 能被表示成

$$\varphi(amk) = \frac{1}{(2\pi)^l} \int_{\mathrm{Re}\,(s)=\sigma} \chi(a,s)\alpha(s)|ds_1|\cdots|ds_l| \sum_j \Phi_j(m)\Psi_j(k),$$

其中 $s=(s_1,\cdots,s_l)$ 而 Φ_i 是尖点形式, 则

$$\theta(g) = \frac{1}{(2\pi)^l} \int_{\mathrm{Re}\,(s)=\sigma} \alpha(s)E(g,s)|ds_1|\cdots|ds_l|, \tag{5}$$

且用 α 和一些辅助函数能给出 θ 的 L^2- 范数的一个很简单的表达式, 这里 α 是一个整函数. 在最简单的情形, 它形如

$$\int_{\Gamma\backslash G} |\theta(g)|^2 dg = \frac{1}{(2\pi)^l} \int_{\mathrm{Re}\,(s)=\sigma} \sum_{\omega\in\Omega} m(\omega,s)\alpha(s)\bar{\alpha}(-\omega\bar{s})|ds|. \tag{6}$$

群 Ω 是一个由实线性变换组成的有限的 Weyl 群, 而 $m(\omega,s)$ 出现在 Eisenstein 级数的常数项中且满足

(i) $m(1,s)=1$,

(ii) $\bar{m}(\omega,s)=m(\omega^{-1},-\omega\bar{s})$,

(iii) $m(\omega_1\omega_2,s)=m(\omega_1,\omega_2 s)m(\omega_2,s)$.

特别地, 若 s 是纯虚数, 则 $|m(\omega,s)|=1$.

问题本质上是要找到由函数 θ 生成的空间的一个分解. 若在公式 (6) 中的 σ 为 0, 则

$$\int_{\Gamma\backslash G} |\theta(g)|^2 dg = |\Omega| \int_{\mathrm{Re}\,(s)=0} |\beta(s)|^2 |ds|,$$

其中 $\beta = \Pi\alpha$ 定义为

$$\beta(s) = \frac{1}{|\Omega|} \sum_{\omega\in\Omega} m(\omega^{-1},\omega s)\alpha(\omega s).$$

算子 Π 是 $\mathrm{Re}\,(s)=0$ 上的平方可积函数组成的空间到满足如下条件的 β 组成的空间上的正交投影: 对所有 ω 和满足 $\mathrm{Re}\,(s)=0$ 的 s 有

$$\beta(\omega s) = m(\omega,s)\beta(s).$$

因此一个显而易见的稠密性论证可把 θ 生成的空间同构于一个简单的 L^2-空间, 而且可构造这样的同构使得感兴趣的算子变成用 s 的函数来做乘积.

令人遗憾的是, σ 通常不是 0. 一般的方法是把周线变成 $\sigma = 0$, 从而得到维数为 $l-1$ 的剩余积分, 而函数 $m(\omega, s)$ 的极点就是 Eisenstein 级数的极点. 若选取 α 使得它在这些极点处为零, 则这些留数不出现. 由于限制下来不影响在 $\mathrm{Re}(s) = 0$ 上平方可积的函数组成的空间中的密度, 这个 l 维的谱与之前一样. 对任意的一个 α, θ 在这个谱的补集上的投射的范数的平方由剩余积分给出. 然而可以一直重复这个过程, 直到得到离散谱才结束.

困难是存在的. 函数 $m(\omega, s)$ 的类比物可能有更高阶的极点; 它们可能在 $\mathrm{Re}(s) = 0$ 的类比物上有极点; 而且我们可能要面对这样的区域, 在其中我们不再能控制当 $\mathrm{Im}(s) \to \infty$ 时它们的增长速度. 因此需要一个精心制作的归纳法. 在每步都有很多需要证明的, 而为了省事起见, Eisenstein 系统这个概念 (提供了被评论的这本书的标题) 就被定义了出来.

这本书实际上主要是对 [16] 中处理与一般的自守形式相关的 Eisenstein 级数及谱分解的那部分内容的一个阐述. 有些人发现这本书是 [16] 的一个有用的辅助, 有些人不这样觉得. 可以确定的是必须谨慎地使用这本书, 因为它带有倾向性, 语气偶尔有点粗暴.

第 1 章回顾了离散群的结果, 许多结果与要处理的问题只有微弱的联系, 并且还包括了对以前解析理论方面的工作的一个有点古怪的概述. 特别地, 读者被误导了, 对迹公式当前的状况及 adèle 群起到的作用有了错误的印象. 把 adèle 群引入到自守形式理论的第一个原因是它们在形式上和概念上的简单性. 这在 Eisenstein 级数理论中特别明显. 而且在 adèle 理论中出现的空间就是在考虑李群的离散子群时出现的空间 $\Gamma\backslash G$ 的有限并. 因此它不需要多余的分析, 仅仅是对结果的一个很平常及形式上的重新解释. Osborne 和 Warner 却帮了读者的倒忙.

限定在 adèle 群等价于限定在同余子群, 但最好是等合适的时候才这样做, 因为 Eisenstein 级数理论可用来研究 Γ 的上同调群, 而对更一般的离散群来说这些都是有意思的.

对迹公式而言, 我们也不愿意加一些没必要的限制, 因为它是有几何应用的. 然而, 正如在 Selberg 的工作中出现了而且随后在 Artin

和 Hasse-Weil L-函数的应用中被证实了的, 迹公式一个主要的目的就是研究 Hecke 算子, 而这一般只能在 adèle 的场合下处理. 因此在 adèle 的场合下直接导出结果是很方便的, 甚至是关键的. 首先, 迹公式是作为一个在共轭类上的和而出现的, 而这些共轭类在 $G(\mathbb{Q})$ 的时候比在 $G(\mathbb{Z})$ 的时候要更容易分析. 其次, Arthur 在发展一般的迹公式及 Flicker① 在低维情形给出一些有趣的应用的时候都用到了 adèle 群所特有的工具.

只有这本书的最后一章才直接涉及迹公式. 作者利用 Duflo-Labesse[7] 中首先引进的一个工具证明了与一大类函数做卷积能产生在尖点形式空间上的迹类算子, 并且还能产生在整个连续谱上有连续核的算子 (这个结果是他们自己的). 在这章和绪论中隐含的迹公式的概念忽略了过去十年的经验. 它与 Arthur 的不同, Arthur 的迹公式的概念在 [2,3] 中得到了高度发展, 在 [9] 中得到应用, 并导出了大量很有意思的结果 [4-6]. 顺便提一句, 在 Arthur 的处理中, 迹公式的样子与预期的有点不一样. 他直接引入了截断核, 用两种方法计算了它的迹, 并处理了解释式子两端的意思这个问题.

在第 2 章, Osborne 和 Warner 用了很多篇幅到 Γ 的几何假设上, 而这些假设最终与 [16] 中的是等价的; 他们还指出可通过引进一个紧因子很容易地构造出不满足这些假设的群. 紧因子是处理 Γ 的带系数的上同调的一个标准工具, 因此就有动机把理论推广到这些群上去, 尽管对算术目的而言这是不需要的, 然而作者没有讨论这个问题. 第 3 章和第 4 章是对自守形式和与尖点形式对应的 Eisenstein 级数的回顾.

第 5, 6 及 7 章是这本书的中心, 它们是对 [16] 的第 7 章的归纳论证的一个阐述. 这个归纳法需要在每一步都验证多个技术性的条件, 而他们的叙述的一大特点是标明了这些条件并澄清了它们之间逻辑上的互相依赖, 这样做对 [16] 的读者甚至都是有用的. 另外, 多个在 [16] 中默认或没有注释的事实, 比如性质 5.1, 5.2, 5.7 及引理 5.5, 都被单独列出来并证明了, 而这对缺乏经验的读者是有帮助的. 另一方面,

① (在 2001 年添加.) 我不再推荐 [9] 给读者. 最好是阅读普林斯顿大学出版社出版的由 Arthur 和 Clozel 合写的书.

这个归纳法的整体结构被搞模糊了. 因此用一个对证明的技术性讨论来结束这个评论可能是有价值的, 我将尝试对这三章及 [16] 的最后一章提供一个指引.

$(\Gamma, G) = (\mathrm{GL}(n_1, \mathbb{Z}) \times \cdots \times \mathrm{GL}(n_r, \mathbb{Z}), \mathrm{GL}(n_1, \mathbb{R}) \times \cdots \times \mathrm{GL}(n_r, \mathbb{R}))$ 是一个典型的偶对. 尖点子群的一个共轭类是由 $n_i (1 \leqslant i \leqslant r)$ 的划分 $\Pi_i = \{S_i^1, \cdots, S_i^{l_1}\}$ 决定的, 于是若 $n_i^j = |S_i^j|$, 则 Levi 因子同构于 $\prod_{i=1}^{r} \prod_{j=1}^{l_1} \mathrm{GL}(n_i^j, \mathbb{R})$. 因此对做归纳而言这些配对足够一般了.

尖点子群的两个共轭类称为是相伴的, 若对所有的 i, 划分 Π_i' 都是通过 $\{1, \cdots, n_i\}$ 的一个排列从 Π_i 得到的. 与散射理论不同的是, 这里的 $L^2(\Gamma\backslash G)$ 有个简单的初始分解, 它分解成空间 $L(\mathscr{P})$ 的一个直和. 空间 $L(\mathscr{P})$ 是当 P 跑遍 $\mathscr{P}$ 时之前引进的函数 θ 生成的空间的闭包. 我们需要分解的正是这个空间 $L(\mathscr{P})$.

令 $\mathscr{P}' \succ \mathscr{P}$ 表示某一类定义 $\mathscr{P}'$ 的划分比定义 $\mathscr{P}$ 的划分要更细, 并令 $r(\mathscr{P})$ 表示 P 在 $\mathscr{P}$ 中的秩, 即 $\sum_i l_i$. $L(\mathscr{P})$ 的分解形如

$$L(\mathscr{P}) = \sum_{\mathscr{P}' \succ \mathscr{P}} L(\mathscr{P}', \mathscr{P}),$$

其中 $L(\mathscr{P}', \mathscr{P})$ 本身是关于 $r(\mathscr{P}')$-维 Lebesgue 测度的直积分的一个直和. 特别地, 秩 $r(\mathscr{P}')$ 当 $\mathscr{P}' = \{G\}$ 时取极小值, 且

$$L(\{G\}, \mathscr{P}) = \oplus V \otimes L^2(\mathbb{R}^r),$$

其中 V 是 $\Gamma\backslash G$ 上模掉 G 的中心是平方可积的函数组成的子空间, 且 G 不可约地作用在 V 上. 而 $L^2(\mathbb{R}^r)$ 上的作用为

$$g = (g_1, \cdots, g_r) : f(x_1, \cdots, x_r) \to \prod_{j=1}^{r} (\det g)^{ix_j} f(x_1, \cdots, x_r).$$

因此 $V \otimes L^2(\mathbb{R}^r) = \int V \otimes \chi(ix_1, \cdots, ix_r) dx_1 \cdots dx_r$. 求和跑遍所有这样的 V (模掉等价关系 $V \cong V \otimes \chi(ix_1, \cdots, ix_r), x_1, \cdots, x_r \in \mathbb{R}$).

重要的是这些空间中的 K-有限函数都能被表示成 Eisenstein 级数的留数的线性组合, 其中这些 Eisenstein 级数是与 $\mathscr{P}$ 中抛物子群的 Levi 因子上的尖点形式相联系的. 这样一个留数是这样得到的: 选取

抛物子群 P, 及 I 个分别在 $\Theta\backslash M$ 和 K 上的函数 Φ_j^i, Ψ_j^i $(1 \leqslant j \leqslant n_i)$, 其中每个 Φ_j^i 都是尖点形式, 构造函数 $F_i(g,s)$, 然后选取多项式 $a_i(s)$, 最后取 $\sum\limits_{i=1}^{I} a_i(s)E_i(g,s)$ 关于 $\mathbb{C}^l$ 上的 $l-r$ 个线性函数的 $(l-r)$- 重留数.

于是所有 Eisenstein 级数的解析延拓立刻就得到了. 考虑由 (3) 定义的 Eisenstein 级数, 其中为了方便起见我们用 P' 代替 P. 出现在 (2) 中的函数 Φ_j 就是 $L^2(\Theta'\backslash M')$ 中函数的有限线性组合, 这些函数根据 M' 的一个不可约表示而变换. 利用谱分解, 我们甚至可以假设每个函数 $a'm' \to \Phi_j(m')$ 都在某个 V 中, 其中 $V \otimes L^2(\mathbb{R}^{l'}) \subseteq L(\{M'\}, \mathscr{P}_{M'})$, 于是最后可以假设它是某个 $\sum a_i(s)E_i'(g,s)$ 的一个留数, 其中 E_i' 是与 M' 中的一个尖子群 P_M 的 Levi 因子 M 上的尖点形式对应的 Eisenstein 级数. 但 $P_M N'$ 是 G 的一个尖点子群, 其 Levi 因子为 M, 且与 Φ_j 对应的 Eisenstein 级数是 $\sum a_i(s)E_i(s)$ 的一个 $(l-l')$-重留数, 其中 E_i 是用与 E_i' 一样的数据而定义的, 但它是作为 G 上对应于 P 的 Eisenstein 级数. 由于 $\sum a_i(s)E_i(s)$ 在 $\mathbb{C}^{l'}$ 中是半纯的, 留数在 $\mathbb{C}^l$ 上也是半纯的. 这给出了解析延拓, 而且如果愿意的话也给出了函数方程. 事实上, 这部分的论证必须加进到归纳构造中去, 因为当把 $L(\mathscr{P},\mathscr{P})$, $L(\mathscr{P}',\mathscr{P})$, $r(\mathscr{P}')=r(\mathscr{P})-1$, $L(\mathscr{P}',\mathscr{P})$, $r(\mathscr{P}')=r(\mathscr{P})-2$ 等从 $L(\mathscr{P})$ 里相继地去掉后, 就必须用解析延拓了的 Eisenstein 级数把它们分解成直积分.

这个归纳需要对复空间中形如 $\mathrm{Re}\,(s)=\sigma, s=(s_1,\cdots,s_l)$ 的周线做形变. 需要验证的第一点是这样并不使得我们要应付无限多个留数. 这是 Osborne-Warner 中的性质 5.3 ([16] 中的引理 7.2). 证明需要用到 [16] 中的引理 7.3, 尽管这个结果对我来说并不显然, 但 Osborne-Warner 只是把它作为一个观察加了进来, 没有证明也没有注释, 仅有 [16] 中的一个页码数.

出现在积分 (5) 中的 $(l-l')$-重留数形如

$$\frac{1}{(2\pi)^{l'}} \int \alpha'(s)E'(g,s)|d's|, \tag{7}$$

其中 s' 位于 $\mathbb{C}^l$ 中的一个 l-维空间 X 内. 这些留数有很多, 而且相当多的冗余将会出现, 这意味着被一个空间参数化的本征函数 $E'(g,s')$ 可能等同于被另外一个空间参数化的函数. 性质 5.4 ([16] 中的引理 7.4)

的目的就是控制冗余. 它也立刻能推出函数方程, 但作者并没有清楚地指出这一点. 他们单独用了第 6 章来处理, 用一大堆混乱的记号把一个简单的事实掩盖了起来. 性质 5.6 ([16] 中引理 7.4 的推论) 实质上保障了得到的这些留数是本征函数.

克服 (7) 中函数 $E'(g,s')$ 在集合 $\mathrm{Re}(s')=\sigma'$ 上的增长信息不足的技术性工具是一个算子的谱理论, 这个算子类似于 Hamilton 算符. 它被用在性质 5.8 和 5.9 ([16] 中的引理 7.5 和 7.6) 中来构造空间 $L(\mathscr{P}',\mathscr{P})$. 它们的结构是明显的, 因为这时我们有相关的 Eisenstein 级数的解析延拓, 尽管我们必须把性质 5.11 (引理 7.6 的推论) 考虑进来, 这保证了它们在单元轴上是解析的. 因此谱分解就有了, 但 Osborne-Warner 一直等到第 7 章才注意到这个, 不过这一章倒是写得挺清楚的.

然而, 所有这些都要假定在每一步能成功地构造出 Eisenstein 系统, 而最后的努力是要证明定理 5.12 ([16] 中的定理 7.7 或 7.1). 第一步之后, 公式 (7) 中的空间 X 相交, 因此在剩下的步骤里可能有一些与相同的空间 X 和不同的 σ' 对应的留数. 因此需要选取一个确定的 σ_0' 且把所有周线变形到 $\mathrm{Re}(s)=\sigma_0'$, 于是引入维数小一维的留数, 这些得暂时搁置但在下一步就要考虑. 困难的是要同时应付这些空间并确保所有满足那些对归纳起本质作用的性质的空间都被考虑进来了. [16] 中的论证被压缩成了 10 页, 但 Osborne 和 Warner 明智地用了 54 页来处理, 尽管其中包括了 [16] 中的引理 7.1. 这些论证类似但不完全相同, 都涉及需要谨慎处理的几何因素, 所有论证都依赖于这些因素, 就如同所有东西都挂在一根线上.

参考文献

[1] W. O. Amrein, J. M. Jauch and K. B. Sinha, *Scattering theory in quantum mechanics*, Benjamin, New York, 1977.

[2] J. Arthur, *A trace formula for reductive groups*, I, Duke Math. J. 45 (1978), II, Compositio Math. 40 (1980).

[3] ____, *The trace formula in invariant form*, Ann. of Math. (2) 114 (1981).

[4] ____, *On the inner product of truncated Eisenstein series*, Duke Math. J. 49 (1982).

[5] ____, *On a family of distributions obtained from Eisenstein series. I: Application of the Paley-Wiener theorem; II: Explicit formulas*, Amer. J. Math., vol. 104 (1982).

[6] ____, *A Paley-Wiener theorem for real reductive groups*, Acta Math. (to appear).

[7] M. Duflo and J. -P. Labesse, *Sur la formule des traces de Selberg*, Ann. Sci. Ecole Norm. Sup. (4) 4 (1971).

[8] M. Eichler, *Lectures on modular correspondences*, Tata Institute of Fundamental Research, Bombay, 1957.

[9] Y. Flicker, *The trace formula and base change for GL(3)*, Lecture Notes in Math., vol. 927, Springer-Verlag, Berlin and New York, 1982.

[10] I.M. Gelfand and S.V. Fomin, *Geodesic flows on manifolds with constant negative curvature*, Uspehi Math. Nauk 7 (1952). (Russian).

[11] I. M. Gelfand, *Automorphic functions and the theory of representations*, Proc. Internat. Congr. Math., Stockholm, 1962.

[12] J. Glimm and A. Jaffe, *Quantum physics*, Springer-Verlag, Berlin and New York, 1981.

[13] R. Godement, *Introduction aux travaux de Selberg*, Sem. Bourbaki, 1957.

[14] ____, *Fonctions holomorphes de carre sommable dans le demi-plan de Siegel*, Sem. H. Cartan, 1957/58.

[15] Harish-Chandra, *Automorphic forms on semi-simple Lie groups*, Lecture Notes in Math., vol. 62, Springer-Verlag, Berlin and New York, 1968.

[16] R. P. Langlands, *On the functional equations satisfied by Eisenstein series*, Lecture Notes in Math., vol. 544, Springer-Verlag, Berlin and New York, 1976.

[17] H. Maass, *Über eine neue Art von nichtanalytischen automorphen Funktionen*, Math. Ann. 121 (1949).

[18] W. Roelcke, *Über the Wellengleichung bei Grenzkreisgruppen erster Art*, Sitzungsber Heidelb. Akad. Wiss. Math.-Natur. Kl. 1953/1955 (1956), 159-267.

[19] ____, *Analytische Fortsetzung der Eisensteinreihen zu den parabolischen Spitzen von Grenzkreisgruppen erster Art*, Math. Ann. 132 (1956), 121-129.

[20] ____, *Das Eigenwertproblem der automorphen Formen in der hyperbolischen Ebene.* I. Math. Ann. 167 (1966), II, Math. Ann. 168 (1967).

[21] A. Selberg, *Harmonic analysis and discontinuous groups in weakly symmetric Riemannian spaces with applications to Dirichlet Series*, J. Indian Math. Soc. (N.S.) 20 (1956), 47-87.

[22] ____, *Discontinuous groups and harmonic analysis*, Proc. Internat. Congr. Math., Stockholm, 1962.

第七章 表示论及算术*

众所周知, Hermann Weyl 的有些书籍是以艰深闻名, 特别是那些处理代数问题的书籍, 而关于几何和分析的论文通常都是浅显易懂的典范, 这不论是在次要的论文还是主要的论文中都得以体现, 诸如那些常微分方程的谱理论或紧李群的表示论.

本文是对自守形式的现代理论、群作用下的谱理论等一些问题的简要介绍, 这一主题可能源于 Peter–Weyl 关于一般紧群的表示论的定理; 我们把 Harish–Chandra 的非紧半单群的谱理论作为当前调查研究的线索以及与 Hermann Weyl 非直接的主要联系. Weyl 研究特征的技巧和常微分方程的谱理论所产生的影响显然贯穿于 Harish–Chandra 的研究工作. 特别地, 我们调查研究的线索是由不连续级数的几何和上同调性质给出的.

我们依然主要关心算术方面的问题, 包括高维簇复乘理论的推广及 Shimura 簇和 Hecke 算子及其相关 L-级数理论. 事实上, 这些理论主要归功于 Weyl 的同门师弟 Hecke, 他在这两种理论的发展中起到了主要的作用. 即便如此, Weyl 从他的学术生涯开始就对算术理论非常着迷. 在学生时代初期, 他便读了一些关于算术的文章, 其中一篇文章是 Hilbert 的 *Klassenkörperbericht*, 从此他就被深深地吸引了, 这在他的关

---

* 原文发表于 *Proceedings of Symposia in Pure Mathematics 48*, Amer. Math Soc., Providence, RI (1988). 本章由山东大学数学学院的刘建亚和翟帅翻译.

于理想理论的专著中以及他发表的文章中都能体现出来.

我们将从某些熟知且很基本的概念开始, 最终回顾一些非常复杂的概念. 我们从有限域 k 上的光滑射影簇 V 谈起. 若 k_n 是 k 的 n 维扩张, 我们记 N_n 是 V 的系数在 k_n 上的点的个数, 定义

$$Z(t,V)=\exp\left(\sum_{n=1}^{\infty}\frac{N_n}{n}t^n\right).$$

这就是 Weil 给出的 V 的 ζ-函数.

例如, k 有 q 个元素, V 是一条射影直线, 那么 $N_n=q^n+1$, 并且

$$Z(t,V)=\exp\left(\sum_{n=1}^{\infty}\frac{(qt)^n}{n}+\sum_{n=1}^{\infty}\frac{t^n}{n}\right)=\frac{1}{(1-qt)(1-t)}.$$

众所周知, 对任意的簇 V, $Z(t,V)$ 是关于 t 的有理函数, 其形式为

$$Z(t,V)=\prod_{0\leqslant i\leqslant 2\dim V}L_i(t,V)^{(-1)^{i-1}},$$

其中 $L_i(t,V)$ 是如下形式的多项式

$$L_i(t,V)=\prod_{j=1}^{d_i}(1-a_{ij}t).$$

而且, $|a_{ij}|=q^{i/2}$, d_i 有上同调性.

如果我们取定义在整体域 F 上的簇 V, 特别地, 比如定义在 $\mathbf{Q}$ 上, 此时 V 由有限个方程所定义, 这些方程的系数在一个有限素数集合 S 之外为整的, 于是我们可以取集合 S 之外的任意素数的约化, 如果 S 充分大的话, 基于约化这将给出在剩余域上的光滑簇, 从而给出一个相应的 ζ-函数

$$Z(t,V;\mathfrak{p})=\prod_i L_i(T,V;\mathfrak{p})^{(-1)^{i-1}}.$$

在一些特殊的情况下, Hasse 以一种非正式的形式提出, 研究 Euler 乘积

$$L_i(t,V;S)=\prod_{\mathfrak{p}\notin S}\frac{1}{L_i(N\mathfrak{p}^{-s},V)}$$

是很有意义的, 这后来也被 Weil 系统独立地指出了. 例如, 如果 V 只是一个点, 整体域是 $\mathbf{Q}$, 并且 S 是空集, 那么 $L_0(t,V;S)$ 就是 Riemann ζ-函数.

一般来说, 对这些函数感兴趣至少是因为以下两个原因.

(i) 这些函数具有明显的解析延拓问题.

(ii) 虽然这些函数是根据局部的信息定义的, 但这也给出了代数簇整体的算术信息. 例如, 维数为零的簇通过经典的类数公式表达, 以及椭圆曲线通过 Birch–Swinnerton-Dyer 猜想表达.

与隐含在问题 (ii) 的思想相比, 问题 (i) 显然是浅显的. 虽然如此, 但这不仅引导出严肃的解析问题, 更是严肃的算术问题. 即使是对于维数为零的簇, 我们仍需要用类域论来解决, 即便是部分解决.

抛开深度不谈, 对于这个问题, 只有极少的例子得以解决:

(i) 与 Abel 扩张相关联的维数为零的簇;

(ii) 满足复乘性质的 Abel 簇, 特别地, 如具有复乘性质的椭圆曲线, 除了一些特例, 对其他的椭圆曲线还未证明.

因此, 甚至对于曲线, 我们都有很多的问题需要解决. 有一类大家都很熟知的曲线 —— 模曲线, 或更一般地称为 Shimura 曲线. 我们用上半平面模不连续群 Γ_N 可以得到一种一般的模曲线族, 这里

$$\Gamma_N = \left\{ \gamma \in SL(2, \mathbf{Z}) | \gamma \equiv \begin{pmatrix} 1 & * \\ 0 & 1 \end{pmatrix} (\bmod\ N) \right\}.$$

相关的复代数曲线 Sh_N 在附加上有限数量的点后可使其变为射影的, 然后给出其在 $\mathbf{Q}$ 上的结构.

通过证明 $L_1(s, Sh_N; S)$ 是 Hecke L-函数的积的形式, 我们或许可以把 $L_1(s, Sh_N; S)$ 解析延拓到上半平面上的自守形式, 这个积具有如下的形式

$$L_S(s, \pi) = \prod_{\mathfrak{p} \notin S} \frac{1}{(1 - \alpha_p/p^s)(1 - \beta_p/p^s)},$$

因此它是二维的. 这里, π 记为相关的表示. 因此

$$L_1(s, Sh_N; S) = \prod_{\pi} L_S(s - 1/2, \pi), \tag{1}$$

这里 π 有有限多个, 可以是相同的, 在积里累积即可.

这样一个结果引出了深层次的问题, 如果 Sh_N 中的一条曲线作为某条曲线 C 的分歧覆盖, 而不是 Sh_N 其本身, 那么我们期望根据 (1) 式导出一个关于 $L_1(s, C; S)$ 的类似的表示, 并且证明它也是可以

被解析延拓的. 这是处理椭圆曲线的一个非常好的方法. 为了解决其他的基域, 我们需要自守形式的基变换理论, 这在 [L2] 中有所讲解, 与本文没有多大关系. 这里我们应该强调, 导出 (1) 式的方法以及其完善也是很重要的, 这显然不同于算术问题, 如分圆域理想类群的结构 [M-W].

还有一类与 Hilbert 和 Blumenthal 名字相关的簇, 这类簇也存在一个类似于 (1) 式的结果. 这类簇可以是任意维数, 但这类簇的表面 (与实二次域相关) 当前来说或许是最有意义的, 这是因为对于这类簇而言, 一系列重要的猜想均可以通过 (1) 式来检验, 如 Tate 的关于 étale 上同调的 Galois 作用和 Hasse–Weil ζ-函数的极点的阶与代数圈之间联系的猜想 [HLR], 以及 Beilinson 的猜想 [Ra].

所有这些都是以表面形式来强调解析延拓问题的重要性, 并且我们可以洞察到, 对于一些非常特殊的簇, 这个问题的解可以得到一些不可预知的并且有价值的算术结果.

对于 Shimura 簇而言, 我们还是很有希望得到一些重大进展的. 这涉及一些问题, 在这些问题中已经有了一个进展, 尤其是 R. Kottwitz 的结果, 但有一个关键阻碍, 即我们并不清楚在不远的将来能否攻克它, 因此我曾担忧会像 Jean Débardeur 那样留下一句话 “toujours à terre, jamais au large”, 但如今, Kottwitz [K6] 以及 H. Reimann 和 T. Zink [RZ] 已经攻克了这个阻碍. 这些都是非常重要的进展, 这个讲义的目的就是探讨这些进展.

我们需要区分三种类型的 Shimura 簇:

(a) 一般类型;

(b) 那些和模问题相关的具有自同态代数和极化的 Abel 簇;

(c) 那些与 Siegel 上半空间相关的簇.

对于这三类簇, 我们都可以来讨论那些相关问题, 而从 (b) 型簇的解传递到 (a) 型簇的一般解通常是主要的一步. 当前我们仅尝试处理 (b) 型簇. 那些适用于研究 (c) 型簇的方法稍作改变即可适用于 (b) 型簇, 因此我只专注于 (c) 型簇.

确切地说, 和 Siegel 上半空间相关的 Shimura 簇与 $2n \times 2n$ 阶的矩

阵 U 所构成的辛相似群 G 是紧密联系在一起的, 且满足

$$^tUJU = \lambda J,$$

这里 λ 是一个标量, 并且

$$J = \begin{pmatrix} 0 & I \\ -I & 0 \end{pmatrix}.$$

为了描述, 甚至是大致描述我们所期待的 (1) 式的形式, 我们同时还需介绍 G 的 L-群 ^LG. G 是定义在 $\mathbf{Q}$ 上的群, 而 ^LG 是定义在 $\mathbf{C}$ 上的群. 它是具有 $2n+1$ 个复变量正交型的 Clifford 群. 其相关正交群的旋表示是 2^n 维的, 并且群 ^LG 是由可以写为一个标量矩阵与旋群中一个元素的积的所有矩阵组成的, 因此 ^LG 具有 2^n 阶自然表示 r.

根据自守形式 L-函数的广义定义, 对于 ^LG 的每一个有限维表示 ρ 以及 G 的每一个自守表示 π 有相对应的 Euler 乘积

$$L_S(s, \pi, \rho). \tag{2}$$

这里 S 是 $\mathbf{Q}$ 上某个较大的有限素数集.

当 $\rho = r$ 时, 这些 Euler 乘积对于和 G 相关的 Shimura 簇的 ζ-函数尤为重要. 撇开完备性和连通性的问题不谈, 这些 Euler 乘积像复流形那样本质上是商 $\Gamma \setminus H$, 这里 Γ 是 $G(\mathbf{Z})$ 的同余子群, H 是所有形如 $Z = X + iY$ $(Y > 0)$ 的复对称矩阵的集合, 且

$$\gamma = \begin{pmatrix} A & B \\ C & D \end{pmatrix} : Z \to (AZ+B)(CZ+D)^{-1}.$$

这些簇在 $\mathbf{Q}$ 上 (或者适当的话在一个数域上) 的结构, 是由 Shimura 的理论给出并由 Deligne 完成的 [D].

在本来意义上, 为了得到一个 Shimura 簇, 实际上我们需要考虑那些簇的不交并, 以获得 $\mathbf{Q}$ 上特殊的群簇. 完备化的问题更复杂, 并且促使我们利用交截上同调去推广 ζ-函数的定义进而解决奇异簇. 已经被 Looijenga 和 Saper–Stern 所证明的 Zucker 猜想, 允许我们为了很多意图去讨论商 $\Gamma \setminus H$ 是紧的这个问题, 并且我们在此探讨已经解决的问题也不至于太晚.

Shimura 簇 Sh 的上同调的主要部分是中间维数 $q=n(n+1)/2$ 的上同调群, 并且若使用连续上同调理论 [BW], 这是由零化 Casimir 算子的 $G(\mathbf{R})$ 离散级数表示所给出的. 这类表示 V 的集合 Π_∞ 有 2^{n-1} 个元素. 如果 π_∞ 是其中之一, 并且如果 K 是 adelic 群 $G(\mathbf{A}_f)$ 的开紧子群 (当我们完整定义 Sh 时这是需要介绍的), 那么每一次出现在 $L^2(G(\mathbf{Q})Z(\mathbf{R})\setminus G(\mathbf{A}))$ 中的一个自守表示 $\pi=\pi_\infty\otimes\pi_f$ (这里 π_f 是 $G(\mathbf{A}_f)$ 的不可约表示), 都会对维数为 $2d(\pi_f^K)$ 度为 q 的上同调有贡献. 我们把在 π_f 作用下被 K 固定的向量空间的维数记为 $d(\pi_f^K)$. 我们注意到 $2\cdot 2^{n-1}=2^n$, 恰为 r 的维数, 因此这便是 Euler 乘积 $L_S(s,\pi,r)$ 的阶.

如果 $\pi'=\pi'_\infty\otimes\pi_f$, 其中 $\pi'_\infty\in\Pi_\infty$, 那么根据定义有

$$L_S(s,\pi',r)=L_S(s,\pi,r).$$

(即使 Γ 因子已包含在 L-函数里, 这也是正确的.) 因此, 通常情况下, 当 $\pi_\infty\otimes\pi_f$ 出现在 $L^2(G(\mathbf{Q})Z(\mathbf{R})\setminus G(\mathbf{A}))$ 时, 对于任意的 $\pi'_\infty\in\Pi_\infty$, $\pi'_\infty\otimes\pi_f$ 也会出现在这个空间中, 并且这些表示每次出现在这个空间的时候, 表示 $\{\pi_\infty\otimes\pi_f|\pi_\infty\in\Pi_\infty\}$ 将会为上同调贡献一个维数为 $2^n d(\pi_f^K)$ 的空间, 因此, 这将为 L-函数 $L_q(s,Sh;S)$ 贡献一个 $2^n d(\pi_f^K)$ 次的因子. 如果始终记得导出 (1) 式的上半平面的 Eichler–Shimura 理论, 那么我们自然猜测这个因子是

$$L_S(s-q/2,\pi_f,r)^{d(\pi_f^K)}. \tag{3}$$

这里 $q/2$ 的平移是用来吻合局部 L-函数根的绝对值.

这里有两个不同的问题: (a) Euler 乘积 (2) 可以解析延拓吗; (b) 簇 Sh 的 ζ-函数真的可以用这些函数来表示吗? 这是从广义 Euler 乘积的基本理论到自守形式理论的两个不同方面的问题. 解析延拓的问题可以通过不同的方式去得到 [GS], 特别是与函子联系在一起的, 以至于尽管大量的问题需要去解决, 但很明确我们在用已有的一些方法来处理这些问题 [AC].

问题 (b) 需从另一方面考虑. 即使函数 (2) 有一些有意义的解析性质, 导出了自守形式丰富的内在理论, 那它是不是对数学的其他领域 (特别是对算术) 也有影响呢? 最初, 在 Eichler-Shimura 理论之后, 对

于这个问题, 一个几乎绝对的答案是, 证明 Shimura 簇的 ζ-函数能被那些函数所表示, 然后我们会希望那些不是被群所定义的簇也可以有如此被表示出来的 ζ-函数.

现在考虑问题 (b), 我们需要给出具有 (2) 式乘积的 ζ- 函数的精确表达式 (以及它们的逆), 并且证明之. 因为精确的表达式不是特别重要, 简单地说, 不管这个证明带来什么, 其精髓之处在于这个证明所包含的技巧. 我们需要立即意识到出现在 $L^2(G(\mathbf{Q})Z(\mathbf{R})\setminus G(\mathbf{A}))$ 中的 $\pi_\infty\otimes\pi_f$ $(\pi_\infty\in\Pi_\infty)$ 并不总是导致 $\pi'_\infty\otimes\pi_f$ 以相同的重数出现. 这是内窥性 (endoscopy, 或内视性) 和稳定迹公式方面的问题, 并已经展开研究过了 [K1, K2, L3, LS, Ro]. 迄今为止我们的经验 [L1] 表明有子群 ${}^LH\hookrightarrow{}^LG$ 与 $\mathbf{Q}$ 上的群 H 相关联, 并且 $r'=r|{}^LH$ 可以分解成一些不可约表示的直和 $\oplus r_i$, 因此通过 $H(\mathbf{A})$ 的表示 π' 的函子性获得的表示 π 有如下分解

$$L(s-q/2,\pi,r)=L(s-q/2,\pi',r')=\prod_i L(s-q/2,\pi',r_i),$$

而且 $L(s-q/2,\pi,r)$ 并没有出现在 ζ-函数中, 出现的反而仅是一些形如 $L(s-q/2,\pi',r_i)$ 的因子.

为了比较两个 L-函数, 这正是我们所尝试的, 我们去比较它们的对数更容易些, 更进一步地说, 对每一个 p 和 n 而言, 在它们的对数展式里去比较 $1/p^{ns}$ 的系数.

一方面, 对于自守 L-函数的乘积, 可以转化成如下和式

$$\sum_H c_H ST(f_H), \tag{4}$$

其中 f_H 是 $H(\mathbf{A})$ 中依赖于 p 和 n 的函数, ST 是稳定迹.

对于 ζ-函数, 排除尖点的困难, 这是系数在 F_{p^n} 中点的个数

$$N_{p,n}. \tag{5}$$

为了计算 (4) 式, 我们需要用到稳定迹公式, 原则上这可以把 (4) 式表示为遍历 H 上稳定共轭类的一个和, 于是便可作为遍历 G 中共轭类的一个和. 因此, 为了作出比较, 作为一个类似的和, 我们需要一个方法来计算 $N_{p,n}$.

现在为了完成这个目标, 我们已不得不开始继续进行一些起初有些进展并且好像可以成功完成的工作, 但至少这些进展还在缓慢地推进着. 但是最近 Kottwitz 和 Zink 在他们的工作中发现, 处理 $N_{p,n}$ 的时候会遇到一些完全不同的困难, 有些人认为在短时间内我们很难解决所要处理的这个问题.

现在还有两件事情需要去做: (i) 找到簇上系数在 F_{p^n} 中的点在群理论下的描述, 使得我们可以在 G 中计算 $N_{p,n}$; (ii) 把我们计算的结果化为一个能够和 (4) 式进行逐项比较的形式. Kottwitz 已经证明内窥群上基变换的基本引理可用于上述步骤中的 (ii) [K4], 从而把问题简化为了调和分析上的问题, 使得我们至少在这个问题上可以取得一些重要进展 [K5, AC]. 另外他隔离出一个代数几何的问题, 被视为 (i) 的不可约型, 也就是证明一个由他引入的不变量在有限域的 Abel 簇上为 1, 这里我们按照 [LR] 中称之为 Kottwitz 不变量. 直到最近, Kottwitz [K6] 和 Reimann–Zink [RZ] 证明了这个结果, 因此解决了我们在处理 Shimura 簇的 ζ-函数时遇到的主要障碍, 所以, 虽然还有许多问题没有解决, 但是我希望这些问题不要被轻视, 我们至少要对能够在不远的将来得到可用的结果持乐观的态度.

对于辛相似群 G 来说, Kottwitz 不变量和三个参数 $(\gamma,\delta,\varepsilon)$ 有关. ε 在 $G(\mathbf{Q})$ 中, 且在 $G(\mathbf{R})$ 上是椭圆的, 并且有

$$\langle \varepsilon x, \varepsilon y\rangle = c(\varepsilon)\langle x, y\rangle,\quad |c(\varepsilon)|_p = |q|_p,$$

$$q = p^r,\quad r > 0,\quad \langle x, y\rangle =^t xJy.$$

另外 $\gamma = \{\gamma_l | l \neq p\}, \gamma_l \in G(\mathbf{Q}_\lambda)$, 并且 γ_l 与 ε 在 $G = (\overline{\mathbf{Q}_l})$ 中共轭对所有的 l 成立, 在 $G(\mathbf{Q}_l)$ 中共轭对几乎所有的 l 成立. 如果 F 是一个秩为 r 的 $\mathbf{Q}_p$ 的非分歧扩张, σ 是 $\mathrm{Gal}(F/\mathbf{Q}_p)$ 中的 Frobenius 元素, 那么 $\delta \in G(F)$, 并且

$$\delta\sigma(\delta)\cdots\sigma^{r-1}(\delta)$$

和 ε 在 $G(\overline{\mathbf{Q}}_p)$ 中共轭.

相应的不变量 $k(\gamma,\delta;\varepsilon)$ 具有上同调性, 并且当 ε 在 G 中的中心化子是一个环面 I 时是最好定义的. 假设 $\Gamma = \mathrm{Gal}(\overline{\mathbf{Q}}/\mathbf{Q})$. 此时不变量在

$\pi_0(\hat{I}^\Gamma)$ 的对偶中取值, $\pi_0(\hat{I}^\Gamma)$ 为在 $\hat{I}$ 中 Γ- 不变元素所构成群的连通区域. 这里 $\hat{I}$ 是一个复环面, 并且 Γ 在这个复环面上的作用使得

$$\mathrm{Hom}(\hat{I}, G_m) \simeq \mathrm{Hom}(G_m, I)$$

是一个 Γ-模同态.

如果 v 是 $\mathbf{Q}$ 中的一个位, 令 $\Gamma_v \subseteq \Gamma$ 是 Galois 群 $\mathrm{Gal}(\overline{\mathbf{Q}_v}/\mathbf{Q}_v)$. 那么此时不变量为 $\Pi_v\beta(v)$, 这里 $\beta(v)$ 是一个 $\hat{I}^{\Gamma_v}$ 到 $\mathbf{C}^\times$ 的同态, 或者准确地说是这个同态到 $\hat{I}^\Gamma$ 上的一个限制. 在 $\beta(v)$ 的定义中, 有三种不同类型的位需加以区分.

(i) 若 $v = l \neq p$, 则

$$\gamma_l = c\varepsilon c^{-1},\ c \in G(\overline{\mathbf{Q}_l}).$$

因为 γ_l 和 ε 都在 $G(\mathbf{Q}_l)$ 中, 上链

$$\{c^{-1}\sigma(c)\}$$

定义了 $H^1(\mathbf{Q}_l, I)$ 中的一个元素, 并且由 Tate–Nakayama 定理可知, 它是一个从 $\hat{I}^{\Gamma_v}$ 到 $\mathbf{C}^\times$ 的同态.

(ii) 对于 $v = p$, 我们记

$$\delta\sigma(\delta)\cdots\sigma^{r-1}(\delta) = c\varepsilon c^{-1},\ c \in G(\mathbf{Q}_p^{un}),$$

那么我们有

$$b = c^{-1}\delta\sigma(c) \in I(\mathbf{Q}_p^{un}).$$

在 [K3] 中 Kottwitz 把这个 b 看作 $\hat{I}^{\Gamma_v}$ 的一个上权, 取这个 b 为 $\beta(v)$.

(iii) 若 $v = \infty$, 则 $I(\mathbf{R}) \cap G_{sc}(\mathbf{R})$ 是 $G_{sc}(\mathbf{R})$ 的一个紧的 Cartan 子群 (辛群). 所有的同态都是共轭的, 因此构成了一个标准上权, 我们用来定义 $\beta(\infty)$.

我们可以在 [K6] 和 [LR] 中找到更为详细的定义. 为了把和三个参数有关的 Kottwitz 不变量转化为极化 Abel 簇上的 Kottwitz 不变量, 我们观察到如果此簇和极化都是在 q 个元素的有限域上定义的, 那么由 l 进上同调和 Frobenius 自同态我们可以得到 γ_l, $l \neq p$, 因此 γ 就被定义好了. 元素 δ 可以通过在簇上面的 Dieudonné 模得到. 所有的 γ_l

都有相同的特征值. 它们是代数数并且在 $G(\mathbf{Q})$ 中至少有一个元素与这些特征值相对应. 我们把此元素看作 ε, 那么计算 $N_{p,n}$ 的本质的几何定理为: 我们这样取定三个参数的时候, 不变量是 1.

Kottwitz 的观点具有非常强的函子特点并且用到了关于 p 可除群上 Galois 模的 Fontaine 理论. Reimann 和 Zink 则使用了更为详尽的方法, 此方法基于 Raynaud 的有限域上群概形分类理论.

参考文献

[AC] J. Arthur and L. Clozel, *Simple algebras, base change, and the advanced theory of the trace formula*, Ann. of Math. Studies (to appear).

[BW] A. Borel and N. Wallach, *Continuous cohomology, discrete subgroups, and representations of reductive groups*, Ann. of Math. Studies (1980).

[D] P. Deligne, *Variétés de Shimura: Interprétation modelaire, et techniques de contryction de modèles canoniques*, Proc. Sympos. Pure Math., vol. 33, part 2, Amer. Math. Soc., Providence, RI, 1979, pp. 247-289.

[GS] S. Gelbart and F. Shahidi, *Analytic properties of automorphic L-functions* (to appear).

[HLR] G. Harder, R. P. Langlands, and M. Rapoport, *Algebraische Zyklen auf Hilbert-Blumenthal-Flächen*, J. Reine Agnew. Math. **366** (1986).

[K1] R. Kottwitz, *Stable trace formula: cuspidal tempered terms*, Duke Math. J. **57** (1984).

[K2] ________, *Stable trace formula: elliptic singular terms*, Math. Ann. **275** (1986).

[K3] ________, *Isocrystals with additional structure*, Compositio Math. **56** (1985).

[K4] ________, *Shimura varieties and twisted orbital integrals*, Math. Ann. **269** (1984).

[K5] ________, *Base change for unit elements of Hecke algebras*, Compositio Math. **60** (1986).

[K6] ________, in preparation.

[KS] R. Kottwitz and D. Shelstad, in preparation.

[L1] R. P. Langlands, *On the zeta-functions of some simple Shimura varieties*, Canad. J. Math. **31** (1979).

[L2] ________, *Base change for GL(2)*, Ann. of Math. Studies (1980).

[L3] ________, *Les débuts d'une formule des traces stable*, Publ. de l'Univ. Paris VII, No. 13 (1983).

[LR] R. P. Langlands and M. Rapoport, *Shimuravarietäten und Gerben*, J. Reine Agnew. Math. **378** (1987).

[LS] R. P. Langlands and D. Shelstad, *On the definition of transfer functors*, Math. Ann. **278** (1987).

[MW] B. Mazur and A. Wiles, *Class fields and abelian extensions of* **Q**, Invent. Math. **76** (1984).

[Ra] D. Ramakrishnan, *Valeurs de fonctions L des surfaces d'Hilbert-Blumenthal en s=1*, C. R. Acad. Sci. Paris, Sér. I Math. **301** (1985).

[RZ] H. Reimann and T. Zink, *Der Dieudonnémodul einer polarisierten abelschen Varietät vom CM-Typ*, Ann. of Math. (2) (to appear).

[Ro] J. Rogawski, *Automorphic representations of unitary groups in three variables*, in preparation.

第八章　表示论在数论中的起源和作用*

§1. 介绍

所谓表示论,我们指的是用一个向量空间的线性变换来表示一个群. 正如在这个领域的两个创造者 Dedekind 和 Frobenius 的研究中那样,最初这个群是有限的,或者是在不变量理论以及 Hurwitz 和 Schur 研究中的紧李群,并且向量空间是有限维的,因此该群能够由矩阵群表示出来. 在相对论和量子力学的双重影响下,在 20 世纪 30 年代的相对场论的框架下,李群不再是紧的,空间不再是有限维的,李群的无穷维表示开始出现. 但是迄今据我所知,这并没有在物理上产生任何重要的影响,反而被数学家们以更数学的甚至更略显狭隘的目标继承,并且极大地经 Harish-Chandra 发展,成为我们今天所欣赏的影响深远出人意料的优美理论,并对经典问题特别是数论问题启示解决途径,这与 Dirac 和 Wigner 所关注的领域相去甚远,尽管这些概念最初出现在他们的论文中.

物理学家继续给数学家们提供新的概念,也包括表示论,而 Vira-

---

* 原文发表于 *Proceedings of the Gibbs Symposium*, AMS (1990). 本章由湖南大学柴劲松翻译.

soro 代数及其表示论是最近发展的富有创造力的其中一例. 预测都是不合适的, 但是我们应当自我提醒: 非紧李群的表示论 —— 一个看上去处于外围的学科 —— 它的威力和真相是由我们时代最优秀的数学头脑经过二十多年的巨大努力而严格建立的. 这并不是说数学家应该像鞋匠一样只做自己分内的事, 而是那些不起眼的小专题可能是挑战和回报所在.

J. Willard Gibbs 也提供了许多给数学家. 关于 Fourier 级数收敛的一个观察是非常经典的, 并且现在被称之为 Gibbs 现象. 更为重要的是, 在过去四分之一世纪中, 统计力学的想法已经被提炼成容易被数学家理解的形式, 而他们作为一个群体, 还只是缓慢地意识到其所引发的困难问题财富. 他和表示论的联系是更弱的. 在关于热力学和统计力学的伟大研究期间, 他以某种论战的方式完全投入到了线性代数之中. 特别是, 他引进了我们这一代数学学生更为熟悉的记号, 但是这些记号可能在今天只存在于电磁学和热力学中.

在这两个学科中, 由 Gibbs 引进的点积 $\alpha \cdot \beta$ 和叉积 $\alpha \times \beta$ 的使用非常普遍且极其方便. 通常的正交群及其自然表示出现在我们面前, 因为这是一个 3×3 矩阵群, 并且所有初等物理学中的对象都必须被其简洁地作用. 这两种 Gibbs 的乘积之所以出现, 是因为这个自然表示与其自身的张量积是可约的, 其子表示包括把所有群元素都对应到单位矩阵的平凡表示, 并且如果我们限制到真旋转的话, 便是自然表示本身. 明显或不明显地, 张量积在光谱仪中有着更重要的作用, 并且正是 Wigner 在角动量加法中对它们的明确使用, 使得物理学家如此显著地关注表示论.

紧群及其李代数的应用变得越来越普遍, 特别是经常成功应用在充满西方文学和东方哲学晦涩难懂的术语的初等粒子的分类理论中, 而对如 Lorentz 群的表示的研究 (其中时间成为一个非紧的元素), 更多地留给了数学家. 为了更好地理解这些研究的发展, 我们首先回顾一些数论中的问题.

§2. 数论

数论中两个最直接最初等同时也是最充满挑战的问题是 Diophantus 方程和素数. Diophantus (丢番图) 方程是指系数都是整数的方程, 而我们寻找的是它们的整数解. 一个简单的例子是毕达哥拉斯定理中的方程

$$x^2+y^2=z^2, \tag{a}$$

及其经典解

$$3^2+4^2=5^2,\quad 5^2+12^2=13^2,$$

在我的少年时期它们仍然是木工和测量员的常用工具. 差不多等价的是, 同样可以研究带有分数系数的方程及分数解. 如果 $a=\frac{x}{z}, b=\frac{y}{z}$, 那么方程 (a) 就变为

$$a^2+b^2=1.$$

素数, 当然指的是如 2, 3, 5 那样出现于其他整数分解中 (如 $6=2\cdot 3$ 或 $20=2\cdot 2\cdot 5$), 但是自己本身不能分解的数. 它们不会像 Diophantus 方程的简单解那样以朴素的方式出现在我们的生活中, 但是在编码比如公钥编码系统中的应用使得它们比以前更加常见.

这两者可以在同余问题中结合. 考虑方程 $x^2+1=0$. 如果 p 是一个任意的素数, 我们可以考虑同余

$$x^2+1\equiv 0(\operatorname{mod} p).$$

它的解是指满足 x^2+1 能被 p 整除的整数 x. 因此,

$$\begin{aligned}
x=1,&\quad 1^2+1=2\equiv 0(\operatorname{mod} 2),\\
x=2,&\quad 2^2+1=5\equiv 0(\operatorname{mod} 5),\\
x=3,&\quad 3^2+1=10\equiv 0(\operatorname{mod} 2, \operatorname{mod} 5),\\
x=4,&\quad 4^2+1=17\equiv 0(\operatorname{mod} 17),\\
x=5,&\quad 5^2+1=26\equiv 0(\operatorname{mod} 2,\ \operatorname{mod} 13),\\
x=6,&\quad 6^2+1=37\equiv 0(\operatorname{mod} 37).
\end{aligned}$$

这个表可以继续写下去, 已经开始显现的规律也继续进行下去. 使得这个同余方程有解的素数是 $2, 5, 13, 17, \cdots$, 全部都是被 4 除余 1 的, 而那些如 $7, 19, 23, \cdots$ 被 4 除余 3 的素数不是解并且永远也不会是解; 该同余方程对这些素数不可解.

这个规律乍看如此简单, 却是高等数论一个重要分支的萌芽, 是 18 世纪自 Euler 和 Legendre 发展起来, 并经 Gauss、Kummer、Hilbert、Takagi 和 Artin 等人贡献, 一直持续到现在的中心论题. 当前对于这个问题的推广正是我们这篇文章的主题.

我们将关注并更严格地从数学上考虑更复杂的同余, 比如两个变量的同余, 但是顺带指出这些深奥的话题同样可能冲击我们的日常生活, 即使是不愉快的, 因为复杂的模素数同余理论被运用在编码理论和信息传输 (以及信息误传, 更别提那些自发的让人不愉快的声音和图像的传输) 中. 有时考虑模非素数的整数的同余也是非常必要和重要的, 不仅仅是因为理论上的原因, 也是因为实际应用的目的. 模素数和模合数之间的同余差别之大, 以至于它们可以用来非常有效地检查数的素性, 因此在编码理论中也有很多应用.

§3. zeta-函数

最为熟悉的 zeta-函数 (ζ-函数), 就是如下和 Riemann 的名字联系在一起的函数, 其他 zeta-函数也是因此而命名的.

$$\begin{aligned}\zeta(s) &= \sum_{n=1}^{\infty} \frac{1}{n^s} \\ &= \left(1-\frac{1}{2^s}\right)^{-1}\left(1-\frac{1}{3^s}\right)^{-1}\left(1-\frac{1}{5^s}\right)^{-1}\cdots \\ &= \prod_p \frac{1}{1-\frac{1}{p^s}}.\end{aligned}$$

这个由 Euler 得到的等式可以通过对

$$\frac{1}{1-\dfrac{1}{p^s}}$$

应用展开

$$\frac{1}{1-x} = 1 + x + x^2 + x^3 + \cdots$$

从而得到

$$1 + \frac{1}{p^s} + \frac{1}{p^{2s}} + \cdots,$$

同时注意到任意一个正整数都可以唯一地写成素数幂的乘积.

Riemann zeta-函数主要是用来研究素数在整数中的分布. 注意到求和

$$1+\frac{1}{2^s}+\frac{1}{3^s}+\cdots$$

和积分

$$\int_1^\infty \frac{1}{x^s}dx$$

十分类似, 我们可知定义 zeta-函数的级数在 $s>1$ 时收敛. 但是要有效地用来研究素数的分布, 需要定义和计算在其他 s 的取值.

有很多的方法来做这件事. Γ-函数在 $s>0$ 时由积分

$$\Gamma(s)=\int_0^\infty e^{-t}t^{s-1}dt$$

定义, 很容易通过分部积分证明其满足关系 $\Gamma(s)=(s-1)\Gamma(s-1)$. 因此该函数可以对任意的 s 定义并计算其取值.

为了处理 zeta-函数, 引进如下两个由级数定义的函数:

$$\phi(t)=\sum_{n=1}^{\infty}e^{-\pi n^2 t};$$

$$\theta(t)=1+2\phi(t)=\sum_{-\infty}^{\infty}e^{-\pi n^2 t}.$$

逐项计算积分

$$\int_0^\infty \phi(t)t^{\frac{s}{2}-1}dt \tag{b}$$

可得

$$\pi^{-\frac{s}{2}}\Gamma\left(\frac{s}{2}\right)\zeta(s).$$

因此要计算 zeta-函数, 我们仅需要对任意的 s 计算积分 (b). 如果 $s\leqslant 1$, 该积分被积函数在 $t=0$ 的性质非常坏, 因此所给形式的积分仍然不能满足我们的需要.

我们接下去利用一种由 Poisson 命名的 Fourier 分析中的工具. 注意到 $\theta(t)$ 是周期函数

$$\sum_{-\infty}^{\infty}e^{-\pi(n+x)^2 t}$$

在 $x=0$ 的值. 容易计算该函数的 Fourier 展开. 利用这个展开并计算其在 $x=0$ 的值, 我们发现

$$\theta(t)=\frac{1}{\sqrt{t}}\theta\left(\frac{1}{t}\right). \tag{c}$$

借助于这个积分我们重新考虑积分 (b), 将其写成两个积分, 一个从 0 积到 1, 一个从 1 积到 ∞. 第二个积分对任意的 s 都有定义. 对第一个积分, 把 $\phi(t)$ 换成

$$\frac{1}{2}\left(t^{-\frac{1}{2}}-1\right)+t^{-\frac{1}{2}}\phi\left(\frac{1}{t}\right).$$

前两项的积分能够清楚地计算, 其结果

$$\frac{1}{s-1}-\frac{1}{s}$$

给出了预计中的极点 $s=1$. 对最后一项, 我们用 $\frac{1}{t}$ 替换 t, 得到从 0 到 ∞ 的积分, 从而易知对于任意的 s 该积分收敛.

因为函数 $\phi(t)$ 在 $t\to\infty$ 时快速衰减, 两个还没有精确计算的积分可以容易地在任何精度上估计. 这是这个技术插话的主要教训. 我们还没有把 zeta-函数和 Diophantus 方程联系起来, 但是一旦这样做, 我们就会发现, 作为一系列猜想和定理的结果, 应用 zeta-函数提供了一种比熟练寻找还要有效千百倍的方法来确定给定 Diophantus 方程是否有解. 为了这个目的, 以一定精度 (尽管不需要特别精确) 计算它们在一些点的值是非常必要的. 如果我们在这个世纪的经历有什么指导作用的话, 那就是必须证明由 Diophantus 方程得到的 zeta-函数和最终由非紧群表示所得到的 zeta-函数是一致的, 同样我们可以使用研究 Riemann zeta-函数时用的分析.

一个不需要用到无穷维表示的经典例子由方程 $x^2+1=0$ 给出. 对该方程我们定义函数

$$L(s)=\frac{1}{1+\dfrac{1}{3^s}}\cdot\frac{1}{1-\dfrac{1}{5^s}}\cdot\frac{1}{1+\dfrac{1}{7^s}}\cdots,$$

一般的因子是形如

$$\frac{1}{1\mp\frac{1}{p^s}},$$

根据同余

$$x^2+1\equiv 0(\bmod p)$$

是否有解. 这就是由 Diophantus 方程定义的级数. 符号 $L(s)$ 来自于 Dirichlet, 根据在这里并不重要的惯例, 我们称之为 L-函数而不是 zeta-函数.

另一方面, 根据上述我们极力强调的规律, 一般因子也可以由另一种方法即 p 是否被 4 除余 1 还是 –1 决定. Dirichlet 特征 χ 是指定义在整数集上的乘性函数, 即满足 $\chi(ab)=\chi(a)\chi(b)$, 并且 $\chi(a)$ 仅依赖于 a 除以某个正整数 n 的余数. 为简单起见, 如果 a 和 n 有公因子, 我们一般取 $\chi(a)=0$. 例如, 一个模 4 的 Dirichlet 特征是

$$\chi(1)=1;\chi(2)=0;\chi(3)=-1;\chi(4)=0.$$

定义 $L(s)$ 乘积中的一般因子是

$$\left(1-\frac{\chi(p)}{p^s}\right)^{-1}.$$

就像展开 zeta-函数那样展开 $L(s)$, 我们发现

$$\begin{aligned}L(s)&=1-\frac{1}{3^s}+\frac{1}{5^s}-\frac{1}{7^s}+\frac{1}{9^s}-+\cdots\\&=\sum_{n=0}^{\infty}\frac{\chi(n)}{n^s}.\end{aligned}$$

因为这个级数的分子是关于 n 的周期函数, 我们可以同样地用 Fourier 分析来对任意的 s 定义和计算 $L(s)$ 的值.

由于对后面的讨论非常重要, 我们再次强调函数 $L(s)$ 最初定义成由 Diophantus 方程决定的因子的乘积, 尽管看上去很简单. 初一看没有任何理由相信这个函数在乘积收敛的区域 $s>1$ 之外有意义, 但是感谢我们发现的规律, 这个乘积可以转化为由周期函数定义的级数, 从而可以写成对任何 s 都有意义的形式.

我们不能期望其中的规律总是如此简单, 否则它就不会如此令人难以捉摸. 有两类基本例子可以作为一般问题的介绍, 两者都表明其难度. 第一类, 以二十面体群为 Galois 群的方程, 由于是最简单的完全不能用经典交换 Galois 群的方程理论处理的方程, 因此历史上更受注

意; 它们正确的解正是由源自于表示论的想法所暗示. 第二类, 两个变量定义椭圆曲线的方程, 更令非专家信服 L-函数对 Diophantus 方程的价值, 也是最早和最引人注目的在纯数学中应用计算机的例子之一; 这里正确的解是由更早且完全不同的方式所暗示. 这两个解最终发现都是更大模型的一部分, 尽管这里的证据是广泛和有说服力的, 但是从来没有在任何一般情形下被证明. 我们从一个变量的方程开始.

§4. Galois 群

在讨论同余 $x^2+1\equiv 0(\bmod p)$ 时, 我们强调了求解, 即等价于寻求分解

$$x^2+1\equiv x^2+2x+1=(x+1)^2(\bmod 2),$$
$$x^2+1=x^2-4x+5\equiv (x-2)(x+2)(\bmod 5).$$

多项式 x^2+1 不能在模 7 或 11, 或模任意被 4 除余 3 的素数时分解, 但是模被 4 除余 1 的素数时能够分解成两个线性因子的乘积.

另一个例子 (我们将在稍后解释选择这个例子的原因) 是

$$x^5+10x^3-10x^2+35x-18. \tag{d}$$

它在模 $p=7,13,19,29,43,47,59,\cdots$ 时是不可约的, 而在模 $p=2063$, $2213,2953,3631,\cdots$ 时可分解成线性因子. 这些数字可以无限地列下去, 但是即使是最睿智和最富有经验的数学家也不一定能找到其中的规律. 但规律的确隐含其中.

我们将解释为什么选择这个方程而不是其他的作为例子, 首先考虑一个变量的一般方程

$$x^n+a_{n-1}x^{n-1}+a_{n-2}x^{n-2}+\cdots+a_0=0,$$

其中所有的系数都是有理数. 这个方程的根是 $\theta_1,\cdots,\theta_n$, 并且这些根也满足许多有理系数的关系式,

$$F(\theta_1,\cdots,\theta_n)=0.$$

例如,$x^3-1=0$ 的根是 $\theta_1=1, \theta_2=(-1+\sqrt{-3})/2, \theta_3=(-1-\sqrt{-3})/2$,而它们满足的许多有效关系中的两个是

$$\theta_1=1; \quad \theta_2\theta_3=\theta_1.$$

我们能够把这个方程和由保持所有这些有效关系的根的置换构成的群关联起来. 在这个例子中, 除了平凡置换, 唯一可能的置换是固定 θ_1, 对换 θ_2 和 θ_3. 这个群极其重要, 并称之为该方程的 Galois 群. 用 G 表示.

为简单起见 (也容易做到), 假设方程没有重根且所有的系数都是整数, 引进判别式

$$\Delta=\prod_{i\neq j}(\theta_i-\theta_j).$$

这是一个对 Diophantus 方程理论起着基本作用的整数, 根据 Dedekind 和 Frobenius, 我们可以对任何一个不整除 Δ 的素数 p 定义群 G 中的一个元素 F_p, 而后者诸多作用之一是确定方程怎样模 p 分解. 更准确地说, 我们定义的是群 G 中 F_p 的共轭类, 而这也预示 (事实也是如此) 定义 F_p 还需要一些理论.

同时还揭示起作用的不是 F_p 本身, 而是矩阵 $\rho(F_p)$ 的迹, 其中 ρ 是群 G 的某个 (有限维) 表示, 因为当 ρ 取遍所有有限维表示时, $\mathrm{trace}(\rho(F_p))$ 决定 F_p 的共轭类. 我们也可以固定 ρ, 考虑矩阵 $\rho(F_p)$, 或者更好的, 它们的共轭类.

与其考虑最初的方程 $f(x)=0$ 的分解是怎样随着 p 变化以及是否表现任何规律, 我们不如对给定的 ρ, 关心共轭类 $\rho(F_p)$ 是怎样变化. 最简单的情形是当 ρ 是一维时, 这是经典的理论; $\rho(F_p)$ 就是一个数, 由用 p 去除某个被方程和 ρ 决定的整数 n 的余数所决定.

接下去的情形是 ρ 是 2×2 矩阵的表示, 我们可以假设是酉矩阵. 注意到两个变量的酉矩阵群和三个变量的真旋转群之间的密切关系, 后者是前者的同态像, 我们可以根据在旋转群中的像来分类酉矩阵群中的有限群. 取有限群为 $\rho(G)$, 排除掉 ρ 是可约的情形, 我们得到二面体群、四面体群、八面体群和二十面体群表示. 二面体群表示可以用经典理论处理, 四面体群和八面体群需要现代的观点但是在 [L2] 中已经被完全解决. 但是二十面体群一般仍然是难以处理的, 甚至用数

值来验证具体例子的规律的合理性都要求很强的技巧和创造力, 并且不能保证成功.

第一步是寻找 Galois 群是二十面体群的方程, 这需要用计算机来搜索次数为 5 的方程. 两个这样的方程是

$$x^5+10x^3-10x^2+35x-18=0;$$
$$x^5+6x^3-12x^2+5x-4=0.$$

尽管后者系数较小, 大家或许因此以为其涉及的计算更简洁, 但是是第一个方程而不是第二个已经被仔细地研究. Diophantus 方程理论中一个奇特的地方是, 需要花很大的力气来分辨哪个方程更简单. 方程的系数大小或方程的形式都没有指导意义.

对于单变量方程, 有两个标准: Galois 群和导子. 我们已经对稍困难的方程尽可能地选择了简单的 Galois 群. 导子是一个和判别式有关系但是更复杂的正整数. 计算导子需要辛苦地检查方程模能被判别式整除的素数高次幂的性质, 但是只要有足够的时间和努力, 这总是可以做到的. 第一个方程的导子是 800 而第二个的导子是 4256. 大小上的差异意味着许多计算的巨大简化, 由于不是专家, 我不确定第二个方程是否可以用数值方法研究.

[Bu] 这本合适的专著解释了证明第一个方程的那些规律所用的方法. 这个用模形式表达的规律还未被描述. 我们首先需要建立一个信念, 因为它断言两个完全不同定义的序列是相等的, 这是超越本性的. 我要指出, 满足正则性断言然后可接受其重要性, 是一个解析的准则. 对于单变量方程, 除了在理论范围比如 Emil Artin 在 20 世纪 20 年代论文中有限群的表示论和 L-序列的概念融合在一起那样, 它的重要性还是模糊不清的. 对于椭圆曲线, 它的重要性更清楚.

奇怪的是, 表示论 —— 作为融入 Artin 论文中的两个趋势之一, 来自于同样对方程的 L-序列研究贡献根本性想法的 Richard Dedekind 和 F. G. Frobenius[Ha], 不是很清楚表示论的起源在何种程度上是对产生于 L-序列中的问题的响应. 现存有 Dedekind 和 Frobenius 的通信,Dedekind 的信件已经被出版 [D], 但是一个没有经历过历史考证的读者过多地关注它们是鲁莽的.

如果 G 是由方程 (d) 定义的二十面体群,ρ 是其二维表示, 那么对于所有不能被导子整除的素数 p, 我们有 2×2 的矩阵 $\rho(F_p)$, 它有两个特征值 α_p 和 β_p. Artin L-函数则定义为

$$L(s)=\prod_p \frac{1}{1-\frac{\alpha_p}{p^s}}\cdot\frac{1}{1-\frac{\beta_p}{p^s}},$$

其中整除导子的素数 p 在乘积中被忽略. 这个乘积在 $s>1$ 时收敛,Artin 在 1923 年提出的问题中最简单的一个情形是证明 $L(s)$ 作为复变量的解析函数能够对所有 s 定义. 对于方程 (d), 这首先是于 1970 年在 [Bu] 中得到. 这对于在 [L1] 中形成的一般思想是关键的测试.

§5. 椭圆曲线

作为椭圆曲线的例子, 参考 G.Harder 在 Rheinische-Westfäl-ische Akademie der Wissenschaften 之前的讲义 [H], 我们取两个变量的方程

$$y^2=x^3+Dx. \tag{e}$$

取 $D=(6577)^2$. 这个方程有解 $x=0$, $y=0$. 那么它是否还有更多 x,y 都是有理数的解呢? 一种尝试解决这个问题的方法是用计算机搜索.

怀着把 x 和 y 换成分子和分母可能更小的数的希望, 一个聪明的搜索意味着进入到方程的理论中. 第一步是令

$$x=\frac{y_1^2}{4x_1^2};\quad y=\frac{y_1(x_1^2+4D)}{8x_1^2}.$$

接着令

$$x_1=lt^2;\quad y_1=lst,$$

最后

$$t=\frac{U}{2V};\quad s=lW(2V)^2;\quad l=6577.$$

如果 U,V 和 W 满足方程

$$U^4-64V^4=6577W^2,$$

那么 x 和 y 都是最初方程的有理解. 我们可以用更复杂的方程做更多同样的变换, 最后, 在某个时候, 我们多少有点盲目地开始寻找 U, V, W 满足的新的方程. 这需要一些时间, 如果没有错误的话, 在 IBM370 上大概需要二十分钟, 最终我们可以找到三元组.

$$U = 10\ 500\ 084\ 257\ 375\ 984\ 596\ 799$$
$$V = 1\ 980\ 407\ 963\ 453\ 953\ 023\ 564$$
$$W = 1\ 303\ 262\ 616\ 226\ 128\ 053\ 329\ 966\ 805\ 106\ 514\ 807\ 822\ 601$$

当然, 除了当作数学游戏, 没有必要去求解方程 (e), 但是寻找一种更有效的方法而不是胡乱地搜索来确定方程是否有解, 是一件不需要更多证明就立刻能吸引注意力的事情. 然而, 这样的方法可能存在, 是 Bryan Birch 和 Peter Swinnerton-Dyer[BSD] 的一项惊人发现, 是最早计算机在纯数学上的应用之一, 并且可能仍然是最深刻的应用.

他们的研究部分是受同余 zeta-函数的启发, 而后者也起源于 Dedekind 和 Artin 的工作, 但是其发展极大地被 20 世纪中叶融入数学中的几何和拓扑思想决定. 这些函数比什么都重要, 正是它们塑造了当前的数论.

作为一个简单的例子, 我们在方程 (e) 中取 $D = -1$, 然后对于每一个不是 2 和 3 的素数 p, 我们计算模 p 的解的个数. 例如, 如果 $p = 5$, 我们简单地列举 x 和 y 的可能性, 然后代入到方程中检查其是否模 p 满足.

y/x	0	1	2	3	4
0	+	+	−	−	−
1	−	−	+	−	−
2	−	−	−	+	−
3	−	−	−	+	−
4	−	−	+	−	−

加号表示满足同余而减号相反. 总共有七个加号因此同余的解的个数是 $N_5 = 7$. 对任意的素数 p, 我们用同样的方法计算 N_p, 并用以下条件定义 α_p 和 β_p:

$$N_p = p + \alpha_p + \beta_p; \quad \beta_p = \bar{\alpha}_p; \quad \alpha_p\beta_p = p.$$

仅当 $|N_p - p| \leqslant 2\sqrt{p}$ 时, 这些条件可以定义 α_p 和 β_p. 这确实如此, 并能够用 Gauss 的方法来证明, 但是这个关系也是一个强大的一般定理的特殊情形, 其表述和证明是这个世纪出现的拓扑思想应用在数论上的伟大胜利之一.

给定两个序列 α_p 和 β_p, 对任意的 D, 但暂时取 $D = (6577)^2$, 我们引进 (在之后几乎成为反射动作) 函数

$$L(s) = \prod_p \frac{1}{1 - \dfrac{\alpha_p}{p^s}} \cdot \frac{1}{1 - \dfrac{\beta_p}{p^s}}, \tag{f}$$

其中乘积中省略 $p = 2$ 和 $p = 3$. 因为方程 (e) 有对称 $x \to -x, y \to iy$, 它会满足关于简单的第一条标准 —— Galois 群是交换的 —— 的一个类似, 我们不打算给出准确的描述, 但是结果是有某个规律, 使得这个函数 (类似于 Riemann zeta-函数和 Dirichlet L-函数) 对于所有的 s 而不是仅仅使得乘积 (f) 收敛的区域 $s > \dfrac{3}{2}$, 都可以用第二种分式的形式计算.

其在 $s = 1$ 的值有特殊的意义. 根据 Birch 和 Swinnerton-Dyer 的一个还没有被解决的猜想的特殊情形, 如果

$$L(1) = 0,$$

则方程 (e) 有解. 这是容易判定的, 因为 $L(1)$ 应该是一个整数乘以

$$\frac{1}{4}\int_0^\infty \frac{(\sqrt{x^3} + Dx)}{dx}.$$

对一个数学定理的价值的判断是各色各样的, 各种标准都可能适用, 但是所有数学家都能接受的一条决定性的标准是, 它能在具体经典问题中把费力的计算和不确定的结果替换为利用现代技术的快速的计算和必然的结果. Birch 和 Swinnerton-Dyer 猜想就是这样的, 因为它预测了一些方程非平凡解的存在性由 zeta-函数的值决定, 并且 Yutaka Taniyama 已经在 [Sh] 中提出了一种计算这些 zeta-函数值的方法. 不过 Taniyama 的建议并没有为 Birch 和 Swinnerton-Dyer 所知, 他们用在某种意义下足够简单的且更容易被经典方法所处理的椭圆方程如 (e) 来验证他们的猜想.

在 Birch 和 Swinnerton-Dyer 的猜想出现不久, André Weil 考虑了 Taniyama 的建议, 使之更精确, 并从此接受详尽的数值检验, 令人惊奇的是, 这对椭圆曲线的处理比二十面体群方程更容易些. 又一次, 看上去简单的方程事实上更难以处理. Taniyama 的方法蕴含的关于数 N_p 的规律最终和二十面体群方程的 Galois 群中元素 F_p 的迹 $\alpha_p+\beta_p$ 的本质是一样的, 但是前者具有更直接的几何意义.

一个椭圆曲线典型的例子是:

$$y^2 = x^3 + ax^2 + bx + c. \tag{g}$$

则 $\int \frac{dx}{y}$ 是一个椭圆积分, 这当然也是其名字的来源.

对于这些方程, 也有第二个标准判断它们是否简单, 通过检查由其得到的模素数高次幂的同余, 我们可以计算其导子. 例如, 方程

$$y^2 = x^3 - x^2 + \frac{1}{4}$$

的导子是 11, 这也是可能取到的最小的导子. 它出人意料地小. 用 $y+\frac{1}{2}$ 替换变量 y, 我们可以把方程写成

$$y^2 + y = x^3 - x^2. \tag{h}$$

这个方程也是出奇地简单. 我们分两步对其变形. 依照 Vélu[V], 令

$$X = x + \frac{1}{x^2} + \frac{2}{x-1} + \frac{1}{(x-1)^2};$$
$$Y = y - (2y+1)\left(\frac{1}{x^3} + \frac{1}{(x-1)^3} + \frac{1}{(x-1)^2}\right)$$

如果 x 和 y 满足方程 (g), 那么新的变量满足尽管稍复杂一点但仍然是椭圆的方程

$$Y^2 + Y = X^3 - X^2 - 10X - 20, \tag{i}$$

很明显这两个方程的解有密切的联系. 如果我们令

$$\sigma = \frac{2Y+1}{11}, \quad \tau = -\frac{X-5}{11}.$$

我们得到新的变量满足的方程

$$\sigma^2 = 1 - 20\tau + 56\tau^2 - 44\tau^3, \tag{j}$$

其本身的简单提示可以停止所有的计算. 这个方程的优点是很久之前它在完全不同的场合出现在 Klein 关于模形式的讲义中 ([KF], p.440).

因此, 尽管在 M. Eichler 和 G. Shimura 于 20 世纪 50 年代的工作很久之后它才被理解, 但曲线 $(h),(i)$ 或 (j) 的 L-序列 —— 它们全部相同 —— 可以容易地计算, 从而为 Taniyama 的建议提供了最简单的例子.

§6. 模曲线

方程 (j) 的所有复根的集合形成一个曲面, 因为对每一个复数 τ, 对应 σ 一般都有两个可能的取值. 这个曲面可以用另一种方法从上半平面 $z = x + iy(y > 0)$ 得到. 如果

$$\gamma = \begin{pmatrix} a & b \\ c & d \end{pmatrix}$$

是一个行列式为 1 的实矩阵,z 是上半平面中的点, 那么 $\gamma z = (az + b)/(cz + d)$ 也是落在上半平面. 考虑所有行列式为 1 且 c 能被 11 整除的整数矩阵 γ 构成的群 Γ.

在 Klein 的讲义以及稍后 Fricke 的著作 ([F], p.406, [Li], Section 4) 中, 构造了上半平面上的两个亚纯函数 (因此除了极点之外复解析) $\sigma(z)$ 和 $\tau(z)$, 满足对任意的 z, 倘若我们承认 ∞ 也是曲线上的点的话, 则 $\sigma = \sigma(z), \tau = \tau(z)$ 是曲线 (j) 上的点. 不仅如此, 除了 $\tau = 0, \sigma = \pm 1$ 之外的所有点都可以用这种方式得到, 并且两个值 z 和 z' 给出同一个点当且仅当存在 γ 属于群 Γ, 使得 $z' = \gamma z$.

如果我们把 z 换成变量 $q = exp(2\pi iz)$, 那么 $\dfrac{1}{\sigma}\dfrac{d\tau}{dq}$ 有展开

$$\frac{1}{q}\sum_{n=1}^{\infty} A_n q^n,$$

而根据 Shimura, 函数

$$L(s) = \sum_{n=1}^{\infty} \frac{A_n}{n^s},$$

等于椭圆曲线 (j), (h) 和 (i) 的 L-函数, 因此可以容易地对任意的 s 计算其取值.

我们关于简单的概念又一次被颠覆. 如果我们不考虑在任何意义下是可交换的方程的话, 那么一些两个变量的方程 (比如椭圆曲线) 看上去比那些单变量的方程要简单. 它们有更小的导子, 且模函数比如 σ 和 τ 的联系更为直接.

这不是例子 (j) 所独有的. 如果

$$f(x)=\frac{1}{\sigma}\frac{d\tau}{dz},$$

那么, 对所有群 Γ 中的任何 γ, 有

$$f(\gamma z)=(cz+d)^2f(z). \tag{k}$$

这样子的函数称为关于群 Γ 的权为 2 的模形式. 如果指数 2 换成 1 的话, 方程 (k) 就定义了权为 1 的模形式. 权为 2 的模形式刚好是不变函数的导数, 因此比权为 1 的更容易处理. 二十面体群方程之所以如此困难, 是因为它们规律的最好表达是由权为 1 的模形式给出的.

我们现在所理解的 Taniyama 的建议是对于任意有理系数的椭圆曲线 (g), 因此导子是正整数 N, 我们能找到两个关于群 Γ_N 不变的亚纯函数 $x(x), y(z)$ 来参数化曲线, 其中 Γ_N 由行列式为 1 且满足条件

$$c\equiv 0(\operatorname{mod} N);\quad a\equiv 1(\operatorname{mod} N)$$

的整数矩阵 γ 构成. 但是一般来说, 不能要求仅当对于某个 γ 属于 Γ_N, $z'=\gamma z$ 时, 两个点 z 和 z' 对应到曲线上的同一个点. 这个建议还不能被证明, 但是能够容易地验证, 因为对于给定的整数 N, 有许多有效的方法寻找所有能够被关于 Γ_N 不变的函数来参数化的椭圆曲线 [M]. 当然, 即使 Taniyama 的建议能够被证明,Birch 和 Swinnerton-Dyer 猜想仍然是未解决的.

作为研究 Diophantus 方程的辅助, 我们引进了 L-函数, 但是它们也出现在自守形式的研究之中, 其中本节的权为 1 和 2 的模形式是其特殊表现. 正是在这第二个幌子之下, 这些函数的值能够被计算, 我们所坚持的规律断言, 不管用怎样完全不同的方式对 Diophantus 问题定义的 L-函数, 总是等于从自守形式得到的 L-函数. 尽管可以从模形式的理论过渡到一般的自守形式的理论, 但是出于本文强调自守 L-函

数的概念的目的, 为了更快和更有说服力地呈现, 最好我们继续停留在表示论.

§7. 实数域上群的表示

我们从回顾李群的表示论的相关事实开始, 取群 $\mathrm{GL}(n,\mathbb{R})$ 作为我们的第一个例子, 这个群的底层流形既不是紧的 (闭的) 也不是连通的, 因此我们不能期望它的主要兴趣之所在的不可约表示通常是有限维的.

至少有两种不同的方法来分析和构造李群的表示: 通过过渡到李代数然后寻找完全代数的方法实现, 或者从该群在某个流形的自然作用开始, 然后过渡到其关联的在函数上的作用并把它不可约地分解. 一个标准的例子是三个变量的正交群作用在半径为 1 的球面上, 因此也作用在球面的函数上. 这个作用和 Laplace 算子中的角项可交换

$$Df = \frac{1}{\sin\theta}\left(\frac{1}{\sin\theta}f_{\phi\phi} + (f_\theta \sin\theta)_\theta\right),$$

其中下标表示偏微分. 那么正交群在由

$$Df + n(n+1)f = 0$$

定义的阶为 n 的球面调和空间上的作用产生了正交群的次数为 $2n+1$ 的不可约表示,$n = 0, 1, 2, \cdots$.

一个总是存在的流形就是群流形本身, 在其上群有左乘或右乘作用, 这在 Peter-Weyl 的文章 [PW] 中表现得最为清楚, 如果群是紧的, 那么所有的不可约表示都可以在群上的函数空间得到. 例如, 给定在空间 V 上的表示 π, 我们可以在 V 中选一个固定的非零线性形式 u, 把向量 v 打到函数

$$< \pi(g)v, u > \tag{1}$$

从而在一个函数空间上实现了 V 和 π. 由于这个群是紧的, 这些函数事实上是平方可积的, 因此, 就像 [PW], 分析中常用的简单技巧就可以应用. 函数 (1) 称之为矩阵系数.

类似的技巧也能够用在像 $\mathrm{GL}(n,\mathbb{R})$ 的非紧群上, 但是不再是初等的, 所处理的系统可以很好地类比于薛定谔方程, 对后者渐近独立和有界态都会出现.

因为每个 $\mathrm{GL}(n,\mathbb{R})$ 的元素都可以写成乘积 k_1ak_2, 其中 k_1 和 k_2 是正交矩阵,a 是有正特征值的对角矩阵

$$\begin{pmatrix}\alpha_1 & & \\ & \ddots & \\ & & \alpha_n\end{pmatrix},$$

最简单的表示应该有 n 个自由的可分配的参数, 类似于 n 个相互作用但渐近独立, 可以任意赋予动量的粒子系统. 此外因子 k_1 和 k_2 的出现意味着离散量子数的可能出现. 而且由于以改变 k_1 和 k_2 为代价、置换 α_i 得到的对称, 我们正处理的更像是反射而不是散射, 从而置换 n 个参数不会改变表示.

这些简单的表示有简单的构造. 在群 $G=\mathrm{GL}(n,\mathbb{R})$ 中, 令 B 为上三角矩阵构成的群

$$b=\begin{pmatrix}\alpha_1 & * & * & \cdots & * \\ & \alpha_2 & * & & * \\ & & \alpha_3 & & * \\ & & & \ddots & \vdots \\ & & & & \alpha_n\end{pmatrix}. \tag{m}$$

给定 n 个实参数 $a_1,\cdots,a_n$ 和 n 个数 $m_k=\pm 1$ (补充的离散量子数), 我们定义 $\mathbb{R}^\times$ 的特征

$$\chi_k:\alpha\to sgn(\alpha)^{m_k}|\alpha|^{ia_k},$$

以及 B 的特征 χ, 把矩阵 b 打到

$$\prod_{k=1}^{n}\chi_k(\alpha_k)|\alpha_k|^{\delta-k}.$$

$\delta=(n+1)/2$ 和补充指数 $\delta-k$ 之所以出现是因为群流形 $G=\mathrm{GL}(n,\mathbb{R})$ 是弯曲的. 我们对 χ 定义群 G 的表示, 其作用在 G 上的函数空间, 其中的函数满足对 B 中所有的 b 和 G 中所有的 g, 都有

$$f(bg)=\chi(b)f(g). \tag{n}$$

这是不可约的. 更进一步, 对两个参数序列 x_k 所定义的表示是等价的, 当且仅当一个序列刚好是另一个的某个置换.

如果把指数 ia_k 换成任意的复数, 我们仍然可以研究定义在满足 (n) 的函数空间上的表示. 这通常既不是酉表示也不是不可约的. 尽管如此, 有一个确定的过程来选取表示中的一个具体的不可约因子, 把它作为由特征序列 $\chi_1, \cdots, \chi_n$ 定义的表示. 换一种说法, 我们允许复动量, 数论要求我们这样做. 又一次, 与两个序列关联的表示是等价的仅当这两个序列互为对方的置换.

在他的基础工作论文 [Ba] 中, Bargmann 首先通过检查交换关系用代数方法构造了表示, 但是他的最重要的发现 —— 如果我们为了这里的目的而调整其陈述, 是存在 $\mathrm{GL}(2, \mathbb{R})$ 的不可约表示, 其矩阵系数在子流形 $\mathrm{SL}(2, \mathbb{R})$ 上是平方可积的. 换言之, 出现了双粒子束缚态的类似, 这称为 $\mathrm{GL}(2, \mathbb{R})$ 的离散序列表示. 它们关联到一簇连续的参数 (或者如果继续类比的话, 一个动量) 和一个离散参数 (或量子数).

只要我们继续考虑实数域上的一般线性群, 那么在 $n > 2$ 时就不再有 n 个粒子束缚态的类比了. 原因是实数有唯一一个代数扩张, 即复数域, 其次数为 2. 注意到在类比的框架下, 一个粒子态刚好是一个从实数的乘法群 $\mathrm{GL}(1, \mathbb{R})$ 到 $\mathbb{C}^\times$ 的 (连续) 同态, 因此, 由于群是可交换的, $\mathrm{GL}(1, \mathbb{R})$ 的不可约表示必须是一维的. 为方便起见, 通常称一个群到 $\mathbb{C}^\times$ 的连续同态为一个特征, 即使它的绝对值不是 1.

对于复矩阵群 $\mathrm{GL}(n, \mathbb{C})$, 其表示理论更简单些. $\mathrm{GL}(1, \mathbb{C})$ 的一个不可约表示就是从 $\mathrm{GL}(1, \mathbb{C}) = \mathbb{C}^\times$ 到 $\mathbb{C}^\times$ 的同态, 因此就是 $\mathrm{GL}(1, \mathbb{C})$ 的特征. 当 $n > 1$ 时没有离散序列, 因此也没有 n 粒子束缚态, 因为, 正如代数基本定理所揭示的, 复数域没有代数扩张.

对任一个域, $\mathrm{GL}(n)$ 的一般的不可约表示类似于 r 个相互作用渐近独立束缚态 $n_1, \cdots, n_r$ 的粒子, 其中 n_k 的求和是 n, 而 n_k 由域的限制决定. 为了构造表示, 我们引进形如 (m) 的矩阵构成的群 P, 只不过把 n 换成 r, 每一个 α_k 是 n_k 行和列的矩阵, 星号表示大小合适的矩阵块. 表示所作用的空间又一次由满足 (n) 的函数空间给出, 不过其中 χ 不再是特征, 而是 $\mathrm{GL}(n_k)$ 的表示 χ_k 的张量积, 因此函数 f 取值于无穷维空间. 如果所有动量都是实数, 那么这个表示是不可约的;

否则需要过渡到某个具体的因子. 和之前一样,χ_k 的顺序是无关的.

我们断言, 不管证明中散乱分布的相关问题的缜密分析, 一般线性群的不可约表示的分类形式是极其简单的. 在复数域上, 指出 $\mathrm{GL}(n)$ 的一个表示, 我们只要指出 n 个从 $\mathrm{GL}(1,\mathbb{C})=\mathbb{C}^\times$ 到 $\mathbb{C}^\times$ 的同态. 因此, 叙述简单但是会引起曲解的结论是, $\mathrm{GL}(n,\mathbb{C})$ 的不可约表示是由非零复数乘法群 $\mathbb{C}^\times$ 的 (完全可约的) n 维表示所参数化. 注意到我们正在比较两个完全不同对象的集合: 一个是不可约表示, 一般是 $\mathrm{GL}(n,\mathbb{C})$ 的无穷维表示; 而另一个是 $\mathbb{C}^\times$ 的有限维的 (事实上是 n 维的) 但是一般是可约的表示.

对实数域上的类似陈述需要一个非交换, 但是其不可约表示的次数最多是 2 的群, 这是用来调和双粒子束缚态存在性. 这个适当的群记作 $W_{\mathbb{R}}$ 或 $W_{\mathbb{C}/\mathbb{R}}$, 可以通过在群 $\mathbb{C}^\times$ 上添加元素 w 得到, 其满足 $w^2=-1$ 和对 z 属于 $\mathbb{C}^\times$ 有 $wz=\bar{z}w$. 因此是一种二面体群.

束缚态对应到不可约表示, 而它们的动量对应到表示的行列式. 由于同态

$$z\to z\bar{z},\quad w\to 1$$

使得 $\mathbb{R}^\times$ 成为 $W_{\mathbb{C}/\mathbb{R}}$ 的极大交换商, 其行列式实际上是 $\mathbb{R}^\times$ 的一个特征. 产生双粒子束缚态的典型表示是

$$z\to\begin{pmatrix} z^m & 0\\ 0 & \bar{z}^m\end{pmatrix};\quad w\to\begin{pmatrix} 0 & 1\\ (-1)^m & 0\end{pmatrix}.$$

因为这个表示是不可约的, 整数 m 不能是 0.

群 $W_{\mathbb{R}}$ 被称作为实数域 $\mathbb{R}$ 的 Weil 群. 复数域的 Weil 群就是乘法群 $\mathbb{C}^\times$. 对这两个域, $\mathrm{GL}(n)$ 的不可约表示可以由 Weil 群的 n 维表示参数化. 我们可以对在数论中出现的许多的域定义 Weil 群. 它在实数域和复数域上的简洁是有误导性的, 因为它掩盖了许多现在已知的方程理论中的深刻结果. 在下一节中我们将解释 p-进域上的定义, 但是首先对实数域补充一些关于其应用的意见.

作为为了激发 L-函数是一个重要数学对象的信心的手段, 我们已经关注过计算它们取值这个问题. 针对这个问题, 群 $\mathrm{GL}(n)$ 就足够了. 另一方面, Harish-Chandra 在统一处理所有约化群中的实践揭示

了这个学科的一些重要的准则, 尽管这意味着额外的内容, 如果约化群被考虑, 这个理论有了更多的灵活性和威力.

仅仅为了暗示这些可能, 在本文中只需要一些评注. 取实数域 $\mathbb{R}$. 一个典型的约化群是 $2n+1$ 个变量的特殊正交群 G, 依赖于二次型的指标, 它有一些不同的形式, 比如是 Euclid 式的或 Minkowski 式的, 因此, 即使对于固定的 n, 我们正在处理的群的表示论看上去也是完全不同的.

借助于 Weil 群, 为了参数化群 G 的表示, 我们对 G 定义 L-群 ${}^LG$, 其一般的定义是由方程理论以及 Killing 和 Cartan 的根系理论给出, 然而在当前具体情形下, 它是复数域上 $2n$ 个变量的辛群, 因此, 是保持交错型

$$x_1y_2 - x_2y_1 + \cdots + x_{2n-1}y_{2n} - x_{2n}y_{2n-1}$$

不变的复矩阵构成的群.

用从 $W_{\mathbb{R}}$ 到 ${}^LG$ 的 (连续) 同态对实李群的不可约表示分类的准则是有效的, 但是有一些需要警惕的备注. 首先注意到 $W_{\mathbb{R}}$ 的可约 n 维表示是从 $W_{\mathbb{R}}$ 到 $\mathrm{GL}(n,\mathbb{C})$ 的同态, 使得 $W_{\mathbb{R}}$ 的像和 $\mathrm{GL}(n,\mathbb{C})$ 中同构与 $\mathbb{C}^\times$ 但不在 $\mathrm{GL}(n,\mathbb{C})$ 中心的子群交换. 因此, 从 $W_{\mathbb{R}}$ 到 ${}^LG$ 的同态也有类似的不可约的概念, 并且在这个意义下的不可约的同态对应的表示在群流形上其矩阵系数是平方可积的.

当然, 如果所选的二次型是 Euclid 式的, 那么 G 是紧的, 它的所有表示都有这个性质, 因此任何在上述意义下不是不可约的从 $W_{\mathbb{R}}$ 到 ${}^LG$ 的同态都将排除在参数目录之外. 对于其他指标的形式定义的群, 需要加上一个类似的但是更宽松的条件, 不过利用约化群理论中的标准的概念, 这个条件可以简洁地优美地表述, 并一般地起作用.

同时也发现, 由 $W_{\mathbb{R}}$ 和 ${}^LG$ 给出的分类是粗糙的; 一个同态对应到几个 G 的不可约表示; 但是这并不损害理论. 相反, 对对应到同一个同态的有限多个表示的分析, 揭示了调和分析和表示论中意料不到的方面.

引进 ${}^LG$ 揭示的最丰饶的准则是*函子性*. 从群 H 到群 G 的同态不会提供任何形式把它们中某个群上的不可约表示传递到另一个群上, 除非 G 是交换的, 群 H 和 G 之间的同态以及 ${}^LH$ 和 ${}^LG$ 之间的同

态也没有关系. 另一方面, 通过复合, 一个从 ${}^LH$ 到 ${}^LG$ 的同态

$$W_{\mathbb{R}} \to {}^LH \to {}^LG$$

却可以产生一个从 H 的不可约表示的参数集合到 G 的不可约表示的参数集合的映射, 因此隐式地把 H 上的不可约表示传递到 G 的不可约表示. 目前还不能直接地定义这个通道, 并且这应是非常困难的. 这个可能的通道被称为 L-群的函子性准则. 对 p-进域和有理数域的类似准则将会是极其强大的, 例如足够强大以至于能够蕴含所有形式的 Ramanujan 猜想和处理二十面体群表示的 L-函数, 这当然被期望是对的, 但是目前远远超出我们的能力范围.

§8. p-进域上群的表示

我们已经强调了导子的重要性, 因此也强调了研究方程时不仅仅模素数也要模合数的重要性. 因为中国剩余定理, 只需要讨论模素数幂.

例如, 我们已经看到

$$x^2-5=(x-1)^2+2x-6\equiv(x-1)^2(\operatorname{mod}2).$$

对模 4 我们有

$$x^2-5=(x-1)(x+1)-4\equiv(x-1)(x+1)(\operatorname{mod}4).$$

另一方面, 没有整数 m 使得 8 整除 m^2-5, 因此没有可能模 8 时分解 x^2-5.

多项式 x^2-17 表现得完全不一样.

$$x^2-17=(x-1)(x+1)-16\equiv(x-1)(x+1)(\operatorname{mod}16).$$

我们继续,

$$x^2-17=(x-9)(x+9)+64\equiv(x-9)(x+9)(\operatorname{mod}64),$$

$$x^2-17=(x-41)(x+41)+1664\equiv(x-41)(x+41)(\operatorname{mod}128),$$

因为 $1664 = 13 \cdot 128$, 接着

$$x^2 - 17 = (x - 105)(x + 105) + 11008 \equiv (x - 105)(x + 105) (\bmod 256),$$

因为 $11008 = 43 \cdot 256$. 一般地, 如果

$$x^2 - 17 = x^2 - m^2 + a2^k,$$

其中 m 和 a 是整数,$k \geqslant 3$, 那么 m 是奇数, 并且

$$x^2 - 17 = x^2 - (m - a2^{k-1})^2 + b2^{k+1},$$

其中 b 为某个其他整数. 这样我们可以无限次继续下去, 构造出序列 $m_1, m_2, \cdots$ 使得

$$x^2 - 17 \equiv (x - m_k)(x + m_k) (\bmod 2^k).$$

序列 m_k 不会在通常意义下收敛, 因为 m_k 和 m_{k+1} 的差是一个整数乘以 2^{k-1}. 另一方面,m_k 和任意 $m_l (l \geqslant k)$ 的差也能被 2^{k-1} 整除, 因此如果我们关心的是整除性质而不是度量性质, 那么当 k 和 l 很大时,m_k 和 m_l 很接近. 为了简化理论上的讨论, 我们把这些序列看成实际的对象, 称之为 2-进数.

更一般地, 对任意的素数 p, 一个有理数序列 $a_k = \dfrac{m_k}{n_k}$ 称为 p-进数, 如果满足当 k 趋向于无穷时, 其差的分子

$$a_k - a_l = m_k/n_k - m_l/n_l, \quad l \geqslant k$$

能够被 p 的越来越高次幂整除, 也称为这个有理数序列逼近的 p-进数. 当然, 常数序列 $a, a, a, \cdots$ 也是被承认的, 因此每一个有理数也是 p-进数. 事实上, 几乎在所有的方面 p-进数都可以像实数那样处理. 特别地, 它们能够做加减乘除. 唯一的区别是度量.

为了研究模给定素数p 高次幂的同余, 我们同意一个有理数是小的, 如果它的分母和 p 互素而分子能够被 p 的高次幂整除. 因而, 如果 $p = 5$, 那么在这个意义下, 1000000 很小, 而 1000000000 更小. 更准确地, 我们取 a 的大小为 1 (如果 a 的分子分母都和 p 互素), 取 ap^k 的大小为 p^{-k}, 其中 k 是任意整数, 正的、负的或者零.

$$|ap^k|_p = p^{-k}.$$

例如,

$$\left|\frac{3}{2}\right|_5 = 1, \quad \left|\frac{1}{25}2\right|_5 = \frac{1}{25}.$$

两个有理数 a, b 的 p-进距离为 $|a-b|_p$. 通过取极限, 这个距离可以扩充定义到任意两个 p-进数, 就像 p-进绝对值 $|a|_p$ 那样, 因此 p-进数的度量性质类似于实数, 尽管事实上是差异很大的.

我们在 zeta-函数和 Diophantus 方程的讨论中已经强调了, 研究方程的有理解经常要求首先检查 —— 通常是冗长和辛苦的 —— 方程的同余性质. p-进数的引进允许我们把这个理解为研究这些域上的方程. 因此研究方程有理解一般要先对每一个素数 p 研究它们的 p-进解.

除其他事项外, 这要求对 p-进数域上形如

$$x^n + a_{n-1}x^{n-1} + \cdots + a_0 = 0$$

的方程有一些理解. 这就是 p-进数域的方程理论, 它比实数域上的理论要难不少, 因为对任何 p-进数域都有任意次数的不可约方程, 而对实数域, 次数最多只为 2. 因此, p-进数域有任意高次数的代数扩张, 且这些扩张的 Galois 群非常复杂.

就像我们之前讨论所揭示的, Galois 群是交换的扩张, 比其他的要更容易处理, 也能被分类. 即使这样, 这也需要一个我们不能在这里复述的缜密的理论. 基本的结果包含在 Weil 群的存在性中, 特别对于我们这里的目的, 这是一种简洁的富于联想的表述, 尽管对外行而言这几乎没有揭示它们的意义.

如果记 p-进数域为 F, 那么通过在 F 中添加某个方程的所有根得到的 F 的一个 Galois 扩张 K 当然是一个域. 我们用群 $W_{K/F}$, 而不是 Weil 群 W_F, 尽管 W_F 最终能够由前者构造出来. 域 K 的乘法群 $K^\times$ 可以看成 $W_{K/F}$ 的子群. 它满足: 如果我们模掉这个子群得到一个商群, 那么这个商群同构于域扩张 K 的 Galois 群. 所有的艺术就是将这两个要素融为一体. 两个性质值得注意:(i) 总是存在从 $W_{K/F}$ 到 $F^\times$ 上的满同态; (ii) 如果 K 包含 L, 那么存在从 $W_{K/F}$ 到 $W_{L/F}$ 的同态.

对元素在 F 中的 $n \times n$ 矩阵群 $\mathrm{GL}(n, F)$ 的表示分类, Weil 群是

正确的工具. 这是一个拓扑群, 尽管不是李群. 然而我们能研究它的 (连续) 不可约表示. 现在对任意的 n 有离散序列表示, 因此 n 粒子束缚态, 因为 Weil 群有任意次数的不可约表示. 在 p-进数域上, 尽管我们已经知道很多 [He], 但是是不完备的 —— 如果用 Weil 群的一般可约的 (连续) 有限维表示来分类 $\mathrm{GL}(n,F)$ 的 (连续) 不可约、(当然通常是) 无穷维的表示.

为了得到和实数域上完全一样的命题, 我们不是用 Weil 群本身而是它的加强版本, 即它与群 $\mathrm{SL}(2,\mathbb{C})$ 的积, 或者 (记得 Hermann Weyl 的酉技巧的话) 与群 $\mathrm{SU}(2)$ 的积. 不同于实数域上的 Weil 群, 其子群 $\mathbb{C}^\times$ 能够传递几何信息, p-进数域上的 Weil 群只含有方程理论的信息, 因此能够全部用 Galois 群定义. 由这个加强版本的群给出的分类意味着表示论, 比如我们用来作为敲门砖的自守形式理论, 用来描述最初出现在由多个变量的方程定义的曲线和曲面的几何现象是足够的. 但是, 在讨论自守形式之前, 我们需要理解最简单的 $\mathrm{GL}(n,F)$ 的表示.

在实数域和复数域上采用的构造也可以在这里用来构造表示, 附属于 r 个 $\mathrm{GL}(n_k,F)$ 的离散序列表示 π_k, 其中

$$n_1+\cdots+n_r=n.$$

这就是 r 个相互作用但是渐近独立的 n_k 粒子束缚态所对应的.

特别重要的表示, 对应于所有补充量子数都是 0 因此仅由动量就完全刻画的 n 渐近独立的粒子, 被通常称为非分歧表示. 更准确地, 一个粒子态对应到一个 $\mathrm{GL}(1,F)=F^\times$ 的不可约表示, 因此刚好就是一个从 $F^\times$ 到 $\mathbb{C}^\times$ 的同态. 这种同态最简单的形式是

$$x\rightarrow |x|_p^{ia}.$$

它们仅由可以看成是它们动量的复数 a 刻画, 然后把 n 个这样的同态放在一起, 我们在满足关系 (n) 的函数空间上构造了一个非分歧表示.

因此一个非分歧表示 π 就是由 n 个数 $a_1,\cdots,a_n$ 或 $p^{ia_1},\cdots,p^{ia_n}$ (因为 $|x|_p$ 总是 p 的幂次) 所定义. 因为起作用的仅是这些数的集合, 而和它们的顺序无关, 我们能够用以它们为特征值的一个矩阵来指定

它们, 例如,

$$A(\pi) = \begin{pmatrix} p^{ia_1} & & & \\ & p^{ia_2} & & \\ & & \ddots & \\ & & & p^{ia_n} \end{pmatrix}.$$

实际上, 只需要给出 $A(\pi)$ 的共轭类.

注意到, 我们能对矩阵 $A(\pi)$ 定义函数

$$L(s,\pi) = \mathrm{Det}(I - A(\pi)/p^s)^{-1}.$$

我们现在准备好了来讨论自守形式.

§9. 自守形式

如果除了某个有限素数集合 S, 对每一个素数, 我们都给定了由系数在 p-进数域 $\mathbb{Q}_p$ 的矩阵构成的一般线性群 $\mathrm{GL}(n,\mathbb{Q}_p)$ 的一个非分歧表示, 则我们能形成无穷乘积

$$L(s) = \prod_{p \notin S} L(s,\pi_p). \tag{o}$$

如果 s 是充分大的实数则它是收敛的, 比如 $s \geqslant a+1$ (假如每个 $A(\pi_p)$ 的特征值的绝对值都比 p^a 小). 可是, 没有任何理由去相信它最终能定义一个对任何其他值的 s 都有意义的函数, 更不用说能够计算函数.

为了使这些过程能够得到一个定义在无穷乘积收敛区域之外的函数, 矩阵 $A(\pi_p)$ 必须要保持某种一致性, 一个合适的保证一致性的方式是要求这些表示 π_p 与一个自守形式联系.

处理自守形式的一个有效但抽象的方法是通过引进 adèle —— 非常笨拙的对象, 然而一旦熟悉之后, 会节省很多不必要的思考和没用的计算. 我们将首先用它们作为概念上的帮助, 后面再附带说明怎样在实践中使用. 引进 p-进数域是为了简便地研究模素数的可能高次幂的同余. 如果我们要考虑模任意整数 m 的同余, 同时还要控制在通常意义下数字的大小, 那么我们使用 adèle. 一个 adèle 是一个序列 $\{a_\infty, a_2, a_3, a_5, \cdots, a_p, \cdots\}$, 其中 a_∞ 是实数, 对每一个 p,a_p 是一个 p-进数. 仅有的限制是对除了有限个之外的所有 p,a_p 是整的, 即

$a = bp^k, k \geqslant 0, |b|_p = 1$. 因此如果 b 是有理数, 那么其分子和分母都会和 p 互素. 注意到, 对我们非常重要的一点是, 如果我们取任意有理数 a, 则序列 $\{a, a, a, a, a, \cdots\}$ 是一个 adèle, 因为 a 的分母只能被有限多个素数整除. adèle 之间可以做加、减、乘, 但是两个 adèle 之间不一定可以做除法. 特别地, 为了能够定义 adèle $1/a$, $\{a = a_\infty, a_2, \cdots\}$, 除了有限多个 p 之外, 都必须有 $|a_p|_p = 1$.

我们可以考虑元素是 adèle 的矩阵以及它们的行列式. 如果一个 adèle 矩阵的行列式 d 有逆元 $1/d$, 那么就像通常那样用余子式, 我们能得到该矩阵的逆矩阵. 因此所有有可逆行列式的 adèle 矩阵形成一个群 $\mathrm{GL}(n, \mathbb{A})$, 或简记为 G. 从 G 中的一个元素 g, 每次取一个坐标, 我们得到一个序列 $g_\infty, g_2, g_3, \cdots$, 其中 g_∞ 属于群 $\mathrm{GL}(n, \mathbb{R})$,$g_p$ 属于群 $\mathrm{GL}(n, \mathbb{Q}_p)$. 因此, 从 G 的一个不可约表示我们能够构造群 $\mathrm{GL}(n, \mathbb{R})$ 和群 $\mathrm{GL}(n, \mathbb{Q}_p)$ 的不可约表示, 这是第一条用来构造一致的序列 π_p 的线索.

因为每一个有理数都是 adèle, 在 $\Gamma = \mathrm{GL}(n, \mathbb{Q})$ 中的每个矩阵 γ 也是 G 中的矩阵, 所以 Γ 是 G 的一个子群. 一个不可约表示称为是自守的, 如果它能够在群 G 上满足对所有 $g \in G, \gamma \in \Gamma$ 都有

$$f(\gamma g) = f(g)$$

的函数空间上实现. 算子 $\pi(h)(h \in G)$ 把 f 打到函数 $f'(g) = f(gh)$. 自守形式就是这些函数 f. 一个自守表示这样就产生了一个序列 π_p, 使得对几乎所有的 p 都是非分歧的, 并且保持足够的一致性使得由 (o) 定义的函数

$$L(s) = L(s, \pi) \tag{p}$$

在除了有限个 s 的取值之外都是有意义的. 更进一步, 从 f 我们能够在任何精度上计算其取值.

函数 (p) 被称为自守 L-函数, 而且恰好就是我们求解 Diophantus 方程所需要的, 尽管证明从 Diophantus 方程问题中得到的 L-函数和某个自守 L-函数相等是极其困难的, 而且我们的猜想远远超出了我们证明的能力. 尽管如此, 处理椭圆曲线所需要的定理还没有在任何实质的一般性上被证明, 但是有许多从其他问题提供的坚实证据 [K1], 因

此毫无疑问我们在正确的道路上.

尽管非常方便, 但是 adèle 的应用确实留下了更多操作上未解决的问题, 例如我们怎样用初等 Fourier 分析来计算 L-函数的值, 或者方程 (p) 和方程 (f) 是以何种方式联系起来, 这些都非常不明显.

为了看到这一点, 取 $n=1$. 群 G 就是可逆 adèle 群, 通常记作 $\mathbb{A}^\times$. 因为它是交换的, 所以所有的不可约表示都是一维的, 即群的特征. 那么使得表示是自守的一致性的要求是什么呢? 在当前群是交换的情形下, 条件就是在 $\mathbb{A}^\times$ 的子群 $\mathbb{Q}^\times$ 上特征为 1.

引进群 U, 其元素 $a_\infty, a_2, a_3, \cdots$ 满足对所有 p 有 $|a_p|_p=1$ 和 a_∞ 是正数. 群 $\mathbb{A}^\times$ 的每一个元素都可以唯一写成 $\mathbb{Q}^\times$ 中一个元素和 U 中一个元素的积. 事实上, 给定任意一个 adèle 及其逆, 因此它们的所有坐标都非零, 我们首先乘以 ± 1 得到 a_∞ 是正坐标的 adèle. 如果其他的坐标是 a_p 且

$$|a_p|_p = p^{-m_p},$$

那么除了有限多个 p 之外 m_p 是 0, 因此我们可以取正有理数

$$b = \prod p^{m_p}.$$

因为对所有的 p 都有 $|a_p/b|_p = 1$, 最开始的 adèle 等于 $\pm b$ 乘 U 中的一个元素. 再思考一下, 我们发现这个分解是唯一的.

因此一个自守表示变得更为简单, 就是 U 的特征 χ. 我们一开始还没有坚持的条件, 即它是连续的使得它成为一个完全初等的对象. 这意味着 χ 取决于元素 u 的仅仅有限多个坐标 $u_\infty, u_{p_1}, \cdots, u_{p_r}$, 并且更进一步在其依赖于每个 u_{p_i} 时, 仅取决于 u_{p_i} 模掉 p_i 的某个 (对所有 u 都相同当然对所有 χ 会不同的) 幂次 $p_i^{n_i}$ 的余数.

没有出现在积 (p) 中的素数的集合是 $\{p_1, \cdots, p_r\}$. 与由 χ 定义的自守表示 π 关联的表示 π_p 本身是群 $\mathbb{Q}_p^\times = \mathrm{GL}(1, \mathbb{Q})$ 的特征, 也能够容易地被构造. 表示 π 把元素 $a = bu (b \in \mathbb{Q}^\times, u \in U)$ 打到 $\pi(a) = \chi(u)$. 为得到 π_p, 取 $\mathbb{Q}_p$ 中的元素 a_p, 扩充成一个 adèle a, 使得在 p 处的坐标为 a_p, 而其他所有的坐标都等于 1, 然后令 $\pi_p(a_p) = \pi(a)$.

函数 $L(s, \pi)$ 是因子

$$L(s, \pi_p) = (1 - A(\pi_p)/p^s)^{-1}$$

的乘积, 矩阵 $A(\pi_p)$ 在 $n=1$ 时就是一个数. 它等于 $\pi_p(p^{-1})$ 是因为 $\pi_p(p^{-1})=p^a$, 如果一般地, $\pi_p(a_p)=|a_p|_p^a$. 为计算 $\pi_p(p^{-1})$ 的表达式, 其中 p 是一个 p-进数, 我们不得不把 adèle $1,1,\cdots,1,p^{-1},1,\cdots$ 写成一个有理数和 U 中一个元素的乘积. 这个有理数就是 p^{-1}, 而 u 必须是

$$p,p,\cdots,p,1,p,\cdots$$

因而它仅在 $\mathbb{Q}_p$ 上有坐标 1. 取一个不依赖于 u 在 $\mathbb{R}$ 中坐标 u_∞ 的特征 χ, 注意到 χ 的性质, 我们最终得到 $A(\pi_p)$ 仅依赖于 p 模 $p_1^{n_1},\cdots,p_r^{n_r}$ 的余数. 因此, Dirichlet 特征是 $\mathrm{GL}(1,\mathbb{A})$ 的自守表示. 事实上, 这两者几乎没有什么区别.

因此对 $n=1$, 我们的构造带着我们回到之前用简单许多的方法引进的对象. 这对 adèle 概念的必要性和用途都不是很有说服力的证据. 可是当 $n=2$, 该构造给出了完全不同的对象, 特别地, 包括了通常意义下的模形式. Dirichlet 特征和模形式的这种类似在 adèle 的应用下显然可见, 几十年来却一直被忽视, 甚至包括在两者都做了很多工作的 Erich Hecke; 因此, 尽管在 18 世纪就出现了交换 Galois 群的方程的算术, 但直到 20 世纪的前四分之一世纪末期才被很好地理解, 甚至在更早的许多方面, 当我们意识到, 描述希望对所有方程都成立的规律的媒介已经掌握在我们手中, 另一个四十年已经过去, 而这次等待的时间如此之长. 对于 $n>2$, adèle 语言拥有不可比拟的优点.

取 $n=2$, 为简单起见, 考虑一个在所有素数 p 都是非分歧表示的自守形式. 我们将引进另外一个由 adèle 元素构成的 2×2 矩阵 u 组成的群 U, 以及其将要满足的特殊性质. 假设

$$u=\begin{pmatrix} a & b \\ c & d \end{pmatrix}$$

每一个位置上的元素都有合适下标描述的坐标. 我们首先假设

$$\begin{pmatrix} a_\infty & b_\infty \\ c_\infty & d_\infty \end{pmatrix}=\begin{pmatrix} 1 & 0 \\ 0 & 1 \end{pmatrix}.$$

对每一个 p, 我们假设

$$|a_p|_p\leqslant 1,\quad |b_p|_p\leqslant 1,\quad |c_p|_p\leqslant 1,\quad |d_p|_p\leqslant 1,$$

以及

$$|a_pd_p - b_pc_p|_p = 1.$$

因此 u_p 和它的逆都是 p-进数域上的整矩阵.

如果一个自守表示是非分歧的, 那么它可以在满足对所有 $g \in G, \gamma \in \Gamma, u \in U$ 都有

$$f(\gamma g u) = f(g) \tag{q}$$

的函数空间中实现. 另一方面, 比 $n=1$ 时稍微复杂一点的初等思考, 可以证明群 $G = \mathrm{GL}(2, \mathbb{A})$ 中的每一个元素都是一个乘积 $g = \gamma h u$, 其中 h 是 $\mathrm{GL}(2, \mathbb{R})$ 中的一个矩阵. 因为 $f(g) = f(h)$, 我们可以把 f 看成是 $\mathrm{GL}(2, \mathbb{R})$ 上的函数. 这当然不是任意的函数. 首先, 如果 δ 是一个整矩阵且其逆也是整的, 那么 $f(\delta h) = f(h)$; 其次, 在这样的函数空间上实现的表示 π_∞ 是不可约的.

为了和模形式联系起来, 我们假设 π_∞ 是离散序列, 其对应的动量是 0, 或者更直接地, $\pi_\infty(z) = 1$ (如果 z 是一个数量矩阵). 我们能找到一个正偶数 $l \geqslant 2$ 使得 (q) 中的函数 f 还满足关系

$$f(hk) = e^{-il\theta} f(h), \tag{r}$$

如果

$$k = \begin{pmatrix} \cos\theta & -\sin\theta \\ \sin\theta & \cos\theta \end{pmatrix}$$

是一个正交矩阵. 如果选取最小的 l, f 还满足关系

$$\frac{d}{dt} f(gexp(tX_1)) - i\frac{d}{dt} f(gexp(tX_2)) = 0, \tag{s}$$

其中

$$X_1 = \begin{pmatrix} 1 & 0 \\ 0 & -1 \end{pmatrix}; \quad X_2 = \begin{pmatrix} 0 & 1 \\ 1 & 0 \end{pmatrix}.$$

如果我们用

$$h(gi) = (ci+d)^l f(g), \quad gi = \frac{ai+b}{ci+d}, \quad g = \begin{pmatrix} a & b \\ c & d \end{pmatrix}$$

定义上半平面上的函数 $h(z)$, 那么方程 (s) 变成 Cauchy-Riemann 方程, 保证了 h 是关于 z 的解析函数, 而 (q) 和 (r) 意味着这是一个权为 l 的

模形式. 因为取的自守函数是非分歧的, 这其实是一个关于群 Γ_1 的模形式. 一般地, 导子 N 会出现.

除了给这些原本脆弱的概念提供了一些坚实直观的内容, 这里在 $n=1$ 和 $n=2$ 时略显技术性的讨论使我们清楚看到, $\mathrm{GL}(n,\mathbb{A})$ 上关于 $\mathrm{GL}(n,\mathbb{Q})$ 不变的函数和 $\mathrm{GL}(n,\mathbb{R})$ 上关于 $\mathrm{GL}(n,\mathbb{Z})$ (或更准确地说它的子群) 不变的函数几乎是没有区别的. 由于 $\mathrm{GL}(n,\mathbb{R})$ 几乎完整充满了 $n\times n$ 实矩阵组成的向量空间, 因此并不意外地, 我们能够用这个空间上的 Fourier 分析对所有 s 的值来定义和计算 (p) 中的 L-函数的值, 尽管理由和计算并不完全显然. 而在 $\mathrm{GL}(n,\mathbb{A})$ 上它们更清晰些.

§10. 最后的思考

无穷维表示的引进意味着论述级别的突然转变, 即从具体的例子到仅能隐喻地描述的概念, 但是在这两个级别上我们正在处理不能正面攻击的一系列猜想.

一方面是具体事实和问题的即刻诉求, 而另一方面是它们作为表达和揭示不是那么普遍的作为另一种实体的规律 —— 这些规律恰好就是它们存在的模式, 它们之间审美学上的紧张也许只在物理学中是被广泛认可的, 在那里人们早已接受用来理解感知现实的概念可以和现实没有什么类似之处, 而在数学中, 巧合的是, 特别是数论学家, 由于不愿面对具体和建立在具体之上的对象, 概念上的新奇经常被抛弃. 过去半个世纪的发展已经使我们成熟, 如 Gerd Falting 关于 Mordell 猜想的证明的检查 [Fa] 使之明确, 但是仍然有进步的空间.

我们有可能被未解决的核心困难的缺失和数量极其庞大的目前无法理解的猜想所阻碍, 而我们几乎没有暗示它们的程度. 有些被彻底地验证过, 其他的仍然存在疑问, 但是它们形成一个有机的整体. 在它们面前我们是寻找具体的还是一般的定理, 将由我们的意向或心情决定. 对于那些在抽象和具体的相互影响下兴盛发展的, 有理数域或其他数域的函子性准则, 在建议困难的、加深我们理解的、在这之前我们不是束手无策的问题上是特别成功的. 特别地, 方法 (Arthur-Selberg 迹公式) 和 Diophantus 问题 (那些定义 Shimura 簇的) 是与表示论密切联系的, 而它们的解决很可能早于对一般形式的函子性准则的任何攻击. 论文 [AC] 和 [K2] 克服了在迹公式应用和对 Shimura 簇的 zeta-函数的分析中长期存在的障碍, 并且是任何想洞悉这个领域的人所需技术的丰富来源.

除了作为指导准则的重要性, 我没有突出函子性, 仅简短地暗示, 为了有说服力, 宁可漫无目的地讨论 Diophantus *方程*、L-函数的值、自守 L-函数. 这意味着强调一个固定的 $\mathrm{GL}(n)$, 而忽视其他群, 而函子性准则的主要力量就是其坚信不同群上的所有自守表示都有密切的联系. 我的论述同样限制在可能的最简单的能作为例证的方程. 由代数曲线联系的 L-函数和这些曲线上的代数积分密切相关, 其对于更高亏格的曲线的具体几何含义比它们的理论结果更不清楚. L-函数的应用也有同样的缺点.

参考文献

[AC] J. Arthur and L. Clozel, *Simple algebras, base change, and the advanced theory of trace formula*, Annals of Math. Studies, no. 120, Princeton University Press (1989).

[Ba] V. Bargmann, *Irreducible unitary representations of the Lorentz group*, Annals of Math. 48, 568-640 (1947).

[BSD] B. Birch and P. Swinnerton-Dyer, *Notes on elliptic curves, I and II*, Jour.f.d.reineu.ang.Math., Bd 212, 7-25 (1963), and Bd. 218, 79-108 (1965).

[Bu] J. P. Buhler, *Icosahedral Galois representations*, SLNin Math., v.654 (1978).

[D] R. Dedekind, *Gesammelte mathematische Werke*, reprinted by Chelsea Publishing Co. (1969).

[Fa] G. Faltings, *Endlichkeitssätze für abelsche Varietäten über Zahlkörper*, Inv. Math. v.73, 561-584 (1983).

[F] R. Fricke, *Die elliptische Funktionen und ihre Anwendungen*, T. II, B. G. Teubner, (1922).

[H] G. Harder, *Experimente in der Mathematik*, Rheinisch-Westfälische Akad.der Wiss., Vorträge, N. 321 (1983).

[Ha] T. Hawkins, *The creation of the theory of group characters*, Rice University studies, v. 64 (1978).

[He] G. Henniart, *Les conjectures de Langlands locales pour* GL(n), in Journées arithmétiques de Metz, Astérisque, no.94, 67-85 (1982).

[KF] F. Klein and R. Fricke, *Vorlesungen über die Theorie der elliptischen Modulfunktionen, Bd. II*, B. G. Teubner, Leipzig (1892).

[K1] R. Kottwitz, *On the $\lambda-$adic representations associated to some simple Shimura varieties*, to appear.

[K2] R. Kottwitz, *Shimura varieties and $\lambda-$adic representations*, to appear.

[L1] R. Langlands, *Problems in the theory of automorphic forms*, in SLNin Math., v. 170 (1970).

[L2] R. Langlands, *Base change in* GL(2), Annals of Math. Studies, no. 96 (1980).

[Li] G. Lizogat, *Courbes modulaires de genre 1*, Bull. de la Soc. Math. de France, Mém. 43, v. 103 (1975).

[M] J. -F. Mestre, *Courbe de Weil et courbes supersinguliéres*, Seminar on Number Theory 1984-1985, Exp. No.23, Univ.Bordeaux I, Talence, 1985.

[PW] F. Peter and H. Weyl, *Die Vollständigkeit der primitiven Darstellungen einer geschlossenen kontinuierlichen Grupper*, Math. Ann. Bd. 97, 737-755 (1927).

[Sh] G. Shimura, *Yutaka Taniyama and his time, very personal recollections*, Bull.London Math.Soc., v.21, 186-196 (1989).

[V] J. Vélu, *Isogénies entre courbes elliptiques*, C. R. Acad. Sc. Paris, A, t. 273, 238-241 (1971).

第九章　渗流有限模型*

献给 Lawrence Corwin

§1. 引言

渗流是数学家和理论物理学家所关心的课题, 但其概念对于许多读者来说不是很熟悉; 至于渗流的有限模型的概念, 几乎没有人知道. 因此, 虽然引入这个模型的基本问题在 [Con] 一文中最后进行了讨论, 但我们仍将加以综述, 只是非常简要. 为了方便起见, 我们还将重述出现在 [L] 中的有限模型的定义. 然而, 本文的主要目的是描述一些数值的结果, 以支持这种期望, 即期望有限模型的进一步数学探讨将在 § 2 的三个基本问题的研究中具有一定的价值. 几乎所有的计算都由两位作者进行, 独立编程. 第一作者对计算机不熟练, 感谢 Dennis Hejhal 提出的一些非常有用的建议; 两位作者都非常感激与 Yvan Saint-Aubin 的交流.

---

* 原文发表于 AMS, *Contemporary Mathematics*, vol. 177 (1991), 作者是 R. P. Langlands 和 M. -A. Lafortune. 本章由王世坤翻译.

§2. 问题

考虑平面上这类图, 其格点是 $\mathbb{Z}^2$ 的点并且界是由连接图中最近的相邻的格点构成, 因此, 存在连接 (0, 0) 和四个点 $(0,\pm 1)$ 和 $(\pm 1,0)$ 中的每一个点的界. 但是, 没有 (0,0) 连接到其他点的界. 在该图上的格点的渗流是特定类事件的研究, 这类事件具有取值在集合 $\{0,1\}$ 中关于格点的函数集合上的简单概率测度, 记此集合为

$$X=\prod_{\mathbb{Z}^2}\{0,1\}.$$

这种函数被称为一个构型 (configuration), 并且如同 [Con], 通常将开的格点描绘为小圆盘, 封闭的格点描绘为具有空白内部的小圆圈, 且通过绘制最近邻居之间的所有界, 以此图形表示该构型.

固定一个 p, $0\leqslant p\leqslant 1$, X 上的测度是 $\{0,1\}$ 上测度的 $\mathbb{Z}^2$ 积, 该测度指定 p 至 $\{1\}$ 和 $1-p$ 至 $\{0\}$ 的测度. 如果 $x\in X$ 是一个给定的构型, 且 $x(s)=1$, 则格点 $s\in\mathbb{Z}^2$ 称为相对于 x 是开的, 特别有兴趣的事件是边长为 n 的正方形的交叉, 这里 n 是正整数.

构型 x 称为容许由

$$S_n=\{s=(a,b)|1\leqslant a,b\leqslant n\}$$

给出的正方形的一个水平交叉, 如果此交叉有可能从 $a=1$ 的一边的格点开始相对于 x 是开的, 并从一个格点传递到最近的格点, 到所有接触到的相对 x 是开的格点, 并且都落在正方形 S_n 内, 最后到达边 $a=n$. 一次交叉事件存在的概率定义成 $\pi_h^{(n)}$, 该概率与 p 相关:

$$\pi_h^{(n)}=\pi_h^{(n)}(p).$$

一般而言, 可以从同一起始点以上述方式获得的、同时保持在一个给定集合内位于 $\mathbb{Z}^2$ 中全部点的集合, 称为 S 中的簇.

渗流的一个基本事实是存在一个临界概率 $p=p_c$, 从而对于 $p>p_c$,

$$\lim_{n\to\infty}\pi_h^{(n)}(p)=1,$$

以及对于 $p<p_c$,

$$\lim_{n\to\infty}\pi_h^{(n)}(p)=0.$$

第一个问题是: 对于 $p = p_c$,

$$\lim_{n\to\infty} \pi_h^{(n)}(p)$$

是否存在, 如果存在, 它既不是 0 也不是 1.

当 n 非常大时,$\pi_h^{(n)}(p)$ 的图作为在区间 $[0,1]$ 上 p 的函数将在 p_c 点附近从 0 急剧上升到 1. 因此, 此函数关于 p 的导数 A_n 可以预期在 $p = p_c$ 很大. 第二个问题就是是否存在一个常数 ν, 使当 $n \to \infty$ 时,

$$\frac{A_n}{n^\nu}$$

的极限存在, 且极限既不是 0 也不是 ∞.

为了简化讨论, 我们在这里考虑了一个具体的二维渗流模型, 存在很多这样的模型. 第三个问题则是: 所有此类模型的指数 ν 是否相同?

有证据表明, 对所有问题的答案都是肯定的, 但没有一个已经给出了严格的解答. 然而, 重正化的启发式研讨至少为这些问题提供了一个试探性的理论方法, 使用交叉概率则允许以非常初等的术语来讨论重正化.

§3. 交叉概率

水平交叉的概率是交叉概率的第一个例子. 它们通常由简单的闭合曲线 C 和 C 上的弧

$$\alpha_1, \alpha_2, \cdots, \alpha_m, \beta_1, \beta_2, \cdots, \beta_m, \gamma_1, \gamma_2, \cdots, \gamma_n, \delta_1, \delta_2, \cdots, \delta_n$$

来定义, 这里 m 和 n 是非负整数. 如果 A 是一个很大的实数, 则设 C' 是相对于一些固定的但不相关的点, 由因子 A 所做的 C 的扩展. 以类似的方式定义 α'_i, β'_i,γ'_j 和 δ'_j.

由 $\mathbb{Z}^2$ 的格点给出的渗流模型的构型 x 允许 C' 中存在从 α'_i 到 β'_i, $(1 \leqslant i \leqslant m)$, 但是没有从 γ'_j 到 δ'_j $(1 \leqslant j \leqslant n)$ 的交叉可以轻松而精确地构造 ([Con]), 由此以及数据表明, 当 A 趋于 ∞ 时, 对于 $p = p_c$, 该事件的概率存在 (对于其他 p 值也存在, 但是 $p = p_c$ 是孤立值, 正是我

们现在所关注的). 我们使用符号

$$\pi(E)=\lim_{A\to\infty}\pi(C',\alpha_1',\cdots,\delta_n'),\tag{3.1}$$

这里 E 是由数据 C, α_i,β_i, γ_j 和 δ_j 定义的事件. 假设极限 (3.1) 存在, 则称其为交叉概率.

在 [Con] 中检验的共形不变性的假设意味着所有交叉概率都可以从附于在边长为 1 的正方形的那些交叉获得. 弧 $\alpha_i,\beta_i,\gamma_j$ 和 δ_j 此时则作为该正方形的弧出现. 如果 l 是一个整数, 则将该正方形的每条边等分为长度为 $\frac{1}{l}$ 的 l 段, 称其为基本间隔, 并用 $\mathfrak{A}_l$ 表示基本间隔集. 很明显, 简单的近似参数将允许计算正方形中由弧 α_i,β_i, γ_j 和 δ_j 所定义的事件所有概率 $\pi(E)$ 的极限, 其中 l 被允许增长, $\alpha_i,\beta_i,\gamma_j$ 和 δ_j 是基本间隔的组合.

固定 l, 并考虑在 $\mathfrak{A}_l$ 中的间隔组合所定义的事件. 设 y 为定义在 $\mathfrak{A}_l\times\mathfrak{A}_l$ 上的一个函数, 取值于 $\{0,1\}$. 每个这样的函数 y 定义一个事件 E_y, 其中两个基本间隔 α 和 β 之间存在交叉, 或当且仅当 $y((\alpha,\beta)=1$, 称 α 和 β 连接. 此外,$\mathfrak{A}_l$ 中的间隔组合定义的事件的全部 $\pi(E)$ 能够以概率 $\pi(E_y)$ 加以计算, 所以我们单独予以考虑.

§4. 基本事件

事件 E_y 是基本事件, 了解哪些具有正概率和哪些概率是 0 将会很有用. 第一个观察结果是: 如果 α 和 β 在 $\mathfrak{A}_l$ 中相邻, 则 α 和 β 以概率 1 连接. 所以, 当 α 和 β 相邻时, 仅当 $y(\alpha,\beta)=1$ 时, 基本事件 E_y 概率为正. 虽然我们给出的约定有些不精确, 但我们可以假设 α 和 β 连接的概率被认为是 $\mathbb{Z}^2$ 中两个点线性集合或是

$$\{(a,b),(a+1,b),\cdots,(a+n,b)\}\quad 和$$
$$\{(a+n+1,b),(a+n+2,b),\cdots,(a+2n,b)\};$$

或是

$$\{(a,b),(a+1,b),\cdots,(a+n,b)\}\quad 和$$
$$\{(a+n,b+1),(a+n,b+2),\cdots,(a+n,b+n)\}$$

连接的概率相对 n 的极限. 这个概率与 a 和 b 的选择无关. 前两个集合系借助因子 n 通过扩展两个相邻的间隔得到, 两个相邻的间隔位于边长为 1 的正方形的同一水平边上, 而另外两个集合所扩展的间隔相交于正方形的顶点. 初始间隔有可能是其他位置, 但是, 显然, 处理这两类足够了.

在文章 [K] (pp.174–178) 中, 证明了当 $p = p_c$, 在边长为 1, 标记为 $(a+n, b)$ 和在其周围的正方形内存在完全围绕该点的概率当 $n \to \infty$ 时为 1, 这样一个簇显然连接了这两个集合.

通过显示在具有固定形状和任意大小的矩形环中的簇的概率下有界, Kesten 的这一证明则推进了这一结果, 因为矩形环是有标记的正方形的并集. 因此, 可以预期, 连接两个相邻间隔的簇可通过起始于一个间隔 (或者更精确地说, 是其扩展, 但是, 如果边长为 1 的正方形保持固定并且网孔按比例缩小为 $\dfrac{1}{n}$, 则原则更清楚) 上的点开始的路径将它们连接起来, 该点很接近两个间隔的交点, 路径则传递到另一个间隔近旁的一个点.

所以, 这样的簇几乎没有机会与一个更大的簇相交和融合, 将两个间隔之一连接到第三个间隔. 因此, 它不具有*动力*的意义. 为了本文处理有限模型的目的, 最好是排除这些连接. 如果 y' 满足 $y'(\alpha,\beta)=1$ 只需要 α 和 β 相邻, 则伴之与一个函数 y, 它在不相邻的一对间隔上取和 y' 相同的值, 但在相邻间隔上的值为 0. 很明显, 你可以从 y 立即重现 y'. 我们在这些 y 的集合上引入概率

$$\eta(y) = \eta_l(y) = \pi(E_{y'}).$$

函数 y 还有其他条件, 其中两个平凡的条件如下:

(1) 对于 $\mathfrak{A}_l$ 中的所有 α,$y(\alpha,\alpha)$ 的值为 1;

(2) 对于所有 α 和 β, $y(\alpha,\beta)$ 和 $y(\beta,\alpha)$ 相等.

第三个隐含在起初的定义中:

(3) 如果 α 和 β 相邻, 则 $y(\alpha,\beta)=0$.

还存在第四个条件, 是个几何条件. 一个序列有 4 个不同的间隔, 依次为 α,β,γ 和 δ. 如果满足以此顺序或以另一可能的顺序横穿正方形, 则此序列被称为一个循环. 我们断定, 对于一个给定的构型 x, 如

果在正方形内存在一个簇, 该簇连接了一个循环序列的间隔 α 与 γ 以及间隔 β 与 δ, 则该簇连接了全部的间隔. 因此, 在函数 y 上强加以下第四个条件是很自然的:

(4) 如果 α, β, γ, δ 是 $\mathfrak{A}_l$ 中的一个循环序列, 且 $y(\alpha,\gamma)=1$ 和 $y(\beta,\delta)=1$, 但 α 和 β 不相邻, 则 $y(\alpha,\beta)=1$.

满足这四个条件的函数 y 集合将记为 $\mathfrak{Y}_l$, 我们将关注其上的概率测度. 已经定义了一个这样的测度 η_l.

我们删除了相邻间隔之间的连接, 因为它们只具有纯粹的局部意义, 对全局毫无影响. 然而, 其中有一些比其他的连接更重要, 保留它们是有用的. 如果给出 $y\in\mathfrak{Y}_l$, 可设函数 $\overline{y}$ 对于不相邻的所有间隔对等于 y, 但是, 如果存在 $y(\alpha,\gamma)=1$ 和 $y(\beta,\delta)=1$ 的循环序列 $\alpha,\beta,\gamma,\delta$. 则对于相邻的 α 和 β, $\overline{y}=1$. 在 § 6 的讨论中,$\overline{y}$ 至关重要.

当然, 这三个函数 y,y' 和 $\overline{y}$ 应用有相当多的冗余. 导入函数 y' 旨在定义 η; 函数 y 由 y' 派生又是如此简单, 少有连接, 且极易图示; 然而, 函数 $\overline{y}$ 是直接出现在动态性的结构之中的.

§5. 粗化

对于每个正整数, 我们已经引入了集合 $\mathfrak{Y}_l$. 假设 k 分割 l. 如果 y' 是 $\mathfrak{Y}_l$ 中的一个函数, 我们定义 y' 的一个粗化的 $y=\Gamma_k^l(y')$. $\mathfrak{A}_l$ 中的每个间隔 α' 包含在 $\mathfrak{A}_k$ 中的唯一间隔 α 中. 集合 $y(\alpha,\beta)=1$ 当且仅当 α 且 β 不相邻, 且 α 包含间隔 α' 且 β 包含间隔 β', 使 $y'(\alpha',\beta')=1$, 否则 $y(\alpha,\beta)=0$. 很容易验证 ([L]): 如果 $y'\in\mathfrak{A}_l$ 则 $y\in\mathfrak{A}_k$. 映射也作用在测度上.

§6. 堆积

设 n 和 l 是两个正整数, 同时我们导入一个映射 $\Phi_l^{(n)}$, 系从 $\mathfrak{Y}_l$ 的 n^2-重积到其自身 $\mathfrak{Y}_{nl}$ 的映射, 其组合 $\Theta=\Theta_l=\Theta_l^{(n)}=\Gamma_l^{nl}\circ\Phi_l^{(n)}$ 则是从 $\mathfrak{Y}_l$ 的 n^2-重积到自身 $\mathfrak{Y}_l$ 的映射, 从而定义了 $\mathfrak{Y}_l$ 的所有概率度量之集合到同一集合的映射, 这是关于测度的具有基本兴趣的映射, 记之为 Θ. 本文的目的是讨论 $\Theta_1^{(2)}$ 和 $\Theta_2^{(2)}$, 考察一下 Θ 能否重正化!

为做堆积, 我们首先取边长为 1 的一个正方形, 将其划分为 n^2 个边长为 $\frac{1}{n}$ 的更小的正方形, 然后将每一个较小正方形中的周长分成长度为 $\frac{1}{nl}$ 的 $4l$ 个间隔, 每个小正方形用一对指标 $(i,j)(1 \leqslant i,j \leqslant n)$ 标记, 从一个小正方形获得的集合 $\mathfrak{A}_{i,j}$ 等同于 $\mathfrak{A}_l$. $\mathfrak{Y}_l$ 和本身的 n^2-重积的一个元素伴有一组函数 $y_{i,j}$, 每个小正方形一个. 因此, 我们必定赋予一个函数 y 至 $\mathfrak{Y}_{nl}$ 中的一组函数 $\{y_{i,j}\}$. 我们回忆一下文献 [L] 关于 y 的构造, 参照该文关于该结果确实在 $\mathfrak{Y}_{nl}$ 之中的基本证明.

我们区分位于大正方形的内部和位于其边界的那些间隔, 分别称为内部和外部间隔. 外部间隔的集合等同于 $\mathfrak{A}_{nl}$. 如果 α 和 β 是两个外部间隔, 那么从 α 到 β 的一条可允许路径是一个序列

$$(i_0,j_0),(i_2,j_2),\cdots,(i_{2r},j_{2r}),$$

和序列

$$\alpha_{-1},\alpha_1,\cdots,\alpha_{2r+1}.$$

它们满足以下条件:

(1) 对于 $0 \leqslant k < r$, 令 $i = i_{2k+1}, i' = i_{2k}$, $i'' = i_{2k+2}$. 以类似的方式定义 j, j' 和 j''. 间隔 α_i 位于 $\mathfrak{A}_{i',j'}$ 和 $\mathfrak{A}_{i'',j''}$. 此外, $\alpha_{-1} = \alpha \in \mathfrak{A}_{i_0,j_0}$ 和 $\alpha_{2r+1} = \beta \in A_{i_{2r},j_{2r}}$.

(2) 对于 $0 \leqslant k < r$, 间隔 $\alpha_{2k+1,2k+1}$ 是内部的.

(3) 对于 $0 \leqslant k \leqslant r, \overline{y}_{i,j}(\alpha_{2k-1},\alpha_{2k+1})$ 的值是 1.

函数 y 定义在不相邻的 α,β 偶对上, 并且 $y(\alpha,\beta)=1$ 当且其仅当存在一条从 α 到 β 的可允许的路径.

§7. 一个目标

如所观察到的, 此映射 Θ_l 作用对 $\mathfrak{Y}_l$ 的概率测度上. 并不考虑此类测度的全部集合, 而是仅考虑 [L] 中引入并由 FKG 不等式定义的子集 Π_l 似乎是有用的.

集合 $\mathfrak{Y}_l$ 显然有序, 如果 y_2 的值为 1,y_1 也取值 1, 则元素 y_1 大于或等于 y_2. 因此, $\mathfrak{Y}_l$ 上的函数的集合具有单调性概念. 如果 $y_1 \geqslant y_2$,

有 $f((y_1) \geqslant f(y_2)$, 则函数 f 单调递增. 如果对于任何两个单调递增函数 f 和 g, 测度 π 满足 FKG 不等式,

$$\int fgd\pi \geqslant \int fd\pi \int gd\pi.$$

如 [L] 中所验证, 映射 Θ_l 将满足该不等式的测度的集合 Π_l 映至自身, 而且只考虑 Π_l 中的测度也很精明, 测度 η_l 落在此集合之中 ([K, §4.1]).

我们选择提供映射 $\Theta_l = \Theta^{(n)} = \Theta_l^{(n)}$ 的集合 Π_l 作为渗流的有限模型, 对于 $n=1$ 映射 Θ_l 少有兴趣, 我们只观察到内部和外部间隔之间的区别意味着 Π_l 的所有点由 $\Theta^{(1)}$ 固定, 而对于一般的 n,$\Theta^{(n)}$ 的一个不动点 ν 不一定集中在函数集合 y, 且 $y(\alpha,\gamma)=1$ 和 $y(\beta,\gamma)=1$ 意味着 $y(\alpha,\gamma)=1$. 这一点会影响将要描述的有关目标.

固定 $n>1$. 最终的目的是表明在 Π_l 中有一个由 $\Theta_l^{(n)}$ 所固定的 "自然" 的度量序列 $\nu_l = \nu_l^{(n)}$, 每个整数 l 对应有一个, 使之对于每个正整数 k,

$$\lim_{l\to\infty} \Gamma_k^l(\nu_l) = \eta_k. \tag{7.1}$$

结论则应当是: η_k 伴之渗流有限模型和它们的重正化, 但并非只是特殊的渗流格点模型, 因此很一般.

这篇文章的目的并不太高, 只是在数值上建立 $n=2$ 和 $l=1,2$ 时存在 $\nu_l^{(n)}$, 并揭示数值解是否为 (7.1) 提供了直接的证据, 条件 $n=2$ 将从现在开始生效, 不再明确提及.

§8. 水平一

如果 $l=1$, 则 $\mathfrak{A}_l$ 的间隔是正方形的四条边, 且正如 [L] 所示,$\mathfrak{Y}_1$ 有四个元素: 只有平凡连接 (与自身连接) 的元素 y_0; 连接两条竖直边的元素 y_h; 连接两条水平边的元素 y_v; 以及连接两对对边的元素 y_{hv}. 因此,y_h 和 y_{hv} 是允许水平交叉唯一的两个元素.

一个测度可由在这四个元素上的值 π_0,π_h,π_v 和 π_{hv} 定义. 既然

$$\pi_0 + \pi_h + \pi_v + \pi_{hv} = 1,$$

这些测度集构成一个三维的单纯形. 目前, 我们考虑 Θ 对全部概率测度所成集合的作用, 稍后再考察 FKG 不等式的影响.

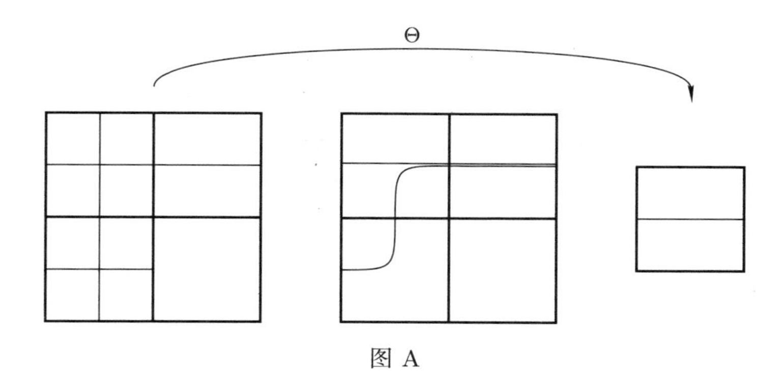

图 A

假定 $\Theta(\pi)=\pi'$, 并考虑 $\sigma_h'=\pi_h'+\pi_{hv}'$, 它是所有组合 $(y_{11},y_{12},y_{21},y_{22})$ 的和, 在 Θ 的作用下, 其像允许

$$\pi(y_{11})\pi(y_{12})\pi(y_{21})\pi(y_{22})$$

有一个水平的交叉. 例如, 考虑图 A 的构型, 其中 $y_{11}=y_{21}=y_{hv},y_{12}=y_h$ 和 $y_{22}=y_0$. 映射 Θ 将此构型发送到 $y=y_h$. 存在若干条能够导出两条竖直边水平连接可允许的路径, 在图 A 中示意性地展示出了两条, 其中一条完全出现在顶端的两个正方形内. 有一点反映清楚的是, 无论何时 (对于 $l=1$ 和 $n=2$), 竖直边之间总有一个连接, 那么它可以通过保留在两行之一中的允许路径来实现. 所以

$$\sigma_h'=2\sigma_h^2-\sigma_h^4,\quad \sigma_h=\pi_h+\pi_{hv}. \tag{8.1}$$

因此, 在 Θ 的一个不动点 π, 我们有

$$\sigma_h=2\sigma_h^2-\sigma_h^4, \tag{8.2}$$

以及类似的方程式

$$\sigma_v=2\sigma_v^2-\sigma_v^4,\quad \sigma_v=\pi_v+\pi_{hv}. \tag{8.3}$$

这些方程有几个解. 首先, 方程 (8.2) 单独有四个解:$\sigma_h=1,\sigma_h=0,\sigma_h=(-1+\sqrt{5})/2\approx 0.618$, $\sigma_h=(-1-\sqrt{5})/2$. 最后一个根是负的, 因此可以忽略. 如果 $\sigma_h=\sigma_v=1$ 则 $\pi_0=\pi_h=\pi_v=0$ 和 $\pi_{hv}=1$. 这是 Θ 的一个不动点, 其中每个连接都以概率 1 出现, 仅除相邻间隔之间, 我们故意排除了这些. 在某种意义上, 它对应于 $p>p_c$ 的渗流. 以同样

的方式,$\sigma_h = \sigma_v = 0$ 产生一个不动点 $\pi_h = \pi_v = \pi_{hv} = 0$ 和 $\pi_0 = 1$, 对应于 $p < p_c$ 的渗流. 如果 $\sigma_h = 1$ 和 $\sigma_v = 0$, 那么 $\pi_0 = \pi_v = \pi_{hv} = 0$ 和 $\pi_h = 1$. 这又是一个不动点, 但是非常不对称. 存在概率为 1 的水平交叉, 竖直交叉概率为 0. 如此极端的不对称通常不会在渗流中发生.

如果 $\sigma_h = \delta$ 和 $\sigma_v = 1$, 那么 $\pi_0 = \pi_h = 0$ 和 $\pi_{hv} = \delta, \pi_v = 1-\delta$ 也是一个不动点. 那么由 $\sigma_h = \delta$ 和 $\sigma_v = 0$ 给出, 由 $\pi_0 = 1-\delta, \pi_v = \pi_{hv} = 0$ 和 $\pi_h = \delta$ 定义. 这些点和通过水平和垂直方向交换获得的点都不是特别有意义的.

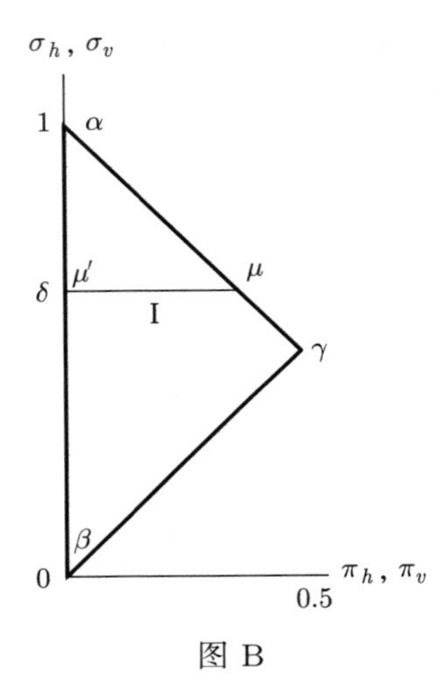

图 B

这点保留了核查 $\sigma_h = \sigma_v = \delta$ 的可能性. 点 π 然后落在由 $\pi_h = \pi_v$ 所定义的对称测度的集合, 它们形成图 B 的二维单纯形. 三个顶点是分别携有 $\alpha_{hv} = 1, \beta_0 = 1$ 和 $\gamma_h = \gamma_v = 0.5$ 的 α,β,γ. 间隔 I 是由

$$\pi_h + \pi_{hv} = \pi_v + \pi_{hv} = \delta$$

定义, 它被 Θ 映射到自身, 我们验证它含有一个单纯不动点.

图 C 中, 绘制了 Θ 对间隔的限制 θ, 是恒等映射. 很容易验证确实具有图 C 所示的形式. 就间隔而言, 测度 π 由 π_{hv} 确定, 且为了简洁起见, 我们用 σ 表示该参数. 因此 $2\delta - 1 \geqslant \sigma \geqslant \delta$. 在 μ 处 σ 的值为 $2\delta - 1$, 而在 μ' 则为 δ.

我们将验证

$$\theta(\sigma) = \sigma(4\delta^2(1-\sigma) + \sigma^3). \tag{8.4}$$

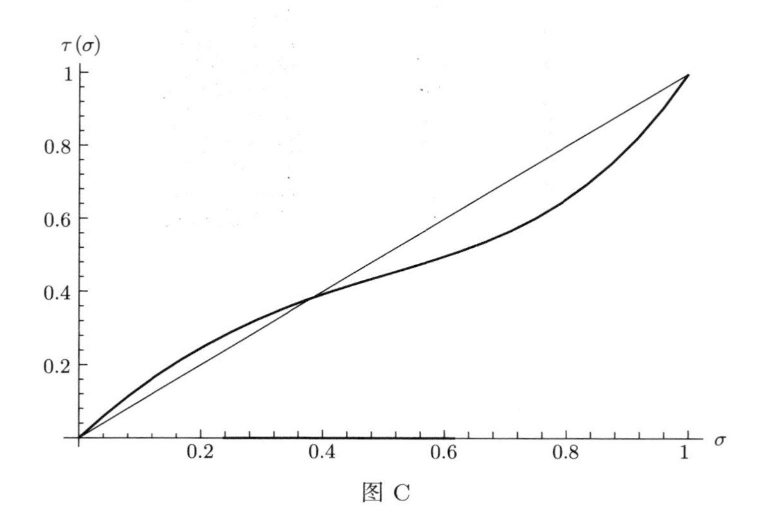

图 C

因此

$$\theta'(\sigma) = 4(\sigma^3 + \delta^2(1-2\sigma))$$

$$\theta''(\sigma) = 12\sigma^3 - 8\delta^2$$

$$\theta'''(\sigma) = 36\sigma.$$

我们也可以写为

$$\sigma'(\sigma) = 4\delta^2(\sigma - 2\delta + 1) + 4(\sigma + 2\delta)(\sigma - \delta)^2,$$

使 θ' 在 I 上是正的. 我们还推断,θ' 是凸的. 它在 δ 的值是 $4\delta^2(1-\delta) \approx 0.584 < 1$, 在 $2\delta - 1$ 是 $4(1-\delta)^2(4\delta - 1) \approx 0.859$. 因此, 它在整个区间 I 中的取值在 0 到 1 之间.

$\dfrac{\theta(\sigma)}{\sigma}$ 在 μ' 的值是

$$4\delta^2(1-\delta) + \delta^3 = \delta^2(4 - 3\delta) = (1-\delta)(4-3\delta) \approx 0.820 < 1,$$

在 μ 则是

$$8\delta^2(1-\delta) + (1-2\delta)^3 \approx 1.180 > 1.$$

因此图 C 确实正确.

为了验证 (8.4), 我们观察到, 如果四个状态的堆积产生 y_{hv}, 那么两个上正方形或两个下正方形中有一个水平交叉, 并且两个左正方形或两个右正方形内有一个竖直交叉. 其概率, 例如上方的水平交叉和左侧的竖直交叉的交叉点的概率显然是 $\sigma\delta^2$, 这是因为左上角的元素必须为 y_{hv}. 由于类似的原因, 存在上下水平交叉以及左边的竖直交叉的概率是 $\delta^2\sigma^2$, 存在两个水平和两个竖直交叉的概率是 σ^4. 因此, 堆积的 y_{hv} 的概率 $\theta((\sigma)$ 是

$$4\sigma\delta^2 - 4\delta^2\sigma^2 + \sigma^4 = \sigma(4\delta^2(1-\sigma) + \sigma^3).$$

$\mathfrak{Y}_1$ 上的一个函数 f 是单调的, 如果

$$f(y_{hv}) \geqslant \max\{f(y_h), f(y_v)\} \geqslant \min\{f(y_h), f(y_v)\} \geqslant f(y_0).$$

进而容易证明一个测度满足 FKG 不等式当且仅当

$$\pi_{hv} \geqslant (\pi_h + \pi_{hv})(\pi_v + \pi_{hv}).$$

在间隔 I 上伴有参数 σ 的测度 π 满足这一不等式当且仅当 $\delta^2 \leqslant \sigma \leqslant \delta$. 正如在 [L] 中所观察, 既然 Θ 映 Π_1 到自身, 所以这个间隔被考虑为自身, 记作 θ. 由于 θ 将全部间隔映为不动点 ν_1, 这个点落在 Π_1. 实际上, 很容易证明这个不动点是 $\sigma = \delta^2$, 它位于 Π_1 的边界上.

因此 Θ 的不动点 $\nu = \nu_1$ 由

$$\nu_0 = 2\delta^2 - \delta, \quad \nu_h = \delta - \delta^2, \quad \nu_v = \delta - \delta^2, \quad \nu_{hv} = \delta^2,$$

或数值

$$\nu_0 \approx 0.146, \nu_h \approx 0.236, \nu_v \approx 0.236, \nu_{hv} \approx 0.382 \tag{8.5}$$

给出. 就方程 (7.1) 的第一个测试, 我们可以比较测度 $\eta = \eta_1$ 和 $\nu_1 = \Gamma_1^1(\nu_1)$, $\eta = \eta_1$ 由 [Con] 中表 3.2 的第 1 行给出.

$$\eta_0 \approx 0.322, \eta_h \approx 0.178, \eta_v \approx 0.178, \eta_{hv} \approx 0.322. \tag{8.6}$$

这两个测度至多存在数量上的相似性, 且 ν 缺乏 η 的对称性.

Θ 在不动点 $\nu = \nu_1$ 的 Jacobi 特征值也能计算, 最好是以 σ_h, σ_v 和 $\sigma = \pi_{hv}$ 的坐标来计算这个矩阵, 原因是方程 (8.1) 和关于 σ_v 相应的方程. 因此, 两个特征值都等于

$$4\delta - 4\delta^3 \approx 1.528. \tag{8.7}$$

将 $\sigma = 0.382$ 代入方程 (8.5) 和(8.6) 即可得到第 3 个特征值, 大约是 0.584.

因此, 存在一稳定的方向或者 (用重正化的言语), 存在一无关的方向, 其他两个特征值中的一个则对应于交换两轴时对称的方向, 记为 λ, 则有

$$\ln(2)/\ln(\lambda) \approx 1.635.$$

就 Θ_1 是 "真实" 重正化的近似而言, 此值应当是临界指标 ν 的正确值 4/3 的近似值 [Con], 其逼近不是很好, 在水平 $l = 2$ 时, 会更好一些.

[Con] 中概括的普适性表明, 在极限情况下, 在不对称方向上应至少有两个等于 1 的特征值, 因为 "真实" Θ 的相关的不动点是双重退化的. 此处为非对称特征所获得的值 1.635 或许可以被认为是 1 的近似. 我们再次表示, 在水平二时将做得更好. 逼近 1 的第二特征值在水平一无所体现.

§9. 水平二

集合 $\mathfrak{Y} = \mathfrak{Y}_2$ 有 2274 个元素, $\mathfrak{Y}_l$ 和自身的四重积有 2274^4 个元素, 对其中每一个, 由于 $\Theta_2 = \Theta_2^{(2)}$ 的计算要求做细致的构造, 如果没有做一些初始简化, 那么映射 $\Theta = \Theta_2$ 就不能做数值的研究.

令 $\Pi = \Pi_2$. 两轴的反射以及两轴的交换定义了 Π 的对称性. 令 Π^R 是两个反射下的不变测度集, 记 Π^S 是 Π^R 的不变测度子集, 是在两轴互换后不变的测度集. 对测度 ν_2, 本节的目的就是寻找其数值解, 预期这个测度落在 Π^S. 我们准备引入一组 $\mathfrak{X}$, 仅有 187 个元素和一个映射 $\varphi : \mathfrak{X} \to \mathfrak{Y}$, 此映射以通常的方式诱导一个从 $\mathfrak{Y}$ 的概率测度集到 $\mathfrak{X}$ 的概率测度集 Σ 的映射, 仍记为 φ, 即是从 Π 到 Σ 的映射.

Θ 到 Π^R 的限制由下面的交换图 D 定义

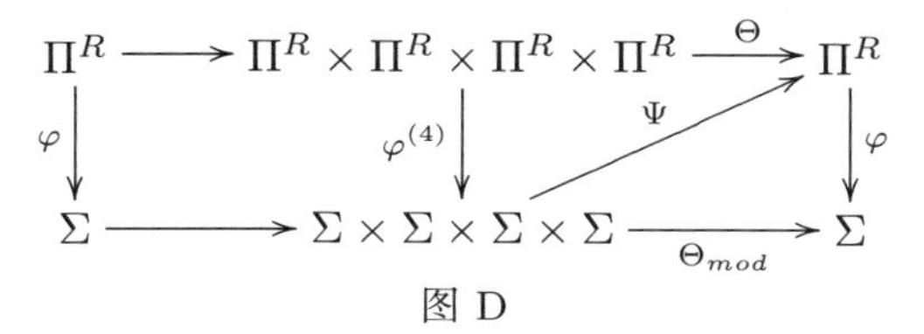

图 D

其中 Θ_{mod} 由映射

$$\mathfrak{X}\times\mathfrak{X}\times\mathfrak{X}\times\mathfrak{X}\to\mathfrak{Y}\xrightarrow{\varphi}\mathfrak{X}$$

定义, 映射 $\varphi^{(4)}$ 是 φ 与其自身的四重积. 如果 ν_{mod} 是 Θ_{mod} 的不动点, 则 $\nu=\nu_2=\Psi(\nu_{mod})$ 将是 Θ 的一个不动点.

实际上, 图 D 的核心由图 E 给出.

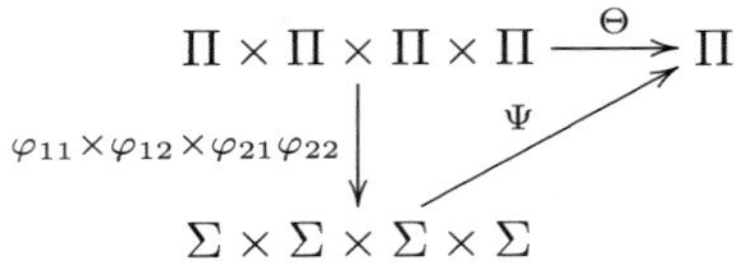

$$\begin{array}{ccc}\Pi\times\Pi\times\Pi\times\Pi & \xrightarrow{\Theta} & \Pi\\ \downarrow{\scriptstyle \varphi_{11}\times\varphi_{12}\times\varphi_{21}\varphi_{22}} & \nearrow{\scriptstyle\Psi} & \\ \Sigma\times\Sigma\times\Sigma\times\Sigma & & \end{array}$$

图 E

其中全部四个映射 φ_{ij} 对 Π^R 有相同的限制. 所有映射 φ_{ij} 通过对称性的操作可从 φ_{11} 获得, 例如通过 φ_{11} 对纵坐标轴的反射可获得 φ_{12}. 因此, 只需描述 φ_{11} 就足够了, 而 φ_{11} 直接从集合中的类似操作

$$\varphi=\varphi_{11}:\mathfrak{Y}\to\mathfrak{X},$$

即可定义.

为定义 φ, 我们在左上角的正方形中定位 $\mathfrak{Y}=\mathfrak{Y}_2$ 的一个元素 y, 并询问如何在进行堆积和粗化之前简化它. 我们首先将 y 替换为 $\overline{y}$, 因为以 $\overline{y}$ 的字眼陈述, 即是 Θ 被定义. 元素 $\overline{y}$ 是通过将正方形的每一边在中点划分为两部分所获得的那些间隔对上的函数. 首先所有外部间隔之间的连接是无关紧要的. 它们对堆积没有影响, 除非它们强制这些连接出现在 $\overline{y}$ 中, 而不是在 y 中, 并且在粗化时忽视它们. 所以它们可以在传递到 $\overline{y}$ 后立即被舍弃.

此外, 如果 α 和 α' 是由一条外边所分成的两个间隔, 则 α 和内间隔 γ 的一个连接如同 α' 和 γ 的连接对 Θ 有相同的效果. 因此, 我们不妨缝合 α 和 α' 为一个单一的间隔. 其结果是, 我们现在考虑一组六个元素与自身乘积上的函数, 这组间隔包含两个外部间隔, 即为正方形的两个外边和四个内部间隔. 两个外部间隔并不连接. 一旦 y (或者更确切地说 $\overline{y}$) 以此方式修正去获得一个函数 z, 我们添加连接到 z 以便到达 $x=\varphi(y)$.

z 的定义蕴含着传递到 $\overline{y}$, 因此, 如果 α , β , γ, δ 是一个循环序列, 并且 $z(\alpha,\gamma)=z(\beta,\delta)=1$, 则 $z(\alpha,\beta)=1$, 除非 α 和 β 都是外间隔. 如

果 β 是内间隔, 且 $z(\alpha,\beta)=z(\gamma,\beta)=1$, 那么我们就增加一个从 α 到 γ 的连接, 除非 α 和 γ 都是外间隔. 当重复应用这个方式所带来的全部连接添加后, 我们就抵达了 x.

因此, 集合 $\mathfrak{X}$ 定义为上述所描述的六个间隔上的一组函数, 满足如下条件:

(1) 对所有的 α, $x(\alpha,\alpha)=1$.

(2) 如果 α 和 β 是不同的外间隔, 则 $x(\alpha,\beta)=0$.

(3) 如果 α , β , γ, δ 是个循环, α 和 β 中有个内间隔, 且 $x(\alpha,\gamma)=x(\beta,\delta)=1$, 则 $x(\alpha,\beta)=1$.

(4) 如果 β 是内间隔,α 和 γ 不是两者都是内间隔, 则 $x(\alpha,\gamma)=1$.

集合 $\mathfrak{X}$ 包含 187 个元素. 我们在表 I 以图形列出它们, 这些象形图给出了这 187 个元素中每一个所有的非平凡的连接, 较少连接的元素出现较早. 因此, 包含所有可能连接的 $\mathfrak{X}$ 的元素排在最后, 仅包含平凡连接的元素排在第一个. 交换两个外边的正方形的对称性作用于 $\mathfrak{X}$, 且与之相关的测度均不变. 所以一个元素和它的反射一起出现.

有一个明显的方法来搜索不动点 $\nu=\nu_2$. 由于预期或者是更希望逼近 η_2, 我们起始于 η_2 的一个近似值, 或者更准确地讲, 是起始于由模拟获得的 $\varphi(\eta_2)=\eta_{mod}$ 的近似值, 然后将 Newton 法应用于 Θ_{mod} 和这个近似值. 该方法的结果收敛, 或者以相当少量的迭代 (五次足够) 似乎就能导出 Θ_{mod} 的一个不动点 ν_{mod}. 表的 ν_{mod} 与其像之间的差的范围小于 2×10^{-11}. 将 Ψ 应用于 ν_{mod}, 我们获得一个 Θ 的明确的不动点, 取其为 ν.

表 I 中给出了 η_{mod} 和 ν_{mod} 的值, 这些 η_{mod} 值是通过在 128×128 网格上以临界概率取 1 000 000 个渗流状态的样本得到的. (基于此表, 反射给出的不同的两个状态的概率已经被平均了.) η_{mod} 和 ν_{mod} 之间的距离约为 0.5, 并且对于具有 187 个元素集合的测度而言, 是相当好的近似了. 一个更有说服力的比较是取 $\nu_{mod}(x)$ 和 $\eta_{mod}(x)$ 的最大值, 即所有超过 $\exp(5)\approx0.0067$ 的那些值, 并计算 $\ln(\eta_{mod}(x)/\nu_{mod}(x))$, 这点在表 Ⅱ 中完成, 第一列中的标签是附加到表 I 中的 x. 因此, 最大概率是所有可允许的连接的函数的最大概率, 且下一个最大概率是除平凡连接外无任何连接的函数的概率.

我们还可以通过比较 $\nu' = \Gamma_1^2(\nu_2)$ 和 $\eta = \eta_1$ 从而将 ν_{mod} 的值与渗流值作比较.ν' 的值由

$$\nu'_0 \approx 0.226, \quad \nu'_h \approx 0.164, \quad \nu'_v \approx 0.164, \quad \nu'_{hv} \approx 0.446 \tag{9.1}$$

给出. 这些值就其是比 η 的值更好的逼近而言, 都是 (8.5) 的改进. ν_0 和 ν_{hv} 之间的不对称较小仍然很重要. 观察到 ν' 满足 FKG 不等式, 且不落在边界, 而是在 Π_1 的内部.

为了找到测度 ν_{mod}, 从而得到 ν, 我们要应用 Newton 法, 使之无法保证其结果满足 FKG 不等式, 因此在 Π_2 中. 这点必须加以数值验证. 作为 [L] 中 Hilfsatz II.B.6 的一个结果, 只需证明: 对于 $\mathfrak{X}$ 的所有单调递增函数, 测度 ν_{mod} 满足 FKG 不等式

$$\int fgd\nu_{mod} \geqslant \int fd\nu_{mod} \int gd\nu_{mod}$$

即可.

我们能够做的最好的事情就是确定它在统计学上是有效的. 再次强调, 所有单调递增函数在减去常数函数之后, 均为基本单调递增函数的正线性组合, 其中在所有 $x \in \mathfrak{X}$ 集上等于 1 的这些函数大于或等于某些给定的 $\mathfrak{X}$ 的子集合上的函数, 否则为 0. 由于单调递增函数的对数大于 10^{26}, 所以它们不能像 $l = 1$ 一样被检查. 所以我们适当处理所选择的样本.

我们使用两种方法来确定基本函数对 $\{f, g\}$. 在第一种方法中, 我们构建一个随机的函数序列, 并用这个序列中的元素来核查所有的函数对. 要构造序列的项 f, 我们首先随机地选择 $\mathfrak{X}$ 中一个元素 x_1, 并以相等的概率0.5 置 $f(x_1)$ 等于 0 或 1. 由于 f 是单调增加, 则要么若 $f(x_1) = 1$ 时, 则 f 的值在 $x \geqslant x_1$ 被确定, 要么若 $f(x_1) = 0$ 时,f 的值在 $x \leqslant x_1$ 被确定. 然后, 我们再随机地选择第二个 x_2, 其上 f 的值仍然自由, 并以相等的概率0.5 置 $f(x_2)$ 等于 0 或 1. 我们构造了一个超过 4000 个函数的序列, 发现由它们构成的多于 8 百万个函数对满足 FKG 不等式.

上述样本有很强的偏差: 基本函数的构造有利于几乎是恒定的函数, 因为初始选择在一个有许多连接的点 x 上的值为 0, 或者在一

元素	η_{mod}	ν_{mod}
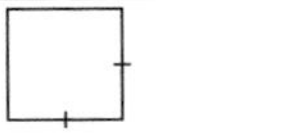	0.10824	0.15575471
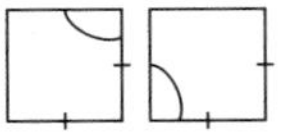	0.01633	0.00974049
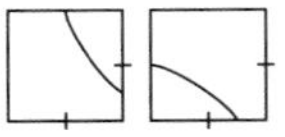	0.02170	0.01046274
	0.00109	0.00098032
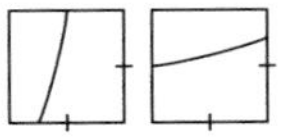	0.00258	0.00538282
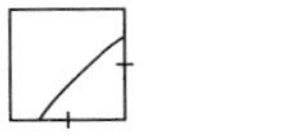	0.00036	0.00008398
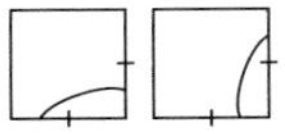	0.02228	0.01027501
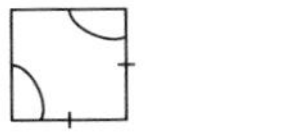	0.00298	0.00017456
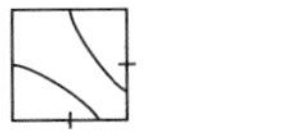	0.00434	0.00018587
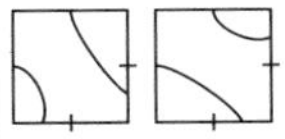	0.00335	0.00047248
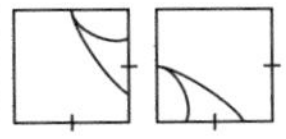	0.00098	0.00025440
	0.00402	0.00325969
	0.00014	0.00002285
	0.00001	0.00000119
	0.00188	0.00491799
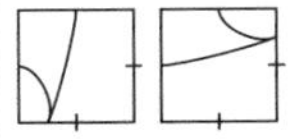	0.02438	0.04813036
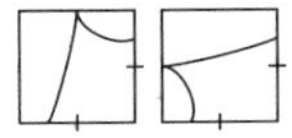	0.00009	0.00028812

元素	η_{mod}	ν_{mod}
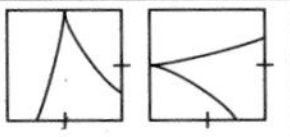	0.00032	0.00019227
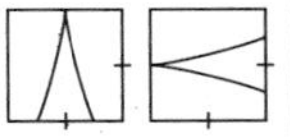	0.00114	0.00037124
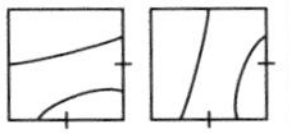	0.00037	0.00018466
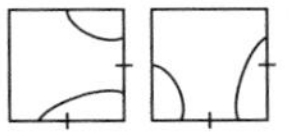	0.00327	0.00036464
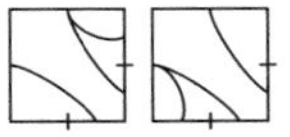	0.00019	0.00000302
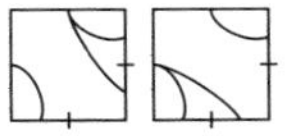	0.00016	0.00000281
	0.00009	0.00000553
	0.00015	0.00001098
	0.00000	0.00000000
	0.00060	0.00005671
	0.00027	0.00016334
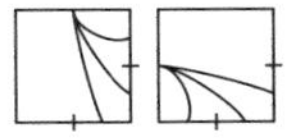	0.00002	0.00000498
	0.00126	0.00037256
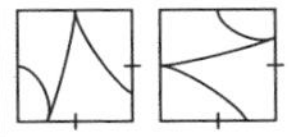	0.00351	0.00185841
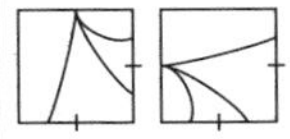	0.00000	0.00000688
	0.00019	0.00012001
	0.00005	0.00000640

元素	η_{mod}	ν_{mod}
	0.00012	0.00007972
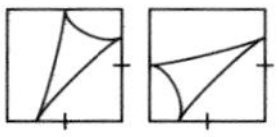	0.00153	0.00127150
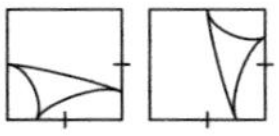	0.00457	0.00549868
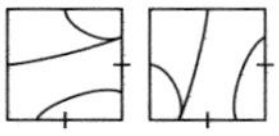	0.00451	0.00184827
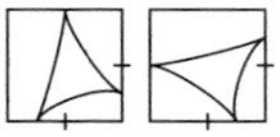	0.00336	0.00055956
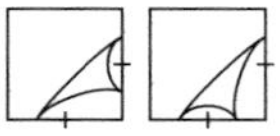	0.00138	0.00025717
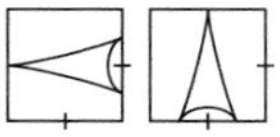	0.00127	0.00009518
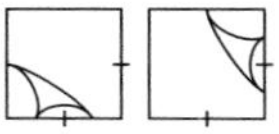	0.01114	0.00171819
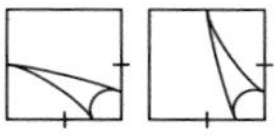	0.00183	0.00093122
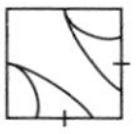	0.00001	0.00000001
	0.00000	0.00000000
	0.00002	0.00000063
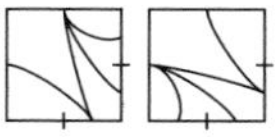	0.00000	0.00000007
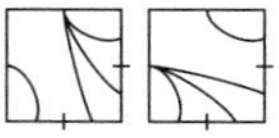	0.00001	0.00000002
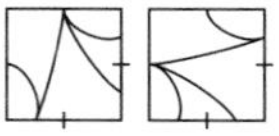	0.00004	0.00000981
	0.00000	0.00000013
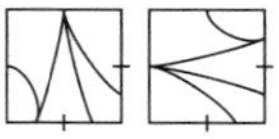	0.00014	0.00076725

元素	η_{mod}	ν_{mod}
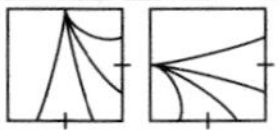	0.00000	0.00000006
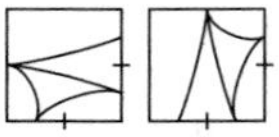	0.00011	0.00008738
	0.00073	0.00017286
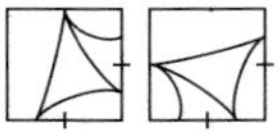	0.00012	0.00000667
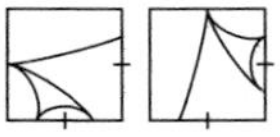	0.00003	0.00003476
	0.00001	0.00000038
	0.00199	0.00002161
	0.00223	0.00002177
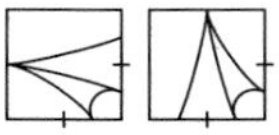	0.00000	0.00001348
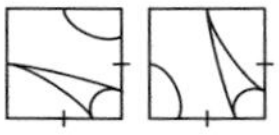	0.00026	0.00000911
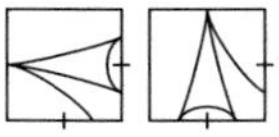	0.00009	0.00000044
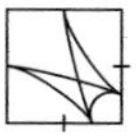	0.01015	0.01449125
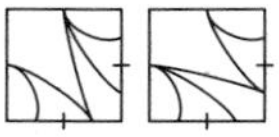	0.00000	0.00000000
	0.02782	0.01397423
	0.00000	0.00000008
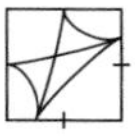	0.01873	0.04793407

元素	η_{mod}	ν_{mod}
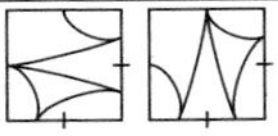	0.00037	0.00067187
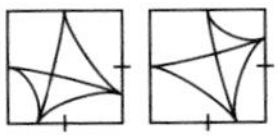	0.00791	0.01031797
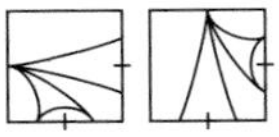	0.00002	0.00000025
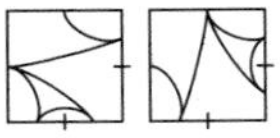	0.00076	0.00005930
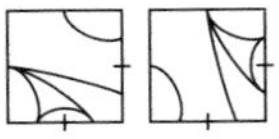	0.00000	0.00000000
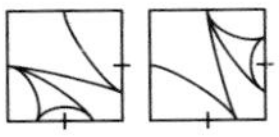	0.00006	0.00000034
	0.00010	0.00000007
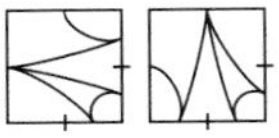	0.00008	0.00002708
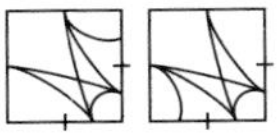	0.00030	0.00002900
	0.00124	0.00006625
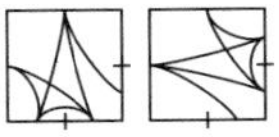	0.00371	0.00014819
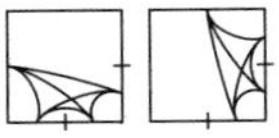	0.02568	0.04413746
	0.00031	0.00003418
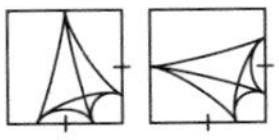	0.00415	0.00222361
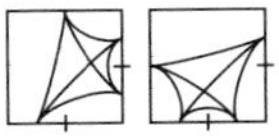	0.00422	0.00165513
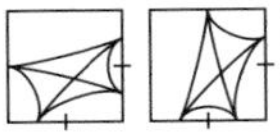	0.00465	0.00149362

元素	η_{mod}	ν_{mod}
	0.01500	0.00174528
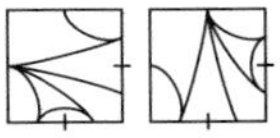	0.00000	0.00000001
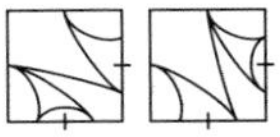	0.00000	0.00000000
	0.00126	0.00000066
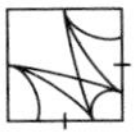	0.00001	0.00000000
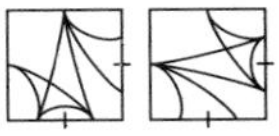	0.00003	0.00000049
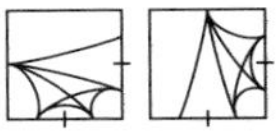	0.00021	0.00078817
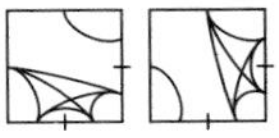	0.00397	0.00167168
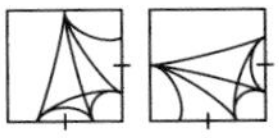	0.00004	0.00002214
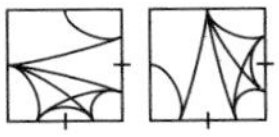	0.00263	0.00645557
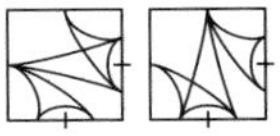	0.00065	0.00000270
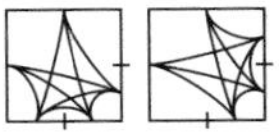	0.04194	0.06275602
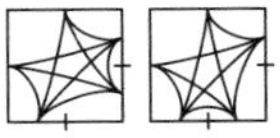	0.03360	0.02928257
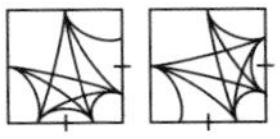	0.00133	0.00024089
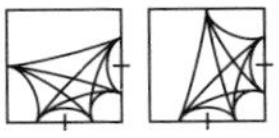	0.02669	0.01047879
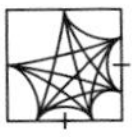	0.16214	0.18391669

表 I

个少有强制约束随之而来的选择的点的值为 1. 如果 FKG 不等式中的一个函数几乎不变, 则更有可能得到满足.

另一种方法是同时构建函数 f 和 g, 对其验证不等式. 首先, x 的元素按照它们包含的非平凡连接的数量进行分类, 它们在 0 和 14 之间变化. 中值数为 4, 因为存在 83 个元素少于 4 个连接, 且存在 68 个元素有连接更多. 对于 $\mathfrak{X}_4$ 中的 x, 我们随机地定义 $f(x)$, 并令 $g(x)=1-f(x)$ 而有四个连接, 其企图是 fg 尽可能小, 使 FKG 不等式更难满足. 当 f 或 g 不能由它们在 $\mathfrak{X}_4$ 上的值确定时, 我们定义 f 和 g 对于 $\mathfrak{X}_3$ 具有关系 $f(x)=1-g(x)$. 如果 $f(x)$ 和 $g(x)$ 都是自由的, 我们以相等的概率选择 $f(x)$ 为 0 或 1, 且$g(x)=1-f(x)$. 一旦在 $\mathfrak{X}_3$ 的值固定了, 我们传递到 $\mathfrak{X}_2$ 和 $\mathfrak{X}_1$, 最后将 f 和 g 两者在 $\mathfrak{X}_0$ 的唯一元素上都取为 0. 然后我们以类似的方式从 $\mathfrak{X}_5$ 径直工作到 $\mathfrak{X}_{10}$. 由于 $\mathfrak{X}_{11}$,$\mathfrak{X}_{12}$ 和 $\mathfrak{X}_{13}$ 是空集, 余下仅包含一个单独元素的 $\mathfrak{X}_{14}$, 我们取这两个函数在此元素的值都是 1.

一个有 100 万对的样本没有违反 FKG 不等式. 然而, 这种统计测试的价值是有限的, 因为就水平一的计算表明, 即使满足 FKG 不等式, 正方形内也许没有多余的空间, 抽样可能会丢失临界的情况.

Θ 的特征值列在表 III 中, 相关联的特征向量的对称性也列在表 III 中. 前两个标签 + 或 − 给出了两个轴中反射后向量所乘的符号. 当交换两个轴时, 向量也由符号所确定, 则该符号是符号序列中的第三个条目.

最大的特征值是 $\lambda\approx 1.6346$, 且

$$\ln(2)/\ln(\lambda)\approx 1.411.$$

和水平一相比, 此值对 4/3 是更好的近似. 两个后续的特征值为 1.1580 和 0.4694, 其中第一个被认为可能是 1 的近似值, 人们对此颇有信心, 第二个是否如此仍存有怀疑.

否则, 水平二的动态似乎是对无限极限中预期动态的一个恰当的近似. 我们观察到, 最终没有努力找到 [Con] 中的临界指数 η 的近似值.

元素	η_{mod}	ν_{mod}	$\ln(\eta/\nu)$
	0.16214	0.18391669	−0.1260
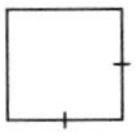	0.10824	0.15575471	−0.3639
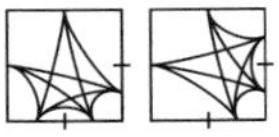	0.04194	0.06275602	−0.4030
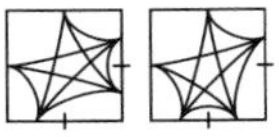	0.03360	0.02928257	0.1375
	0.02782	0.01397423	0.6885
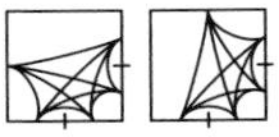	0.02669	0.01047879	0.9349
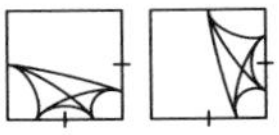	0.02568	0.04413746	−0.5416
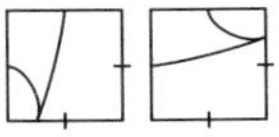	0.02438	0.04813036	−0.6801
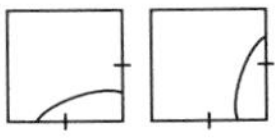	0.02228	0.01027501	0.7740
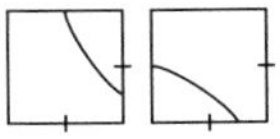	0.02170	0.01046274	0.7295
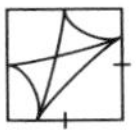	0.01873	0.04793407	−0.9397
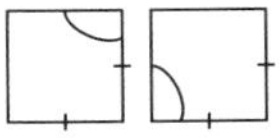	0.01633	0.00974049	0.5167
	0.01500	0.00174528	2.1513
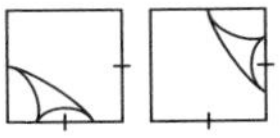	0.01114	0.00171819	1.8693
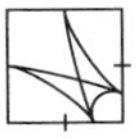	0.01015	0.01449125	−0.3561
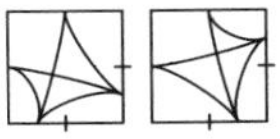	0.00791	0.01031797	−0.2658

表 II

特征值	对称性
1.6345851	+ + +
1.1579551	+ + −
0.4693886	− − +
0.4592117	+−
0.4592117	−+
0.4072630	+ + +
0.3642553	+−
0.3642553	−+
0.2640523	+−
0.2640523	−+
0.2583188	+ + −
0.2445117	+ + +
0.1983699	− − +
0.1747358	− − −
0.1721207	+ + +
0.1286525	− − +
0.1123677	+ + +

表 III

参考文献

[K] H. Kesten, *Percolation theory for mathematicians*, Birkhäuser, 1982.

[Con] Robert Langlands, Philippe Pouliot, and Yvan Saint-Aubin, *Conformal invariance in two-dimensional percolation*, Bull. of the AMS, January, (1994), to appear.

[L] R. P. Langlands, *Dualität bei endlichen Modellen der Perkolation*, Math. Nach., Bd.160(1993), 7-58.

第十章 二维渗流的共形不变性*

§1. 引言

出自拉丁文的“渗流”一词是指液体通过多孔介质渗出或溢出,通常为应变的. 自 17 世纪以来在此种情况以及相关的意义上一直在使用这个词. 它最近被 S. R. Broadbent 和 J. M. Hammersley([BH]) 引入到数学中, 是概率论的一个分支, 特别接近于统计力学. Broadbent 和 Hammersley 区分了流体通过介质传播的两种类型, 或者区分了这些过程的两种概率模型: 扩散过程和渗流过程. 前者随机机制归因于流体, 后者则归因于介质.

渗流过程通常取决于一个或多个概率参数. 例如, 如果气体分子被吸附在多孔固体的表面上 (如在防毒面具中), 则它们穿透固体的能力取决于孔隙的大小和它们的位置, 这两者都被认为是以某种随机的方式分布的. 这种过程的简单的数学模型通常可通过使孔隙以某种规则的方式分布 (可以由周期图表确定) 定义, 并且孔隙以概率 p 和 $1-p$ 是开放的 (因此是非常大的) 或闭合的 (因此小于分子). 随着 p

* 本文的第一部分内容选自 Langlands 于 1992 年 1 月在巴尔的摩举行的 AMS 学术讨论会报告的一部分. 原文发表于 AMS, Bulletion of the AMS, 卷 30, 第 1 号,1994 年 1 月, 作者为 R. P. Langlands, Yvan Saint-Aubin, Philippe Pouliot. 包括美国数学协会的许可. 部分由加拿大 NSERC 和 FCAR 基金 (pour l'aide et le soutien à la recherche(Québec)) 支持. 本章由王世坤和杨洁翻译.

的增加, 气体渗入固体内部的可能性越来越大.

行为突然发生变化的概率通常会存在一个临界阈值, 在这个阈值之下, 渗流只是超表面的, 而在这个阈值之上, 渗透是非常深的. 这种临界现象是热力学和统计力学中类似行为的一种非常简单的类比, 它具有重大的理论和实验以及数学的意义. 由于渗流中所表现出的关键行为与更复杂的系统和模型具有许多共同的特征, 因此渗流已经引起了物理学家和数学家的广泛关注 ([G, K]), 而其中最关键的行为特别是尺度 (缩放) 和普适性. 这两个术语是本文的核心, 下面将以更多的篇幅加以讨论. 缩放实质上是指简单的幂法则的频繁呈现. 这些法则的指数在相当不同的材料和模型中是相同的, 这就是所谓的普适性.

本文的初级的目的既不是回顾渗流理论的基本定义, 也不是要阐述普适性和重正化的一般物理概念 (第二部分将要描述的重要方法). 尽管是以假设的形式, 我们倾向于尽可能具体地描述渗流普适性的几何方面, 特别是共形不变性, 并且提出支持假设的数值结果. 另一方面, 一个进一步的目的是引起数学家对物理概念带来的数学问题的关注. 一些精确的基本定义为使其适应读者是必要的. 此外, 为了确定它们的物理重要性并澄清它们的数学含义, 一方面是尺度和普适性, 另一方面是重正化, 它们的简要描述也是必不可少的.

这些问题均将在第二部分处理. 既然此文的一个目的是要面对我们自己和其他物理背景方面经验不足的数学家, 所以我们不得不避免一些不肯定的、可疑的话语. 由此, 至少就我们而言, 对某些不清楚的问题会少些解释. 我们提醒读者在阅读 2.2 节时要特别谨慎. 在该节, 我们将处理我们中无一人有第一手经验的材料, 这不是你谨慎阅读的最不重要的原因, 但它也不是唯一的原因.

第二部分的第一段是意有所指的, 因为我们希望提出问题的内容是明确的. 这些问题的深度不可能处于这一阶段, 它们是处于中心的, 难以接近的. 但是作为问题, 它们是 2.4 节的假设和第三部分所述的实验的源泉.

对 2.2 节的关注将取决于读者对所使用的物理概念的熟悉程度. 许多与日常经验相当接近, 但也有深刻的想法在悠久的历史过程中被压缩成单个词语. 幸运的是, 该部分可以完全跳过, 而那些对概念没有经验的人可以直接或至少很快地转至 2.3 节和 2.4 节, 这两节是第三部分的预备知识, 2.2 节不是. 第二部分的最后两节也不是. 2.5 节是关于 2.2 节的渗流的一个附录. 2.6 节中的材料特别困难, 但特别重要, 因为它阐明了应用共形场论进行分析预测这一方法的威力. 与严谨的数学证明相比, 这些似乎要难得多, 甚至可能比更为熟悉的几何学预测更深入. 2.6 节中的想法归结于 Cardy, 并出现在一系列的论文中. 尽管文中缺乏严谨性, 但它们似乎具有很大的潜能, 而我们的目的就是以我们可以掌握的最易于理解的形式介绍它们.

由于只有假设的陈述是前面所述的严格的先决条件, 所以第三部分比第二部分有更多的基础的内容, 可以在没有透彻理解前面部分的情况下阅读. 同样的道理, 第三部分可以只是当数学家认真对待第二部分的物理观念时发生了什么情况的一个例证, 第二部分可以不加考虑地阅读.

在讨论 3.1 节中的一般实验程序后, 开始对实验进行描述. 当然, 这些实验是给论文赋予实质性的东西, 其中数学没有证明任何东西. 3.2 节提供了一个近似表, 但在统计上是非常精确的结果, 系由模拟得到, 可用于两个目的: 一是验证 2.6 节中 Cardy 公式的数据 [U], 模拟数据更好一些; 二是构建数据集合, 可以和下节的不精确的数据做比较.

共形不变性的数值研究开始于 3.3 节. 3.2 节的数据是关于矩形的. 每一个平行四边形的内部都共形地等价于一个适当的矩形的内部, 且顶点映为顶点. 这个共形映射是唯一确定的. 此外, 矩形的长宽比 r(相邻边长度的商) 几乎都是唯一确定的. 唯一的可能性是 r 被 $\frac{1}{r}$ 取代. 因此, 建立共形不变性的首要的、自然的比较是将平行四边形的数据与矩形的标准数据 3.2 节进行比较. 这在 3.3 节中完成.

2.4 节的普适性概念不是 2.2 节的概念, 而是与它紧密相关; 正如在 [U] 中所指出的那样, 很难确定它在专家群体中被接受的程度. 它当然没有被利用. 专家们询问与之关系密切的问题时, 并不倾向怀疑这个概念, 并且这个概念已经在 [U] 中以受限制的形式进行了测试. 在本文中, 我们仅仅关注一般假设的一个例子, 其目的主要是展示一个所有对称性被破坏的例子, 并显示如何进行计算.

第三部分的最后三节是对渗流的共形不变性的效果做更大胆的

探索. 我们对各种 Riemann 曲面、无界平面域、有界平面域的分支覆盖以及黎曼球的分支覆盖定义了渗流. 我们到此结束, 但可以走得更远. 这个原则当然已经很清楚了. 在每种情况下, 我们举一个例子并验证它的共形不变性, 但是, 由于我们所解释的精度的原因, 我们也证实了这种不变性降低了. 因此, 最终构想的共形不变性的数值证据并不如此美好, 与所付出的艰苦的实验相称. 我们的目的并不是要达到很高的精确度, 而是要向我们自己保证, 即使是共形不变性假设的大胆形式也很有可能是有效的. 虽然进一步的精确性当然是可取的, 但在我们看来, 寻找证明起始于某种信念, 即一般断言隐含 (读者在明确表述时不会有困难) 前面 3 节是有效的.

就我们已经能够确定的而言, 渗流的临界行为和普适性的研究, 其实用性比理论重要性要少得多. MacLachlan 等 [M] 和 Wong [W] 的文章认为, 在渗流过程的实际应用中, 作为复合材料或岩石孔隙度的研究, 其兴趣和电导率或渗透率比较, 在量上与 2.1 节中的定理的含义相似性不大, 其含义是指在临界阈值点处突然变化, 而电导率或渗透率则连续变化, 尽管无穷可导, 跨过阈值. 本文的临界指标在影响这些量的方程式中是重要的, 但主要的实际问题可能是以几何或其他方式降低临界阈值, 在廉价的基质中掺入较少的昂贵的添加剂. 我们的关切点是理论和数学.

§2. 普适性和共形不变性的假设

2.1 渗流中的基本结论和问题

渗流的一种标准模型是附着在一个正方晶格的每一个格点上. 令 L 为 (嵌入在 $\mathbb{R}^d$) 中的图, 该图的顶点 (格点) 集合是整点 $\mathbb{Z}^d$ 的集合, 该图的边 (键) 连接所有最近邻的点对. 每个格点可以处于两种状态之一. 它可以处于开状态, 则我们为它赋值 1; 或者它处于闭状态, 则赋值 0. 一种构型 (configuration) 是通过指定哪些格点处于开状态哪些处于闭状态来得到. 显然所有构型组成的集合 X 可以表述为

$$\prod_{\mathbb{Z}^d}\{0,1\},$$

即从 $\mathbb{Z}^d$ 到 $\{0,1\}$ 的函数集合. 构型中格点 s 为开的是指相应的函数在 s 处取值为 1. 若令 $0 \leqslant p \leqslant 1$, 那么我们在 $\{0,1\}$ 上赋予一个概率 p, 比如将取值为 1 赋予概率 p, 并且对于每一种构型都赋予一个概率的乘积. 每一个格点可以看成一个独立的具有 0 和 1 两种取值的随机变量. 将具有这种概率测度的集合 X 称为渗流模型 M_0.

由于多种原因, 有时研究整个图形 L 并不方便, 反而研究那些格点

$$\{(i,j)|1 \leqslant i,j \leqslant n\}$$

在边长为 n 的正方形区域 S_n 中的情况会容易些. 如果

$$X_n = \prod_{S_n} \{0,1\},$$

则构型 $x \in X_n$ 被 S_n 中的每个格点的状态所决定. 概率 $\pi(x)$ 等于 $p^k(1-p)^l$, 如果 x 构型中 k 个格点是开的, $l = n^2 - k$ 个格点是闭的. 图 2.1a 显示了一种典型的构型, 其中所有开格点用黑点表示, 所有闭格点用白点表示.

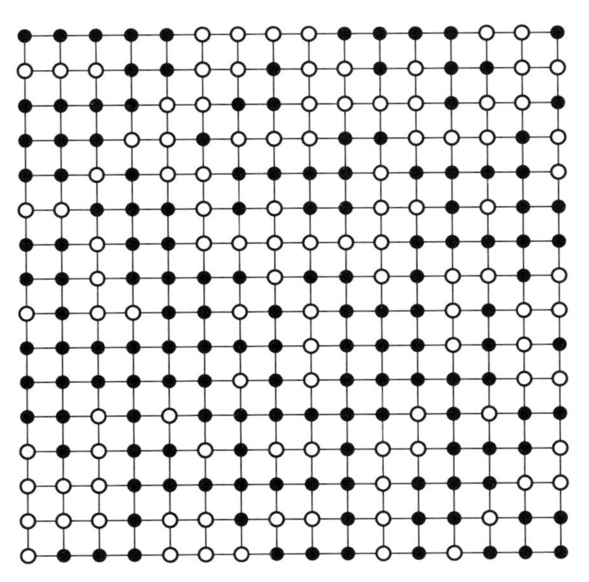

图 2.1a　正方形 S_{16} 的格点表示的渗流模型的一种构型

在研究渗流时, 有许多 X 或者 X_n 的不同构型的概率是有意思的. 我们将在 2.3 节介绍. 现在为了将问题简单陈述出来, 我们集中考

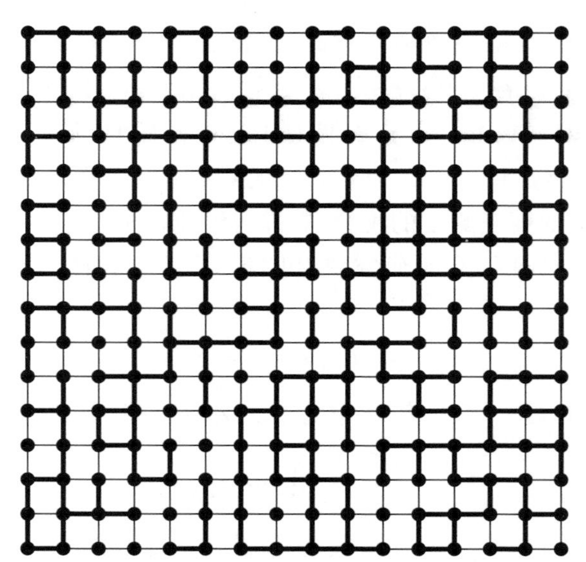

图 2.1b　正方形 S_{16} 的键表示的渗流模型的一种构型. 图 (a) 与 (b) 都具有水平交叉而没有竖直交叉

虑一种特殊的概率 π_h, 即水平交叉的概率. 考虑图 2.1a S_{16} 的构型 x. 该构型允许一个水平交叉的意思是指可以从左边界连续地从一个开格点通过与之相邻的另一个开格点之间的键移动到下一个开格点, 一直移动到右边界. 然而该图形没有竖直交叉. 水平交叉的概率 $\pi_h^n(p)$ 是所有 S_n 中具有一个水平交叉的构型 $x \in X_n$ 的概率 $\pi(x)$ 之和.

当 p 增加, 概率 $\pi_h^n(p)$ 显然随之增加. 图 2.1c 显示了概率与 n 的关系, 其中 $n = 2, 4, 8, 16, 32, 64, 128$. 它看似接近一个阶跃函数, 而这已经被下面定理的两个陈述所肯定, 该定理的原始证明大部分来自 Kesten 的书 [K]. 更早期的作者的贡献也可以在该书中找到. 较新的证明则可以在文献 [AB] 中找到.

定理　*存在唯一的临界概率 $0 < p_c < 1$ 使得:*

(1) 对于 $p < p_c$,

$$\lim_{n\to\infty} \pi_h^n(p) = 0;$$

(2) 对于 $p > p_c$,

$$\lim_{n\to\infty} \pi_h^n(p) = 1;$$

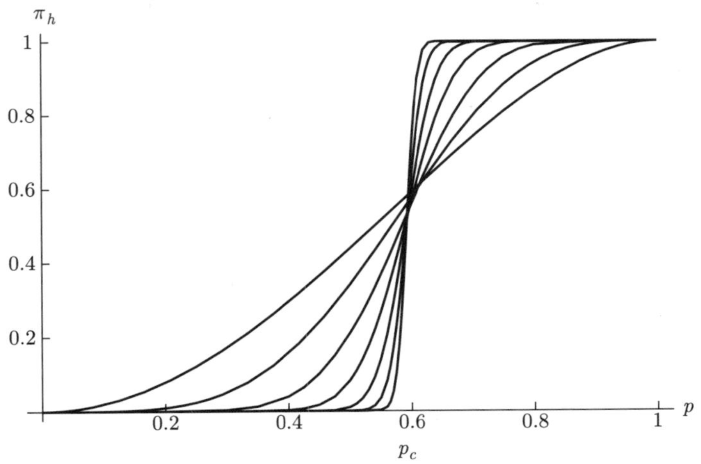

图 2.1c $n = 2, 4, 8, 16, 32, 64, 128$ 的 $\pi_h^n(p)$ 概率曲线. 在 p_c 处较大的斜率对应于较大的 n 值

(3) 对于 $p = p_c$,

$$0 < \liminf_{n\to\infty} \pi_h^n(p) \leqslant \limsup_{n\to\infty} \pi_h^n(p) < 1.$$

尽管该定理很难也很重要, 它却有一个显然的不足, 因为它并没有回答一看到该结论就会在头脑中显现的问题.

问题 1

$$\lim_{n\to\infty} \pi_h^n(p)$$

对于 $p = p_c$ 是否存在?

数值计算显示该极限 (我们以后用 π_h 表示) 毫无疑问是存在的. 第二个问题更微妙, 数值结果强有力地暗示了它的答案. 考虑 $\pi_h^n(p)$ 在 $p = p_c$ 点关于 p 的导数值 A_n. 如果图 2.1c 没有错误的话, 则 A_n 随着 n 增加趋于 ∞.

问题 2 是否存在一个正实数 ν 使得

$$\lim_{n\to\infty} \frac{A_n}{n^{\frac{1}{\nu}}} \tag{2.1a}$$

存在且不等于 0?

这是一个标度不变性定律的简单的例子, 下一章节将对该定律有更一般的解释.

这两个问题以及定理已经对于特定的模型 M_0 有计算公式, 但是还有许多其他可能的模型. 比如, 在二维情况下晶格 $\mathbb{Z}^2$ 可以被三角 (或者六角) 晶格取代, 这些晶格的格点具有 6 个 (或者 3 个) 最近邻格点. 另外, 格点渗流也可以替换成键渗流 (bond percolation). 在键渗流中所有格点都是开的, 键开的概率为 p. 图 2.1b 显示了 S_{16} 的一种构型. 该图中的构型允许水平交叉却没有竖直交叉. 人们也可以研究在更一般的平面图形上的渗流, 并且图形允许包括格点与键为开的或者闭的情形, 而概率则依赖于键或者格点的类型. 例如, 我们在正方晶格的键渗流模型中允许水平和竖直键都是开的却有不同的概率 p_h 和 p_v. 这些变化是无穷无尽的, 但是在一大类别的所有模型中, 通过采取合适的形式, 这个定理仍保持成立, 这两个问题看起来也仍然具有肯定的答案. 临界概率依赖于模型, 但是有证据强烈地暗示另一个问题, 即第三个问题有肯定的答案.

问题 3 *ν 的取值与模型无关?*

ν 被认为是临界指数, 它与模型无关的性质被认为是普适性. 不失一般性, ν 在我们下面要研究的二维渗流模型中被 认为等于有理数 $\frac{4}{3}$.

首先, 渗流模型的明显优势在于 ν 可以容易地被引进来. 统计力学的物理量, 例如比热或者磁化率的奇异行为也可以通过临界指数表达. 下一段落将指出, 临界指数在一大类模型中取值固定, 即其普适性在实验观测的范围内已经得到确证. 虽然人们不理解其来源, 但是有一种有效的方法 —— *重正化群*可以用来研究临界行为, 然而理解其中的机制仍旧成为一个问题: 为何几何占据主导地位, 相互作用的细节消失了, 结果导致重正化如此有效. 缺少的洞察力可以被视为物理的或者数学的, 这不是一个强化了其他有说服力的论点的问题. 现在并没有其他的论点.

重正化群方法从量子场论中抽取出来应用于统计力学, 如其名字所暗示的, 有着一段观念上的艰难的历史, 此文不再赘述. 不过本文将试图向读者给出这个名词的一些解释. 读者将会清楚地看到, 与第一印象不同, 这三个问题的难度并非层层推进, 不是前面的问题应该被解答了后面的问题才能被提出. 相反, 三个问题应该同时被解答.

考虑到这一点, 在文 [L1, L2] 和 [U] 中我们的目标是引入可以被称为重正化的对象, 但这同时也是具体的、基本的数学对象, 经得起严格的数学论证. [L1,L2] 中引入的是有限维空间中一系列连续变换. 2.3 节将简要地回顾它们. 将这些对象与重正化联系起来需要一些它们的有效性还没有被普遍接受的假设. 为了确保这些定义是有根据的, 我们研究了 [U] 文中各种渗流模型的如同 π_h 在内的交叉概率. 在获得数据后与 Michael Aizenman 的谈话, 向我们大大澄清了它们的本质. 特别地, 他猜测这些交叉概率将会是共形不变的.

随后与其他数学家的对话使我们相信, 随着共形不变性的出现, 渗流成为一个拥有比数学物理学家和概率学家更广泛的观众团体的话题. 例如, 我们应该感谢 Israel Gelfand 的一个评论, 其导致了紧黎曼曲面上共形不变性的研究. 由于共形不变性的证明可能需要等到渗流的普适性得到证明之后, 即使 [L1,L2] 中的观点有一定的正确性, 这些证明都可能慢慢才能得到实现, 因此我们决定通过强调数学吸引力的形式, 为共形不变性及其结果提供数值证明, 这是本文的主要目的. 并没有证明或说明定理.

正如所承诺的那样, 根据我们关注的术语 (普适性和重正化), 我们在取得数值结果之前给出了一个解释. 在下文开始之前, 由于 Michael Aizenman 和 Thomas Spencer 的鼓励, 我们想向他们表达我们的感激之情.

2.2　普适性与重正化群

统计力学以及与热力学紧密联系的学科在某种程度上说是处理我们熟知的物体: 气体、液体和固体; 或者磁场中的磁体. 让人们颇为诧异的是, 我们对这些物质并不像我们所想象的那样熟悉. 水蒸气、水和冰以及它们之间的转化是我们每天日常都会经历的, 如图 2.2a 的相图也是我们常常见到的.

它们通常不是按比例画的, 而且我们也不追问在通常的条件下我们可以得到压力与温度的哪一个区域或者数值. 温度介于 $-20\,°\mathrm{C}$ 与水的沸点 $100\,°\mathrm{C}$ 之间 (除了在燃烧条件下) 是最普遍的. 因为局部压力现象, 对我们来说更为熟知的是湿度的因子, 只有环境空气中的水蒸气压力影响蒸发和融化的速度, 因此相关的压力范围从 1 个大气压开始一直到 0. 因此即便图 2.2a 中的三相点 A 是在 (P,T) =(0.006 大气压, 0 °C), 冰在池塘和水坑表面也会融化.

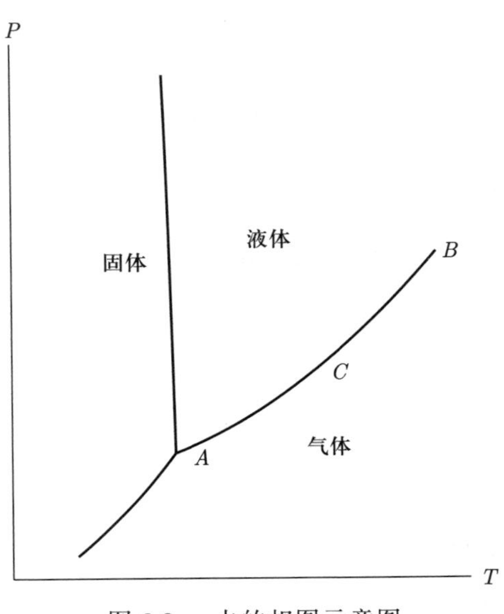

图 2.2a 水的相图示意图

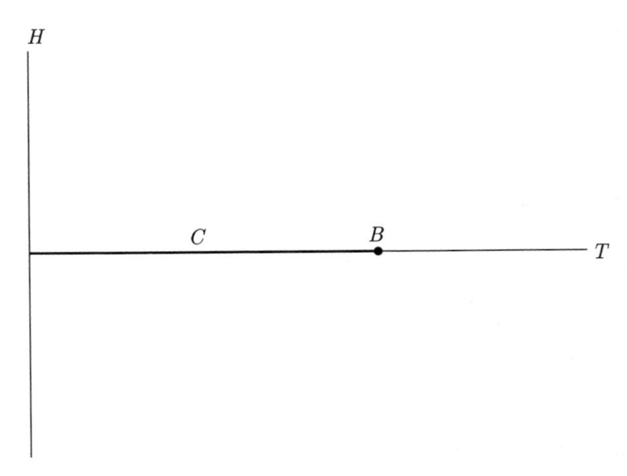

图 2.2b 铁磁体的相图示意图

另一方面, 从技术上讲临界点 B 在 (P_c,T_c) =(218 大气压, 341 °C), 因此没有一个图形可以通过按比例缩放来涵盖这两个点. 该压力值出现在海中距离海平面 2 公里的地方, 显然不是一个我们可以试图将水烧开的地方.

因此伴随着临界点的现象, 那些与普适性相关的现象, 不同于那些从水变成冰或者从水变成水蒸气的现象. 它们有着不同的本质. 如果在临界温度 T_c 以下的一个温度 T 处, 对一个封闭的装有水蒸气的容器连续增加压强 (或者减少体积), 则当压强使得 (P,T) 落在曲线 C 上时, 水蒸气开始凝结, 我们可以持续地减少体积而保持压强不变, 直到所有蒸汽消失. 这之后再减少体积就会增加压强, 或者说持续增加压强就会减少体积, 减少得相当多. 最好是想象在没有重力场的情况下发生的转变, 这样密度的差异不会以人们熟悉的方式引起液体析出. 相反, 在转变过程中形成了一种泥浆状物 —— 周围空气中的液体袋或周围液体中的空气袋.

在曲线上的点, 体积 (因此密度) 改变而压强不变, 等温压缩系数

$$K_T = \frac{1}{\rho}\left(\frac{\partial\rho}{\partial P}\right)_T \tag{2.2a}$$

毫无疑问会是无穷大. 温度在 T_c 以上, 曲线 C 中断, 因此没有从气体到液体的相变, 而是随着压强增加液体变得稠密. 特别地, 没有哪一点的 K_T 值达到无穷.

如果在 $T=T_c$, 压强以相同的方式增加, 其行为可以被 $T<T_c$ 与 $T>T_c$ 模仿. 令 T 等于常数 T_c, 改变压强从而得到的曲线可以被其他通过临界点的曲线取代, 但是最好还是研究一条固定的简单定义的曲线. 在后面章节中我们观察渗流的临界行为, 其中只有一个自由参数 —— 概率, 该行为可以与这里所说的曲线的行为相比拟.

流体 —— 液体或者气体, 都是由受到热升降影响的分子组成. 因此密度只定义在具有统计意义的分子聚集体上. 在曲线 C 以外, 只要几个分子便足够 (参考文献 [P]) 使得聚集体占有空间的大小是几个分子半径, 即 3×10^{-10}m 时便可达到普通态或簇状态. 在曲线上, 簇状态是一个肉眼可见气体或液体的混合物, 它的大小 (相对于分子半径) 实际上可设为无穷了.

出于统计学的原因, 为了定义物理量诸如密度所需要的尺度通常被称作相关长度, 记为 ξ. 它依赖于压强和温度,$\xi=\xi(P,T)$, 且在临界点 B 处变成无穷大, 如前所述原因, 它在整条曲线上都是无穷大. 因

此越接近临界点时, 热涨落发生的尺度越大, 最终达到并超过可见光波长 —— 约为 5×10^{-7} 米.

尽管最初的讨论是针对水的 (因为它很常见), 然而如同下面引文所暗示的, 这未见得是在临界点附近开展实验的最好的物质. 文献 [S] 简洁清楚地陈述了原因, 事实上实验非常困难.

一种由于相关长度增加而出现的称为临界乳光 (critical opalescence) 的光学现象是相当多彩且非常有名的. 不幸的是, 据我们所知, 关于它的最好的照片和透明片从来没有发表过. 请读者参考《化学与工程新闻》刊物的 1968 年 6 月 10 日刊的封面, 那是我们唯一知道的彩色复制品. 要是刻画 Michael Fisher 表述的二氧化碳的临界乳光的棕橙色阶段 [F2] 的照片得以发表的话, 那将是非常有用的, 可以澄清许多的误解.

> "二氧化碳在可见光区域相当透明, 如果从侧面照射, 则可观察到高强度的散射光. 当从照明的垂直方向观测时, 这有一抹蓝色, 但出现了一条棕色 – 橙色条纹. 从前进方向看时, 就像烟雾弥漫的一天的日落 (即, 从背后照亮的乳白色的液体). 最后, 当温度上升零点几度时, 乳光消失, 流体再次变得完全透明."

我们通过合理的数学假设尽可能简要地回顾该实验所给出的观念性的结论. 我们的讨论从标度不变性和普适性出发, 主要来源于文献 [F1] 与 [H] 的实验结果. 目前阶段重正化观念还没有出现. 我们一开始就强调标度不变性是实验证据所给出的第一个结论, 而普适性则是第二个. 目前重正化很大程度上是一个具有启发性的数学论证, 可以证明这两者.

尽管不同物质的相图不同, 其示意图是类似的, 相关长度 ξ 的行为也没有不同. 一旦它有取值的话, 在临界点附近它是到临界点的距离 ρ 的幂次

$$\xi \sim \rho^{-\nu}. \tag{2.2b}$$

在由 $T = T_c$ 给出的曲线上, 参数 ρ 为 $|P - P_c|$; 而在由 $P = P_c$ 给出的曲线上, 它则是 $|T - T_c|$.

方程 (2.2b) 是另一个关于标度不变性的可以立即与 (2.1a) 相比

拟的实例. 相关长度即样本尺寸, 对于忽略局部统计不规则性来说是必要的, 因此物质处于普通状态或者簇状态. 渗流模型中, 当参数 p 不等于 p_c 时, 定理的第一和第二个部分生效. 因此 $\pi_h^n(p)$ 非常接近于 0 或者 1. 因为 A_n 是在 p_c 处的导数值, 由定理的第三部分, 令 $A_n(p-p_c)$ 的绝对值为 B, 它不等于 0. 满足上述条件的最小的 n 是相关长度的一个候选者. $\xi = n$ 与

$$A_n|p-p_c| = B$$

以及 (2.2b) 联合给出

$$|p-p_c|^{-1} \sim A_n \sim n^{\frac{1}{\nu}} = \xi^{\frac{1}{\nu}},$$

或者 $\xi \sim |p-p_c|^{-\nu}$.

尽管临界指数 ν 在渗流模型中是显然的, 一般也是基本的, 它却是实验上最难测量的量. 在纯流体的液 – 气转换中, Fisher 断言 ([F2]) 它取值在 0.55 至 0.70 之间, 暗示了它的取值与流体无关, 因此是普适的. 因为这显然不是对渗流来说看起来正确的取值 $\frac{4}{3}$, 显然存在不止一个普适类.

尽管普适现象与标度不变现象在引入重正化群之前被发现, 但是为了更容易说服数学读者, 真实的物质和模型应该落在微妙的普适类中, 只要能立即解释它们对应于稳定流形的重正化群变换下的不稳定的不动点. 因为这些不动点可能不是孤立的, 该变换也许在不动点 Q 的稳定流形上画出一个点非常接近于另一个不动点 Q' 而不是 Q 点. 哪怕是在概念层面上, 区分这些类别并对其分类的难度也很巨大 ([F2]). 而实验的不确定性 ([H]) 只会加剧此难度.

人们究竟处理的是真实物理体系还是数学模型, 通常有一些与体系或者模型相关的临界点的关键指标, 有些后面会详细介绍. 并且后面也会阐述在同一普适类中, 它们有着相同的取值. 真实体系有各种类型: 已经介绍的具有液 – 气转换的流体; 磁性体系, 或者铁磁或者反铁磁; 两种流体的混合; 以及一些其他的. 它们可能都可以被一个精确但极其复杂的数学理论描述. 刻画经典物理体系的最好的数学模型是铁磁 Ising 模型. 也有类似渗流一样的模型, 其经典热力学表述的参数从某种程度上说是人为的. 普适性贯穿于这些性质的分类中.

主要的因素是维度; 次主要的因素是某些来自局部相互作用的粗糙性质, 比如各向同性或者各向异性. 其他可能的次要因素记录在 [F2] 的 2.6 节中.

我们主要考虑二维渗流模型, 因此第一个因素确定了. 并且在渗流中没有相互作用, 因此第二个因素也不存在. 晶格结构的改变以及渗流的类型 —— 格点还是键型, 都不会影响二维渗流的普适类.

对于经典热力学范式适用的系统或模型, 有两种截然不同的变量类型: 统计力学的 Hamilton 量中的参数 (严格地说取 Boltzmann 常数量纲, 否则不包括温度), 热力学中的参数, 出现在外部的且自然地受制于实验者、流体的温度和压强、磁铁的温度和外加磁场等因素的参数; 以及那些更自然地表示为单位体积或晶格格点的量. 我们称前者为外部变量, 后者为内部变量. 典型的内部变量是密度、熵、单位体积的磁化强度或者于晶格模型中格点上的磁化强度. 它们统计上作为平均值, 热力学上作为每单位体积或者每个格点的自由能函数 f 关于与之对偶的外部变量的导数.

有两种类型的临界指数, 尽管它们并不总是可以清晰地区分: 那些与热力学量有关的; 以及那些在分子水平上被定义的, 通常是光学研究中的, 或者至少是电磁学中的指数. 虽然第一种在渗流中也可以定义, 第二种的类比在本文中更为自然. 标度不变在第一种更容易解释, 因此我们先介绍它.

因为我们的论述沿着文献 [F1] 和 [F2] 的思路, 铁磁系统更为方便. 相关的外部变量是温度 T 和外加磁场 H. 在相图 2.2b 中, 只剩下曲线 C 和点 B. 曲线 C 是一个线段,$H=0, T \leqslant T_c$, B 为 Curie 点 $(T_c, 0)$. 液 – 气转换被沿着 C 自发磁化的概率取代, 自发磁化的符号而非大小依赖于我们从 C 的上面还是下面接近它. (严格地说, 变量 H 是一个向量, 磁化强度也是, 但是我们最好忽略这种可能性.)

如果我们选择靠近 B 点的独立变量 $t=T-T_c$ 和 $h=H$, 使得临界点坐标为 (0,0), 则自由能 $f=f(t,h)$(几乎) 满足一个方程

$$f(t,h)=b^{-d}f(b^{\lambda_1}t, b^{\lambda_2}h). \tag{2.2c}$$

如 Fisher 解释的, 此方程为实验方程, 是由 B. Widom 实现的简洁而富于启发性地诠释了标度定律的方程. b 为大于 1 的任意常数, λ_1 和 λ_2

是两个临界指数, 其他临界指数可以由它们表征. 后面会介绍为何将 $1/\lambda_1$ 等同于 ν. 记 Δ 为 λ_2/λ_1. 我们观察到临界指标的定义在不同文献中都是一样的. 因此 Fisher ([F1,F2]) 和 Grimmett([G], 特别在 7.1 节, 我们鼓励读者比较下面的讨论) 使用相同的定义, 它们指的是类似的指数. 整数 d 是维度. 目前它等于 3. 后面, 当我们回到渗流模型, 它等于 2.

有四个临界指标 $\alpha,\beta,\gamma,\delta$ 对应于热力学量. 诱导的单位体积的磁化强度是

$$M=\frac{\partial f}{\partial h}.$$

本质上它是密度在铁磁中的类比. 对 (2.2c) 式中的 h 求导, 令 h 从 0 以上和 0 以下趋于 0, 得到的两个极限可能是不同的, 我们得到

$$M(t,0_{\pm})=t^{\beta}M(1,0_{\pm}),\quad \beta=d\nu-\Delta,$$

令 $b^{-\lambda_1}=t$. 因此接近临界点的地方, 自发磁化强度 (几乎!) 是 $t=T-T_c$ 的齐次函数.

磁化率或者 M 随 H 的变化率, 即方程 (2.2a) 中的可压缩性的类比, 是 $\partial M/\partial h$. 因此在 $h=0$, 它是 t 的次数为 $-\gamma=\beta-\Delta$ 的齐次函数. 第三个临界指数 δ 刻画了在曲线 $T=T_c$ 或者 $t=0$ 上 M 作为 h 的函数的行为. 显然

$$M(0,h)=h^{\frac{1}{\delta}}M(0,1),\quad \delta=\Delta/\beta.$$

可以观测到方程两边取 $t\to 0$ 的极限相同.

比热是 f 关于 t 的二阶导数 (除了相差一个因子). 因此在 $h=0$, 它的行为类似 $t^{-\alpha}$,$\alpha=2-d\nu$.

有两种在分子层面上定义的临界指数, 统计意义上的指数 ν 和第二个指数 η. 在临界点以外, 相关函数通常在空间中呈指数下降 (粗略地说)exp $(-|x-y|/\xi)$, 而 x 和 y 是空间中的两点,ξ 是相关长度. 在临界点 ξ 变成无穷大, 这种快速的衰减被一种缓慢的衰减 $|x-y|^{2-d-\eta}$ 取代. 因此不同于其他指数,η 特指临界点本身的行为, 而非临界点附近的行为.

为了用 λ_1 和 λ_2 表示 ν 和 η, 我们需要一种比其他四个临界指数 ([F1]) 的讨论更复杂的讨论. 结果是

$$\nu = \frac{1}{\lambda_1}, \quad \eta = 2 - \frac{\gamma}{\nu} = 2 + d - 2\lambda_2.$$

结果,λ_1 和 λ_2 以及其他的临界指数都可以用 ν 和 η 表示.

标度不变性是一种特定物理系统和模型的表述方式. 断言临界指数对广泛的类别而言是 (或者几乎是) 常数的普适性是第二种不同的表述方式. 两者的证据很大程度上来源于实验数据或者对于特定模型的计算的结果.

理论证明是不足的. 然而重正化群对 (2.2c) 产生了一些预见. 最简单的是考虑铁磁晶格模型,2.1 节的晶格 $L \subset \mathbb{R}^d$ 的每一个格点上都有一个磁铁, 其磁化强度与定向可能是也可能不是严格控制的. 在研究得很多的 Ising 模型中, 它们只能取在两个相反的方向上, 并且大小也固定, 因此可以等效于取值 ± 1. 目前这种限制不是很重要, 相反, 几何很重要. 除了在格点上放置一个简单的磁铁之外, 我们也可以允许在每个格点上放置一系列相互作用的磁铁. 这些在近邻格点或者近距离格点间物体的相互作用, 就是这两个格点上所有磁铁之间的相互作用. 之所以考虑更一般的公式, 是因为这样的体系可以复合.

这就是重正化的本质, 这里为读者提供一种复合的想法. 它预示了我们所有的研究, 而又不涉及具体形式. 我们的目标不在于寻找关于这种复合的新的, 甚至数学上更容易处理的定义 (如同 [L1,L2]).

附着在 d-维立方体的角落的格点上的体系可以融合成一个简单系统. 从模型 M 出发, 我们构造第二个模型 $M' = \Theta(M)$, 在其格点 $x = (x_1, x_2, \cdots, x_d) \in \mathbb{R}^d$ 上安放融合了那些格点

$$x' = (2x_1 + \epsilon_1, 2x_2 + \epsilon_2, \cdots, 2x_d + \epsilon_d)$$

的体系, 其中 ϵ_i 取值 0 或者 1.

我们可以粗略地考虑. 如同 2.1 节, 考虑一个边长为 n 的大区域 S_n, 其格点上放置了磁铁的体系. 如果 $n = 2^m$, 该体系的构造如下: 从尺度为 1 的独立系统出发, 将 2^d 个这样的系统放在一起形成尺度为 2 的方块, 进而将同一过程迭代 m 次. 因此模型 M 可看成 $M^{(m)} =$

$\Theta^m(M)$. 因为统计力学的基本假设是足够大的系统的性质与无穷大的系统的性质在本质上是一样的. 我们可以认为 $M^{(m)}$ 与 $M^{(m+1)}$ 本质上是一样的, $M^{(m)}$ 是 Θ 的不动点.

该映射 Θ 是一个重正化 (renormalization), 因此 (半) 群产生的不动点是问题的关键. 普适性可以表述成我们感兴趣的体系的 Θ 有几个不动点的声明.

首先, 明显的困难在于为了定义 Θ, 我们必须允许体系变得越来越复杂, 因此收敛问题出现了. 其次, 不太显然的难度在于虽然对于普适性而言起着关键作用的因素在 Θ 的定义中是暗含的, 但是涵盖了局域相互作用的细节的定义对该机制没有什么启发性. 也即,$M' = \Theta(M)$ 的传播穿过 2^d 个复合系统之间的分隔墙, 当我们迭代的时候, 系统在一个格点可以影响另一个, 迭代次数和路径强烈依赖于维度 d, 重复度看起来超过了其他的因素.

在一维中, 传播是线性的, 问题通常可以用 Markov 过程来表述. 因此, 虽然重正化群的分析是有启发性的, 但从严格数学的观点来看是没有必要的. 在两维和更多的维度中, 它是在临界点上给出系统定性行为的最有效的方法之一, 但收敛问题变得更为困难 ([F2],5.6 节).

尽管下一节的交叉概率是我们正在研究的重正化的变量, 但标准的研究方法更常使用的是 Hamilton 量中的这种或者那种外部变量. 源于 Nelson 和 Fisher [F2] 文 5.2 节中的一个简单例子承认重正化的精确定义, 也许可以给读者一个关于其功效的更为清晰的概念.

对于一维 Ising 模型, 考虑一个有限的整数集合 $S_N = \{i| -N \leqslant i \leqslant N\}$. 该模型可能的状态是 S_N 上的取值为 $\{\pm 1\}$ 的函数 s. 物理态的能量由 Hamilton 量给出,

$$H_0(s) = K_0 \sum_{-N\leqslant i\leqslant N-1} s_i s_{i+1} + h_0 \sum_{-N\leqslant i\leqslant N} s_i + C_0 \sum_{-N\leqslant i\leqslant N} 1.$$

统计力学每格点上的自由能是如下的一个比值

$$-kT\ln\left(\sum_s \exp(-\frac{1}{kT}H_0(s))\right)/(2N+1)$$

对所有态 s 求和. (因子 k 称为 Boltzmann 常数, 用来确保指数函数的

指数部分无量纲化.) 因此配分函数 (partition function)

$$Z_N(H)=\sum_s \exp(-\frac{1}{kT}H_0(s))=\sum_s \exp(-H(s)), \tag{2.2d}$$

这里我们令

$$H(s)=H(s;K,h,C)=K\sum_{-N\leqslant i\leqslant N-1}s_is_{i+1}+h\sum_{-N\leqslant i\leqslant N}s_i+C\sum_{-N\leqslant i\leqslant N}1,$$

其中

$$K=\frac{K_0}{kT},\quad h=\frac{h_0}{kT},\quad C=\frac{C_0}{kT}.$$

将 K,h,C 看成外部变量是合适的. (这里有一点术语的乱用. 参数 T 出现在 K 中, 但是严格地说没有出现在原始的 Hamilton 量中.) 统计力学中态 s 的概率等于

$$\exp(-H(s))/Z_N(H).$$

我们可以将格点 s_{2i} 与 s_{2i+1} 上的系统融合, 得到格点 i 上的通过能量 $K's_{2i}s_{2i+1}$ 相互作用的两个简单磁铁的体系. 但是这样改变了体系的本质, 收敛问题就出现了. 如若不然, 我们将重点放在计算有三个外部参数作为变量的配分函数上. 固定 s_{2i} 的值使得局域态被偶数格点决定, 并且 (2.2d) 式对所有奇数格点的两种可能取值求和. 如果我们定义 s' 为 $s'_i=s_{2i}$, 如果端点允许一定的模糊, 结果可以写成

$$\sum_{s'}\exp(-H'(s'))=Z'_{N'},\quad N'=N/2.$$

在大 N 极限下, 期待问题可以被解决. 而收敛问题产生了, 因为 Hamilton 量 H' 可能与 H 相当不同, 因此该计算将我们带到了更大的 Hamilton 量的空间, 但并没有带来实际的简化.

这个例子的优点在于 (我们强调它是非常不同寻常的), 通过放弃初始的融合并对在奇数格点上的态以任意方式求和来实现的, 结果 H' 变成

$$H'(s')=H(s',K',h',C'). \tag{2.2e}$$

如果令

$$\begin{aligned} w' &= w^2xy^2/(1+y)^2(x+y)(1+xy) \\ x' &= x(1+y)^2/(x+y)(1+xy) \\ y' &= y(x+y)/(1+xy). \end{aligned}$$

这里出现的三个参数为

$$w = e^{4C}, \quad x = e^{4K}, \quad y = e^{2h}.$$

那么 Θ 为变换

$$(K, h, C) \to (K', h', C').$$

为了考察哈密顿量 H 的物理性质, 可以使用相关长度 $\xi(H)$. 令 $f(i)$(在大 N 极限下) 为 s_0 与 s_i 有相同定向的概率, 令 $\xi(H)$ 为该分布的宽度的测度, 比如说对于某个 f_0 值, 取最大的 $|i|$ 使得 $f(i) > f_0$. 如果我们局限于偶数 i,ξ 的值不会发生很大的变化, 因此对于奇数格点的部分和不会影响相关长度. 从 H 到 H', 我们重新标记, 将 s_{2i} 记为 s_i'. 该结果变成

$$\xi(H') = \frac{1}{2}\xi(H).$$

在这个模型中重正化群变换 Θ 是一种"抽取"过程, 因此移掉了一半的格点, 进而缩小了晶格的尺寸, 将 H 变成 H'. 它使相关长度缩短 1/2. 该模型的参数空间是 $\mathbb{R}^3$ 的一个子集.

我们声称映射 Θ 的不动点是关注的焦点. 在 Θ 的不动点 (w, x, y) 处, 哈密顿量 $H = H(w, x, y)$ 在 Θ 作用下是不变的, 因此它的相关长度必须满足

$$\xi(H) = \frac{1}{2}\xi(H),$$

因此 $\xi(H) = 0$ 或者 $\xi(H) = \infty$. 由于本小节开始介绍的原因, 它是可以产生临界点的第二种类型的解. 在文献 [F2] 的 5.3.2 节和 [NF] 中有更为详细的介绍.

一维例子的简单性是有误导性的. 对于二维 Ising 模型, 抽取过程看似需要引入更多的变量 (除了 K, h, C 以外) 来描述次近邻的相互作

用. 重复抽取过程需要越来越多的变量, 因此收敛问题不证自明. 与例子不同, 该行为是典型的. 人们期望 (2.2e) 一般能被一个方程替代

$$H'(s') = H(s', K', h', C') + H''(s'), \tag{2.2f}$$

其中 $H''(s')$ 很小, 且经过每一步变得更小, 最终变成无关量.

文 [L1] 与 [L2] 强调的是一系列越来越复杂的作用于有限维空间的变换接近"真实" 的 Θ, 其前面的分量允许仔细地研究. 因为这些近似变换是我们强调交叉概率的原因, 我们下一节会简要介绍.

我们首先回到方程 (2.2c), 想象我们在一个不动点上. 它与复杂的体系相关, 因此需要用比 h 和 T(或者 t) 多得多的外部变量来决定局域相互作用, 因此一般地每个格点上的自由能是无关量. 数学上这意味着它们是沿着 Θ 收缩方向上的变量. (在这个模型中,K 是另一种形式的 T, 然而正如常常发生的情形, 这里有不止一个附加的相关变量, 不仅有 h 而且还有 C. 这些相关变量要是出现的话, 就是那些定义 H'' 的.) 如果我们忽略这些相关方向,Θ 大致有下列形式

$$(t, h) \to (2^{\lambda_1} t, 2^{\lambda_2} h).$$

因为重正化在每个格点的自由能上乘以 2^d, 忽略其他无关变量, 我们得到方程

$$2^d f(t, h) = f(2^{\lambda_1} t, 2^{\lambda_2} h).$$

通过迭代, 我们得到 (2.2c), 其中 b 等于 2 的一个幂次. 换言之, 标度不变性可以通过重正化群的论证得到证明. 普适性也能得到证明, 因为 λ_1 和 λ_2 与不动点相关, 而不是与迭代出发点的模型相关.

这些方程暗示了对于

$$|t| + |h| = 1,$$

f 之值既不是很大, 也不是很小. λ_1 与 λ_2 为正. 因为 f 是每个格点上的自由能, 从 (2.2c) 可以清楚地看到当 t 和 h 很小时, 为了让总自由能大小与 1 同阶, 区域大小 b 需要满足 $b^d f(t, h) \sim 1$, 因此 $b = t^{-\lambda_1}$ 或者 $b = h^{-\lambda_2}$. 如果 $h \ll t$, 第一个条件给出更小的 b 以及条件 $\nu = 1/\lambda_1$. 关于这个关系的更严格的证明, 读者可以参考 [F1].

我们观察到 λ_2 可以比 λ_1 大, 以至于我们看不出这里有很强的原因使得

$$f(t,h) = b^{-d} f(b^{\lambda_1}(t+ch), b^{\lambda_2}h),$$

其中常数 c 也许不是最适合 (2.2c) 的. 我们沿用了传统的做法.

2.3　交叉概率

渗流模型不是一个经典物理体系, 后者有热力学解释, 并且在本小节后面要讲述的一些有限模型剥离了此类模型的许多特性, 因此它们的取值是不确定的. 正如我们前面已经评述的, 它们的目的就是为了提供一种可以从数学的角度研究重正化机制的模型, 从而揭示了该模型涉及的过程的本质. 断定该目标能否实现仍然为时尚早, 但是我们在此引述 Fisher 在书 [F1, 1.2 节] 中关于该模型的用途的一段话:

> "…… 建立一种能诠释复杂现象的理论的目标应该是澄清该体系有哪些一般的性质 …… 可以导致最典型与特定的观测现象."

在引文中我们将哈密顿量的字眼去掉的原因是我们将集中阐述渗流, 刻意地避免所有哈密顿量带来的问题. 由于二维中存在多条路径, 沿着它们传播的效应所引发的问题依然存在, 因此 Fisher 最初的要求

> "…… 我们应当专注于广泛的定性的理解, 持续地改善对问题的定量把握"

得到满足.

本文的其余部分集中在二维渗流模型中. 2.4 节中提出的两个假设涉及大量模型的临界状态. 在阐述这些假设之前, 首先将要介绍的模型很可能描述进而推广水平交叉概率 π_h 的表述至更大的几何数据类型.

设 $\mathcal{G}$ 是嵌入在 $\mathbb{R}^2$ 中的图. 正如引言, 我们把图的顶点称为格点 (site), 并把它的边称为键 (bond). 如果满足以下条件, 则其称为周期图 [K]:

(1) $\mathcal{G}$ 不包含循环 (在图论意义上);

(2) $\mathcal{G}$ 对于秩为 2 的 $\mathbb{R}^2$ 中的晶格 L 的元素的平移是周期性的;

(3) $\mathcal{G}$ 中附属的键数量有限;

(4) $\mathcal{G}$ 的所有键都是有限长的,$\mathbb{R}^2$ 的每个紧集与 $\mathcal{G}$ 的多个但有限个键相交;

(5) $\mathcal{G}$ 连通.

设 $\mathcal{G}$ 是 $\mathcal{G}$ 的一组格点, 并且 $p:\quad \mathcal{G} \to [0,1]$ 是一个周期函数, 因此, 在 L 的平移下该函数不变. 如前所述, 我们允许每个格点 $s \in \mathcal{S}$ 不是状态为 0(闭的) 就是状态为 1(开的), 通过方程 $P_s(0) = 1 - p(s)$ 和 $P_s(1) = p(s)$, 我们定义集合 $\{0,1\}$ 上一个测度 P_s. 最后, 我们引入图 $\mathcal{G}$ 上的构型的集合 X 作为乘积 $\prod_{\mathcal{S}}\{0,1\}$, 并赋予 X 各种 P_s 的乘积测度 m. 模型 $M = M(\mathcal{G}, p)$ 被定义为数据 $\{\mathcal{G}, p, X, m\}$ 的集合. 我们将这些模型称为图 – 基模型类. 可以看出, 对于一个给定的 $\mathcal{G}$, 可能的函数族 p 在某些有限维空间中构成一个紧集.

模型 M_0 对应于由顶点 $\mathbb{Z}^2$ 构成的一个图形, 其中图的边连接最近邻格点, 而函数 p 在所有格点上都是常量. 定义还包括三角形和六角形晶格的格点渗流模型. 为了包含键的渗流模型, 我们对一个图 $\mathcal{G}$ 赋予它的配对图 $\widetilde{\mathcal{G}}$([K]), 它的格点是 $\mathcal{G}$ 的键的中点; $\widetilde{\mathcal{G}}$ 的两个不同的格点 $\widetilde{s_1}$ 和 $\widetilde{s_2}$ 被连接当且仅当 $\mathcal{G}$ 的对应的键 b_1 和 b_2 连接于一个共同的格点. $\mathcal{G}$ 键上的周期函数 p 自然地导致 $\widetilde{\mathcal{G}}$ 的格点上的一个周期的函数 $\widetilde{p}$, 因此我们可以用 $\widetilde{\mathcal{G}}$ 格点上的渗流代替 $\mathcal{G}$ 键上的渗流. 正方晶格上的键的渗流是概率函数不等于常数的模型的一个例子, 这类渗流的键是开的, 水平键的概率为 p_h, 垂直键具有不同的概率 p_v.

2.4 节中的普适性假设只对少数模型做了数值检验. 如果期望准确验证的话, 我们建议以图 – 基作为概括这种假设的一类合适的模型. 目前要求这样的精度是不合适的. 特别地, 其他模型很可能属于同样的普适类.

一个基于非周期图的模型也是如此, 该模型的格点和键由平面 Penrose 瓷砖[①] (tiling) 所定义, 这点已由 [Y] 的结果所指出. 因此, 周期

① 平面Penrose瓷砖系为下图风筝形和镖形, 可如图做平面镶嵌.

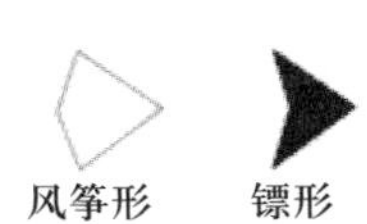

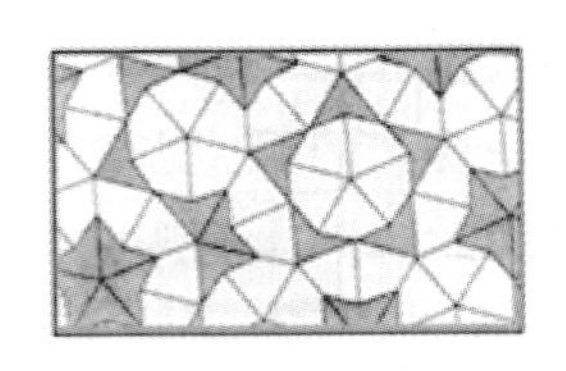

性的条件过高了. 模型也可以在没有任何图形参考的情况下被定义, 例如以密度为 δ 将单位圆盘随机放置在平面 $\mathbb{R}^2$ 上. 如果在平面上绘制一个矩形, 则在重叠的圆盘上, 水平交叉是从左到右的路径. 密度 δ 相当于概率 p 的作用, 其格点是开的.(参见 [G] 关于 "莲花池塘中蜗牛" 模型的讨论.) 圆盘可以由均匀的随机取向的椭圆所取代, 或者在极限情况下, 可以由长度为 1 的线段取代. H. Maennel 对于这个极限情况下的交叉概率的结果证实了它们与 M_0 相同.

对于图 – 基模型, 给定状态的簇的概念很简单. 这是一组开的格点的最大连通子集. [U] 中强调的普适性是关于交叉概率的, 它是在平面上由一简单的闭合曲线 C 以及由 C 上的弧 $\alpha_1,\cdots,\alpha_m$, $\beta_1,\cdots,\beta_m$, $\gamma_1,\cdots,\gamma_m$ 和 $\delta_1,\cdots,\delta_m$ 定义的事件的概率.

设 A 是一个大的常数, 定义 C', 线段 $\alpha_i',\beta_i',\gamma_j'$ 和 δ_j' 是对应的 C 以及 $\alpha_i,\beta_i,\gamma_j$ 和 δ_j 关于平面上一些固定但无关的点以因子 A 为倍数的扩张. 原则上, 一个给定状态允许在 C' 内从 α_i' 到 β_i' 的交叉, 如果存在这个状态的簇, 它和 C' 的内点的交也与 α_i' 和 β_i' 相交. 由于 C' 是一条曲线, 因此它可能不包含任何格点. 事实上, 如果 C' 不是非常无规则的话, 有必要用键替换 C', 并相应地加粗线段. 此时, 如果 C' 内部存在一个开的路径, 那么这两个加粗的线段就会出现 α_i' 到 β_i' 的交叉. 对于大 A 来说, 带子的选取 (只要比较窄) 是无关紧要的. 当讨论实验时, 我们介绍了特定的方法.

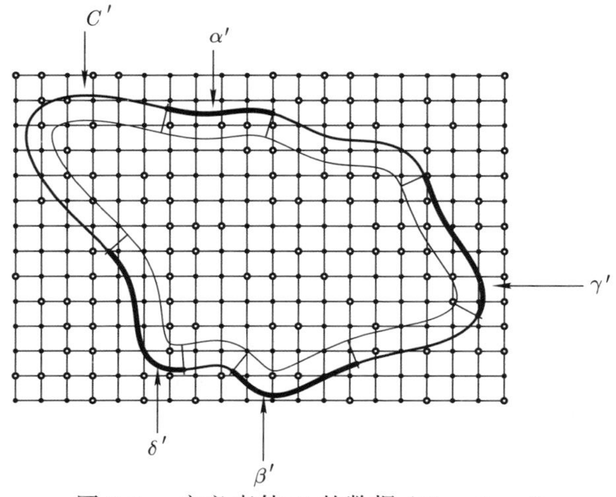

图 2.3a　定义事件 E 的数据 $(C,\alpha,\beta,\gamma,\delta)$

通过适当选择的记号, 我们可以定义

$$\pi_A(C, \alpha_1, \cdots, \alpha_m, \beta_1, \cdots, \beta_m, \gamma_1, \cdots, \gamma_n, \delta_1, \cdots, \delta_n)$$

为在 C' 的内部存在从 α_i' 到 $\beta_i'(1 \leqslant i \leqslant m)$ 但是不存在从 γ_j' 到 $\delta_j'(1 \leqslant j \leqslant n)$ 的交叉的概率. 可以假设, 这些记号不会影响下面极限的存在或取值

$$\lim_{A \to \infty} \pi_A(C, \alpha_1, \cdots, \alpha_m, \beta_1, \cdots, \beta_m, \gamma_1, \cdots, \gamma_n, \delta_1, \cdots, \delta_n) = \pi(E, M). \tag{2.3a}$$

我们取 E 作为下面定义的事件的缩写, 它们是由 $C, \alpha_i, \beta_i, \gamma_j$ 和 δ_j 定义的事件 (或者事件集合, 既然我们对扩张取了极限). 在引言中为 M_0 定义的水平交叉概率 π_h 是 $\pi(E, M_0)$ 的特例. 曲线 C 是一个正方形, 只选择了弧 α 和 β, 为其左边和右边.

2.1 节中的定理的一个自然扩张 ([K], [AB]) 如下. 由函数 p 参数化的一族 $M(\mathcal{G}, p)$ 模型由两个开集和一个子集构成: 其中一个开集, 极限 (2.3a) 总是 1, 另一个总是 0; 第三个子集是一组临界概率, 将另外两个分开, 并且使得极限 (2.3a) (如果存在的话) 通常在 0 和 1 之间. 可假定对于临界概率, 极限确实存在, 但是该假设尚未被证实. 两个最简单的模型 —— 正方晶格的格点和键的渗流, 对于 p 的单一适当的选取 p_c 来说至关重要 (其中 p 在线段上变化). 由此, 这两个开集是 $[0, p_c)$ 和 $(p_c, 1]$, 临界子集是 $\{p_c\}$. 对于格点的渗流,p_c 的值根据经验已知为 0.5927460 ± 0.0000005 [Z], 对于键的模型, 理论上已知 [K] 为 $\frac{1}{2}$.

我们所有的数值工作以及其背后的假设都是基于这些极限存在, 现在我们认为这种假设是理所当然的, 而且我们的模型从现在起至为关键.

由于我们的研究起初是为了给 [L1] 和 [L2] 的有限模型的定义提供实证的基础, 所以我们简要地回顾一下这些定义, 这些定义还需要在 2.5 节中加以讨论.

设 S 是一个正方形, 它的边已经分成了长为 1 的等长线段. 有 $4l(4l+1)/2$ 对线段, 设 $\mathcal{P}$ 是这些对的集合. 该模型的构型 x 是通过指定哪些对连接和哪些不连接得到, 将它们分别赋值为 $+1$ 和 -1. 构型空间 A 是从 $\mathcal{P}$ 到 $\{+1, -1\}$ 的一组函数.(对构型有技术要求, 这里不再

赘述.) 因此,A 的每个元素都是一个事件 E, 其定义曲线 C 是一个正方形. (根据共形不变性的假设, 所有的交叉概率可以从这个案例中获得, 见 2.4 节.)

有一个自然变换 $\Theta_A: A\times A\times A\times A\to A$, 与 2.2 节的重正化群变换 Θ 类似. 为了构造 Θ_A, 首先将 A 的四个元素并置, 使它们形成一个更大的正方形, 其边细分为 $2l$ 条线段. 然后将这些线段成对地融合, 使得较大正方形的每条边包含 l 条线段. 最后, 这些新的线段通过粘合 “路径” 来连接. 例如, 假设 α 和 β 是某个原正方形中相连的线段,μ 和 ν 在另一个正方形也相连. 如果 β 和 μ 出现在并置形成的较大正方形的内部, 并且重合, 那么包含 α 和 ν 的更长的线段必相连, 例如, 见图 2.3b.

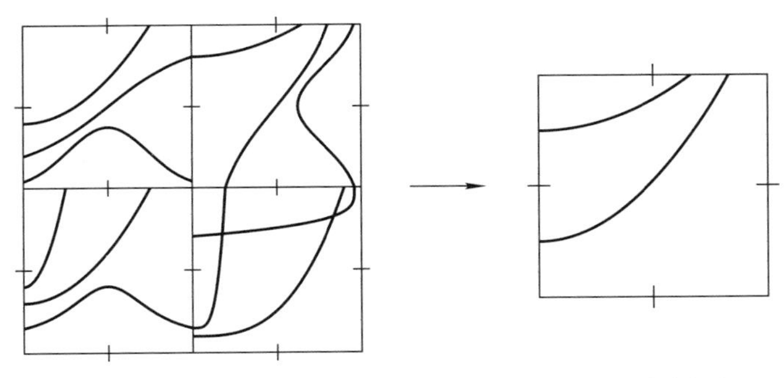

图 2.3b　变换 $\Theta_A: A\times A\times A\times A\to A$ 的一个例子

如果 $\mathfrak{X}$ 是 A 上的测度的集合,Θ_A 可以用来定义一个映射 $\Theta_{\mathfrak{X}}:\mathfrak{X}\to\mathfrak{X}$. 由于 $\mathfrak{X}$ 是有限维的单纯形, 所以, 寻找 $\Theta_{\mathfrak{X}}$ 的不动点并研究它们的性质的问题是很恰当的.

2.4　两个假设

Aizenman 倾向于区分普适性假设和共形不变性假设, 视前者普遍被接受, 即使是以我们所陈述的形式被接受. 尽管如此, 为了清晰以及 [U] 中采用的原因, 我们还是以一种不太令人讨厌的形式陈述它们. [U] 的目的是表明概率 $\pi(E,M)$ 与 M 无关, 只要模型满足一些简单的对称条件即可, 这是一种很普适的形式. 为了说明一般形式, 我们观察一下群 $\mathrm{GL}(2,\mathbb{R})$ 独立地作用于模型和事件.(从现在开始, 我们只限于图 – 基模型.)

一个具有格点 $\{s\}$ 和键 $\{b\}$ 的模型被 $g \in \mathrm{GL}(2,\mathbb{R})$ 发送到具有格点 $\{gs\}$ 和键 $\{gb\}$ 的模型, 概率函数 p 直接从旧格点和旧的键转换到新的格点和键. 定义周期性的晶格 L 由 gL 代替. 群 $\mathrm{GL}(2,\mathbb{R})$ 也作用于事件 E, 我们将从定义 E 的数据 $(C,\alpha_i,\beta_i,\gamma_j,\delta_j)$ 通过让 g 作用于数据的每个元素 $gE=(gC,g\alpha_i,g\beta_i,g\gamma_j,g\delta_j)$ 所得到的事件记为 gE. 根据定义,

$$\pi(gE,gM)=\pi(E,M).$$

既然同时实施线性变换, 图 $\mathcal{G}$ 和曲线 C 的嵌入不会改变 $\pi(E,M)$. 另一方面, 概率 $\pi(E,gM)$ 和 $\pi(gE,M)$ 通常与 $\pi(E,M)$ 完全不同.

普适性假设 如果 M 和 M' 是任何两个 (基于图的) 渗流模型, 则 $\mathrm{GL}(2,\mathbb{R})$ 中有一个元素 g, 对所有事件 E,

$$\pi(E,M')=\pi(E,gM) \tag{2.4a}$$

成立.

那些经验丰富的读者如果认为这个假设一般可以被接受, 而且不值得做数值的检验, 那么他们应该问自己, 有多大的意愿在三个维度 —— 生活、家庭、事业上下注? 缺乏经验的读者将更可能注意到此假设有多强, 因此更容易怀疑. 我们自己已经发现了一个明确的说法, 能极大地协助大家进行清晰的思考.

在 3.4 节中, 我们将给出一个模型 M 的例子, 该例假设矩阵 g 没有等于 0 的元素.

这个假设只有与共形不变性共同作用才能发挥其全部潜力. 假设 J 是平面 $\mathbb{R}^2$ 的线性变换, 且 $J^2=-I$. 则 J 在平面上定义了一个复结构①, 乘以由 $x\to Jx$ 给出的 i. 一旦 J 固定了, 就可以引入在平面的一个开子集上的 J-全纯映射以及反全纯映射的概念. 若 $g\in\mathrm{GL}(2,\mathbb{R})$ 且 $J'=gJg^{-1}$, 则映射 $\phi\to g\phi g^{-1}$ 将 J-全纯映射变换成 J'-全纯映射, 以及 J-反全纯映射变为 J'-反全纯映射.

如果 ϕ 是一个变换, 在 C 的内部是 J-全纯的, 并且是连续的和双射的 (直到它的边界), 这恰好是 C 本身, 那么事件 ϕE 就有很好的定义; 变换 ϕ 直接地应用于定义 E 的数据 $(C,\alpha_i,\beta_i,\delta_j,\gamma_j)$. 我们也可以

① 严格讲, 应当是 "拟复结构", 只是因为此拟复结构可积, 故为 "复结构".

应用一个在 E 内是反全纯的变换 ϕ. 下面的假设原则上是由 Michael Aizenman 建议的.

共形不变性假设　对于每一个模型 M 都有一个定义复结构的线性变换 $J = J(M)$ 使得

$$\pi(\phi E, M) = \pi(E, M) \tag{2.4b}$$

对于所有事件 E 成立, 当 ϕ 在 C 的内部是 J-全纯的或 J-反全纯的, 并且可以连续地 (和双内射地) 延展到它的边界时.

为了理解这个假设的实质, 考虑一个正方晶格由格点给出的渗流的模型 M_0. 如果假设正确, 那么 M_0 的复结构通常即为由

$$J_0 = \begin{pmatrix} 0 & -1 \\ 1 & 0 \end{pmatrix}$$

定义, 且相关的全纯函数就是通常的全纯函数.

给定事件 E, 我们可以选择 ϕ 使得 $E' = \phi E$ 由单位圆 C' 定义, 其中心位于原点, 圆弧位于其上. 例如, 如果 E 由矩形的水平交叉定义, 那么 C' 上的数据将是四个点 a, b, c 和 d (映射下正方形的四角的像), $\alpha' = \phi(\alpha)$ 是 a 与 b 之间的圆弧, β' 是 c 与 d 之间的圆弧.

对于数值计算而言,ϕ 的逆更容易应用, 一个 Schwarz-Christoffel 变换

$$\psi : w \to \int_0^w \frac{du}{\sqrt{(u^2 - v^2)(u^2 - 1)}},$$

其中 v 是绝对值等于 1 的常数, 其取决于矩形的高宽比. 对于一个正方形, 显然, 可以取 $v = \sqrt{-1}$. 在 2.6 节的讨论中, 上半平面取代了圆盘, 在 3.5 节中, 所有无界区域的假设都不明显地重新表达了.

如果 M 和 M' 由第一个假设相关联, 那么 $J(M') = gJ(M)g^{-1}$. 用 I 表示恒等变换. 线性变换的集合

$$H(J) = \{aI + bJ \in \mathrm{GL}(2, \mathbb{R}) | a^2 + b^2 \neq 0\}$$

是 $\mathrm{GL}(2, \mathbb{R})$ 中 J 的中心化子, 并且在

$$H'(J) = \{h \in \mathrm{GL}(2, \mathbb{R}) | hJh^{-1} = \pm J\}.$$

中具有指数 2. 群 H 决定群 H', 但只决定 J 本身 (到相差一个正负号). 如果 $J=J(M)$, 我们记 $H(J)=H(M)$ 和 $H'(J)=H'(M)$. 显然, 出现在普适性假设中的元素 g 并不唯一确定, 最多确定类 $gH'(M)$. 正如我们随后将要明确指出的那样, 实际上没有更多的模糊性, 所以这两个假设一起意味着在

$$\psi: M \to \prod_E \pi(E, M) \tag{2.4c}$$

下, 区间 [0,1] 的所有事件 E(一个非常非常大的集合) 上的乘积中的所有模型的集合的像是一个小的子集, 可能与上半平面等同. 2.3 节定义的每个类型中的每个模型对应于上半平面的点. 对应于相同点的不同模型的交叉概率 $\pi(E)$ 是相同的. 因此,M_0 的普适性和正交不变性将 ψ 的像从一个明显为无穷维连续统的概率约化到二维连续统. 如果没有正交不变性, 这个连续统就已经是三维的了. 所以普适性是决定性因素.

那些已经阅读过 2.2 节的人会注意到, 该节的普适性与本段的普适性是截然不同的. 在 2.2 节中的普适性是有关临界指数的, 它们都可以用 λ_1 和 λ_2 表示, 它们本身可以解释为不动点处适当的重正化变换的 Jacobi 矩阵的主特征值的对数. 这个不动点在物理意义上通常被认为是不存在的, 因此被当作是某种幽灵物质. 在 2.3 节中提到的有限模型中隐含的假设是不动点本身, 至少对于渗流, 是一个真实的物理和数学对象, 其坐标是交叉概率, 所以不仅临界指数而且这些概率是普适的. 它们而非临界指标是本文的主要目标. 尽管如此, 在数学上, 虽然必须先研究不动点及其坐标再讨论获得不动点的变换的特征值, 但是临界指标的普适性必须被解释, 并且迄今为止它们已经引起了物理学家的最大关注. 对于除渗流以外的其他问题, 我们不能肯定是否存在类似 2.3 节的交叉概率的量, 我们甚至不太清楚它们在物理上是否具有重要意义.

尽管我们不希望重正化群过分地介入讨论, 为了避免误解, 我们重复一遍, 交叉概率不能被解释为模型在参数的临界值处的坐标, 而是那些模型吸引的不动点处的坐标. 这使映射 ψ 的像具有如此低的维度.

具体来说, 像 (2.4c) 通过一系列映射

$$\psi: M \to \prod \pi(E, g^{-1}M_0), \quad g \in \mathrm{GL}(2, \mathbb{R})$$

给出, 其中 M_0 是给定的模型, 上半平面等同于 $H(M_0) \setminus \mathrm{GL}(2, \mathbb{R})$. 观察一下, $\mathrm{GL}(2, \mathbb{R})$ 右作用于这个齐性空间上, 并由坐标给出

$$\pi(E, M) \to \pi(gE, M).$$

像 (2.4c) 可以等同于所有可能的群 $H(M)$ 的集合, 因此等同于平面上的所有平移不变共形结构的集合, 仅相差一个定向.

在某种意义上, 普适性的假设包含在共形不变性的假设内, 因为关系 (2.4a) 可以写成

$$\pi(E, M') = \pi(g^{-1}E, M),$$

g^{-1} 是由 $H(M')$ 定义的结构到由 $H(M)$ 定义的结构的平移不变共形映射. 因此, 一般而言是两个不同的共形结构之间的映射. 这两个假设就此融合成一个, 如果等式

$$\pi(E, M') = \pi(\phi E, M)$$

对于在曲线 C 内部定义的任何映射 ϕ 都成立, 且可以延续到边界, 其中 C 为确定 E 的一条曲线, 该映射将附属于 M' 的共形结构映为附属于 M 的共形结构.

由于 $H'(M_0)$ 包含两轴的反射以及两轴的置换, 它必是正交群, 我们可以用上半平面来表达像 (2.4c), 其方式是将 M_0 对应于点 i. 当 $ad - bc$ 为正, $\mathrm{GL}(2, \mathbb{R})$ 的作用是

$$\begin{pmatrix} a & b \\ c & d \end{pmatrix} : z \to \frac{az + c}{bz + d},$$

否则, 作用是

$$\begin{pmatrix} a & b \\ c & d \end{pmatrix} : z \to \frac{a\bar{z} + c}{b\bar{z} + d}.$$

设 R 为有四个元素的矩阵群

$$\begin{pmatrix} \pm & 0 \\ 0 & \pm \end{pmatrix}.$$

S 是由 R 和矩阵 $\begin{pmatrix} 0 & 1 \\ 1 & 0 \end{pmatrix}$ 生成的群. 一个简单的计算表明, 在 R 下不变的点是虚轴上的点, S 作用下唯一不变的点是 i.

在 [U] 中, 我们只研究明显在 R 下产生不变点的模型, 从而暗示了我们只需要将自己约束在一维曲线即虚轴上, 否则将在二维中展开研究.

2.5 渗流模型的更多的关键指标

正如我们在 2.2 节中看到的那样, 具有热力学意义的模型和系统强调内部变量依赖于外部变量的做法是很自然的, 从而引入临界指数 α,β,γ 和 δ 是自然的. 一旦我们传递到其他坐标系或没有自然选择的坐标系的其他模型, 就不再清楚哪些是主要的临界指标了.

Θ 算子所作用的病态空间的爆炸 (blowing up) 或收缩的抽象概率可以产生更多的歧义. 例如, 假设在某种粗略的意义上,Θ 作用在靠近一个不动点的地方:

$$\Theta : (t_1, t_2, t_3, \cdots) \to (2^{\lambda_1} t_1, 2^{\lambda_2} t_2, 2^{\lambda_3} t_3, \cdots),$$

只有 λ_1 和 λ_2 是正的, 所以只有前两个坐标是相关的. 如果我们允许这样的自由度, 那么就像通常的代数几何一样, 出现爆炸, 使 $(t_1, t_2/t_1, t_3, \cdots)$ 或 $(t_1/t_2, t_2, t_3, \cdots)$ 成为坐标, 我们用 $\lambda_2 - \lambda_1$ 替换 λ_2 或用 $\lambda_1 - \lambda_2$ 替换 λ_1, 从而从一个不动点生出两个不动点, 也许可以改变不稳定变量的个数.

对于渗流本身, 我们的首选坐标是由交叉概率定义的数字 $\pi(E, M)$. 正如我们在 2.1 节中看到的那样, 如此可以很容易引入临界指数 ν. 虽然临界指数 α, β, γ 和 δ 可以直接在渗流内定义 ([G]), 但它们确实是 2.2 节中的那些指数的类比, 通过将渗流看成 Ising 模型在弱场中的极限, 这点在 [E2, § 2] 中已然很清楚. 就本文中的交叉概率而言, 它们没有明显的解释.

通过回顾临界点的行为, 如果我们至少可以用交叉概率解释 η, 那么没有明显解释这点或许可以被忽略. 为此, 我们要借助来自于 [G,Chap. 7] 一些标准的猜测, 并且自由地应用第三部分提出的共形不变性的概念, 我们将讨论在 $p = p_c$ 处的模型 M_0.

令 $P(r)$ 为 $p = p_c$ 点上的概率, 原点是开点并且包含该点的簇也包含距离原点至少为 r 的点. 根据 [G,(7.10,7.11)],

$$P(r) \sim r^{-\frac{1}{\rho}}, \quad \rho = 48/5. \tag{2.5a}$$

如果 z 是晶格 $\mathbb{Z}^2$ 中的一个格点, 则令 $\tau(0,z)$ 是原点被占据并且包含它的簇也包含 z 的概率. 进而其意味着

$$\tau(0,z) \sim |z|^{-\eta}, \qquad \eta = 5/24. \tag{2.5b}$$

这是我们想定义为交叉概率的 η.

设 d 很大, 但是与 $|z|$ 的比值很小, 并且为了简单起见, 取 $z = (x,0)$, 这里 $x > 0$. 因为我们将应用共形不变性的概念, 所以我们把 z 看作复平面中的一个点. 为了估计 0 点被占据以及包含原点且与以 z 为圆心半径为 d 的圆盘相交的簇的概率 $P(z,d)$, 我们应用共形变换 ϕ 将该圆盘映为半径为 R 的圆的外部, 并且在点 0 具有等于 1 的导数. (很自然地假设, 共形不变性只应用于标度得到保持的那些点的事件.) 由于 0 点的标度保持, 共形不变表明

$$P(z,d) \sim P(R) \sim R^{-\frac{1}{\rho}}.$$

在这个论证层面上, 寻找 ϕ 的精确公式是不值得的. 其近似值

$$\phi : w \to \frac{xw}{x-w} \tag{2.5c}$$

足矣. 它将原点映为原点, 将以 x 为中心半径为 d 的圆映为中心在实线且包含 $\dfrac{-x(x+d)}{d}$ 和 $\dfrac{x(x-d)}{d}$ 的圆. 因此,x^2/d 是对 R 的合理近似, 且

$$P(x,d) \sim \left(\frac{x^2}{d}\right)^{-5/48}.$$

从而

$$P(x,d) \sim \tau(0,z)/d^{-5/48}.$$

现在选择两个大数 d_1 和 d_2, 它们与 x 的比值很小, 并且考虑存在一个与中心为 0 半径为 d_1 的圆盘和中心为 z 半径为 d_2 的圆盘都相交的簇的概率 $P(z,d_1,d_2)$. 对称性表明

$$P(z,d_1,d_2) \sim \left(\frac{x^2}{d_1 d_2}\right)^{-5/48}.$$

另一方面, 映射 (2.5c) 将以 0 和 z 为中心的两个圆盘外部的区域映为半径为 d_1 和 x^2/d_2、中心接近于 0 的两个圆周之间的环形区域. 我们得出结论: 从以中心为 0 和半径 $r_1 < r_2$ 的环形区域的一侧穿越到另一侧的概率是

$$\left(\frac{r_2}{r_1}\right)^{-5/48}.$$

这种关系可以通过我们未加以介绍的数值模拟来确认, 而且相比第三部分, 这类关系要少得多. 由此通过环上的交叉概率表达出 η 的定义.

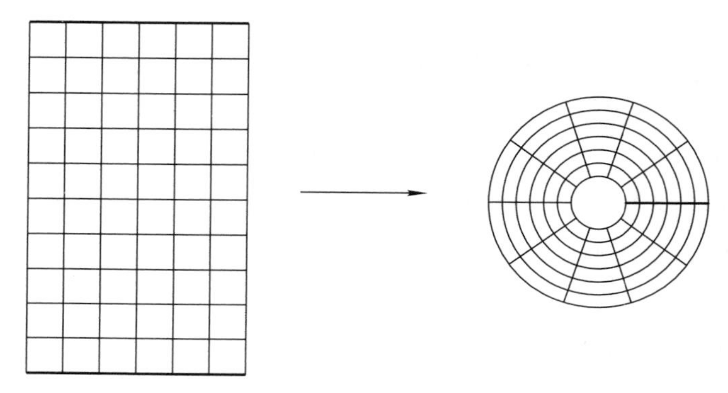

图 2.5　该映射用于定义有限模型中的指数 η (第二张图的径向刻度是对数的)

在有限模型的数值研究 ([L2]) 中,η 的近似值并没有被给出来. 可以使用的程序是清楚的. 假设像 2.3 节那样, 我们通过将正方形的边分解成相等的 l 条线段来定义有限模型. 通过将 4 个这样的正方形并置成 2×2 阵列来定义映射 Θ. 如果 m 和 n 是两个整数, 我们也可以并列 mn 个正方形, 形成 $m\times n$ 个阵列. Θ 的定义可以扩展, 用以给出长为 n 和高为 m 的矩形中介于 $1/l$ 长的线段之间的交叉概率.

函数

$$\exp\left(\frac{2\pi(z+1)}{m}\right) \tag{2.5d}$$

将底为 $\{0,n\}$ 和边为 $\{0,im\}$ 的矩形映为半径为 $\exp(2\pi/m)$ 和 $\exp(2\pi(n+1)/m)$ 的圆环. 如果 $m>1$, 则环表示为 mn 个共形扭曲的正方形的粘合, 如图 2.5 所示,Θ 的定义可以模仿有限尺寸的环上的交叉概率.

2.6　共形不变的场和渗流

根据 Aizenman 关于共形不变性的建议, Cardy [4] 在共形不变理

论的基础上提出一个高宽比为 r 的矩形上的水平交叉概率 $\pi_h(r)$ 的公式. 换句话说, 如果应用宽为 a 和高为 b 满足 $r=a/b$ 的矩形曲线 R, 以及将水平边 α,β 在没有被排除在外的交叉的情况下对立起来, 那么公式 $\pi(E,M_0)$ 可以通过 [U] 和下面的 3.2 节的数值结果得到证实. 预测值与模拟结果的一致性是共形不变性的最有力证据. 然而, 尽管如此, 我们要强调, 除了由一对线段所确定的事件, 事件 E 的共形不变性 (即使是猜想上的), 还不是共形不变场论的一个推论.

在简单闭合曲线 C 上给出两条线段与按顺时针顺序给出四个点 z_1,z_2,z_3 和 z_4 相同. 前两点是 α 的终点, 后两点是 β 的端点. 存在一个从 C 的内部到单位圆盘的共形的 (全纯的) 映射, 它将 C 映为圆周, 将 z_1,z_2,z_3,z_4 映到 4 个点 w_1,w_2,w_3,w_4. 该映射并不唯一, 因为它可以复合上圆盘的任意一个共形自同构. 只有交叉比

$$\frac{(w_4-w_3)(w_2-w_1)}{(w_3-w_1)(w_4-w_2)}$$

是唯一确定的, 它是一个介于 0 和 1 之间的实数. 因此, 我们可以做些选择, 这样做很方便, 即选择 4 个点 w_i 满足 $w_1=w_0=\exp(i\theta_0)$, $w_2=\overline{w}_0, w_3=-w_0$ 和 $w_4=-\overline{w}_0$. 那么交叉比是 $\sin^2(\theta_0)$. 观察到 $0\leqslant\theta_0\leqslant\frac{\pi}{2}$ 或 $\pi\leqslant\theta_0\leqslant\frac{3}{2}\pi$. 如有必要, 交换 α 和 β, 我们通常假设做第一个选择.

如果 E 是由矩形 R,α 和 β 定义的事件, 则 $\pi(E,M_0)$ 的 Cardy 公式为

$$\pi(E,M_0)=\frac{3\Gamma\left(\frac{2}{3}\right)}{\Gamma\left(\frac{1}{3}\right)^2}\sin^{\frac{2}{3}}(\theta_0)\,{}_2F_1\left(\frac{1}{3},\frac{2}{3},\frac{4}{3},\sin^2(\theta_0)\right). \tag{2.6a}$$

当 $\theta_0=0$ 时, 这是一个等于 0 的函数, 当 $\theta_0=\frac{\pi}{2}$ 时, 这个函数等于 1.

在这一段中, 我们回顾一下推导的基本思想, 其并不严谨. 虽然统计力学的格点模型, 它们的尺度极限和共形不变的场论是可以用严格的数学术语引入的对象, 但正如我们在 2.2 节中所看到的那样, 它们产生于物理的环境(丰富的经验和灵感), 其洞察力的源泉对数学家来说是陌生的, 难以进入的. 所以, 犹如有时候在海上受到惊吓, 数学

家很犹豫应用这一通常的准则. 我们对导出 Cardy 公式 (2.6a) 的思想的介绍也伴随有矛盾心理; 作者并没有能说服自己, 他们完全理解这些论证的严格性到什么程度, 是由符号的物理和历史的内涵引发的内容, 以及理解它们在多大程度上涉及精确定义的数学实体. 正如引言中所强调的那样, 这一部分对于理解第三部分是没有必要的.

在诸如 Ising 模型的统计力学的平面的点模型中, 在转至体的极限之前, 状态 s 通过其在位于一些大的正方晶格的格点的值来描述. 各点之间的相互作用确定了状态的能量 $H(s)$ 和它的 Boltzmann 权重 $\exp(-\beta H(s))$. 常数 β 实际上是温度的倒数, 可以取为 1. 非常重要的配分函数则是

$$Z(\beta)=\sum_s \exp(-\beta H(s)).$$

特别地, 通常是归一化 Boltzmann 权重, 从而定义一组状态的测度,

$$\mu(s)=\frac{\exp(-\beta H(s))}{Z(\beta)}.$$

取期望值 $E(f)$ 的自然函数即为这类函数, 它们依赖于有限个点的态的值 $s(P)$. 对于此类函数, 人们可以期望 $E(f)$ 可连续存在至体的极限 (bulk limit).

从统计力学的概率的概念到场论的过程可以与从单参数半群到相关的无穷小生成元 ([GJ]) 相类比, 然而在实践中, 它更适应无约束的机制.

对渗流来说, 撇开极限存在或自然性的问题不谈, 这个程序看似没有希望. 一个状态 s 由其占据的格点决定; 其他是空置的. 如果数目是 $N(s)$, 则

$$H(s)=\{-\ln p+\ln(1-p)\}N(s),$$

而 Boltzmann 的权重是

$$\exp(-H(s))=\left(\frac{p}{1-p}\right)^{N(s)}.$$

如果 N 是正方形中的总格点数, 则配分函数的值是 $(1-p)^{-N}$, 并且 s 的概率是 $p^{N(s)}(1-p)^{N-N(s)}$.

这些是从渗流中得出的熟悉的概率, 其中各个格点的状态值是相互独立的. 因此, 如果 f_P 是由状态给出的函数

$$f_P(s) = f(s(P)),$$

函数 f 定义一组可能的值上, 则对于 r 个彼此不同的格点, 有

$$E(f_{P_1} f_{P_2} \cdots f_{P_r}) = E(f_{P_1}) E(f_{P_2}) \cdots E(f_{P_r}) = E(f)^r.$$

用算子和取极限来表示, 我们知道,

$$E(f_{P_1} f_{P_2} \cdots f_{P_r}) = \langle\ |\phi(P_1)\phi(P_2)\cdots\phi(P_r)|\ \rangle,$$

如果 $\phi(P) = \phi$ 是常数, 并且简单地等于一个标量 $E(f)$ 作用于一维空间. 这种平凡的算子将无助于寻找 η_h 的公式, 但是这些考虑确实表明渗流的中心荷 c 是 0.

然而, 半空间或任何有界区域中的格点的统计力学具有与全空间中的理论不同的特征. 边界条件的影响更大. 所以人们熟知的对 Gibbs 状态和相关函数的唯一性定理不再适用. 后续效果可能会继续在标度极限中体现出来. Cardy 在 [C1] 中指出, 在临界点和二维空间中, 极限可以继续地呈现共形不变性, 尽管与体 (bulk) 的理论的极限有所不同. 在 [C2] 和 [C3] 中, 他研究了表面边界条件对内部相关函数的修正效应.

从全平面共形不变场的行为的原则 [BPZ] 中, 我们引用两个. 首先, 全局原则是指如果 P 被视为一个复数参数 z, 则相关函数

$$\langle|\phi(P_1)\phi(P_2)\cdots\phi(P_r)|\rangle$$

可以被看作 $z_1, \cdots, z_r$ 及其复共轭 $\bar{z}_1, \cdots, \bar{z}_r$ 的解析函数, 以及在全纯 (和反全纯) 映射 $w(z)$ 下以规定的方式进行转换. 最简单的关系出现在初级场中:

$$\langle|\phi(z_1,\bar{z}_1)\cdots\phi(z_r,\bar{z}_r)|\rangle = \prod w'(z_i)^{h_i}\,\bar{w}'(\bar{z}_i)^{\bar{h}_i}\,\langle|\phi(w_1,\bar{w}_1)\cdots\phi(w_r,\bar{w}_r)|\rangle,$$

其中, h_i 和 $\overline{h}_i$ 被称为场 $\phi_i, (z_i, \bar{z}_i)$ 的共形权.

在每个点 $P = z$ 处, 我们可以考虑在这个点的补集中定义的全纯和反全纯向量场的代数 (更确切地说是中心扩张, Virasora 代数). 第二

个原则是: 存在这些代数在场空间的作用和在算子本身空间的作用. 存在相容性条件, 但它们是微妙的.

引入共形不变场的目的是为了描述场论的相关函数的具有很大差别的渐近行为, 无论是在晶格上还是连续统上, 且是在 [GJ] 的意义上的描述. 所以期待它们有相同算子的意义, 未免天真了. 它们由 Laurent 级数定义, 其中各个系数是有意义的对象; 因此, 它们可以将有限类别的函数在围绕着所考虑的点的适当曲线上做积分. 既然这个理论共形不变, 所以可以转至黎曼球, 取这条曲线作为平面上一条直线的像, 从而恢复更为熟悉的对象. 但是, 这似乎是对这种精神的粗暴的解释.

在二维空间中, 一个简单的半空间是上半平面, 实轴为其边界, 在这种情况下, 还有其他原理 [C3,pp.584-585], 这些原理并不明显, 至少是对我们; 事实上, 我们并不自信我们是否充分理解了 Cardy 的观点. 然而, 这些原则需要强调.

首先, 专有的原则是有关的代数不是全纯和反全纯代数的总和, 而是包含于其中的对角代数, 对于作为区域的边界的实轴, 必须是左不变的.

其次, 有两类相关的边界条件具有不同的性质, 一是平移不变性, 因此在整个边界上是齐性的; 二是在 0 的两边是齐性的 (所以尺度依然是有意义的), 但是从一边到另一边有所区别.

对于那些在整条线上齐性, 期望算子空间是 Virasoro 代数不可约表示的直和, 然而这个期望似乎不合理, 尽管增加不同的齐性边界条件的可能性使这些直和可以出现丰富的分支 (sector). 我们还不理解除了平凡的表示, 其他表示对于携有齐性边界条件的渗流是必要的. 对于一个在 0 处平移的边界条件, Virasoro 代数的表示不一定是不可约的. 与这些边界条件相关的真空不是平移不变的, 因此不能被 L_{-1} 湮灭.

看来, 由这种边界条件定义的分支 (或理论, 或者更具体地说, 是从属的 Hilbert 空间 —— 这是一个术语问题) 可以通过应用一个算子 $\phi(0)$ 从完整的齐性分支得到. 一旦我们确定了边界算子, 并且说服自己相信共形不变性, 使得算子依赖于参数 z, 就可以用它来插入几个点的边界条件.

我们已经指出, 出现在渗流研究中的 Virasoro 代数的第一个表示形式是平凡表示. 虽然对于相关函数的研究, 它似乎毫无用处, 但它确实马上导出中心荷 c 的值 0.

作用在真空 $|\ \rangle$ 上的初级算子 $\phi(0)$ 将产生与边界条件相关的真空 $\phi(0)|\ \rangle$, $\phi(0)|\ \rangle$ 是 Virasoro 代数的一个最高权表示向量. 根据 [RW1,RW2] 和文章引用作者的结果, 通过将参数 $c=0$ 和 $h=0$ 的 Verma 模与参数 $c=0$ 和 $h=2$ 子模做商, 给出了一个表示的例子, 该表示作为商是平凡表示, 但其最高权向量不是平移不变的. 既然, 这是一个由零向量生成的子模, 对应于 Kac 行列式公式的根

$$h_{1,2}=\frac{((m+1)-2m)^2-1}{4m(m+1)}=0,\quad m=2,$$

Cardy 写出 $\phi_{1,2}$, 而不是 ϕ.

然而, 这个论点并不令人满意, 因为我们对边界条件的性质一无所知. Cardy 的观点利用了更多的原因. 特别是, 它利用一个通用但完全人为的策略, 将边界条件引入渗流, 将其作为 q-状态 Potts 模型的退化情况. 该策略具有额外的优点, 即交叉概率表现为相关函数.

回顾 [W], Potts 是一个晶格模型, 在正方晶格的每个格点上有一个状态, 它可以取 $q\geqslant 1$ 种可能的值 σ. 哈密顿量是

$$H(\sigma)=\sum_{x,y}1-\delta_{\sigma_x,\sigma_y}.$$

这个总和是对晶格上的一个大正方形内的所有最近邻粒子对求和. 注意到额外项 1 不影响 Boltzmann 权重. 与渗流相反, 当 $q>1$ 时, 存在相互作用的真实的能量.

设 $\mathfrak{B}$ 是最近邻键的集合, 自由边界条件的配分函数是

$$\exp(-\beta H(\sigma))=\prod_{\{x,y\}\in\mathfrak{B}}\left(e^{-\beta}+\left(1-e^{-\beta}\right)\delta_{\sigma_x,\sigma_y}\right).$$

令 $p=1-e^{-\beta}$, 可以写为

$$(1-p)^d,$$

d 等于连接两个 $\sigma_x \neq \sigma_y$ 格点之间键的数量. 我们也可以把它写成 $\mathfrak{B}$ 的子集 $\mathfrak{x}$ 的和,

$$\sum p^{B(\mathfrak{x})}(1-p)^{B-B(\mathfrak{x})} \prod_{\{x,y\}\in\mathfrak{x}} \delta_{\sigma_x,\sigma_y}. \tag{2.6b}$$

整数 B 是键的总数,$B(\mathfrak{x})$ 是在 $\mathfrak{x}$ 键的数量.

$\mathfrak{B}$ 的每个子集 $\mathfrak{x}$ 将格点集合 $\mathfrak{S}$ 分解成簇, 如果两个点能够通过 $\mathfrak{x}$ 中的一系列键连接, 则位于同一簇中. 此乘积

$$\prod_{\{x,y\}\in\mathfrak{x}} \delta_{\sigma_x,\sigma_y}$$

是 0 或 1, 并且是 1 当且仅当 σ 在每个簇上是常值. 如果 $\mathfrak{A}$ 是由 $\mathfrak{x}$ 确定的簇的族, 我们写 $\mathfrak{x}\to\mathfrak{A}$. $\mathfrak{A}$ 中的簇记为 $A_1,\cdots,A_r$. 整数 r 等于 $\mathfrak{A}$ 中簇的数量 $N(\mathfrak{A})$. 总和 (2.6b) 也等于所有可能分解成簇的总和,

$$\sum_{\mathfrak{A}}\sum_{\mathfrak{x}\to\mathfrak{A}} p^{B(\mathfrak{x})}(1-p)^{B-B(\mathfrak{x})} \prod_i \prod_{\{x,y\}\in A_i} \delta_{\sigma_x,\sigma_y}.$$

取所有状态的和, 如 [E1, §2.2], 我们发现自由边界条件的配分函数等于

$$Z_f = \sum_{\mathfrak{A}}\sum_{\mathfrak{x}\to\mathfrak{A}} p^{B(\mathfrak{x})}(1-p)^{B-B(\mathfrak{x})} q^{N(\mathfrak{A})}. \tag{2.6c}$$

为了检查边界条件的影响, 我们考虑一个矩形, 在左右两边施加边界条件, 但是保持顶部和底部自由. 假设我们要求 σ 左侧只取 α 值, 右侧只取值 β. 那么配分函数为 $Z_{\alpha,\beta}$, 且从 (2.6c) 中用与左端或右端无交的簇的数目 $N'(\mathfrak{A})$ 代替 $N(\mathfrak{A})$ 得到. 此外, 如果 $\alpha\neq\beta$, 那么簇的具有一个与左侧和右侧相遇的成员的所有家族都排除在总和之外. 结果是差

$$Z_{\alpha,\alpha} - Z_{\alpha,\beta}, \quad \alpha\neq\beta \tag{2.6d}$$

等于表达式的总和

$$\sum_{\mathfrak{x}\to\mathfrak{A}} p^{B(\mathfrak{x})}(1-p)^{B-B(\mathfrak{x})} q^{N'(\mathfrak{A})}.$$

它是在簇的包含一个与正方形两边相交的成员的那些家族中求和.

特别是, 正式设定 $q=1$, 我们得到键集 (键的集合) 所有的子集 $\mathfrak{x}$ 的总和, 这些键集容许

$$p^{B(\mathfrak{x})}(1-p)^{B-B(\mathfrak{x})}$$

的水平交叉. 当 p 是键渗流的临界概率时, 此为水平交叉的概率, 因此本质上是 π_h.

我们已经在两个方面取得了进展. 首先, 交叉概率 π_h 被认定为配分函数的差, 因此, 我们将看到, 亦为相关函数的差. 其次, 存在一个自由参数 q, 拿出一点勇气, 我们就可以将 $q>1$ 的结果转移到 $q=1$. 条件 $\alpha\neq\beta$ 在 $q=1$ 时不能实现, 这点困扰不足挂齿, 因为它永远不会明确地影响我们对 (2.6d) 的操作.

(2.6d) 中有意义的是, 表达式是带边的配分函数的线性组合, 其边界条件在矩形的四个角落、四个点处从固定到自由变化. 尽管从配分函数到相关函数的转换似乎更多的是直觉而不是逻辑, 只有在经历了从格点模型到算子的诸多经验之后, 它才具有说服力, 它在卡迪的思考中似乎对从齐性条件 $\sigma(x)=\alpha$ 转到分段函数条件 $\sigma(x)=\alpha$(当 $x<0$) 和 $\sigma(x)=\beta$(当 $x>0$) 的情况相当明确 [C3,pp.584-585]. 对应的算子有时随便地记为 $\phi_{\alpha,\beta}$ 或 $\phi_{\alpha,\beta}(0)$. 由定义我们阻止边界条件在 ∞ 处存在的一个跳跃, 我们当然也允许 α 表示自由边界条件的可能性, 以及表示自旋或其他变量的某种确定值的可能性.

在共形不变理论的背景下, 可以应用变换 $w=\ln z$ 用带状 $0\leqslant\Im w\leqslant\pi$ 来代替上半平面, 该上半平面携有边界上的特殊点 0. 平移不变的边界条件转移到两边相等的边界条件, 以及带的平移不变. 具有跳跃的边界条件被转移到带两侧不同的边界条件, 但相对于此边界平移不变. 对标准格点模型的极限, 前面提到的所有的 Ising 模型的经验表明, 计算配分函数和相关函数, 或者更确切地说是它们的极限, 就是对于边界条件为 $\Im w=0$ 和 $\Im w=\pi$ 的环带, 首先要计算与这些条件相关的转移矩阵的最小特征值对应的特征向量 $v_{\alpha,\beta}$. 如果 $|\,\rangle$ 是均匀齐性边界条件的特征向量, 且 $\phi_{\alpha,\beta}$ 是一个将 $|\,\rangle$ 映为特征向量 $v_{\alpha,\beta}$ 的算子, 则相关函数

$$\langle\,|\phi_1\ldots\phi_r|\,\rangle$$

被替换为

$$\left\langle\ \left|\phi_{\alpha,\beta}^{*}\phi_{1}...\phi_{r}\phi_{\alpha,\beta}\right|\ \right\rangle=\left\langle\ \left|\phi_{\beta,\alpha}\phi_{1}...\phi_{r}\phi_{\alpha,\beta}\right|\ \right\rangle. \tag{2.6e}$$

然而, 我们已经允许在 0 和 ∞ 的边界条件的跳跃, 所以, 此即意味着对点 0 的一个算子和对点 ∞ 的另一个算子的依赖关系, 这个等式可以被重写为:

$$\left\langle\ \left|\phi_{\beta,\alpha}\left(\infty\right)\phi_{1}...\phi_{r}\phi_{\alpha,\beta}\left(0\right)\right|\ \right\rangle. \tag{2.6f}$$

变换回到上半平面, 并允许在几个点上插入修改, 譬如 4 个点, 其中一点可能是无穷, 对于 $r=0$, 有

$$\left\langle\ \left|\phi_{\alpha,\beta}\left(z_{1}\right)\phi_{\beta,\gamma}\left(z_{2}\right)\phi_{\gamma,\delta}\left(z_{3}\right)\phi_{\delta,\alpha}\left(z_{4}\right)\right|\ \right\rangle. \tag{2.6g}$$

如果 $r>0$, 那么在 (2.6e) 中在哪里插入算子就不那么清楚了, 而 $r=0$ 是 r 的相关值, 它是 (2.6e) 成为配分函数的取值. 虽然边界值的修改是从一个预先规定值到另一个规定值, 而不是从规定值到自由边界条件. 但是在两种情况下, 相同的论点成立. 它是在 (2.6d) 中出现的自由到固定的过渡 $\phi_{f,\alpha}$ 和固定到自由的过渡 $\phi_{\alpha,f}$, 因为边界条件固定的一对边被其他边界条件自由的边分隔开.

Cardy [C1,C2,C3,C4] 并不直接寻找算子 $\phi_{\alpha,f}$. 相反, 他首先提出 (对于 $q>1$, 然后外推到 $q=1$), 从一个固定边界条件到另一个不同的固定条件的过渡相关联的算子 $\phi_{\alpha,\beta}$ 是初级场 $\phi_{1,3}$, 然后, 做 $\phi_{\alpha,f}(z)\phi_{f,\beta}(w)$ 的算子乘积展开

$$\phi_{\alpha,f}\left(z\right)\phi_{f,\beta}\left(w\right)\sim\delta_{\alpha,\beta}\mathbf{1}+\phi_{\alpha,\beta},$$

由此,

$$\phi_{\alpha,f}=\phi_{1,2}.$$

既然他最后的论证对于统一理论比非统一理论更有说服力, 所以最好把它看作是通过外推法延伸到 $q=1$.

算子 $\phi_{\alpha,\beta}$ 的确定吸引人们去检验一些特定的模型, 如同算子乘积展开, 数学家可能对此不熟悉; 所以我们观察一下 $\pi(E,M)$, 通过它们的定义,$\pi(E,M)$ 在由 E 定义的数据的扩张下是不变的. 特别地, 如果 (2.6g) 表示由 z_1,z_2,z_3 和 z_4 定义的线段之间的交叉概率, 则向量 $(z_1,z_2,,z_3,z_4)$ 中它必须是阶为 0 的齐次式. 由于算子 $\phi_{\alpha,f}(z)=\phi_{f,\alpha}(z)$ 是初级场, 所以是阶为 h 的齐次式,h 必须是 0.

虽然原则上任何正实数 h 都是齐次式可能的一个阶数, 但那些常见的 h 与可约 Verma 模相关联, 它们由 Kac 公式给出, 在 $c=0$ 时

$$h_{p,q}=\frac{1}{24}\left((3p-2q)^2-1\right),$$

其中 p 和 q 是正整数. $h=0$ 时,p 和 q 最简单的选择是 $p=q=1$, 由此导出平凡的表示, 另一选择是 $p=1,q=2$, 由此导出 $\phi_{\alpha,f}=\phi_{1,2}$.

为了完成 Cardy 公式的推导, 我们使用 [BPZ] 中的思想来找出 (2.6g) 满足的微分方程, 如同 [SA] 中所介绍. 参数为 $c=1-6/m(m+1)$ 的 Verma 模的零矢量 $v_{1,2}$ 是

$$\left(L_{-1}^2-\frac{1}{3}\left(4h_{1,2}+2\right)L_{-2}\right)|h_{1,2}\rangle, \tag{2.6h}$$

其中 $|h_{1,2}\rangle$ 是 Verma 模的最高权向量. 当 $c=0$ 和 $m=2$ 时, $h_{1,2}=0$. 此外, 根据 [SA] 的公式 (4.6.21), 为了找到 (2.6g) 满足的微分方程, 我们用

$$\mathcal{L}_{-k}=-\sum_{i=1}^{3}\frac{1}{(z_i-z_4)^{k-1}}\partial_i$$

来代替 (2.6h) 中的 L_{-k}, 其中 $h_{1,2}=0$. 这一式子已经变得比其他方式简单得多了.

平移不变性允许用 ∂_4 替换

$$-\sum_{i=1}^{3}\partial_i,$$

故 (2.6g) 满足的微分方程是

$$\left(\partial_4^2+\frac{2}{3}\left(\frac{1}{z_3-z_4}\partial_3+\frac{1}{z_2-z_4}\partial_2+\frac{1}{z_1-z_4}\partial_1\right)\right)\langle\cdots\rangle=0. \tag{2.6i}$$

如果我们令

$$z=\frac{(z_1-z_2)(z_3-z_4)}{(z_1-z_3)(z_2-z_4)},$$

那么共形不变意味着 (2.6g) 仅是 z 的函数 g .

我们略微做些推导, 可从 (2.6i) 中得到 g 满足方程

$$z(1-z)^2g''+2z(z-1)g'+\frac{2}{3}g'-\frac{2}{3}z^2g'=0,$$

或简化为

$$z(1-z)g''+\frac{2}{3}(1-2z)g'=0.$$

这是一个退化的超几何方程, 有两个解 $g \equiv 1$ 和

$$g(z) = z^{\frac{1}{3}}\ {}_2F_1\left(\frac{1}{3}, \frac{2}{3}, \frac{4}{3}; z\right). \tag{2.6j}$$

为了确定这两个解的哪一种线性组合与我们的问题有关, 我们取 z_1, z_2, z_3 和 z_4 的递减的顺序作为矩形的从左下角开始按顺时针顺序的 4 个顶点的像. 如果 r 是矩形的高宽比, 那么当 $r \to \infty$ 时 $z \to 0$, 当 $r \to 0$ 时 $z \to 1$. 因此, 导出交叉概率 $\pi_h(R_r, M_0)$ 的解必须是 (2.6j) 的常数倍. 下面的等式

$$\frac{3\Gamma\left(\frac{2}{3}\right)}{\Gamma\left(\frac{1}{3}\right)^2} z^{\frac{1}{3}}\ {}_2F_1\left(\frac{1}{3}, \frac{2}{3}, \frac{4}{3}; z\right) = 1 - \frac{3\Gamma\left(\frac{2}{3}\right)}{\Gamma\left(\frac{1}{3}\right)^2}(1-z)^{\frac{1}{3}}\ {}_2F_1\left(\frac{1}{3}, \frac{2}{3}, \frac{4}{3}; 1-z\right)$$

意味着此常数必须是

$$\frac{3\Gamma\left(\frac{2}{23}\right)}{\Gamma\left(\frac{1}{3}\right)^2},$$

以使该函数在 $z = 1$ 时有正确的值. 此为 Cardy 公式 (2.6a) 的另一种表示形式 (对于上半平面而不是单位圆盘).

§3. 实验

3.1 实验程序

为了给普适性和共形不变性的假设提供一些证据, 我们做了几个模拟. 尽管对各种情况都使用了一些技巧, 但是基本的方法在实验过程中自始至终都相同: (i) 绘制曲线 C, 定义晶格上的事件 E; (ii) 随机地分配给晶格的曲线内的每个格点一个状态 (开的, 概率为 p_c; 闭的, 概率为 $(1-p_c)$); (iii) 检查定义事件 E 的各种交叉是否存在. 重复这三个步骤直到达到所需的样本量. $\pi(E)$ 的估值记为 $\hat{\pi}(E)$, 就是满足条件 E 的构型数量与样本大小的比值.

对于上述实验过程, 统计误差是最容易评估的. 我们所有实验的样本量至少是 10^5, 而且往往更大. 对于估计值 $\hat{\pi} \sim 0.5$, 导致的统计误差是 $\Delta\hat{\pi} \sim 3 \times 10^{-3}$ 的. 对于最大的 $\hat{\pi}$, 可测量的值是 (~ 0.999), 最

小的则是 (~ 0.001), 误差是 $\sim 2 \times 10^{-4}$. (所有的统计误差取置信区间为 95%.)

系统误差来源不一. 可能最不重要的来源是随机数发生器. 我们在大多数实验中使用了线性同余发生器 $x_i + 1 = (ax_i + c) \bmod m$, 其中 $a = 142412240584757, c = 11, m = 2^{48}$. 它具有最大周期 m. 我们相信这是令人满意的.

第二个来源是出现在 2.1 节定理的陈述中的概率 p_c 的 "值". 这个临界值 p_c 是一个良定义的概念, 只适用于无限晶格的渗流现象. 但是我们所有的模拟都是在有限的晶格上进行的! 解决这个难题需要做些折中. 确实, 一方面, 晶格必须选择得足够大, 才能对无限的情况给出一个很好的近似. 另一方面, 更大的点阵需要 p_c 更好的逼近.(回想一下,p_c 周围 π_h 的斜率随晶格尺寸变大而增加, 如图 2.1c 所示.) 最合适的近似值取决于晶格的大小, 如同在 [Z] 和 [U] 文中所讨论, 人们甚至可以想象, 对于包含相同数量的格点但具有不同高宽比 r 的矩形,p_c 是不同的. 除了一个之外, 所有的实验均在 $p_c = 0.59273$ 处进行, 曲线 C 包含从 40 000 到 200 000 个格点. 唯一使用不同 p_c 的实验是重复 [U] 的一个主要实验, 在该实验中, 我们测量了下面所定义的通用函数 η_h, η_v 和 η_{hv}. 由于这些数据和 Cardy 的预测一起被用作新实验的标准, 我们认为在一个更大的晶格上测量它们是合适的. 对于更大晶格上的这个实验, 我们使用 $p_c = 0.5927439$. 为了达到所需的精确度,p_c 中前 6 个数字是必不可少的. 结果在 3.2 节中讨论.

系统误差的另一个重要来源是有限晶格上交叉的约定. 曲线 C 将被绘制在晶格所在的平面上. 我们选择将从 C 上的线段 α 到 β 的交叉定义为: 起始于 C 内部的一个格点, 通过与晶格的 α 的像相交的键将其连接到临近的一个格点. 类似地, 交叉必须终止于 C 中的一个格点, 使得其相连的边与 β 的像相交. 注意, 我们可能已经定义了起始于曲线 C 的一个外部开点, 并携有一个附加的与所讨论的线段相交的边的交叉. 因此所使用的这种约定引入了一个系统的错误. 此外, 我们可以很容易地想到, 在正方晶格上刚性地滑动一个矩形一定的网格数, 可能会在整个内部格点集上增加一整行或一列, 从而改变估计值 $\hat{\pi}$. 由于 [U] 中描述的原因, 伴随矩形的误差与 $\dfrac{2}{n}\pi'$ 相对应, 其中 π' 代

表 π 对高宽比 r 的导数,n 是矩形的线性尺寸. 对于一个包含 200×200 个格点的正方形,$\hat{\pi}_h$ 上的误差结果是 $\sim 5^{-3}$, 大于 100 000 种构型样本引入的统计误差. 如果仿真得到的结果与通过普适性和共形不变性预测得到的结果相差小于千分之五, 那么我们就接受全部内容.

对于共形不变性的最终实验, 误差增长比百分之一要大一些. 考虑到由于穿透角度、分支点和无界区域而引起的系统误差的更多具体来源, 这一点并不令人惊讶, 且在它们呈现时, 再予以讨论. 尽管如此, 它使得进一步的实验很令人满意.

在 [U] 中研究的事件由一条矩形曲线 C 定义. 我们用四种不同的方式选择了线段集合. 首先 α 可以是矩形的左边, β 可以是右边, 这就产生了一个水平交叉的概率 $\pi_h(M)$, 或者 α 是下边的, β 是上边的, 这就产生了竖直交叉的概率 $\pi_v(M)$. 我们还研究了水平和垂直交叉同时发生的概率 $\pi_{hv}(M)$. 差值 $\pi_h(M)-\pi_{hv}(M)$ 提供了一个水平交叉但不垂直交叉的事件的例子. 在 2.3 节的符号中, 间隔 $\alpha,\delta,\beta,\gamma$ 分别是左、上、右和下边. 对于一些变化, 也研究了从左边上半部分到底边右半部分的交叉的概率 $\pi_d(M)$. 在这些函数中, 有一个隐含的变量 r (矩形的高宽比), 我们把它作为水平边的长度和垂直边的长度的商. 以 M 为 M_0, 我们得到如 [U] 所述的 4 个 r 的通用函数:$\eta_h=\pi_h(M_0)$,$\eta_v=\pi_v(M_0)$,$\eta_{hv}=\pi_{hv}(M_0)$ 和 $\eta_d=\pi_d(M_0)$. 类似事件的概率将在下面一些实验中进行计量.

如果普适性假设成立, 函数 $\eta_h(r)$ 和 $\eta_v(r)$ 并不独立. 这可以通过下面的对偶论证看出来. 我们在三角晶格上画一个矩形. 存在一个水平交叉 (或开的格点) 当且仅当在闭的格点上没有竖直交叉. 这与 2.1 节的定理一致, 仅当这个模型的 $p_c=\dfrac{1}{2}$ (表示为 M), 则对所有 r,

$$\pi_h(r,M)+\pi_v(r,M)=1$$

成立. 当然, 可以对任何闭合曲线 C、不相交的线段 α 和 β 以及它们补集中的两个不相交线段 δ 和 γ, 进行同样的论证. 那么关系就是

$$\pi_{\alpha\leftrightarrow\beta}+\pi_{\delta\leftrightarrow\gamma}=1,$$

其中 $\pi_{\alpha\leftrightarrow\beta}$ 代表从 α 交叉到 β 的概率. 那么普适性意味着这种关系适用于任何模型. 这是一个方便的模拟实验. 可以看出, 对于 M_0 模型,

开的格点的水平交叉和闭的格点的竖直交叉的互补性并不适用于单独的构型. 在其他模型 M(如 M_0) 上同时测量 $\pi_h(M)$ 和 $\pi_v(M)$ 的每个实验, 这种互补性要是不成立, 可以视为对普适性的检验.

在下一节中, 要么当 Cardy 公式成立时用他的预测来计算, 要么用实验结果从矩形计算中推断, 一起列在表格中. 对于共形场论, 卡迪的预测将记为 π^{cft}, 同时, 对于矩形的估值及其由此使用插值计算的值由 $\hat{\pi}^{\square}$ 表示.

3.2 实验验证 Cardy 公式

第一个实验的目的有两层含义: 一是再一次验证 Cardy 关于 M_0 上的函数 $\pi_h(r)$ 的预测, 二是获得 $\pi_{hv}(r, M_0)$ 的值, 以便将与其他实验得到的结果作比较. 类似的实验也曾进行过, 且在 Cardy 提出他的公式之前已经发表 [U]. 现在我们增加矩形里的格点数, 从 [U] 文中使用过的大约 40 000 增加到 1 000 000, 并且样本空间也达到 10^6 构型. 由前面叙述的原因,p_c 取成 0.5927439. (该取值与 Ziff[Z] 的结论匹配得很好, 其文在我们此文第一稿出来之后引起了我们的关注.) 实验结果列表于表 3.2, 是文 [U] 中的表格 III 的升级版, 适合用插值法来计算 $\hat{\pi}_{hv}^{\square}$ 的值.

表 3.2 具有不同高宽比 r 的 M_0 上的 $\hat{\pi}_h, \hat{\pi}_v, \hat{\pi}_{hv}$ 之值

宽	高	r	r^{-1}	π_h^{cft}	$\hat{\pi}_h$	$\hat{\pi}_v$	$\hat{\pi}_{hv}$
1000	1000	1.000	1.0000	0.5000	0.5001	0.4999	0.3223
1025	975	1.051	0.9512	0.4740	0.4743	0.5257	0.3211
1050	950	1.105	0.9048	0.4480	0.4484	0.5516	0.3180
1080	930	1.161	0.8611	0.4226	0.4230	0.5768	0.3127
1105	905	1.221	0.8190	0.3970	0.3974	0.6026	0.3055
1135	880	1.290	0.7753	0.3695	0.3696	0.6301	0.2950
1160	860	1.349	0.7414	0.3473	0.3475	0.6522	0.2854
1190	840	1.417	0.7059	0.3235	0.3236	0.6762	0.2733
1220	820	1.488	0.6721	0.3003	0.3004	0.6994	0.2600
1250	800	1.562	0.6400	0.2777	0.2779	0.7217	0.2458
1285	780	1.647	0.6070	0.2541	0.2543	0.7453	0.2297
1315	760	1.730	0.5779	0.2330	0.2333	0.7666	0.2144
1350	740	1.824	0.5481	0.2111	0.2117	0.7883	0.1976

续表

宽	高	r	r^{-1}	π_h^{cft}	$\hat{\pi}_h$	$\hat{\pi}_v$	$\hat{\pi}_{hv}$
1385	725	1.910	0.5235	0.1929	0.1935	0.8065	0.1826
1420	705	2.014	0.4965	0.1731	0.1736	0.8265	0.1657
1455	685	2.124	0.4708	0.1542	0.1546	0.8450	0.1490
1490	670	2.224	0.4497	0.1389	0.1392	0.8606	0.1351
1530	655	2.336	0.4281	0.1236	0.1239	0.8761	0.1210
1570	640	2.453	0.4076	0.1093	0.1096	0.8905	0.1077
1610	620	2.597	0.3851	0.09402	0.09424	0.9055	0.09299
1650	605	2.727	0.3667	0.08201	0.08212	0.9176	0.08132
1690	590	2.864	0.3491	0.07104	0.07120	0.9286	0.07065
1735	575	3.017	0.3314	0.06053	0.06082	0.9390	0.06047
1775	565	3.142	0.3183	0.05314	0.05332	0.9463	0.05309
1820	550	3.309	0.3022	0.04459	0.04478	0.9549	0.04465
1870	535	3.495	0.2861	0.03669	0.03689	0.9629	0.03682
1915	520	3.683	0.2715	0.03016	0.03037	0.9695	0.03031
1965	510	3.853	0.2595	0.02523	0.02542	0.9744	0.02539
2015	495	4.071	0.2457	0.02009	0.02033	0.9796	0.02032
2065	485	4.258	0.2349	0.01651	0.01670	0.9832	0.01669
2115	470	4.500	0.2222	0.01281	0.01286	0.9869	0.01285
2170	460	4.717	0.2120	0.01020	0.01022	0.9895	0.01022
2225	450	4.944	0.2022	0.00805	0.00807	0.9918	0.00807
2280	440	5.182	0.1930	0.00627	0.00634	0.9936	0.00634
2340	425	5.506	0.1816	0.00447	0.00453	0.9954	0.00453
2400	415	5.783	0.1729	0.00334	0.00340	0.9966	0.00340
2460	405	6.074	0.1646	0.00247	0.00258	0.9975	0.00258
2520	395	6.380	0.1567	0.00179	0.00190	0.9982	0.00190
2585	385	6.714	0.1489	0.00126	0.00135	0.9987	0.00135
2650	375	7.067	0.1415	0.00087	0.00093	0.9991	0.00093
2720	370	7.351	0.1360	0.00065	0.00072	0.9993	0.00072

如果采用变量 $s=\ln r$ 代替 r, 那么 $\ln(\pi_h/(1-\pi_h))$ 是奇函数, 因为 $\pi_h+\pi_v=1$. 函数的估计值 (点线) 与 Cardy 的预测值 (实线) 画在下图里. $\hat{\pi}_v$ 的值用于 $r<1$. 对于 $s\sim 0$, $\ln(\pi_h/(1-\pi_h))$ 的测量值的统计误差 $\sim 4\times 10^{-3}$, 对于 $|s|\sim 2$. 该误差增加至 2×10^{-2}. 这些误差太小以至于从图 3.2 中无法体现, 在最糟的情况下, 其近乎点线中那些

点本身的大小.

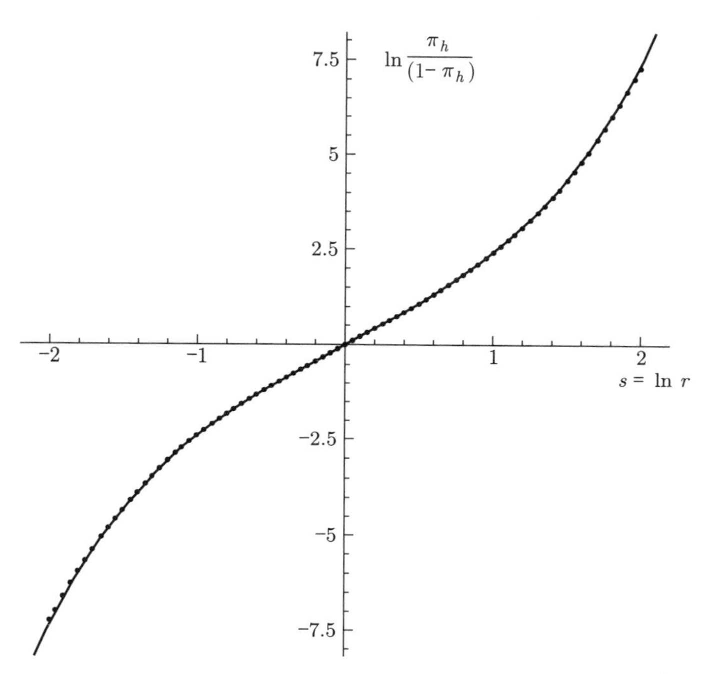

图 3.2 $\ln(\pi_h/(1-\pi_h))$ 的 81 个测量值 (点) 与 Cardy 预测值 (曲线) 的比较

对表 3.2 的惊鸿一瞥可见 $\hat{\pi}_h - \pi_h^{cft}$ 对所有 r 都取正值. 虽然该差值总是 $\leqslant 6 \times 10^{-4}$, 并且小于统计误差, 但是它仍然揭示了一个系统误差. Ziff([Z]) 通过有限尺度放缩的解释与模拟对 p_c 在正方形中给出一种 "良好" 值的启发性的表述. 然而对于其他的曲线 C, 包括边长之比无论大或小的矩形, 有限晶格中的 p_c 的 "最好" 值的表述却也没有. 也许因为 p_c 在同一矩形中测量 π_h 与 π_v 时取值不同, 而这是误差的来源. 我们最后观察到, 在给定晶格的尺度下, 对于 p_c 哪怕小数点后第六位上的稍作改动也会导致 π_h^{cft} 与 $\hat{\pi}_h$ 的不同. 尽管存在系统误差, 这种一致性也是惊人的. 当 π^{cft} 适用时, 我们还要比较下面实验的 π^{cft} 而非 $\hat{\pi}^{\square}$.

3.3 平行四边形

第二个实验研究了对于简单的曲线 C 即平行四边形上的共形不变性猜想. 模型仍用 M_0 表示. 共形猜想的一个最显著的结果是: 在

$\pi(E)$ 的测量中, 正方晶格与平行四边形 C 的相对的定向是无关的. 这种转动对称性与 M_0 上显然的有限群对称性相抵消. 通过比较非矩形的平行四边形与矩形上的模拟, 完全共形不变性的更强有力的结论可以得到验证.

任何平行四边形都可以通过对正方形 P_0 作用一个 $\mathrm{GL}(2,\mathbb{R})$ 的元素 g 得到. 如果我们将该正方形的四个顶点取为 $(0,0),(1,0),(1,1),(0,1)$, 并将 g 取为

$$\begin{pmatrix} a & b \\ c & d \end{pmatrix},$$

则 $P=gP_0$ 的四个顶点为 (0,0),(a,c),$(a+b,c+d)$,(b,d). 我们强调 g 不是共形的.

如果, 比方说 $\pi_h(P,M)$ 是 P 相对于模型 M 发生的很大扩张而产生的水平交叉概率, 则

$$\pi_h(P,M_0)=\pi_h(P_0,g^{-1}M_0) \tag{3.3a}$$

可被视为模型 $g^{-1}M_0$ 的由 P_0 扩张的水平交叉所定义的一个坐标. 当我们将 ψ 的像与上半平面对应, 点 $g^{-1}M_0$ 对应于

$$\frac{ai+c}{bi+d}=\frac{a-ci}{b-di}.$$

如果我们将 $\mathbb{R}^2$ 自然地对应到复数域, 这是 (非常不幸的)P 的竖直部分与水平部分商的复共轭.

为了用模拟验证共形不变性, 我们采用共形映射 φ, 将单位圆映到 P, 并将取值依赖于 P 的 w_0 映到 (0,0), 点 $-\bar{w}_0$ 映到 (a,c), 点 $-w_0$ 映到 $(a+b,c+d)$, 以及 $\bar{w}_0$ 映到 (b,d). 有顶点分别在 $(0,0),(h,0),(h,v),(0,v)$ 的唯一的一个矩形 P_1 共形等价于 P, 或者共形等价于前述经过四个顶点的单位圆. 令 $r=h/v$, 共形不变性确保了下述关系式:

$$\pi_h(P,M_0)=\eta_h(r);\quad \pi_v(P,M_0)=\eta_v(r);\quad \pi_{hv}(P,M_0)=\eta_{hv}(r).$$

因此, 我们发现一个共形映射通过两步就可以把一个给定的平行四边形顶点对顶点、边对边、内部到内部映射到一个矩形. 因为中介曲线是经过四个不同点的圆, 我们有一个选择. 将 $\hat{\pi}_h(P,M_0)$ 和 $\hat{\pi}_v(P,M_0)$

与 Cardy 的预测作比较, 或者与上一节的表 3.2 所阐述的 $\pi_h(P_1, M_0)$ 和 $\pi_v(P_1, M_0)$ 相比较. 我们更倾向于与 Cardy 的预测值相比较. 然而对于 $\hat{\pi}_{hv}(P, M_0)$, 我们只有后面一种选择.

$\pi_d(P, M_0)$ 的值可以通过 Cardy 公式预测, 但是必须在它们被严格的定义之后. 它们可以被定义成为 P 的左边上半部分与其右边的下半部分的交叉概率. 另一方面, 如果用 α 与 β 表示 P_1 的左上半部与右下半部的像, 它们还可以定义为从 α 到 β 的交叉概率. 两种定义根据不同实验员的奇思异想都各有采用, 因此我们区分它们为第一种和第二种定义.

虽然有些略显多余, 我们还是用图 3.3 刻画上半平面中的一些曲线, 共形不变性表明其上的函数 $\pi_h(P_0, M), \pi_v(P_0, M)$ 与 $\pi_{hv}(P_0, M)$ 作为 $z = \psi(M)$ 的函数时是常数.

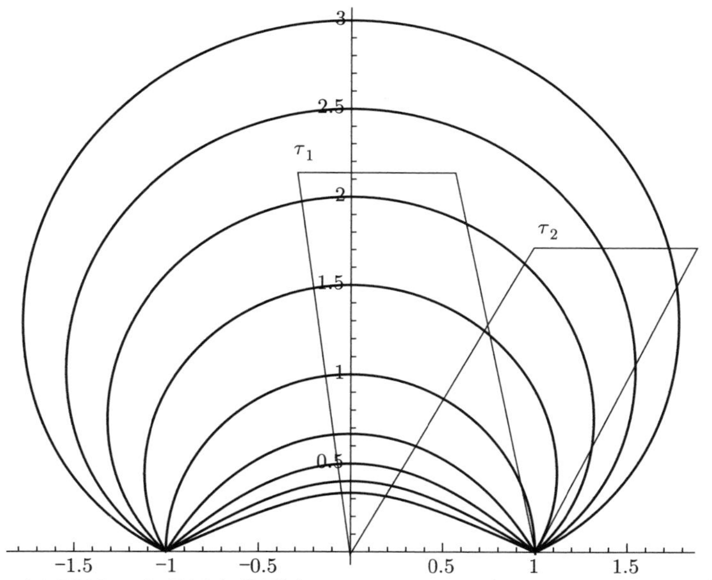

图 3.3　两个平行四边形顶点分别为 $(0, 1, \tau_1 + 1, \tau_1)$ 与 $(0, 1, \tau_2 + 1, \tau_2)$, 将具有相同的 π_h, 当且仅当 τ_1 与 τ_2 落在同一曲线上

为了得到这些曲线, 我们采用 Schwarz-Christoffel 变换,

$$\varphi : w \to \int_0^w (u^2 - w_0^2)^{\alpha-1}(u^2 - \bar{w}_0^2)^{-\alpha} du = \frac{1}{w}\int_0^1 (u^2 - \varepsilon_1^2)^{\alpha-1}(u^2 - \varepsilon_2^2)^{-\alpha} du,$$

这里

$$\varepsilon_1 = \frac{w_0}{w}, \quad \varepsilon_2 = \frac{\bar{w}_0}{w}.$$

该映射将圆映成平行四边形, 四个顶点按顺时针方向依次为 $\varphi(w_0)$, $\varphi(\bar{w}_0), \varphi(-w_0), \varphi(-\bar{w}_0)$. 顶点 $\varphi(w_0)$ 的内角为 $\alpha\pi$. 该平行四边形没有处于标准的位置, 但是这无关紧要.

固定 w_0 且令 α 在 0 到 1 之间变化, 我们可以得到基于一系列坐标点的图 3.3 的一条曲线

$$z = \frac{\varphi(w_0) - \varphi(\bar{w}_0)}{\varphi(w_0) - \varphi(-\bar{w}_0)}.$$

我们可以取 α 与 w_0 作为平行四边形的参数, 或者更方便的是取 α 与两边长之比 r. 为了与 [U] 中的符号一致, 我们令 $r = 1/|z|$. 表 3.3 中的数据来源于 16 个实验, 相应于 α 的四个取值: $1/2, 3/8, 1/4, 1/8$. 并且我们取平行四边形的四个位置, 其中一个位置取平行四边形的一条边平行于虚轴 (记为 θ_0 情形), 然后将它顺时针转动 $\theta_1 = \pi/12, \theta_2 = \pi/6$, 以及 $\theta_3 = \pi/4$. 共形不变性保证了转动不变性, 因此转动平行四边形不会改变结果. 每一个实验都有 11 个 r 值, 它们的选取方式使得所有实验的 $\hat{\pi}_h$ 值几乎都相同, 并且覆盖一定的范围. 这些数据分成四类, 每一类对应于一个给定的 α. 在每一类中, 各种 θ 不同值的交叉概率罗列在相邻列以便于比较. π_d 是第一种定义下的概率. 样本的大小为 100 000. 平行四边形的边长取成能在其内部容纳 40 000 个格点. 正如 [U] 和 3.1 节所示, 有这么多格点, 误差可以预见约为千分之五. 数据按照这个顺序会产生系统误差. 例如, 相应于真实值 $\pi^{cft} = 0.5$, 实验值远小于 0.5. 当平行四边形不是一个四边与坐标轴平行的矩形时, 其内部的所有格点有一个非平凡边界. 我们无法在这个曲折的道路上计算系统误差.

对于顶点 α、转动角度 θ 和比值 r 的所有角度的测量值$\hat{\pi}_h, \hat{\pi}_v, \hat{\pi}_{hv}$ 与 $\hat{\pi}_d$, 与相应的 $\pi^{cft}(E)$ 或者 $\hat{\pi}_{hv}^{\square}$ 在考虑了统计误差以及晶格有限尺度带来的局限性之后是一致的. 检查 $\pi^{cft}(E) = 0.5$ 这一行, 我们发现最大的差异对于 $\alpha = 1/2$ 为 0.0045,$\alpha = 3/8$ 为 0.0024,$\alpha = 1/4$ 为 0.0039,$\alpha = 1/8$ 为 0.0057. 当 α 变小, 平行四边形变扁, 有限晶格变得越来越不可接受. 对于某些给定的格点数目以及足够小的 α, 该模拟

不再适用, 但是 $\alpha = 1/8$ 还可以给出可以接受的结果.

表 3.3　第一部分: 平行四边形的角度为 $\alpha\pi$, 一条边与虚轴夹角为 θ_i 时 $\hat{\pi}_h, \hat{\pi}_v, \hat{\pi}_{hv}$ 的取值

$\alpha = 1/2$

比值	$\hat{\pi}_h(\theta_0)$	$\hat{\pi}_h(\theta_1)$	$\hat{\pi}_h(\theta_2)$	$\hat{\pi}_h(\theta_3)$	π_h^{cft}	$\hat{\pi}_v(\theta_0)$	$\hat{\pi}_v(\theta_1)$	$\hat{\pi}_v(\theta_2)$	$\hat{\pi}_v(\theta_3)$	π_v^{cft}
3.0000	.0627	.0609	.0608	.0619	.0617	.9396	.9377	.9382	.9357	.9383
2.3258	.1242	.1231	.1239	.1239	.1249	.8759	.8752	.8739	.8730	.8751
1.9041	.1973	.1927	.1920	.1922	.1943	.8066	.8065	.8035	.7998	.8057
1.4848	.3049	.3008	.2975	.3002	.3013	.7018	.6974	.6972	.6978	.6987
1.2198	.3984	.3978	.3951	.3968	.3977	.6061	.6034	.5996	.5979	.6023
1.0000	.5028	.4987	.4978	.4975	.5000	.5008	.4999	.4974	.4955	.5000
0.8198	.6020	.6039	.5996	.6030	.6023	.3987	.3946	.3933	.3902	.3977
0.6735	.7006	.6986	.6968	.7012	.6987	.3006	.2977	.2986	.2952	.3013
0.5252	.8074	.8050	.8078	.8057	.8057	.1940	.1919	.1926	.1907	.1943
0.4300	.8763	.8743	.8744	.8731	.8751	.1253	.1235	.1220	.1227	.1249
0.3333	.9388	.9373	.9388	.9385	.9383	.0605	.0620	.0599	.0603	.0617

比值	$\hat{\pi}_{hv}(\theta_0)$	$\hat{\pi}_{hv}(\theta_1)$	$\hat{\pi}_{hv}(\theta_2)$	$\hat{\pi}_{hv}(\theta_3)$	$\hat{\pi}_{hv}^{\square}$	$\hat{\pi}_d(\theta_0)$	$\hat{\pi}_d(\theta_1)$	$\hat{\pi}_d(\theta_2)$	$\hat{\pi}_d(\theta_3)$	π_d^{cft}
3.0000	.0623	.0605	.0605	.0615	.0616	.1484	.1469	.1415	.1456	.1469
2.3258	.1213	.1201	.1210	.1208	.1223	.2044	.2048	.2035	.2037	.2055
1.9041	.1861	.1818	.1813	.1805	.1837	.2503	.2474	.2507	.2453	.2496
1.4848	.2636	.2597	.2564	.2589	.2606	.2934	.2947	.2906	.2947	.2942
1.2198	.3069	.3061	.3016	.3027	.3057	.3167	.3161	.3119	.3158	.3165
1.0000	.3248	.3216	.3194	.3179	.3223	.3200	.3232	.3228	.3185	.3244
0.8198	.3061	.3035	.3025	.3004	.3057	.3156	.3135	.3172	.3099	.3165
0.6735	.2603	.2574	.2584	.2559	.2606	.2944	.2938	.2922	.2893	.2942
0.5252	.1836	.1809	.1819	.1798	.1837	.2500	.2491	.2470	.2498	.2496
0.4300	.1223	.1206	.1190	.1201	.1223	.2043	.2021	.2012	.2004	.2055
0.3333	.0601	.0616	.0596	.0600	.0616	.1463	.1471	.1466	.1432	.1469

表 3.3　第一部分 (续)

$\alpha = 3/8$

比值	$\hat{\pi}_h(\theta_0)$	$\hat{\pi}_h(\theta_1)$	$\hat{\pi}_h(\theta_2)$	$\hat{\pi}_h(\theta_3)$	π_h^{cft}	$\hat{\pi}_v(\theta_0)$	$\hat{\pi}_v(\theta_1)$	$\hat{\pi}_v(\theta_2)$	$\hat{\pi}_v(\theta_3)$	π_v^{cft}
2.8661	.0615	.0611	.0603	.0600	.0608	.9396	.9386	.9393	.9394	.9392
2.2727	.1190	.1201	.1182	.1181	.1191	.8789	.8824	.8798	.8814	.8809
1.8428	.1920	.1929	.1907	.1911	.1939	.8051	.8070	.8061	.8051	.8061
1.4333	.3061	.3073	.3081	.3088	.3078	.6939	.6929	.6919	.6921	.6922
1.2092	.3955	.3945	.3950	.3918	.3962	.6021	.6029	.6010	.6012	.6038
1.0000	.5012	.4991	.5017	.4984	.5000	.5008	.4986	.4976	.4982	.5000
.8270	.6042	.6045	.6035	.6041	.6038	.3975	.3965	.3946	.3941	.3962
.6977	.6910	.6928	.6924	.6920	.6922	.3045	.3050	.3069	.3015	.3078
.5427	.8091	.8062	.8072	.8056	.8061	.1939	.1920	.1914	.1912	.1939
.4400	.8809	.8829	.8810	.8821	.8809	.1200	.1198	.1186	.1173	.1191
.3489	.9394	.9383	.9377	.9381	.9392	.0612	.0598	.0580	.0572	.0608

比值	$\hat{\pi}_{hv}(\theta_0)$	$\hat{\pi}_{hv}(\theta_1)$	$\hat{\pi}_{hv}(\theta_2)$	$\hat{\pi}_{hv}(\theta_3)$	$\hat{\pi}_{hv}^{\square}$	$\hat{\pi}_d(\theta_0)$	$\hat{\pi}_d(\theta_1)$	$\hat{\pi}_d(\theta_2)$	$\hat{\pi}_d(\theta_3)$	π_d^{cft}
2.8661	.0612	.0608	.0601	.0597	.0607	.2046	.2023	.2038	.2041	.2048
2.2727	.1164	.1177	.1156	.1155	.1169	.2829	.2817	.2821	.2780	.2817
1.8428	.1814	.1818	.1794	.1803	.1834	.3477	.3484	.3490	.3491	.3487
1.4333	.2633	.2636	.2638	.2639	.2645	.4137	.4095	.4145	.4116	.4129
1.2092	.3035	.3037	.3030	.3013	.3052	.4346	.4343	.4396	.4399	.4402
1.0000	.3231	.3224	.3225	.3204	.3223	.4477	.4526	.4437	.4504	.4511
.8270	.3064	.3046	.3044	.3039	.3052	.4394	.4390	.4388	.4371	.4402
.6977	.2615	.2611	.2636	.2597	.2645	.4138	.4096	.4096	.4078	.4129
.5427	.1835	.1809	.1805	.1799	.1834	.3520	.3439	.3503	.3442	.3487
.4400	.1175	.1171	.1162	.1151	.1169	.2847	.2833	.2795	.2794	.2817
.3489	.0609	.0594	.0576	.0569	.0607	.2051	.2033	.2011	.1993	.2048

表 3.3 第二部分

$\alpha = 1/4$

比值	$\hat{\pi}_h(\theta_0)$	$\hat{\pi}_h(\theta_1)$	$\hat{\pi}_h(\theta_2)$	$\hat{\pi}_h(\theta_3)$	π_h^{cft}	$\hat{\pi}_v(\theta_0)$	$\hat{\pi}_v(\theta_1)$	$\hat{\pi}_v(\theta_2)$	$\hat{\pi}_v(\theta_3)$	π_v^{cft}
2.3899	.0655	.0635	.0645	.0677	.0658	.9331	.9340	.9345	.9329	.9342
1.9885	.1189	.1177	.1177	.1216	.1191	.8803	.8794	.8812	.8782	.8809
1.6354	.1985	.1959	.2016	.2050	.2006	.7971	.7971	.8003	.7968	.7994
1.3443	.3073	.3041	.3059	.3090	.3072	.6900	.6912	.6935	.6885	.6928
1.1674	.3965	.3926	.3939	.3972	.3961	.6007	.6019	.6017	.6009	.6039
1.0000	.4971	.4961	.5000	.5031	.5000	.4970	.4994	.5007	.4963	.5000
.8566	.6046	.6033	.6045	.6059	.6039	.3920	.3957	.3935	.3924	.3961
.7439	.6889	.6913	.6923	.6941	.6928	.3059	.3050	.3040	.3030	.3072
.6115	.7971	.7971	.7986	.8020	.7994	.1998	.1997	.2019	.1988	.2006
.5029	.8803	.8786	.8811	.8807	.8809	.1210	.1174	.1182	.1182	.1191
.4184	.9342	.9336	.9356	.9342	.9342	.0636	.0653	.0638	.0655	.0658

比值	$\hat{\pi}_{hv}(\theta_0)$	$\hat{\pi}_{hv}(\theta_1)$	$\hat{\pi}_{hv}(\theta_2)$	$\hat{\pi}_{hv}(\theta_3)$	$\hat{\pi}_{hv}^{\square}$	$\hat{\pi}_d(\theta_0)$	$\hat{\pi}_d(\theta_1)$	$\hat{\pi}_d(\theta_2)$	$\hat{\pi}_d(\theta_3)$	π_d^{cft}
2.3899	.0651	.0631	.0640	.0671	.0656	.3112	.3022	.3054	.3106	.3089
1.9885	.1163	.1154	.1150	.1189	.1169	.4049	.3973	.4035	.4061	.4044
1.6354	.1859	.1847	.1898	.1922	.1890	.4953	.4958	.4973	.5037	.4984
1.3443	.2630	.2608	.2637	.2637	.2641	.5666	.5706	.5710	.5712	.5707
1.1674	.3037	.3023	.3016	.3048	.3052	.5994	.5961	.5994	.6008	.6026
1.0000	.3190	.3206	.3216	.3212	.3223	.6116	.6089	.6105	.6134	.6150
.8566	.3024	.3051	.3021	.3033	.3052	.5988	.5968	.6015	.5961	.6026
.7439	.2628	.2615	.2607	.2610	.2641	.5674	.5702	.5687	.5657	.5707
.6115	.1877	.1875	.1895	.1867	.1890	.4962	.4953	.4993	.4949	.4984
.5029	.1184	.1147	.1155	.1156	.1169	.4016	.4013	.4009	.4017	.4044
.4184	.0633	.0649	.0634	.0648	.0656	.3049	.3025	.3037	.3074	.3089

表 3.3 第二部分 (续)

$\alpha = 1/8$

比值	$\hat{\pi}_h(\theta_0)$	$\hat{\pi}_h(\theta_1)$	$\hat{\pi}_h(\theta_2)$	$\hat{\pi}_h(\theta_3)$	π_h^{cft}	$\hat{\pi}_v(\theta_0)$	$\hat{\pi}_v(\theta_1)$	$\hat{\pi}_v(\theta_2)$	$\hat{\pi}_v(\theta_3)$	π_v^{cft}
1.7926	.0605	.0607	.0582	.0610	.0611	.9378	.9374	.9383	.9373	.9389
1.5342	.1221	.1231	.1224	.1213	.1238	.8747	.8754	.8763	.8744	.8762
1.3429	.2087	.2078	.2065	.2062	.2081	.7878	.7892	.7901	.7876	.7919
1.2097	.2999	.2929	.2971	.2947	.2971	.6998	.7035	.7014	.7004	.7029
1.1047	.3853	.3870	.3852	.3851	.3893	.6088	.6099	.6065	.6087	.6107
1.0000	.4967	.5002	.4984	.4943	.5000	.4987	.4990	.4969	.4966	.5000
0.9053	.6080	.6084	.6079	.6064	.6107	.3851	.3895	.3875	.3855	.3893
0.8266	.7005	.6995	.7006	.6981	.7029	.2943	.2955	.2970	.2909	.2971
0.7446	.7878	.7885	.7893	.7860	.7919	.2097	.2087	.2098	.2049	.2081
0.6518	.8765	.8761	.8756	.8735	.8762	.1235	.1229	.1240	.1201	.1238
0.5579	.9404	.9391	.9391	.9372	.9389	.0606	.0613	.0605	.0597	.0611

比值	$\hat{\pi}_{hv}(\theta_0)$	$\hat{\pi}_{hv}(\theta_1)$	$\hat{\pi}_{hv}(\theta_2)$	$\hat{\pi}_{hv}(\theta_3)$	$\hat{\pi}_{hv}^{\square}$	$\hat{\pi}_d(\theta_0)$	$\hat{\pi}_d(\theta_1)$	$\hat{\pi}_d(\theta_2)$	$\hat{\pi}_d(\theta_3)$	π_d^{cft}
1.7926	.0601	.0604	.0578	.0608	.0610	.5687	.5691	.5668	.5725	.5708
1.5342	.1193	.1202	.1199	.1185	.1213	.7020	.7034	.6987	.7038	.7021
1.3429	.1945	.1939	.1932	.1928	.1952	.7878	.7801	.7804	.7772	.7819
1.2097	.2593	.2543	.2577	.2553	.2581	.8273	.8202	.8239	.8192	.8236
1.1047	.2999	.3013	.2994	.2997	.3028	.8470	.8450	.8414	.8415	.8452
1.0000	.3203	.3218	.3195	.3180	.3223	.8530	.8522	.8515	.8507	.8533
.9053	.2987	.3006	.2999	.2984	.3028	.8456	.8451	.8424	.8441	.8452
.8266	.2558	.2558	.2568	.2514	.2581	.8228	.8226	.8214	.8193	.8236
.7446	.1957	.1941	.1957	.1917	.1952	.7834	.7805	.7810	.7801	.7819
.6518	.1205	.1203	.1211	.1175	.1213	.6996	.7039	.7029	.6957	.7021
.5579	.0602	.0611	.0601	.0593	.0610	.5654	.5695	.5666	.5666	.5708

3.4 条痕模型

通过数值模拟我们在文 [U] 中显示了四个函数 π_h, π_v, π_{hv} 和 π_d 在下面六个模型中取值相同: 正方、三角与六角晶格中格点与键的渗流.

这为普适性猜想奠定了一定的基础. 因为这些正规晶格的对称性, 该猜想预测的矩阵 g 在这六种情形中均可以对角化. 但是下面的例子表明这并不是必需的.

如果我们只考虑格点的渗流, 显然在实验观测允许的范围内, 最一般的情形可以通过选择在晶格 $L = \mathbb{Z}^2$ 上的概率 $p(s)$ 来获得, 该概率依赖于 s 的位置模掉某个子晶格 NL, 其中 N 为一个极大的整数. 这样的选取当然方便做模拟. 特别地, 为了获得一个在虚轴上没有产生格点的模型, 我们可以有意地将通常的模型压扁, 使得沿着横跨在晶格上的某些键上的概率接近于 0, 只要周期性条件允许, 在另一些键上的概率接近于 1. 我们把它称为条痕模型 (striated model). 普适性猜想暗示任何模型 M, 特别是任何条痕模型, 对应于上半平面的一点, 并且一旦这一点是已知的, 所有概率 $\pi(E, M)$ 都可以通过正方晶格的格点渗流的概率给出. 因为从我们许多同行的眼光来看, 普适性哪怕只是以猜想中给出的形式出现也是普遍的, 被广泛接受和理解的. 我们这里仅限于考察一个简单的例子. 它可以充分展示该猜想, 对于相应的矩阵 g 的近似计算是一个有用的练习.

键是将大小为 6×4 的矩形周期排列构造出来的, 如图 3.4 所示. 键上的点是 (0,0),(1,0),(1,1),(2,1),(3,2),(4,2),(4,3) 和 (5,3). 因此 $N = 12$. (这些键在图 3.4 中用黑色方块表示.) 其他点都在键之外. 在键上的概率 p_1 是不在键上概率 p_2 的五分之一. [U] 的模拟和技巧对于关键的概率产生了一个 $p_2 = 0.84928$ 的结果. 这条键形成的倾角与 x 轴的夹角正切值为 2/3, 并且我们可以预期该模型等同于将模型 M_0 的一条边伸缩一个倍数, 继而将其旋转大约此角度得到的结果. 因为我们所做的是阻碍垂直于键方向的渗流, 而促进平行于键方向的渗流. 因此该模型意味着矩形晶格上的格点渗流, 而作为其基础的矩形的长边与键平行.

根据普适性的猜想, 存在矩阵 g 使得

$$\pi(E, M) = \pi(E, gM_0) \tag{3.4a}$$

对于所有事件 E 成立. 为了计算 g 的近似值, 我们首先考虑边之比为 r 的四边平行于坐标轴的矩形 R_r 的水平交叉出现的事件. 显然我们

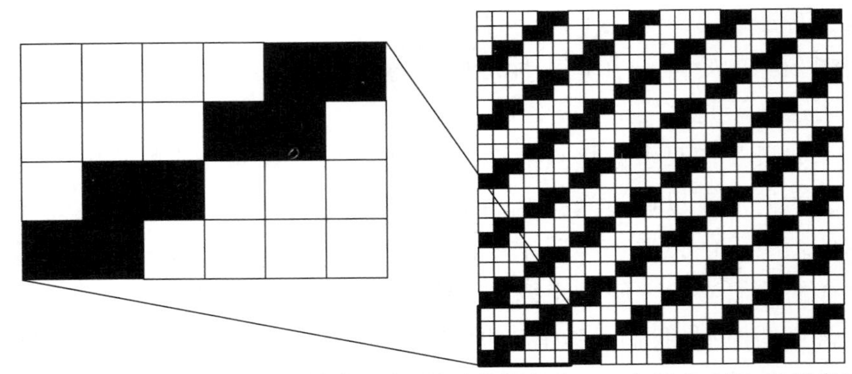

图 3.4　条痕模型的定义. 黑格点 (砖) 是开的概率为 p_1, 白格点 (砖) 的概率为 $p_2 = 5p_1$

关于平行四边形共形不变性的讨论, 模掉从右边作用的线性的共形变换群以及从左边作用的群

$$\left\{ \begin{pmatrix} \pm 1 & 0 \\ 0 & \pm 1 \end{pmatrix} \right\}, \tag{3.4b}$$

最多有一个矩阵 g 使得对于所有 r, 或者哪怕对于两个 r 值有如下关系式

$$\pi_h(R_r, M) = \pi_h(R_r, gM_0) = \pi_f(g^{-1}R_r, M_0). \tag{3.4c}$$

我们重申上式第二个等号是形式上的. 准确地说, 我们取 g^{-1} 为

$$\begin{pmatrix} a\sin\theta & 0 \\ -a\cos\theta & 1 \end{pmatrix},$$

令 $0 \leqslant \theta \leqslant \pi$. θ 角是平行四边形 $g^{-1}R_r$ 的一个内角,(3.4c) 等号最右边的计算来自 3.3 节介绍的 Cardy 公式. 矩阵 g 是一个标量乘以

$$\begin{pmatrix} 1 & 0 \\ a\cos\theta & a\sin\theta \end{pmatrix}.$$

同样有用的是另外一个关系式

$$\pi_v(R_r, M) = \pi_v(R_r, gM_0) = \pi_v(g^{-1}R_r, M_0). \tag{3.4d}$$

普适性断言对于给定的条痕模型 M, 总能找到一个 g 使得 (3.4a) 对于所有 E 成立. 方程 (3.4c) 与 (3.4d) 均为 (3.4a) 的特例, 它们足够

用来给出 g. 在表 3.4a 中, 我们为 (3.4c) 与 (3.4d) 左边取 41 个 r 值, 或者为式子左边提供通过模拟给出的值. 最小方格数的方法就可以用于找出可以使 (3.4c) 或 (3.4d) 式子两边差距最小化的 a 与 θ 的值. 获得的值为:

$$\hat{a}=0.7538, \quad \hat{\theta}=0.2643\pi.$$

令 $\hat{g}$ 为相应的矩阵. 通过 Cardy 公式, 对于每一个 r, 两个参数 $\hat{a}$ 与 $\hat{\theta}$ 用于计算所期的矩形的高宽比 r_0, 使得出现在表 3.4a 中由 r 作为行标标记的 π_h^{cft} 和 π_v^{cft} 的数值与理论猜想的普适性给出的 $\pi_h(R_{r_0},M_0)$ 和 $\pi_v(R_{r_0},M_0)$ 相等 (假定 $\hat{g}$ 就是出现在 (3.4a) 中的矩阵).

表 3.4a　条痕模型中用于计算矩阵 $\hat{g}$ 的数据

r	r_0	$\hat{\pi}_h$	π_h^{cft}	$\hat{\pi}_v$	π_v^{cft}
0.6070	0.3873	0.9058	0.9045	0.0965	0.0955
0.6400	0.4116	0.8885	0.8880	0.1146	0.1120
0.6721	0.4356	0.8716	0.8711	0.1302	0.1289
0.7059	0.4613	0.8546	0.8527	0.1492	0.1473
0.7414	0.4887	0.8344	0.8327	0.1699	0.1673
0.7753	0.5153	0.8147	0.8131	0.1881	0.1869
0.8190	0.5502	0.7891	0.7874	0.2148	0.2126
0.8611	0.5845	0.7641	0.7623	0.2388	0.2377
0.9048	0.6206	0.7378	0.7361	0.2672	0.2639
0.9512	0.6599	0.7114	0.7083	0.2933	0.2917
1.000	0.7018	0.6801	0.6793	0.3228	0.3207
1.051	0.7467	0.6521	0.6492	0.3534	0.3508
1.105	0.7948	0.6210	0.6181	0.3832	0.3819
1.161	0.8457	0.5893	0.5867	0.4145	0.4133
1.221	0.9007	0.5562	0.5543	0.4458	0.4457
1.290	0.9651	0.5188	0.5185	0.4816	0.4815
1.349	1.021	0.4909	0.4891	0.5133	0.5109
1.417	1.086	0.4594	0.4570	0.5455	0.5430
1.488	1.155	0.4271	0.4252	0.5770	0.5748
1.562	1.229	0.3957	0.3938	0.6086	0.6062
1.647	1.313	0.3606	0.3607	0.6396	0.6393

续表

r	r_0	$\hat{\pi}_h$	π_h^{cft}	$\hat{\pi}_v$	π_v^{cft}
1.730	1.395	0.3302	0.3309	0.6692	0.6691
1.824	1.490	0.3003	0.2998	0.7008	0.7002
1.910	1.576	0.2750	0.2738	0.7277	0.7262
2.014	1.681	0.2463	0.2453	0.7546	0.7547
2.124	1.792	0.2204	0.2183	0.7836	0.7817
2.224	1.894	0.1961	0.1963	0.8059	0.8037
2.336	2.008	0.1758	0.1742	0.8277	0.8258
2.453	2.127	0.1538	0.1538	0.8477	0.8462
2.597	2.274	0.1326	0.1319	0.8695	0.8681
2.727	2.407	0.1159	0.1147	0.8855	0.8853
2.864	2.547	0.0990	0.0991	0.9010	0.9009
3.017	2.703	0.0846	0.0842	0.9158	0.9159
3.142	2.830	0.0744	0.0737	0.9269	0.9263
3.309	3.001	0.0618	0.0616	0.9396	0.9384
3.495	3.191	0.0512	0.0505	0.9497	0.9495
3.683	3.382	0.0410	0.0413	0.9590	0.9587
3.853	3.556	0.0346	0.0344	0.9661	0.9656
4.071	3.778	0.0279	0.0273	0.9734	0.9727
4.258	3.969	0.0230	0.0223	0.9780	0.9777
4.500	4.217	0.0174	0.0172	0.9830	0.9828

来源于矩阵 (3.4b) 的歧义性暗示了 $\hat{\theta} = \pi - 0.2643\pi$ 也是可能的; 它可以给出右边相同的数值. 因此需要第二个实验来消除它.

一旦得到了 a 和 θ 的估计值, 那么对于所有平行四边形 P 预测的 $\pi_h(P,M), \pi_v(P,M)$ 和 $\pi_{hv}(P,M)$ 都可以从 (3.4a) 的右边与 Cardy 公式计算给出, 或者从表 3.2 推算出来, 像平行四边形一节中介绍的一样. 首先我们选取 $P = \hat{g}R_{r_0}$, 因为比方说我们期望

$$\pi_h(gR_{r_0}, M) = \pi_h(R_{r_0}, M_0) = \eta_h(r_0).$$

平行四边形的一个内角就会等于 0.3502π.

该结果显示在表 3.4b 中, 其中 r_0 是自由变量. 因此实际应用在条痕晶格中的平行四边形的顶点坐标都是从它计算得出. 它们是 (0,0),$(0,b)$,(c,d),$(c,b+d)$, 设整数 b,c,d 有表格中的数值. 表格已经给出

了 r_0 的值. 平行四边形 gR_{r_0} 两边长的比值为 $r=\hat{B}r_0$, 且

$$\hat{B}=\frac{\sqrt{(1+\hat{a}^2\cos^2\hat{\theta})}}{\hat{a}\sin\hat{\theta}}=2.016.$$

从该表格可以清楚地看到模掉群 (3.4b) 的作用之后, 在两种可能的 g 中, 我们选取了正确的一值, 否则模拟与预测就不能给出一致的结果.

表 3.4b 在条痕模型中平行四边形 $P=\hat{g}R_{r_0}$ 给出的 $\hat{\pi}_h,\hat{\pi}_v,\hat{\pi}_{hv}$

b	c	d	r_0	$\hat{\pi}_h$	π_h^{cft}	$\hat{\pi}_v$	π_v^{cft}	$\hat{\pi}_{hv}$	$\hat{\pi}_{hv}^{\square}$
300	539	274	1.000	0.5039	0.5000	0.4983	0.5000	0.3229	0.3223
390	736	374	1.050	0.4772	0.4746	0.5209	0.5254	0.3195	0.3211
380	754	383	1.104	0.4537	0.4487	0.5498	0.5513	0.3195	0.3180
372	776	394	1.160	0.4254	0.4229	0.5751	0.5771	0.3133	0.3128
362	794	403	1.220	0.3989	0.3974	0.5977	0.6026	0.3044	0.3056
352	815	414	1.288	0.3726	0.3701	0.6259	0.6299	0.2961	0.2953
344	833	424	1.348	0.3503	0.3477	0.6461	0.6523	0.2855	0.2856
336	855	435	1.416	0.3259	0.3237	0.6726	0.6763	0.2734	0.2734
328	877	446	1.488	0.3015	0.3003	0.6948	0.6997	0.2591	0.2600
320	898	456	1.561	0.2788	0.2781	0.7173	0.7219	0.2453	0.2461
312	923	469	1.646	0.2581	0.2545	0.7427	0.7455	0.2320	0.2299

表 3.4c 在条痕模型中一个内角为 $3\pi/8$ 的平行四边形给出的 $\hat{\pi}_h,\hat{\pi}_v,\hat{\pi}_{hv}$

b	c	d	r	r_0	$\hat{\pi}_h$	π_h^{cft}	$\hat{\pi}_v$	π_v^{cft}	$\hat{\pi}_{hv}$	$\hat{\pi}_{hv}^{\square}$
362	601	444	1.000	1.000	0.5022	0.5000	0.4956	0.5000	0.3211	0.3223
344	630	466	1.105	1.111	0.4474	0.4452	0.5508	0.5548	0.3162	0.3174
329	660	488	1.210	1.224	0.3985	0.3959	0.5999	0.6041	0.3048	0.3051
312	695	514	1.343	1.367	0.3440	0.3409	0.6527	0.6591	0.2827	0.2822
292	743	549	1.534	1.573	0.2774	0.2747	0.7212	0.7253	0.2451	0.2401
270	803	593	1.793	1.852	0.2069	0.2051	0.7909	0.7949	0.1933	0.1927

作为进一步的验证, 我们考察内角为 $3\pi/8$ 且有两条竖直边的平行四边形的概率 $\pi_h(\hat{g}P,M)$. 因此平行四边形 $\hat{g}P$ 的一个内角非常接近于 0.2974π. 表 3.4c 中的 r 是 $\hat{g}P$ 边的比值. r_0 是共形等价于 P 的矩形的边比值, 它用来计算表 3.4c 里的预测值.

至于此前的平行四边形的实验, 可以看出的一个系统误差是: 例

如, 在表 3.4b 与 3.4c 中 $\hat{\pi}_h$ 都比 π_h^{cft} 大. 并且该差异在小数点第三位上就很显著, 可以比拟由于格点的有限性造成的误差 (见 3.1 节); 因此这个一致性是令人满意的. 唯一超过 0.005 的差异是那些出现在表 3.4b(344,833,424) 行与表 3.4c(312,695,514) 行上的数值, 该差异达到 0.0058 与 0.0064. P 边界的曲折性可能起到了一定的作用.

3.5 外部区域

一旦共形不变性在单连通有界的平面区域的渗流研究中明确出现, 许多其他的问题也一并产生. 首先, 没有理由仅仅考虑单连通区域或者 (除开实验的便利性考虑) 有界区域. 甚至交叉概率的概念也可以适当地推广.

由于 (机器) 内存的局限性, 模拟被限制于有界区域, 当考察无界区域时, 必须要么设计一个对于在无穷远处的不可避免的空洞不敏感的实验, 要么可以估计它能产生多少误差. 进一步, 无界区域的边界, 例如凸多边形的外部, 通常有一些尖角穿过该区域, 而这些都是模拟中关键误差的来源.

通过检查正方晶格键上的渗流, 在 [U] 中, 我们发现晶体网格顺序的不确定性导致交叉概率也有大约 $1/d$ 的不确定度,d 为有限晶格的大小. 至少对于 π_h 来说, 这是在 Cardy 公式意料之中的. 对 α 或 β 的端点 z_i 量级为 1 的修正导致了 w_i 的改变并且因此对交叉概率的修正约为 $1/d$. 然而, 如果 z_i 是穿透尖角的顶点, 外角大小为 $\alpha\pi$, 那么在接近 w_i 时函数 φ 的渐近行为是 $(w-w_i)^{\alpha}$, 它的逆为 $(z-z_i)^{1/\alpha}$. 因此, 如果比方说 $\alpha=1.5$, 一个 0.01 的不确定度将被放大到 $0.01^{2/3}\sim 0.05$, 由此该数据不再具有说服力.

要避免穿透角的问题, 我们必须将实验限制到圆上. 显然的问题是在圆内的渗流与在圆外的渗流是否等价. 因此是否交叉概率在映射 $z\to 1/z$ 下不变. 因为将有界区域 $|z|\leqslant 1$ 变换到无界区域 $|z|\geqslant 1$, 我们立即遭遇在外部区域处理所有格点的不可能性.

取圆心在坐标原点的单位圆 C, 令 α 为圆上从 $\dfrac{3\pi}{4}$ 到 $\dfrac{5\pi}{4}$ 的一段弧, 并且 β 为其关于坐标轴的反射. 共形不变性暗示在 $C'=AC$ 的外部从 $\alpha'=A\alpha$ 到 $\beta'=A\beta$ 的交叉概率当 A 很大时将会接近 0.5. 然而实验只能在有限的晶格上操作. 例如, 我们可以取由两个圆形成的圆环上的渗流, 内圆半径为 A, 外圆半径在当前时间和机器允许的条件下尽可能地大, 估计在圆环内从 α' 到 β' 的交叉概率. 结果令人失望. 对于内圆半径 100, 外圆半径 1000, 该概率约为 0.431. 在相同的外圆半径, 内圆半径减小为 50 和 25 时, 概率分别变成 0.457 和 0.468. 在每一种情况下都远远小于期望值 0.5, 尽管该结果看似当两圆半径比例提高时得到改善. 显然若要得到足够好的结果, 半径的比值与内径将会要求机器具有一个不可能达到的内存. 故此, 必须或者另辟蹊径来得到结果, 或者设计其他的实验来检验取倒数变换下的共形不变性.

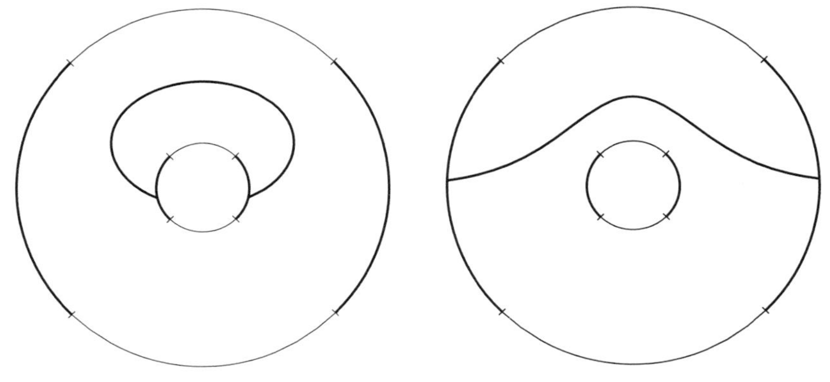

图 3.5a　π_h^{int} 与 π_h^{ext} 的可能的交叉

最直接的方法是取两个同心圆, 半径 $r_1 < r_2$, 把每个圆分成关于坐标轴对称的四条等长的弧. 我们仅仅考虑在可伸缩的圆环内的交叉. 我们令概率 π_h^{int} 表示从内圆左边圆弧到内圆右边圆弧的交叉, 概率 π_h^{ext} 表示从外圆左边圆弧到外圆右边圆弧的交叉. (见图 3.5a.)π_v^{int} 与 π_v^{ext} 也采取类似的定义. 在 $z \to 1/z$ 下的共形不变性暗示了在大 r_1 极限与固定的 r_2/r_1 下这四个概率相等. 我们也引入 π_{hv}^{int} 与 π_{hv}^{ext}.

表 3.5　圆环和圆柱上的 $\hat{\pi}_h, \hat{\pi}_v, \hat{\pi}_{hv}$

	$\hat{\pi}_h$	$\hat{\pi}_v$	$\hat{\pi}_{hv}$
内圆	0.4316	0.4306	0.2539
外圆	0.4356	0.4348	0.2586
圆柱	0.4424	0.4399	0.2637

表 3.5 给出了 $r_1 = 100$ 和 $r_2 = 1000$ 的数据. 样本大小为 100 000. 内圆圆弧与外圆圆弧给出的数值的差距在三种情形中均小于 0.005, 它们证明了共形不变性. 作为对它们可信度的补充测试, 我们继续审查模型 M_0 上 的交叉, 在矩形的水平边上的交叉数目等于 $122 \sim A\ln\left(\frac{r_1}{r_2}\right)$ 并且竖直边的交叉数目为 $332 \sim 2A\pi, A = 53$, 但是在竖直方向上有周期性边界条件. 令 α, β, γ 和 δ 作为左边分别为 $[y = 1, y = 83], [y = 167, y = 249], [y = 84, y = 166]$ 和 $[y = 250, y = 332]$ 的区间. 然后我们定义在竖直方向具有周期性几何条件下的从 α 到 β 的交叉概率 π_h^l. 图 3.5b 揭示了两条可能的路径. 同理我们定义其他概率, 例如 π_v^l.

如果我们将共形不变性的猜想推广, 断言在圆环上的交叉概率应该等同于 (如前面我们关注的模型 M_0 一样) 那些定义在与其共形等价的圆柱上的交叉概率, 那么除了由于使用有限晶格带来的内在的近似性之外, 这些交叉概率应该等于那些介于圆环内圆和外圆圆弧上的交叉概率. 表 3.5 中也包含了圆柱上计算的结果. 这些差距比 0.01 大, 因此有些令人失望, 但是从内圆半径 r_1 较小的角度来看是可以容忍的. 记得前面提到的系统误差 $\sim 5 \times 10^{-3}$ 是定义在尺寸为 200×200 的正方晶格上的!(见 3.1 节.) 进一步, 一个圆柱在此尺寸设定下共形等价于一个外、内圆半径比值为 10.06 的圆环.

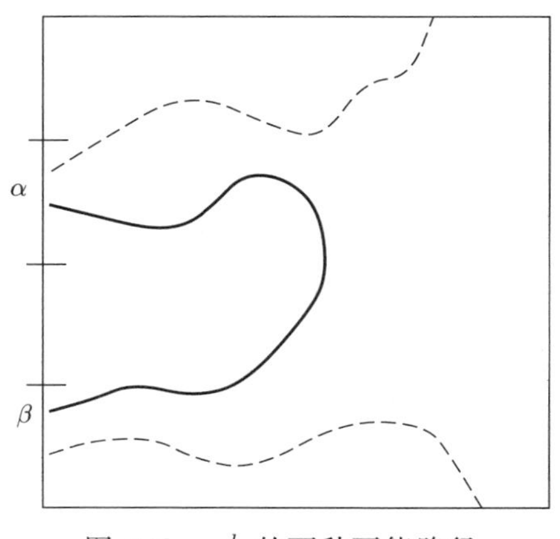

图 3.5b π_h^l 的两种可能路径

在另一个测试中我们审查了对于竖直边交叉数为 240 对于水平边

交叉数为 202 的同样的概率. 这些对应于外内径之比为 198.0 的圆环, 因此外径可以看成无穷大. $\hat{\pi}_h^l = 0.5003, \hat{\pi}_v^l = 0.4990$ 以及 $\hat{\pi}_{hv}^l = 0.3224$ 非常接近于表 3.2 的第一行, 为熟知的正方晶格实验.

尽管由于中间出现空洞带来的难度 (毫无疑问这是重要的), 特别对于 3.7 节, 那里估计外部区域的交叉概率是通过模拟而不采用共形等价于圆柱的方法. 为了这么做, 我们不采用外推法而是利用共形不变性的另外一种方法. 例如, 如果我们有一个内、外圆半径为 r_1 和 r_2 的有界圆环, 那么我们引入第二个独立的半径为 r_2 的圆盘, 除了圆盘边界, 圆盘内所包含的格点的概率是独立的. 为了获得一个给定开和闭格点构型的可能的路径, 我们从内圆圆弧 α 出发, 或者像通常一样从 α 周围键中的一点出发, 但是当我们到达一个开格点, 即其邻域落在大圆盘外面时, 我们打开第二个圆盘上的对应格点, 经由它移动经过尽可能远的开格点, 确保我们可以在相同条件下回到最初的圆环上, 实际上在圆环与附加的圆盘上来来回回穿过许多次, 最终回到圆环的内圆弧 β 上.

因此从效果上, 我们几乎将圆环与圆盘 (通过外圆) 共形粘合在一起, 以此得到黎曼球面上内圆的外面部分. 从具有 100 000 个构型的样本来看, 内、外圆半径为 70 和 350 的交叉概率 π_h 估计为 0.5078, 对于半径分别为 100 和 600, 该数值为 0.5013. 虽然第一个数值比 0.5 略微超过了我们所设定的基准 0.005, 但是这些结果仍可被视为是对这种技术的肯定.

3.6　分支渗流

如果我们将映射 $w = z^2$ 作用在 z 平面的包含坐标原点的区域 D 上, 那么该区域成为在 w 平面的区域 D' 上的分支覆盖. 我们可以引入 D 上的交叉概率; 我们也可以将渗流晶格从 D' 上提升到 D 上, 再计算其上的交叉概率. 共形不变性的最一般形式暗示了它们是相等的.

D 上的晶格最好被看成是 D' 上的晶格的双重覆盖, 如图 3.6a, D' 中的每个格点 (除了支点) 被两个格点覆盖. 如断开的竖直线所表明的, 两片的坐标原点是重合的. 边长比例 2.224, 内角为 $3\pi/8, 5\pi/8$ 的平行四边形在 w 平面内的像显示在图 3.6b 中, 其中细线为支割线. 从出现抛物线弧段显然得到, 该平行四边形的上、下两边都是水平的. 因

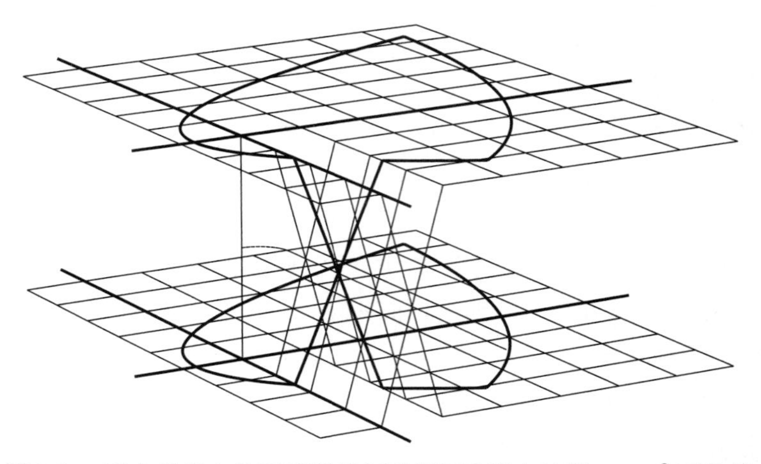

图 3.6a　正方晶格上的双重覆盖与平行四边形在映射 $z \to z^2$ 下的像

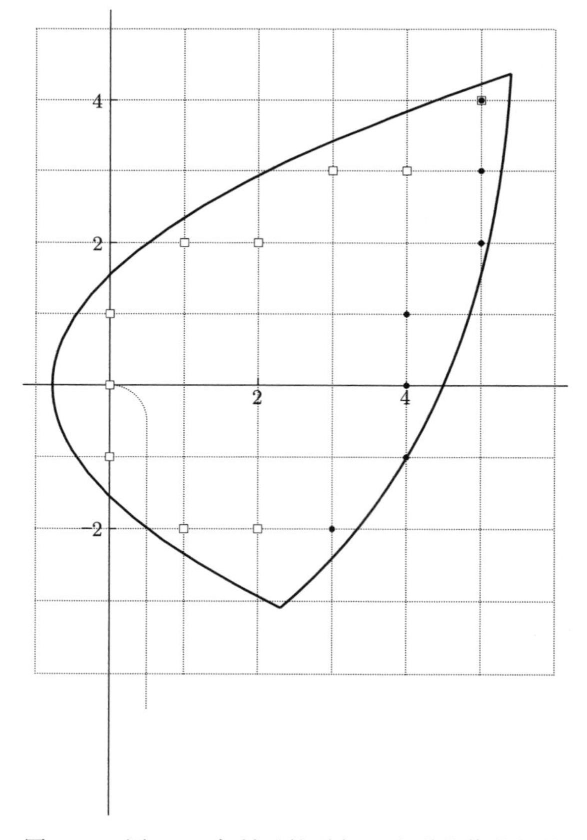

图 3.6b　图 3.6a 中所画的平行四边形的像的投影

此左边和右边不能是竖直的. 同一曲线的双重覆盖刻画在图 3.6a 中. 水平交叉从标记点为方形的上层小方格到下层小方格. 竖直交叉从标记点为圆形的小圆点到小圆点. 每个格点既可以是圆形也可以是方形. 一个格点如果被一条穿过水平边的像的键连到相邻格点, 则它是方形的. 圆形的格点也依此类似的定义.

因为该问题原则上不受晶格平移的影响, 人们可以假定这些格点都不会落到支点上面. 然而这不总是很明智的. 前面章节中所观测到的效果在支点的地方表现得更强, 因为出现的 α 数会是 2 个, 因此 0.01 的不确定度将会被放大成 0.1. 虽然如此, 令我们吃惊的是, 通过选择正方晶格使得支点也成为一个格点, 它就有八个近邻格点而不是四个, 我们得到了非常接近真实值的模拟值, 可能是一个隐式的过度修正的结果. 模拟与预测值之间的差距很少超过 0.002. 对于没有囊括进来的数据, 支点的其他选择的结果远不相宜.

区域 D 为平行四边形的结果全都展示在表 3.6 中, 它们是无须解释的. 实验提供了平行四边形的四个内角 α 和四个边比值的数据. 区域 D' 总是包含超过 200 000 个格点, 往往多得多. 这些实验采用了 π_d 的第二种定义. (见 3.3 节.)$\pi_{\bar{d}}$ 是那些搭在与定义 π_d 的交叉所连接的区间的互补区间上的交叉的概率. 因此根据对偶性与普适性,$\hat{\pi}_d$ 与 $\hat{\pi}_{\bar{d}}$ 之和应该为 1. 观察到 $\hat{\pi}_{hv}^{\square}$ 的极端取值比 π_h^{cft} 大, 因此是有误的. 当然这并非当前实验的一个缺点, 而是 3.2 节实验的一个结果, 在那里 $\hat{\pi}_h$ 与 $\hat{\pi}_{hv}$ 对于 r 的极端取值都带有重要的统计和系统误差.

表 3.6　在映射 $z \to z^2$ 下平行四边形的像中的概率 $\hat{\pi}_h, \hat{\pi}_v, \hat{\pi}_{hv}, \hat{\pi}_d, \hat{\pi}_{\bar{d}}$

r	ϕ	π_h^{cft}	$\hat{\pi}_h$	$\hat{\pi}_v$	$\hat{\pi}_{hv}^{\square}$	$\hat{\pi}_{hv}$	π_d^{cft}	$\hat{\pi}_d$	$\hat{\pi}_{\bar{d}}$
1.000	$\pi/2$	0.5000	0.4996	0.4995	0.3223	0.3210	0.3244	0.3237	0.6757
1.488	$\pi/2$	0.3002	0.3018	0.7018	0.2600	0.2615	0.2939	0.2972	0.7065
2.244	$\pi/2$	0.1389	0.1401	0.8616	0.1325	0.1359	0.2157	0.2167	0.7836
3.309	$\pi/2$	0.0446	0.0450	0.9556	0.0447	0.0449	0.1254	0.1275	0.8750
1.000	$3\pi/8$	0.5000	0.5018	0.5020	0.3223	0.3237	0.3244	0.3262	0.6762
1.488	$3\pi/8$	0.2895	0.2908	0.7117	0.2534	0.2548	0.2904	0.2914	0.7082
2.224	$3\pi/8$	0.1259	0.1266	0.8733	0.1232	0.1235	0.2062	0.2080	0.7929
3.309	$3\pi/8$	0.0368	0.0369	0.9627	0.0369	0.0368	0.1141	0.1157	0.8840

续表

r	ϕ	π_h^{cft}	$\hat{\pi}_h$	$\hat{\pi}_v$	$\hat{\pi}_{hv}^{\square}$	$\hat{\pi}_{hv}$	π_d^{cft}	$\hat{\pi}_d$	$\hat{\pi}_{\overline{d}}$
1.000	$\pi/4$	0.5000	0.5027	0.5030	0.3223	0.3255	0.3244	0.3280	0.6776
1.488	$\pi/4$	0.2491	0.2500	0.7522	0.2262	0.2269	0.2754	0.2760	0.7260
2.224	$\pi/4$	0.0840	0.0842	0.9156	0.0833	0.0833	0.1706	0.1713	0.8265
3.309	$\pi/4$	0.0169	0.0177	0.9832	0.0170	0.0177	0.0774	0.0794	0.9222
1.000	$\pi/8$	0.5000	0.5021	0.5029	0.3223	0.3246	0.3244	0.3254	0.6767
1.488	$\pi/8$	0.1404	0.1422	0.8605	0.1364	0.1381	0.2168	0.2193	0.7832
2.224	$\pi/8$	0.0188	0.0193	0.9814	0.0170	0.0193	0.0817	0.0830	0.9191
3.309	$\pi/8$	0.00096	0.00106	0.9990	0.00103	0.00106	0.0185	0.0188	0.9805

3.7 紧黎曼曲面上的渗流

任何紧黎曼曲面 S 可以通过复射影曲线 $\mathbb{P}$, 即 $\mathbb{C}$ 加一个无穷远点的分支覆盖来实现. 通过联合无界区域与分支覆盖, 我们可以研究这样形成的曲面上的渗流. 可以引入各种交叉概率. 特别地, 每一种状态 s 构成了一个拓扑空间 X_s, 由键和开格点组成并嵌入到 S 上, 因此产生了从 X_s 的一阶同调群到 S 的一阶同调群的 $H_1(X_s) \to H_1(S)$ 同态. 我们可以研究特殊情形下的概率, 即对于给定 $H_1(S)$ 的子群 Z, 并且预期该结果仅仅依赖于 S 的共形等价类.

我们隐式定义针对模型 M_0 的渗流, 该模型也定义了 $\mathbb{P}$ 以至 S 上的标准共形结构. 其他模型和共形结构的选择也是可以的. 重要的是相容性.

黎曼曲面的定义不限于分支覆盖. 例如, 椭圆曲线可以通过 $\mathbb{C}$ 模掉晶格 $L = \mathbb{Z} + \mathbb{Z}\omega$ 得到, 可以直接在这样的曲面上引入渗流, 作为具有周期性边界条件的 aL(取极限 $a \to 0$) 格点上的渗流. 共形不变性暗示了在环面

$$S_1 = \mathbb{C}/(\mathbb{Z} + \mathbb{Z}\omega) \tag{3.7a}$$

以及在 x 平面的分支覆盖 S_2

$$y^2 = \prod_{i=1}^{4}(x - \omega_i) \tag{3.7b}$$

上的概率是相等的, 假如两条曲线是同构的.

为了定义 (3.7a) 上的渗流, 我们令 $\omega = i$, 并使用网格尺寸为 $\frac{1}{500}$ 的正方晶格. 如果 ω_i 落在正方形的一个顶角上, 椭圆曲线 S_2 与 S_1 共形等价. 我们取渗流理论中的晶格为通常的网格尺寸为 1 的晶格, ω_i 为中心在 0 处的正方形的四个顶角, 正方形的边长为 282, 且平行于两条坐标轴. 支割线沿着两条水平线并且被用来研究分支渗流. 晶格在这双重覆盖上的无穷部分被看成沿着半径为 399 的圆粗略粘合起来的区域的外面部分.

$H_1(S)$ 的元素自然标记为一对整数 (m,n), 而 (m,n) 与 $(-m,-n)$ 生成同一子群. 容易使人相信的是, 只有互素的元素 (即 m 与 n 的最大公因子为 1) 出现在子群 Z 的生成元中, 其可以产生正概率. 我们将这样的子群用一个生成元标记. 除了只有一个生成元的子群, 平凡子群 0 和整个群 $H = H_1$ 也可以产生正概率.

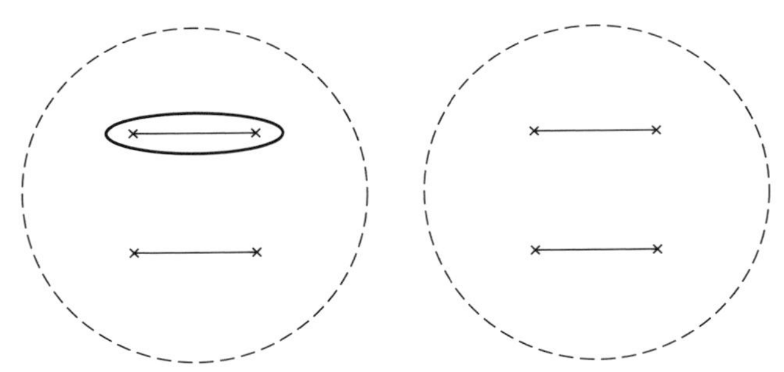

图 3.7a　椭圆曲线 S_2 的 $\pi(0,1)$ 上可能的交叉 (“×” 为支点, 支点间的直线为割线; 虚线标注与另一个开圆盘共形粘合的地方)

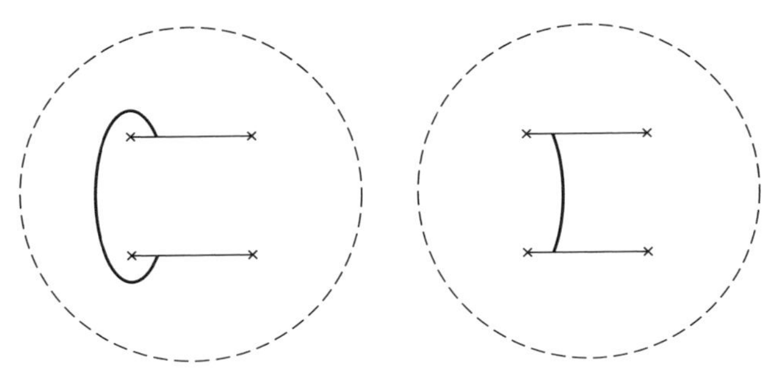

图 3.7b　椭圆曲线 S_2 的 $\pi(0,1)$ 上可能的交叉

我们选择一个 S_1 与 S_2 之间的共形等价类, 它将绕着支割线的圈对应于 (0,1) 类. 图 3.7a 显示在上、下分支覆盖中两个包含支点 (图中的叉) 的开集. 选取的割线已标在图中. 粗椭圆线是一种可能的 (0,1) 类生成元. 图 3.7b 显示 (1,0) 类生成元. 特别地, 这些选择确定了两个同调群的同构关系, 使得我们可以对 $H_1(S_1)$ 和 $H_1(S_2)$ 的子群采用相同的指标. 我们模拟的结果显示在表 3.7 中. 与其测量概率 $\hat{\pi}(0)$ (其除了 0 没有其他同调类), 我们不如善加利用表格的意义, 简单地将它定义成 1 减去测量到的其他概率之和. 除了表中所给的, 我们还测量了 $(2,\pm1)$ 和 $(1,\pm2)$ 的概率. 因为对于 S_1 来说 $(1,\pm2)$ 和 $(2,\pm1)$(一起考虑) 在 210 000 构型中仅仅出现 26 个, 而对于 S_2 则 107 900 个中仅出现 16 个. 这个定义看似是容许的.

我们观察到 H 的概率对于 S_2 显著 (但不是无法忍受地) 高于 S_1, 并且 $\{0\}$ 的概率则显著地低. 我们认为 S_1 的概率更接近真实值, 因为它们几乎相等, 这正如普适性和对偶性所要求的. 更进一步, 关于 S_2 的模拟需要采用前面介绍的两种技巧: 在无穷远处共形粘合一个开圆盘以及有八个最近邻而非四个最近邻的支点. 我们也看到, 它们都有局限性 (见 3.5 节和 3.6 节.) 这可能导致 S_1 和 S_2 上 $\hat{\pi}(H)$ 的差异, 并且由它得来的 $\hat{\pi}(H)$ 与 $\hat{\pi}(0)$ 的差异为 0.024. 然而, 对于 1 阶子群在统计误差的范围内这些概率却相当接近.

表 3.7 椭圆曲线 S_1 和 S_2 上同调群的前几个子群中的概率

	$\hat{\pi}(H)$	$\hat{\pi}(1,0)$	$\hat{\pi}(0,1)$	$\hat{\pi}(1,1)$	$\hat{\pi}(1,-1)$	$\hat{\pi}(0)$
S_1	0.3101	0.1693	0.1686	0.0205	0.0209	0.3106
S_2	0.3223	0.1700	0.1682	0.0206	0.0205	0.2983

参考文献

[AB] M. Aizenman and David J. Barsky, *Sharpness of the phase transition in percolation models*, Comm. Math. Phys., vol. 108 (1987) 489-526

[BH] S. R. Broadbent, J. H. Hammersley, *Percolation processes, I. Crystals and mazes*, Proc. Camb. Phil. Soc., vol. 53 (1957) 629-641

[BPZ] A. A. Belavin, A.M. Polyakov, A. B. Zamolodchikov, *Infinite confor-*

mal symmetry in two-dimensional quantum field theory, Nucl. Phys., vol. B241 (1984) 333-380

[C1] John L. Cardy, *Conformal invariance and surface critical behavior*, Nucl. Phys., vol. B240 (1984) 514-522

[C2] ____, *Effect of boundary conditions on the operator content of two-dimensional conformally invariant theories*, Nucl. Phys., vol. B275 (1986) 200-218

[C3] ____, *Boundary conditions, fusion rules and the Verlinde formula*, Nucl. Phys., vol. B324 (1989) 581-596

[C4] ____, *Critical percolation in finite geometries*, J. Phys. A, vol. 25 (1992) L201

[E1] John W. Essam, *Graph theory and statistical physics*, Disc. Math., vol. 1 (1971) 83-112

[E2] ____, *Percolation theory*, Rep. Prog. Phys., vol. 43 (1980) 833-912

[F1] M. E. Fisher, *The theory of equilibrium critical phenomena*, Rep. Prog. Phys., vol. 30 (1967) 615-730

[F2] M. E. Fisher, Scaling, *Universality and Renormalization Group Theory*, in Critical Phenomena, ed. F. J. W. Hahne, Lect. Notes in Physics, vol. 186 (1983) 1-139

[GJ] James Glimm and Arthur Jaffe, *Quantum physics*, Springer-Verlag (1981)

[G] G. Grimmett, *Percolation*, Springer-Verlag (1989)

[H] P. Heller, *Experimental investigations of critical phenomena*, Rep. Prog. Phys., vol. 30 (1967) 731-826

[K] H. Kesten, *Percolation theory for mathematicians*, Birkhäuser (1982)

[U] R. P. Langlands, C. Pichet, P. Pouliot, Y. Saint-Aubin, *On the universality of crossing probabilities in two-dimensional percolation*, Jour. Stat. Phys., vol. 67 (1992) 553-574

[L1] R. P. Langlands, *Dualität bei endlichen Modellen der Perkolation*, Math. Nach., Bd. 160 (1993) 7-58

[L2] ____, *Finite models for percolation*, in preparation

[M] David S. McLachlan, Michael Blaszkiewicz, and Robert E. Newnham, *Electrical resistivity of composites*, J. Am. Ceram. Soc., vol. 73 (1990) 2187-2203

[NF] D. R. Nelson and M. E. Fisher, *Soluble renormalization groups and scaling fields for the low-dimensional Ising systems*, Ann. Phys. (N.Y.), vol. 91 (1975) 226-274

[P] Jean Perrin, *Les Atomes*, Coll. Idées, vol. 222, Gallimard (1970)

[RW1] Alvany Rocha-Caridi and Nolan Wallach, *Characters of irreducible representations of the Lie algebra of vector fields on the circle*, Inv. Math., vol. 72 (1983) 57-75

[RW2] ____, *Characters of irreducible representations of the Virasoro algebra*, Math. Zeit., Bd. 185 (1984) 1-21

[SA] Yvan Saint-Aubin, *Phénomènes critiques en deux dimensions et invariance conforme*, notes de cours, Université de Montréal (1987)

[S] Jan V. Sengers and Anneke Levelt Sengers, *The critical region*, Chemical and Engineering News, (June 10, 1968) 104-118

[Wo] Pozen Wong, *The statistical physics of sedimentary rock*, Physics Today, vol. 41 (1988) 24-32

[W] F. Y. Wu, *The Potts model*, Rev. Mod. Phys., vol 54 (1982) 235-268

[Y] F. Yonezawa, S. Sakamoto, K. Aoki, S. Nosé, M. Hori, *Percolation in Penrose tiling and its dual - in comparison with analysis for Kagomé, dice and square lattices*, Jour. Non-Crys. Solids, vol.106 (1988) 262-269

[Z] Robert Ziff, *On the spanning probability in 2D percolation*, Phys. Rev. Lett., vol. 69 (1992) 2670-2673

第十一章 函子性的现状如何?*

§1. 引言

函子性的概念起源于自守形式的谱分析. 但它的定义得益于两大理论: 由 Hilbert, Takagi, Artin 等人创立的类域理论, 以及由 Harish-Chandra 建立的半单李群的表示理论. 这两个理论的定理都有很大的深度和广度, 证明也很难, 且基于一套很有针对性的框架. 两个理论在很大程度上是由一两个数学家一手创立的. 函子性理论的情况不一样. 这可能是理论的特性不同, 也可能是相关的数学家资历不够. 自守形式理论在 1997 年的现状和 1967 年时一样: 一个多元混杂的课题. 它的研究更基于现有的方法, 而不是高尚的美学追求.

我本人离开了这个领域, 去做了点别的事. 所以我也没什么可建议的. 不过, 因为我有两次机会讨论标题中的问题①, 我也试着理解推动函子性中心问题的现有方法, 它们的成功和局限, 以及自守形式理论的新生事物: 一些以前我认为次要的问题和概念, 现在变为重要, 原因或是问题本身重要, 或是问题研究可行.

我想就标题中的问题作个泛泛的回答. 完全是我个人的意见, 是

* 原文发表于: Representation Theory and Automorphic Forms, ed. T. N. Bailey and A. W. Knapp, Proc. Symp. Pure Math. vol 61 (1997). 本章由茅征宇译.

① 在 Edinburgh 由普林斯顿大学数学系组织的普大 250 年纪念会议上.

否正确我没有自信. 我的目的一个是鼓励年轻数学家考虑函子性问题 (这也是研讨会的目的), 一个是想象如果我回到这个领域会做什么. 我在数学上的经验和观察深深地说明: 数学的发展几乎总是基于对主要问题的长期关注, 辅以一些具体的见识. 这些见识可以是求来的, 借来的, 偷来的, 当然最好是自己提炼出来的. 我没见识可讲.

起先有两个主要问题: 函子性, 既不同群上的自守形式之间的关系, 以及将*原相* L-函数 (从数域上的代数簇来的, Artin L-函数和 Hasse-Weil L-函数是基本的例子) 和自守 L-函数 (zeta-函数 (ζ-函数) 和 Hecke L-函数是最简单的例子) 等同. 前一个问题源于非交换调和分析: 表示论和迹公式可在这领域讨论. 第二个源于他处, 但也可在此讨论. 这里三个关键因素是①: Arthur 的迹公式, Kottwitz 研究 Shimura 簇的 Hasse-Weil L-函数, 以及 Waldspurger 解决了 (一部分) 局部域调和分析的待解决的重要问题 —— 转换和基本引理. 目前的方法困难而重要, 很可能对构建完整理论很关键. 但这些方法有局限, 我不认为这些方法足够了.

与函子性并行的是*原相* L-函数特殊值理论, 引发了一系列的问题及解决方法. 特殊值理论的发展主要是算术方法. 相比之下, 函子性作为自守形式理论的一部分, 它的发展主要是解析方法, 利用了可交换类域理论的最抽象的结果, 但很少用算术方法. 解析方法和算术方法的关系常不融洽. 在 Wiles 对 Fermat 大定理的证明中, 两者连接了. 尽管主要的部分由算术方法解决, 对关键初始点的证明来自解析方法. 这给我们的提示是不能忽视的.

函子性的概念起源于证明自守 L-函数的解析延拓的一个策略, 即模仿 Artin 解决可交换 Artin L-函数的策略, 证明每个自守 L-函数都等于一个从 $\mathrm{GL}(n)$ 来的 "标准" 自守形式 L-函数. 有的 L-函数可用其他方法处理. 因为函子性没完全证明, 我们必须用一些其他方法, 如证明函子性的重要例子②, 或仔细研究自守 L-函数的性质: 极点的位置, 特殊值的性质. 这些方法主要用 theta 函数和 Rankin-Selberg 积分, 缺少结构性, 问题解决一个是一个. 鉴于自守 L-函数和自守形式在解

---

① 当然还有很多其他人. 我的目的是做一个领域的简介, 而不是介绍文章. 我提名字只是加些佐料, 暗示些阅读材料, 别无他意.

② 例如 Tunnell 建立的对应于最广义的八面体表示的自守形式的存在性.

析数论中越来越重要[①], 这些方法应有一个统一的框架.

自守形式的解析理论也可以在函数域上研究. 这里, 主要归功于 Drinfeld, 人们很早就引入了构造性的和算术性的元素. 比较下面两个证明会有启发. 一个是关于非交换类域理论现有的少量证据, 即 GL(2) 基变换及 GL(n) 循环扩张域基变换的证明. 另一个是类域理论的证明. 在类域理论的主要证明之前先有基本的算术对象 (Kummer 扩张) 的构造和分析. 在基变换的证明中, 仅需的一点算术知识是直接从可交换类域理论来的, 证明本身完全是解析性的. 这样简单地建立完整的非交换类域理论是不太可能的. 在函数域上, 好像算术 (或 Diophantus) 知识已隐含在约化群的定义, 因为可以用代数簇上的点去逼近 $G(F)\backslash G(\mathbb{A})$. 函数域上的研究让 Drinfeld 提出纯几何的函子性 (这里函数域的常数域换成了复数域), 说得更确切点, 函子性体现出来的对偶性. 几何上的研究对算术问题有什么影响并不清楚. 但几何概念和问题的存在更表明, 函子性定义中用的对偶群是一个自然的构造, 而不是异想天开.

§2. 基本解析理论

为了让概念更容易理解, 我先粗略地复述一下 GL(n) 上自守形式的解析理论[②], 然后讲最简单的自守 L-函数及函子性. 自守形式理论适用于所有约化群, 它的很多想法也来于广义问题. 但是, 对很多 (几乎所有) 数论上的重要应用, 广义问题是多余的, 只需要 GL(n) 的理论. 另一方面, 如果没有辛群及其他群上的经验, 我们也不太可能攻克 GL(n) ($n > 2$) 上的问题.

解析理论是多组互相交换的算子的谱理论. 这些算子有微分算子和差分算子 (Hecke 算子). 差分算子对解析问题的难度不太相关, 这

① 因为我没时间讨论这些, 让我提两篇最近的不一样的评论. 一个是 Duke 1997 年 2 月在 Notice of the AMS 里的, 一个是 Bump, Friedberg, Hoffstein 1996 年 4 月在 Bulletin of the AMS 里的.

② 这理论现有多个普及文章, 我让读者自己选读.

里就略过不提了①.

基本对象一

首先是 GL(n), 在两个不同的环上, 即有理数域 $\mathbb{Q}$ 及 adèle 环 (这里不定义 adèle 了). adèle 是数论中同余类的重要性的一种表现. 基本的空间是 $\mathrm{GL}(n,\mathbb{Q})\backslash\mathrm{GL}(n,\mathbb{A})/K$, K 是 $\mathrm{GL}(n,\mathbb{A})$ 的一个紧子群和中心子群的积. 这空间是什么呢? 例如:

(1) $n=1, \mathbb{Z}/n\mathbb{Z}$ 的乘法群.

(2) $n=2$, 上半复平面除以 $\mathrm{SL}(2,\mathbb{Z})$ 里模 N 后与 I 同余的矩阵子群.

注意两个空间都有代数簇结构. 第一个是 0 维的, 第二个是 1 维的 N 级的模曲线. $n>2$ 后就不一样了.

基本对象二

它们是平方可积函数, 定义在 $\mathrm{GL}(n,\mathbb{Q})\backslash\mathrm{GL}(n,\mathbb{A})$ 空间上, 或者说, 定义在一组 $\mathrm{GL}(n,\mathbb{Q})\backslash\mathrm{GL}(n,\mathbb{A})/\mathbb{K}$ 空间上. 还有平方可积函数空间在 $\mathrm{GL}(n,\mathbb{A})$ 作用下的分解, 即谱理论. 谱理论的基本元素是 $\mathrm{GL}(m,\mathbb{A})$ 上的尖点形式 $(m=1,2,\cdots)$. 尖点形式或尖点形式的不可约空间 (如果更关注理论里的对称性), 可看成基本粒子. 我马上表明存在无限个尖点形式 (对每个给定的 m). 尽管有些尖点形式跟其他对象相关, 但完全不存在尖点形式分类问题.

$\mathrm{GL}(n,\mathbb{A})$ 的谱可以这样构造: 取 $m_1,\cdots,m_r$ 使得 $\sum m_i=n$, 对每个 m_i 取基本粒子 π_i 和它的速度 (在一维空间里) , 最后将 π_i 放在一起. 注意有时不同类的粒子可凝聚成一个有界的粒子. 这现象很少见, Arthur 的猜想很清楚地解释了这现象, 在少量情况下这猜想也被验证了. 这和 Ramanujan 猜想紧密相关.

基本对象 π 就来自一些有相对移动的基本粒子 (可能需凝聚). 它在每个素数及实数域有和全局 adèle 上结构类似的局部结构. 在有限

① 我曾认为除了跟约化实群的表示论相关的框架外, 很少再有成功的不平凡的关于多组互相交换的微分算子的理论. 很可能是群结构的严密性让我们可构造自守形式理论. 但最近 Siddhartha Sahi 对我指出约化实群的谱理论现在看来只是更广义理论的一个例子, 他建议 Macdonald 在 Séminaire Bourbaki (exp.797, 1995) 的报告可用作入门介绍.

的素数之外, 这对象局部没有内在结构, 即一个全局的基本粒子在几乎所有素数处有完全的裂变, 变成 n 个没有内在结构的对象 (即在局部和全局都附属于 GL(1) 上的常数函数), 以不同的速度 $s_1, s_2, \cdots, s_n$ 移动. (将这比喻推到不合适的极致, 它们满足 Bose-Einstein 统计, 所以它们的顺序无关紧要.) 重要的是矩阵

$$A_p(\pi) = \begin{pmatrix} p^{is_1} & 0 & \cdots & 0 & 0 \\ 0 & p^{is_2} & \cdots & 0 & 0 \\ \vdots & \vdots & \ddots & \vdots & \vdots \\ 0 & 0 & \cdots & p^{is_{n-1}} & 0 \\ 0 & 0 & \cdots & 0 & p^{is_n} \end{pmatrix}.$$

的共轭类. 对 π 可定义一个部分 L-函数

$$L(s,\pi) = \prod{}' \frac{1}{\det(I - A_p(\pi)/p^s)}. \tag{A}$$

这乘积可以完整化, 即在实数域和 π 有局部内在结构的素数处 (数论的语言叫分歧) 定义因子. 我们可以用经典的方法 (由很多人研发的, 最终都基于将 GL(n) 嵌入 $n \times n$ 的矩阵加法群里然后用 Fourier 分析), 将 L-函数 (无论是否完整化) 延拓到整个复平面, 成为仅有很有限极点的半纯函数. 我把这 L-函数称作标准 L-函数, 理由下面再给. (可惜这名词被滥用了.)

我们将一般称为自守表示或自守形式的东西比作了一些以不同速度移动的有结构的粒子. 这比喻也适用于将一个 GL(l) 自守表示 ρ 和一个 GL(m) 自守表示 σ 并起来构造一个 GL(n) 自守表示 $\pi = \rho \oplus \sigma, n = m + l$. 这运算已在谱理论中被透彻地研究, 即 Eisenstein 级数理论. 另一个运算我们不太懂, 但它的存在是函子性猜想的一部分. 给定 GL(l) 自守表示 ρ 和 GL(m) 自守表示 σ, 如果后者由 m 个速度为 $s_1, \cdots, s_m$ 的无结构的粒子组成, 我们可以构造 GL(n) 自守表示 $\rho \otimes \sigma (n = lm)$, 即为 $\rho(s_1), \cdots, \rho(s_m)$ 的和. 这里 $\rho(s)$ 是 ρ 经过速度修改, 其构造是将 ρ 乘以一维表示 $|\det|^{is}$. 我们有理由相信对所有 ρ 和 σ, 可以构造一个自守表示, 其局部性质让它可称为 $\rho \otimes \sigma$.

§3. 函子性

一旦基本的概念有了, 函子性是一个容易表述的简洁的假设. 其推论既立刻且重要: Artin L-函数的解析延拓, 以及广义的 Ramanujan 猜想.

前面说过即使 σ 有内在结构仍可构造 $\rho\otimes\sigma$. 这是函子性一个基本形式. 函子性的广义形式是什么? 从哪里来? 在回到函子性之前, 先注意那些基本范畴, 在其中可将 l 阶和 m 阶对象加成 $l+m$ 阶对象, 且乘成 lm 阶对象. 这是一个给定群 (有限群、紧群或代数群) 的有限维表示范畴. 但一个自守表示几乎总是很大的群的无限维表示, 它的阶数与维数无关.

所以函子性是关于这篇文章里还没出现的对象和范畴. 我们研究所有在 $\mathbb{Q}$ (也可以是数域或函数域) 上的 (约化) 代数群 G 的自守表示 π. 关键的群是 $\mathrm{GL}(n)$. 对群 G 我们附一个复数群 ${}^LG$ —— 它的 L-群. 这一步是大家所熟知的, 我除了例子外就不详述了. 给定 $G(\mathbb{A})$ 的一个自守表示 π, 对几乎所有素数 p 我们可给出 ${}^LG$ 里的一个共轭类 $A_p(\pi)$. 给定 L-群 ${}^LG$ 的一个有限维全纯表示 ρ, 我们可引入 (非完整化) L- 函数

$$L(s,\pi)=\prod{}'\frac{1}{\det\left(I-A_p(\pi)/p^s\right)}.\tag{B}$$

对 Eisenstein 级数的研究得到很多这种形式的有半纯延拓的 Euler 积. 因为 $\mathrm{GL}(n)$ 的 L-群是 $\mathrm{GL}(n,\mathbb{C})$, 或根据情况至少有个商群是 $\mathrm{GL}(n,\mathbb{C})$, 积 (A) 是积 (B) 的一个例子.

一旦你将 Euler 积写成上面的形式, 这就强烈地提示那些 Euler 积不但对由 Eisenstein 级数来的 ρ 可做延拓, 对所有 ρ 都可做延拓. 类域理论 (由 Emil Artin 给出的那样) 立刻提示了证明的策略. 给定 $G(\mathbb{A})$ 的一个自守表示 π, 及复数群 ${}^LG$ 的一个 n 维全纯表示 ρ, 证明存在一个 $\mathrm{GL}(n,\mathbb{A})$ 的自守表示 Π, 对几乎所有 p:

$$\{A_p(\Pi)\}=\{\rho(A_p(\pi))\}.$$

于是 $L(s,\pi,\rho)=L(s,\Pi)$. 前面说过, 右边的解析延拓本质上是 Poisson 求和公式.

这是函子性的第一种形式, 是自然浮现出来的. 应用于 $\mathbb{Q}$ 的有限代数扩张上的平凡群 $\{1\}$, 用标量限制将它看成 $\mathbb{Q}$ 上的群, 它的 (有点变味的) L-群是一个有限扩张的 Galois 群 $\mathrm{Gal}(K/\mathbb{Q})$. 我立刻意识到这给出了 Artin 寻找但没找到的非交换类域理论.

函子性的第一种形式马上让人想到: 如果 G 和 G' 是两个群, 且

$$\phi : {}^LG \to {}^LG',$$

那么存在对应的自守形式的映射 $\pi \to \pi'$, 使得对几乎所有 $p, A_p(\pi)$ 和 $\phi(A_p(\pi'))$ 共轭. 这是标题里提到的、不太正式的、深入的函子性.

自从 60 年代后期引入函子性的想法后, 这问题有一些 (甚至可说本质性的) 发展. 但在任何严格意义上讲, 我们不理解它. 函子性一旦证实, 立刻给出所有 $L(s, \pi, \rho)$ 的解析延拓, 且自守形式理论中有 Euler 积的 L-函数 (至今所知, 很可能最终) 都是这种函数. 所以看上去没意义推究以下各种用于不同特例的方法:

(1) Eisenstein 级数的 Fourier 系数: Langlands, Shahidi.

(2) Hecke 的第一种方法.

(3) 乘 Eisenstein 级数后积分: Rankin, Selberg 等.

(4) 乘 theta 函数和 Eisenstein 级数之积后积分: Shimura 等.

反过来讲, 目前这些方法有时会给出很重要的信息, 这些信息还无法通过其他方法得到. 放弃它们有点为之过早. 我不清楚它们最终的角色是什么.

§4. 迹公式

目前函子性仅在极少量例子可验证. 一个方法是迹公式, 即用谱分析、局部信息以及 (用华丽的说法) 测不准原理. Waldspurger 及其他人经过努力得到很多局部信息 —— 内窥 (endoscopic) 结构、转换、基本引理. 但工作还没完成. 我自己花了十年时间考虑这些问题, 但没有实质的进展. 全局上的论证部分用了归纳法, 主要是 Arthur 的工作, 需要在非常结构化的、抽象的框架下, 进行大量的非常技巧的分析.

在很多重要的例子里 (这些例子有无穷多, 但仍是特例), 存在同态映射

$$\phi: {}^L G \to {}^L G'$$

及与之对应的从 $G' \rtimes \Sigma$ (Σ 是一个有限循环群) 的共轭类到 G 的共轭类的自然映射. 注意这里 L-群和群本身的转换. 函子性预见的映射 $\pi \to \phi(\pi)$ 体现在一个特征等式, 于是有迹公式.

这些特征等式一般出现在相对简单的框架下, 包括 G 和 $G' \rtimes \Sigma$ 的有限维表示, 实群表示, 无分歧表示. 这些框架都已被理解透了. 新的等式会很有价值. 一旦知道基本的等式是怎样的, 之后的难题是, 先要在局部调和分析建立足够多的由它启发的等式, 然后同时用 $G(\mathbb{A})$ 和 $G'(\mathbb{A}) \rtimes \Sigma$ 的迹公式来比较这两个群的谱. 注意迹公式比较的一边是几何信息, 即 $G(\mathbb{Q})$ 和 $G'(\mathbb{Q}) \rtimes \Sigma$ 的共轭类上的积分, 另一边是谱的信息. 测不准原理说的是如果一边大多数项为零, 则两边都为零. 谱里不同的元素出现的方式不同. 我认为 Arthur 是在考虑了对应于有界态的那些项的等式后, 得出了我前面提到的他的猜想. 我这里不能解释这猜想. 它很微妙, 很重要, 在一些例子中验证了. 但我不确定任何人 (包括 Arthur) 完全理解它的内含. 有些学者因忽略它而犯了尴尬的错误.

Arthur 猜想的一个基本部分是广义 Ramanujan 猜想, 断言给定 $\mathrm{GL}(m)$ 尖点形式 π, 它的共轭类 $A_p(\pi)$ 特征值的绝对值为 1. 很容易证明 Ramanujan 猜想是函子性的一个结论, 函子性的部分结果也给出这猜想的部分结果.

Arthur 本人专注于两个例子: 或者 $G' \rtimes \Sigma$ 的 G' 是基域的循环扩张域上的 $\mathrm{GL}(n)$; 或者 Σ 是二元的, G' 是基域的 $\mathrm{GL}(n)$, Σ 的非平凡元的作用是对合 $A \to {}^t A^{-1}$. 第一个是循环基变换, 与 Arthur 猜想有重要联系. 第二个自守形式转换来自从正交群及辛群的 L-群到 $\mathrm{GL}(n)$ 的标准同态映射. 其他情况基本都被忽略了①. 另外, Jacquet 的相对迹公式可能值得一个有抱负有才华的年轻人去关注. 同时, 尽管最终目标没有迹公式及 Arthur 的方法不太可能达到, 但显然光有迹的等式是不够的. 我们自然想象迹之间的不等式, 可能外加深度的群论上

① Rogawski 对三元酉群的研究是一个例子.

的分析 (仅需有限群上) , 可以是合适的工具. 但没人知道怎么做.

函子性还没验证的最可做的两个例子是: 二十面体扩张的基变换, 以及是否可通过对偶群同态映射 $\mathrm{GL}(2,\mathbb{C}) \to \mathrm{GL}(n,\mathbb{C})$ ($n > 4$, 由对称张量表示定义) 给 GL(2) 上的自守形式附一个 GL(n) 上的自守形式. 这是本课题基本的未解决问题. 解决第二个问题就给出 GL(2) 上自守形式的 Ramanujan 猜想的完整结论. 当然全纯型的 Ramanujan-Petersson 猜想已解决, 基于 Weil 猜想最后证明的部分 (那部分的证明深受自守形式理论的影响). 但相应的问题对 Maass 型以及 Selberg 猜想都有待解决.

我附带说明还有两个方法在有些例子中验证了函子性: 逆定理及 (通过 Howe 猜想的) 振荡表示. 逆定理在现阶段偶尔非常有用, 有时不可或缺. 但是, 如果我们把类域理论作为范例, 这方法是哲学倒错的, 将马车挂马头前了. 振荡表示, 即 theta 级数给出的自守表示在 Arthur 猜想意义下是很退化的类型. theta 级数和函子性有很微妙的联系, 所以很有意思, 但我不确信它有根本作用. 尽管如此, theta 级数以及半整权的自守形式是让我困惑的哲学上的谜题. 它们显然很重要, 也不是与函子性无关, 但函子性没法涵盖它们.

不管是否是哲学倒错的, 逆定理很有用, 有些知名数学家很看重它. 所以看看如何用我们的比喻来描述它会很有意思. 如前所述, $\mathrm{GL}(1,\mathbb{A})$ 的常数函数可看作无结构的粒子. 它和 $\mathrm{GL}(n,\mathbb{A})$ 的基本粒子 π 作用的散射矩阵是标准 L- 函数 $\Lambda\,(s,\pi)/\Lambda(s,\widetilde{\pi})$ 的商. 这里用 Λ 代替 L 是指函数为包括 ∞ 的所有素数处的乘积, 即 $\Lambda(s,\pi)$ 是 $L(s,\pi)$ 和一些 Γ 函数及初等函数的乘积. 所以 π 的标准 L-函数描述了 π 和无结构粒子间的作用.

为了描述 $\mathrm{GL}(n,\mathbb{A})$ 的基本粒子 π 和 $\mathrm{GL}(m,\mathbb{A})$ 的基本粒子 π' 间的作用, 要用另一个 L-函数, 来自从 $\mathrm{GL}(n,\mathbb{A}) \times \mathrm{GL}(m,\mathbb{A})$ 的 L-群 $\mathrm{GL}(n,\mathbb{C}) \times \mathrm{GL}(m,\mathbb{C})$ 到 $\mathrm{GL}(mn,\mathbb{C})$ 的张量积表示 ρ. 一般记作

$$L(s,\pi \times \pi',\rho) = L(s,\pi \times \pi'). \tag{C}$$

通常意义的逆定理说的是, 如果对所有 $m(1 \leqslant m < n)$ 有一系列附于 $\mathrm{GL}(m,\mathbb{A})$ 每个基本粒子 π' 的函数 (C), 且都有解析性质, 那么这些函数是由一个基本粒子 π 定义的. 用我们的比喻, 如果小于 n 阶的

基本粒子都由一个看似 n 阶基本粒子的对象散射, 那么这对象确是这样的基本粒子.

一个显然的问题是标准 L-函数是否满足 Riemann 假设, 亦即所有 L-函数是否满足. 一般我们认为应该满足, 但就我所知这广义的假设还没有数据验证. 前面提到 L-函数 $L(s,\pi)$, 特别是对应 $\mathrm{GL}(1,\mathbb{A})$ 的平凡表示的 zeta-函数, 与谱理论中的 Eisenstein 级数有紧密关系. 我想是 Selberg 第一个从这关系联想到谱理论可能对证 Riemann 假设有用. 任何单纯的期望都被 Selberg 打破了. 他构造了 GL(2)(或 SL(2)) 的非算术群, 其对应的 Riemann 假设是不成立的. 但 zeta-函数出现在 $\mathrm{GL}(n)$ $(n=1,2,\cdots)$ 的谱分析, 且它们是很严格的东西. 而且 Ribet (在一篇下面提到的文章) 和其他人成功地将 $\mathrm{GL}(n)(n>m)$ 的自守形式的信息用于 $\mathrm{GL}(m)$ 的自守形式的算术研究. 所以类似方法用于解析问题也不是天方夜谭. (Bump, Friedberg, Hoffstein 的评论给出这个策略的另一个应用.) 我没有什么想法, 但注意如果 π 是 $\mathrm{GL}(m)$ 的尖点形式, $L(s,\pi)$ 出现在所有 $\mathrm{GL}(mn)(n=1,2,\cdots)$ 的谱分析里. 至少我的建议有一点一致性.

§5. Hasse-Weil L-函数

如前所述, 函子性原理大体在讲一堆自守表示就像一个群的一堆 (有限维) 表示. 对自守表示而言, 上述的群既大又捉摸不透. 所以最好不去考虑它. 但相应的局部概念有具体的含义. 比如一个实约化群 $G(\mathbb{R})$ 的表示可用从扩张 $\mathbb{C}^\times \to W \to \{1,\sigma\}$ 到 L-群 ${}^LG$ 的同态映射来分类. σ 可看作复共轭: $\sigma z\sigma^{-1}=\overline{z}, z\in\mathbb{C}^\times$. 此外 σ^2 可选为 $\mathbb{C}^\times$ 中一元, 为 -1.

举例而言, $\mathrm{GL}(n,\mathbb{R})$ 的表示在适当意义下, 可用 W 到 $\mathrm{GL}(n,\mathbb{R})$ 的 L-群 (即 $\mathrm{GL}(n,\mathbb{C})$) 的连续同态来分类. 我们只允许 $\mathbb{C}^\times$ 的像可对角化的那些同态. 对角元素就成了 $\mathbb{C}^\times$ 的特征, 可写成

$$z \to z^r(z\overline{z})^s,$$

这里 r 是整数, s 是复数. 一类很重要的同态 (对应 $\mathrm{GL}(n,\mathbb{R})$ 的一类重

要表示) 是要求这些对角特征里 s 总是整数, 即特征可写成:

$$z \to z^p \bar{z}^{-q}.$$

两个整数 p, q 的出现提示与 Hodge 理论的联系. 我把 $\mathrm{GL}(n, \mathbb{R})$ 的这类表示称作 Hodge 类.

我们可区分出一类很重要的自守表示 π, 即在 ∞ 处的部分是 Hodge 类. (我还没强调这点, 但群 $G(\mathbb{A})$ 的自守表示 π 可写成张量积 $\otimes\pi_v, v$ 是 $\mathbb{Q}$ 的有限和无穷处, 即 $v = \infty, 2, 3, 5, \cdots$.) 记得有限域上的簇有 Weil zeta-函数, 我们可用它来定义 $\mathbb{Q}$ (或 $\mathbb{Q}$ 的有限扩张及函数域) 上的射影簇 V 的全局 zeta-函数 —— Hasse Weil zeta-函数. 这 zeta-函数可写成 Euler 积的商:

$$\frac{\prod\limits_{i=2j+1, 0 \leqslant j < \dim(V)} L^{(i)}(s, V)}{\prod\limits_{i=2j, 0 \leqslant j < \dim(V)} L^{(i)}(s, V)} \tag{D}$$

我们一般认为分子和分母里的每个因子 $L^{(i)}(s, V)$ 都等同于某个 $\pi = \pi(i, V)$ 的标准自守 L-函数 $L(s, \pi)$. 这个 π 在 ∞ 处必须是 Hodge 类.

Artin 将数域有限扩张的 zeta-函数分解为 Artin L-函数的积用了群论的手段, 这方法可推广到函数 $L^{(i)}(s, V)$ 的分解. 但我们远没有理解这分解的性质. 我们只对很少的簇可建立 (D) 的解析延拓, 也只是通过先证明每个因子等于一个 $L(s, \pi)$. 对 0 维的簇, 我们能搞定 $L^{(0)}(s, V)$, 但它的因子 —— Artin L-函数只在少数情况可做全纯延拓 (而不仅是半纯延拓), 方法同样是通过证明它等于一个 $L(s, \pi)$. 经典的可交换互反律和 Taniyama 猜想都是这方法的例子.

§6. 新的其他问题

此外有个逆假设: 任何 π 定义的标准自守 L-函数 $L(s, \pi)$, 如果 π_∞ 是 Hodge 类, 它必作为 Hasse-Weil L-函数的一个因子出现①. 现在还不合适给出因子 (factor) 的精确定义. 对这些从几何或算术上来的因子,

① 第三个基本的未解决问题是对 $\mathrm{GL}(2, \mathbb{A})$ 上 Hodge 类的 Maass 形式验证这点.

有一套全新的问题, 涉及它在整数尤其是负整数上的值. 这些问题超越了更简单的解析延拓问题, 且与 Riemann 假设无关.

按照 Kato 的说法, 这问题有三步. 很多人做了相关的工作: Tate, Birch, Swinnerton-Dyer, Shimura, Deligne, Beilinson, Iwasawa, Bloch, Kato, Fontaine, Perrin-Riou, ······

(1) 除掉适当的因子 —— 相关簇上积分的周期和调整子 —— 之后, $L(n,\pi)(n\in\mathbb{Z})$ 的值是代数的. 如果在整数 n 处函数为零或有极点, 我们预计其阶数, 然后去掉 $z-n$ 的一个幂再计算得到的非零值.

(2) 这些代数值在给定的数域里, 且满足共轭, 让我们可引进 p-进 L-函数.

(3) 上述的代数值或 p-进 L-函数的值很重要, 可与由 Diophantus 问题定义的数等同, 因此可以从 Diophantus 方程的解来推导.

对 zeta-函数本身, 在正偶数和负奇数第 (1) 步是经典且简单的结果. 例如很容易证明 $\zeta(2)=\pi^2/6$. 第 (2) 步不难, 但第 (3) 步很深.

我们现有很多问题, 几乎都是很尴尬的问题. 首先我们能证明多少 Hasse-Weil zeta-函数的因子的确是标准自守 L-函数? 经典的例子是由数域有限扩张定义的 0 维簇, 这里的方法很深奥, 且在给定的范围内是通用的. 另外有 Eichler-Shimura 理论, 涉及上半平面除以模群子群的商. 但这从某种意义上只是复乘理论的一部分, 即类域理论一部分. Shimura 簇理论是 Eichler-Shimura 理论的推广 (我下面还会讲), 尽管 Kottwitz 和其他人对此建立了很深很难的定理, 这理论很大程度上仍是复乘理论的一部分. 所以即使 Kottwitz 和他的同事们解答了当前能清楚表述的问题, 就如 Arthur 目前进行的工作一样, 但还会留下一个问题. 下一步怎么走?

事情会更复杂. 看上去证 Hasse-Weil zeta-函数因子的解析延拓必先将它写成自守 L-函数. 自然要考虑函数在负整数的值的性质只有在解析延拓后才有意义. 另一方面, 解析延拓是对所有自守 L-函数 $L(s,\pi)$ 证的, 无关 π_∞ 是否 Hodge 类. 所以为了数值有意义, 我们必须考虑那些函数 —— 它们的值不再期望有什么特殊性质. 这情况在我看来有些自相矛盾!

再仔细看, 事情更混浊. Shimura 簇 S 起先是一个复数代数簇, 可

写成

$$G(\mathbb{Q})\backslash G(\mathbb{A})/K \tag{E}$$

(之前介绍过这集合). 群 G 当然不是任意的, 但有多种可能. 举例讲, 它可是任意阶的辛群或酉群. 复乘理论让这复簇可定义在 $\mathbb{Q}$ 上 (或一个可确定的数域上) . Hasse-Weil zeta-函数成了 Diophantus 问题里的东西. 我们第一个目标是把它写成 (不是标准 L-函数而只是) 自守 L-函数 $L(s,\pi,\rho)$ 的积. 这些 L-函数是 G 上或内窥子群 H 上的. (${}^LH \subset {}^LG, \rho$ 是 ${}^LH$ 的表示.) 当然函子性说 $L(s,\pi,\rho)$ 会是个标准 L-函数, 但完成第一个目标不需要证这个, 甚至也无须确定 $L(s,\pi,\rho)$ 是否可解析延拓.

有时候用前面提的各种特殊的方法 (Hecke-Rankin-Selberg-Shimura), 我们可以解析延拓函数 $L(s,\pi,\rho)$, 其特殊值作为 (E) 的子集上的积分出现, 可看作一个周期. 这看上去是在用巧合的、有条件的现象去建立一般原则. 这是一个从哲学角度不能赞同的情况, 也不一定是类域理论及其假想的推广的内在特性. 目前这些特殊的方法只给出很少的、预见的结果, 但也不是没有可能它们在最终证明里仍是不可缺的一部分. 保持开放的心态是有益的.

§7. Shimura 簇

将 Shimura 簇的 Hasse-Weil zeta-函数写成自守 L-函数的积这个目标, 在最初引入这些函数后不久就提出了. 原因就是这样说明这些函数有用甚至必需.

将 $L^{(i)}(s,S)$ 写成 $L(s,\pi,\rho)$ 的积的方法类似 Arthur 用的方法, 但多点其他内容. $L^{(i)}(s,S)$ 的积 (更确切地说, 它的对数) 可用谱数据表达. 迹公式将谱数据之和转化为几何数据之和. 另一方面, Hasse-Weil zeta-函数, 更确切地说, 它的对数可用几何数据表达, 即簇 S 在有限域上的点的数量. 于是首要的问题是将 S 的坐标在给定有限域中的点与 $G(\mathbb{Q})$ 的共轭类联系起来. 这事实证明是可行的, 尽管一点也不容易, 要用到复乘理论. 还有两个难点没完全解决: 组合问题以及 S 的完备簇的奇点. 很巧的是, 组合问题和基本引理是一样的, 一旦基本引理得证它们也解决了. 奇点带来的难点可以写成一章或几章, 属于交叉上同调的研究, 也是这么处理的.

就我所知, 没理由认为所有原相 L-函数都是 Shimura 簇 (或它们上面天然的向量丛的) L-函数的因子. 所以 Shimura 对 Taniyama 猜想的改写 (我对这段有些混沌的历史可能有误解) 是一个反常的例子. 这改写有时称为模曲线猜想. 如果将它最简单地推广 (没人说这样做是合适的) , 就会说所有原相 L-函数都是 Shimura 簇 L-函数的因子. Taniyama 原来的猜想的推广只说它们是标准 L-函数.

如果只关心从 Shimura 簇来的 L-函数, 我们会惊讶地发现 (但并不失望), 对等同于这些原相 L-函数的自守 L-函数在大多数情况下不能用现有的临时性的方法做解析延拓. 例如, 由射影辛群 $\mathrm{PSp}(2n)$ 定义的 Siegel 簇是最常见的高维 Shimura 簇. 这里 L-群是对应于 $2n+1$ 维正交群的旋量群, zeta-函数的主要的因子可写为 $L(s,\pi,\sigma),\sigma$ 是旋量表示. 除了 $n=1,2$ 的情况, 其他情况我们现在还无法处理.

§8. 建设性讨论

Wiles 对经 Shimura 改进后的 Taniyama 的提议的证明, 是至今证明 Hasse-Weil zeta-函数因子是标准 L-函数的最惊人的例子. 在证明中 $\mathrm{GL}(2)$ 既是标准 L-函数的载体也是 Shimura 簇的载体, 它的这两方面的交互作用让我好奇但又不解. 从某种意义讲, 论证的开始是一个解析理论里的对象, 可用 $\mathrm{GL}(2)$ 的前一个方面来研究. 这里没法用变形. 很快 $\mathrm{GL}(2)$ 的这一面被弃置, 而转到模曲线这面, 即由 $\mathrm{GL}(2)$ 定义的 Shimura 簇. 然后可用 p-进的变形理论.

我想这些论证体现了 Wiles 对第 (3) 步里的猜想研究的经历. 常人较容易理解第 (1) 步里猜想的重要性. 给定 $\mathbb{Q}$ 上的一个椭圆曲线 E, 用方程式 $y^2=ax^3+bx^2+cx+d$ 定义, 以我的理解, Taniyama 的建议是 $L^{(1)}(s,E)$ 是 $\mathrm{GL}(2)$ 的一个标准自守 L-函数. 同样以我的理解, Shimura 更进一步说有一个从 N 阶模曲线 C 到 E 的满射, Weil 又告诉我们阶数是多少. 如果这些都成立, 猜想都是定理的话, 我们看上去只要花时间和精力就可以算出这映射 $C\to E$, 即找到 π 使 $L^{(1)}(s,E)=L(s,\pi)$. (但我还没时间做这计算.) 有了 π 我们也可算 $L(s,\pi)$ 在每个 s 的值或其零点的阶数. 第 (1) 步的猜想在 $s=1$ 和椭圆曲线这例子中是 Birch–

Swinnerton-Dyer 猜想的一部分, 给出了 E 的 $\mathbb{Q}$-有理点群的阶数. 现实中, 以我的理解, 在这猜想可证的情况下, 证明都是通过给出具体的点 —— Heegner 点, 从而可明确地构造 $\mathbb{Q}$-有理点. 所以证明给了比猜想更多的信息, 更吸引人的信息.

至少对我而言, 第 (1) 步充满了比第 (2)、(3) 步更多的容易理解的结论. 但仔细看, 这一步有非常有问题的一面. 我忍不住要提个问题, 可能有读者能回答. Beilinson 猜想是第 (1) 步的一部分, 明确地包含了 Tate 猜想. Tate 猜想当然和 Hodge 猜想及其广义形式紧密相关. 那 Beilinson 猜想是否能推出 Hodge 猜想? 还是 Hodge 猜想有一个解析的成分? 第 (1) 步的证明是否可独立于 Hodge 猜想? 还是它也隐含一个解析的成分? 我们可能该提醒自己, 如果我们轻松愉快地、鲁莽地跳过第 (1) 步直奔第 (2)、(3) 步, 那么我们放弃的一些问题其本质我们还不理解.

即使只考虑 $\mathbb{Q}$ 上的一点, 即 zeta-函数, 第 (2)、(3) 步也是极其困难的. 我想这些问题的起源是割圆域的类数的可除性质, 属于 Kummer 的工作. Kummer 是割圆域理论的创始人, 所以某种意义上也是类域理论的创始人. 如果我理解对的话, 对一个点第 (3) 步大体上是 Iwasawa 理论的主体猜想, 只在十多年前才解决. 好像也不是巧合, 即不止一个对这个问题的解决做了主要贡献的人也对 Fermat 大定理的解决做了贡献.

即使只考虑对一点的第 (2)、(3) 步, 好像也绝对要用 GL(2) 自守形式的理论, 更准确地讲, 模曲线的研究. 可以讲是从 GL(0) 转到 GL(2), 特别是用 p-进域 (而不是 $\mathbb{C}$) 上的 Eisenstein 级数理论. (记得前面关于 Riemann 假设的评论.) 一个原因是第 (3) 步猜想里预言存在的一些算术的对象需要明确地构造出来, 这构造只有求助于已有的明确构造的 Diophantus 对象, 即模曲线.

举个例子. zeta-函数在 $1-2m(m=1,2,\cdots)$ 的值可用 Bernoulli 数写为 $(-1)^m B_m/2m$. 给定一个素数 p, μ_p 是一个 p 阶单位根. 令 $\mathfrak{A}$ 是 $\mathbb{Q}(\mu_p)$ 的理想类群, $\mathfrak{C}=\mathfrak{A}/\mathfrak{A}^p$. Galois 群 $\mathrm{Gal}(\mathbb{Q}(\mu_p)/\mathbb{Q})$ 作用在 $\mathfrak{C}$ 上, $\mathfrak{C}$ 分解为

$$\mathfrak{C}=\sum_{i(\operatorname{mod} p-1)}\mathfrak{C}_i,$$

这里

$$\mathfrak{C}_i = \{\mathfrak{c} \in \mathfrak{C} | \mathfrak{c}^\sigma = \mathfrak{c}^{\chi(\sigma)^i} \forall \sigma \in \mathrm{Gal}(\mathbb{Q}(\mu_p)/\mathbb{Q})\},$$

并且

$$\mu_p^\sigma = \mu_p^{\chi(\sigma)}.$$

假设 k 是偶数, $2 \leqslant k \leqslant p-3$. 我想这算第 (3) 步的一个最简单的结论, p 整除 $\zeta(1-k)$ 当且仅当 $\mathfrak{C}_{1-k}$ 非平凡. 这个群是否平凡取决于 $\mathbb{Q}(\mu_p)$ 是否存在满足一些性质的可交换扩张域.

$$\text{如 } \mathfrak{C}_{1-k} \neq \{1\} \text{ 则 } p | B_k,$$

这个推断是 Herbrand 完全在类域理论和 Kummer 扩张的背景下证明的, 它是关于是否存在满足给定性质的代数数. 另一方面, 逆向的推断需要构造满足给定性质的 $\mathbb{Q}(\mu_p)$ 的可交换扩张域. 这构造不是直接从 Kummer 扩张来的. 构造用了 GL(2) 自守形式的算术理论①, 其中用到 Eisenstein 级数的 Fourier 系数中有 zeta-函数和 Dirichlet L-函数出现. 所以这和 Shahidi 研究自守 L-函数的方法有点异曲同工: 小群上难的定理作为大群上容易定理的结论被证明.

§9. 结论

我肯定没能消化和这篇评论提到的问题相关的所有资料, 可能也永远不能. 我更不敢回答下一步怎么走的问题, 以及关于 Hasse-Weil zeta-函数和 Shimura 簇, 特别是看到它们和 Kato 的三步提到的问题的关联. 近来解析和代数方法的掺杂暗示了各种可能, 但至少对我, 这些还很模糊.

对函子性我们最好也谨慎些. 在全部自守表示中区分开在 ∞ 处是 Hodge 类的那种后, 我们要看到以下这点. 对全部自守表示要证的东西较少, 这些很可能要用解析方法直接证, 因为由 p-进理论而来的变形不太可能适用. 另一方面, 我们很难将 Artin L-函数 (或 0 维簇 Hasse-Weil zeta-函数的因子) 从这广义的情况区分开来. 换句话说, 0

① 相关的 Ribet 的文章发表于 Inv. Math. 1976 年 34 卷.

维簇 Hasse-Weil zeta-函数很可能要直接处理, 用不了辅助的代数方法, 比如可能对正数维簇的 zeta-函数适用的变形.

在某种意义上, 函子性当前的前景不如 Shimura 簇光明. 在 Arthur 的工作及其可能的推广之外, 有一条很清楚的界线我们不知道该怎么跨越. 这想法让我气馁的同时也让我回想起来: 内窥性 (endoscopy) 这个概念滋养了表示论和同调分析不下二十年, 但它不是解析理论内在发展起来的, 而是来自对 Shimura 簇 zeta-函数的研究.

我们当然不缺问题. 问题不论大小, 每一个都可能给我们一些提示.

第十二章　André Weil: 20 世纪最有影响力的纯粹数学家之一*

André Weil 的半身塑像

(雕塑者 Charlotte Langland, 现位于研究所的数学公共休息室)

André Weil (1906—1998), 数论学家, 几何学家, 于 8 月 6 日在新泽西州普林斯顿的家中去世. 他 1906 年生于巴黎, 很快就显现出对数学和哲学的早熟的兴趣. 他和她妹妹 —— 哲学家 Simone Weil 的天赋, 得到了他们善于观察、精力充沛的母亲的着力培养; 于是, 在具有最好的巴黎文化传统的公立中学就读并在优秀教师们的教育下, 几年后他进入了高等师范学校 (École normale supérieure), 时年才小小的 16 岁. 他个子小, 形体单薄, 眼睛近视; 但直到生命的最后阶段, 他多少都保留着少年得志不可一世的气质 —— 略带自负, 一心求胜, 傲视同僚, 同时闪现着迷人的伟大才智和文化修养, 他对理智的渴求则从未衰减过.

在高等师范学校期间, 他被准许参加 Jacques Hadamard 的讨论班, Hadamard 的风格是对数学的所有分支有深而广的好奇心; Weil 在随后的大部分时间里试图确立自己的这种风格. 但是, 按照他自己的描述, 他在 22 岁时发表的论文并非受该讨论班的影响, 而是他研究以前的数学大师, 特别是 Fermat 和 Riemann 的结果. 该文是关于数论的, 研究代数方程的整数或分数解, 此外还包含了一条定理 —— Mordell-Weil 定理, 它至今仍然具有极端的重要性.

同时, 他相信除 Hadamard 和 Élie Cartan 外, 他在巴黎的教授们并未接触新近的数学, 于是他出国游学, 先到意大利, 然后是德国. 那时, 数学世界在学术和语言方面都呈现出高于现在的多样性, 他熟识了意大利人的代数几何和德国人的数论. 他最伟大的成就, 即是将现代几何概念以及与之相伴的由他和受他影响的人对代数几何基础的再次加工的成果注入数论之中.

在研究一个代数方程或若干联立方程的整数解时, 数学家的第一步工作通常是用同余方程替换这些方程, 这意味着去寻找那样的整数, 它们提供相关的能被某个给定的数 —— 通常是素数 —— 除尽的表达式. 任意给定的同余方程组的解的数目可以被计数. 人们一直建议, 在某些情况下还得到了证明, 即对于由含两个未知数的一个方程和一个素数确定的同余方程, 该数目 (跟相关同余方程的解的数目一

* 原文发表于 *Nature*, vol. 395, no.6704, 29 Oct. (1998), p. 848. 本章由袁向东翻译.

起) 能够用于形成一个函数, 其性质类似于 Riemann ξ-函数 —— 一个复变量函数 —— 所具有的性质. Riemann 假设是一个多世纪以来数学中最重要的未解决的问题, 它涉及该函数的零点. 但有一个关于同余 ξ-函数的较容易 Riemann 假设, 它对这些同余方程的解的数目给出一些通用的估计.

Weil 是在非同一般的个人境遇下, 成功地确立了那个假设. 二次世界大战突然爆发时, Weil 正在芬兰旅行, 他选择了留在当地而没有回国履行服兵役的义务. 俄国入侵芬兰后, 他被怀疑为间谍而遭逮捕. 幸亏有一位著名的芬兰数学家的帮助, 他才未被草率地处决, 但被递解到瑞典监管并回到了法国. 在鲁昂的监狱度过了几个月后, 他被定罪为未履行兵役义务. 他同意到一个战斗部队服务, 从而判刑得以暂缓.

在狱中, 他设计并草拟了其证明的主要轮廓; 由环境所迫, 他很快发表了这些结果; 时光流逝, 若干年后他才完成了那篇论文, 内容包括必须预先具备的代数几何基础, 以及在同余方程方面经再加工的关于 Abel 积分的经典理论和相伴的、证明奠基于其上的拓扑概念.

这些研究是在美国和巴西完成的; 他所在的战斗部队在法德停战协定签署后曾撤到英国, 其后的战争年代他和夫人及全家在美国和巴西度过. 战后不久, 他在芝加哥不经意间阅读到 Gauss 的文章, 导致他得到了关于同余方程的一般猜想和以他名字命名的 ξ-函数. 这些猜想自此被 Alexandre Grothendieck 和他的学派所证明, 它们对 Weil 本人、Grothendieck 和其他人的影响已渗透进数论和代数几何之中.

近期 Fermat 大定理的证明的最初推动力在于洞察到那是 Taniyama (谷山丰) 猜想的一个结果, 而该猜想本身又是由 Hasse 和 Weil 猜想激起的. 用于 Fermat 大定理证明中的思想和技巧形形色色、多种多样, 它们常常来自众多相距甚远的源头; 而若没有那些处于 Weil 猜想证明的中心地位的概念, André Weil 的成就就难以让人置信了.

在这里, 我们不可能妥当地评判 Weil 对数学多方面的贡献, 但可以说他的影响绝不仅仅限于他的那些定理. 他在用法文和英文两种语言表达时丰富多彩、结构严谨的散文风格 —— 有时是他的禀性所

致 —— 赢得了广泛的读者来倾听他关于数学性质和数学教学的难以辩驳的观点.

也许是他早年对梵语的痴迷曾吸引他到印度呆了两年多, 之后于 1932 年返回法国; 在法国, 他和几位朋友由于对所有找得到的微积分教材不满, 集体开展了一项计划, 这促使诞生了一位非同寻常的数学 "名人" —— Nicolas Bourbaki, "他" 乃是清晰表达特有的法国数学观的提倡者, 是有广泛读者的关于数学基础部分的多卷本专著的作者, 还是延续至今的一个讨论班的创立者.

1958 年, Weil 成为普林斯顿高等研究院教授会的一员, 作为数学家和后来作为数学史家, 他一直积极地工作着, 直到邻近去世前的几年. 他的自传写于他一直深深依恋的夫人去世之后, 该自传相当清晰地反映了他的性格、特点和与众不同之处.

第十三章 窗与镜*

—— 评蒙罗迪诺的《欧几里得的窗口》

由 van Schooten(《几何学》拉丁版的编辑和翻译) 雕刻的肖像画.
笛卡儿说过,“胡子和衣服看起来完全不像”.
(来自普林斯顿大学的 Rosenwald 收藏)

---

* 原文发表于美国数学会通告 (*Notices of the American Mathematical Society*), 2002 年. 本章由徐克舰翻译.

这是一本肤浅的书, 却写了深刻的事物, 对于这些事物作者几近一无所知. 这本书的想法是有吸引力的: 对于从欧几里得 (Euclid) 到爱因斯坦 (Einstein) 的那些几何概念给出一个通俗的评论, 以作为当代弦论的背景, 同时给出相关的理性历史以及一些主要人物 (笛卡儿 (Descartes)、高斯 (Gauss)、黎曼 (Riemann)、爱因斯坦) 的画像. 不幸的是, 作者对于数学漠不关心, 仅有一些欧洲历史的大致概念, 而且, 作者对于个体人物也没有好奇心. 那些众所周知的名字仅仅用作他描绘得不够真实的人物的标签. 在那些观念以及那些情感和行为都已不同于 20 世纪晚期美国的情感和行为的人物的毫无目标的驱使下, 作者试图通过不断的、有时是乏味的、引人发笑的、近乎神经质的喋喋不休来隐藏他的不知所措, 还通过责备或嘲讽他认为的笨蛋或反面角色如康德 (Kant)、高斯的父亲或克罗内克 (Kronecker), 或者通过悲情试图将他的英雄们改造成牺牲者. 评论这本书本没有什么意义, 如果不是因为它包含着一篇极好的专题论文的萌芽; 假如这是出自有竞争力的敏感之手, 那么, 学生、成熟的数学家和有好奇心的外行读起来该会充满愉悦并有所收获. 作为这第二类人中的一员, 对于这些材料几乎不比作者知道得更多, 我确信无疑地感到, 这是对于我本希望从这本书里学到的东西的一个反思的机会, 的确, 这是一个发现更多关于所论题目的东西的机会, 只是, 不是从这本书, 而是从更为可信的原始资料.

弦论本身或者, 最好更宽泛地说, 大部分现代理论物理的概念工具, 特别是广义相对论、统计物理和量子场论, 无论是作为量子电动力学的原始形式, 或是作为弱和强作用的标准理论的基础, 抑或作为弦论, 都是数学, 至少似乎看起来是数学, 尽管常常不是使那些受过传统训练的人感到舒服的那种数学. 然而, 我们许多人都希望能够对其获得一些真正的理解, 特别是, 对学生来说, 这是好奇心或者更具雄心和才智的抱负的一个正宗研究对象.

蒙罗迪诺 (Mlodinow) 是物理学出身, 在他正在工作的层面上, 或许除了他对海森堡 (Heisenberg) 轻易的责备, 没有理由指责本书的高潮即有关弦论的章节. 这是一个点缀着低层次幽默的标准冗长陈述的简练彩排: 测不准原理、与相对论微分几何不一致性的困难、粒子与场论、Kaluza-Klein 和附加维数引入、作为多重场和粒子载体的"弦"的函数、超对称, 以及容许从一种理论形式过渡到另一种理论形式的 M-膜 (brane).

在引言和结尾中, 蒙罗迪诺娓娓动人且热情洋溢地表达了他的信奉: 几何学是欧几里得留给后人的遗产, 而弦论学家则是他的后嗣. 本评论是写给数学家的, 数学家们会记得, 在欧几里得那里, 除了几何学外, 还有更多的东西: 欧多克索斯 (Eudoxus) 的比例理论、有理数、素数. 既然后两者是现代丢番图 (Diophantus) 方程理论的中心议题, 所以还存在着关于遗产的其他断言, 但是, 数学家们无须在此争辩. 我们这里关心的是几何学, 手中仅有几何学足矣.

一个表达上更需要的保留是, 强调弦论, 或者更确切地, 强调量子场论的几何结论, 数学家会陷于自我亏待的危险. 实际上, 这些结论, 特别是用于导出这些结论的动力学方法 —— 在动力系统的意义上, 这些我相信主要是由威滕 (Witten) 发现的方法, 有着巨大的吸引力, 并且无疑非常深刻. 它们当然值得数学家们细心关注; 但是, 作为一个共同体, 我们应该乐于尝试以融贯的方式向所有的由统计力学和场论里重正化提出或是与其相关的动力学问题发话, 无论是解析的还是几何的.

尽管这些问题作为整体横贯蒙罗迪诺的想法, 但当阅读他的书的最后一章时, 很难不去反思这些问题, 不去反思当前数学与物理的关系. 因此, 在完成有关该书的其他方面的大量的评述后, 我将再回到这些事物上来.

§1. 历史与传记

欧几里得　背景度量 (从而广义相对论) 是弦论的特征, 在其他多数场论里尚未出现. 从古代数学到爱因斯坦理论的发展有几个明显的里程碑: 欧几里得对平面几何的解释; 笛卡儿对于用坐标解决特殊的几何问题的倡导; 高斯对曲率的引入和非欧 (非欧几里得) 几何的发现; 黎曼的高维几何观念和他的平坦性准则; 爱因斯坦关于广义相对论的方程. 将这每个都是理性历史的重要时刻的五个发展分离开来, 作为单篇数学文章的论题, 是美好而灿烂的; 而实现这种想法却是一个巨大的挑战, 超出了我, 超出了《通报》(*Notices*) 的大多数读者, 当然, 也远超出了作者的能力所及; 但作者却纠结于当下, 对他来说所有的窗口都可在当下打开 —— 一切都是可能的, 并且, 被他的轻浮无礼弄得眼花缭乱.

尤其是, 欧几里得的《几何原本》(*Elements*) 是其自身也是希腊数学的一个窗口. 这本书是难以不借助评论予以领会的, 尽管是传统, 却本不适合于中学生独立阅读. 蒙罗迪诺的书的第一章是关于欧几里得的, 其中数学却很少被理睬; 相对于真正的数学, 作者更偏爱平凡的智力测验. 他给出了欧几里得的五个公设, 其中包括欧几里得形式的第五 (或平行) 公设 (两条交于一给定直线且同侧内角之和小于两直角的直线必相交), 此外, 还以被称为普莱费尔 (Playfair) 公理的形式给出了第五公设 (过任一点可作唯一一条直线与给定的直线平行), 或许是因为自高中时代起他更熟悉普莱费尔公理. 如果我们关切的是作为爱因斯坦的前辈的欧几里得, 那么欧几里得的形式更为切题, 因为它表达了自明性. 学生或者外行需要从这一章获知的是第五公设与自明性的关系的解释, 即与内角和等于 π 的三角形的基本性质的关系, 特别是与类似图形的存在性的关系, 从而与人们或许模仿着流行行话 (即欧几里得几何的共形不变量) 自命不凡地称作小东西的关系. 即使成熟的数学家或许喜欢回忆这些深刻的、重要的, 却是初等的、逻辑的关系, 因为, 并不是我们所有的人都已花时间彻底地思考过非欧几何的多方面的具体应用. 而且, 显然作者甚至还没读过希斯 (Heath) 的评论, 也没领会何以我们几乎是通过直觉获知的简单的几何事实是自明的, 因此, 在该书的后部, 他竟然会倾其全部无知的狂妄放肆, 嘲笑普罗克鲁斯 (Proclus) 试图去证明这个公设, 正像其他诸如勒让德 (Legendre) 这样重要的数学家在许多世纪以后依然在做的那样, 或者嘲笑康德, 其哲学的想象不幸地与数学实在不相符.

除此外, 第一章的版面大都贡献给了适合于或者有时不适合于儿童的传说轶事, 因为作者有着或许本该很好地加以约束的对淫荡的嗜好. 他反复炫耀着那些古老的 "战马" 泰勒斯 (Thales) 和毕达哥拉斯 (Pythagoras), 以及一位他特别钟爱的新的女权主义者希帕蒂娅 (Hypatia). 卡乔里 (Cajori) 在他的《数学史》(*A History of Mathematics*)

中注意到，关于泰勒斯和毕达哥拉斯的最为可信的信息源自普罗克鲁斯，其使用了 亚里士多德 (Aristotle) 的学生欧德摩斯 (Eudemus) 写的目前尚已不存的历史作为原始资料. 泰勒斯和毕达哥拉斯是属于公元前 6 世纪的人，欧德摩斯属于公元前 4 世纪，而普罗克鲁斯则属于公元 5 世纪. 由常识知道，在这传递了一千多年的信息中，存在着极大的有意或无意歪曲的可能性. 但这并没阻止卡乔里和其他诸多科学史家的引用，也没阻止眼下的这位作者甚至加上了自己的无必要的思考：商人泰勒斯可能贩卖蒙罗迪诺所断言的米利都[①] (Miletus) 因此而闻名的皮制人造阴茎吗?

尽管诺格堡尔 (Neugebauer) 在《古代的精确科学》(*The Exact Sciences in Antiquity*) 中写道，"然而，在我看来，似乎很明显，有关泰勒斯和毕达哥拉斯所作出的那些发现的传统故事，应当被看作是完全非历史的"，在那些流行的解释中，或许存在着适合给他们附加那些神话的地方，但却不是以完全忽视给读者 (特别是年轻的读者) 介绍某些严肃的科学史或纯粹历史的概念的责任感为代价. 我还没找到关于泰勒斯的严格缜密的解释，但是，却存在着关于毕达哥拉斯的值得高度关注的解释，即由杰出的历史学家沃尔特 · 布尔凯特 (Walter Burket) 著述的《智慧与科学》(*Weisheit und Wissenschaft*). 在该书中，真实性被从神话虚构故事中分离了出来；如果真实性尚有留存的话，那么留下来的毕达哥拉斯几乎不是一个数学家. 在阅读这本书时，人们首先观察到的是，发现关于公元前 6 世纪的某事几乎是一种可以与在普朗克尺度 (10^{-33}cm，弦论的特征长度) 上发现物理上的某事相提并论的挑战. 其次观察到的是，我们多数人开始时最好多学习更易接近的哲学家柏拉图 (Plato) 和亚里士多德，或者希腊化时期 (Hellenistic) 的数学，而那些更早的传说人物最好留给专家学者们. 再次观察到的是，人们不应该询问毕达哥拉斯的科学或数学成就，而应该询问毕达哥拉斯学派的科学或数学成就，后者与他的关系并非是即刻明了的. 布尔凯特的讨论是复杂而困难的，但是，简略且不够严密地说，一个关键因素是，柏拉图和柏拉图学派的人总是出于各种原因将一些完全该属于柏拉图的观点归于毕达哥拉斯，而事实上，后者与其说是一个科学人物，

① 一个希腊城邦. —— 译注

不如说是一个宗教人物.

不管是作为数学家、僧人, 还是作为爱奥尼亚和埃及成人用品商店的散播者, 泰勒斯和毕达哥拉斯都不属于本文的旨趣; 希帕蒂娅也是如此. 既然希帕蒂娅属于公元 4 世纪的人物, 我们更容易将神话传说从真实性中分离出来, 并且, 玛利亚 · 德泽尔斯卡 (Maria Dzielska) 的很有启发性的书《亚历山大里亚的希帕蒂娅》(*Hypatia of Alexandria*), 恰好做了这件事情. 蒙罗迪诺提到了这本书, 但是, 没有迹象表明他曾经阅读过. 如果他读过, 那么他一定是忽视了.

蒙罗迪诺的书是简短的, 但是, 版面却大都充斥着无关的或者错误的、甚或两者兼有的材料. 大部分有关希帕蒂娅的可信的信息来自于昔兰尼的西尼修斯 (Synesius of Cyrene)—— 托勒密的主教的信件. 希帕蒂娅, 作为一个亚历山大里亚学派的哲学家, 一个晚期柏拉图学派的人物, 以及作为一个有一定声望的数学家, 数学家西昂 (Theon) 的女儿, 她因其智慧、博学和美德而闻名. 根据德泽尔斯卡的研究, 作为在全市中有一定政治影响的人物及地方行政长官奥雷斯特斯 (Orestes) 的盟友, 她于 415 年, 60 岁时 (这个估计还没有出现在标准的文献中), 被其对手 —— 主教西里尔 (Cyril) —— 的支持者残忍地杀害. 尽管现在希帕蒂娅变成了女权主义者的英雄, 伴随着自身的歪曲, 但是, 她的神话般的身份却是早在 18 世纪早期通过约翰 · 托兰 (John Toland) 的一篇论文首次赢得的. 对于托兰来说, 她是一根用来打击天主教的棍棒. 他的骇人听闻的谎言后来又被吉本 (Gibbon) —— 绝非基督教的朋友 —— 的独一无二的文风进一步完善: "…… 她博学的评论阐明了阿波罗尼奥斯 (Apollonius) 的几何学 …… 她在雅典和亚历山大里亚讲授柏拉图和亚里士多德的哲学 …… 正值美丽绽放, 成熟智慧, 这位谦虚端庄的未婚女子拒绝了他的爱慕者 …… 西里尔以妒忌的眼光盯视着那些云集在她的学院门口的冠盖马车和随从奴隶的华美绚丽的列队 …… 在毁灭性的灾难之日 …… 希帕蒂娅被从双轮马车上拉下, 剥得光裸, 她的肉被尖利的牡蛎壳从她的骨头上削下 …… 这凶手 …… 西里尔的人格和信仰的难以除却的污点." 这是一个蒙罗迪诺喜爱的版本, 其中希帕蒂娅不是老女人, 而是一个年轻的处女. 因此, 这个传说不仅是野蛮的, 而且是有着强烈的肉欲的.

这个神话还有另一个枝节: 希帕蒂娅的死和西里尔的胜利兆示了希腊文明的终结和基督教的胜利. 这种戏剧性的简化正适合蒙罗迪诺的路径, 他从这个跳板起跳, 像是从欧几里得往笛卡儿的飞越, 进入轻松愉快的观光客式的解释: 欧洲堕入黑暗时期, 然后又从中复苏. 其中, 以含糊不清的特有展示, 作者想要查理曼大帝既是一个蠢蛋, 又是一个政治家.

笛卡儿 蒙罗迪诺本可以做得很好, 直接从欧几里得过渡到笛卡儿. 笛卡儿和高斯都有着大量的书信资源, 因此, 对其个体的真正了解是可能的. 特别是, 高斯的书信常常是坦率的. 他们的大部分数学, 或许笛卡儿的全部数学, 也是轻松易懂的, 不需要任何要求很高的预备知识. 然而, 蒙罗迪诺却依赖于二手甚至三手的资料, 由于已经倒了好几手, 以致他的解释显得格外陈腐和无味. 进而, 他表现出完全缺乏历史想象力和同情心, 完全缺乏这样一个概念, 即他时他地的男人女人们或许对于那种他们自出生就一直熟悉的环境的反映, 会不同于来自纽约或洛杉矶的 20 世纪晚期观光客的反映. 甚至更为夸张的是, 几乎每一个句子都透露着对于开玩笑和嘲笑的渴望, 或者对于制造戏剧效果的渴望, 以使虚假的薄膜覆盖一切. 如果没有比我要多的更为深刻也更为详尽的各种历史知识, 便没有可能每一次都能恰好认识到真实性是如何为了效果而牺牲的. 在某些格外激怒我的过分的例子中, 我试图分析他的暗讽. 显然, 我既不是几何学家, 也不是物理学家, 更不是哲学家或历史学家. 不过, 我不再因此而表达歉意.

笛卡儿主要是一个哲学家或自然科学家, 仅仅顺便是数学家. 到目前为止, 据我所知, 几乎所有我们归属于他的数学都是在《方法论》(*Discours de la méthode*) 中的一个名为 "几何"(*La géométrie*) 的附录里. 任何翻阅这个附录的人都会发现, 或许使他感到惊讶, 与蒙罗迪诺的叙述相矛盾的是, 笛卡儿并不使用我们在中学里学到的方法, 以及 "通过将平面变成一种图像来开始他的分析". 完全不是这样, 笛卡儿是一个更为激动人心的作者, 像格罗滕迪克 (Grothendieck) 和伽罗瓦 (Galois) 一样, 对他的方法充满哲学般的热忱. 他从讨论简单的几何问题的尺规几何解和代数解的关系开始, 然后进入对于由帕普斯 (Pappus) 问题的广义形式决定的曲线的富有才华的分析, 这个分析使用了斜角坐标, 不是对所有的点, 只是对单个的点, 并且, 不是被一劳永逸地选择, 而是适应于问题的数据. 这一分析深刻而优美, 很值得研究, 并且, 它还伴随着对一般曲线 (特别是代数曲线) 及其分类的讨论, 并被应用于关于帕普斯问题的求解. 笛卡儿并非止步于此, 但是, 有一点应该清楚: 这是在高度概念化但却易于理解的数学水平上的解析几何, 可以被任何对数学怀有热情的人传达给公众. 蒙罗迪诺当然应该必读笛卡儿, 但是, 没有迹象表明他认为这该是适当的准备.

尽管反对公开辩论, 甚至有点胆怯, 但笛卡儿作为从由神学或者忏悔组建的社会往哲学的和科学的开放启蒙社会转变的关键人物, 曾尽各种努力以确保他的哲学成为大学课程的一个组成部分, 无论是在他居家的联合省 (United Province), 还是在他的出生地天主教法兰西 (Catholic France). 尽管作者暗示, 笛卡儿从未有过人身危险: 独立于西班牙, 罗马天主教宗教法庭在荷兰已终止, 到 17 世纪, 它已长期允许法国的宗教背弃. 然而, 无神论毕竟是一种严肃的指控. 由他的敌手、加尔文主义者、神学家沃蒂乌斯 (Voetius) 提出的指控, 如果可信的话, 本该致使禁止他在荷兰的大学以及法兰西和西班牙属尼德兰 (Spanish Netherlands) 的耶稣会学校的教学, 只是不会导致火刑. 作者知道此事 —— 正如笛卡儿确知无疑, 但是, 作者却再次为了戏剧效果, 以失真为代价, 留给读者以相反的印象.

高斯 似乎与许多其他的数学成就相反, 非欧几何的形式概念只是在对其性质有了基本的数学理解之后的某一时刻才出现的. 这种启示来自于赖卡特 (Reichardt) 的《高斯和非欧几何》中对于高斯以及更早和更晚的作者 (特别是兰伯特 (Lambert)) 的工作的表述, 以及其中所包含的详情记载. 这些性质是已知的, 但是, 无论是它们的逻辑的可能性或者关于自然世界的可能性都是不能被接受的. 现代数学家常常很快 (几乎是顺便) 就能用单位圆盘或上半平面的庞加莱 (Poincaré) 模型习得双曲几何. 我们多数人都不曾学习过如何在没有欧几里得第五公设的初等几何中进行论证. 如果我们发现当一个三角形的内角之和小于 π (当没有平行公设时, 这是可能的), 则所有的三角形的面积必定存在一个上界, 甚至有一个普适的周长, 那么, 如果没有以往的经验, 我们又能做什么呢? 我们能断定这样一种几何学完全与真实世界无关, 的确是不可能的吗? 假如我们没有被教育搞得精疲力尽, 或许能够更好地理解为何即使有着非凡知觉力的哲学家也会被证据所误导.

一个理智的、有好奇心的作者会抓住这样的机会将这些观念呈献给读者, 因为, 这些观念会给读者揭示一个新世界及其一些新的领悟, 但是, 蒙罗迪诺不是一个这样的作者. 我们从他那里能得到什么样的数学? 不是勒让德的思想, 不是兰伯特的贡献, 甚至不是那些取自高斯的评论、信件和笔记的讨论, 没有任何一点能表明事情的关键 (当然是用 π 与三角形的内角和的差异来表述的) 是平面是否弯曲了. 完全没有, 甚至他都没有提及与非欧几何相关联的曲率! 书中给出了普罗克鲁斯试图证明某一种形式的第五公设的讨论, 充斥着如同曼哈顿地形般的凌乱, 但是, 某些能够整合 18 世纪晚期和 19 世纪早期的认识的东西应该会更有用处; 还给出了庞加莱模型的简述, 糊涂不清犹如斑马纹路, 但是, 对于高斯思想的一个本质要素 (即非欧几何具有如同我们看到的周围空间一样的真实可能性) 的任何赏识都是缺席的. 作为一个解释性的设计, 庞加莱模型的缺点在于, 它将我们置于非欧空间之外; 而早期的数学家和哲学家们却是置身于其内的.

高斯关于曲面内蕴曲率的文章《关于曲面的一般研究》(*Disquisitiones generales circa superficies curvas*), 相对于他关于第五公设的断断续续的反思, 似乎更多是受到了汉诺威大地测量学的影响. 这篇文章不只是一个数学佳作经典, 而且还是初等的, 虽然不像非欧几何那样初等, 但是, 由于高斯、黎曼、爱因斯坦这个序列是从这篇文章开始, 因此, 一篇严肃的文章应该以严肃的方式对待它, 这也是为了广大的读者.

正如所宣称的, 蒙罗迪诺是从费曼 (Feynman) 那里学会说哲学是"狗屁" (b.s.) 的, 这使他感到可以肆无忌惮地通过取笑康德来愉悦读者. 他似乎已经偏离得太远了, 或许是因为语词的贫瘠, 他使用着远比费曼的格言简单的版本. 我希望, 费曼的格言不是在鼓励我们去嘲笑那些我们不懂的东西, 它确实不能被到处运用, 特别不适合用于"启蒙运动", 那时康德是一个令人敬仰的人物. 作为对作者的故弄玄虚和假装的轻蔑的纠正 —— 既然他的看法是可塑的, 其更多是为了戏剧性的需要而不是为了确信而构筑, 他不得不承认在关于爱因斯坦的章节中他对康德的某种洞察是失败的 —— 我包含了关于高斯的一些评论, 其中, 我们看到高斯的观点随着岁月的推移而变化, 因为他逐渐变得更加确信非欧几何的存在, 同时, 我还包含了爱因斯坦的一些成熟的评论.

1816 年, 高斯对施瓦布 (J. C. Schwab) 的关于平行线理论的文章给出了严厉的批评性评论. 很明显, 施瓦布的这篇论文的大部分是有关驳斥康德的几何是基于直觉的观念. 高斯写道: "康德几乎不想否认逻辑方法的使用, 但是, 熟悉几何性质的人都会意识到, 如果关于对象的活生生的、富有成果的知觉本身不具有普遍性的话, 那么, 仅凭这些逻辑方法什么成就也取得不了, 除了贫瘠的繁荣, 什么也产生不了." 因此, 无论有什么可值得的, 高斯此处似乎完全与康德一致. 1832 年, 在给沃尔夫冈 · 凡 · 波利耶 (Wolfgang von Bolyai) 的信中, 他相反地写道: "康德是错误的, 最清晰的证明在于 (在欧几里得和非欧几里得几何之间做出先验的决定) 是不可能的." 因此, 在这一点上, 他还没有轻易地得出康德是错误的结论. 他还让波利耶参考他 1831 年在《哥廷根科学通报》(*Göttingsche Gelehrte Anzeigen*) 上的关于双二次剩余和复数的简短的文章, 其中, 他评论道: "康德 (对于空间的反省和直觉) 都已经做了观察, 但是, 人们不能理解何以这位有知觉力的哲学家能够相信他为他的观点, 即空间只是我们外部直觉的一种形式, 已经首先找到了一个证明 ......"

爱因斯坦的评论出现在他的谢尔普 (Schilpp) 卷《阿尔伯特 · 爱因斯坦, 哲学 – 科学家》的卷末 "对批评的回答" 中. 专家们将会满意的是: "你还根本没有公正地对待康德的确实有意义的哲学成就"; "然而, 他被错误的观点 —— 在他的时代是难免的 —— 即欧几里得几何对于思考来说是必需的所误导 ......"; "我并非成长于康德的传统, 但是开始明白, 在他的信条中所发现的 —— 除了那些今天看来显然是错误的之外 —— 是真正有价值的东西, 却是相当之晚."

关于高斯的家庭和童年有着一个满装可疑传说的 "摸彩袋" (grag-bag); 对此, 蒙罗迪诺当然是热情洋溢地予以大量地转述. 他似乎格外被高斯的父亲所激怒, 对于高斯的父亲, 他写道 "高斯是公开蔑视

的 …… 称他为'盛气凌人的、粗野的、粗俗的'", 并且, 蒙罗迪诺被说服了, 认为高斯的父亲不惜一切代价决心要使他成为一个筑路工. 我年轻时, 挖过许多沟, 我可以向作者这种似乎把这种职业看作白人奴隶的男性等价物的人确保, 只要手铲还是一种常见的工具, 那么, 正是早年有规律实践过的有益于健康的户外活动, 对后来防止背部问题是很有帮助的. 无论如何, 一封目前尚存的高斯写给米娜 · 瓦尔戴克 (Minna Waldeck) —— 后来成为他的第二任妻子 —— 的信件表明作者有陷入凭空捏造的危险: "我父亲有多种职业, …… 既然随着岁月的推移他开始变得富裕 …… 我父亲是一个完全正直, 在许多方面令人钦佩, 而且确实令人羡慕的人; 但是, 在自己家里, 他却是盛气凌人的、粗野的、粗俗的 …… 尽管从没有产生真正的意见不一致, 因为我很快就变得独立了." 一如既往, 蒙罗迪诺只采纳了这个故事中适合他口味的部分, 并且捏造了其余部分. 然而, 那执着于 "盛气凌人的、粗野的、粗俗的" 而不相信高斯归于他父亲那些优点的读者, 应该反思这位父亲崛起时可能的困难, 还应该反思, 二百年前, 那把他的父亲与 33 岁的高斯相分离, 特别是与高斯未来的妻子 (一位教授的女儿) 相分离的社会差距的本质.

黎曼与爱因斯坦　爱因斯坦有两本小册子出版得很早, 第一本是 1917 年出版, 第二本是在 1922 年, 分别是《狭义和广义相对论浅说》(*Über die spezielle und die allgemeine Relativit ätstheorie*) 和《相对论的意义》(*Grundz üge der Relativit ätstheorie*), 第二本有熟知的英文译本. 爱因斯坦自己给出了高斯 – 黎曼 – 爱因斯坦联络的解释. 如果蒙罗迪诺不曾在欧几里得、笛卡儿、高斯方面出师不利, 他本该能够通过首先简洁地描述从笛卡儿到高斯坐标几何的发展, 从高斯转换到黎曼. 然后, 波利耶 – 罗巴切夫斯基 (Bolyai-Lobatchevsky) 的非欧几何已经作为例子唾手可得. 他本该能够继续有关高斯的曲面内蕴几何及其曲率理论的讨论, 至少给出某些数学, 特别是那曲率是等距不变的绝妙定理 (theorema egregium) 以及那将 π 与三角形内角之和的差与曲率相联系的公式. (我不清楚为什么他认为毕达哥拉斯定理的失效是弯曲的曲面的更有意义的特征.) 对于联络的其余部分, 他本该做得更为糟糕, 如果不是因为抄袭了爱因斯坦, 其简洁而中肯地解释了不只是物理而且还有数学的作用. 凭他自己, 蒙罗迪诺实在是做不到这一点.

在两本小册子的第一本中, 爱因斯坦只解释了基本的物理原理和通过简单的讨论和简单的数学即能由其导出的推论: 狭义相对论, 带有两个假设, 即所有的惯性坐标系都是等价的, 以及光速是不变的 (无论是发射自静止物体, 还是发射自处于一直运动着的物体); 广义相对论, 特别是等效原理 (万有引力场和加速度参考系的物理不可区分性), 以及将时 – 空解释为具有闵科夫斯基 (Minkowski) 度量形式且其中允许所有的高斯坐标系的空间. 不需要任何严肃的数学, 也不需要精确的数值预测, 这些原理即可推出结论, 即光将在引力场中发生弯曲.

在第二本小册子中, 他给出了场方程, 也就是给出了关于度量的微分方程, 现在度量作为场是由质量分布决定的或者与其联立决定的场. 来自电磁学和狭义相对论的更成熟的讨论允许引入能量 – 动量张量 $T_{\mu\nu}$, 它部分作为质量分布的表达出现在场方程中; 里奇 (Ricci) 张量 $R_{\mu\nu}$ —— 具有度量形式 $g_{\mu\nu}$ 的黎曼张量的收缩, 是引力场的一种表示. 场方程是这两者之间的一个简单关系,

$$R_{\mu\nu} - \frac{1}{2}g_{\mu\nu}R = -\kappa T_{\mu\nu}, \quad R = g^{\alpha\beta}R_{\alpha\beta}$$

此处 κ 本质上是牛顿常数.

有了这个方程, 数学明显变得不那么初等, 但是, 通过某种解释, 对很大一部分人来说, 却变得容易理解, 并且, 如果人们要欣赏黎曼的贡献的话, 这也是不可避免的. 尽管, 正如爱因斯坦所为, 人们无疑渴望解释牛顿的重力惯性定律是如何从这个方程导出的, 还渴望描述爱因斯坦是如何做到的, 但是, 基本点却是黎曼张量的引入, 正是在这里, 数学预见了物理的需要. 这一点在黎曼发表的题为 “论奠定几何学基础的假设” (*Über die Hypothesen welche der Geometrie zu Grunde liegen*) 并且面向广泛听众的报告中书写得过于简练, 数学细节被压缩掉了; 因此, 最好能从此报告中提取出断言, 用我们的术语说即是, 一个黎曼流形是欧几里得的当且仅当它是平坦的. 黎曼的后继者所发展的以及爱因斯坦所能运用的数学, 在这一断言上是不清晰的, 它只是出现在身后出版的黎曼文集中关于热传导的一篇文章中. 因为这是一篇为回应巴黎科学院提出的有奖论题的投稿论文, 所以, 它也常常被称

作 “巴黎应征论文” (Pariserarbeit). 蒙罗迪诺再一次忽视了这一点. 因为处于与历史上几个伟大的几何学家对决的境地, 他每每完败. 我几乎不能相信我的眼睛, 但是, 他似乎已被说服了, 认为椭圆几何的引入才是这个报告的主要成就.

从由戴德金 (Dedekind) 所作并收入他的文集中的传记来看, 黎曼生于 1826 年, 儿时极易被从他父亲那里听到的关于 “波兰的不幸命运” 的那些故事所感动: 波兰在维也纳国会上被瓜分, 然后被沙皇尼古拉一世镇压. 他父亲是拿破仑战争时期的中尉, 后来成为的牧师. 进入大学后, 黎曼起初学习神学, 这部分是由于遵循他那献身这项事业的父亲的意愿, 也部分由于想确保他未来能够对家庭的维持有所贡献. 蒙罗迪诺无动于父母的情感、子女的孝敬、不幸民族的境况, 只是一味操持着俏皮话, 却表示: 他的选择为的是 “他能够为被践踏的波兰祈祷”.

众所周知, 黎曼为他的任职资格讲演提出了三个备选的论题. 大约在 1853 年 12 月, 高斯选择了第三个论题, 即论几何基础, 唯有这一论题黎曼没有完全准备好. 黎曼对于高斯的出乎意料的选择的反应有两种解释, 一种是蒙罗迪诺的, 另一种是黎曼自己的.

蒙罗迪诺写道: “黎曼接下来的行动是不可理解的 —— 他费了好几周的时间, 差点精神崩溃, 眼睛盯着墙, 被工作压力搞得发呆. 最后, 当春天到来时, 他振作了起来, 用了七个周的时间苦心想出一个讲演报告.”

黎曼在给他的兄弟的信中写道: “我是如此深深地投入到基本物理定律的关系的探讨中以至于当资格演讲的题目被确定以后, 我不能立刻放弃这项探讨. 我不久就病了, 部分是由于用脑过度, 部分是由于坏天气使我待在房间里的时间过长; 我的痼疾又犯了且顽固不去, 致使我的工作停滞不前. 只是几周之后, 随着天气的好转, 我开始四处走动, 身体才有所改善. 我租赁了一个乡村之地度夏, 自此以后, 谢天谢地, 不再抱怨身体. 在完成另一篇我几乎难以回避的文章以后, 大约在复活节后的 14 天里, 我开始狂热地投入到我的资格演讲的准备工作中, 完成于圣神降临周.”

想想圣神降临节是在复活节的七周以后来临, 扣除 14 天, 我们发现, 讲演的准备只用了五个周, 当然, 这点出入并不重要. 而其他部分则使得两种解释的含义完全不同.

根据佩斯 (Pais) 在他的科学传记《上帝的巧妙》(*Subtle is the Lord*) 中的研究, 爱因斯坦在 16 岁时, 遭受与家庭的分离之苦, 他家搬到了意大利. 后来, 由于担心可能服兵役, 在家庭医生的帮助下, 他得到了一个医师诊断书, 这使他得以离开留波特中学, 并允许他去巴维亚, 回到父母的身边. 显然, 在德国中学毕业考试之前离开高级中学并不是稀奇的事情. 小说家托马斯 · 曼 (Thomas Mann) 是还差两年毕业时离开的, 或许是由于类似的原因, 即他的刚刚成为寡妇的母亲从吕贝克搬到慕尼黑去了. 爱因斯坦过早地离开为的是想逃避服兵役; 曼仅仅待到 (九年一贯制) 中学七年级的末期, 即要求将义务服兵役缩减至一年的那个阶段. 维克多 · 克伦佩尔 (Victor Klemperer) 的自传《一生的经历》(*Curriculum vitae*) 中的解释表明, 对于许多学生来说, 仅仅待到这一时刻, 然后好谋得某种商务的职位, 是很正常的.

然而, 如佩斯强调的, 爱因斯坦是一个极好的学生, 他没有这种意图. 他在别处几乎立刻重新开始他的学习. 然而, 这个生涯中的转折却给了蒙罗迪诺插足的机会: 用 20 世纪晚期那不可避免带有现代含义的话来说, 爱因斯坦是一个辍学者. 这是一个伤害性的概念.

正如多年前安德烈 · 韦依 (André Weil) 在他的论文 "数学课程" (*mathematics curriculum*) 的开头所做的观察中指出的那样, "这个美国学生 …… 遭受着一些严重的障碍 …… 除了缺乏早期的数学训练外 …… 他主要是缺乏训练基本技能 —— 读、写、说 ……". 不幸的是, 相比韦依行文的时代, 这一点今天依然没有好转. 这当然总是适合于北美. 尽管, 我们有时做的比韦依预见的 ("数学的未来") 要好, 但是, 我们几乎无一例外地终生受阻, 因为, 当我们的头脑清新洒脱的时候, 我们难以开启严肃的思考.

关于高斯和爱因斯坦的教育最引人注目的是才能与适时机会的天作之合. 他们都很早就受到鼓励: 高斯受到他最初的老师希特纳 (Büttner) 和巴尔特斯 (Bartels) 的鼓励; 爱因斯坦则受到了他的叔叔和世交马克斯 · 塔姆斯 (Max Talmud) 的鼓励. 两者都有着极好的受教育机会: 爱因斯坦是由于出身背景; 而高斯则是由于偶然巧遇. 一个来

自于没有书、没有音乐、没有充满智慧的对话的家庭的爱因斯坦几乎必定该是远缺乏自信心和知性的确定性, 而且更具依赖性; 一个没有早期自由、没有早期关于 18 世纪数学文献的广博知识的高斯也该不会发现割圆的含义或如此迅速地证明二次互反律.

忘记这一切, 而一味夸张爱因斯坦的困难, 将他描绘成一个学业上偏狭的、被误解的、抑或受虐待的高级中学的辍学生, 对于任何年轻的读者或者任何咽下这些谎言的教育者来说, 都是残忍的伤害.

蒙罗迪诺偶尔也会添上一笔文学修饰, 并不总是沉湎于渴望的泰然自若. 布莱克 (Blake) 的《天真的预言》(*Auguries of Innocence*) 的开头几行是:

一粒沙能窥探世界,
一朵花可憬悟天堂,
一只手能掌控无限,
一刹那可获得永恒.

但是, 却被蒙罗迪诺融合, 压缩成 "一粒沙即宇宙", 并将此归于济慈 (Keats). 这是对他的学术关怀的一个公道的度量, 我想, 也是对他的文学素养的度量. 他自己的文风足够流畅; 总的来说, 他坚持当代美国语法的通常惯例, 尽管对悬垂分词一知半解, 有着偶尔的挫折. 当遇到一个意想不到的 "like" 时, 他会惊慌失措; 所致结果 "like you and I" 或许在早年幸福的时光就曾被他的文字编辑逮住过.

这本书是不幸的; 我不愿意将它推荐给任何读者群, 无论是年轻的还是年老的, 外行的还是内行的. 然而, 书的封面上却有着一些赞美之词: 来自弦论泰斗爱德华 · 威滕 (Edward Witten), 以及几位看起来像是数学普及的作者. 他们都有着相反的看法; 他们发现, 这本书 "写得优雅而迷人", 是 "易读的和令人愉悦的", 等等. 或许, 这本书是一个恶作剧, 写作的目的是用以曝光物理学家们的自负、大众普及者们的愚昧、出版商们的无知, 以及至少一位死板的数学家的迂腐. 假如果真如此, 必定是完全不真诚的, 即使不是出于任何目的, 而只是因为在他对于 "易读的和令人愉悦的" 的绝望的期盼中, 没有任何退路.

为那些真诚渴望学习一些数学及其历史知识的人所汲取的教训是, 最有效也是最令人愉快的策略是直接追根溯源, 并配备胜任称职的、直截了当的向导, 如克莱因 (Kline) 的《古今数学思想》(*Mathematical thought from ancient to modern times*), 或者更专门的论题, 如布勒 (Buhler) 的《高斯》和同类研究, 当然还有无论什么样的可以掌握的语言技巧. 如果是为了了解当前的目标, 那么, 这些原始资料没有什么帮助, 而是需要那些对他们自己的领域有充分理解的数学家提供的清晰而真诚的介绍. 无论对象是老数学还是新数学, 智力的垃圾食品恰恰会从根本上损害体格, 破坏食欲.

§2. 数学与物理

尽管标题是简洁的, 但是太过笼统. 且不说那些成熟的领域, 重正化 (renormalization) 动力学决不会使那样一些其中需要基本的、新颖的、概念性结构的数学物理领域愈加枯竭. 然而, 如果所想的是要激发比《欧几里得的窗口》以及同类书籍所表述的数学与物理之间的关系更为宽广的视野, 那么现在就是一个好的起点. 这个课题很大, 而我的有关知识既不完整也不确定, 因此, 冒着严重超出我的知识限度的危险, 我来回忆源自统计物理和量子场论的动力学问题.

热力学与统计力学 从统计力学甚至热力学入手, 进行历史性的探讨是最简单的, 或许也是最有说服力的. 所幸的是, 有一本非常好的书可以参考, 即西里尔 · 东布 (Cyril Domb) 的《临界点》(*The Critical Point*), 这本书出自一个有着广博知识和丰富经验的专家之手. 这本该是一本极好的书, 只是有着高密度的印刷错误, 尤其是在诸多公式中, 这些错误常常是对解译的挑战. 即使有着这样的瑕疵, 也依然值得大力推荐.

很少有数学家熟悉临界点的概念, 尽管都知道物质从液体到气态的相变. 它呈现为处于共存状态的温度和压力的数值对 $(T, P(T))$. 贝尔法斯特的量热学家托马斯 · 安德鲁斯 (Thomas Andrews) 于 1869 年首先用这种由温度和压力构成的数值对的方式理解了热动力现象的本质, 在这种数值对的意义上, 普通的物质如水或者他所考虑的二氧化碳, 在液体和气态之间不再有任何区别. 更准确地说, 对于低于临界温度的固定温度, 当压力增加时, 会到达一个点, 即 $P = P(T)$, 在此处, 气体不只是被压缩, 而且开始凝聚. 这是从气体到液体的一个过渡点.

当压力足够大,气体完全凝结,物质完全处于液体状态;随着压力的进一步增加,液体会继续慢慢被压缩.然而,当 T 达到临界温度 T_c 时 (对于不同的物质这是不同的), 在 $P = P_c$ 处, 不会再有任何突然的变化.因此,这可以而且最合适被定义为极限值.处于压力大于 P_c 下的液体与处于压力低于 P_c 下的气体并没有区别.对于 $T > T_c$, $P(T)$ 甚至不再能定义.因此,由数值对 $(T, P(T))$ 构成的曲线终止于临界点.至于在曲线的另一端出现什么情况这里不关心,因为这里不考虑固体状态.

存在一个有趣的现象,即与临界点有关的临界乳白光 (critical opalescence),这是读者同仁中的数学物理学家们可能或许不能描述的现象.如果不能描述的话,我推荐迈克尔 · 费舍尔 (Michael Fisher) 在 *Lecture Notes in Physics* 第 186 卷中的文章中的描述.临界乳白光是临界点的统计力学特征的表现:关联长度 (correlation length) 在这里变为无限.这是以不那么引人注目的方式自身显现为在各种热力学参数 —— 压缩系数或比热 —— 的临界点处的奇异行为,尽管重力的干扰作用使得试验变得困难.临界点现象也出现在磁铁中,后来皮埃尔 · 居里 (Pierre Curie) 探讨过.对于磁铁,其他的相关热力学参数是磁化系数和自发磁化.很晚才理解的仅有奇异性的本质.它们是数学兴趣的聚焦点.

第一个临界点理论现在称为平均场论 (mean-field theory),是由凡 · 德 · 瓦尔斯 (van der Waals) 没过几年在他的毕业论文提出来的,并受到了麦克斯韦 (Maxwell) 的热烈欢迎.对麦克斯韦来说,这似乎是学习荷兰语或当时称为低地德语 (Low German) 的理由,正如此前,罗巴切夫斯基 (Lobatchevsky) 似乎已是高斯开始学习俄语的理由.对于气体和磁铁,这些平均场论一般来说是受到高度重视的,重视程度之高以至于几乎没有人会关注其实验的证实.刻画奇异行为的那些临界指标实际上并非是凡 · 德 · 瓦尔斯所预测的那些指标,但是,对此几乎没有人注意,至少,到昂萨格 (Onsagar) 40 岁的时候,在他通过探索正交群的旋量覆盖,对磁化的平面模型即伊辛 (Ising) 模型成功地清晰计算出一些临界指标,从而发现与平均场论的数值不同的数值之前,是一直没有人注意的.

测量和计算临界指标,尤其是计算平面模型的指标的巨大兴趣的突然出现, 导致了惊人的发现, 即 "普适性" (universality): 这些指标尽管并非是平均场论所预测的那些指标, 对于广泛的材料和模型类是相等的 —— 或者似乎看起来是相等的, 因为它们是难以测量的. 然后, 出现了卡丹诺夫 (L. P. Kadanoff) 对动力学解释的首次领悟. 在临界点, 材料或模型变成统计意义上的自相似, 并且, 这些临界指标的行为是系统膨胀作用的一种动力学表达.

统计力学的概率内容由每个状态的玻尔兹曼 (Boltzmann) 统计权重来决定, 这是一个具有负指标且与能量成正比而与温度成反比的指数表达式. 能量通常是一个宽泛的性质, 其依赖于由有限多个参数和由有限多个诸如磁化这样的局部性质来定义的相互作用. 动力学变换的基本想法是: 由于仅与统计相关, 小标度波动可以被均值化, 并且系统的大尺度分块通过标度的改变可以被重新解释为具有适定的局部性质的均匀的小块.

似乎正是威尔森 (K. G. Wilson) 将这种想法转变成可有效计算的工具, 即重正化群, 并且, 或许他的文章才是分析者应该读的最重要的文章, 因为, 重正化群的方法的成功是相关的 (无限维) 动力系统的一个基本性质的结果: 在某些相关的不动点处, 仅有有限多个不稳定方向 (或者, 更确切地说, 仅有有限多个非稳定方向, 尽管可能很多), 通常有一个、两个或三个. 所有其他方向都是收缩的, 甚至大部分是强烈收缩的. 一个依赖于参数、温度或磁场的模型是作为一个点出现在动力学变换的空间中. 临界点随着参数的变化而出现, 并且, 相应的点横贯一个稳定的流形. 因为流形是稳定的, 又因为它是决定系统性质的变换, 所以, 所有的问题都可以归结于其中的不动点. 这就是普适性的解释.

即使对最简单的平面模型, 例如逾渗 (percolation), 要建立这样一种理论, 也是一个令人畏惧的数学挑战 —— 我认为这是一个核心挑战. 对于其他平面模型, 甚至不能清楚地理解动力系统究竟是什么; 的确, 经再三思考, 显然, 动力变换的合适定义要依赖于能够证明出的性质. 因此, 如果有一个理论被创造出来, 它的构造必将导致一个由一些困难的定理和精确的定义组成的精细构架. 我猜想, 或许还要从威尔森那里学习好多东西, 因为他毕竟至少已经能够充分地分离出诸多扩展的方向, 以允许有效的计算, 但是, 这种猜想还并不是基于对他那些文章的大量理解.

量子场论 在量子场论中, 完全同样的有限维不稳定流形和有限余维数的稳定流形的动力学结构在通过重正化进行的如同量子电动力学一样理论的构造中扮演着中心角色. 的确, 有时可能通过对一个适当的参数进行解析延拓, 从统计力学过渡到量子场论, 但是, 对于量子场论的一个直接的探讨常常更具有直觉吸引力.

场论是一个远为复杂的对象, 其中代数比分析更具优先位置. 很明显, 大部分分析问题都是如此困难, 以至于最好将它们置于忽略状态. 在统计力学中, 有基础概率空间, 如 (X, μ). 在场论里也出现了一个相关的空间 —— 存在被时间决定的条件作用. 它是庞大的. 除了 X 上的函数, 它们的期望值是统计力学中的相关对象, 并且它们作用在 $L^2(\mu)$ 上, 在一种场论中还有许多其他算子, 以检测对称性或实现粒子的产生和湮灭. 因此, 一种场论中的时间演化比作为某种统计过程的解析延拓更容易被直接掌握. 最简单地来看, 它起自于粒子、反粒子和场的持续产生和湮灭, 多数被产生后只持续非常短的时间, 然后再次被湮灭.

这种理论的困难存在于这些过程中, 并且, 它对于数学家的吸引力在于为克服这些困难所必需的复杂的构造. 这种理论通常被一个 Lagrangian $\mathfrak{L}$ 所描述, 这也许可以被看作是一个对于产生和湮灭的那些基本过程发生概率的解决方案, 例如, 当一个电子和光子碰撞产生一个不同能量和动量的电子或者一个电子和正电子碰撞, 相互湮灭, 以及产生一个光子. 一个基本过程和一个复合过程的差别在很大程度上是随意的. 我们观察不到这些过程的发生, 只能观察到其结果, 故而, 对于一个理论是纯粹复合的或许对于另一个等价的理论是部分复合的、部分基本的; 例如, 两个电子, 相互交换一个光子, 然后又从这密切的相遇中以改变了的动量出现, 可能是基本的, 或者它可能是两个电子 - 光子相互作用的复合, 或者一个电子可能简单地分裂成一个电子和一个光子, 然后又聚合成一单个的电子. 无穷大出现了, 因为, 进入了一个复合过程的那些基本过程是不能被观察到的并且以各种可能的能量和动量出现; 通常的能量、质量和动量间的关系被破坏了.

一种试图克服这个困难的方法是只考虑具有不大于某个指定常数 Λ 的动量和能量的基本过程. 这规定了一些数 $\mathfrak{G}_*(\mathfrak{L})$, 这些数对每个可能的过程都是有限的, 尽管或许异常地大, 否则, 对于每一个任意数量的入射粒子 —— 有着无论什么样被允许的动量和能量 —— 的可能的散射, 它被另解释为一族出射的粒子, 尽管进出之间的差别在某种程度上是任意的. 在这些被称作振幅的数 $\mathfrak{G}_*(\mathfrak{L})$ 中, 基本过程和复合过程的差别消失了, 当然是除去了 $\mathfrak{G}_{\prime}(\mathfrak{L})$, 因为这恰好是由 Lagrangian 自身规定的振幅. 为了得到一个确真的理论, 取 Λ 趋于无穷是必要的; 但是, 如果这些数 $\mathfrak{G}_*(\mathfrak{L})$ 有有限的极限, 或许有必要同时调整原初的 Lagrangian 中的参数, 从而调整初始规定中的参数, 以使它们趋向无穷. 既然初始的规定是基于基本和复合过程之间的任意差别, 这就不像最初看起来那么荒谬.

这种方法成功的缘由是与统计力学中完全相同的动力学性质. 对于大数值 Λ, 变换 $\mathfrak{L} \to \mathfrak{L}'$ 定义时要求满足对于所有的过程都有振幅等式 $\mathfrak{G}_*(\mathfrak{L}) = \mathfrak{G}_{\prime}(\mathfrak{L}')$, 本质上它仅仅作用在一个维数很小的不稳定子空间上, 而其他方向则强烈收缩. 而且, 振幅的有限集合 $\mathfrak{G}^{\rangle}(\mathfrak{L})(1 \leqslant i \leqslant n)$ 可以取为这个空间的坐标. 因而, 对于大数值 Λ, 我们可以在一个固定的 n 维空间中取 $\mathfrak{L}_*$, 使得 $\mathfrak{G}^{\rangle}_*(\mathfrak{L}_*)$ 对于 $i = 1, 2, \cdots, n$ 具有任何想要的值. 最后, 当 $\Lambda \to \infty$ 时, Lagrangian $\mathfrak{L}_*$ 沿稳定方向逆向离去, 但是, 振幅 $\lim \mathfrak{G}^{\rangle}_*(\mathfrak{L}_*)$ 以及 (更一般地, 由于稳定性) 所有的 $\lim \mathfrak{G}_*(\mathfrak{L}_*)$ 都仍然有限, 从而理论获得了定义. 这只是对于事实上非常复杂的过程 —— 如出现在量子电动力学中的重正化 —— 的一个粗略的几何或动力学描述. 然而, 动力学是至关重要的.

动力学看起来甚至比在统计力学中更为可疑, 因为, 对于每一个 Λ, 现在都有一整组变换. 但是, 这是可以修正的. 如果 μ 小于 Λ, 那么相对容易找到 $\mathfrak{L}_\mu$ 使得 $\mathfrak{G}_\mu(\mathfrak{L}_\mu) = \mathfrak{G}_*(\mathfrak{L}_*)$. 相关的映射是

$$R_\nu : (\mathfrak{L}, *) \to (\mathfrak{L}_\mu, \mu), \quad \nu = \frac{\mu}{*}.$$

这些映射关于 ν 形成半群, 这里 ν 总是小于 1. 第二个参数的出现是不合意的, 但是, 似乎是可以忍受的. 通过这些映射, 现在还有更多可以改动的: 希尔伯特空间和所有附带的算子. 我还不清楚该如何改动, 但是, 对于物理学家来说, 看起来是一个轻松的过程. 此外, 在粒子物

理的标准模型中, 以及在许多对数学家有吸引力的几何应用中 (参见威滕的载于两卷本概述文集《量子场与弦: 给数学家的教程》中的那些报告. 如果试图首先将量子场论理解为一个数学对象, 那么这书是不可或缺的), 出现的正是规范论, 并且重正化和动力学必须遵守规范不变性.

看起来 —— 我还不理解此事 —— 正如热方程, 通过比较在 $t=0$ 和 $t=\infty$ 附近的迹 (在这附近它们有着颇为不同的解析展开式), 可以建立各种指标定理或不动点定理, 同样, 通过在低能和高能处计算的比较, 量子场论动力学给出了从一方向另一方的 (拓扑) 移动, 这使得非常不同的拓扑不变量 —— 唐纳森 (Donaldson) 不变量和塞伯格 – 威滕不变量 —— 可以进行比较. 我的印象是, 但只是印象, 对拓扑或代数几何的大量的应用也涉及类似的策略. 如果是这样, 这或许是试图为这一程序建立解析基础的一个理由, 但不是唯一的理由.

弦论　在弦论中, 甚至有着更多的动力学要素. 总的来说, 人们可以说粒子被区间上的场论的态替代了, 因此, 被在一个 D 维 —— 最初是任意维的 —— 空间 M 中的弦振动模替代了. 这仅仅是开始! 即使在这一阶段也仍有着大量的能揭示 $D=10$ 和 $D=26$ 特殊角色的内在结构: 尤其是共形场论和超对称性. 而且, 费曼图被增厚了; 它不只是一个有顶点和边的图, 而是变成了一个带有含标记的点的曲面. 最后, Lagrangian 只看作是数的有限集合, 即每一个不同类型的顶点附加上一个这样的数, 现在就可被空间 M 上的一个符号为 $(1,D-1)$ 的闵科夫斯基度量所刻画, 从而看起来似乎有无限多个自由参数. 然而, 我听说过, 好像自由参数相当于动力学变量. 正如在广义相对论中, 这个背景度量张量被看作一个场的集合, 因此, 看作一个动力学变量集合, 它成为量子化的对象. 因此, 在这个理论中, 不存在任意参数.

在讨论统计力学时, 我们强调临界点, 但是, 动力学变换还瞄向其他问题. 特别, 它反映了在低于临界温度处从气体到液体的突然变化, 或者自发磁化的可能性: 外磁场中的非常小的变化会导致感应磁化的非常巨大的差别, 不只是尺度上的, 也是方向上的. 当 $\nu\to 0$ 时, 动力学把动点分开来. 在场论中的类似物是多重真空, 而在弦论中的类似物是低能量 (ν 很小) 极限的显著多样化. 因此, 那些任意参数似乎再度出现!

当然, 在弦论中, 那些解析问题 (更恰当地说) 是中心的数学问题 (尽管或许不是物理的中心问题), 导致统计力学 —— 至少是暂时的 —— 退缩到问题背景中. 它们并非完全与在诸多真空中进行选取的问题无关, 从而并非完全与构造单个的卓越的物理理论而不是一族理论这样一个似乎也是暂时处于搁置状态的问题无关. 这样的事物对我来说实在是太难懂了. 在数学中当下最有吸引力的而在物理中程度差一些的问题是代数的和几何的, 或许尤其是几何的: 从一族低能量理论往另一族低能量理论的转换; 或者不同的空间 M 和其上的不同的背景度量导致相同理论的可能性 (镜像对称性和其他对偶性) —— 另一个低能量现象.

第十四章 函子性的起源及构想*

代数数. 早期希腊人. 二次无理数 ($\sqrt{2}, \sqrt{3}, \sqrt{5}, \cdots$) 的扩张及性质出现在《泰阿泰德篇》(*Theaetetus*) (柏拉图的苏格拉底对话录的其中一部), 时间是在柏拉图提出简单不可尽根 (surd) 之前及柏拉图更详细的理论之后. 其后, 可以在 Euclid 的著作《几何原本》(*Elements*) 的第 10 部和第 12 部看到它们的身影, 如简单不可尽根的组合 $a\sqrt{2}+b\sqrt{3}$, 其中 a, b 为有理数; 线性无关的证明, 即 Galois 理论的端绪; 无理数作为正多边形或正多面体的边长出现.

文艺复兴时期 (14 — 15 世纪). 三次、四次无理数的代数神秘性通过开方来解答.

18 世纪 (1). Langrange 和 Vandermonde. 一般次数的方程, 有关根的对称方程. 有时候根的方程或许能通过开方导出解答. 这些可以视为 Galois 理论的雏形.

Gauss (1). 正十七边形的初等构造. 实质上是分圆方程

$$X^n - 1 = 0$$

或

$$X^{n-1} + X^{n-2} + \cdots + 1 = 0$$

---

* 原文写于 TIFR (Tata Institute of Fundamental Research, 印度塔塔基础理论研究所), 孟买, 2005 年 2 月. 本章由周国晖翻译.

解法的分析.

最重要的情形是当 n 为素数. 方法不是直接求根, 而是通过求解低次方程的根来实现. 我们并不能知晓早期的数学家到底是如何思考这个问题. 但无论如何, Gauss 的处理方法我们是绝对清楚的: 先建立一系列与根 $\zeta,\zeta^2,\cdots,\zeta^{n-1}$ 有关的方程, 然后逐次通过尽可能低次的根的提取得到一些数值. 例如:

$$n=5,\quad \zeta,\zeta^2,\zeta^3,\zeta^4:\zeta+\zeta^4,\zeta^2+\zeta^3$$

是一些二次不可尽根, 同时满足

$$\zeta+\zeta^2+\zeta^3+\zeta^4=-1,\quad (\zeta+\zeta^4)^2=\zeta^2+2+\zeta^3=1-\zeta-\zeta^4$$

$$\Rightarrow z=\zeta+\zeta^4 \text{ 满足 } \zeta^2+\zeta-1=0, z=-\frac{1}{2}\pm\frac{\sqrt{5}}{2}\Rightarrow z=-\frac{1}{2}+\frac{\sqrt{5}}{2}.$$

ζ 本身可以由另一个平方根的开方所得到.

$$\zeta^2-z\zeta+1=0.$$

一般理论就是在这个时期出现. 首先我们要对某一平方进行求根. 如果 a 为任一模 n 本原根, 那么

$$\zeta+\zeta^{a^2}+\zeta^{a^4}+\cdots+\zeta^{a^{n-3}}\quad \text{和}\zeta^a+\zeta^{a^3}+\cdots+\zeta^{a^{n-2}}$$

是一个二次方程的两个根.

这些内容全都可以在 Gauss 的著作《算术研究》(*Disquisitiones*) 中找到.

18 世纪 (2). Legendre 以猜想的方式提出二次互反律, 尽管他没有证明出来.

$$\begin{aligned}&p \text{ 模 } q \text{ 二次剩余/非二次剩余}\\ \longleftrightarrow\ &q \text{ 模 } p \text{ 二次剩余/非二次剩余}\end{aligned}$$

Gauss (2). 用初等方法证明《算术研究》中的猜想, 但问题是隐含在分圆方程当中. 为了简洁起见, 用现代的记号, 把 x^2-p 在模 g 下有根记为 $a^2\equiv p(\mathrm{mod}\ g)$. 接着, q 可以在能被 q 整除的 $\sqrt{p}$ 的域

$$(a+\sqrt{p})(a-\sqrt{p})=a^2-p$$

中分解. 因为我们已经看到二次域是包含在分圆域 $\mathbb{Q}(\zeta)$ 中. 那么我们自然会问 q 在什么时候会在 $\mathbb{Q}(\zeta)$ 中分解? 如果

$$X^n - 1 = 0$$

有模 q 的根. 取 $n = p$. 如果 $p|(q-1)$, 由 Fermat 小定理: 若 $(p,q)=1$, 则 $a^{p-1} \equiv 1(\mathrm{mod}\ q)$. 可知方程有一根. 这样分解性取决于 q 模 p 的关系. 得知 $a^p - 1 \equiv 0(\mathrm{mod}\ q) \Rightarrow$

$$g|(a-\zeta)(a-\zeta^2)\cdots(a-\zeta^{p-1}).$$

二次型. 我们很自然地用上述的思想去研究起始于 Fermat, Euler, Legendre 等人的二次型的表示理论. 在给定判别式的情况下, q 能否通过二次型来表示是跟在域 $\mathbb{Q}(\sqrt{p})$ 上的方程

$$g = \mathfrak{q}\bar{\mathfrak{q}}$$

有关.

总结. Galois 理论、互反律、二次型, 继而正交群等理论都是属于同一个由一堆想法构成的复合体. 而这些想法已经具体地出现在 Gauss 的巨著当中. Gauss 的著作已经被翻译成多种语言出版, 这著作可以立即领你进入这些思想当中, 哪怕你只有不多的数学基础.

十九世纪和二十世纪初的高斯后继者

Kummer (1810 — 1893)

Galois (1811 — 1832)

Kummer: 分圆域及其扩张的算术. 这里的域是 $\mathbb{Q}(\zeta)$, ζ 满足 $X^l = 1$, l 为一素数. 而 $\mathbb{Q}(\zeta)$ 的域扩张就是添加 $Y^l = \alpha$ 中的一个根而生成的. Kummer 用刚才提及的思想对这些域进行研究, 并沿着相同的思想方法证明了高阶的互反律.

Kummer 之后就是 Dirichlet 对数域的一般理论. 随之, 就是 Kronecker, Weber, Hilbert, Takagi, Artin 等人的 Abel 域理论. 这个理论建立了在数域的 Abel 扩张和它们的理想类群两者之间决定性的关系, 现在被称为 "类域论". 我们应该把它视为如之前所描述的, 从 Euclid 那些简单而深刻的理论开始一直发展的过程中的产物.

类域论讲述的是分类和构造全体数域的 Abel 扩张. 由此, 问题产生在解决了 (某种意义下) 全体有限扩张的分类和构造之后. 在 1956 年普林斯顿大学的二百周年会议上, Artin 认为我们能知道的和需要知道的都隐含在对 Abel 扩张的认识在中. 可见剩下能做的东西并不多, 尽管我们当时并不知道那些东西到底长什么模样.

另一个发展: 起源于 Gauss, 继而至 Legendre

二次型 → 代数群的算术理论

Gauss→ Eisentein→ Dirichlet→ Hermite, H. J. S Smith, Minkowski 和其后 Hardy-Littlewood 的分析理论.

以上的所有内容皆是 Siegel 的研究方向, 他一辈子都在发展这些方向. 我承认他在数论的代数群理论中比其他数学家有着重中之重的地位. 当然, 不单单只有他一个.

另一个分析方面的发展如下.

Euler 积和 L-函数的解析延拓

首先是起源于 Riemann (或许可以视为除 Gauss 之外第二位在 19 世纪中主要的数学家和哲学家) 的工作. 然后是由 Hecke 及其后的 Maass 所发展的解析理论. 另一独立的发展是来自于 Ramannujan/Mordell. 我简要回顾一下 Hecke 和 Maass 与此有关的一些贡献.

全纯模形式 f

在上半平面上的全纯函数:

$$f\left(\frac{az+b}{cz+d}\right)=(cz+d)^k f(z)\quad (\text{权为 } k)$$

$$\begin{pmatrix} a & b \\ c & d \end{pmatrix} = \begin{pmatrix} 1 & 0 \\ 0 & 1 \end{pmatrix} (\mathrm{mod}\ N)$$

$$f(z)=\sum_{n=0}^{\infty} a(n)e^{2\pi \mathrm{i} nz}$$

$$=\sum_{n=1}^{\infty} a(n)e^{2\pi \mathrm{i} nz}.$$

尖点形式

$$f\to \zeta_f(s)=\sum_{n=1}^{\infty}\frac{a(n)}{n^s}.$$

解析延拓的函数方程:

$$\zeta_k(k-s) = \gamma(s)\zeta_f(s).$$

$\gamma(s)$ 可以通过 Γ- 函数来表达.

同时, 如果 f 是 Hecke 代数的特征函数, 那么 $\zeta_f(s)$ 可以写成 Euler 积.

$$\zeta_f(s) \sim \prod \frac{1}{\left(1-\frac{\alpha_p}{p^s}\right)\left(1-\frac{\beta_p}{p^s}\right)},$$
$$\alpha_p\beta_p = p^{k-1}.$$

非全纯形式 f 在上半平面上无穷可微, 记 $f=f(x,y)$. 其作为 Laplace 算子的特征函数

$$y^2\left\{\frac{d^2f}{dx^2}+\frac{d^2f}{dy^2}\right\} = \lambda f.$$

除了 Γ-因子, 理论是相同的. 这个贡献属于 Maass.

备注. Ramanujan 的 τ-函数是通过一个权为 12 的 1 阶全纯模形式所定义.

$$\begin{aligned} g(x) &= x\{(1+x)(1-x^2)\cdots\}^{24} \\ &= \Sigma_{n=1}\tau(n)x^n. \end{aligned}$$

Ramanujan 猜测, 如果 n 和 n' 互素, 那么 $\tau(nn')=\tau(n)\tau(n')$. 这猜想其实是 Hecke 公式的一个结果, 但事实上在 Hecke 工作出现的若干年前就被 Mordell 所证明, 其证明的方法可以预见到 Hecke 工作所用到的方法.

这些就是在 50 年代后期关于这个方向的大概情况, 当然我在这里省略了 Selberg 的贡献. 我将会回到讲述他的工作, 但仅当叙述我自己的情况的时候才提及.

1957 年我在卑诗大学 (UBC) 拿到了学士学位, 并在 1958 年获得了硕士学位. 其后, 我搬到了耶鲁, 在那里, 首先从事偏微分方程的研究, 但同时被 Hille 和 Phillips 有关解析半群的书所吸引. 因此, 除了关心这些事外, 在第一年快结束的时候, 我已写好了一篇关于抛物方程

和解析半群的毕业论文. 可以说我的博士第二年和最后一年都是完全自由的.

事实上, 第一年也是十分空闲的, 主要的时间都是花在图书馆或者我那些寥寥可数的书上. 在这里介绍一下当时所学的内容.

1) **Burnside** 有关有限群的书. 虽然我记得当时我总无所事事地幻想着解决奇数阶单群的问题, 事实上, 在不久之后就被 Feit-Thompson 所解决, 但我不认为当时已经精通了 Burnside 的书.

2) **Zygmund** 关于 Fourier 级数的著作的第一版. 可以说我当时已经把这本书的内外都弄得一清二楚.

3) **Stone** 关于 Hilbert 空间上的自伴随算子的谱分解的著作. 虽然不能说我完全明白这本书, 但它确实在以后帮助我不少.

4) 出于某些原因, 我不仅想去理解函数论的基础, 而且想立刻去开拓一些有关多复变全纯函数方面的内容, 这些东西主要是从 **Knopp** 的书中参考.

S. Gal 和 Selberg. 幸运的是, 我在耶鲁的最后一年, 发生了一些事情. 匈牙利人 S.Gal 因 1956 年革命失败的缘故逃离了家乡. 在他到耶鲁之前, 由于 Selberg 的资助, Gal 在 IAS 访问一年, 有趣的是, Selberg 的妻子也是来自匈牙利. 从他的第一篇 TIFR 论文中可看出他被 Selberg 的想法所深深吸引.

你们或许知道, A. Selberg 在两个不同的 TIFR 会议的会刊上发表了两篇论文. 第一篇深受 Maass 的影响, 其内容是跟谱相关的问题, 这些是起源于 Maass 的贡献. 而第二篇受到 Siegel 的影响, 是关于高秩李群的离散子群的刚性. 值得一提的是这两篇文章是高度原创和影响深远的.

在参加 Gal 的课的同时, 我也在研究 Selberg 的论文, 并把那些跟多复变全纯函数有关的内容结合起来去证明现在被称为 Eisenstien 序列的解析构造的一些理论. 坦白来说, 比起证明那些理论, 我对学习新的东西更感兴趣, 同时也没有过多考虑关于这些结果背后的重要性.

1960 年, 由于 E. Nelson 喜欢我在解析半群上的工作, 或许部分原因是因为我的工作跟他在解析矢量上的工作相关, 我受聘于普林斯顿担任讲师一职.

在普林斯顿期间, 有好几件对我数学发展相当重要的事情发生. 但我已经记不起具体时间和顺序. 我把它们罗列一下.

1) 我被邀请在讨论班作报告, 但由于当时没有什么别的东西来报告, 我就在讨论班上讨论一些简单的 Eisenstein 序列的结果. **Bochner**, 一位 Dirichlet 序列的头号支持者, 当时也出席在讨论班上, 他感到十分雀跃. 由那时起, 他尽他所能促进我的职业生涯的发展.

2) 有一次在耶鲁的普通交谈中, 我听到其中一位教授提及类域论实在是一门太深奥以致难以成为所有数学家感兴趣的学科. 这激发起我的好奇心. 幸运的是, 虽然 Artin 离开了普林斯顿回到汉堡, 但 A. Brumer 和 M. Rosen 由于跟 Artin 学习的缘故来到普林斯顿的学者, 决定开设一个类域论的讨论班. 当见到他们的公告后, 我立马就决定参加. 除了 Brumer, Rosen 和我之外, 讨论班上还有另外一人, 或许是 J.d'Arti 吧. Brumer 和 Rosen 是有经验的, 其中 Brumer 负责大部分的演讲. 而我是一点经验都没有. 在离开温哥华前, 我确实把 Northcott 有关理想理论的书学习过, 甚至说服自己已经学会了. 我相信, 或许我已经读透了 Weyl 的代数数论, 从中得到了一些不算多的收获. 无论如何, 我经常用很多愚蠢的问题来折磨可怜的 Brumer 并消耗他的耐性. 而 Rosen 更加包容我的无礼.

3) Bochner 向 Selberg 介绍我, 并且邀请我去研究院① 跟 Selberg 讨论. 回想一下, 我认识 Selberg 已经超过 40 年了. 我们之间的关系总是十分诚恳亲切, 而我们各自的办公室更是紧挨着都有 20 多年了. 尽管如此, 那次交谈是我跟他这辈子唯一一次的数学交谈. 然而给我带来了不少启示. 我跟 Bochner 从来没有仔细地讨论过数学. 因此可以说 Selberg 是我近距离遇到的第一位分析学大家.

回想一下, 在我第一篇 Tata 文章里声称的结果当中, 其中一个是 SL $(2, \mathbb{R})$ 和其离散子群的商是有限面积情况下的 Eisenstein 序列的解析延拓的一般证明. Maass 和 Roelcke 曾经找寻这样的一个证明, 可惜的是他们最终徒劳无功. 该证明的思想主要就是来自于 $\frac{1}{2}$-线的二阶自伴随算子的谱理论. 事实上, 在想到证明之前, 我从来没有见到过这个想法, 无疑也没有落在任何一位大师手上. 这是一个决定性的经历.

① 指的是 IAS. —— 译注

我拿着 Selberg 的预印本开始小心翼翼地学习, 特别是有关迹公式的部分.

4) 在普林斯顿的前几个月, 有时候我会研读 Cartan, Godement 等人的讨论班的资料, 这些讨论班是受启发于 Siegel, Hecke, Selgberg 的工作, 以及表示论先驱如 Gelfand 和他的合作者、Bargmann 和 Harish-Chandra 的工作的相关内容所举办的.

5) Bochner 催促我开一门类域论的研究生课. 虽然当时我很年轻, 对类域论一无所知, 只有两周的时间来准备, 已经被吓坏了, 但我没有任何选择而只能屈服了. 我对 D. Reich 和 R. Fuller 这两位学生坚持到最后表达无尽的感激. 虽然我并不认为当时我们之间的任何人真的能够理解这门科目, 哪怕直到课程的最后阶段, 但是这确实大大地帮助了我去了解这门课的动机.

6) D. Lowdenslager 不久之后就过早地离世. 记得当我向他讲述我正在尝试利用 Selberg 迹公式, 去计算高维群的全纯自守形式组成的空间的维数时, 他向我指出这跟 Harish-Chandra 的工作是有关的. 所以我就开始学习 Harish-Chandra 的工作, 如你们所知, 这根本不可能只阅读他的其中一篇论文就达到目的, 除非你把它们全都读一遍! 无论如何, 通过他的论文, 我理解到来自迹公式的积分是由离散序列的特征标所给出的, 以及这积分可以用来计算维数.

7) 我阅读了 Gelfand 在斯德哥尔摩举行的国际数学家大会的演讲稿, 最终我正确地理解了尖点形式这个概念. 之后, 由于我有大量处理自伴随算子的谱理论和多复数全纯形式的经验, 经过数月的不懈努力, 不屈服于那些暂时的挫折, 我得到了一个有点缺憾的证明, 最终在 1964 年春天我给出了解析延拓的完整证明. 我当时已经累透了. 此外, 虽然我对证明不是很满意, 但我已经不紧迫, 也没有心思去修改它. 如果当时 Harish-Chandra 没有花时间推敲和介绍我那些跟尖点形式联系的 Eisenstein 序列的论文的话, 那么肯定没有人会重视我的工作. 这大部分的功劳都归功于 Bonchner 和 Harish-Chandra.

伯克利. 在 1964 年秋天, 我去了伯克利一年. 虽然回顾起来蛮有收获的, 但这说不上是成功的一年. 如基本域上的体积问题, 以及一个有关离散序列的几何演绎的猜想上我取得了部分成果. 但我感觉不到那些东西能够被解决. 当然, 我在考虑尝试利用 Eisenstein 序列发展一般迹公式的理论, 可惜并不成功. 又例如, 我跟 P. Griffiths 一同开了个有关 Abel 簇的讨论班, 但到最后他做的贡献比我做的多得多.

当时我感到十分气馁, 后来, 在 1965 — 1966 年, 我回到了普林斯顿, 但情况一开始就变得更糟糕. 我手上有很多研究计划, 或多或少有些模糊. 主要是有关如下的几个方面.

1) 迹公式.

2) 把 Hecke 理论推广到 GL (2) 以外的群的情形.

3) 非交换类域论.

其中 2) 和 3) 当然是相关的, 但尽非相同. 可惜的是这些计划毫无进展, 我开始打算把它们全都扔掉!

在 19 世纪 60 年代, 英帝国主义的浪漫气息仍然残存, 体现在例如 Gertude Bell① 或 T. E. Lawrence② 等人物身上. 有些人或者只能幻想着带上妻子和小孩从现实的生活逃离到异地, 对新的语言、文化开展新生活. 而我却曾经这样做过, 由于我的妻子的包容心战胜了理智, 她并没有阻止我, 而是跟我一同计划着在外地花上一年或好几年. 可惜的是, 安卡拉③ 那边的数学系只给我为期一学期的临时合约. 为何特定选择了土耳其? 其实原因是偶然的.

在 1966 年的夏天, 我做下了决定, 同时放下了所有那些雄心的计划. 把荒废多年的俄语重新捡起来, 继续教授数学, 或者可以说是去学习数学, 一点压迫感也没有.

回忆起来, 我没多久就变得无所事事, 为了填充时间, 我便开始计算分裂群的极大抛物子群有关的 Eisenstein 序列的常数项. 当时心里也没有什么目标, 只是比没事可做强吧!

接着我注意到常数项原来是一个 Euler 积, 它们可以通过由对偶 Cartan 矩阵定义的群的表示给出统一的表达式. 这个可能是直觉, 只是来得比较晚而已. 时间肯定是发生在耶鲁的讲座期间. 实际上, 在我把写给 Weil 的信件发布在 Casselman 在 UBC 的网站之前, 曾用内

① Gertude Bell(1868 — 1926), 英国冒险家、作家、外交家. —— 译注

② T. E. Lawrence (1888 — 1935), 英国考古学家、军官、外交家. —— 译注

③ 这里指的是位于土耳其首都安卡拉的中东科技大学 (Middle East Technical University). —— 译注

部资料考证了那些具体时间. 耶鲁的讲座是在 1967 年 4 月举行, 而我写给 Weil 谈及最原始的函子性猜想是在 1967 年 1 月. 因此, 我的想法是诞生在 1966 — 1967 年圣诞和新年假期期间. 由此可见在耶鲁讲座期间我是相当谨慎的.

下面我将以回顾函子性的重要思想来结尾.

如果我们把 Hecke 形式中的 s 换成 $s+k-1$, 那么

$$\alpha_p \to \tilde{\alpha_p} = \frac{\alpha_p}{p^{k-1}}, \quad \beta_p \to \tilde{\beta_p} = \frac{\beta_p}{p^{k-1}}, \quad \tilde{\alpha_p}\tilde{\beta_p} = 1,$$

并得到 s 和 $1-s$ 之间的函数方程.

$$\begin{pmatrix} \tilde{\alpha}_p & \\ & \tilde{p}_p \end{pmatrix} = \gamma_p$$

可以被视为 GL $(2,\mathbb{C})$ 中的一个共轭类, Hecke 形式可以写为

$$\prod_p \frac{1}{\det\left(1-\dfrac{\gamma_p}{p^3}\right)}.$$

更一般的情况是, 虽然 Hecke 并没有这样考虑, 我们可以把 γ_p 换成 $\rho(\gamma_p)$, 这里 ρ 可以是 GL (2, $\mathbb{C}$) 的任一有限维表示

$$L(s,\pi,\rho) = \prod \frac{1}{\det\left(1-\dfrac{\rho(\gamma_p)}{p^3}\right)},$$

其中 $\gamma_p = \gamma_p(f) = \gamma_p(\pi)$. 这里作为 Hecke 算子的一个特征形式的自守形式被它所决定的表示所替换. 对任意约化群 G/F 和 $G(\mathbb{A}_F)$ 的任一自守表示, 球函数理论允许我们对几乎全体的 p, 定义 $\gamma_p(\Pi) = \gamma(\Pi_p)$ 作为某个有限维复数群 (亦即 L-群) 的共轭类. 这样由之前所描述的 Eisenstein 序列的计算给出 Euler 积, 并可表示为

$$\prod \frac{1}{\det\left(1-\dfrac{\rho(\gamma_p)}{p^3}\right)}.$$

他们认为这个函数可以被解析延拓并且有类似的函数方程. 这个问题的解决方法与其提出的方法如出一辙. 我记得不太清楚, 大概是在 1966 年 12 月前左右, Tamagawa 有时在 old Fine Hall 的礼堂上

课. 内容谈及自守表示或可除代数乘法群上的自守形式的相关的标准 L-函数. 我无疑相信他的方法对 GL (n) 的情形也是可行的, 事实上确实如此, 可见于 Godement-Jacquet 的工作. 接着, 类似于 Artin 的互反律, 为了证明 $L(s,\pi,\rho)$ 的解析延拓, 所有我们需要做的是构造 GL (n) $(n=\dim\rho)$ 的一个自守表示的存在性, 使得对几乎全体 p, 满足

$$\{\rho(\gamma_p(\Pi))\}=\{\gamma_p(\Pi)\}.$$

这是从一个可能性到另一个可能性的一小步, 至少在概念上来说.

我和 Weil 在一月初的会面才导致我后来给他的那封信. 据我回忆, 在我刚开始意识到这些可能性之后就立刻与 Weil 会面了. 就如我所说, 这个想法很可能是在圣诞假期期间产生的.

虽然我已经忘记这想法具体是哪一天出现, 但当时的情景对我来说仍然栩栩如生. 在普林斯顿大学的 old Fine Hall 里, 有一间位于一楼可以直通大门东边的研讨室. 据我回忆, 这是一栋装饰着铝质平开窗的哥特式风格的建筑物. 当我意识到正在构想的猜想在 $G=\{1\}$ 时其实是隐含着 Artin 猜想的时候, 我正透过平开窗注视着外面的常春藤和松树, 并眺望着校长住所外的花园的栅栏. 这一刻无疑是我数学生涯中最重要的瞬间.

第十五章　得邵逸夫奖的反思*

获得邵逸夫奖当然非常荣幸，但也是一个机会令我发现，或说被提醒，在过去四十年不少数学家对于自守形式理论的发展，跟我有着绝然不同，或者肯定是本质上不同的看法. 其中一些区别是来自自守形式理论跟许多 (不同气质和培训的数学家工作的) 领域之间的关系引起的误解的必然结果. 稍加解释，这些误解可消除. 这次获奖令我有一个机会这样做. 另一些相异之处却源于相互冲突的方法论的立场，大多数都是未被认可的，当然也没被解决. 这些问题的解决需要比目前更深刻的理解. 在这个讲座中，我试图描述当前尚未解决的情况. 我的重点将会基于我自己的立场，但我在这里的目的不是为了提倡，而要先讲解这个立场.

解释我自己的看法最好是参照附图，这图上有五个不同大小的圆，圆的大小只不过是用以反映对应的数学分支在我心目中占的空间. 左上角的圆是关于自守形式的解析理论，一个在五十、六十年代时变得重要的理论. 这理论是基于 Hecke, Siegel, Selberg 和 (因为越来越需要使用无穷维表示论的语言) Harish-Chandra 的传承的. 它是一套解析的理论. 在六十年代中，作为一位年轻的数学家，我尝试思考一些认真的 (不是全在这领域的) 问题，而大部分并不太成功. 但对于其

* 原文发表于 *On Certain L-Functions* (为庆祝 Freydoon shahidi 而举办的会议的文集). 本章由张亮夫、黎景辉、周国晖翻译.

中两个问题, 我却有点运气. 这是因为我之前研究过 Eisenstein 级数, 那基本上是对某些在非紧 Riemann 流形上的交换微分算子族的谱的研究. 这些谱拥有非常好的结构, 但它们的定性性质很难建立. 令我意外的是, 关于它们的研究, 后来令我能提出对前面提到的两个问题的 "猜想性" 的回应: 即怎样定义一族对应于自守形式的且解析方法 (有可能) 理解的 L-函数, 另外就是怎样去理解非交换的类理论. 第二个可以立刻从第一个推出, 而且是灵感多于努力.

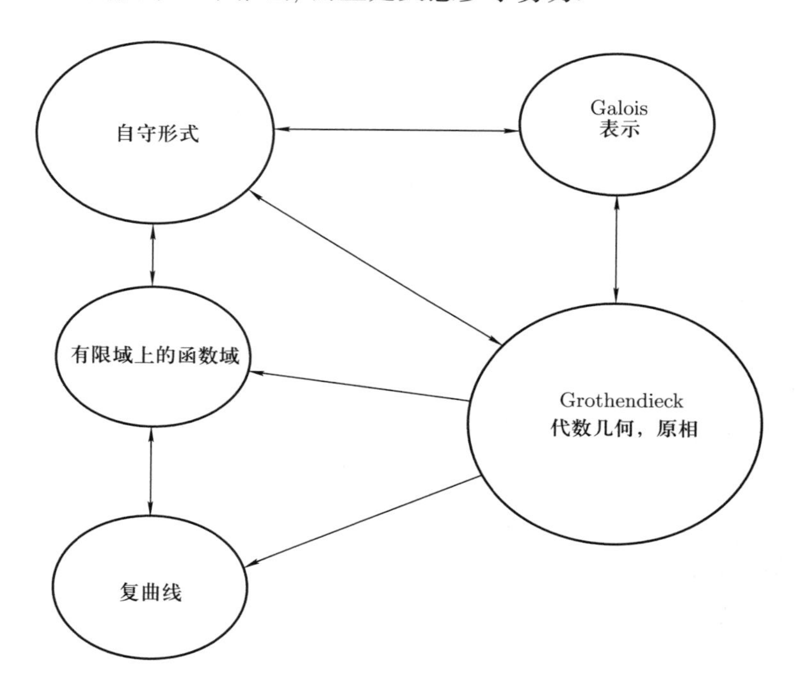

我回想在产生这两个想法之前不久,Artin 在一个庆祝普林斯顿大学的建校两百周年的数学会议的学报上提到我所提议的理论大概不存在, 或者并没有什么新内容. 因此, 在六十年代中, 我可能是唯一寻找我所猜想的理论的人.

问题的答案后来以构造的方式和猜想的方式出现. 今天我们会说, 在自守形式理论里, 最基本的东西是一个定义在代数域 F 的约化代数群 G 的加元点的集合 $G(\mathbb{A}_F)$ 的自守表示 (我们在这里不打算定义这些 [1]). 在很多简介的情况下, 这表示可以通过它所作用的函数空间里的一个元素取代. 另外, 如果我们假定群 G 为 GL (2), 而且以实数取代加元的话, 那前面提到的元素通常只不过是古典的椭圆模形式. 不过, 这些简化会真的引起对这个构造和猜想的后果发生误解.

这个构造的第一步是对 G 贴上复代数群 ${}^LG$ 或记为 ${}^LG_K$, 常称此为 L-群. K 是域 F 的一个足够大的 Galois 扩张, F 是 $\mathbb{Q}$ 的有限扩张. L-群的连通分支 $\widehat{G}$ 的维数与 G 相同, 并且设 L-群的连通分支群与 $\mathrm{Gal}(K/F)$ 同构. 因此有正合序列

$$1 \to \widehat{G} \to {}^LG_K \to \mathrm{Gal}(K/F) \to 1.$$

第二步是对每一自守表示 π 和 ${}^LG_K$ 的有限维代数表示 r 贴上一个以 Euler 积定义的 L-函数

$$L_S(s,\pi,r) = \prod_{v \notin S} L(s,\pi_v,r). \tag{1}$$

F 的素位 (place) 有限集 S 包含所有无穷素位, 并且 $L(s,\pi,r)$ 有以下形式

$$\frac{1}{\det(I - r(A(\pi_v))\mathrm{Nm}\mathfrak{p}_v^{-s})},$$

其中关联 π 或 π_v 是 ${}^LG_K$ 内的共轭类 $\{A_{\pi_v} = A_v(\pi)\}$. 以上的无穷积在半平面收敛. 当然, 搜索这样一般的 L-函数的起源动机是来自由 Hecke, 更一般地由 H. Maass 所引入的 L-函数.

L-函数的定义 (1) 的灵感来自 Eisenstein 级数的一般理论, 因为正是在此相当数量的 L-函数出现并且可以延拓至全复平面. 第一个问题是所有 L-函数的延拓为只有非常有限个极点的半纯函数. 按我的回忆, 若 G 是 GL (n) 且 $r = r_0$ 是 GL (n) 的标准表示, 使用 Tamagawa [2] 已建议的想法, 显然可以证明这些断言. 最后的理论是由 Godement-Jacquet 发展出来的.

我很快便想起 Artin 关于交换 Artin L-函数的解析延拓的证明. 同时一个容易说出的猜想马上以庞大的力量出现在我眼前. 设 H 和 G 是 F 上的群, 向 Galois 群投射交换的同态 $\phi: {}^LH_K \to {}^LG_K$. 则对 $H(\mathbb{A}_F)$ 的任一自守表示 π_H, 存在 $G(\mathbb{A}_F)$ 的自守表示 $\pi_G = \phi(\pi_H)$ 使得对几乎所有的 v, 有 $\{A_v(\pi_G)\} = \{\phi(A_v(\pi_H))\}$. 有知的读者会注意到, 为了简便我没有提及与 L-袋 (L-packet) 有关的问题.

立即明确看出, 即使是 $H=\{1\}$ 及 $G=\mathrm{GL}(n)$, 这个猜想已经是深刻的并赋有后果. 设 ρ 是 Galois 群 $\mathrm{Gal}(K/F)$ 至 GL $(n,\mathbb{C})$ 的表示. 然后利用可自由选择的 K —— 这是起初自由选择 G 的必然结果 —— 取 ${}^LH=\mathrm{Gal}(K/F)$, ${}^LG=\mathrm{GL}\ (n)\times\mathrm{Gal}(K/F)$, $\phi(\sigma)=\sigma\times\rho(\sigma)$, π_H 为平凡群 $H(\mathbb{A}_F)=\{1\}$ 唯一的 1 维表示及 $\pi_G=\phi(\pi_H)$, 则得结论

$$L(s,\rho)=L(s,\pi_H,\rho)=L(s,\pi_G,r_0'),\tag{2}$$

r_0' 是 GL $(n,\mathbb{C})$ 的标准表示与 $\mathrm{Gal}(K/F)$ 的平凡表示之直积. 可以延拓 $L(s,\rho)$ 至全复平面便是 (2) 及 Tamagawa-Godement-Jacquet 的 $\mathrm{GL}(n)$ 理论的结果.

一段时间后我开始称 $\phi(\pi_G)$ 的存在为*函子性* (functoriality). 当时它令我惊讶, 今天依然如此. 我相信, Artin 猜想的解决方案 (关于极少数已证的情况参见 [3]) 呈现为更大猜想的一部分并意味着更广泛的影响, 这必须被视为一个惊人的历史事实. 否认此背景和这一历史渊源, 而称存在如 (2) 中附与 ρ 的 π_G 为强 Artin 猜想, 在我看来是错误的判断. 它给一个显然是有限的方法提供了不正当的合法性. 我可以宽容地把这否认归因于无知和对自守形式解析理论的恐惧.

在二十世纪六十年代和随后的几十年里, 比起常规的代数数论, 数论学家比较大力发展 Galois 上同调与椭圆曲线理论. 很多人在这些领域工作, 对这些人来说, 一般而言, 自守形式解析理论, 特别是非交换调和分析, 是一个诅咒. A. Wiles 使用可以通过这种方式来证明函子性的一些简单的情况来证明 Shimura-Taniyama 猜想, 因而证明 Fermat 大定理, 开始时这一事实是全被忽略的 [4]. 即使是现在, 普遍注意到有许多数论学家不愿接受由于对函子性及非交换调和分析的系统参考而引发的数论和其他领域的瓦叠关系, 以及无法成功识别此思路所提供的诸多可能性.

一旦明确地表示了一般的猜想, 第一件要做的事是检查猜想的简单后果, 并尽可能验证猜想的正确性或与当时已知成果的兼容性. 原来的猜想在过去几年也有一些改进. 我现在倾向于在刚才谈到的 $\phi(\pi_H)$ 的猜想存在性之外增加入第二个猜想, 并把这两个猜想一起称为*函子性*. 函子性本身适用于所有自守形式, 甚至那些 (像与 Maass 形

式关联的大多数的表示) 可能没有严格的 Diophantus 意义的[①].

我没有细说关于第二个猜想的一些细微之处, 但我还是叙述它, 因为任何完整的理论定要证明类似的东西. 为此, 我必须假设一个由 Arthur [5] 勾画的概念, 这将可以从任何一个完整的迹公式理论推出. 这概念为: 自守表示 π 的 Ramanujan 类型, 即指 Ramanujan 猜想是对的类型. 当然函子性提供为这类自守表示证明 Ramanujan 猜想的可能性. 这将是大多数的部分, 并证明对其余的部分 Ramanujan 猜想是不对的. 如果 π 是 Ramanujan 类型, $L(s,\pi,r)$ 的临界带将具有与 Dirichlet L-函数相同的意义, 因而位于 $\Re s=0$ 和 $\Re s=1$ 之间. 另外 $L(s,\pi,r)$ 在 $s=1$ 的极点的阶 $m(\pi,r)$ 将大于或等于 0. 若 $m(\pi,r)$ 总是等于包含在 r 的 ${}^LG$ 的平凡表示的个数, 则称 π 为厚. 第二猜想是: 对任意 $\pi=\pi_G$, 存在 H, 厚 π_H 及 $\phi:{}^LH\to{}^LG$ 使得 $\pi_G=\phi(\pi_H)$. 基本上从定义便知对厚 π, 共轭类 $\{A_v(\pi)\}$ 的分布应由 ${}^LH$ 的 Weyl 分布给出.

所以函子性包含 Sato-Tate 猜想的一个非常普遍的形式. 这里, 与在 Artin 猜想的任何工作相反, Sato-Tate 猜想是在函子性之前已明确表示的. 所以有合理的历史理由把它单独挑出来. 像 Taniyama-Shimura 猜想早期的形成, 它无疑反映了早期对椭圆曲线和它的 zeta-函数的强烈兴趣.

函子性的两个猜想本身与 Artin 猜想相关, 主要是 $H=\{1\}$ 时, 但是, 如此说, 它的纯算术内容仍然有限. 它们的适应性不仅是对与 Diophantus 问题严格相关的自守形式, 而且目前还没有任何提及对关于维数大于零的簇的 Diophantus 问题, 例如没有提及 Taniyama-Shimura 猜想.

F. Shahidi, I. Piatetski-Shapiro 及其他人已完成很多关于函子性的工作, 虽然大家都没有假装这些方法会提供终极的见解, 但是, 在我看来, 这都是非常重要的, 因为它使许多解析数论家相信函子性对他们所研究的问题的相关性 [6]. 在某种意义上, 这一点是分别于对函子性可能作为研究更纯粹的 Diophantus 问题的工具的兴趣. J. Arthur 开发了迹公式, 由他及其他许多人用作处理函子性的特例的工具, 主要

① Peter Sarnak 告诉我, 他认为这种观点过于狭隘并向我指出, 尤其是 Cogdell, Piatetski-Shapiro 和他关于三元二次形整数表示个数的工作.

是那些可用内窥特别是扭曲内窥的情形. [7] 将是介绍多年努力结果的一本有价值的书.

在本领域中以内窥 (endoscopy) 来形容的技术从一开始就受到明显而重要的限制. 它们可以提供已被广泛使用的函子性的例子, 并且在相当不同的情况下提供不同的 Jacquet-Langlands 对应, 但这种技术不能达到一般的函子性. 同时, 基本引理造成严重的技术困难, 我和其他人都对此感到绝望. 这是一个可以简单陈述的一般组合引理, 我预计用一点时间就可以证明这引理. 但日后证明并非如此.

内窥是局部域或整体域上约化群的非交换调和分析的现象, 隐含在若干景况内, 扭曲形式的内窥是隐含在 Saito-Shintani 关于后来被称为换基 (base change) 的工作内, 较为明显的建议 —— 我相信 —— 在 Jacquet 关于从正交群或辛群到 $\mathrm{GL}(n)$ 的函子性中. 对我而言, 内窥性是在迹公式和 Shimura 簇的景况下产生的.

多年来, 我向我的一些学生 R. Kottwitz, J. Rogawski 和 T. Hales 介绍了基本引理及其困难. 众所周知, 一些人转向不同的方向, 但 Kottwitz 不仅对此, 而且对 Shimura 簇及相关数论难题, 以及对迹公式的应用继续反思. 正是他, 与 M. Goresky 和 R. MacPherson, 真正洞悉到基本引理的拓扑性质.

在 J-L. Waldspurger, G. Laumon, B. C. Ngo (吴宝珠) 的手中基本引理获得不同的特性. 注意图的左上角的大圆, 大圆之下有两小圆, 圆之大小反映我的偏好. 这些是由数域上的自守形式理论所启发的理论: 第一个是有限域上的函数域的自守形式理论, 以至复数域的自守形式理论. 到第三个圆此理论已有相当不同的味道. V. Drinfeld 和 L. Lafforgue 的工作与第二个圆相关. 第三个圆是指由 Drinfeld 所领导的俄美学派.

基本引理是 p-进域上的局部引理. 近期的工作首先认识到只要在有限域上的 Laurent 级数域证明基本引理便可证明 p-进域上的基本引理. 其次在 Laurent 级数域上与其处理局部轨道积分不如处理在迹公式出现的对应的对象. 第一步是远非容易的, 但已由 Waldspurger 的重要文章解决; 对于第二步, 我们自然地从图左的第一个圆传至第二圆.

在进入第三圆之前, 让我耽于有点鲁莽的推测, 但我老已, 所以纠正错误的印象变得越来越迫切. 我可能不再有足够的时间慢慢追寻任何有识之内省至真实的理解和信服. 所以, 虽然面对着在我看来会出现的严重误解, 但我一定要把握机会, 毫不拖延地、尽可能清楚地说出我的立场. 让我提醒读者, 我预计你是会谨慎的. 在深入反思之前,你对以下的讨论是不会盲目尽信的.

我已被困扰多年, 经常为我的失败气馁, 尤其是没有对一般的函子性取得决定性的突破. 不久前, 对此问题我提出了一个不同观点并开始以此自娱 [9,10], 但这都是非常试探性的. 与此同时, 我决定大概地了解更多各种关于所谓 Langlands 纲领的研究, 当然这可以意味着很多的东西.

我也有机会听 Ngo 的演讲 (及 J-F. DAT [11] 的报告) 并试着去了解他们. 特别是, 我不得不为自己对叠和代数叠的概念附加一些意义. 这是一个启示. 我发现, 几十年来我就一直以不正确的方式来思考轨道积分. 我把局部从整体分割开. 使用叠的概念, 加上平展上同调论的灵活性, 在函数域上, 局部与整体融合, 产生叠上的点数, 这是可以用上同调计算的. 在 [9, 10] 中遇到的问题突然以全新的姿态出现. 我试着解释这一点, 虽然我是在处理一些我可能会误解的概念.

[9] 引入处理函子性的试探性的方法: 在各种迹公式中对适当的函数序列取极限. 取 $\mathbb{Q}$ 为整体域, GL(2) 为群. 使用与 [9] 不同的记号, 可以发现

$$\frac{\sum_{p<X}\ln(p)\theta_m(p)}{X^{m/2+1}} - c_m X^{m/2}. \tag{3}$$

我没有定义 c_m 和 $\theta_m(p)$. 我讨论了当 $X\to\infty$ 以上相差的极限是否存在, 但不是决定性的. 在 [10] 我转向 q 个元素的有限域上的有理函数域. 这时和 (3) 变为

$$\frac{\sum_{\deg\mathfrak{p}=n} n\theta_m(\mathfrak{p})}{q^{nm/2+n} - c'_m q^{nm/2}}. \tag{4}$$

要考虑的极限是在 m 固定时 $n\to\infty$, 这里用的是不同的常数. 在这里 $\mathfrak{p}$ 是素除子.

把 (4) 写为

$$\frac{\sum_{\deg\mathfrak{p}=n} n\theta_m(\mathfrak{p}) - c'_m q^{nm+n}}{q^{nm/2+n}}. \tag{5}$$

需要证明当 $n \to \infty$ 时以上极限存在. 分子中的第一项是一个融合轨道积分, 因此我猜是可以用上同调计算的. 所以相关的叠的维数是 $nm+n$, 它将是

$$\sum_{k=0}^{2(mn+n)} (-1)^k \sum_{j=1}^{d_k} \gamma_{j,k} q^{k/2},$$

其中 $|\gamma_{j,k}|=1$. 第 k 项是来自 $2(mn+n)-k$ 次紧支集上同调. 于是需要证明的是在 0 次 (或至少很小次) 上同调, 这将仅促成 $c_m' q^{nm+n}$ 这一项, 不存在小于 $mn+n$ 次的正次数上同调, 并且所有上同调的维数是有界的. 这样次数在 $mn+n$ 附近的上同调对极限有贡献, 而因为分母的缘故, 高次数上同调贡献零.

这一切看起来牵强. 它是由简单的现象提示, 首先是 N. Katz 告诉我, 这在 [10] 中讨论. 在该文的天真反思中, 叠被替换为大亏格椭圆曲线的模空间, 从而为固定次数根各不相同的首一多项式. 这空间在 $\mathbb{Q}$ 上只有 0 和 1 次的上同调. 这是辫群 (braid group) 的 Eilenberg-MacLane 空间, 本身与同余群有密切关系. 对同余群而言, 上同调集中在几个次数上的现象 (特别在中间次数附近) 在其他情况出现 [12], 但是这一切在我来说是很新的.

我当然比较流畅地从有限域上的函数域转移到普通拓扑. 这转移是从左侧第二圆到第三圆. 对于消失定理, 这非常自然, 因为存在平展上同调和其他上同调的比较定理, 以及簇 (与叠) 与它的约化的平展上同调之间的比较定理. 此外, 随着复数域曲线的理论进展, 很可能在此将会出现在研究有限域上的函数域的迹公式时因轨道积分出现的叠, 作为 E. Frenkel 的关于最新进展的报告 [8] 里的叠 $Hecke_\lambda$ 的一个变形.

如果是这样, 就会出现令人满足的统一. 函子性 (如在第一圆内) 在本讨论中到现在大致是解析性的, 唯一与代数数论的连接是 Artin L-函数. 在此理论的两个几何形式中, 人们关注的焦点是局部与整体的互反律, 一边是 Galois 表示或基本群表示, 另一边是有限域上的曲线的自守形式, 或复数域上的 $\mathfrak{D}$-模和偏屈层 (perverse sheaf). 在这种情况, 函子性是由互反律推出. 在数域上, 正如我一直强调, 函子性是适用于那些没有对应 Galois 表示或除从迹公式外没有真正的提示它

可以从某些一般原则导出的自守形式. 在纯粹几何理论中出现的簇 (或叠) 的拓扑研究与迹公式相关的可能性是具吸引力的.

会有至少两个主要问题. 我们不完全理解辫群的上同调群这个困难的理论. 叠 $Hecke_\lambda$ 或它的变形甚至可能更具有挑战性. 此外, 即使这一策略可行, 开始时它只是适用在有限域上的曲线的整体域. 另一方面, 一个曾成功用在函数域上的迹公式且具有良好定义结构的明确技术, 当然会刺激在数域上相关技术的搜索. 从 [10] 显而易见, 即使在函数域上, 困难都涉及类数的性质, 所以, 当我们转向数域时, 那些由 Cohen-Lenstra[13] 实验资料所引发的问题并非不可能是适用的. 然而, 我预计, 对于数域将会有非常大的、仍然不可预见的困难, 这将是解析数论家的创造力的巨大挑战.

我们在左图继续往下检查第三圆常微分方程或保角场论的关系, 但据我所知, 这不是误解的所在. 误解主要是在于未能欣赏函子性的自治优点, 并且误会了函子性与原相 (motive) 和 Galois 表示的关系.

我本人倾向于认为 Galois 表示是工具, 而图的左侧和右侧之中心关系是联系自守形式与原相的对角箭头, 而不是经过 Galois 表示的水平箭头和垂直箭头. 如 Fermat 大定理的证明, 对角箭头所提供的是一个通道, 从一个景况 (其中给定的关键断言是困难的, 甚至是不可能的), 连通至一个景况 (其中这断言是几乎透明的). 例如, 可能无法直接证明并不存在带有各种分歧性质的椭圆曲线, 但是当假设此曲线或与此同源曲线被包含在一个模簇的 Jacobi 时, 可以立刻得出所求的结论.

当 Grothendieck 得知他所看重的原相这个概念和那些需要被建立的定理对于 Weil 猜想的证明的最后部分变得不再必要时, 他似乎感到相当失望. 或许, 他能得到不同的结论. 就如 N. Katz 在报告 [14] 中解释, 由 Deligne 所证明的 Weil 猜想的最后部分, 本质上是对伴随着在自守理论中的一个观察所相关的平展上同调的深刻理解. 这个观察, 即 Ramanujan 猜想 (在其原来或推广形式) 是从函子性和其相应自守形式或自守表示所关联的全体 L-函数的解析性质的认知得出的直接结论. 在 Weil 猜想的表达式中, 只有 Galois 表示出现, 其中里面的函子性都是形式上的, 使得我们并不需要利用那些未获证明的断言, 只要完全掌握了平展上同调理论就足够了. 得出的结论可能是, 原相理论与函子性是同时被发现的.

目前, 我不能再作更多的建议. 然而, 这里有一点我需要重申. 由于对 Shimura 簇的思考导致了 Taniyama 群的引入 [15]. 这种 Taniyama 群已经被证明是某一类限制的原相的原相 Galois 群 [16], 不过是在有别于 Grothendieck 的意义下. 它是通过绝对 Hodge 闭链所定义的. 这样就可以通过潜在 CM-类型 (potentially CM-type) 的原相类来定义. 这两种意义可能最终能被证明是一致的. 由于 Taniyama 群的引入跟环面上的自守形式紧密联系, 这确确实实是自守形式和原相 (或者 Galois 表示) 之间的连接, 这点是不可忽视的.

我已经观察到 Taniyama-Shimura 猜想 (就像 Sato-Tate 猜想) 出现在自守形式的函子性的引入之前. 我是在给 Weil 写信之后才意识到这个事情, 当时是由于他提及他那篇有关 Hecke 理论的论文才引起我的注意. 根据这个猜想和手上大量跟函子性有关的 L-函数, 很自然我们会猜测这些事情能够解释所有跟代数簇有关的 L-函数: 总体来说意义上是跟 Hasse-Weil 所关联的.

鉴于 Eichler-Shimura 理论和 Shimura 的广泛研究, 就例如我后面将提到的 Shimura 簇, 这里提供清晰的环境来检验假设. 据我所观察, 这里是存在着困难, 其跟内窥理论相关, 那么也就跟基本引理相关. 还有一些一开始对我来说看似独立的组合障碍. 直到我受到 Kottwitz 的启发, 最终发现这是一个很重要的问题, 它是跟 Galois 群在有限域上的 Abel 簇上的作用有关联的. 后来这个关联是被 Kottwitz 和 Reimann-Zink [17] 所厘清. 在那时 (1992 年), 一般的基本引理仍然是个谜, Kottwitz 只能够对有限的一类代数簇建立相当完整的理论 [18], 但这些都相当重要了.

现在我们可以希望, 基于 Laumon-Ngo 最近的工作, 可以建立出在一般情况下依附于 Shimura 簇的 L-函数是自守的. 然而, 对我来说还不清楚的是, 在原相和那类特别的自守表示 (有时被称作算术) 之间到底是通过什么样的相关性来对应起来. 在这个阶段我们很难对这个论点的最终结构下定论.

Taniyama-Shimura 猜想的证明, 首先是 Wiles (在 R. Taylor 的帮助

下) 对半稳定曲线的情形所给出, 其后是处理一般的情形, 他在自守表示 π 和 Galois 表示 σ 的对应之间引入一个全新的元素. 由此, 我们可以通过对角线箭头把这对象过渡到原相 M. 这些内容我是完全不熟悉的, 而且有很多我几乎不理解. 因此, 我打算逃离一下我的权威会受到质疑的这个领域. 特别提一句, 这个被 B. Mazur 和 J-M. Fontaine 所统治并发展的 Galois 表示理论不是那么容易能够掌握, 而我由于被别的兴趣所吸引以致忽略了这个学科. 这使我很难去理解不止 Taylor 的工作还有那些 p-进局部互反律的内容. 这些东西我现在才刚刚开始学习.

无论我们是从水平箭头还是对角箭头去考虑原相和自守形式之间的关系, 这里有必要建立一个独立的立场. 我的第一印象在给 Hida 的著作 [20] 的书评 [19] 中有所描述. 这里存在一种 “繁殖” 和形变, 而对于形变来说, 似乎可以分为两种: 第一种是由 $\mathbb{Q}_l$ 的表示到 $\mathbb{Q}_{l'}$ 的表示, 但是在同一个原相中发生; 而另一种同时发生的形变是存在于自守表示和 Galois 表示之间. 从 l 到 l' 的变化是某种在平展理论核心中出现的奇妙现象, 可惜我还没有完全理解这理论. 另外, 我对 M. Harris 和 R. Taylor 二人对我的书评的补充里有关这两种形变和 p-进局部互反律的论述并不能给予更多的意见.

我对 “繁殖” 的看法跟 Taylor 有点不同, 或许是因为我依赖于函子性, 这个比算术自守表示本身提供更多的视野. 这种依赖性使我认为最好的 “繁殖” 应该是先给定潜在 CM(复乘类)-类型, 其中包含全部 0 维的原相, 亦即全体 Artin 表示. 据我观察, 对于 CM-类型的原相, 这个对应是基于 Taniyama 群和其性质所建立的.

另一方面, 这里几乎有一个明确的要求, 即找出如何实现我刚才描述的内容的方法, 能够对函数域下的情形建立函子性, 使得在原相中任一有限像的 Galois 表示可以在其上同调中被分离出来. 对于数域, 也有类似的东西出现, 但现在还不是很清楚从何处去考虑. 因此, 最好还是保持开放的态度去思考这个问题.

现在回想一下这些对应到底是要跟什么相结合. 我们尝试建立两个 Tannaka 范畴之间的同构, 或许是通过纤维函子. 这对于自守形式来说是通过其相应的群来定义的, 其中这个群必定是定义在 $\mathbb{C}$ 上. 暂时撇除那些由中心引起的障碍和困难, 这本质上是群 ^LH 全体厚表示 π_H 的乘积. 当然, 这里存在一种限制, 使得乘积中的元素被限制在 $\mathrm{Gal}(K/F)$ 中有相同的像, 以及在域 K 上存在反向极限. 注意到这里的 H 是可以随便改变的. 这样我们可以得到一个类似于原相, 相对于那些取值在 ^LG 上的原相更好的对象, 其对应着一组已选定的厚表示 π_H 和同态 ϕ: $^LH \to ^L G$. 原相可以通过很多不同形式去定义, 而其所相应的群是通过范畴的构造来定义的, 从而引申出很多很困难的问题. 另外, 嵌入映射 $\bar{Q}_l \to \mathbb{C}$ 可以用来定义一种纤维函子. 因此, 其对应就变成 $M \to \{\pi_H, \phi :^L H \to \mathrm{GL}(n)\}$. 因而, 看来如果不利用函子性的话, 不太可能得到完整的构造. 事实上, 我们可以通过这点就反映出来!

从 Taniyama 群出发的繁殖的最简单例子当然就是考虑平凡群的情形, 即对于平凡表示 $\pi_H, H = \{1\}$. 辅以函子性, 这意味着每一个 Artin 类型的原相, 即本质上每一个 $\mathrm{Gal}(\bar{F}/F)$ 的线性表示应该有一个自守对象所对应. 这意味着任何的基变换都是可能发生的. 同时我也认为当把 Ramanujan 类型的自守表示和其他剩余的对象之间的关系一并考虑的话, 这会导致有可能包含一些原相, 而其对应的 Galois 表示是可约的情况发生. 这是某一类除基变换和函子性之外的形变, 可以参考 Taylor 和他的合作者最近发表的论文. 一般来说, 手上的这些函子性是十分局限的, 主要是可解的基变换, 形如 Jacquet-Langlands 对应, 也可以是从别的函子性通过逆向法所得到的.

其中令我吃惊的、最初感到有些不安的是, Taylor 能够利用这些结果推出 Sato-Tate 猜想. 事实上, 从观测来看, 这只是一个大家都期望着适用于所有自守表示结论的小例子而已 (当然是专于 Ramanujan 型, 但这些都是典型的, 以及那些可以由此类推导出来的其他类型). 然而, 因为这个猜想预示着一般的断言, 并涉及其中一种最简单的且被研究的最多的 Diophantus 对象 —— 椭圆曲线, 所以作为证明来说, 我们会对它有特别的兴趣, 即使它只能被证明出对猜想的一般情形只有有限的意义而已. Taylor 的证明有一部分是处于我这个讲座提到的策略之外, 它不能只处理自守形式, 也不能纯粹依赖于函子性, 而是把已经在手的函子性的一些特例和形变二者结合起来.

这次演讲的策略是连贯的, 而且拥有由被证实的预言所得到的记录, 尽管涉及一个大的猜想元素在其中. 在这里, 一个主要的乖离至少是来自于方法论上的挑战. 此外, 在这样一个高度结构化的对象中, 这两种不同的策略能获得成功依我看来似乎不太可能. 也许, 这里所描述的是正确的, 而且隐藏在 Taylor 的论点当中, 它可以作为一种方法去克服数域上的一些有关解析的困难. 对此, 我几乎不能提出任何建议. 也许, 我们能找到一种结合形变的方法, 不单能够处理其他算术型的自守表示, 而且能够处理所有自守表示；另一方面,Sato-Tate 猜想, 甚至是对于所有自守表示的一般形式, 可能只能得到有关函子性的一些微弱的结论, 而且是不能逆向的. 无论在原来的或在它的一般形式, 这个猜想与函子性的关系的出现类似于 Tchebotarev 定理和 Artin 猜想之间的情形一样. 虽然它有其自身的重要性, 但它更弱, 也更容易去断言.

直到这些问题得到更深入的了解后, 在我和 Richard Taylor 的立场之间依然会存在分歧, 可以说是想法上的, 又或者是方法上的. 虽然我们因研究领域相关联而一同获得邵逸夫奖, 但我们有着不同的见解, 犹如在不同的方向上拉扯. 也许情况并没有那么糟糕. 我们还有很长的路要走并且路还不确定呢.①

参考文献

[1] Automorphic forms, representations, and L-functions, A. Borel and W. Casselman, Proc. of Symp. in Pure Math., American Mathematical Society, 33, 1977.

[2] On the ζ-function of a division algebra, T. Tamagawa, Ann. of Math. 77, 1963.

[3] R. P. Langlands, Base change for GL(2) , Ann. of Math. Study, 96, Princeton Univ. Press.

J. Tunnell Artin's conjecture for representations of octahedral type,

① 在过去的几个月中, 对于函子性和此处所提方法的反思, 我通过与一些数学家的对话和交流 (有时是很简短的) 而获益良多, 他们是: Nicholas Katz, Peter Sarnak, Mark Goresky, Dipendra Prasad, C. Rajan, Şahin Koçak, Joachim Schwermer. 我对他们都很感激.

BAMS 5, 173-175, 1981.

[4] Notes on Fermat's Last Theorem, Alf van der Poorten, Wiley-Interscience.

[5] J. Arthur, Unipotent automorphic representations: conjectures, Astérisque, 171-172, 1989.

[6] Automorphic Forms and Applications,Peter Sarnak and Freydoon Shahidi, Amer. Math. Soc., 2007.

[7] J. Arthur, On the automorphic classification of representations: orthogonal and symplectic groups, to appear.

[8] E. Frenkel, Recent advances in the Langlands program, BAMS, 41 2004.

[9] R. P. Langlands, Beyond endoscopy, Contributionsto automorphic forms, geometry, and number theory, Johns Hopkins University Press, Baltimore, MD 2004.

[10] R. P. Langlands, Un nouveau point de repère dans la théorie des formes automorphes, Can. Math. Bull., Can. Math. Soc., 50, 234-267, 2007.

[11] J-F.Dat, Lemme fondamental et endoscopie, une approche géométrique, Sém. Bourbaki, 2004-05.

[12] J-S. Li and J. Schwermer, to appear.

[13] H. Cohen and H.W. Lenstra, Heuristics on class groups, Number theory (New York 1982), SLN, 1052 Springer, Berlin, Heuristics on class groups of number fields, Number theory (Noordwijkerhout 1984), SLN, 1068 Springer, Berlin, 1984.

[14] Nicholas M.Katz, An overview of Deligne's proof of the Riemann hypothesis for varieties over finite fields, Proc. of Symp. in Pure Mathematics, Developments arising from Hilbert problems Amer. Math. Soc., 1976.

[15] R. P. Langlands, Automorphic representations, Shimura varieties and motives, Automorphic forms, representations, and L-functions, A. Borel and W. Casselman, Proc. of Symp. in Pure Math., American Mathematical Society, 33 1977.

[16] Pierre Deligne, James S. Milne, Arthur Ogus, Kuang-yen Shih, Hodge cycles, motives and Shimura varieties, SLN 900, Springer, Berlin, 1982.

[17] Robert Kottwitz, Points on some Shimura varieties over finite fields, Jour. of the AMS, 5 1992.

[18] Robert Kottwitz, On the λ-adic representations associated to some simple Shimura varieties, Inv. Math. 108, 1992.

[19] R.P. Langlands, Review of [20] Bull. Amer. Math. Soc., 44 291-308, 2007.

[20] Haruzo Hida, p-adic automorphic forms on Shimura varieties Springer-Verlag, New York, 2004.

第十六章　回顾数学人生*

现在, 尽管许多职业需要大量高等数学的技能和训练, 但数学本身仍然经常被视为一门奇特的专业, 它要求非凡的才能和个人气质. 对于我自己的特征 —— 除了耐得住寂寞, 甚至可以说是对它偏爱有加之外 —— 我总觉得相当平凡, 虽然我在孩童时比我的同班同学更善于算术演算, 可是几何直观能力并不突出, 我也从未迷恋于难题和智力游戏. 要是问我为什么并如何成为数学家的, 你可能得不到预期的答案.

偏好独处也许是我在童年早期养成的, 那时我们住在加拿大西海岸的一处极小的定居点, 身边只有母亲和一个妹妹, 后来是两个, 没有其他伙伴. 当我到达上学的年龄时, 我们家回到了人口较多的地区, 那里有一所教区学校, 修女们很鼓励有明显的阅读和算术能力的孩子, 让我越级升班. 随着战争的结束, 我父亲谋了别类的职业, 又搬了家, 我发现此时自己才 10 岁; 所在集镇既非农村亦非城市 —— 回想起来, 那是能满足家庭包罗万象的需要的一类地方, 到其他任何地方, 他们的生活都会变得困难重重. 我的新同班同学, 无论男女, 都比我大, 许多还大我好几岁, 他们没有学术方面的前途, 在校两三年, 断断续续地旷课, 直到 —— 至少是男孩, 最好不去考虑女孩 —— 能离开学校, 到

* 本章由袁向东翻译.

从林区当伐木工, 之后他们时不时地带着钱回家挥霍, 度过闲暇时光. 对我来说, 这么干还太年轻. 所以我留在原地度过我的青春期: 在家庭外的社会环境里, 我一直没有达到足够成熟的地步; 在家里, 则想努力挣脱家庭的信仰束缚, 但也绝未成功 —— 很不幸, 我们家的信仰是对爱尔兰基督教的虔诚并混合着英国卫理教会的残留信念. 即便如此, 我记忆中的青春期仍不乏亲切之感: 既对海滨的小镇, 也对镇上的居民, 其中的一位最终跟我一起离开了那里. 太奇妙了, 青春期延续得并不长.

我完全没有染上懒惰和懈怠的毛病, 这不是因为学校的原因, 我直到学业终结都对学校漠不关心 —— 要感谢的是我父亲从事的小生意让我参加了劳动, 搬运建筑材料, 如水泥、砖块、杂物、墙面板, 总之是建造朴实无华住宅所需的一切 —— 从卡车搬进仓库, 再出库搬上卡车, 运到建筑工地. 我大约在 12 岁开始, 在放学后、星期天和暑期都干活, 这种劳动直到我 20 岁成为研究生之前没有停止过, 至少是在夏天, 这当然给我提供了另外的收入来源.

当时并无机械设备帮忙; 所有的活, 无论多重, 都靠手抬肩扛. 多日在阳光下干活会伤害我的皮肤, 不过, 许多小时的体力活对我这个年轻人 —— 并不瘦弱但原本也不特别强壮 —— 也意味着身体的耐力足以允许我从事别的需要久坐的工作. 总之, 努力工作和独处 —— 一名数学家迎来最美好时光的两个条件, 成为我早年长伴左右的伙伴.

我的年龄到达不再属于义务教育阶段的时候, 离毕业只差几个月了. 大家劝我放弃之前任何打算辍学的想法, 那显然存在冒险的可能, 要我坚持到底. 下决心读下去比我原本想象的容易, 也许我原来的不安只是青春期的表现. 一位很厚道的老师对我略加鼓励, 我就决定要去上大学了. 学校没得选择, 录取也毫无问题. 这是我第一次自己专注于学习, 我参加笔试赢得了一份小额奖学金; 几个月后我发现自己还不到 17 岁就进了大学, 而且离家足够远, 获得了我所需要的充分的独立与自由. 我这个人比我原来料想得更有书呆子气, 也更易受惊.

作出读大学的决定一直跟我重新找回阅读的乐趣相伴; 我得到了一本思想家的传记集, 这些思想家被 30 年代某些较小的社会主义政党认为是有决定性意义的人物. 那是我从未来的岳父那里借来的, 他在相当大的年纪曾学习了其中的内容, 尽管从未给予十足的信赖 —— 当时正值经济萧条, 他失业在家, 参加了一个结合成人教育与政府招聘为一体的系列课程. 有一点很可惜, 他当时购得了一个小图书馆, 其中并没有这本书, 后来他把图书馆传给了我的妻子. 这本传记集中有十几个人的传记, 诸如 Einstein (爱因斯坦)、Freud (弗洛伊德)、Marx (马克思)、Darwin (达尔文)、Hutton (赫顿), 我记不得全部名字了. 确实, 我总是被自以为重要而并无特殊能力或技术内涵的志向和愿望所毒害, 这可能是因为我比起我的同班同学来更年轻也更幼稚, 因此在几乎所有方面的能力都较弱.

话又说回来, 我确实在基础的算术和逻辑方面有些能力; 而且, 我很快发现我真的对所有种类的试探性思维富有激情. 这些学者和科学家的传记为我展示了一种新奇的、意外的可能性. 所以当我必须作出选择时, 我立即放弃了工程学或会计, 放弃所有与数学或特别富有魅力的物理相比我认为是面向实际或与金钱相关的无聊专业. 我选择去数学和物理领域冒险. 由于缺少经验, 其他自然科学如化学和生物学, 对于我也无吸引力可言. 说实在的, 完全无辜的基础英语运用能力和个人经历, 会遮掩人的才能和好奇心, 它们可能暗示着在纯科学之外的一般的、成功的学术生涯.

随着时间推移, 我作为物理学家遇到了难度很大的障碍. 我肯定被自然现象的数学解释迷住了, 极仔细地检查它们的逻辑, 实际上仔细到超出了我的教授所能赏识的程度, 但我对现象本身又没有正确的眼光, 结果只剩下我独自一人来从事我之所好, 我离开了首要的聚焦点. 也许给我一个小小的指导会修正我的行动, 也许不会. 在数学中, 也经常会发生丧失焦点的情况, 但我相信从未有过无法挽回的失焦.

跟今天的节奏和所需的准备而言, 那时的教学大纲是从容不迫的; 但我在所有的方面都大大地疏于采取改进措施, 不单是在数学方面. 50 年代早期仍处于战后时期. 不仅欧洲在恢复以前在智力方面的辉煌 —— 但愿不幸的时间短一些, 而且在西加拿大, 当时有好多难民, 有些跟我年纪相仿, 他们的受教育程度远远好于我, 我的学业成绩跟他们的相比太差了, 令人不快! 所以, 我着急了, 得靠自己努力呀. 所幸, 此时在数学方面有欧洲大陆的可观的后遗影响, 甚至特别有俄国的影响; 在文学方面有英国的经典之作.

尽管, 除了 Beowulf (贝奥武夫[①]), 英国的经典之作通常认为始于 Chaucer(乔叟[②]), 甚或是 Shakespeare (莎士比亚), 他们以各种各样的方式使人想到遥远的过去以及现实的伟大, 当然不仅是英国的, 而且涉及一些国家和地域, 那里的文化继承自 Homer (荷马) 或 Socrates (苏格拉底) 至 Rutherford (拉瑟福德[③]) 或 Yeats (叶芝[④]). 无论我在那些年里对英帝国和西方社会的过去有什么样的疑虑, 我只是从其外围见到的, 而这个外围地区并无古代的丰碑, 其近代的事件也常被忘得一干二净, 对当下的枯燥乏味, 我最初看到的是以前未知的智力发展的可能性. 当时我并未看到那些肆意的破坏和恶行, 它们使荣誉、甚至是纯智力的荣誉变得千疮百孔.

我不记得是什么原因, 我在 8 岁时曾短暂地试图学习法语, 用的书是母亲为激励我从走家串户的推销员那里买的 "知识丛书", 不过我很快就放弃了; 所以, 在进入大学前, 除了在高中有必修的课 —— 我对它没留下什么印象 —— 之外, 我没有对法语或其他任何语言有进一步的了解. 在大学, 也许更恰当地说是在那段时间里, 我了解到法语、德语和俄语, 甚至是意大利语, 对培养任何有自尊心的数学家而言都是极其重要的, 于是我开始热情地学习其中的前三种, 起初不见成效, 对现实的语言确实也无体验. 这种体验来得相当晚, 那是在专业领域使用它们. 也许在这三种语言中, 我最喜欢的是俄语. 尽管我最终能阅读它、书写它, 靠某种天赋还能理解对方口头说的话, 可不幸的是, 它是这三种语言中我唯一不会说的语言, 我从没学会说俄语, 它仍然是我生命中一个单相思的智力游戏. 我还遗憾没碰上拉丁语和希腊语的入门课程. 也许我还会有机会! 在我看来, 对研究课题

---

① 贝奥武夫: 被认为是一位英国无名氏创作于公元8世纪早期的古老史诗名, 诗中主人翁的名字叫贝奥武夫, 他杀死妖怪及其母亲, 成为耶亚特的国王, 死于与一条龙的争斗中. —— 译注

② 乔叟 (约 1342 — 1400), 英国莎士比亚时代以前最杰出的作家和最伟大的诗人之一. 他的诗作, 特别是《坎特伯雷故事集》对后世影响甚大. —— 译注

③ 拉瑟福德 (1831 — 1913), 英国小说家、评论家和宗教思想家, 其作品都涉及宗教问题. —— 译注

④ 叶芝 (1865 — 1939), 爱尔兰诗人、剧作家; 1923 年获诺贝尔文学奖. —— 译注

受历史延续性以及当代丰富内容的刺激和启发的数学家而言, 拉丁语有着巨大的价值; 但一位朋友中肯地争辩道, 对于理解希腊数学传统的重要性, 在某种意义上, 对于理解数学的本质, 古希腊语的价值更高.

另一方面, 我要感谢我着手成为数学家的那个时代. 当时无论从地理还是历史的联系上, 仍存在着了解作为整体的文化世界的窗口, 而作为一名数学家到国外旅行也是一种机会 —— 可跳出北美人与世隔绝的生活状态, 尽管只是暂时的. 虽然在我三十几岁开始出国旅行的年代英语被广泛地使用, 但它还尚未国际化, 所以靠着勤奋和对欧洲语言的粗糙的、初步的知识, 我较快地达到了能交流的标准, 从而开始了对这种文化的真正的认识. 有时, 对英语是母语的人来说, 学习这门艺术 (译注: 应是指数学) 会遇到一些麻烦. 一是如何应付那样一些人, 不管英语理解的知识如何, 他们总是不问其价值和必要性, 只是一味插进客套话; 二是如何避开这种人. 我喜欢后者. 对我而言, 下述两种情况是迥然不同的: 一方面, 远行和逗留会给予我额外的、Jacob Burckhardt① 所预示的 "灵魂"②; 另一方面, 在逆境中短暂的工作会落入其他人的成见的险境. 当然, 事实上, 真正的多种语言的世界以及它所促成的多样性还在继续消失. 仿佛不按此方向走是招致误解和心烦意乱的怪念头.

很幸运, 欧洲是我迈出头一步的最好的去处, 尽管它不是我首先考虑的地方. 无论如何, 在我再次大胆超出其范围之前, 我在那里度过了一个长长的学徒期. 就文化和语言而论, 在世界的其他地方还有许许多多, 它们也会提供大量的好处和乐趣. 这些肯定是被忽略了, 它们充其量处于挣扎着生存下去的状态; 但是, 对于数学家, 它们仍然能提供许多机会, 使得他既不抛弃其科学目的也不丢掉其学术目标而表达自己的思想. 尽管如此, 在那里仍然会有众多的男男女女只能低三下四地参与他们的文化活动, 或从他们的文学作品中获益, 并乐于跟别人分享他们的过去、他们的现在和他们自己.

① Jacob Burckhardt (1818 — 1897), 生于瑞士巴塞尔, 杰出的文化艺术史家. —— 译注

② Noch eine Sprache noch eine Seele (一种语言, 一种灵魂), 但我不记得在哪儿看到这一警句, 也许是在他的往来书信中.

在前 5 年间, 作为一名大学生 —— 我曾靠自己的努力或是通过听课纠正了身上的其他缺陷, 当读第一个研究生学位时, 我一心想着获得基本的数学能力. 每年夏天则忙于有报酬的工作和谈恋爱. 所以, 几乎没有时间对数学进行思考. 我开始不间断地、无压力地思考数学, 是我去耶鲁大学读博士之后. 这是绝妙的两年. 那里有极具影响力的人, 在当时和较后的时期, 他们硕果累累. 尽管我在耶鲁期间尚不成熟 —— 那是 7 年后的事, 但我有时会问自己 —— 只有我感兴趣而无果的问题: 如果到了 17 岁我有了更多的数学经验, 再从 17 岁到 22 岁的 5 年间, 每年有 4 个月无须担负责任, 不去扛水泥, 只是跟几本书相伴, 那么我是否可能成为一名较好的数学家呢? 也许不能! 更多地要看运气!

关于在数学方面是否成熟, 无论如何是一个不确定的概念, 因为大脑正常的思维能力似乎是随年龄、视野的变化而改变的. 确实, 在离开耶鲁后的头几年, 我怀有各式各样的奋斗目标, 有些比其他的更精细些; 按照这些目标, 大多数都未成为现实; 我是以年轻人的方式, 把三位数学家作为自己效仿的模式. 其中有两位的名字会让同事们吃惊, 料不到跟我有关系. 事实上, 所有这三位 —— Harish-Chandra, Alexander Grothendieck, A. N. Kolmogorov, 他们在能力上都完全超过我. Harish-Chandra 对我的影响显然是多方面的. 至于 Alexander Grothendieck 和 A. N. Kolmogorov, 我更尊重他们追求的目标而非完全理解他们获得的成果.

Harish-Chandra 和 Grothendieck 两位从事构建理论的研究. 他们有个共同的特点, 很古怪的特点, 在数学家中难得一见, 即要求无限制地尊重细节. 他们绝不满足于不完全的洞察和只得到部分的解答, 而坚决要求 —— 多数不是以意图或劝告的形式出现, 而是针对他们所要实现的结果 —— 找到一些方法, 这些方法适合用来建立所展望的、具有完全合理的普适性的理论. Harish-Chandra 最高超的专业能力呈现在一个新颖的领域中, 即无穷维表示论. 它所蕴含的东西仍不完全清楚, 肯定还未被充分接受. 我本人在初期发现了研究它的办法, 并工作了一段时间, 直到我承认我的办法有局限, 并相信任何值得花时间去做的数学必须处于他能正常工作的水平上. 跟 Harish-Chandra 完全不同, Grothendieck 影响的是一个更成熟的领域, 事实上是完全重塑了代数几何, 该领域被一些非常伟大的数学家研究发展了几乎两百年, 如果从 Descartes (笛卡儿) 开始算起已有三百年的历史, 这样算也是有理由的. 我赞美他和 Harish-Chandra 共有的特质, 甚至包括某些我所理解的他的理论构造物; 但是, 达到这种认识经历了一个多年的缓慢过程, 期间我的数学活动更着眼于本质, 更具历史的色彩, 从而能正确评价和欣赏他所再造的几何的深度和广度.

Kolmogorov 和他的数学风格, 在很大程度上仍然是人们心中的一种理想. 我至今也没真正理解他的成就. 他不仅是至少以 5 种语言发表文章的饱学的数学家, 还是强有力的分析学家; 他解决了纯数学中困难的具体问题,还深刻领悟了如何利用数学作为工具来理解自然界. 虽然我很早就放弃了重要的物理学研究, 但仍着迷于伴随它们的数学概念, 对波动现象进行数学分析 —— 如 Rayleigh (雷利) 和 Maxwell (麦克斯韦) 所发现的 —— 在我做学生时就吸引着我, 我乐于在气象实验室的一个角落里度过一些时光, 有生之年会对流体的运动进行计算和模拟. 也有些重大的数学问题跟湍流和重正化有关, 我后来花了大量时间在这上面, 但跟 Kolmogorov 不同, 我没有展示这方面的工作.

我所得到的成果很大程度上跟机遇有关. 有很多问题我思之良久却一无所获. 其他一些问题, 我偶得灵感 —— 今天想来, 其中有些灵感还真的令我吃惊. 我的最好时光肯定是我和数学独处的那会儿: 摆脱了雄心或野心, 不为炫耀所动, 对世事漠不关心. 那些东西少之又少, 因为我的学术生涯 —— 还有我的个人生活, 这当然是另一回事 —— 一直无忧无虑, 愉快安宁.

使我从早年的善恐和胆怯中摆脱出来的是 Salomon Bochner, 他坚持要我在普林斯顿大学开类域论的课, 尽管我当时有顾虑, 甚至是畏惧, 因为这门课很难, 我当时毫无经验, 对普林斯顿的数学环境也还不知所措; 这个科目在 60 年代早期只有很少数常常有优越感的专家才熟悉. 听课的只有少数几名学生和旁听生, 他们没学到什么, 倒是我学到了不少东西. 看似对我无果的一年令我很泄气, 好在还不算晚我就受到 Harish-Chandra 的过奖, 他私下表示的赞扬提升了我的勇气.

我猜想, 最终由于他的好评, 我得到了一个职位, 这对我的补偿超出了我在开始阶段可能使自己受折磨的任何不利因素. 在我的后半生, 我一直得到悉心的照料, 所以我的任何失败只能责怪自己和我自身的不足.

第十七章　在数学理论中存在美吗?*

§1. 导论

1. 数学和美

我很高兴收到邀请在主要是哲学家的聚会上讲话并欣然接受了这一邀请, 不过接到邀请的同时见到了会议的安排, 便疑虑重重了. 当我着手准备讲稿时, 清楚地感到这种疑虑完全不是空穴来风. 作为一名上了年纪的数学家, 我越来越专注于那样一些问题, 它们曾让我日思夜想了好几十年. 即使另有极佳的想法, 我也无法摆脱它们. 这篇文章和我尚未写就的第二篇 —— 我希望它们成为姐妹篇 —— 的所有读者将会清楚地了解这一点.

我任由这次研讨会的组织者 Hösle 教授向我推荐演讲的题目, 他给的题目差不多就是: *在诸如数学理论这样的纯智力实体中存在美吗?* 因为它太长, 我作了缩略, 但不改其本意. 然而, 我的讲演没有直奔所提出的问题. 美 (beauty) 这个词就如同美学 (aesthetics) 这个词一样令我费解. 当然, 我希望关心此文的读者读了它, 能够自己来冷静、

* 原文是作者为 2001 年 1 月在圣母大学举行的高级研讨会上的一场演讲准备的. 本章由袁向东翻译.

严肃地评定我把数学跟这两个词中的第一个相联系是对它的正确使用还是滥用或妄用.

我, 就像很多人一样, 认识到存在着糟糕的建筑、好的建筑和伟大的建筑, 正如存在差的、好的和伟大的音乐, 或是蹩脚的、优秀的和伟大的文学作品一样; 但我所受的教育、我的经验、甚至我天生的能力都不能让我确定无疑地对它们作出区分. 况且, 区分它们的界限也不稳定并有着不确定性. 针对数学 —— 我这次讲演涉及的主题, 整个世界都很少知道这些区别, 甚至在数学家中间也如此; 对于这样或那样的成就、这样或那样的贡献, 存在着广泛的不同看法. 另一方面, 我很自信我对数学的如下看法. 首先它至少不是起源于外部的激励或是任何观念共同体, 而是来源于数十年的经验和对素材本身的自然且直接的回应. 我对数学的总的看法似乎并未受到我的同行数学家们的普遍认同, 但我相信有许多数学家在不同程度上认可它. 不过他们充其量只是一小撮不合常规的人, 但肯定不是叛逆者. 我突发奇想, 希望用一种适当的批判的方法来反省我的看法, 并把结果以有说服力的方式提交给数学家和其他人.

然而, 我要坦白地承认, 尽管我知道我答应的是 —— 真心诚意地 —— 谈论美和数学, 而不是按上述想法来谈论数学; 但我很快就意识到, 讨论数学中可能的伟大之处, 或者说其庄严和耐久力, 更胜于谈论被强调的可能的美之所在; 当然离开了被专业人士视为美的品质, 我们难以去想象那种 "伟大" —— 注意, 在专业人士之间谈论的以及在宣传数学这个主题时说的美的品质, 常常会出现不够真诚的情况, 原因若不是他们从未在这方面有过疑问, 就是通常不去作深入的思考. 这种美, 除了解决问题时的简明、雅致 —— 不论问题初等与否 —— 令人愉悦 (一种真正的不会遭到轻蔑的愉悦); 它还像贵金属一样, 常常被矿石杂质包裹着, 这些杂质即使并非毫无价值, 也既不精美又无内在的感召力. 也许, 在 (数学发展的) 最初阶段没有那些杂质, 甚至没有出现各种各样的疑难问题, 人们可能只是在初等算术中 —— 数字的操作, 甚至是小的数字, 或是在探究基本的几何形状 —— 三角形、矩形、正多边形方面产生了一种自然的、逐渐发展的、有条件的愉悦感. 我不清楚, 如果不能感受这些简单的乐趣, 至少是在开始阶段, 一个人能在多大程度上成为一名严肃的数学家. 当然可以忘掉这些乐趣而代之以更重要的事情. 这常常是必然的但并不总是明智的. 简单的乐趣不是这篇文章的主题, 尽管我本人仍然无法摆脱它们. 顺便我要说一句, 跟人类其他的简单的能力比如运动能力一样, 用机器来取代先天的或后天的数学能力乃是利弊并存之物.

还有一个问题, 一个人若对数学本身理解不多, 他能在多大程度上正确地评价严肃的数学. 虽然阅读这篇解释性的文章并无先决条件, 但我不打算避开名副其实的真正的数学, 当然我会努力做到顺势而为地提及它们.

处于中心地位的数学概念有两种显著的品质, 这从 2500 年的历史中可以作出判断: 它们充满着自我发展的可能性, 同时又保持着永恒的有效性. 跟生物学相比较, 首先跟融合了生物学与历史的进化论来比较, 或是跟物理学和它的两个令人费解的理论 —— 量子论和相对论相比较, 数学仅对人类的智力结构作出了适当的贡献, 但是它的那些最重要的贡献一直持续地存在着, 不是一个取代另一个, 而是一个扩展另一个. 我在这里想做的是心怀此念来考察数学的历史 —— 或至少是我一直为之奋斗的 (广义上的) 两个领域的历史, 把它作为思想史的一个篇章: 考察在古典时期那些独特概念的出现, 为此我需要从 Plato (柏拉图)、Euclid (欧几里得)、Achimedes (阿基米德)、Apollonius (阿波罗尼奥斯) 的标准著述中取材, 然后来到现代早期的 Descartes (笛卡儿)、Fermat (费马)、Newton (牛顿)、Leibniz(莱布尼茨) 的著作, 接着进入 19 世纪、20 世纪甚至 21 世纪. [1] 为分别讲述那两个领域的历史, 这样做是恰当的, 甚至是必需的. 这两个领域中的一个可以方便地称为代数和数论; 另一个则是分析和概率论. 它们的历史互相脱不开关系, 但它们的现状却大不相同, 这正是我对这两者倍加关心的缘由. 我想大众对第一个领域不会有太大的兴趣, 尽管它处于现代纯数学的中心. 它是否将保持这种状态, 或者很多现代纯数学 —— 也许是其中最深的部分 —— 是否已变得太深奥和难以接近以至无法延续, 这是我们继续审慎思考时很难忽略的问题. 纵然人类能继续存在下去, 但我们的能力可能是有极限的, 或者说, 我们跟踪过去两或三千年人类的数学思考的愿望有个限度.

我对第一个领域花费了较多时间, 也获得较多成功, 然而我在这一领域即使不是叛逆者和闯入者, 也被认为是这样的人. 在第二个领域, 人们不认为我是闯入者, 而仅是个微不足道的人. 尽管如此, 哪怕就是为了能对数学和它的性质作出令人信服的、公正的评论, 我也将努力去清晰和具体地表达我坚定的看法: 这两个领域的问题同等困难. 我也会同样地表达我的期望: 它们的解答会带来同样丰硕的成果. 可惜由于时间和空间的原因, 我所关注的第二个领域必须留待以后某个适当的机会再讲了.

2. 定理和理论

定理和理论的差别, 在第一个领域比在第二个领域更明显. 任何数学理论都将包含一些合理、确凿的一般性陈述, 它们能够按照被普遍接受的逻辑规则严格地建立起来, 即被证明; 没有它们, 理论便缺少了结构的连贯性. 它们被称为定理, 但这个用来指称那些陈述的词还有另一层意思, 它跟这些陈述必然能在该理论内得到证明无关, 其最重要的意义在于能够超出它们在该理论内的结构价值的范畴. Fermat 定理 —— 我们后面还会谈到它 —— 就是一个引人注目的例子, 它属于第一个领域, 即纯数学范围. 纯数学中的一个理论若没有这一类定理, 那它只是一种乏味的智力练习. 另一方面, 这类定理若缺少了仅在它所在理论中才有的概念也是很难建立起来的, 甚至是无从建立的. 在下面的评论中你会看到, 正是那些概念确立了纯数学在智力发展史中的光荣地位. 在分析学 —— 以微积分的形式为大家熟悉 —— 中考查它的理论, 你会发现比起它跟数学本身之外的相关事物而言, 这类定理的数目较少.

我对这次演讲思考得越多, 越感到我自行其是地来讲数学的性质和它的魅力, 特别是对着缺少专门知识的听众 —— 无论他是数学家还是其他人, 我真是有点自不量力. 有太多的问题我无法回答. 虽然我希望最终能对两种完全不同的数学目标做出评价, 但我的看法跟 19 世纪伟大的数学家 C. G. J. Jacobi(雅可比) 的断言不同. Jacobi 在 1830 年写给 A.-M. Legendre(勒让德) 的一封信 —— 我在准备这篇演讲时偶然看到的 —— 中有一段著名的话:

"Fourier(傅里叶) 确实有过这样的看法, 认为数学的主要目的是公众的需要和对自然现象的解释，但是像他这样一个哲学家应当知道，科学的唯一目的是人类精神的光荣，而且应当知道，在这种观点之下，数 (论) 的问题和关于世界体系的问题具有同等价值.”①

我不能确定事情会有那么简单. 我这辈子花费了大量的心血从事跟数论紧密相关的研究，但是，“人类精神的光荣” 这个概念用来辩护某种观点，也许过于不确定，很值得怀疑. Jacobi 写这封信时心里想的数学，无疑是数学中椭圆积分的部分，无论如何，它到今天仍然是内在美和影响智力发展方面的出类拔萃的主题，尽管很大比例的数学家不熟悉它的细节. 此外，拿公众的需要作为数学的目的，至少在今天常被认为是一种妄用. 所以，为在数学领地中生活而去找出一种聊以自慰的辩护确实不容易.

在 Jules Romains 4750 页的超长小说《善良的人们》(*Les hommes de bonne volonté*) 中，一位枢机主教把教会称作 “人们造出的一件神的作品”，接着说:“其延续是神的作品的延续，但其盛衰则源于人们的作为.” 我们有些优秀的数学家，他们相信数学也是天赐的，言下之意它的美是上帝所为，人们充其量能去发现它们. 这种说法我还是觉得太简单，但我也提不出可供替代的看法. 数学肯定是人做的工作，所以它存在许多缺点、许多不足之处[2].

人类当然属于动物，带有动物的弱点，不过对他们自己和这个世界更具危险性. 尽管如此，他们还创造 —— 和破坏 —— 了大量美的事物，有的微小、有的巨大、有的中等，有的极端复杂而无人能够完全理解. 数学，即便是纯数学，也拥有些许我们特有的本质，即对它的存在 —— 就像我们自己的存在或是宇宙的存在 —— 无法作出终极的解释. 要在它触及的更大范围中理解数学是什么，也是个相当困难的事情，尤其是如何来交流这种理解，部分原因是它常常以间接的方式呈现，“间接” 这个词意指: 数学 (不仅仅是它的基本概念) 是独立于我们存在的. 这是个难以让人相信的观念，但对于专业数学家而言，没有它便很难工作了. 不管是天赐的或是人造的，数学都不是没有缺漏的，不管是因时间不够或是它无穷的本质所致，数学可能永远不会是

---

① 此段译文转引自《古今数学思想》第 3 卷第 218 页，上海科学技术出版社，2003 年. —— 译注

完美的.

我自己进入数学, 既不太晚也不太早. 我不是自学者, 也无接受过特别好的数学教育的优势. 当我成为一名数学家时, 我过去学到了太多错误的东西, 太少正确的东西. 经过若干年缓慢但并不完美的过程, 我懂得了 —— 在某种程度上 —— 对往事进行深入的洞察. 我发现了 —— 尽管不是经常发生 —— 需要我自己认真思考的事. 虽然我确实经常认真思考 —— 随我的方便利用一切资料 —— 未来发展的可能性, 我心中仍然充满了不确定性. 向无辜纯真的读者坦陈上述实情, 我就差不多准备好开始讲我的主旨内容了. 不过在此之前, 我想来描述一条定理及其证明概要, 因为它在我的心目中是讲述定理和理论之间关系的最引人注目的现成例子.

3. Fermat 大定理

求出方程 $a^2+b^2=c^2$ 的非零整数解是容易的. 你把它写成 $a^2=c^2-b^2=(c+b)(c-b)$, 并取 $c+b=r^2$, $c-b=s^2$, $a=rs$. 另一方面, 对于 $n>2$, 方程 $a^n+b^n=c^n$ 不存在 a, b, c 都不为零的整数解. 这就是著名的 Fermat 大定理. 当然, 我在这里并不打算给出一个证明, 也不想讲述该证明的历史; 这方面已有大量的报道, 很多都是可信赖的. 我只想指出某些基本原理. 如果对于 n 等于素数 p —— 这是一种关键的情形 —— 存在一个解, 那么你可以追随 Gerhard Frey 和 Yves Hellegouarch 去考虑 (x,y) 平面上由 $y^2=x(x-a^p)(x+b^p)$ 定义的曲线. 这条曲线所属的类型是特别的: 它对于 y 是二次的, 对于 x 是三次的, 被称为椭圆曲线. 此外, 那些系数都是有理数. 这里有许多精确程度较高和较低的猜想 —— 更准确地说, 这里的高低只是相比较而言的, 它们无疑都是正确的, 尽管这离构建能由它们导出的理论或能导出它们的理论还很远 —— 它们在有理系数的方程和所谓的自守形式 (automorphic form) 之间建立起一种对应, 我们在下面还会回到这个概念上来. 对于椭圆曲线, 该对应的形式特别简单, 它的意义在很多数学家看来是清楚的, 而且它的出现比一般的形式要早; 当然, 在证明它的时候, 条件之一是需要一点儿可利用的关于一般理论的结果的帮助. 在一般情形以及这一特殊情形, 他们断言任何一个有理系数方程都跟一个或几个自守形式相联系. 这是出人意料的, 因为自守形式显然是相当复杂和精妙的数学对象. 大体上说, 列举自守形式的数目比列举曲线还是要容易些. 特别地, 可能对应于椭圆曲线的带有小分歧 (small ramification) —— 一个基本的技术性概念 —— 的自守形式是能够计数的, 但没有足够的这类自守形式能用来对应 Frey-Hellegouarch 曲线. 所以它不可能存在, 那么对 $n > 2$ 的 Fermat 方程无解. Fermat 定理是 (而且将来仍然是) 一个范例: 一个显然是基础性的简明定理却是一种非常复杂、非常较劲的理论的推论.

我在本文的结尾处加上了两张图, 为了有助于说明文章上下文历史演进的背景 —— Fermat 定理的证明就是在其中实现的. 在第一张图 A 中, 矩形框内给出了大量数学理论和概念, 框之间的连线用来表示它们之间的关系. 历史的发展从图的顶部向底部展开. 我希望这样能为不熟悉概念本身的读者提供一种时间感; 第二张图 B 给出了这些概念的一些知名创立者的名字. 但要说明, 图的制作并不特别认真. 不是所有的名字都需要同等熟悉; 这些数学家也不是同等重要的.

图 A 中有四个独立的椭圆标记框, 共两行两列. 每一列与它上方的理论有关: 左列针对当代的代数几何和 Diophantus 方程, 右列针对自守形式. 第一行对应这两种理论的中心概念, 左边的是原相 (motive), 右边的是函子性 (functoriality). 这两个词中没有一个在一开始就唤起人们在数学方面的任何联想. 二者在该图中使用的意义也是有问题的. 但至少对有些人而言, 用这两个概念要寻求什么是清楚的. 现在也清楚它们在很大程度上是猜测性概念. 二者表达了它们所关联的理论结构的某些本质的东西. 数学家所称谓的群对该结构的表达并不很多, 反而是群的表示构成了数学家所谓的 Tannaka 结构. 这是个多少有点儿难以解释的概念, 我在这里不打算确切表达它. 要是用 Hermann Weyl 在他 1928 年发表的名著《群论和量子力学》(*Gruppentheorio und Quantenmechanik*) 的序言中所作的凝练的评说, 那么它的神秘性反而会增加: "所有的量子数都是群表示论的记号."

在 20 世纪早期, 当时的物理学家对各种原子和分子放射出各种不同的波完全无法解释, 这是他们心中处于中心地位的不解之谜. 这个谜只是在新的量子理论背景下得到了解释, 最终要借助群表示和两个表示的积的概念, 这几乎就是数学家指为 Tannaka 语境下的概念.

这是一项有重要意义的成就, Weyl 正是参考了它. 然而, 自守形式或原相是数学概念而非物理现象, 特别地, 自守形式 —— 其定义比起原子和分子的谱来说甚至更接近群 —— 应是旋转群及其表示, 澄清左侧椭圆框和右侧椭圆框跟其上方的联系与发现它们一样困难: 这里的联系是指 Diophantus 几何或原相跟自守形式或函子性之间的联系; 是指 ℓ-进表示和 Hecke 算子间的联系. 我们希望的不只是在跟它们相关的两种理论 —— Diophantus 方程和自守形式 —— 中阐释原相和函子性这两个概念, 而是要创造它们. 无须怀疑, 至少对我而言是如此, 所提出的猜想是有根有据的, 但肯定需要大量的努力、充分的想象力和勇气才能证实它们。

无论如何, 这些猜想中最容易的那些已被证明。它们已足够用来证明 Fermat 大定理。更确切地说, 函子性的有些例子, 不仅影响右侧那列, 还影响两列之间的对应, 而 Andrew Wiles得到了它们; 他认识到伴随它们的还有一个难得多的猜想 —— Shimura-Taniyama 猜想 —— 它也是该对应的一部分, 而且是更难的一部分, 其证明已在他的掌控之中. 这一重大成就代表了 (Fermat 大定理证明过程中的) 第二步 —— 不仅创造了两列中的两个理论, 而且给出了证明, 或至少给出了部分证明 —— 左侧的理论在代数曲线的层次上映入了右侧的理论. 这是 Fermat 大定理证明的精髓, 符合时代的精神. 如果这条定理是错的, 它就暗指存在一条椭圆曲线, 一个原相, 即属于左列的 Diophantus 对象. 由于 Diophantus 理论被映入自守形式理论, 所以在右列存在一个对象属于它, 一个对应的自守形式, 根据对应的性质, 它就具有某些非常特殊的性质, 这些性质允许我们得出它不可能存在的结论. 所以说, Wiles 证实 Fermat 大定理所获的荣誉也许还不如证实 Shimura-Taniyama 猜想来得大.

其实, 如果从来没有人去猜想 Fermat 方程无非平凡的整数解, 如果数学家从另外的途径得到 Shimura-Taniyama 猜想及其证明 —— 不是如我所见的完全来自上述问题, 尽管图 A 中的一些本质性步骤显然受到了寻找 Fermat 大定理的证明的启发 —— 作为后续结果, 如果某位谦恭的数学家注意到除了明显的 $abc = 0$ 外, 方程 $a^n + b^n = c^n (n > 2)$ 无整数解, 但人们一点儿也没有去注意他或这个方程; 从这些假设可以推断: 数学概念本身的价值和其历史渊源深度之间的关系, 比我在本文开始时设想的更加微妙、更不易察觉. 但我的经历仍然告诉我, 作为一名数学家, 把历史的发展记在心中有着巨大的价值.

图中最后一行是为了完整性而提出的一种规范, 它们在当前最通常的作用是对那两列的内容进行比较, 或者说是用来决定所提出的两列中的那些对象的任何对应是否正确. 存在 ℓ-进表示是最近几十年才知道的, 像代数基本定理一样, 将在下面给出它的确切表述, 它的存在表现了几何与无理性之间某些基本的联系.

为了概括地勾画那些对应关系, 我们必须克服许多困难, 我在为此努力奋斗时又遇到了一个性质完全不同的问题的打扰. 确实, 只是由于历史的缘故, 而非其他原因, 我们必须严肃认真对待任何一个能引出 Fermat 大定理的数学理论. 现在 Fermat 大定理已被证明, 进一步发展那个理论的价值何在? 所论及的对应将给出什么结论? 这一点儿也不清楚. 我的猜想是, 在证实所谓的 Hodge (霍奇) 猜想中适切的部分 —— 也许就是高维坐标几何中那个重要的未决问题 —— 之前是很难创立起涉及那两列内容间对应的理论的. 该猜想于 1950 年首次明确表述 —— 稍微有点不准确, 之后作了修改, 但一直难以证明. 然而我无理由地觉得, 如果一点儿都不向 Reimann (黎曼) 假设靠拢, 该理论也无法得以建立, 而人们花在 Reimann 假设上的努力已超过了 150 年; 不过, 该理论确实暗示了 Reimann 假设的更一般的形式, 并把它置于更大的背景之下. 一个不同的但十分困难的问题是: 该理论暗示了 —— 即使不是暗示, 至少是涉及 —— 哪些重要且具体的数论结果. 有几位数学家已或明或暗地在思考这个问题; 我则尚未开始琢磨它.

§2. 纯数学

1. 古往今来

Fermat 大定理的证明是个令人信服的实例, 说明了图 A 中第一对椭圆框图所象征的对应导出的具体结果. 图 A 本身以及下述段落中对它的不完全和非系统的解释都是一种尝试 (这更多是为我自己的目的而非为了读者), 把这种对应 —— 这篇文章的中心议题, 服务于纯数学, 如系天意, 是两篇文章中的第一篇 —— 融入各式各样的深刻洞察或若干世纪来已有的贡献中, 这些洞察和贡献被所有的数学家认为是决定性的, 而且这种尝试要说明该对应是那些贡献的合情合理的后续物. 领会所有这一切恐怕花一辈子的时间都不够, 但是每一位或者说所有为此努力的人, 每次都会对其内容和影响有更好一点儿的理解, 而直接感受到的愉悦和满足是丰硕的. 我作为一名数学家, 生命中认真思考数学的过去的时间少之又少, 本次讲演给我提供了一次机会, 以改正我过去的疏漏, 弥补我的不足.

有两个源自古代的重要主题, 经若干世纪的积累形成了庞大的结构体, 它们对那两个椭圆框架所象征的对应增添了内容: 一个是几何, Apollonius 是古典时期的重要代表, 就我们的目的而言, 他的工作比 Euclid 的更能说明问题; 另一个是算术 —— 这个词在数学家之间常用来代替短语 “数的理论”, 我在空间有限的图 B 中更乐意把 Theaetetus (泰特托斯) 和 Euclid 作为它的代表人物而不是 Pythagoras (毕达哥拉斯). 尽管据我所知, 我们唾手可得的《几何原本》卷 X 的不错的英译本包含了许多 Theaetetus 不知道的东西, 但他的名字更能在感情上打动哲学家, 因为在 “Plato 对话” 中出现了以他名字命名的篇章, 其在对话时的表现朴素而动人, 该篇对话十分简要; 在私生活方面, 他是名受伤的战士, 患有腹泻症, 在那篇依回忆写出的对话里, 他十分年轻, 是 Socrates (苏格拉底) 提问的陪衬者, 尽管允许他给出一些数学方面的插话. Apollonius 关于圆锥截线的著作中出现了我们大多数人熟悉的椭圆、双曲线和抛物线方程, 尽管没有使用符号和 Descartes 坐标; 为了弄懂我们不熟悉的有关这些方程的阐述方式, 需要编辑者的帮助, 有了这些帮助即使读译文也是一种乐事. Apollonius 的作品已用几种语言出版. 特别地, 你还能看到 1566 年的拉丁文版本. Descartes 显然读过并理解了该著作的前几部分, 他从中受益匪浅, 我们亦然.

两张图中的第一列都跟 Descartes 几何的发展有关 —— 从 Descartes 的《几何》(*Sur la géométrie*) 引进这种几何一直到现在, 其基础是 Descartes 对 Apollonius 工作的解释. Descartes 几何的首要特征是使用了坐标, 所以有众多理由称它为坐标几何是更可取的, 但赋予它 Descartes 的名号也是有说服力的 —— 他对数学的贡献有持久的价值, 尽管作为数学家他很傲慢, 而且并不总是坦率地承认他对 Apollonius

的感激. 坐标的使用最终使得引入射影直线、射影平面或高维射影空间成为可能; 你可以说, 它们的用途在很大程度上是当某些代数方程的解溜到无穷时避免不断地引入各种特殊情形. 在射影几何中, 那些解是跑不掉的.

这使我们能系统地开发出代数基本定理的各种结果. 该定理的现代形式断言, 形如 (1.1) 的所有系数 $a_{n-1}, \cdots, a_1, a_0$ 为复数的方程

$$X^n + a_{n-1}X^{n-1} + \cdots + a_1 X + a_0 = 0 \tag{1.1}$$

都恰有 n 个根; 由于一些根可能是多重的, 更好的表述方式是把左边分解成因式的乘积:

$$X^n + a_{n-1}X^{n-1} + \cdots + a_1 X + a_0 = (X - \alpha_1)(X - \alpha_2)\cdots(X - \alpha_n). \tag{1.2}$$

人们最熟悉的例子是

$$X^2 + bX + a = 0,$$

它的两个根是 $\alpha_1 = (-b + \sqrt{b^2 - 4a})/2$, $\alpha_2 = (-b - \sqrt{b^2 - 4a})/2$. 有的读者也许不熟悉复数的含义及其重要性, 有了复数就允许 $b^2 - 4a$ 是负数. 借助于复数概念的现代工具是在经历了 18 世纪和 19 世纪早期的缓慢过程中获得的.

然而, 该定理的起源并不在于代数或几何, 而在于积分演算, 在于那些将为许多读者熟识的公式, 他们已遇到过的有

$$\begin{aligned}
&\int \frac{1}{x-a}dx = \ln(x-a),\\
&\int \frac{1}{(x-a)^n}dx = -\frac{1}{n-1}\frac{1}{(x-a)^{n-1}}, n > 1,\\
&\int \frac{1}{x^2-a}dx = \frac{1}{2\sqrt{a}}\ln\left(\frac{x-\sqrt{a}}{x+\sqrt{a}}\right),\\
&\int \frac{1}{\sqrt{x^2-a}}dx = \ln(x+\sqrt{x^2-a}) = \operatorname{arccosh}\left(\frac{x}{\sqrt{a}}\right) + \text{const.},\\
&\int \frac{1}{\sqrt{x^2+a}}dx = \ln(x+\sqrt{x^2+a}) = \arccos\left(\frac{x}{\sqrt{-a}}\right) + \text{const.},
\end{aligned} \tag{1.3}$$

以及类似的公式. 上述第三个公式是第一个的形式推论, 它还是前两个的直接结果. 第四或第五行中的第一个等式可以由参数化 $x+y=z$,

$x-y=a/z$ 推导出来, 或更确切地说, 由平面曲线 $x^2-y^2=a$ 的参数化 (1.4) 导出:

$$x=x(z)=\frac{1}{2}\left(z+\frac{a}{z}\right),\quad y=y(z)=\frac{1}{2}\left(z-\frac{a}{z}\right). \tag{1.4}$$

这两行的第二个等式是对数和三角函数或双曲函数间的关系导致的一个结果, 例如:

$$\theta=\frac{1}{2i}\ln\left(\frac{1+i\tan\theta}{1-i\tan\theta}\right),$$
$$a=\frac{1}{2}\ln\left(\frac{1+\tanh a}{1-\tanh a}\right).$$

这些等式反映了三角函数和双曲函数之间以及两者和指数函数之间的密切关系, 这些关系在 18 世纪最初研究积分时不是立马就清楚的.

了解从第三行到第四和第五行的通道, 需要我们理解以下事实: 就很多目的而言, 带有参数 z 的那行几乎跟曲线 $x^2-y^2=a$ 所起的作用一样, 因为当 z 跑遍直线时, 点 $(x(z),y(z))$ 跑遍这条曲线. 所以, 那些积分演算随之带来的是更自由地使用几何抽象, 这便把我们带到了两张图中左边的那列.

然而, 更重要的是需要了解: 在很大程度上, 对于代数基本定理的出现, 强烈想要计算形如 (1.5) 的积分是其基本要素:

$$\int\frac{X^m+b_{m-1}X^{m-1}+\cdots+b_1X+b_0}{X^n+a_{n-1}X^{n-1}+\cdots+a_1X+a_0}dx, \tag{1.5}$$

但这些积分难得被讨论. 首先, 一般性的公式比起特殊的公式不那么重要; 其次, 它们需要计算分母的根, 而这不是容易的事. 在大多数情况下, 只能算出根的近似值. 原则上, 这些积分会在导论性课程中讨论. 即使这种讨论隐含大量的经验, 它们肯定跟许多其他积分处于不同的水平上, 后者粗看起来似乎跟它们处于同样困难的程度. 典型的例子有

$$\int\frac{1}{\sqrt{x^3+1}}dx. \tag{1.6}$$

这些是 Jacobi 熟悉的积分, 并激起了他的雄辩之才. 它们令人惊讶地具有丰富的几何内涵.

即使为了在形式上讨论 (1.5), 分母也必须进行因式分解, 分解成如 (1.2) 那样, 或者遇到复数难以做到这样的分解, 那就分解到因式的

乘积中可以出现二次的因式:

$$X^n + a_{n-1}X^{n-1} + \cdots + a_1X + a_0 = (X - \alpha_1)\cdots(X^2 + \beta_1 X + \beta_2)\cdots.$$

例如, 因式分解

$$X^4 - 1 = (X - 1)(X + 1)(X^2 + 1)$$

比下面的分解更可取:

$$X^4 - 1 = (X - 1)(X + 1)(X + \sqrt{-1})(X - \sqrt{-1}).$$

虽然两百年前已解决了遇到复数时的分解难题, 但在积分演算的导论性课程中肯定会留有二次因式的痕迹. 由于实施积分法的需要, 必须明确地找出因式分解 (1.2), 这就需要额外的技巧.

所以, 在形式地计算积分 (1.5) 时遇到的难点又引出了两个难题, 一个是形式和逻辑的, 另一个是数学的; 两个都很难对付, 尽管难对付的角度不同. 针对第一个难题需要接纳复数为可信赖的数学对象; 针对第二个难题需要证明在复数域内进行因式分解 (1.2) 是可能的, 无论左边的系数是实数还是复数.

一旦数学家能容易地进行因式分解 (1.2), 而且肯定这种分解总是可能的, 那么就能沿着两个方向继续探索, 或者说有许多方向可供探索, 其中跟图 A 和图 B 特别相关的有两个. 一个方向是研究单个或几个代数方程的所有复数解的集合. 这属于第一列的内容, 其中的大多数必须被认为是几何性质的. 另一个方向是研究单未知量的代数方程, 即方程 (1.1) 的所有解, 但其系数来自一个有限制的域 (restricted domain), 最重要的是以普通的分数和普通的整数为其系数的情况. 对系数的限制牵涉对根的限制, 下面将会披露这些限制的性质.

在图 A 左侧有两个不同的长列, 最靠左的那列与第一个方向有关, 靠中间的那列与第二个有关; 写出这两个长列是相当专断的, 很大程度上取决于我自己对通往自守形式的各种专题的经验比对通往 Diophantus 方程的更广泛, 当然这也并不完全是人为的. 中世纪晚期和文艺复兴早期代数学发展的全部内容, 对 Descartes 来说是分析三次和四次方程的根的先决条件, 也是 Lagrange(拉格朗日) 和其他人对

方程 (1.1) 进行总体分析的著作的原始思想. 无论如何, 对于这两列的图示, 一列承载的是积分研究, 并进而研究复的坐标几何中的平面曲线 —— 实际是曲面, 即 Riemann 面, 因为确定一个复数 $a+b\sqrt{-1}$ 需要两个实数 a 和 b; 另一列承载了 Tartaglia、Ferrari 和其他人发现的三次和四次方程的显式解, 并经 Lagrange 的审慎思考进入了群 (首先是 Galois 群) 的研究; 它们作为现代纯数学兴起时必然会出现的那些概念的积累和融合的象征是合格的.

图 A 右侧的结构布局更让人感到陌生. 对于二次型理论的历史和作用, 即使是数学家也理解得不够深透, 它技术性强, 在这里展开讲的话篇幅也太长. 图中以 Galois 理论、群和自守形式为顶点的三角形区域, 在某种程度上人们对其还一无所知, 或至少是缺乏对它的理解; 它属于数学和物理的重叠部分, 我不能对此不加评论. 由类域论、Galois 理论和自守形式构成的三角形区域更神秘, 也许关键性的难点就在其中。我试图在最后一节概述相关的问题。

2. 数论的起源

最令人感兴趣的展示数论基本要素的作品之一, 见于 "Plato 的对话" 中的 *Theaetetus* 篇, 另一个见于 Euclid《几何原本》的卷 VII. 两者都讨论了素数, 当然前者只是偶然提及; 前者还讨论了无理数的概念, 尽管是以不可公度的形式表达的 [3]. 素数和无理数这两个概念至今已被联系在一起, 处于数论中的基础地位. 许多非专业人士都熟悉它们; 我们也能轻而易举地把二者向智力尚可又专心与会的听众讲明白.

现代的数论则非常深奥. 甚至在这方面的专业人士中间, 它也是被割裂的, 即使偶尔有些结论具有基础性. 由于较大众化的研究生院教授会的组成常常是巧合所致, 所以某些技术性极强的方面有不少人熟悉, 另一些则几乎无人所知. 你可能已经在 Euclid《几何原本》卷 X 中看到, 对最简单的无理数的考察如何迅速地导致了神秘但无益的思考.

这些思考跟现代 Galois 理论必须考虑的事紧密相关, 该理论是十分年轻的数学家 Évariste Galois 在 19 世纪创立的[4]. 这一理论以简洁和深刻的方法, 借助于对称群的概念, 分析了代数无理数的基本性质,乃是当代大学课程的组成部分; 没有或缺少了群的概念, 现代纯数学是难以想象的, 我们将看到群的概念比 Galois 理论本身更广、更深地渗透到了数学之中.

为了介绍 Galois 理论和对称性, 也是为了对数学理论的起源稍有深入的了解, 简短地回忆那本冗长且鲜有人读的卷 X 还是有用的. 它开篇就小心地分析不可公度量, 也就是无理数 —— 这个词在这里是按现代数学意义下理解的, 而不是 Euclid 意义下的, 或毋宁说它是一个英语翻译. 有理数是普通的分数. 无理数是指待处理的数. 总的说来, Euclid 和 Galois 都关注无理数; 无理数也是代数数, 所以它们满足形如 (1.1) 的代数方程, 其中的所有系数 $a_{n-1}, \cdots, a_0$ 是普通分数, 即有理数. 我们已经强调过, 它处于所有的代数和大量的几何的中心位置, 不管系数是否是有理数, 该方程的左侧可准确地写为

$$X^n + a_{n-1}X^{n-1} + a_{n-2}X^{n-2} + \cdots + a_1X + a_0 = (X-\alpha_1)(X-\alpha_2)\cdots(X-\alpha_n).$$

这种表述, 我们已知道, 即著名的代数基本定理, 它对积分演算是很基本的. 它似乎也是 Descartes 在他 1637 年的 "几何" 一文中有关曲线次数概念的预见性论断的源泉, 该定理的证明相当晚, 是深入思考实数的结果 —— 实数在今天已为人们所熟知. 该基本定理在几何或拓扑方面的含义, 的确跟以下差异不相关, 即上式所允许的在代数数和我们数系中其余的数之间的差异.

整数 $1, 2, 3, \cdots$ 组成一个人们熟悉的数集. 将单位长分割成若干等长的部分即刻导出有理数 1/2 或 1/3, 2/3, 等等, 但转向代数数, 例如 $X^2 - 2 = 0$ 的一个根 $\sqrt{2}$, 就超出了它们的范围, 使数的概念向前迈出了重要的一步. 还存在像 π 这样重要的数, 它等于半径为 1 的圆的周长的一半, 但它不是代数数, 也不是我们在这里关注的数. 代数数的性质不是一目了然的, 但两个代数数的和仍是代数数, 正如它们的积一样. 当分母不为 0 时, 它们的商亦然. 有一条值得注意并十分基本的定理说, 当我们允许方程 (1.1) 的系数是代数数时, 其根亦是代数数 —— 这通过适当的观察不难证明.

对于现代读者而言, 若无注释者的帮助, 并不容易理解 Euclid 著作的后几卷, 比如第 X 卷, 在古代就对代数数研究做出了重要贡献; 尽管我猜想, 大量的注释很像是把当时的数学纳入了当代人为的数学背

景之下. 这么做已经需要许多想象的东西, 以便发现生活在以往的世纪中的数学家所偏爱的概念. 要弄清楚两千年甚至更久远的那些偏爱, 对我们大多数人来说, 也许再努力也几乎不可能得到与努力相匹配的回报.

根据英译者和编者 Thomas Heath 在他著名的英译本的附注中给出的解释, 我们在卷 X 中讨论以下方程的根:

$$X^2 \pm 2\alpha X \pm \beta = 0 \tag{2.1}$$

和

$$X^4 \pm 2\alpha X^2 \pm \beta = 0. \tag{2.2}$$

第二个方程的根是第一个方程的根的平方根, 它们是 $\pm\alpha \pm \sqrt{\alpha^2 \mp \beta}$, 对 Euclid 来说, 仅当 $\alpha^2 \mp \beta \geqslant 0$ 时它们才有意义. Euclid 允许系数 α 和 β 是有理数 m/n (m 和 n 是正整数), 或是简单无理数 $\sqrt{m/n}$. 这样的方程产生于 Euclid 时代及其后的各种几何问题. 卷 X 在一定程度上是一种关于解的非常详尽的分类法, 并讨论了它们的性质 —— 有理的或是无理的. 这个解可能是相当复杂的, 用现代的术语表述, 即代数的方式表述为

$$\frac{\lambda^{1/4}}{\sqrt{2}}\sqrt{1+\frac{k}{\sqrt{1+k^2}}} \pm \frac{\lambda^{1/4}}{\sqrt{2}}\sqrt{1+\frac{k}{\sqrt{1+k^2}}}, \tag{2.3}$$

其中, λ 和 k 是简分数. 这个数的性质依赖于 λ 和 k 的性质.

这个数是卷 X 中命题 78 的解, Heath 对该命题的译文为下述问题:

如果从一个线段减去与此线段是正方不可公度的线段, 且该线段与原线段上正方形的和是中项, 又有它们构成的矩形的二倍亦为中项, 而且它们上正方形的和与由它们构成的矩形的二倍是不可公度的, 则余量是无理的 ……

我略去了结尾处的一句无关紧要的话. 这段陈述很难懂, 需要做解释. 即使它的含义清楚了, 你起初也会感到十分惊讶, 不是任何一位有头脑的人都能发现这一有趣的陈述的! 如 Heath 所说, 16 世纪讲佛兰芒语的杰出数学家 Simon Stevin 就是这样反应的, 他写道: “Euclid

《几何原本》的卷 X 中的难点, 已经多次令人生厌而难以忍受了, 而且又看不出它的任何用处.” 事实上, 还是按照 Heath 的评注, 早期的代数学家对这卷书给予了极大的关注, 他们在中世纪晚期和文艺复兴早期研究了三次和四次方程 —— 即 $n=3$ 或 $n=4$ 的方程 (1) —— 的解的性质. Galois 理论不能被认为是一种完善的理论, 乃是出现在一些大数学家思考高次方程仅几个世纪之后. 对高次方程的思考可能是群概念出现的主要源泉和不可或缺的因素; 当然其理由并不总是能看透的, 甚至可能还无法理解, 这种情况不仅对许多数学分支是如此, 对很多物理分支如相对论和量子理论也一样. 所以, 虽然有那些解释, 我们尽可以不去考虑 Euclid 的命题 78 或卷 X 中大量类似命题中的任何一个, 而把它们当作误入歧途的饱学之士的琐碎且使人分心的事物. 在这里, 无须详细地去考查那些解释. 为当下的目标, 只消简单地看一看那个公式就足够了.

长度为 τ 和 τ' 的两条直线称为正方不可公度的, 是指以它们为边的正方形面积的比不是有理数. 两个面积可公度是指它们的比是有理数, 否则为不可公度. 一条线段 (指其长度) 是中项的, 是指它的四次幂是有理的, 而其平方不是, 这是由几何考虑给出的定义; 一个正方形的面积称为中项的, 是指其边是中项的. 所以, 该命题的出发点是两个整数 τ 和被减去的部分 σ, 使得 $\sigma^2/\tau^2, \tau^2+\sigma^2, 2\tau\sigma$ 皆非有理的, 而 $(\tau^2+\sigma^2)^2$ 和 $4\tau^2\sigma^2$ 是有理的. 最终的假设是比

$$\frac{\tau^2+\sigma^2}{2\tau\sigma} \tag{2.4}$$

是无理的. 该命题的结论 (不管其用什么语言) 是 $(\tau-\sigma)^2$ 是无理的, 因为在 Heath 的译文中, “无理的” 这个词并非现代意义下的无理数, 而是指现代意义下的无理的正方形. 因为

$$(\tau-\sigma)^2=\left(\frac{\tau^2+\sigma^2}{2\tau\sigma}-1\right)2\tau\sigma,$$

故

$$(\tau-\sigma)^4=(\tau^2+\sigma^2)^2-4(\tau^2+\sigma^2)\tau\sigma+4\tau^2\sigma^2.$$

第二个等式右端的第一项和最后一项是有理的, 中间项是 $(\tau^2+\sigma^2)/2\tau\sigma$ 和 $8\tau^2\sigma^2$ 的乘积. 根据假设, 这些数中的第一个是无理的, 第二个是有

理的. 所以其和 $(\tau-\sigma)^4$ 是无理数, 那么便得出 $(\tau-\sigma)^2$ 亦是无理数的结论.

我们在这里突然意识到: 一方面古希腊人认为区分有理数和无理数很重要; 另一方面它论证起来很简单, 或者说是无足轻重的小事, 但这并不表明我们有比古人更高的才智, 只不过表现了代数形式化的优点. 至少对现代的学生而言, Euclid 的几何论证太不容易懂了. 卷 X 中的基本操作是 apotome ("图形的切割"), 用代数表示大体上就是求差 $\alpha-\beta$, 其中 α 是有理数, β 是真根式 $\beta=\sqrt{\gamma}$, 此处 γ 是有理数, β 不是. $1-\sqrt{2}$ 就是个例子. 卷 X 的命题 73 证明了这种切割 $\delta=\alpha-\beta$ 必定是无理的. 在我们看来这很清楚, 因为 $\beta=\alpha-\delta$, 当 α 和 δ 双双有理时, β 亦有理. 然而, Euclid 的论证相当长. 即, 作为假设和某些基本操作 (对我们而言就是代数形式推理) 的结果, 有如下命题: $\alpha^2+\beta^2$ 与 α^2 可公度, $2\alpha\beta$ 与 $\alpha\beta$ 可公度; 而作为假设的结果有 α^2 和 $\alpha\beta$ 不可公度. 因此, $(\alpha-\beta)^2=(\alpha^2+\beta^2)-2\alpha\beta$ 是两个不可公度量的差, 其中一个是无理的, 所以它是无理的. 命题 78 是作为命题 73 的推论被证明的, 它的证明跟命题 73 一样, 在我们看来也是惊人的麻烦.

我发现 Heath 的注释有点儿不够确切, 但代数表述是清楚的. 令 $\lambda=(\tau^2+\sigma^2)^2$. 它是有理数. 我们随 Euclid 假定它不是一个平方. 容易看出, 对于一个 a, $0<a<1$, 我们有

$$\tau=\frac{\lambda^{1/4}}{\sqrt{2}}\sqrt{1+a},\quad \sigma=\frac{\lambda^{1/4}}{\sqrt{2}}\sqrt{1-a},$$

因为

$$4\tau^2\sigma^2=\lambda(1-a^2),\quad \frac{\sigma^2}{\tau^2}=\frac{1+a}{1-a}.$$

a 不是有理的, 而 a^2 是. 由于 $0<a<1$, 我们可以写出

$$a^2=\frac{l}{1+l},$$

其中 l 是有理的. 令 $k^2=l$, 那么

$$\tau=\frac{\lambda^{1/4}}{\sqrt{2}}\sqrt{1+\frac{k}{\sqrt{1+k^2}}},\quad \sigma=\frac{\lambda^{1/4}}{\sqrt{2}}\sqrt{1-\frac{k}{\sqrt{1+k^2}}}.$$

求其差

$$
\begin{aligned}
(\tau-\sigma)^2 &= \frac{\lambda^{1/2}}{2}\left(1+\frac{k}{\sqrt{1+k^2}}-2\sqrt{1-\frac{k^2}{1+k^2}}+1-\frac{k}{\sqrt{1+k^2}}\right)\\
&= \lambda^{1/2}\left(1-\frac{1}{\sqrt{1+k^2}}\right),
\end{aligned}
$$

Euclid 断言它是无理的. 这是对的, 但 Heath 的注释提出 k 将是有理的, 但在我看来, 没有理由说这是必然会出现的情况. 如果是, 那么 $\tau-\sigma$ 就是一个形如 (2.3) 的数.

从 Galois 理论的观点看, 被考查的对象并不在乎这个特殊的数 (2.3), 而在于称为域的数集, 这个数集是这样形成的: 先取一连串的平方根, 并取这些根所有可能的积的一切可能的商, 再取这些商的一切可能的和, 并尽可能地重复这一过程. 在 (2.3) 中, 我们取 λ 的平方根得到 $\sqrt{\lambda}$, 然后取这个数被 2 除后的平方根, 得到 $\lambda^{1/4}/\sqrt{2}$. 我们也取了 $1+k^2$ 的平方根, 从而产生了数 $1+k/\sqrt{1+k^2}$, 取其平方根, 然后对已得到的数的积求和 —— 还有差.

在卷 X 中还有另一个主题, Heath 注释里的方程 (2.1) 和 (2.2) 隐含地强调了它, 即, 两个整数 α 和 β 在什么时候使得 $\alpha^2+\beta^2$ 这个和数以及 $\alpha^2-\beta^2$ 这个差数也是整数? 这个问题跟著名的 Fermat 大定理中出现的方程 $\alpha^n+\beta^n=\gamma^n$ 紧密相关, 事实上, Fermat 大定理是一个在 17 世纪提出并在 20 世纪得到解决的问题. 在卷 X 中回答了这个问题, 不过是从不同于我一直强调的视角提出的: 不是如在 Galois 理论中那样由几何问题产生的对无理数的结构分析, 而只是对那些解进行简单的有理—无理的两分法分析.

结构分析, 在 13 世纪到 16 世纪是针对三次和四次方程的; 在 17、18 世纪由 Lagrange 和其他一些人首先尝试着思考任一给定方程的解之间的关系并强调这些关系的重要性; 之后, 非常年轻的 Gauss 成功地分析了方程 $X^n-1=0$, 其根是 $e^{2\pi ij/n}, j=1,2,\cdots,n-1$, 他的成功很突然, 大大出乎人们的意料 —— 这方面没有先例, 就我们所能理解的范围内, 他的任何一位前辈甚至都没有到达他的发现的边缘; 结构分析也许在任何可能的意义上都没有隐含在 Euclid 的著作中, 最终完善的 Galois 理论也一样. Euclid 时代的问题和概念已随时代发生了改变, 当然种子是在当时播下的.

在 Galois 理论中, 中心议题是方程 (1.1) 的 n 个根与取自某指定集的系数之间的关系组成的集合. 例如, 当所有的系数为有理数时, 所关注的就是与有理系数的关系. 考虑以下述两个方程为例.

$$X^2-2=0,\quad X^2-4=0.$$

第一个方程有两个无理数解 $X_1=\sqrt{2}, X_2=-\sqrt{2}$. 第二个有两个有理数解 $X_1=2$, $X_2=-2$. 两种情形下都有一种关系是 X_1 和 X_2 的幂的乘积与有理数的和为 0 的等式, 例如: 对第一个方程有三个关系, 即

$$X_1^2-2=0,\quad X_2^2-2=0,\quad X_1X_2+2=0;$$

而对第二个方程的关系是

$$X_1^2-4=0,\quad X_2^2-4=0,\quad X_1X_2+4=0.$$

此外, 对第二个方程, 我们还有

$$X_1-2=0,\quad X_2+2=0.$$

很清楚, 对第一个方程不存在如此简单的关系, 否则它的根就会是有理数. 表现这一差异的另一个途径是, 对第一个方程, 我们可以在任何确凿的关系中 —— 系数是有理数! —— 用 X_2 替代 X_1, 用 X_1 替代 X_2 而使关系仍成立. 同样很清楚, 这对第二个方程不成立. 所以, 对第一个方程存在一种对称性, 第二个方程丢失了这种对称性. 按照仅仅熟悉有理数的观察者 —— 我们在某种意义上都是这种人 —— 的观点, 第一个方程的两个解可能是不同的, 但还无法区分它们, 而第二个方程的两个根是不同的而且能区分它们[5]. 一个是 2; 一个是 -2. 它们没有给有理数集合添加新东西. 相反, 对第一个方程, 数 $aX_1+b=a\sqrt{2}+b$ 就完全不同了, 条件是 $a\neq 0$ 且为无理数. 数 X_2 在其中以 $-X_1$ 的面貌出现. 这意味着, 由 X_1 和 X_2 生成的所有数的集合, 即形如 $a+bX_1$ 的数 —— 此处 a 和 b 是有理数, 并考虑到在任何表达式中, X_2 无论是否是复数都可以用 $-X_1$ 替代, X_1^2 可以用 2 替代 —— 构成一个比有理数的范围更大的区域 (domain, 这里用域 (field) 这个词更好). 至少从

概念上说, 有了平方根 $\sqrt{2}$, 我们就必须去想象、引入或构造一个更大的数的区域或数域, 在其中必须有两个不同的根, 当然至少那些老的准则和习惯也仍要保持. 在这个区域内, 从习惯形成的准则或加、减法的通常做法来看, 存在两个不同的但无法区分的 2 的平方根. 更一般地, $a-bX_1=a+bX_2$ 不同于 $a+bX_1$, 且无法跟它区分. 所以, 该区域中存在一种对称:$X_1 \to X_2=-X_1$, 它必然伴有 $a+bX_1 \to a-bX_1$.

另一个例子是:

$$X^4-5X^2+6=(X^2-2)(X^2-3)=0.$$

其根为 $X_1=\sqrt{2}, X_2=-\sqrt{2}, X_3=\sqrt{3}, X_4=-\sqrt{3}$. 我们已观察到 X_1 和 X_2 存在一种简单的关系. 我们会问在由 X_1 生成的区域中, 因而在数 aX_1+b 组成的集合里, 是否已存在一个 3 的平方根. 若有, 则

$$3=(a+bX_1)^2=a^2+2abX_1+b^2X_1^2.$$

若 $a=0$ 或 $b=0$, 根据 Theaetetus 定理知道不可能有这样的方程. 若 $b=0$, 它必然伴有 $3=a^2$; 若 $a=0$, 则伴有 $6=4b^2$. 这两个方程都是不可能成立的. 若 $ab\neq 0$, 这蕴含了

$$X_1=\frac{3-2a^2-b^2}{2ab},$$

但这同样是不可能的, 因为 X_1 不可能是有理数. 于是, 导入 X_3 需要存在一个真正比 $a+bX_1$ 组成的数集大的新的区域. 稍加思索就知道, 该区域是由数 $a+bX_1+cX_3+dX_1X_3$ 组成的, 它含有 6 的平方根 $\pm X_1X_3$. 它具有三种甚或四种对称:

$$X_1 \to \alpha X_1; \quad \beta X_3; \quad X_1X_3 \to \alpha\beta X_1X_3,$$

其中 α 和 β 可独立地取作 ± 1. 当两者都取作 1 时, 其对称性不十分重要, 因为此时的对象本身无法区分. 但为了形式上完整, 引入它还是有用的.

这些对称必然伴有该方程根的置换. 实际上, 它们正是由根的置换定义的, 置换是一种抢座位游戏, 其中椅子数等于游戏者的数目, 而且在每一轮游戏中游戏者和椅子如何结合的方式可能受到复杂规则

的限制, 这些规则可能允许比通常的抢座更疯狂的争抢. 这些置换可以构成数学家们所谓的群: 进行两轮不同的游戏的结果可以很清楚地成为某单轮游戏的结果. 在许多个世纪里, 形如 (1.1) 的方程是一种智力游戏. 它们的根可能通过不断地开方根得到, 这时要借助于形如 $\sqrt[n]{a}$ 的数, 其中 a 是有理数或至少在由系数生成的域中, n 可能比 2 大, 但结果会是如方程 (2.2) 的解那样, 这对 Euclid 卷 X 中研究的问题是典型的. Galois 发现, 求答中的关键因素取决于对称群的性质, 亦即支配那些对称构成的规则. 难道数学家一直在滥用他们的发现? 自从在 Galois 简洁的文章中出现了一个群的概念 —— 它具有普适的重要性, 不仅对方程论如此, 对一般的数学亦然 —— 这个疑问就显得似乎很无聊. 为了理解它的意义需要一些 (学术) 背景.

3. 19 世纪初的代数数

Carl Friedrich Gauss 生于 1777 年, 卒于 1855 年, 这是一位我从来不敢对其贡献去认真琢磨的数学家. 他是天才, 但他的情况跟几乎普遍存在于异常伟大的数学家身上的不同, 他在早年过快地达到其全盛期, 接着又过早地达到令他人无地自容的地步. 这个孩子和双亲生活在朴实的环境里, 他的才能很早引起了人们的关注并特别幸运地得到 Brunswick 公爵[6) 的资助. 这一资助使他有可能得到极好的教育, 当然也靠 Gauss 先天的禀赋, 他 18 岁的时候在《大众文艺新闻》杂志 (*Allgemeine Literaturzeitung*, 该杂志的创办者中有 Goethe (歌德) 和 Schiller (席勒), 它跟当代的《纽约书评》杂志大同小异) 上发表了正十七边形 (有 17 条等长边的多边形, 而且其相邻边的交角相等) 可用圆规和直尺作图的发现; 这时他已是一名成熟的数学家. 这样的作图是否可能, 乃是过去两千年来一直没有解决的问题, 比倍立方和三等分角作图的不可能性有更久的历史, 后二者也困难, 但比跟它们类似的十七边形作图要容易些; 该作图问题几乎跟化圆为方问题一样悠久, 但后者要用完全不同的思考方式来分析.

Gauss 的学术生涯始于 19 世纪的起始点, 我们的讨论先简要地描述两个关键性的贡献将是富有教益的, 它们以完全不同的方式影响了那个世纪的数学. 年复一年, 我没花特别的力气就发现, 谁对 Gauss 的作品领悟得越多, 谁就离数学越近. 他早期的作品尽显其青春的活力和对可能的细节的乐趣, 同时也显示了他对前辈们的贡献和他们所面临的问题进行了成熟和带批判性的理解. 我不能说他是否总是能做到这一点, 但可以说他所关注的不是作者名气, 而是去抓住问题的本质.

我还顺便注意到, 即使忙于最难解最深奥的问题, 关注细节仍不是在浪费时间, 可是包括我们这一代在内的当代数学家, 通常起跑得晚, 要掌握的东西又太多. 所以不管愿意不愿意, 我们只停留在表面层. 除了过分聚焦关注点之外, 我没有看到明显的改进措施, 而过分聚焦是更不可取的做法.

Gauss 的《算术研究》(*Disquisitiones Arithmeticae*) 发表于 1801 年 —— 他当时 23 岁, 是代数数论的基础和启发人灵感的著作, 是 19 世纪最伟大的数学成就之一; 它不仅是 Galois 灵感的源泉, 还是这一世纪许多数论学家做出完全不同的贡献的源泉. 第七和最后一章乃是分圆理论的原始思想, 它涉及把一个圆周分成 n个相等的部分, 亦即正 n 边形的作图问题. 这是一个跟美直接相关的问题; 如果有人特别想了解它又具备必要的能力, 倒不妨在本次会议上为它单开一次讲演; 我在这里只是介绍了很大的一个问题中的一个方面而已.

对于使用圆规和直尺构作这些图形的几何问题, 希腊人就已经考虑过, 也是 Euclid《几何原本》卷 IV 的主要议题, 那里讨论了边数为三、四、五、六和十五的正多边形. 该几何问题的核心是代数的. 如果我们允许自己自由地使用复数, 平面上的点 (x, y) 表示为数 $x+y\sqrt{-1}=x+yi$, 那么内接于半径为 r、圆心位于坐标原点的圆的正 n 边形的顶点, 可用复数 $\cos(2\pi/k)+\sin(2\pi/k)i$ 表示, 其中 $k=1,2,\cdots,n-1$. 取半径为单位长, 对于三角形而言, 顶点为

$$1+0\cdot i=1,\quad \cos(2\pi/3)+\sin(2\pi/3)i=-1/2+\sqrt{3}i/2,$$
$$\cos(2\pi/3)+\sin(2\pi/3)i=-1/2-\sqrt{3}i/2,$$

因为 $\cos(2\pi/3)=-1/2$ 且 $\sin(2\pi/3)=\sqrt{3}/2$. 作为平面上的点, 它们是 $(1,0)$, $(-1/2,\sqrt{3}/2)$ 和 $(-1/2,-\sqrt{3}/2)$. 对于五边形, 我们仍取一个顶点是 $(1,0)$, 那么其他几个顶点是

$$(\cos(2\pi/5),\sin(2\pi/5))=\left(\frac{-1+\sqrt{5}}{4},\sqrt{\frac{5}{8}+\frac{\sqrt{5}}{8}}\right),$$

$$\begin{aligned}
(\cos(4\pi/5), \sin(4\pi/5)) &= \left(\frac{-1-\sqrt{5}}{4}, \sqrt{\frac{5}{8}-\frac{\sqrt{5}}{8}}\right), \\
(\cos(6\pi/5), \sin(6\pi/5)) &= \left(\frac{-1-\sqrt{5}}{4}, -\sqrt{\frac{5}{8}-\frac{\sqrt{5}}{8}}\right), \qquad (3.1) \\
(\cos(8\pi/5), \sin(8\pi/5)) &= \left(\frac{-1+\sqrt{5}}{4}, -\sqrt{\frac{5}{8}+\frac{\sqrt{5}}{8}}\right).
\end{aligned}$$

这两个正多边形可见于图 1 和图 2. 我们在 (3.1) 中看到一种我们熟悉的现象: 带有平方根的表达式跟带有负的该平方根的表达式同时出现. 这种现象显示的是一种对称性, 即那些引出正五边形顶点的复数所满足的代数方程的根之间的对称性; 该方程是

$$(X-1)(X^4+X^3+X^2+X+1) = X^5-1 = 0.$$

对三角形来说, 同样的现象就没那么引人注目了, 因为此时的方程是

$$(X-1)(X^2+X+1) = X^3-1 = 0,$$

而二次方程也许我们看到的太多了.

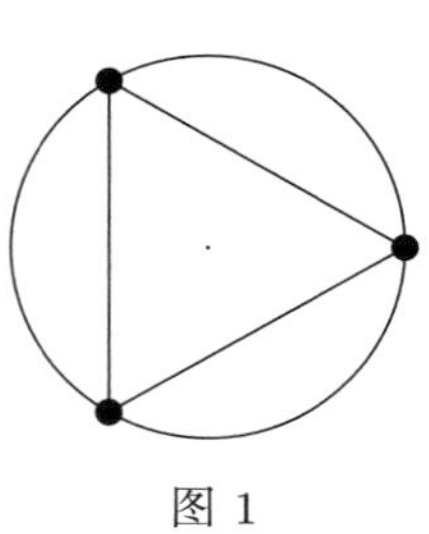

图 1

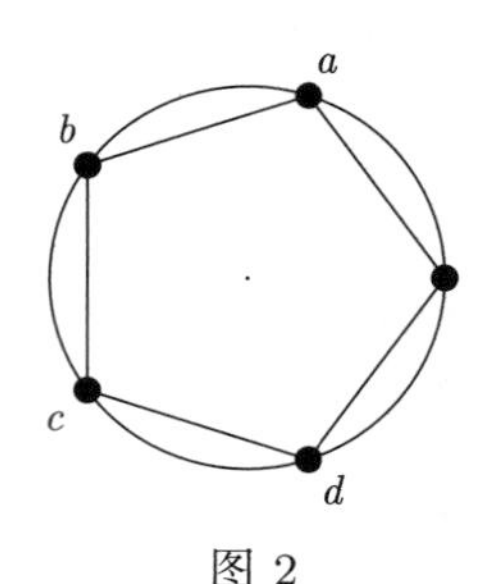

图 2

不管怎么说, 在开始思考这两个方程

$$X^4+X^3+X^2+X+1=0, X^2+X+1=0$$

的对称性时, 最好同时考虑它们. 代数对称性不同于几何对称性, 所以不是明显的三角形或五边形的旋转对称. 对三角形来说, 其代数对称性就是指两个根 $-1/2 \pm \sqrt{3}i/2$ 从代数观点看是绝对难以区分的 (absolute indistinguishability). 符号 i 只是个符号, 我们已按约定能够

认定它具有实在的含义, 它或许真的有, 不过就其内在的数学性质而言, i 跟 $-i$ 是难以区分的. 对于二次方程 $X^2+X+1=0$ 而言, 你可以认为那是学究式的强词夺理而不去考虑这种差别; 但对于第一个方程, 即那个四次方程, 不能拒绝承认这种差别的意义. 我们知道该五边形有五种旋转对称, 即转动角度 $2\pi/5$, $4\pi/5$, $6\pi/5$, $8\pi/5$ 以及最不起眼的回到原位的整圈转动. 保持该五边形不变的还有五种反射. 但只存在四种代数对称, 它们不可能很容易地用几何的方式表示. $X^4+X^3+X^2+X+1=0$ 的四个根已列在 (3.1) 中:

$$a=\cos(2\pi/5)+i\sin(2\pi/5);\quad b=\cos(4\pi/5)+i\sin(4\pi/5);$$
$$c=\cos(6\pi/5)+i\sin(6\pi/5);\quad d=\cos(8\pi/5)+i\sin(8\pi/5).$$

这四个根决定了一个数域, 其中的数是有理数, 它们可由这四个数通过加有理倍数来形成:

$$\alpha a+\beta b+\gamma c+\delta d,$$

其中的系数 $\alpha,\beta,\gamma,\delta$ 是有理数. 作为最简单的例子, 我们可以取 $\alpha=\beta=\gamma=\delta=1$, 于是得到 $a+b+c+d$, 它很容易被证实等于 -1. 不同的系数导致不同的数, 我们很难在几何上对这些数的整体作深入的了解. 然而, 我们却很容易证明两个这样的数的和或差仍是这样的数, 对乘积和商亦然. 正是在一个给定的数集内进行这种加、减、乘和除的可能性, 数学家称这样的数集为域 —— 域这个词我们已不止一次使用过, 但之前没有精确地讲过它的含义. Galois 对称乃是域的对称. 例如, 如果 a 用 $a_1=b$ 代替, 那么 b 用 $b_1=d$, c 用 $c_1=a$, d 用 $d_1=c$ 代替. 此时所有的代数关系都被保留着, $a^2=b$ 则必然有 $a_1^2=b_1$, $ab=c$ 则必然有 $a_1b_1=c_1$. 其重要性并不是一目了然的.

如果对复数稍微熟悉一点儿, 我们可以猜想对其他可能的整数 n, 方程

$$(X-1)(X^{n-1}+\cdots+X+1)=X^n-1=0$$

是适合用于正 n 边形作图的. 最好我们先考虑 n 是素数的情况, 即 $n=3,5,7,11,13,17,\cdots$, 此时仍有 n 个解, 第一个是 $1+0\cdot i$, 或是在平面上的点 $(1,0)$, 它对应于任意指定的第一个顶点. 问题在于指定了它

之后去做出其他的顶点, 即在几何上作出角 $2\pi/n$. 这依赖于对称性, 或正如我们现在所说的方程

$$X^{n-1}+\cdots+X+1=0 \tag{3.2}$$

的 $n-1$ 个根 $\theta_i=\cos(2\pi k/n)+\sin(2\pi k/n)i$ 的 Galois 对称.

至此, 我必须靠你们去回忆三角学的两个基本恒等式, 它们处于任何讨论方程 (3.2) 的核心之处:

$$\begin{aligned}\cos(2\pi k/n)\cos(2\pi l/n)-\sin(2\pi k/n)\sin(2\pi l/n)&=\cos(2\pi(k+l)/n),\\ \cos(2\pi k/n)\sin(2\pi l/n)+\sin(2\pi k/n)\cos(2\pi l/n)&=\sin(2\pi(k+l)/n).\end{aligned} \tag{3.3}$$

由此知当 $k+l<n$ 时 $\theta_k\theta_l=\theta_{k+l}$, 当 $k+l=n$ 时它等于 1, 当 $k+l>n$ 时它等于 θ_{k+l-n}. 当然这必须加以证明, 但从代数的观点看, 所有的数 θ_k 是难以区分的. 在只允许方程的系数是有理数的范围内, 它们恰满足同样的方程. 而且, 它们都能用任一给定的一个代数表达式来表示, 例如, 作为恒等式 (3.3) 的一个结果, $\theta_j=\theta_1^j$, 或当 $l-kj$ 是 n 的倍数时, $\theta_l=\theta_k^j$. 所以, 在原则上, 我们把方程 (3.2) 的 Galois 理论理解为 Gauss 在 Galois 出生前已经做过的事. 对称性, 也就是保持根之间的关系不变的根的置换, 由 $\theta_1\to\theta_k$ 所决定. 于是, θ_1 被 θ_k 替代, 其中 k 是从 1 到 $n-1$ 的任一整数; 那么 θ_j 必然被 θ_1^l 替代, 其中 $l-kj$ 可被 n 除尽.

我们似乎迷路了. 最初的问题 —— 想必是希腊化时期的数学家无法回避又因困难而放弃的问题 —— 乃是问: 对于不同于 Euclid 卷 VI 中出现的那些整数 n 的其他整数边的正多边形, 是否能用圆规和直尺来作图 —— 相当于逐次地求平方根的方法. 对什么样的 n, $\theta_1=\cos(2\pi/n)+\sin(2\pi/n)i$ 能表示为类似于 (3.1) 中那样的表达式. 这等于给那个方程的可能的代数对称性强加了某些条件, 它们将构成所谓的 Galois 群. 每次我们加上一个平方根, 即每次都实施一次用圆规和直尺的作图, 我们就这样扩大了由根生成的域; 作为一般理论的一个结论, 将存在附加的对称, 它们已跟新添加的平方根由取负值的它取代的过程相伴而生. 所以在具体地表示 Galois 群的元素时将必然出现简单的符号改变. 长话短说, 这意味着, 全部置换的数目将等于 2 的一个幂次. 我们已经看到, 对于我们所关心的数域, 置换数为 $n-1$. 当 n 是素数时, 该数为 2 的幂次的情况并不经常发生. 当 $n=3$

即 $n-1=2$ 时情况确实如此, 方程组 (3.1) 已明白地显示了这一点, 对 $n=5$ 即 $n-1=4=2^2$ 亦然. 下一个可能的情况是 $n=17$, 即 $n-1=16=2^4$, 这些结论是在 2000 年后才被理解的. 依据那篇文章发表在《大众文艺新闻》上可以推断: 构作正十七边形的可能性不仅会震惊数学家, 还会震惊整个知识界. 这让今天的数学家也感到惊讶. 我赞美 Galois 的成就和风格越多, 任何对 Gauss 的夸张的赞美就会使我不安 —— 我发现: 对 Galois 成就的性质进行任何评价, 都必须先冷静、客观地去思考哪些成就已被 Gauss 完成了.

分析以下方程的 Galois 理论是重要的:

$$X^{16}+X^{15}+X^{14}+X^{13}+X^{12}+X^{11}+X^{10}+\\X^9+X^8+X^7+X^6+X^5+X^4+X^3+X^2+X+1=0.$$

因为

$$(X-1)\cdot(X^{16}+X^{15}+X^{14}+X^{13}+X^{12}+X^{11}+X^{10}+X^9+\\X^8+X^7+X^6+X^5+X^4+X^3+X^2+X+1)=X^{17}-1.$$

但这里不是对它进行全面分析的地方. 它的一个基本的根是 $\theta=\cos(2\pi/17)+\sin(2\pi/17)i$. 所说的对称是 $\theta\to\theta^k$, 其中 $k=1,2,3,4,5,6,7,8,9,10,11,12,13,14,15,16$. 它们总共有 16 个. 第一个, $k=1$, 是简单的 $\theta\to\theta$. 第二个是

$$\theta\to\theta^2,\quad \theta^2\to\theta^4,\quad \theta^4\to\theta^8,\quad \theta^8\to\theta^{16},$$

并继续下去, 因为比如 $\theta^{16}=\theta^{-1}$, 而 θ^{-1} 的平方是 $\theta^{-2}=\theta^{15}$,

$$\theta^{16}\to\theta^{15},\quad \theta^{15}\to\theta^{13},\quad \theta^{13}\to\theta^9,\quad \theta^9\to\theta,$$

这里一共仅给出了 8 个, 因为我们已回到了出发点. 如果我们始于并未出现在以上 8 个之中的 $\theta\to\theta^3$, 那么将得到

$$\begin{aligned}&\theta\to\theta^3\to\theta^9\to\theta^{10}\to\theta^{13}\to\theta^5\to\theta^{15}\to\theta^{11}\to\theta^{16}\\&\to\theta^{14}\to\theta^8\to\theta^7\to\theta^4\to\theta^{12}\to\theta^2\to\theta^6\to\theta.\end{aligned}\tag{3.4}$$

我们最后又回到了出发点, 其间生成了所有 16 个可能的根. 该对称群有 16 个元素, 是由一个元素即用 θ^3 替换 θ 生成的.

我们可以从这些示意图一步一步地构造根的组合, 它们的对称性越来越少. 通过把所有的根相加可得到一个非常对称的组合. 它等于 -1. 如果只是把 (3.4) 中每隔一个的根相加, 我们得到

$$\theta+\theta^9+\theta^{13}+\theta^{15}+\theta^{16}+\theta^8+\theta^4+\theta^2$$

或

$$\theta^3+\theta^{10}+\theta^5+\theta^{11}+\theta^{14}+\theta^7+\theta^{12}+\theta^6.$$

这些数看起来非常复杂, 但通过耐心的计算并适当地利用 θ 满足的方程

$$X^{16}+X^{15}+\cdots+X^2+X+1=0$$

就能证实第一个加式等于 $(-1+\sqrt{17})/2$, 而第二个加式等于 $(-1+\sqrt{17})/2$.

我们可以继续讨论组合

$$\theta+\theta^{13}+\theta^{16}+\theta^4,\quad \theta+\theta^{16},\quad \theta,$$

在某种意义上, 每一个的对称只有前一个的一半, 就它们而言, 都满足一个二次方程, 最后得到一个 $\cos(2\pi/17)$ 的表达式

$$-\frac{1}{16}+\frac{1}{16}\sqrt{17}+\frac{1}{16}\sqrt{34-2\sqrt{17}}+$$
$$\frac{1}{8}\sqrt{17+3\sqrt{17}-\sqrt{34-2\sqrt{17}}-2\sqrt{34+2\sqrt{17}}}.$$

它是很复杂的三套层平方根. 数

$$\sin(2\pi/17)=\sqrt{1-\cos^2(2\pi/17)}$$

需要多一层平方根. 所以为了表示 θ, 我们总共需要四套层平方根并同时包含 $i=\sqrt{-1}$ 套层根式. 我们很值得花时间问一下自己, 一个 18 岁的人是如何觉得解一个两千年前的问题要写下这些方程的.

为了方便, Gauss 写过一篇论文, 它既不包含这条定理, 也不包含任何其他影响现代数论发展的重要发现. 该论文的主要特征是给出了代数基本定理的一个证明 —— 我们已遇到过这条定理. 现在我换个侧重点来重复该定理的发表情况, 包括现代形式的证明和 Gauss 在

20 岁时给出的证明的形式; Gauss 的这个证明有时被认为是第一个证明, 虽然我觉得更恰当的说法是: Gauss 尽管是首创者, 但也只是这个证明或众多证明的设计者之一, 这些证明最终要依赖于对实数性质的最精深的理解, 而在 18 世纪末人们还难以达到这种理解. Gauss 本人在若干年内发表了 4 个不同的证明[7).]

实数概念最直接的直观基础是我们关于距离的概念. 所以, 我把它作为未下定义的概念, 但事实上, 它在形式上的数学定义要求相当原始的思考. 实数可以这样使用: 复数在形式上取为形如 $a+b\sqrt{-1}$ 的对象, 其中 a 和 b 是任意的实数. 以下两种关于代数基本定理的陈述是等价的: 1) 任一首系数为 1 的复系数多项式可因式分解为线性多项式的乘积, 即

$$X^n + aX^{n-1} + \cdots + fX + g = (X-\alpha_1)(X-\alpha_2)\cdots(X-\alpha_n),$$

其中 α_i 为复数; 2) 任一实系数多项式可因式分解为线性因子和二次线性因子的乘积, 其中所有的系数皆为实数, 即

$$X^n + aX^{n-1} + \cdots + fX + g = (X-\alpha_1)\cdots(X-\alpha_k)\cdot \\ (X^2-\beta_1X+\gamma_1)\cdots(X^2-\beta_lX+\gamma_l),$$

其中 $k+2l=n$. 这是 Gauss 证明的第二种形式的代数基本定理.

他的第一个证明到今天仍让人感兴趣, 原因不在于该定理的历史地位或科学内涵, 而仅在于它给出了当时是独一份的数学证明. 此外, 它是从评论较早的作者的那些证明或尝试性证明开始的. 他系统地指出了他们的错误. 我发现有一个评论很奇特. 显然他是指较早的作者, 但没指名道姓, 说他们乐于接受这样的可能性: 像

$$X^n + aX^{n-1} + \cdots + fX + g = 0$$

的多项式, 其复根的数目小于 n; 尽管他们计入了正确的重数. 他们无奈地放弃了那些失踪的根, 并提议把它们 —— 我料想多少是指 $i=\sqrt{-1}$ 这样的根 —— 视为不可能的根. Gauss 根据我不能理解的理由发现走这一步是不允许的. 今天我们知道, 如果代数基本定理不正确, 那么这是可能的, 肯定也是合理的, 即在数学的形式体系内包含的更

大的 "数" 集中进行所要求的多项式因式分解. 不过, 这条基本定理是真实的. 所以这个更大的数集是不必要的. 没有新的数必须计入不可能的根.

要是该基本定理错了又会怎么样呢? Descartes 几乎比 Gauss 早了 200 年, 对他而言该代数基本定理是一条几何的基本定理, 当然 Descartes 当时没有可能清楚地表达这一点. 两条曲线 —— 每条都有固定的代数形式 —— 比如两条圆锥截线, 它们的交点数仅取决于它们的 (代数) 形式. 这是代数基本定理的一个推论. 如果代数基本定理是错的, 那就可能存在 "真实的" Descartes 几何 —— 其中只有复数, 但 Descartes 原理在其中是错的, 而该原理在形式的、代数的 Descartes 几何中又是成立的. "真实的" 那个 Descartes 几何可能是从几何角度演绎的, 来自基于数和距离间对应关系的几何概念; "形式的" 那个则允许那些不可能的数的合法存在. 然而, 当把代数基本定理当作几何基本定理时, Descartes 原理[8] 在本质上提供了在几何中导入拓扑不变量的可能性. 由于 André Weil 在 1949 年的深入研究, 以及许多专家在 19 和 20 世纪精心创立的代数几何理论, 我们现在知道他们引入的内容, 至少在某种程度上, 无须参照通过我们有关距离和数的直观概念所得到的具体的几何知识, 而在单独的形式的代数理论中也是可能成立的, 但这要经过一条困难的路径才能达到. 很幸运, 这不是必须去做的. 在相当长的时间里, 人们允许纯数学家依靠几何直观, 至今仍然如此. 要开始评论奇特且不易解释的现代的代数和几何之间的关系 —— 比在 Euclid 几何中抽象得多, 我们还需要做些准备工作.

4. 19 世纪的代数数

由于 Gauss 对分圆问题研究的影响, 以及他对解决其他许多 18 世纪晚期未决数论问题 —— 皆是基本的 —— 所作的贡献, 一种代数数的一般理论在 19 世纪创立起来了; 一开始是为了寻找著名的 Fermat 问题的解 —— 只获得部分成功 —— 该问题的大意是, 当 $n>2$ 时, 下述方程无整数解:

$$X^n + Y^n = Z^n, \quad XYZ \neq 0. \tag{4.1}$$

德国数学家 E. E. Kummer 观察到以下情况并成为他关注的中心: Fermat 问题跟一个因 Theaetetus 而出现的概念有关, 即任意数可唯一

分解为素因子 —— 即如 $30 = 2 \times 3 \times 5$. 举个例子, 若 n 是素数, 那么在下述数域 (4.2) 中存在唯一的素因子分解的可能性, 就是不可能找到 (4.1) 的解的关键.

$$a_0 + a_1\theta + \cdots + a_{n-2}\theta^{n-2} + a_{n-1}\theta^{n-1}, \quad \theta = \cos\left(\frac{2\pi}{n}\right) + i\sin\left(\frac{2\pi}{n}\right), \tag{4.2}$$

其中系数 $a_0, a_1, \cdots$ 为有理数. 可是结果发现, 这对某些 n 是对的, 对某些 n 则不成立. 这些发现涉及各种复杂的内容, 让一些特强的大脑思考了几十年[9)].

我不再继续谈分圆域, 而要描述一个简单的例子, 它是代数数论的创立者之一 Richard Dedekind 对该理论的基本思想的一种表述. 为了研究像 (4.1) 这样的方程 —— 由于历史原因被称为 Diophantus (丢番图) 方程 —— 的整数解或有理数解, 一般有必要扩大研究的范围, 不仅在形如 (4.2) 的数所组成的代数数域内研究它, 还要在其他数域内研究它, 一个较简单的例子是在形如 $a + b\sqrt{-5} = a + b\theta$ 的数 (其中 a, b 是有理数, $\theta^2 = -5$) 所给定的域内研究它. 为此, 你应该会把它们分解为素因子, 更精确地说, 就像它是普通的整数而非分数, 用惯常的方法分解它, 不过最好是考虑在新的域 —— 它可被看作普通整数的类似物 —— 中的元素的因子分解. 为此给出恰当的定义是很微妙的事, 但在目前的情形结果很简单. 形如 $\alpha = a + b\theta$ 的数 (其中 a, b 是有理数) 当 a 和 b 是整数时, 它即被视为是整的. 这些因子毫无疑问就是现在所谓的理想 (ideal) 素因子, 而因子分解仍然是唯一的. 令 $\mathfrak{o}$ 是整元素 $a + b\theta$ 组成的集合.

Dedekind 考虑这样的问题: 在这个域中是否存在素数, 是否每个数都能以本质上唯一的方式分解为素数的乘积. 我们将看到这是做不到的. 为了解决这方面的困难, 特别是为了沿着 Kummer 提出的路线从事 Fermat 定理的研究, 必须引入*理想素数* 的概念 —— 在某种程度上为了术语使用的方便, 就称理想素数为*理想数*. 尽管有了这个名字, 它通常还被简化为理想. 这些对象存在于公认的数学形式体系内, 它们不仅在数论中而且在其他领域特别是几何中都大有用处. 然而, 它们不是数! 理想这一数学概念目前已是常见的事物, 而引出它确实是很困难的.

注意, $(a+b\theta)(c+d\theta)=(ac-5bd)+(bc+ad)\theta$ 是同一种形式的数. 所以, 我们肯定能考虑这些数的乘积. 作为这些数的范数, 我们借助如下记号: $\mathrm{N}\alpha=a^2+5b^2$, $\alpha=a+b\theta$. 注意, 当 $\gamma=\alpha\beta$ 时, $\mathrm{N}\gamma=\mathrm{N}\alpha\mathrm{N}\beta$, 还要注意, 仅当 $\alpha=\pm1$ 时, $\mathrm{N}\alpha=1$. 正如普通的整数一样, $\mathfrak{o}$ 中的元素 α 可能或不可能分解为如下的乘积:$\alpha=\beta\gamma$. 这种分解仅当 β 和 γ 皆不等于 ±1 时才令人关注. 乍看之下, 当一个数不能分解时就认为它是素数, 这是个很吸引人的想法.

Dedekind 心里想的是下面这些数:$a=2, b=3, c=7$ 以及

$$b_1=-2+\theta,\quad b_2=-2-\theta,\quad c_1=2+3\theta,\quad c_2=2-3\theta;$$

$$d_1=1+\theta,\quad d_2=1-\theta,\quad e_1=3+\theta,\quad e_2=3-\theta;$$

$$f_1=-1+2\theta,\quad f_2=-1-2\theta,\quad g_1=4+\theta,\quad g_2=4-\theta.$$

对于这些数, 我们有 $\mathrm{N}a=4, \mathrm{N}b=9, \mathrm{N}c=49$, 其他数的范数为:

$$\begin{array}{cccc} 9 & 9, & 49, & 49; \\ 6 & 6, & 14, & 14; \\ 21, & 21, & 21, & 21. \end{array}$$

若这些数中的任何一个被因子分解为乘积 $\omega\omega'$, 且 ω 和 ω' 皆不等于 ±1, 那么必须 $\mathrm{N}\omega>1$ 且 $\mathrm{N}\omega'>1$, 于是这两个数又必须等于 2,3,7 中的一个. 这三个数显然不能表示为 x^2+5y^2, 其中 x, y 为整数. 所以, 我们得到了若干个, 即 15 个不可分解的数, 正如下表所示, 我们可以找出它们之间相等的乘积. 所以唯一因子分解就不成问题了.

$$ab=d_1d_2,\quad b^2=b_1b_2,\quad ab_1=d_1^2,$$

$$ac=e_1e_2,\quad c^2=c_1c_2,\quad ac_1=e_1^2,$$

$$bc=f_1f_2=g_1g_2,\quad af_1=d_1e_1,\quad ag_1=d_1e_2.$$

Dedekind 注意到 —— 其实是明显的事实 —— 所有这些等式和下述因子分解的存在是兼容的:

$$a=\alpha^2,\quad b=\beta_1\beta_2,\quad c=\gamma_1\gamma_2;$$

$$b_1=\beta_1^2,\quad b_2=\beta_2^2;\quad c_1=\gamma_1^2,\quad c_2=\gamma_2^2;$$

$$d_1=\alpha\beta_1,\quad d_2=\alpha\beta_2;\quad e_1=\alpha\gamma_1,\quad e_2=\alpha\gamma_2;$$

$$f_1=\beta_1\gamma_1,\quad f_2=\beta_2\gamma_2;\quad g_1=\beta_1\gamma_2,\quad g_2=\beta_2\gamma_1;$$

然后他继续不断地证明能产生这些等式的理想 (理想数) 的存在, 但是, 寻找正确的概念使 Dedekind—— 还有 Kronecker —— 全神贯注了一辈子. 尽管随着时间流逝, 许多数学家表达了对 Kronecker 的论述方式的偏爱, 我却觉得 Dedekind 对该问题的解答 —— 其中的理想数具有现代数学的意识 —— 占了上风. 代数数的基本理论在 19 世纪最后几十年建立起来了, 引出了全新的问题, 还在 Kronecker, Weber 和 Hilbert (希尔伯特) 有决定意义的启发下提出了一种现在称为类域论的新理论 —— 在 20 世纪头几十年间被 Fürtwangler, Takagi 和 Artin 所研究和完成. 这几位全是杰出的数学家, 不过, 也许是 David Hilbert 的名字和他对该理论的密切关注, 最可靠地保证了这一理论能引起非数学家甚至是缺少专门的代数数知识的数学家的关注. 不管怎么说, 这一主题在 "二战" 后的初期被大大地忽略了, 部分原因是它过去一直主要靠德国数学家在维持其生命力, 而德国的数学实力没能在战争中幸存; 部分原因是其自身能量的枯竭. 回忆 Emil Artin 的说法颇受教益, 他是移民到美国的, 他不仅是 20 世纪对该主题做出重要贡献的人, 而且, 我觉得, 他是这样一位数学家: 他担负起了向美洲这个新地域介绍这个主题的职责, 那是在 1946 年举行的纪念普林斯顿两百周年的 "数学问题" 会议上 —— 有非常多的、非常杰出的数学家与会了. 会议的通报在回忆了 Richard Brauer 定理并说, 它在把类域论推广到非 Abel 情形 —— 它被普遍看作是现代代数学中最困难和重要的问题 —— 中迈出了决定性的一步之后, 引用 Artin 的话作为评论:"我本人的信念是, 我们已经了解了它, 虽然没有人会相信我 —— 究竟根据我们现有的知识能就非 Abel 类域论谈些什么呢, 它可是依赖于中间域上的更广的域的性质 —— 这里有充分多的 Abel 情形呀."

我在转向其他不那么抽象, 有更多类别的数学家和科学家都知道的领域之前, 用下面几行文字来非常简略地描述一下 Abel 理论; 在其中代数数理论一直起着决定性的影响, 但这一点常被人们忽略, 而且它对有助于探索非 Abel 理论的那些理论的肇始有着本质的影响. 不过, 试图要从 Artin 的话里预先评估它的意义 —— 或它毫无意义, 那还为时过早. 直接的经验是重要的, 或更妥当地说, 直接经验的价值在于寻找有深刻内涵的定理, 或是寻找这样的理论, 那些定理在其中能无疑问地摆脱任何特殊专业的限制.

至此, 读者也许有足够的经验来更确切地理解构成 Galois 的概念的要素是什么. 我们已经介绍了数的一些领域, 专业上称为域, 它们是通过确定的代数数 θ —— 形如 (1.1) 的系数为有理数 $a_0, a_1, \cdots$ 的方程的一个根 —— 构成的. 这个根满足唯一的次数最低 (比方说是 n 次) 的这种方程, 那么相应的域就是形如 $\alpha_0 + \alpha_1\theta + \alpha_2\theta^2 + \cdots + \alpha_{n-1}\theta^{n-1}$ 的数的集合. 如我们已看到的, 两个具有这种表现形式的数的和或差仍是具有这种形式的数; 当分母不为零时, 它们的乘积和商亦然. 对于这样的数的集合或者说集, 赋予一个记号是十分方便的, 比如记作 k 或 K. 当第一个集合 k 的元素皆是第二个集合 K 的元素, 那么有包含关系: $k \subset K$. 举一个简单的例子: 取 k 是数 $a + bi$ (其中 $i^2 = -1$) 的集合, a 和 b 是有理数, K 由数 $a + b\theta + c\theta^2 + d\theta^3$ 组成, 其中

$$\theta = \cos\pi/4 + i\sin\pi/4 = 1/\sqrt{2} + i/\sqrt{2}.$$

Galois 理论的研究对象是这样的偶对 K/k. 就该理论而言, 有一类偶对特别重要. K 被称为 k 的 Galois 扩张, 条件是: 若 K 包含 η, 元素 μ 使得形为 (1.1) 的系数为 k 中的 $a_0, \cdots, a_n$ 的每个方程有一个根为 η, 且 μ 也是该方程的一个根, 那么 K 也包含 μ. 例如, 若 k 是有理数域, K 是形如 $a_0 + a_1\theta + \cdots + a_{16}\theta^{16}$ 的数组成的域, 其中 $\theta = \cos 2\pi/17 + \sqrt{-1}\sin 2\pi/17$ —— 它在研究十七边形时起到了中心作用, 那么 K/k 是一个 Galois 扩张. K 也是域 k' 的 Galois 扩张, 此处的 k' 由形如 $a_0 + a_1\sqrt{17}$ 的数构成, 其中 a_0, a_1 为有理数. 这是我们在考察 Gauss 的十七边形作图时间接发现的. 数 μ 一般称为 η 在 k 上的共轭.

Galois 创立的 Galois 理论的基本断言有: 若 K/k 是一个 Galois 扩张, 那么我们能找到 K 的一个元素 η 和整数 n, 使得: 1) K 的所有元素皆可唯一地写为一个和 $\alpha_0 + \alpha_1\eta + \alpha_2\eta^2 + \cdots + \alpha_{n-1}\eta^{n-1}$; 2) η 恰有 n 个共轭 μ, 包括它自己; 3) 对这些共轭 μ 中的每一个, 下述对应

$$\phi : a_0 + a_1\eta + a_2\eta^2 + \cdots + a_{n-1}\eta^{n-1} \to a_0 + a_1\mu + a_2\mu^2 + \cdots + a_{n-1}\mu^{n-1}$$

保持所有的代数关系. 这些对应组成一个整体并成为所谓的群, 即 Galois 群. 由这些对应所表达的对称美, 我们无法在关于美学的会议和

一个论数学与美的讲演中大加强调, 因为它不是可视的. 在描述分圆问题的例子时, 我们将展示这种美.

Galois 理论连同理想论成为 19 世纪代数数研究的一个有最重要影响的特征, 并在继续影响着大量的数论工作, 特别是 Diophantus 方程理论的研究.

Galois 群跟分圆理论的邂逅相当特别, 我们在考察具体的例子时已碰到过它, 虽然没有明确地加以关注. 它们都是交换的, 其意是指: 当我们将任意两个对应结合成第三个时, 其结果跟被结合的对应的次序无关. Leopold Kronecker 觉察到了关键的性质: 当 k 是有理数域本身时, 交换的 Galois 群仅出现在分圆域 K, 或位于分圆域中的 (子) 域 K 的情形, 于是可以说, 交换的 Galois 群仅出现于在研究正多边形时所产生的那些域中. 于是, 该问题以各种形式被提出来了, 它们变得越来越明确: 是否可能在任意的代数数域 k 上描述所有的交换的 Galois 扩张. 虽然我不打算在这里详细地讲述它, 但这种描述确已得到, 且与显然是不相关的现象有联系, 即 k 中的素数在更大的域 K 中的分解; 不过这仅对于有交换的 Galois 群的 K/k (Galois 扩张) 有意义. 在整个 19 世纪期间, Gauss, Dirichlet, Dedekind 和 Frobenius 都对这个问题做出过贡献.

我们已经在 Dedekind 的例子中看到了一种现象, 例中的域 k 是有理数域, K 是由形如 $a+b\sqrt{-5}$(其中 a,b 为有理数) 的数构成的域, 而由正 20 边形的作图产生的域跟包含数 (3.1) 的域密切相关. 顺着 Dedekind 的思路继续往下走, 我们可以问自己: k 中什么样的理想, 从而哪些素数 $p=2,3,5,7,11,13,17,19,\cdots$ 是 K 中两个素理想的乘积, 其含义当然跟 Dedekind 的解释中对 3 和 7 所说的一样; 而像 $11,13,17,19$ 却仍然是素数, 其含义是那样的因子分解是不可能的. 结论是, 除了 2 和 5 这两个例外, 差别是由被 20 除所得的余数决定的. 若余数是 $1,3,7,9$, 则因子分解是可能的; 若余数是 $11,13,17,19$ 则不可能. 类域论的核心, Kronecker 发现的关键之处, 就在于这两种现象紧密相关.

对于 (不管何种意义下的) 数和因子分解的这些神秘性质的揭示, 以及它们跟明显缺乏视觉魅力的群结构 —— 交换的或非交换的 —— 的关系, 在任何意义上可以被认为是美的吗? 它的意义何在? 它肯定缺乏初等几何和算术, 甚或简单的代数所具备的直接的吸引力, 后者甚至能迷住孩子; 它跟由微分方程描述的流体或其他类型的运动及其解相比, 在给人以美的享受方面也相去甚远. 另一方面, 这些事物跟它们 18 世纪兴起时的状态相比并不太深奥, 并保持着适当的密切关系, 那时像 Euler(欧拉), Legendre 和 Gauss 这些数学家考虑了整数的更直截了当的性质, 它们对理解 Fermat 定理 —— 长期以来是业余数学家和许多专业人士热衷的难题 —— 肯定有本质的作用. 类域论和相关的课题已成为极大量专业数学家惯用的手段, 所以有关其价值的问题属于存在主义范畴, 我们最好避开它.

5. 从代数数论到光谱学

至此, 我们已考察了图中第二列所示的发展, 虽然极其粗略. 这一发展历时久远, 从 Plato 时代、甚至是 Pythagoras 时代起, 直到 20 世纪早期. 现在我想移到图的最右一列, 讲那组主题的发展情况. 它在 19 世纪中期到 20 世纪末这一相当短的时期里发生和发展 —— 我想, 它还没有被数学家消化掉, 正是由于这个原因, 它理解起来不困难. Galois 的那些概念, 在某种意义上靠近在 Lagrange 和 Gauss 著作中的概念, 令大多数数学家感到惊诧 —— 他们中的多数人有时跟德国人的经典说法相一致: “农夫不会去吃他不了解的东西.” 但是, 它们仍然对 Dedekind 和 Frobenius 有重大影响. 首先, 这两位把它们跟 Dedekind 和 Kronecker 创立的理想论以及跟单复变函数论结合起来, 发展了那些最终用来创立类域论的概念; 其次, 他们引入了群行列式和群表示这两个紧密联系的概念. 对这两位数学家而言, 群是有限的 —— 如同在 Galois 理论中, 方程的根的置换群, 保持根之间所有的代数关系不变. 经其他人, 尤其是 Issai Schur, Élie Cartan 和 Hermann Weyl 的努力, 群表示的概念被推广到了连续群, 它的最重要的例子是三维空间中关于一给定点的旋转群. 这个群的维数是 3. 例如, 当考虑地球绕球心旋转时, 我们首先要确定北极点旋转到的那个点. 为了描述这个点先取定两个坐标. 然后我们应该加上第三个, 否则仍能随意地绕这个新的极点转从 $0°$ 到 $360°$ 之间的一个角. Hermann Weyl 有关量子数和群表示的高深莫测的见解用到的正是这种群的表示.

对这种群的基本作用以及它在原子光谱学中的表示的理解, 从根本上说, 不仅是这种群的表示, 还有许多在量子物理各个领域中的其他群的表示, 导致了部分物理学家和数学家对有限群和连续群的表示论的强烈兴趣. 在一段时间内, 数学方面的研究很大程度上独立于光谱学及较后出现的更精致复杂的基本粒子理论所提出的问题. 就我所知, Weyl 对群论和量子力学的思考和他在数学上对群表示的基本贡献之间, 甚至没有紧密的联系. 在描述如何把物理学家引入的概念自然地转到数学之中之前, 我要简单地回忆在 1885 年后光谱学家面临的一些课题, 当时 Balmer 考察了频率或波长的结构, 涉及由氢原子发出的、不在红外或紫外范围内的可见光的颜色; 在 1913 年后的时期, N. Bohr(波尔) 引入了他的第一种对量子力学的解释.

在重现由 Dedekind, Kronecker 和 Frobenius 的概念经光谱学把连续群及其表示引入自守形式理论时, 至少要记住两个物理课题. 第一个跟群无关. 比如说氢原子发出的频率, 它不是任意的. 原则上存在一些无限长的频率区间, 其中所有的频率都有可能被发出, 但此刻我们并不关心这些连续的区间. 我们关心的是孤立于其他的那些频率. Balmer 公式和其他同样性质的公式告诉我们, 最好是把它们表示为一种差. Bohr 认识到, 这种差应认真地取作能量差, 即光发出前后的原子状态的能量差, 这是发射光量子的能量.

在图 A 的矩形网络中, 我没有给出线性代数的位置, 它在当代世界为数学课程提供的素材也许比微积分更基本. 在线性代数的背景下, 计算出的那些可能的能量就是矩阵或线性算子的 proper value、characteristic value 或 eigenvalue①. 矩阵或线性算子的概念本质上是相同的. 另外三个术语 proper value、characteristic value 或 eigenvalue 也准确地表示相同的概念, 都可以翻译成同一个词 "Eigenwerte"②. 最后的这个翻译是硬译, 因为对于我来说它很容易上口, 对大多数数学家也如此. 我借助于两个联立线性方程来解释这个概念:

$$4x + 2y = \lambda x,$$

$$2x + y = \lambda y.$$

对大多数 λ 值, 该联立方程在 (x, y) 恰有一个解, 即 $(0, 0)$, 但对某些例

① 这三个术语都可译为特征值或本征值. —— 译注

② 德语, 中译为特征值或本征值. —— 译注

外的 λ 值, 至多不超过 2 个, 方程有无穷多个解. 这些 λ 值称为特征值. 它们被认为是如下方程的根:

$$(\lambda-4)(\lambda-1)-2\cdot 2=\lambda^2-5\lambda=0.$$

联立方程的系数矩阵是:

$$\begin{pmatrix} 4 & 2 \\ 2 & 1 \end{pmatrix}.$$

一般情况的 4 个系数将写成

$$\begin{pmatrix} a & b \\ c & d \end{pmatrix},$$

此时 λ 的方程为

$$(\lambda-a)(\lambda-d)-bc=0,$$

它常常被写成:

$$\begin{vmatrix} \lambda-a & -b \\ -c & \lambda-d \end{vmatrix}=0. \tag{5.1}$$

可见它有两个解. 稍微发挥点想象力, 你能去想象有 3, 4 或任意多个未知量的方程, 由此就有 3, 4 或更多个特征值. 当你发挥更大的想象力, 就能把有限个特征值过渡到无穷的矩阵或无穷维空间中的线性算子. 在数学和量子力学中就是这样做的, 其中, 方程 (5.1) 跟 Schrödinger(薛定谔) 方程紧密相关, 其特征值表示能级 (energy level). 在数学和量子力学中, 它通常以线性微分方程的形式出现. 这里有些巧妙的花招, 当然我们做起来还是要脚踏实地的; 如果我们打算彻底地理解图 A, 必须接受如下看法: 对于代数数, 对于 Diophantus 方程理论, 群表示 —— 甚至是它的无穷维情形, 会提供重要而深刻的见解. 这些洞见对于代数数论 —— 它们的发源地, 对于它的实践者, 就如同圣经中悔改的罪人, 他已远行他乡, 人间蒸发, 现在又被找到了.

尽管无穷维这种形态困扰着一些人, 他们就像圣经寓言中那位兄长, 多少年无罪地尽着职责; 我想, 无穷维是任何合乎需要的理论的不可规避的元素. 线性算子来得比 Bohr 的理论晚. Bohr 的能级计算受更简单的物理概念的启发, 但是, 从一开始这些能级必须有无穷多个, 因为 “光” 是以无穷多种不同的频率发射的, 最重要的是那些直接被发现的. 此外, 据我所知, 最初的理论没有牵涉群表示. 因此, 它不能充分地解释被观察到的谱.

我们给定旋转群的元素为三维空间上的作用①, 我们对它并不陌生; 很清楚, 可以把一个旋转 r_1 跟第二个旋转 r_2 进行复合而得到第三个旋转, 它可写为乘积 r_2r_1, 这样就定义了群的行为规范. 所以, 每一个旋转把该空间映射为自身, 但不会破坏直线. 每一条直线都变换为第二条直线. 这种变换被称为是线性的. 其他许多群也能表现为线性变换群, 而且同一个群可以用许多不同的方法、不同的维数来表现, 这想象起来确实稍微有些难度.

出现在各种频率系, 如 Lyman 系、Balmer 系、Paschen 系 —— 或称主线系、锐线系、漫线系等, 这些频率系中的频率, 被光谱学家在 19 世纪最后几十年和 20 世纪早期几十年间发现, 经越来越仔细的检查, 显露出它们具有一种结构, 其复杂性 —— 包括存在磁场情况下的线分裂 (splitting of lines)—— 只有靠局外人无法想象的、精巧的独创力才得以澄清. 所有这些复杂的事物, 都跟相关的粒子、原子核或电子的角动量及其组合有关, 其中对事情复杂化起主要作用的是 Pauli (泡利) 不相容原理. 分析角动量的关键在于旋转群及其不同的表示. Pauli 不相容原理由相当简单的群所刻画, 该群只有两个元素, 更精确地说, 它由所有置换构成的群刻画. 我们在这里的目的不是试图去追随物理学家做过的反复思考, 而是要得出结论: 数学上计算的能级有一种很难进行分析的结构. 之所以难, 部分是动力学方面的原因 —— 这部分内容由微分方程刻画, 部分是因为数学的复杂性, 它来自同时出现了旋转群的多种表示. 我们可以查阅到大量早期的光谱学资料, 从中可见更大胆的开拓精神.

随着该理论的发展, 随着相对论在量子力学中亮相, 旋转群在某种程度上被 Lorentz (洛伦兹) 群所取代; 两名物理学家 Paul Dirac 和 Eugene Wigner —— 他们有亲戚关系, 互称兄弟 —— 分别独立地提出: Lorentz 群的表示中那些基本的表示 —— 技术上无法简化, 而其他的表示可借助于熟悉的数学方法由它们构造出来的 —— 可能是最重要的, 有物理上令人感兴趣的性质. 跟要求有固定中心的旋转群不同,

① acting, 亦可译为 “行为”. —— 译注

Lorentz 群只是隐含着运动的可能性, 所以, 它不仅有旋转群因同时出现若干种表现所带来的复杂结构, 还存在光谱学中因离散和连续谱相遇造成的混合体; 考虑到它们是通过 Schrödinger 方程或 Heisenberg(海森伯) 矩阵出现的, 所以要放在一起分析. 这牵涉维数是无穷的表示. 就我所知, 从未出现过物理方面的兴趣. 尽管如此, Dirac 过去的一名学生 Harish-Chandra —— 他的学位论文受到了 Dirac 和 Wigner 建议的启发, 在转向数学研究后很快又返回考虑那些建议, 此时他是用数学的思维方式来思考问题的, 历时几年, 创造了一种极其漂亮、绝对一般的数学理论. 正是这种理论 —— 虽然在很大程度上还有其他因素存在 —— 扩展了类域论的视野, 使它涉及的领域 (至少是潜在地) 不只是最初那些单变量的、十分有限的一类方程, 而是图 A 左侧最下面的矩形中所示的内容, 即现代代数几何中所有的 Diophantus 方程.

这里的迷人之处, 并非图 A 中自守形式矩形所包含的内容到底受谁 —— 无穷维表示论, 还是代数数论, 或者说椭圆模形式论 —— 的影响有多大或多小, 而在于表示论所经历的奇特旅行: 在 Dedekind 的群行列式的初等演算中启程, 这些演算把 Frobenius 引导到一种优美和令人惊讶的理论, 接着又穿越了遥远的量子力学和相对论的领域. 我并不是暗示它在那儿滥用了它的实质内容 —— 情况恰恰相反. 尽管如此, 并不是所有的人都对它经历长途跋涉后的返家欢欣鼓舞.

从代数数和理想到涉及量子理论和相对论的自守形式及函子性, 这一旅途风景优美, 在途中所需的概念也必不可少; 但我觉得这件事最重要的精髓应在于那个由 Euler 积、类域论和自守形式形成的三角地带. 坦白地讲, 关于它应讲点什么, 但是, 这种解释对没受过数学训练的读者没有意义, 对大多数数学家也几乎没有意义. 尽管如此, 完全忽略有关的解释是不负责任的, 我也无须告白我的解释中缺了某些十分重要的东西. 我把相关的内容推迟到最后一节来讲.

6. Descartes 几何及积分的奥秘

我们在第 1 小节中花了不少时间回忆有理函数积分的基本公式及它们跟代数基本定理的关系 —— 主要是为那些可能从未见过它们的人所设.

虽然这条定理肯定不为 Descartes 所知, 但要阅读作为 Descartes

的《方法论》附录的几何论文, 很难不去回忆它. 他的论文的大部分内容都是致力于技术方面的, 就如同我们已经在前面的章节中向读者介绍的东西, 但在最初的几页, 表现出了对某些简单的构造要素的热情, 这些要素在把坐标引进平面几何时首次使用, 特别是考虑曲线的次数及其对几乎是显而易见的 (曲线) 相交性质的影响的时候. Apollonius 对此的影响也是明白无误的.

考虑平面曲线

$$y = a_n x^n + a_{n-1} x^{n-1} + \cdots + a_1 x + a_0, \tag{6.1}$$

首先假定 $a_n \neq 0$. 这条曲线跟直线 $y = b$ 的交点数等于下列方程的根的数目:

$$X^n + \frac{a_{n-1}}{a_n} X^{n-1} + \cdots + \frac{a_1}{a_n} X + \frac{a_0 - b}{a_n} = 0.$$

一个根 θ 引出一个交点 (θ, b). 当我们关注到偶尔出现的退化情况, 计入重根引出的相重的交点; 加之, 我们把复根相应的复交点考虑在内; 那么, 该直线和该曲线总是恰好交于 n 个点. 于是, 联立方程

$$y = b, \quad y = a_n x^n + a_{n-1} x^{n-1} + \cdots + a_1 x + a_0$$

的解的几何形式就被其代数形式决定了. 一条次数为 1 的曲线, 即直线 $y = b$, 跟一条次数为 n 的曲线, 即曲线 (6.1) 的交点是有 $1 \times n$ 个点的集合. 它的几何形式被那个联立方程的代数形式所决定. 这就是 Descartes 原理的一个简单的例子.

在这篇几何论文中, 还存在另一个没有清晰言明的现代特征. 直线的次数为 1, 所以两条直线有 $1 \times 1 = 1$ 个交点. 当然, 当它们平行时就不对了, 作为改进措施, 你可以在无穷远处添加一条直线, 并得到所谓的射影平面, 在其中一条次数为 m 的曲线跟一条次数为 n 的曲线恰有 mn 个交点, 当然此时要计入曲线相切处的点的重数. 人们最熟悉的例子见于椭圆截线理论, 其中许多交点是复的, 所以它们不出现在通常的图形中. 一个椭圆和一个圆可以有 4 个交点, 但当此椭圆变成一个圆时, 所有这些点都变成复的. 如果两个圆重合, 就出现退化的情形, 此时我们无事可做, 因为不存在计算交点的问题.

代数包含几何被表达得如此简单和直观: 断言次数为 m 和 n 的两条曲线的交点数为 mn; 这表现了现代的几何和数论非常成熟的方

法, 乃是图 A 左列所示的主题. 看着这张图, 我们去回忆平面曲线的几何, 但此时我们不仅允许实的点, 还要允许复的点. 先看直线, 原本它有单一的坐标 z, 现在是复的, 所以 $z = x + iy$, 其中 x 和 y 是实数. 于是, 直线变成了平面. 对于直线必须加上在无穷远处的点以形成射影直线. 这是单个的点, 但它起的作用是所有可能的 z 形成的无限平面, 把它折成一个袋子, 顶端封口形成一个球 —— 起先样子不好看, 但最好把它想象成球形. 走出这一步, 尽管初等和直观, 但需要掌握一些经验、解释和图形. 当对 Descartes 的那些直觉进行别样的改进时会得到许多结论.

考虑曲线 $E : y^2 = x^3 + 1$, 这是迷住 Jacobi 的方程之一. 如果我们用普通的图示方法来表现它, 似乎看不出它会引起很大的兴趣. 在图页上, 其曲线图形连续而流畅地从左向右, $y \geqslant 0$ 的部分逐渐上升, $y \leqslant 0$ 的部分逐渐下降. 我们心里想着的是射影平面, 会注意到无论是上升还是下降, 其切线的斜率值都增大趋向 ∞. 所以它们变成平行的了, 其交点在无穷远处. 于是, 在射影几何的背景下, 至少有一个额外的点被添加在该曲线上, 该点成了两条平行于垂直坐标轴的线的公共交点. 这是射影平面在无穷远的直线上的一个点. 所以, 曲线 E, 或至少是其上点取实坐标的情形就完整了, 它成了一个闭环. 两个无穷远端点合二为一. 做完这件事, 还有其上的点取复坐标的情况呢! 要想象它们得花费更多的努力. 当 x 扫遍复平面, 通过对 y 取两个不同的确定的值, 即 $y = \pm\sqrt{x^3 + 1}$, 便完成了作图. 这会产生一个曲面, 这是一种艺术, 我相信是 Riemann 将其导入并使之形象化的. 该曲面是环面, 你愿意也可称之为炸面圈 —— 在其上, 实点组成的曲线是闭曲线, 可说成是子午线 (经线). 在像这样的曲面上, 存在许多其他的闭曲线, 它们首先让人想到的是纬度方向的曲线.

注意, 若我们取一个形如炸面圈的曲面, 比如说轮胎的内胎, 先沿一条子午线切割, 再沿一条纬线方向的曲线切割, 可以把它展开成矩形状; 于是, 这两条曲线, 或至少是数 2, 成了曲面几何, 或更得体地说成是曲面拓扑的重要元素. 这种拓扑能直接看出它的代数形式吗? 它能, 不仅对平面曲线, 而且对平面上、3 维射影坐标空间中或是任意维坐标平面上的曲线、曲面和高维簇都能。所以, 代数基本定理有着未预料到的内涵。基本上, 由代数方程定义的复点的簇 —— 簇是表示曲线、曲面、三重形等的数学术语 —— 的所有几何, 都能用来自方程本身的规范的方法重新获得. 最简单的情形我们已经见识了: 由两个方程定义的射影平面中的轨迹上的点数; 3 维射影空间中由 3 个方程定义的轨迹上的点数.

对平面曲线而言, 有一条定理最好地表达了这种思想, 其一般形式是挪威数学家 Niels Abel 给出的 —— 他于 1829 年很年轻时就过世了. 这是条有关积分的定理, 不过正如你在初等微积分学到的, 也从第 1 小节中可以清楚地看到, 积分在多种用途中完全是在做代数的事. 我们继续来考察曲线 E. 我们考虑如下积分

$$\int F(x,y)dx,$$

在其中我们取 $y=\sqrt{x^3+1}$, 它依赖于 x; F 是 x 和 y 的两个多项式的商. 典型的例子是 (1.6), 它是

$$\int \frac{dx}{y}.$$

许多这样的积分将包含对数项, 正如 (1.3) 中的某些积分一样. 要看出其中的缘由并不难. 对数不是代数函数, 根据 Abel 定理的陈述可知, 最好能排除这些积分. 它们只会增加其复杂性.

如果我们给 F 加上一个函数, 它是一个微商, 即形如 dG/dx 的函数, 其中 G 也是 x 和 y 的两个多项式的商; 若 $F_1=F+dG/dx$, 那么

$$\int F_1(x,y)dx=\int F(x,y)dx+G(x,y),$$

根据积分理论的观点, 这些函数中的任一个跟其他的没什么差别, 或至少是处理起来一样容易. 所以我们只需要对所有可能的函数 F —— 至多做上述的改变 —— 的代表研究其积分.

至多做这样的改变, F 也都可以适当地写成如下形式:

$$\frac{A}{y}+\frac{Bx}{y}, \tag{6.2}$$

其中 A 和 B 是两个常数. 为了说明这一点, 需要稍做计算, 但并不困难. 这表明对拓扑有重要意义的数 2, 也出现在代数中. 当然, 一个例

子还不能令人信服; 但根据 Abel 定理可知, 同样的原理支配着所有的曲线, 而根据后续的研究可知, 它还支配着任意维的代数簇. 例如, 由 $y^2 = x^6 - 1$ 给定的曲面是一种双炸面圈, 所以有点像扭结状椒盐脆饼干, 要把它展开成平面前必须切割的曲线数是 4, 此时 (6.2) 要用下式代替:

$$\frac{A}{y} + \frac{Bx}{y} + \frac{Cx^2}{y} + \frac{Dx^3}{y}. \tag{6.3}$$

顺便说一句, 由复射影直线本身给定的曲线, 它有单一的参数 x, 跟它关联的曲面是球面. 所以, 其上所有的闭曲线都能连续地变形到一个点; (6.2) 的两个基本积分或 (6.3) 的四个基本积分根本不需要. 所有的积分由有理函数给定. 这对应于 (1.3) 的第二个方程; 你可能会希望, 这跟开始学习微积分的学生的经验相符.

正如已看到的, 代数方程和拓扑的研究之间有密切联系, 甚至还有更令人吃惊的表现方式, 它们在大约 60 年前由 André Weil 提出或猜想, 由 Alexander Grothendieck 实现, 现在是许多数论专家思考的中心问题. 它们出现在图 A 左列的底部: 当代的代数几何, Diophantus 方程, 原相, ℓ-进表示. 它们是当代纯数学着力打造的、处于中心地位的理论.

如果所考虑的方程的系数, 比如说是有理数, 就如同方程 $y^2 = x^3 - 1$ 一样, 那么我们可以来考虑其代数数的解. 这时 Galois 理论和 Galois 群就起作用了. 确实, (6.2) 和 (6.3) 中任意系数的个数事实上就是维数, 无论从代数的观点还是拓扑的观点都如此. Weil-Grothendieck 理论 —— 当然其他人对这个理论也做出了重要贡献 —— 揭示出这些维数也是 Galois 群的表示的维数. 这些表示跟出现在光谱学或是第 5 小节所讲的自守形式理论中的表示性质不同, 但它们非常相似.

作为一个看来简单的例子 —— 它仍处于中心地位, 在图 A 的背景里是很难的问题, 你可以取方程 (1.1) 的系数为有理数, 并把它看成 Diophantus 方程. 假设其根是相异的. 它们是代数数 $\theta_1, \cdots, \theta_n$ 且决定了一个域 K, 其有限和的集合为:

$$\sum_{l \geqslant 0} \alpha_{k_1,\cdots,k_l} \theta_1^{k_1} \theta_2^{k_2} \cdots \theta_n^{k_n}.$$

这是有理数域 k 上的一个 Galois 扩张. 例如当 (1.1) 为 $X^2 + 5 = 0$ 时,

它就是在第 4 小节中考察过的那个域. 这样就没有必要引入复杂巧妙的积分理论了. 代数方程在决定不管什么样的曲线、曲面时就不会那么困难; 它们决定一个有限集合 (即点 $\theta_1, \cdots, \theta_n$) 和一个群 (即 K/k 上的 Galois 群), 该群的元素是在这些点内部进行点的置换. 相关的表示则由这些置换简单而直接地加以定义.

7. 近几十年的情况

一个现代的目标 —— 那是我多年来一直倡导的 —— 不只是把在第 4 小节简要描述的 Abel 类域论扩展到任意的 Galois 扩张 K/k, 而且要创造一种包含它的理论, 该理论能将由 Weil-Grothendieck 原理导出的更一般的表示跟自守形式联系起来. 最后的结果可能就是图 A 最后一行所设想的理论. 考察至今所能得到的资料之后, 我带着疑惑说服自己, 这种理论可能分两个阶段发展 —— 这两个阶段中的某些要素已经有了: 首先是建立由诸如 (1.1) 的方程所定义的零维簇的表示间的对应; 第二步要通向任意维的簇. 虽然图 A 中并未言明第二阶段, 但还是提到了它的某些方面 —— 也许是关键因素, 不过它们对我并没有特别的吸引力, 所以我在这里也没有什么可说的. 对于第一阶段, 我跟任何人一样熟悉, 但要细说它, 可能对于最专心投入的读者和多少有点傲慢的读者不太合理; 因为这样做, 我们又会进入一个领域, 在其中起大作用的东西我已在之前的描述中提到过. 当然, 简单说几句倒也无害, 尽管会留下许多有待进一步去做的事.

针对第一阶段的论据, 以我之见尚不处于普遍共享的状态, 它们完全是在自守形式理论背景下表述的, 无须涉及几何, 可看作是我称为函子性的东西的一部分. 这样做不是件容易的事, 但我相信我们已经迈开了第一步. 正如在第 4 小节末尾看到的, 经典形式的类域论基于两种考虑: 仔细研究一种非常特殊类型的 Galois 扩张 K/k, 特别是涉及交换 Galois 群的; 研究 k 中的素理想在那个更大的域 K 中的分解. 相似的特征在证明函子性时也都会出现. 首先, 对涉及任意 Galois 群的 Galois 扩张的类似研究, 也许像交换的情形一样, 需要某些简化的假设. 没有人还在做这件事, 也许只是因为它至今没有给出过回报.

一般形式的关于素理想分解的研究, 不可能在简短的篇幅里描述清楚. 目前的自守形式理论要求这样来引入群, 就像 Dirac-Wigner 建议的那样, 它应允许出现无穷维表示, 但同时这些群又不是直接跟素理想的分解关联, 而是跟以这些素理想及其幂次为元素的矩阵的分解关联. 必然出现的定理或命题更加复杂, 涉及更大量的技术成分 —— 它们来自积分、微分以及它们的后继发展物现代分析. 这些技术的开端见于文章 "迹和函子性的公式: 一个纲领的开始" (*La formule des traces et fonctorialité: le début d'un programme*), 该文是 Ngô Bao Châu 和 Edward Frenkel 合作写就的.

我在别处提到过, 一旦得到了函子性, 借助于 p-进形变 —— 一种标准的技术, 具体是由 Andrew Wiles 开发的 —— 设计出的从原相到自守形式的通道, 将变得比今天更加有效、更少无序盲目的程序.

§3. 尾注

1) 但我并不会以任何系统的方式来关注历史. 只是比在这里讲得内容多一些, 也许会讲得稍好些、更容易让人接受. 我会提到过去的知识和对它们的理解, 即使这些知识和理解对我们大多数 —— 也许是全部 —— 必然是个性化的、暂时性的、附属性和不完全的, 所以这是一名数学家作出的很可能是更合理的判断, 他对各种数学概念的重要性随时间的起伏洞察得越深入就越公正、越有价值. 我不能自诩有多深刻的洞察力, 也不会妄称自己没有一点儿系统的知识.

2) 在这里来讲撒旦的故事可能有点过分, 不过确实有个令人感兴趣的寓言, 是我从数学家 Harish-Chandra 那里知道的, 他则声称是从法国数学家 Claude Chevalley 处听说的. 当上帝创造世界从而也创造了数学的时候, 他邀请撒旦来帮忙. 他吩咐撒旦道, 这里有些确凿无疑的规则 —— 想必很简单 —— 你在执行任务时必须遵守, 只要不背离这些规则, 你可纵情去做. 我相信, Chevalley 和 Harish-Chandra 两位都确信他们作为数学家的使命, 乃是去揭示上帝所宣称的那些不可亵渎的规则, 至少是数学方面的那些规则, 因为它们是数学美和数学真理性的源泉. 他们确实在为之奋斗. 我要是有勇气在这篇文章中谈论名副其实的美学问题, 我就会努力去报告他们的立场观点可能产生的影响. 在他们的信念中隐含了一层意思: 那位既爱招惹是非又很聪明的撒旦, 尽管有那些强制性规则的限制, 仍然创造了许许多多有意用来混淆上帝真理的东西, 但它们常常被看作就是真理本身. 确实, 我非常了解的 Harish-Chandra 的工作几乎被说成是在努力地抓住撒旦的真理.

数学像教会, 是一种大家共同努力的结果, 跟艺术截然不同. 这种共同的努力, 如一名数学家对其追随者的影响, 是随时间的推移在不同代的人之间实现的 —— 在我看来这是很有启发意义的 —— 当然这也可能发生在同一时代, 或好或坏是竞争或合作的结果. 合作和竞争都是天性所致, 并不总是坏事; 但是目前给了它们太多的鼓励: 当下流行的财政支持下的合作, 设立奖项以引起竞争, 以及数学家为引起人们对自己和数学的关注所做的其他一些尝试. 然而, 艺术或文学作品, 它们可能是在过去或是在其他文化环境下创造出来的, 目前看来在很大程度上都是个人努力的成果并得到相应的评价, 尽管比起自然的个人灵感而言, 在风格和用以创作的材料上的进展可能更多是人们心血来潮的模仿所致.

Harish-Chandra 和 Chevalley 意识到他们的目的是揭示上帝的真理 —— 我们可以把它们解释为美 —— 这种想法肯定不是他们独享的; 但是, 数学家在评价其同事的成果时多半会使用不同的标准. 比起美学标准来, 考虑所克服的困难的难度, 即在解决一个问题时所做努力的程度和发挥了多大的想象力, 更容易用来决定对所取得的成果的尊重程度, 这对任何理论都适用. 这样做可能是明智的, 因为美学标准很难统一, 通常也很难应用. 在那些不较真的人心中, 寻找美的事物很快就会堕落成华而不实的满足. 所以, 对 Hösle 的 "在数学理论中是否存在美" 的问题的回答, 可以这样说: 会存在的, 但常被忽略. 这样回答风险比较小, 不致冒犯别人, 但似乎不像是一种明确的判断. 另一方面, 若一个包含了确切答案的定理是多名数学家经几十年、甚至是几个世纪的不断努力的成果, 是他们创立的一些理论导出的结论, 在最后阶段他们可能付出了相当大的努力 —— 问题越有名, 花费的力气就越大. 此时即使是针对那些人们相当了解的课题, 要确定谁的想象力和谁的数学能力起了决定作用, 该解答所表现的独特风格和洞察力在哪儿, 谁在更幸运的时刻以更自信的态度作出他的贡献, 所有这一切都是不容易回答的.

3) 数学家 Theaetetus 的名声缘于他理解了像 2, 3, 5 这样的数的平方根是无理数, 但是, 他的这一认识跟关于知识性质的讨论并无特殊的关联, 虽然在冗长的有关认识论的对话中短暂地提到过无理数. 很可能, Plato 之所以选择一位著名的数学家作为 Socrates 的对话者并提到他的主要成就, 部分原因是在引入 Plato 对话时, 不至于跟他自己的对话者相差太远: 为对话加点儿彩!

上面这段话是参会前为在圣母大学的演说准备的, 但我在演说时没有讲. 在圣母大学, 我跟 Kenneth Sayre 有过一次简短的交谈, 从他那里我得知对 Theaetetus 的介绍不仅出现在这一篇对话中 —— 该篇的篇名直接用了 Theaetetus 的名字, 而且还出现在下一篇对话《智者篇》中, 这么做的原因比我因天真和无知所能想象的有更重要的文学上的目的. 他的著作《Plato 的文学花园》澄清了这些目的.

我可以认为, 把 Plato 利用二次根式的能力视为方法论的隐喻是真实的. 但我确实无法自信地去体验、哪怕是隐隐地去感觉 Plato 是如何理解二次方根的, 我也没有勇气在现代背景下继续探讨这种隐喻, 尽管这样做可能并不荒唐, 因为研究二次和高次方根对类域论具有持续和基本的重要性, 而类域论在图 A 以及在纯数学中占据着中心位置. 二次根式以一种新的、现代方式出现的早期实例之一见于 Gauss 的二元二次形式理论中. 追随其后的是百年后出现的高次根式的类似理论; 依据曾经非常为学界熟悉, 现在几乎无人去读, 不过仍很重要的 Helmut Hasse 1925 年的报告, 后者构成了 (类域论的) 全部思想的核心. 我相信, 在这方面还有一些关键的问题需要解决. 我将在第 7 小节回来讨论它们.

4) Galois 卒于 1832 年, 年仅 21 岁; 人们常认为那是他跟一名恶棍决斗的结果. 但在我看来, 这非常像是 Louis-Philippe 的代理人进行的一场谋杀. 据我所知, 他被打死的现场没有经过任何熟悉七月王朝秘密警察侦查手段或是熟悉政府对付强硬革命派的立场的人的缜密调查.

这些话写在我参会前的稿子里, 但在报告时也删去了. 在会议期间, Mario Livio 让我注意到他的著作《无法解的方程》(*the eqution that couldn't be solved*), 书中有大量关于 Galois 的新、老传记资料, 以及他自己对这些资料及其重要性的深入思考. 我相信, 即使没有 Galois 作为大名鼎鼎的数学家的感召力, 我们通过彻底了解法国七月革命的社会背景和详细了解 Louis-Philippe 统治下的国内安全形势, 进而来评论他的政治行为和他的死仍是颇有教益的.

5) 熟悉 -1 的平方根 i 及其在复分析学中作用的人, 也许习惯于去区分 i 和 $-i$, 因为在习惯的几何表示中, i 位于实数轴之上而 $-i$ 位于其下. 这是一种虚构的区分, 尽管在进行几何论证时能在记忆方面带来很大的方便.

6) 这位公爵的领地很小. 考虑一下偶遇的环境对 Gauss 天赋的影响程度是个吸引人的话题, 当然这无疑是在扯闲篇. 他的运气真不错, 在公爵的学校里, 他不仅引起他的老师 J. G. Büttner 的注意, 还引起老师的助教、仅比 Gauss 本人大 8 岁的 Martin Bartels 的关注. 不清楚他到底从 Bartels 那里学到了多少, 但在这样的环境里, 学到一点儿东西就会大有帮助; 而早期跟 Bartels 相熟对 Gauss 的智力发展好像起到了重大作用 —— Bartels 后来在 Reichenau、Dorpat 和 Kazan 等地有令人尊敬的教授生涯. 在我看来,《Gauss, 科学的巨人》(1954) 的作者 G. W. Dunnington 和《Gauss, 传记研究》(1981) 的作者 W. K. Bühler —— 这里提到的是两本最著名的有关 Gauss 的传记 —— 奇怪地都未意识到在一个人的青春期 (哪怕是非常简短地)碰到提升智力的机会的价值, 更没有涉及他在一个时期内跟其他人的持续交往情况. Bühler 暗示 Gauss 的某一个数学特质给他学习拉丁文或希腊文带来了困难, 这也让我大吃一惊. 比较 Gauss 和跟他大约同时代的地理学家 Karl Friedrich von Klöden 的早年经历是有教益的, 后者在一度被广泛阅读的《青年时代的回忆》(*Jugenderinnerungen*)中描绘了自己真正贫穷的童年和他早期的经历, 当然这种比较属于社会史研究的范畴.

在对 Gauss 成就的描述中, 涉及他受到很好的早期教育以及极称职的教师使他较早就接触到重要的数学等内容, 也许在各式各样天真无邪的读者心中是模糊不清的. Gauss 本人在偶然碰到这方面的提问时采取一种最方便的方法, 即保持沉默, 这可能是 —— 也可能不是 —— 想蒙混过关, 他不想采取任何让人费心的方式谈论它们. 很不幸, 过分强调他是特异的巨人而不着重强调他受的教育、他的勤奋和好运, 使得他早期生活中许多重要的经验教训失传了.

7) 这些证明中有三个是用拉丁文发表的, 第四个用的是德文. 所有四个证明的德文版本都可在下列网站查到:

http://www.archive.org/details/dieviergausssche00gausuoft

感谢 Ahmet Feyzioğlu, 他给我提供了近期出版的 Gülnihal Yücel 翻译的文集《代数基本定理的四个证明》(*Cebirin Temel Teoremi için dört İspat*), 我很高兴地阅读了影响到我这次讲演的第一个证明, 还有 Gauss 对其前辈所做努力的评论 —— 当然都是简明的现代土耳其文的. 拒绝方语土言, 不仅是现代数学起步较晚的国家的数学家如此, 就是像法国、德国和俄国这样数学曾充满活力的国家的数学家亦然 —— 其实这些国家较早的、本地语言的数学文献仍具有极端的重要性; 这样做使数学和数学家受到的损失超过其所得, 也超出其所能想象的程度 —— 即使闲暇时间是在思考我们自己原汁原味的概念. 所以, 看到只是用不太大的努力来抵制拒绝方言土语也很令人欣慰.

8) 我很可能从 Descartes 的解释里附会出更多的东西. 但我并没有花力气去发现他在写《方法论》的附录 "几何" 时, 内心里关于曲线的精确概念是什么. 在某种意义上 —— 我认为必定是在很弱的意义上 —— 他预见到了 Bézout (贝祖) 定理, 该定理是法国数学家 Étienne Bézout 在 18 世纪首先确切表达的. 它断言, 分别由 m 次和 n 次方程定义的两条平面曲线, 一般有 mn 个交点. Bézout 是他那个时期公立中学使用的代数教科书的作者. 他在数学之外还得到了一个 "极端羞怯" 的坏名声. 在 Henri Beyle 开始他学习数学的经历时, 小说家 Stendhal(司汤达) 在他的自传中炫耀自己的 —— 并不多也并不重要的 —— 数学知识, 特别还嘲笑了 Bézout.

9) 这些努力是否值得? 这是个好问题, 特别是这些努力不仅涉及这里谈论的数学, 而且涉及数学美的时候. 数学美或乐趣需要这些概念和细节的积累吗? 音乐的情形是这样的吗? 建筑呢? 文学呢? 对所有这些领域, 回答肯定是 "否"! 另一方面, 是否数学美或乐趣中容纳了这种积累? 是否高度完美的数学美是另一种不同性质的美? 我的回答是 "是"! 这个回答牵涉了其他的领域, 是可以公开辩论的. 我在这里提出的关于数学美的说法, 它既没有超出对算术和几何的简单的数学愉悦感, 也没有超出难题带来的魅力的范畴, 而是把它们融入完全不同的那种智力乐趣中 —— 在看似混沌的状态里创造出秩序, 甚至是在那些微不足道的 (在我是足道的) 领域里. 有时, 一个人认为的一种秩序乃是另一个人认为的混沌. 所以, 我并不期待去说服所有的人. 我本人就难以忘却人们常听到的 Rudyard Kipling 提出的难题:

邻近暮年, 每个人都听到他垂危的心脏的跳动, 撒旦不停地敲击着昏暗的窗户, 问道:“你做出的它, 但那是艺术吗?”

译后记: 英文原文中有几处德文和法文的句子, 我分别请教了陆汝钤教授和姚景齐教授; 冯绪宁教授参与了“费马大定理”部分的翻译并通读了译文. 译者对他们的帮助深表谢意!

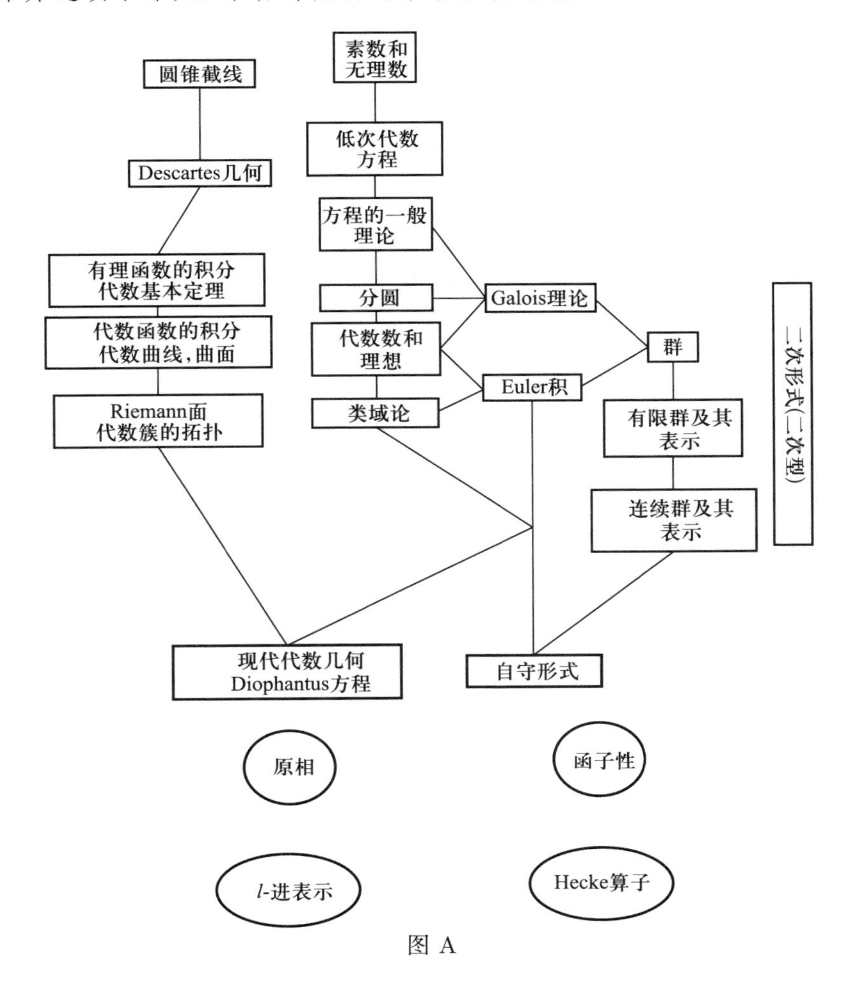

图 A

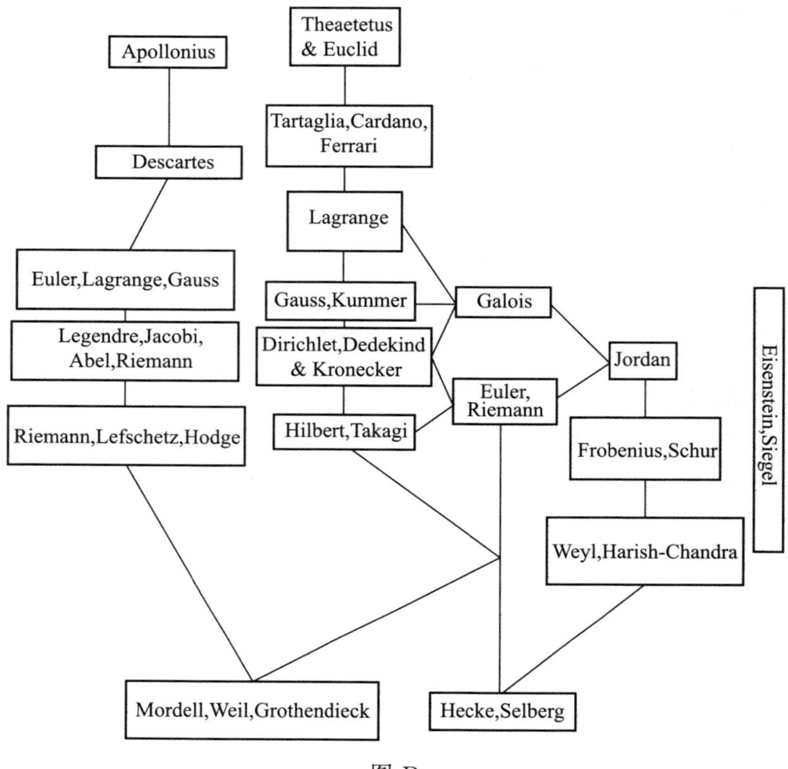
Apollonius
Theaetetus & Euclid
Descartes
Tartaglia,Cardano, Ferrari
Lagrange
Euler,Lagrange,Gauss
Gauss,Kummer
Galois
Legendre,Jacobi, Abel,Riemann
Dirichlet,Dedekind & Kronecker
Jordan
Euler, Riemann
Eisenstein,Siegel
Riemann,Lefschetz,Hodge
Hilbert,Takagi
Frobenius,Schur
Weyl,Harish-Chandra
Mordell,Weil,Grothendieck
Hecke,Selberg

图 B

第十八章　给 Weil 的信的评语*

作者评语: 这篇题为《自守形式理论的函子性: 发展和目的》(*Funktorialität in der Theorie der automorphen Formen: Ihre Entdeckung und ihre Ziele*) 的文章是写来评述那封《给 Weil 的信》的. 这些将发表在关于互反律和代数数论的文献集中.

* 原文写于 2010 年. 本章由张亮夫翻译.

自守形式理论的函子性:发展和目的

§0. 引言

本文开头部分应该是关于历史的. 不过在写作过程中却不期然地沾染上了自传和教学的色彩. 本文首先是关于描写我人生中的一个转折点, 也几乎是断点的一封信. 这并不是因为那位完全是我偶然选择的收件人 André Weil, 而是因为这信的内容. 现在回想起来, 甚至更早之前我也会这样想 —— Weil 应该是收件人, 因为信的内容大部分是关于数论的, 而且 Weil 本人是当时数论的领导理论家. 事实上这封信以及收件人都是即兴, 而不是故意产生的, 而且收件人的选择并不重要, 我想 Harish-Chandra (假定他才是收件人) 会更理解信里提到的问题的深远. 而在非常偶然的情况下, 这封信还是落在他的手里.

这不仅是因为没有李群的理论知识和它的无穷维表示的知识难以理解这封信. 而且是因为上述的理论在 60 年代才开始对自守形式理论产生巨大的影响. 迄今为止, 这一表示理论对于许多数论工作者还是陌生的, 因此我想描写自己是如何开始研究李群的无穷维表示和自守形式的理论.

§1. 青年时代的记忆

甚至借此机会, 我在这封信的前头写几句关于我的数学经历的话, 即 1967 年 1 月之前的事. 我要写离今天很远的事情, 所以要求读者有很大的耐心. 我的数学教育是在我接近 18 岁的时候, 在加拿大某大学第二学年的一个非常简单的入门微积分课程开始的. 我的认真训练则在接下来的一年就开始. 在老师的建议下, 我买了 Courants 的关于微积分的两本书的英译本. 我们也有代数的课, 其中介绍了对于我来说合适水平的课本, 例如 Murnaghan 关于线性代数入门的书《解析几何》, 还有 Dickson 关于基本代数的 *New First Course in the Theory of Equations*, 该书现在回顾发觉里面包含很多美丽的, 而且后来才觉得重要的东西, 尤其是 Vandermonde 行列式和三次方程的解. 多少次在我的精神生活或者人生中我想很快地把东西学会, 却没有花时间思考一些重要的东西. 相比之下, 关于线性代数我却发现两本书, 一本是 Halmos 的《有限维向量空间》—— 介绍了现代数学, 其抽象的描写深深地使我佩服. 另外一本, 其实是两本我自己发现的书, 分别为 Schreier 和 Sperner 的《代数及解析几何入门》和两人的《矩阵讲义》. 这两本书是带我进入初等因子论的源头, 同时也是我以后从事 Hecke 算子工作的引线.

在大学四年级时我听了不同的课. 尽管一些课如基础偏微分方程、数学物理特殊函数论都给我留下了深刻的印象, 可是这些印象都需要等待以后时机成熟时才对我产生作用. 我当时也有一门关于复函数的课, 是基于 Konrad Knopp 一系列的书的英语翻译. 其中最后一本关于 Weierstrass 的椭圆函数理论的书, 并不在课程之内. 但是我还是把它读了. 关于椭圆函数的代数理论是后来我在普林斯顿才有机会参与一个基本的课程, 其采用了 Walker 的《代数曲线》作为基础. 很显然, 我当时在代数几何方面是落后的.

很不幸的是, 往后的日子仍然是这样. Knopp 和 Walker 的这些书, 就正如其他许多优秀的书籍, 其原来语言的平装版当时都可以在 Dover 出版社以非常低廉的价格买到. 这些书以及 Chelsea 出版社提供的新版书, 尤其给了年轻人一个机会为他们的私人图书馆获得一些绝版或者由于其他原因找不到的书. 然而, 部分原因是盟国在"二战"后夺取了德国出版的权利的结果.

由于我想尽可能在最短的时间学习最多的东西, 我在四年级时参加了一个不是提供给本科生的关于 Noether 环的讨论班. 当时 Northcotts 的小册子 *Ideal Theory* 为这个班提供了基本主题. 虽然我当时认为我基本上理解所讲的内容, 但觉得如果有一个介绍代数几何的讨论班 (特别是关于代数曲线理论的, 然后跟着有一个引入当时的代数几何的班) 那样更好. 虽然如此, 我仍然觉得小册子非常好, 令我着迷. 我甚至尝试在之后的一年在这个领域里写我的硕士论文.

我不能说我对当时得到的结果很自豪. 这一年, 就是我在温哥华的第五年以及最后一个学年, 并不是很光辉的. 我当时太急进了, 而且我还得教书. 我希望尽快获得硕士学位, 进入研究生院, 然后可以开始博士论文. 其结果是, 我需要听很多课, 还要写论文, 而且须在一年之内完成以上的事情. 最后我还是办到了. 但关于那一年我已经没有太多的记忆. 不过我读了不同的东西. 首先, 作为我的硕士学位的一部分, 我打算念 Dixmiers 的那本 *Les algèbres d'opérateurs dans l'éspace hilbertien*. 它的主题由于抽象描写深深地吸引了我. 我成功地读完这本书, 而且稍微了解了这本书. 然而, 最终我觉得这个题材并不是特别有趣, 所以我从来没有再回到这问题了.

到那个时候, 我还从没读过外语的数学书 —— 虽然我曾订了 van der Waerden 的《现代代数》, 而且尝试念这本书, 但不成功. 我不知道失败原因是在于书的本身, 还是在于我的德语水平. 德语是我在大学一年级和二年级的时候用自己的方法学的, 但我并不明白怎样才算是学会一种外语. 对一个英语为母语的北美青年来说, 当时不明白德语, 一点不奇怪. 在今天的话, 这样一个青年根本不会尝试去理解德语. 当我是大学生时, 暑假期间没有太多时间去学习, 因为要为冬天赚点钱, 同时我也不能忽略当时年纪的人的倾向. 四年级的时候, 有一个几何的讨论班, 取材于 Alexandrov 的一本俄语书. 我当时非常开心, 因为我二年级的时候学过俄语. 班上只有教授和三位同学. 可惜我们并没有读了多少东西, 因为我的同学们并不热心, 也不用功.

在 50 年代, 美加的过境情况跟现在不一样. 对过境的人的检查不是很严 —— 不带身份证明文件也可以过境. 对于货品就严很多, 因为一切东西在美国都比较便宜, 而且从南往北的关税比较高. 有限数量的货品可以每年免税入口一、两次 (但需要在边境以南停留两天), 因此很多人当时 (也许现在依然如此, 虽然没有那么大规模) 周末往南走. 我跟我的亲戚都意识到这浪潮, 所以我在第五年曾经过境到西雅图. 当时的书籍应该是免税的. 由于在温哥华当时没有售卖数学书, 所以我希望能去西雅图大学的书店, 从而甚至买到一些古典的书. 这些书店的书其实有很多超出了我当时的科学水平. 显然, 这些书都是来自同一间私人的小图书馆, 而大部分都是普林斯顿大学出版社出版的书. 我买了不少, 其中有 Lefschetz 的《拓扑学导论》(*Introduction to*

Topology) 以及 Weyl 的《经典群》(*Classical Groups*) 和《代数数论》(*the Theory of Algebraic Numbers*).

我当时打算认真地读完这三本. 但事实上, 我多年后才开始读第一本, 那是在 80 年代初, 当我已经在普林斯顿工作的时候. 书里的一些习题实在太难, 令我泄气, 毕竟这本书应该是为初学者写的. 我因此没有再念下去. 我把我的失败经验告诉了一位研究拓扑学的朋友 —— 他的一番话令我松了一口气, 他向我保证说 Lefschetz 在没有告诉读者的情况下, 把一些还没解决的问题散播在习题里. 虽然如此, 我还是再没有打开那本书而且没有与拓扑学发生更密切的关系. 那本《代数数论》我倒是在路途上 (或者在不久之后) 念了, 而且我非常兴奋地发现二次互反律是某一个漂亮理论的非常直接的、几乎是自明的推论, 而不是我之前所想的, 只是一个偶然的事实. 我后来还学到 (纵然不是从那个事实本身, 那肯定就是这事实的) 一些初等证明是如何地漂亮. 话虽如此, 给我留下深刻印象的, 首先还是那漂亮的一般性定理. 另一方面, Weyl 的《经典群》一书倒从来没有令我着迷. 关于这一本书, 我希望以后再读.

我认为, 这两本书是先后写成的 ——《经典群》出版于 1939 年, 而《代数数论》出版于 1940 年. 从我的经验, 我会觉得, 两本书都显示了 Weyl 作为一名年纪渐大的数学家, 如何尝试回到他年轻时代的一些题材, 而且最终弄懂它们. Hilbert 去世后, Weyl 在纪念 Hilbert 的第二本纪念文集里记下了当他作为年轻学生的时候, 阅读 Hilbert 的 "数论报告" (*Zahlbericht*) 时带给他的佩服的感觉 —— 他当时曾誓言要读完 Hilbert 写的所有作品. 然后他说后来当他那位也在哥廷根念过数学的夫人早逝后, 在一份从没发表的、关于他们一起的日子的文章中提到, 他们后来一起念了 Bericht , 但却没提到他其实从前已经念过一遍. Weyl 的夫人也有听他在普林斯顿的课, 而 Weyl 的书是从他夫人的文件中孕育出来的, 她偶尔会写信给他们的数学家儿子 Joachim, 告诉他他的父亲多么用功备课, 多么希望把一切完全弄明白. Weyl 的书肯定不是 Hilbert 的书的重写. 虽然我没有把 Zahlbericht 跟 Weyl 的书比较, 但我觉得 Weyl 试图明白、理解数论的发展过程和一些大相径庭的观点, 例如 Dedekind 或者 Kronecker 的观点, 关于这些问题, 由于

Hilbert 自己已有观点, 所以他把这问题放在一旁.

虽然 Weyl 对代数数论只有很少、甚至没有贡献, 可是他是发展半单纯群表示论过程和把它应用在物理上的一位杰出人物, 特别在应用谱的理论上. 有限群以及三维旋转群的表示论在初始都对物理学给出了最重要的例子. Weyl 在 1928 年出版的《群论与量子力学》曾经很有影响力, 而到今天这本书还是值得读的. 他于 1925 年和 1926 年出版的三册《从线性变换出发的连续半单纯群表示论 I, II, III》(*Theorie der Darstellung kontinuierlicher halbeinfacher Gruppen durch lineare Transformationen*) 今天已成为经典. 很奇怪的是我至今在 Weyl 的写作 (即便是他的数学论文) 中找不到任何关于这两个领域相互影响的讨论, 特别是关于物理学的发展如何影响数学家研究的群表示论的. 在其他地方我也找不到有指导性的、关于这影响的描写. 也许我没有花足够的功夫吧. Weyl 所写的书 *Classical Groups , their Invariants and Representations* 是献给被驱逐出境的柏林数学家 Issai Schur 的 —— Schur 在有限群过渡到代数群的发展上扮演了领导性的角色. 我跟这一本书没有缘分. 也许我应该再拿起这一本书, 从而把 Weyl 关于这过渡的观点公之于世.

当我在写以上内容的时候, 我想从我的图书馆里找这本书. 我找了半个小时, 可是找不到, 然后我慢慢地认定我记错了, 我从来没有拥有过那本书. 在同一次访问中, 我在旧书店还购买了两本也是普林斯顿大学出版社出版的书, 一本是 Pontrjagins 的 *Topological Group*, 另一本是 Widders 的 *The Laplace transform*. 我真的很喜欢这两本书. 这是我的经典实分析的导引. 我已经读过第一本，但对我来说，拓扑群的一般理论还不是很清晰. 经过漫长的搜索之后，我终于在 Seattle 找到了一本带有明确标记的 *Classical Groups*. 当我阅读此书绪言时，我立即明白了为什么我从未看到这本书.

Weyl 所写的书的绪言部分, 通常都是非常有文采的. 但另一方面, 我觉得难以认同前面提到的书中的各观点. Weyl 认为 "也许当代众多的数学公理化和推广过程献给了我们很多重要的一般性概念和定理, 可是我深信, 相比于其他领域, 在代数里一些复杂的特殊问题才是组成数学核心的部分, 而且对于学习它们的难处, 整体来说需要我们特别用功". 我同意这一点 —— 抽象观念不因此而不重要. 事实上, 高层次的能力可以理解为是把某些具体的例子 (就是那些可导致本质性一般观念的同时也是奠基性的例子) 和其他的例子 (就是那些不漂亮的或者难以理解的例子) 分开, 同时也是可以把一些一般性的、可以带出具体例子的概念跟那些除了抽象之外毫无贡献的概念分开的能力. 他与 E. Cartan 同为半单纯代数和群表示论的开发者而没有预知 (更好的说法是 "没有承认") 这理论的统一性, 我对于这点感到非常失望. 在他早期的工作中已有某种的 "统一", 而他关于量子力学的书中那简洁的话 "所有量子数都是群表示的印记", 我觉得是压倒性的. 同样对我而言奇妙的是, 注意到 (当我们描写表示论在种种可能性下衍生出的、在我写给 Weil 的里提到的不同发展过程时) 在函子性的框架中 (关于这概念我稍后再回来详谈), 所有的半单纯群 (或者所有的约化群) 的群表示都是如何在非常意想不到的形式下彼此联系在一起的.

虽然如此, 我依然是 Weyl 的崇拜者, 向往他作为数学分析家的强大能力、他的广阔的数学和周边知识以及他的写作才华. 我希望在我有生之年不但重读他的漂亮的作品如《黎曼面的理念》, 而且读一些从没念过的书和作品, 类似《空间、时间与物质》. 在我刚到耶鲁、已成家、没有太多钱的时候, 已经订购了 Weyl 的选集, 是 Weyl 的朋友和同事在他七十寿辰送给他的 —— 这本书编得非常好, 至今难以超越. 到普林斯顿不久后, 我在这里读到他关于紧半单纯群的表示论的文章.

§2. 耶鲁大学

经过五年在温哥华大学的日子, 我去了在康涅狄格的耶鲁大学深造数学. 虽然我只在那里待了两年, 但我离开耶鲁时不仅只是带着博士头衔离开, 还带着不少以后才会开展的多年的工作的开端, 尽管我当时没有意识到. 耶鲁大学的数学家当时主要的研究领域是泛函分析. 那是我以前已知的 —— 在那里第一年的课使我很兴奋. 当时我们有关于 Dunford 和 Schwartz 的《线性算子》的课, 其实是关于第一册的, 另外有关于 Hille 和 Phillips 的《解析半群》的课. 第一门课由

Dunford 本人主讲, 至于第二门课, 由于 Hille 当时年纪已经很大, 所以他的课交给了一位年轻的同事 Cassius Ionescu-Tulcea. 以上的两本书我都非常透彻地读了. 你可以在后来出版的 Dunford-Schwartz 里找到我的工作的痕迹. 另外, 虽然 Hille 的书的主题只有少数人感兴趣, 但 Hille 主要还是一位分析数学家, 而他的书在某种观点下是关于古典分析的重要源头. Hille 这本使我获益良多.

也许是第二学期吧, 我也有 Felix Browder 关于偏微分方程, 特别是关于先验估计 (这是他的专长) 的课. 他不是一位尽责的讲者, 往往是没有准备的, 而且每当他尝试证明定理时, 都需要做三次. 虽然如此, 我还是觉得他的课很好. 每个晚上, 我在回家路上都带着一条在课堂上写得乱七八糟的某定理证明的笔记, 然后把它整理成有条理的证明. 这对我帮助很大, 当时我还想在这领域写博士论文. 可是以后的发展却不是这样.

在那个半群的课上, Hille 出了一道关于李半群 (这是他想出来的定义) 的题目 —— 这题目我后来解决了. 不久之后, 我以一己之力发展了一些关于解析李半群的想法 (其中一部分需要用到偏微分方程的一些结果), 使得我在差不多一年后已拥有博士论文的材料. 虽然我从没发表里面的东西, 但 Derek Robinson 后来在他的书 *Elliptic Operators and Lie Groups* 里面还是采用了这个结果.

当时的学生需要每学年终在一个类似资格考试的考试里拿到及格. 对于这个我却毫无预备. 我反而花时间翻了不同的书, 或者认真阅读这些书. Zygmund 的第一版关于 Fourier 级数的书, 我非常仔细地读完了; Burnside 关于有限群的书也同样, 不过不是同样仔细. 我当时梦想证明 (当时还是未证明的) Burnside 那关于奇数阶单纯群的猜想, 即便我当时完全没有头绪怎样入手. 我想我当时还已经读过 M. H. Stone 的 *Linear Transformations in Hilbert Spaces.* 后来我在 Eisenstein 数列的理论上很好地用上了里面展开的结果. 虽然我在上述考试的成绩不是太好 (主要原因是我全忘了, 或者从未理解 Noether 环讨论班上关于交换代数的东西), 但我 (这要感谢 Zygmund 的书!) 拥有令考试委员会震惊的关于 Fourier 级数的凸定理的知识, 这一点帮了我一个忙.

幸运的是, 其中一位考官 Kakutani 是这领域的专家, 并且问了很多问题. 随着考试及格和博士论文都完成了, 我在耶鲁的第二年非常自由, 所以我可以把时间完全用于满足我的数学求知欲. 至于当时具体的过程如何, 我现在已经不能多讲, 但上天在那年有两次特别优待我. 最重要的是, Steven Gaal 公布会讲一系列解析数论的课. 由于我希望 (源于 Weyl 代数数论的书) 在耶鲁大学进行 (如果我没有记错) 数论甚至是类域论的研究, 所以我去听了这些课. 后来我知道, Steven Gaal 在普林斯顿的高等研究所时, 在 Selberg 旁待了两年时间. 当时在 1956 年匈牙利事变后, Selberg 邀请他访问普林斯顿. 在普林斯顿期间, 他接接触到 Selberg 关于自守形式理论的分析的想法, 这个想法虽然可以用不多的文字表达出来, 却发表在 Selberg 的一篇题目挺长的短文 *Harmonic analysis and discontinuous groups in weakly symmetric Riemannian spaces with applications to Dirichlet series* 里. Gaal 当时希望在耶鲁大学讲他的这个工作. 由于他的演讲系列, 我研读了他的这篇文章. 另外有一件似乎是枝节的事, 那就是 Browder 和 Kakutani 试图组织一个多复变解析函数的讨论班. 但两人交情不好, 这样一来, 经过一两次课后, 讨论班就停下来了. 与此同时, 我有机会学习一些关于多复变解析函数的定义域的东西, 特别是关于这些定义域的凸性的. 这些知识让我证明了 Maass 或者更一般的由 Selberg 引入的级数的解析延拓. Eisenstein 级数这名字是后来被 Godement 引入的. 虽然我挺喜欢这个结果, 但我对它并不是特别重视.

当我来到普林斯顿后, 才需要每周一次在分析讨论班上作报告. 由于我当时没有别的材料在手, 我就谈到过这个结果. Bochner 对此感到非常兴奋. 现在, 由于我对年轻数学家的经历已有更多的经验, 我估计 Bochner 感到兴奋有两个原因. 首先, 他非常喜欢 Dirichlet 级数, 这是我当时已经知道的; 其次, 这项研究跟我的博士论文没有任何关系. 它是我一手鼓吹而且自己完成的. 我的博士论文基本上也是独立思考的结果. 但是, 这一点 Bochner 不可能知道. 其实, 直到作报告的时候我跟 Bochner 一点关系都没有. 我来普林斯顿是 Edward Nelson 推荐的, 那时候他也是一位非常年轻的数学家, 是一两年前从芝加哥 (他学习的大学) 来的. 因为我的全纯半群的工作, 他把我推荐给一位同事, 原因是他对这题目也很感兴趣.

Bochner 事后帮助了我很多. 这不是指我在普林斯顿的状况不断改善, 虽然事实如此. 更多的其实是 Bochner 时常鼓励我继续从事以前开始的关于自守形式 (那个我没有认真对待) 的研究. 除此之外, 我猜是他推动的缘故, Selberg 邀请我到他在普林斯顿的办公室面谈, 后来也邀请我到高等研究所访问一年. Bochner 还有提议其他的研究课题, 这一次是关于微分几何的, 但我都没有做出结果, 因为没有时间去深入思考. 我当时非常急进, 因为我还没抵达普林斯顿.

§3. 普林斯顿

我是在 1960 年秋抵达普林斯顿的, 在那里断续地待了七年. 为了容易回忆, 我把这七年如下分类: 1960—1961 年和 1961—1962 年在普林斯顿大学; 1962—1963 年在高等研究所; 1963—1964 年在大学; 1964—1965 年在加州; 1965—1966 年和 1966—1967 年在大学.

虽然 Bochner 首先应算是研究分析和几何的, 但他在不同领域都有贡献, 而且兴趣很广. 他是柏林大学 Erhard Schmidt 的学生, 在离开柏林后到 1933 年为止, 在慕尼黑大学待了几年. 他跟许多数学家都有联系, 如果我没记错的话这包括 Helmut Hasse 和 Emmy Noether. 他显然对这些人的工作感兴趣. 他鼓励我关于 Eisenstein 级数的研究, 希望我首先把我在 $\mathbb{Q}$ 上的 $\mathrm{GL}(n)$ 的 (更贴切说是 $\mathrm{GL}(n,\mathbb{Z})$ 上的) 结果推广到代数域上 (由于我当时还不懂得 adèle), 这促使我读 Hecke 关于 Dedekind zeta-函数的文章, 还有 Landau 的关于代数数及其理想的基本和解析理论的小书. 同时也使我读 Siegel 的文章, 让我能够通过特殊方法建立不同的群上的 Eisenstein 级数的解析延拓.

在这两年, 我也继续尝试理解 Selberg 的想法, 首先是他的迹公式, 其中首要的任务是通过迹公式, 对给定的某种在一个紧有界对称领域的商空间上定义的解析自守形式的空间, 决定该空间的维数. 在那个时代, 欧洲数学特别是法国数学比今天来得重要, 而要在当时的自守形式理论方面工作, 必须读那些巴黎讨论班的文献 —— 就是 Bourbaki, Cartan, Chevalley, Lie 和其他的讨论班的. 我已经不知道何时发现这些的, 大概是 Siegel 之后的事, 至于是 Harish-Chandra 之前还是之后, 我就记不清楚了. 这些事情的结果大概是这样 —— 我知道了当我开展我的工作时, 我还没有在表示论的框架里思考.

在尝试根据 Selberg 计算维数时遇上的积分, 我是从 Selberg 的工作直接拿来的, 但算不出维数. 这个困难我跟一位早逝的数学家 David Lowdenslager (也是大学的同事) 讨论了. 他认为一般人会假定, 在这些问题上 Harish-Chandra 的工作会有用. 跟着我就读 Harish-Chandra 的文章. 在他的文章里并没有触及一般的离散级数. 对于解析离散级数, 他却懂得很多. 在念他的文章的时候, 我认识到 (虽然不是马上) 那些在 Selberg 的工作里出现的积分只不过是对应的群上的路径积分. 对我来说, 这是一个大发现, 使我能写成我的第一篇关于迹公式的文章.

Harish-Chandra 是我稍后才认识的, 虽然他当时可能还没在高等研究所当教授, 但已在普林斯顿大学工作. 当我开始读他的文章时, 我曾向他请求拿一些文章的 (当时流行的) 预印本. 但我等了很久都没有拿到. 我猜, 是等到 (也许是)Bochner 向他提起我的名字后, 他才在某讨论班开始前把预印本给我. 之后, 我有很多机会认识他, 跟他讨论, 直到他二十年后早逝的时候. 在我们彼此相遇后不久, 他有点 (不是对我而是对 Selberg 而言) 贬义地告诉我 (当时 Selberg 不在场), 假如把事情看清楚 (即从群理论或者表示论的角度看) 的话, 无论是我自己觉得得意的发现甚至是迹公式本身, 起码对于紧商空间, 都不是什么会留下深刻印象的东西. 对我的发现, 他说得对. 至于迹公式, 去理解它跟 Frobenius-Duality 的关系是有用的, 甚至是重要的 —— 而这一点我在之前并没有弄明白. Frobenius-Duality 本身的影响, 正如 Harish-Chandra 理解的, 并不比迹公式小.

在这两年里, 我也认识了 Selberg 本人. 也许应感谢 Bochner 的介绍, Selberg 邀请我到他的办公室. 他解释了他的关于 SL $(2, \mathbb{R})$ 上的离散子群上 Eisenstein 级数的解析延拓 (诚然在对基本域作出某些假定下) 的工作. 这是一个重要的经历, 是我第一次跟一位最纯粹的数学家讨论. 跟 Bochner 的讨论中我只谈过研究的方向, 而没有讨论数学本身. 以上问题的证明, 其实关系到在半直线上定义的二阶常微分方程的谱理论. 理论上, 由于我读过 Coddington-Levinson 的书, 我应该懂得这一套的. 可是, 我从来没有见过任何人可以把这个理论巧妙地用在这个层次的数学上.

后来由于 Selberg 不同的工作, 我懂得如何证明这些 Eisentstein 级数可以延拓, 之后我就在高等研究所的下午茶时间 (这时候通常可以找到他) 向 Selberg 报告. 他只说了一句 (我现在也理所当然地会有同样想法): "我们需要一个一般情形的证明." 后来, 大概是 1963 年当我在向他报告说我可以处理那个问题, 以及 1964 年我给了他一个完整的、打印好的证明的时候, 他却完全没有反应. 我有点失望, 但没有特别想那件事. 只是多年后, 我才找到一个可能的原因, 关于这一点, 我以后再说吧. 我跟他二十多年来都是同事, 到他去世时, 我们的办公室都是在隔壁的. 但 Selberg 不是一个很喜欢讲话的人. 无论是私人交谈或者开会时, 他首选的类型都是独白. 他总是看着房间的一角然后说话, 而且可以跟单独见面的人交谈很久. 我们很少交谈, 交谈的话都是关于日常的事情, 而且很友善.

Bochner 在很早的时候, 1963—1964 年时, 鼓励我甚至催逼我讲类域论的课. 他这样做很勇敢, 但不是没经过思考的. 首先, 容许一位年轻的、缺乏经验的数学家对着研究生、研究所的同行或访客给一个这种水平的课, 是不常见的. 其次, 不仅这课题是我所陌生的, 甚至对代数数论本身我也是陌生的. 之前的一年, 我曾参加了一个由 Armand Brumer (当时他是学生) 组织的学生的讨论班, 其间大部分都是他讲的. 当时我提出了一些愚蠢的问题. 最后, 我的课两三周后就要开始了. 我其实想拒绝 Bochner 的建议. 但大概他不会答应我.

班上的听众由三、四位学生组成, 他们包括 Roy Fuller, Daniel Reich 和 (至少在开始时还有) Dennis Sullivan. 另外有研究所的三四个访客. 大多数的听众对这课是满意的. 我用的书是 Landau 的《代数数的初等理论和分析理论及理想简介》和 Chevalley 于 1939 年出版的《类域论》. 以上再一次体现了我知识的肤浅. 但渐渐地, 我的德语进步了, 但还是不理想, 所以我不能浏览整个 19 世纪德国伟大数论学者的作品, 我也没有倾向于单从一个无目的的、只为娱乐自己的角度, 为了理解他们的思路而阅读. 我不能进入他们的思维方式, 这也许因为我是被还没解决的问题, 而不是被已解决的问题所吸引的缘故吧. 我今天努力弥补这方面的疏漏. 虽然如此, 非交换类域的问题却给我留下了深深的印象.

之前的一年, 即1962—1963年, 我在高等研究所待了一整年——这大概也应该再次感谢 Bochner 的建议, 同时间接地因为 Selberg, Harish-Chandra 在 1963 年才来高等研究所当教授, 所以我在高等研究所期间的一年没有遇上他. 在这一年里, 我主要是跟 Weil 和 Borel 讨论. 在斯德哥尔摩的世界数学家大会上, Gelfand 作了报告以后, 我读了他报告的文章. 奇怪的是, 在此讲座后, 我第一次了解了一般尖点形式的概念. 这是 Eisenstein 级数延拓的关键. 大约在同一时间, 我开始了解一般理论背后的原理, 无论是在 Borel-Harish-Chandra 1961 年宣布的工作里的, 或者是自守形式的现代原理 (就正如在 Harish-Chandra 和 Godement 的工作里说明的). 由于这种认识, 这一年我在高等研究所里成功地攻克了延拓问题. 在解决过程中, 的确需要克服一些真正的困难, 这是我在下一个学年期间完全克服的. 大家可以在我后来出版的文章 "*On the functional equations satisfied by Eisenstein series*" 中所引用的文章得知, 上文提到的 Diximier 和 Stone 的东西在这项研究上多么管用.

Eisenstein 级数理论是泛函分析的意义上的谱理论. 它是关于一个定义在流形上、可交换的微分算子集的公共谱的泛函分析意义下尽可能精确的描述. Eisenstein 级数是关于流形 $\Gamma\backslash G$ 上的不变微分算子, 其中 G 是一个半单纯或者约化李群. 其特征函数可以通过无穷级数定义, 要处理的问题是如何解析延拓这级数, 然后证明谱是如何从这些延拓函数构成的.

这个谱的结构有两层, 即可以分拆成不同的但可以通过某些抛物子群进行参数化的部分, 并且这些部分本身又可以划分成更细的部分. 每个前述的部分都具有维数 m, 就是 P 的秩, 并且还对应于前面提到的集上 (与 P 有关) 的尖点形式的 Levi-因子 M. 延拓性证明的第一步在于说明这样赋予的 Eisenstein 级数集的延拓可能性. 然后, 这延拓是一个多变量的亚纯函数, 因此可以证明一般的 Eisenstein 级数可以表达为该函数的 (有重数的) 留数. 在过渡到留数的过程中, 函数参数的个数会减小, 即 $n \to n-1$, 然后数量 n 可以被看作在第二阶段的参数. 一般延拓性证明的第二步在于证明在过程中出现的函数里, 存在作谱分解时需要的函数.

第一步不是那么难, 特别是对一个一方面熟悉 Selberg 关于 SL (2) 工作, 而另一方面明白 Harish-Chandra 所发展的表示论的框架的人而言. 相对而言, 第二步本质上困难得多, 所以多次的尝试是必要的, 而这个理论最后耗费了我接近一年的时间.

我已经说过, Selberg 对我的表现一直没有回应. 这么多年来, 我一直想知道为什么. Selberg 肯定是一位骄傲的、甚至是有点虚荣的但又很厉害的数学家 —— 他也是一个独来独往的人. 我可以想象, 他会这样想, "如果这个新手能找到一个证明, 我也可以". 我觉得这观点很合理. 然而近几年里, 我觉醒到他当时可能没有理解某些基本的想法, 事后也如此. 我从前总是假定 Selberg 早已知道 1962 年 Gelfand 的演讲里出现的材料. 但现在看来, 他当时有可能还没有一般尖点形式的概念, 而且他从来没有见过 Gelfand 的演讲. 当然, 我现在无法知道真相了. 他肯定没有 Harish- Chandra 的理论提供的、半单纯群上的微分算子的技巧.

在 1964 年的夏天, 我和家人去了加州大学的伯克利分校, 在那里我们待了一年. 现在, 因为我手上已有 Eisenstein 级数的一般理论, 我想尝试 (并且可能已经在普林斯顿时尝试过) 在一般情况下建立迹公式并证明它. 但我没有成功, 也许是因为我太累了, 或者因为我不够聪明. 我倾向于第二种解释 —— 我永远不会做出像 Arthur 几年后能做到的成果.

§4. 加州

我在加州的一年没有课要教, 又没有行政责任, 所以我抵达的时候充满希望. 我特别下定了决心, 主要通过 Weil 的书《代数几何的基础》来用功学好代数几何 —— 这本书的程度跟当时普林斯顿的程度相若, 所以我理所当然地觉得作为教材是恰当的. Grothendieck 这个名字在 60 年代初的普林斯顿没有人认识. 我也想用 Confortos 的《Abel 函数和代数几何》学好 Abel 簇的理论. Phillip Griffiths 当时任教于伯克利, 我们曾一起组织一个我现在完全记不起的讨论班. Griffiths 后来在代数几何方面有很大的发展, 我却不然. 有一段时间, 由于一些学生的要求, 我们也开了一个关于 Joseph Lehner 的书《不连续群和自守函数》的讨论班. 我想, 当时我认为经典几何而不是代数几何对我进一步理解模形式理论更有帮助. 现在我已经不清楚为什么当时这样想.

我还记得, 我曾试图通过超几何函数理论的思路把它们表示为积分, 从而建立某种半单纯群表示的矩阵系数理论. 我当时觉得 (现在还是觉得) 超几何函数理论很精美. 不幸的是, 这尝试没有做出成果. 在那年年底我感觉浪费了时间.

现在回想起来, 这一年看起来并不那么糟糕. 在此期间, 我证明了如何 (当 G 是 $\mathbb{Q}$ 上的一个分裂群, 或者更一般当 G 是整数域的分裂群时) 通过 Eisenstein 级数理论计算商 $G(\mathbb{Z})/G(\mathbb{R})$ 的体积. 这个方法在更一般的准分裂群的情况下也正确, 使得人们能够在这些情况下容易地证明 Weil 关于 Tamagawa 数的猜想. 几年后, 我在与 Jacquet 写的讲义里展示了如何在一个特定的 (即对 SL (2) 上的) 微分形式的情况下, 通过迹公式把以上结果从准分裂群推广到同一个群上的其他形式. 很久以后, 当 Jacquet 和 Arthur 进一步发展了稳定迹公式的工作后, Kottwitz 成功地在一般情况下证明了这个猜想. 同时我也发现了一个到今天我都觉得又漂亮又实用的内积公式.

受了 Griffiths 一篇文章的影响, 我当时也猜想如何能够对无穷维表示得到某种形式的 Borel-Weil-Bott 定理. 这猜想很快就被 Griffiths 的学生 Wilfried Schmid 证明了. 这对于 Shimura 簇的一般理论和 $\{\mathfrak{g}, K\}$ 上的同调论是至关重要的. 另外, 我在致 Harish-Chandra 的一封信里提到了我的一个想法, 这个想法是他后来使用或者至少在一个工作里提及的 (这篇文章的名字我记不起了). 我当时想, 通过 Harish-Chandra 发表的作品, 也许可能证明 Plancherel 公式. 最后他终于证明了这公式. 尽管如此, 他提到了我的工作, 使我受宠若惊. 但我无法找到这封信的副本, 而信件正本也许在他家阁楼的一个纸箱内, 他的遗孀在那里却没找到这封信. 现在我已记不清楚我当时给了他什么建议.

尽管有了这些小成功, 但在伯克利的那年年底, 我觉得我没有太大的进展, 而且说实话, 我没有真正的目标.

从伯克利到普林斯顿的旅程是经过巨石城 (Boulder) 的, 在那里我参加了一个关于代数群和不连续群的会议, 这会议是 Armand Borel 和 Mostow 组织的. 这次会议是带我进入代数群的代数和算术理论的台阶, 我从来没有 (以后也没有) 在一个会议上学了这么多的东西.

§5. 重回普林斯顿

1965—1966 年从我的数学进程角度看来不是特别令人鼓舞的一年. 在那一年和之后的一年我教了一些为本科生而设的课, 例如有一门课使用了 Walker 那本关于代数曲线的 (初等的, 但有启发性的) 书, 还有一门课是为工程学院学生特别是电子工程学生而设计的. 这时, 我有机会读 Maxwell 关于电磁理论的书. 我的系主任不是特别喜欢我这样自娱, 他认为关于这样初等技巧的课是低于普林斯顿大学教授的水平的. 然而电子工程系的学生都满意我和我的教学; 而一些数学系的学生 (包括 Wilfried Schmid) 却不满 Walker 的教科书的水平, 这我倒觉得可能是正确的.

在这一年我花了很多时间和精力作了两个大胆但不成功的尝试. 一方面我寻找 Hecke 理论的推广, 另一方面我想建立非交换类域理论. 第二个尝试是没有希望的, 但第一个却不然. 第二个可以说是梦想, 在试图对一般自守表示赋予 L-函数的过程中, 我花了很多时间. 我也没有什么满意的发现, 而且有点灰心.

那时有人邀请我在莫斯科举行的世界数学家大会上讲 Eisenstein 级数的理论 (这大概是因为我在这方面的贡献吧), 但我拒绝了, 部分原因是因为我认为在这个理论上我没有做出更多的东西, 以及我不想在达到可以令自己满意的俄语水平之前访问俄罗斯或者苏联. 直到那时, 我只从加拿大去过美国. 我没有真正地去过其他的国家, 也不知道这些国家的人会对一个北美人有什么期待. 我不仅高估了他们对访客的外语能力的期望, 也高估了这一类国际会议的语言要求. 但对于没有太急于参加国际会议, 我没有后悔, 也没有后悔没有贸然访问俄罗斯. 我现在希望能很快并更好地准备访问那里.

也许是疲劳和沮丧使我作出这样的决定吧. 我在伯克利的那一年已经想过要放弃数学, 因为我觉得自己不是很成功. 我把这样的想法告诉了一位土耳其的朋友, 他建议我到土耳其待一些日子. 他不是数学家, 但是是一位热情的爱国者. 起初我对他的提议毫无反应. 但在 1965—1966 年的某个时候, 我开始认真考虑他的建议. 由于我的妻

子是勇敢无惧的 —— 她一直如此 —— 尽管出于我的自私并且我们有四个孩子, 但我能有机会认真考虑. 我们决定去. 此后, 我没有后悔的决定, 而我的妻子亦很少有. 特别对我, 这些年出现了很多意想不到的结果.

这不是一个深思熟虑的决定. 我对外国什么都不知道, 没有丰富的外语知识, 也不知道如何学习一门外语. 我大大地低估了外访和在外国生活的困难. 但这个轻率的决定也叫我如释重负. 我不再有要做出成绩的数学家的压力. 我开始学习土耳其语, 并重新研读俄语. 我梦想过从俄罗斯通过南高加索前往土耳其, 但这想法从来没有实现. 在有点无聊的环境下, 我决定在没有具体目标的前提下开始计算 Eisenstein 函数方程的系数. 我不仅意识到这些函数是 Euler 乘积的商, 亦知道这些形式的个数和分母形式的个数都可以用表示论来描述. 这里遇到的表示是复代数群 L-群的代数表示, L-群是很久以后 Tate 提出的一个名词. 我不仅认识到这些函数的形状. 我还可以利用 Eisenstein 级数的一般理论证明这些函数的解析延拓.

我需要为 L-群 ${}^LG$ 的各个抛物子群 ${}^LP ={}^L M^LN$ 分别计算它的表示 ρ. 只是后来, 在一个演讲中, Tits 立刻看出每个所求表示是 ${}^LM$ 在 ${}^LN \subset{}^L G$ 的李代数上的自然表示. 于是我对每个 ${}^LM$ 从而差不多所有的 G (起初是分裂群) 得到对应的一小集的 L-函数. 然后函数 $L(s,\pi,\rho)$ 的一般定义显而易见, 因此我意识到定义一般 Hecke L-函数的目标得以实现. 而那些特别在 Eisenstein 级数出现的 L-函数却是 Shahidi 日后的工作.

当时我和妻子及四个孩子住在 Bank 街上, 这是普林斯顿的一条小巷, 离大学只有几步远, 所以晚上和假期我都可以去我在大学里的办公室工作. 这个办公室不是在今天的 Fine Hall 里, 今天的 Fine Hall 当时还没有盖好, 办公室位于当时的 Fine Hall. 这幢建筑安置了数学系, 并全是给数学家使用的. 它是在 1929 年按 Oswald Veblen 的理念建造的. 我在这里度过了职业生涯中的几年, 而且在搬到新的大型建筑之前我已经离开大学, 这算是我生命中的小福气之一. 这座旧砖砌的建筑仍然存在, 但内部已被摧残至无法辨认. 在大学最后的几年, 我简朴的房间在正门右侧, 正如这里的所有房间, 这房间的窗是铅框架的染彩色玻璃窗. 正门右侧有个讨论室, 室内有一张很大的桌子和一个差不多十米长的石墨黑板, 而透过窗正好可以看见大学校长府邸的花园. 在晚上和假期我可以在这里单独安静地思考.

特别的是, 在我获得自守形式 L-函数的一般定义后不久, 我就是站在这房间的窗前想出函数的解析延拓的. 我也许已想到怎么推广这些定义和特性 —— 关于此我的回忆并不很准确. 这无疑是发生在 1966—1967 年的圣诞节假期. 然后我突然想出所有难题的解答. 当时在我的手里是一个令人满意的定义

$$L(s,\pi,\rho)=\prod_v L_v(s,\pi_{v'}\rho)=\prod_v{}' \frac{1}{\det\left(1-\dfrac{\rho(\gamma(\pi_v))}{q_v^s}\right)}.$$

虽然在有限个素位上 L_v 是未知的. 在这里这些素位被省略了. 我还是毫不知道怎样定义这些素位. 这里元素 $\gamma(\pi_v)$ 属于一个 (现在以 ${}^LG$ 记的) 复李群里的共轭类. 虽然我可以对显著的一组函数证明存在半纯延拓, 却丝毫没有头绪怎样去证明一般函数的半纯延拓, 也没有头绪是否能证明解析延拓.

我就在那窗前想这些问题. 忽然 —— 至少我记忆中真是这样, 下面的念头呈现于我的脑海中, 即我认识到或想起了以下内容:

1) 当 G 是 $\mathrm{GL}(n)$ 的内型, ρ 是 ${}^LG=\mathrm{GL}(n,\mathbb{C})$ 时, Tamagawa 已考虑到函数 $L(s,\pi,\rho)$, 并证明了它们的解析延拓. 我认为他的证明对 $\mathrm{GL}(n)$ 也成立.

2) 对 $G=\{1\}$, 我的一般定义正好 (立刻) 给出对应于有限 Galois 群的复表示的 Artin L-函数. Artin 对于一维表示的证明极有可能推广至一般情形. 他证明了每个有限维交换 Artin L-函数等于理元类特征标的 L-函数. 换言之, Gal (K/F) 的 n 维表示 (其中 $[K:F]<1$ 和 $[F:\mathbb{Q}]<1$) 也可以解释为以下的同态:

$$\phi:\mathrm{Gal}(K/F)={}^LH\mapsto{}^LG=\mathrm{GL}(n)\times\mathrm{Gal}(K/F),\quad H=\{1\},\quad G=\mathrm{GL}(n).$$

Artin 定理的推广即这同态对应于 $\mathrm{GL}(n,\mathbb{A}_F)$ 的自守表示 $\pi(\phi)=\otimes\pi_v$, 使得对差不多所有 v Frobenius 元素的映射 ϕ (Frob_v) 等于 Frobenius-Hecke 类 $\{\gamma(\pi_v)\}$.

3) 如果是这样的话, 那么我应该按同理可以这样想, 给定有限代数数域 F 上的两个约化群 H 和 G, 与映射 $^LH \to \mathrm{Gal}(K/F)$ 和 $^LG \to \mathrm{Gal}(K/F)$ 相容的映射

$$\phi :^L H \to^L G,$$

以及一个自守表示 π_H, 那么就存在自守表示 π_G 使得, 除有限个素位 v 外, 类 $\{\phi(\gamma(\pi_{H,v}))\}$ 的像等于类 $\{\pi_{G,v}\}$.

我补充一点, $\{\gamma(\pi_v)\}$ 通常被称为 Satake-类, 我从来不喜欢这个命名. 在实半单群表示论的框架里, Harish-Chandra 发现并证实了 K-双不变微分算子环的结构. 在一般 Plancherel 公式被发展之前, 关于这些结构的知识是球函数谱理论的基础. 随着半单 p-进群结构论的发展以及人们开始研究它的表示论, Satake 注意到 p-进群的 Iwasawa 分解允许证明 p-进群上球函数定理, 就是一个类似 Harish-Chandra 定理的结果. 这是有用的, 虽然并非特别难, 并且作为函子性基础的同构可以立刻从这个定理推出.

在一个 p-进域上 (这个域在无分歧扩张 K 上分裂, 且 $[K : F] < \infty$) 准分裂半单或约化群的 L-群可以定义为 $\widehat{G}(\mathbb{C}) \rtimes \mathrm{Gal}(K/F)$. 设 Frob 为 Frobenius 代换. 那么 "基础的同构" 就是 $G(F)$ 上的球函数代数和把 $^LG(\mathbb{C})$ 上的不变代数函数限制至 $\widehat{G}(\mathbb{C})\rtimes$ Frob 后得出来的代数的同构. 这可以理解为 Satake 定理的改写. 从上文提到的最后一个代数到 $\mathbb{C}$ 的同态可以由集合 $\widehat{G}(\mathbb{C})\rtimes$ Frob 的某元素给出那个推论, 亦可以从 Satake 定理得到. 因此, 这个定理是基础性的, 如果我们把它表达成这一论断 (而且只有这样表达, 才得另一条进攻的路), 那么这个定理就成为函子性问题的核心和起源. 然而函子性只在某个基于 Dedekind, Frobenius 和其他人传承下来的不变调和分析理论、内窥理论、Hecke L-函数理论和 Galois 扩张理论内才有意义. 在这些理论里, 球函数作为某些特殊的元素, 并不扮演决定角色, 除了在那些准分裂群和无分歧扩张上分裂的群之外.

我强烈建议用以下的方法突出这种结构和它的元素, 即通过对 ^LG 内 $\{\gamma(\pi)\}$ 的对应于一个无分歧不可约表示或一个无分歧 L-袋 π^{st} 的共轭类命名, 称它为 Frobenius-Hecke 类. 我在给 Weil 的信里引入了这些类, 但没有命名. 可惜有不明白这些的人后来尝试对它命名.

我在信中写下我在窗前突然想到的念头. 我现在可能是第一次重读我当年写的这封信. 如果我没有看错的话, 我可以骄傲而且有点惊奇地承认下面的事. 首先在这一封信里并没有任何错的东西, 其次本质性的内容都在里面, 只不过我当时的断言, 即一切想法都已在 Fine Hall 一次性呈现在我眼前的这种说法, 实在有点夸张.

§6. 信

当我写这篇文章时, 我反思这封信究竟是在什么情况下产生的. 在本文开头 (或者在其他地方), 我已经提到过, 这信是偶然的产物. 在 1967 年 1 月 6 日我去听陈省身在国防分析研究所的演讲 —— 该研究所当时在普林斯顿, 现在应该还在. 由于我是相当守时的人, 我早到了一点儿. Weil 也几乎同时到达 —— 他后来在某一次数学家的会上, 等一位迟到的同事时, 曾说过: "守时是国王们的礼貌." 那天我们两人独自站在将要演讲的, 关上门的房间外面的走廊. 既然我们已经认识对方, 虽然不是特别熟悉, 我们不得不聊起来. 开始他没有说什么, 我却有点别扭地想找一个聊天的主题. 然后, 我想起我站在窗前得到的思绪, 接着我开始告诉他我的想法.

我当时可能没有说明得很清楚, 在最近几年, 我仿佛记得当时做了什么, 而 Weil 可能做了我后来在生活中也做过的事情, 那就是当一个看起来思想凌乱的年轻人过分热情地尝试向我糊涂地讲论一些数学时, 我怎样应对. 他建议我把想到的东西以书信的形式写下来, 然后把那信寄给他. 在这种情况下, 建议的人所期望的其实不是收到这封信, 而是以这个方式找一个出路避开这种麻烦人, 同时也不得罪或者伤害他. 也许使 Weil 惊讶的是, 他后来收到了那一封信. 关于这封信, 它前面的一个简短的声明, 使我最近明白了 Weil 当时对待我, 其实比我记得的好多了. 虽然他显然当时没有理解我讲的, 但他有勇气或者善良的心, 建议以后我去高等研究所找他. 我却决定把我的发现和猜测通过书面陈述, 认为这样会更有效率. 事后证明我这做法是对的.

虽然我对于在圣诞期间想到的东西不觉得太兴奋, 然而这些却意味着一定的进展. 很明显, 我趁这个机会非常热情地把这些想法写下来. 我也很清楚地知道想法的不成熟. 那封信后来因为 Weil 当时在数学界的地位而名声大噪 (一个不是故意达到的结果). 随着时间的过去, 这名气扭曲了我对这信和它的内容的评估.

由于我写完信后, 偶然遇上 Harish-Chandra (在此期间, 我已经更深地认识了他), 我就请求他把我的信交给 Weil. 后来我的访问就在 Weil 的办公室里进行. 我所能预见到的, 就是他不觉得这信及其内容特别有说服力. 但他反而向我解释两件重要的、我未知道的事情. 首先, 他向我解释他那篇 "关于通过函数方程定义 Dirichlet 级数" (*Über die Bestimmung Dirichletscher Reihen durch Funktionalgleichungen*) 的文章, 是 Hecke 理论的一个推广, 但也许他给了我一份他的文章的特别版. 后者是不可能的, 原因是我们 1 月份一起谈论过, 而且那文章 1967 年才发表. 他也给了我一份关于现在很多人 (他们没有多思考却) 称为 Weil 群的工作的特别版. 关于 Weil 群理论的发展以及与它相关的同调群问题在 Helmut Koch(在系列 *Class field Theory — Its Centenary and Prospect* 里发表) 的数学史文章 *The history of the theorem of Shafarevitch in the theory of class formations* 中有详细的描写. Weil 的这两个工作会对我的想法的下一步发展具有影响力.

在跟 Weil 见面几个星期后, 我所担心的第一件事情, 可能就是关于我 4 月份将在耶鲁大学给的演讲系列, 在那里我要描写 L-函数 $L(s,\pi,\rho)$ 的定义, 以及那些我以 Eisenstein 级数为基础起码能部分处理的一些例子. 我跟妻子还需要预备快要来到的, 已经决定为期一年的, 访问 Orta Doğu Teknik 大学的土耳其行程.

晚上我还是到我在大学的办公室工作, 在那里思考我的新想法, 或者尝试思考. 可惜, 我思考的过程常常被系主任打断 —— 当时他大部分的时间都在担忧中, 他认为数学系被削弱了, 然后改进的首要一步并不是开除一些年轻的同事, 而是折磨他们, 使他们自动离开. 最初, 我不觉得他是认真的, 但他不断地来我的办公室, 在我面前形容将来当货币贬值而我的薪水一如以往, 另外渐渐被同事歧视, 到时我的日子会如何可悲. 虽然我不觉得他是真的这样想, 但也看不出能有什么 (从我同事的角度出发的) 举动可以用来回应, 所以我有点不安和犹豫不决, 不知道是否应该辞掉这里的职位, 永远离开普林斯顿 (而不是单单离开一年!). 我的妻子很快就洞悉我的犹豫毫无意义, 主张我马上辞职. 但我还是在犹豫, 也想跟院长讨论, 澄清我的处境. 但那院长是一个笨蛋, 他没有聆听, 反而问我的妻子是否同意我这没想清楚的决定. 他这样表现使我马上辞职.

回头看, 这是一个愉快的抉择. 我马上得到耶鲁大学的邀请, 在那里待了愉快的而且有意义的几年 —— 这是我从土耳其回来后, 最终到普林斯顿高等研究所工作之前的事. 在这个故事发展的过程中, 有一位好意的同事向我解释说, 系主任曾经向 Weil 请教关于我的事情, 而 Weil 认为我的名气是 "overblown" (言过其实的). 很奇怪, 我不太在意于这个贬义词. 我当时已经领会到 Weil 对人的评价往往可以是随意的. 另外, 我也没注意到关于我的名气的事情, 而且所谓的 "overblown" 是相对的.

我现在清楚地知道, 无论是系主任, 还是 Weil 本人, 他们都帮了我一个大忙. 按当时的规矩, 高等研究所不可以邀请曾在普林斯顿大学工作的人, 所以假若我一直在普林斯顿大学工作的话, 就永远拿不到高等研究所的招聘. 而且, 除了我的妻子以外, 高等研究所的职位是我一生中最大的祝福.

关于这个祝福, 我应该感谢 Harish-Chandra. 更感谢他的是, 在 1965—1966, 1966—1967 这两年, 大概是 1966 年秋, 当我的自信心还不是太强的时候 (虽然那时我已经经历人生的低谷), 令我吃惊的是他提起曾建议同事提名我当该研究所的教授. 他的同事们并不特别热衷于此建议. 这对我并不重要. 对我更重要的是 Harish-Chandra 对我的印象那么好. 虽然我钦佩高等研究所的很多常任委员, 但我从没想到自己可能属于这其中的一员, 也没期待 Harish-Chandra 以后将重提他的建议. 最主要的是, Harish-Chandra 把我认真地看作数学家. 当他四年后重提旧事时, 那些拓扑学家还在犹豫. 其余的人则乐观其成, Weil 则显然不是因为这封信, 而是因为我已经搞懂了 Weil 群而同意.

虽然 Weil 并非没有缺点, 但他是我年轻的时候, 也是后来作为研究所同事时很喜欢的人. 我与他的第一次相遇已经是意想不到地印象深刻了. 当我在普林斯顿大学工作的第一年, 每星期三都有 Weil 带领的 "当前数学文献" 讨论班. 来讨论班作报告的大都是高等研究所的永久研究员或者访客, 也可能是大学里的数学家, 还有极少的时候是学生. 讨论班上 Weil 通常独自坐在大讲堂前排, 看起来在读一份报纸, 然后偶然不怀好意地中断演讲者. 有一些演讲者 (其中有些是学生) 能在这些攻击中有不错的表现, 有的则进退失据. 每周我都参加讨论班, 而且从中了解了很多当时的数学.

讨论班的讲堂位于一楼我第一个办公室的对面 (那是一个与其他人共享的办公室), 也是我后来大门旁的个人办公室的对面. 某一个周三, 也许是我在那里的第一或第二年, 有人敲我办公室的门, 接着马上进来跟我说话. 令我惊讶的是, 敲门进来的是我之前从没交谈过的 André. 进来后, 他马上坐在房间里的椅子上, 并同时把一条腿搭在椅臂上. 我们谈到数学, 而没有经验的我, 滔滔不绝地发表了关于 (刚开始学的) 模形式里不同话题的意见. 这些言论, 我后来才意识到大部分是愚蠢的. 但他对我这些愚蠢的想法没有反应. 至于他为什么来找我, 出于什么目的, 我到现在都不是很清楚. 我想他大概听到某人 (也许是 Bochner) 提起我的名字, 所以来找我, 但不是按惯常的做法, 请我到他的办公室. 当时这让我感到惊讶, 到今天还是如此. Weil 当然意识到他在世界数学界的价值, 而且从没忘记. 但另一方面, 他却没有坚持对自己的尊严.

之后的几年, 我偶尔会碰上 Weil, 但不经常. 有两次他邀请我到他自己的 (关于他当时研究的课题的) 讨论班系列里演讲. 第二次演讲是在那封信之后的一段时间. 他想把他的 Hecke 理论推广到一个一般的代数数域上, 特别是一个拥有复位的域上. 当我从前寻找一般群上的 Hecke 理论的推广时, 我经常思考 SL(2) 或者 GL(2) 这两个情形, 因此我对他提的问题多少是清楚的. 其实这是关于 SL(2) 上的 Whittaker 函数的理论, 是一个关于具备不规则奇异点的常微分方程的习题, 一个从前念 Coddington Levinson 的书的时候印象深刻的理论. 我把解答写好寄给他 —— 这也许是我飞到土耳其之前的事. 紧接着寄给 Jacquet 的信好像是在土耳其写的.

值得一提的是, 这些在 Jacquet 的书里提到的信, 不是直接通过第一封信里的问题引起的, 而是通过 Weil 因发展 Hecke 理论而提出的问题. 这个问题在 Archimedes 域上并不难, 但在非 Archimedes 域上, 我偶然在安卡拉的图书馆里读到的 Kirillov 理论显然管用. 更甚的是, 由于那两封信 (Weil/Jacquet) 的刺激, 我开始思考原来的信里关于局部形式的建议. 这封信里没有任何地方是关于局部理论的, 无论是局部对应, 或者是局部函子性. 局部对应是我因为局部 Weil 群做出成果之后的事. 但是当我写这一封信时, 也就是当我在土耳其的头几个月时, 我已经差不多清楚一个局部对应的形状的每一个细节. 在土耳其的时候, 我把时间都放在这个问题的细节上, 然后在访问土耳其到尾声的时候, 可以注意到我是怎样从 http://publications. ias. edu/rpl 的第五、六部分描写的给 Weil, Harish-Chandra, Serre 和 Deligne 写的信来处理这些问题. 我下面会提到的其他工作和书信也可以在这里找到. 其中一些已达标的东西简记如下:

a) 一个关于 GL (2) 群上所有的可能的宏观或局部对应的理念;

b) 在这些对应里的特殊表示所扮演的角色;

c) ϵ-因子的存在性.

特殊对应对我来说是一个谜, 所以当我读了 Serre 的文章后我很高兴, 因为这篇文章使我明白特殊对应是不可缺的, 原因是它们可以映射到拥有非整数 j-不变量的椭圆曲线, 甚而映射到它们的 ℓ-进表示. 正因为 Serre 和 Deligne 准备研究与此有关的 ℓ-进表示的一般现象, 我就很清楚 (这要归功于他们的研究) 在一般情况下我可以期待什么样的成果. 如果为此我没有以 (今天称作的) Weil-Deligne 群代替, 而是以 $\mathrm{SL}(2) \times W_F$ 的直积代之, 我会觉得 (现在依然认为) 更好. 依从 Jacobson-Morosow 的定理, 以上两个形式同样有用. Weil-Deligne 群的第二个形式会有一个好处, 那就是它存在于一个半单纯、完全可约的世界里.

ϵ-因子的存在性带给我很多麻烦. 我证明了它们的存在性, 这个证明是完整的, 如果我假定 Dwork 的两个很难的引理 (或者说是定理) 成立. 即便假定了这些引理, 这个证明还是难的. 但这些引理比定理其余部分更难, 而且其证明更长. 我曾经尝试利用 Lakkis 的博士论文的结果 (Dwork 把笔记寄给了 Lakkis), 重新给一个完整的证明. 可惜的是, Lakkis 并没有用 Dwork 的笔记证明那两个引理, 只证明了跟原来的结论相差正负号的情况. 无论有没有正负号, 我都无法 (在合理的长度下) 给出 Dwork 的两个引理的完整证明. Deligne 注意到 (我不知这令他开心, 还是不开心), 如果假定 ϵ-因子对的话, 可以通过宏观方法容易地证明它的存在性 (我觉得这并不那么显然). 我对于放弃那些花了很长时间的尝试感到愉快. 剩下来重要的事, 是为局部定理找一个局部证明. 虽然我不是很肯定, 因为没有证明的 "坚定信念" 在数学工作里不是恰当的, 但我仍然 (更) 相信, 如果我们能够成功地找到一般函子性的证明, 我们就同时可以找到 ρ-因子存在的局部证明. 它的宏观版本的证明是我们所欢迎的, 但也只不过是临时的辅助而已. 如果没有局部证明, 我们会在这一点上停留一段很长的时间. 在写给 Weil 的信中还有另一点一直对我都很重要, 而它的重要性只是在近期才普遍被认可, 那就是准分裂群扮演的重要角色. 在信中, 这点没有被特别强调. 在我与 Jacquet 一起写的笔记里, 我们最初选择 Weil 表示作为工具时有点随意, 因为这个东西在 Weil 处理 Siegel 的数学工作时出现, 也因为它令人觉得这个群表示在我们的理论中有本质上的重要性, 但那肯定不是我的意见.

信中已经提到, 有可能把自守形式理论或者一般约化群的表示论还原到准分裂形式的理论上. 由于某些我已不再清楚知道的原因, 在讲义的写作过程中, 我们觉得有可能对 GL (2) 上形式的这种宏观断言给出证明 (即, 假定我们知道通过酉辛群彼此对应的 GL(2) 上的两个形式的标示的局部指标, GL(2) 上的局部指标, 以及它的可除环的某个乘数群的局部指标, 除了正负号之外是相等的). 这种关于两个群上的自守形式的对应, 第一次出现时肯定不是在我们的讲义中. 其他人在我们之前已证明了这个定理的特殊情况. 但是作为一个可以简洁地表示出来, 而且很可能在一般情形下也正确的奠基性的断言, 我们的工作是最先进的. 另外这笔记也第一次提出这样的可能性, 即以 Eisenstein 级数理论出发, 首先证明准分裂群上的 Weil 猜想, 然后借助迹公式把结果从准分裂群推广到所有半单纯群上, 最后证明关于商集 $G(F)\backslash G(\mathbb{A}_F)$ 的体积的 Weil 猜想. 这些说法现在已经包含在内窥理论之内, 但首先是出现在 Kottwitz 的工作中的. 其他人后来也在这个课题上贡献了不少. 但是, 仍然有许多工作需要做.

到底 Weil 读我的信理解到什么程度, 我不清楚. 我深信, 他有很长的一段时间没有尝试过了解我的第一封信. 第二封关于 GL (2) 的信, 他大概给了 Jacquet, 然后 Jacquet 至少向他解释了这封信的一部分内容. 那也许是之后在我们的讲义里记载的一部分. 然后他很可能逐渐明白, GL (2) 上的自守形式和二维 Galois 表示之间有某种关系, 但没有意识到这是我第一封信里的一部分, 是我后来的信里给了证明的, 而且 Jacquet 至少部分地向他解释过的. 只是到了后来, 我明白了从这个角度来看, 至少在一些有影响力的数论学者中可能出现一些误会, 因此我的信和我的讲座 "自守形式论里的问题" 被许多人忽视了. 有鉴于此, 我再次向 Weil 提醒, 注意我第一封信的内容. 他这一次借助 Borel 看了那封信, 而且意识到其中包含了重要的内容. 但我不认为他在此之后曾经试图理解函子性的深远意义. 我自己对这个概念的看法也是在很多年后才逐渐成熟的.

我承认, 我跟 Weil 的想法有点儿模棱两可地相反. 作为同事, 我跟他相处得不错, 尽管我们在年龄、教育背景和儿时的家境等方面都非常不同. 我还觉得 —— 如果不是对人而肯定是对机构而言的, Weil 缺乏感恩之心. 他本人的个性从某个角度看可以说是复杂的. 但他也有迷人的地方. 虽然他非常重视自己的进修, 而有时自我要求得可能有点过分, 但他确实有时对一些日常小事感兴趣, 就如曾乐于跟一位来自魁北克的女数学家聊天, 从而了解当时的惯用语; 另外在他的妻子去世后, 他想参加我妻子举办的雕塑班作为消遣和安慰. 可惜他在这方面没有天分. 作为代替品, 我的妻子画了一张他的肖像, 在完成这画的过程中, 他很高兴地跟她谈日常琐事.

至于数学方面, 我几乎不需要重复, Weil 确实对代数几何和数论产生了很大的影响, 还有在当代的数学家里, 除了他几乎没有任何其他人能看出这两个领域之间的深远关系. 他对于数学史的广泛知识, 以及他运用这些知识然后引进全新的观点的能力, 是一时无两的. 我很佩服和羡慕他的这些天赋和成就. 尽管如此, 我觉得作为数学分析学家和代数学家, 他是相当薄弱的. 他也明白这弱点, 但是 (根据他的意见) 不想承认 (无论在自己面前, 还是对外) 他与他在数学界的地位不相称这一点. 我认为他否认在数学分析上的弱点, 也很可惜地遗传到他的崇拜者和今天 (在多方面源于他) 的数学里.

§7. 耶鲁大学和波恩

1968 年的秋天, 我从土耳其回来, 当时我想我从此就在 New Haven 回归到我正常的生活了. 首先, 我想把我跟 Jacquet 的往来书信里的内容写下来, 并通过我想到的 Dwork 的两个引理的较短的证明, 从而完成 ρ-因子的存在性证明. 这一年土耳其的访问 (和其间达成的数学成果) 后, 我深深相信我第一封写给 Weil 的信里提到的可能性是有内容的, 而且现在是适当的时刻把这些公之于世. 我与 Jacquet 写的讲义较顺利地完成了. 至于 ϵ-因子存在性的局部证明, 今天如果要证, 也只能通过 Dwork 在普林斯顿图书馆可以找到的 (我没有见过的) 遗作来进行. 在这方面我的贡献完全可以在

http://publications. ias. edu/rpl/section/22

里面找到. 我的第一次公开的关于函子性的解释记载于一个 1969 年在华盛顿大学给出的演讲的 (不久之后发表的) 讲稿里. 讲稿里记载了一部分那封给 Weil 的信之后的进展. 在那篇文章里, 我深入探讨了局部理论, 而且把准分裂群的特殊角色提出来. 里面也提到特殊表示的角色. 我也解释了可能如何应用函子 (若它存在的话) 来证明 (即便是广义的) Ramanujan 猜想. 奇怪的是, 我没有触及相关的 Sato-Tate 猜想及它的推广. 当我再读那讲稿时, 我觉得演讲者意识到这个猜想及它的推广, 但由于他对这方面的算术和自守表示的知识不足, 没有信心给出一般的猜想 —— 他这样做是明智的.

关于一个自守表示上的 Frobenius-Hecke 共轭类的函子性所引起种种后果的注解, 就是它们的绝对值总是等于 1 —— 这是我在费城的某火车站月台上想出来的 (当时我在思考著名的 Selberg-Rankin 估计). 由于这注解在 Deligne 证明 Weil 的第四猜想上有本质上的重要性, 我后来想了一阵子, 然后知道 Deligne 是如何证明的 "如果我能知道对应于 L-函数的 ℓ-进表示的延拓的 Grothendieck 定理 ······", 现在我知道得更清楚. Deligne 的证明里面隐藏了他的很多经验和一个很广的理论, 而关于这个理论, 即便是开始的部分, 我到今天都不是完全可以掌握.

我是在耶鲁的这些年才开始积极地想这些东西, 在这之前, 我 1970—1971 年在波恩大学待了一年. 我计划学德语, 同时读明白 Shimura 关于那我后来称为 Shimura 簇的文章. 我的办法是以德语讲解以上的课题. 我当时的听众很客气, 很忍耐. 到今天, 我还是非常感谢他们.

我的材料是来自 Shimura 的众多关于这课题的文章的. 起初, 我从最简单的情形模曲线开始, 但差不多同一时间就开始读 Shimura 的文章. 这期间, 有一个思路是决定性的.

当 Shimura 簇对应于一个群时, 每一个该群 (更应该是群的连通部分 $G(\mathbb{R})$) 对应的表示组成的离散级数所对应的元素 $\pi = \pi_\infty$ 会给出一个该 Shimura 簇上的向量丛的同调群里的一个子空间. 这个同调群的维数就是 π_∞ 出现在 $L^2(\Gamma\backslash G(\mathbb{R}))$ 里的重数. 对于这个, 我们今天的处理方法较好, 就是考虑 adelic 方法定义的空间 $G(\mathbb{Q})\backslash G(\mathbb{A}_\mathbb{Q})/K$. 当年, 在 Deligne 在 Bourbaki 研讨会给出报告之前, 根本没有 Shimura 簇的一般概念. Shimura 从前是对每一个 G 可以给出的可能情况逐个处理, 其实从另一个角度看来, Siegel 也是这样做的. 他们两人都没有把全部可能性穷尽. 无论如何, Siegel 做这些的目的跟 Shimura 都不一样. 我当时只有 Shimura 的文章. 显然, 我当时在寻找 Shimura-Eichler 理论的一个推广. 除了 Shimura 的文章外, 我只有离散级数的存在性证明 (这是几年前当 Harish-Chandra 发展半单纯李群时证明的). 此外, 我在 Boulder 也学会了 $(\mathfrak{g}, K)$ 同调群和 $\Gamma\backslash G/K$ 上的各种向量丛的上同调群之间的关系. 最后还有一个重要的元素, 就是 Wilfried Schmid 好几年前证明的, 关于离散级数的表示的几何描写的存在性结果.

很可惜我不能在这里进一步深入讨论离散级数的存在性. 但我要重复在其他场合强调过的, 即意识到这级数的存在及它的证明, 是 20 世纪数学界的一大重要事件. 特别重要的是, 它的存在性和性质是内窥理论的发现和发展过程中不可或缺的. 很可惜, 我发现大部分数论学者和几何学者并不知道这件事. 同样重要的是, 不要忘记对于一个给定的群 $G(\mathbb{R})$ (或者更佳的说法是, 给定它的一个连同分支 $G^0(\mathbb{R})$), 那么离散级数存在当 G 的秩等于它的最大紧子群 K 或者它的连通分支的秩.

然后, 每一个有限维、不可约的群 $G(\mathbb{C})$ 的全纯表示在 $G(\mathbb{R})$ 的离散级数里拥有有限多个不可约表示. 与一个给定的 σ 对应的所有表示称为 L-袋 (packet). 对所有 σ 而言, 一个袋里的表示的个数是一样的, 而且重要的是要知道这些数. 现在令 K_0 为 K 的连通分支, T 为 K_0 的 Cartan 子群. 因为 K_0 里的所有 Cartan 子群在 K_0 里, 所以 K 是 K_0 在 K 里 (或者在 $G(\mathbb{R})$ 里) 的正规化子. 令 Ω_G 为 Weyl 群, 就是商 $\mathrm{N}_T(\mathbb{C})/T(\mathbb{C})$, 令 Ω_K 为商 $\mathrm{N}_T(\mathbb{R})/T(\mathbb{R})$, 其中 N_T 是 T 作为代数群的正规化子. 我们知道, 每一个 L-袋里有 $[\Omega_G:\Omega_K]$ 个元素. 我们其实可以用相似方法引进个数 Ω_{K_0}, 也可以引进 $[\Omega_K:\Omega_{K_0}]$.

对于群 GL (2) 或者 PGL (2), 我们知道 $[\Omega_K:\Omega_{K_0}]=[\Omega_G:\Omega_{K_0}]=2, [\Omega_G:\Omega_K]=1$. 对于 SL (2), 虽然这些在 Shimura 簇的框架下不会马上出现, 但 $K=K_0$, 所以 $[\Omega_K:\Omega_{K_0}]=1$ 和 $[\Omega_G:\Omega_K]=2$. 一般来说, 在普通情况下, 有 $[\Omega_K:\Omega_{K_0}]=1$.

首先我们想象 Shimura 簇是由商 $\Gamma\backslash G(\mathbb{R})/K$ 定义的. 然后, $G(\mathbb{C})$ 的一个有限维不可约表示 σ 就定义这个代数簇上的一个向量丛. 由于我当时的代数几何的知识不足 (今天依然如此), 我最初假定这向量丛对应于一个 ℓ-进表示 τ, 其中这表示的 L-函数 $L(s,\rho)$ 是我想研究的东西. 我限制自己只研究该向量丛的中间维数的同调群 (其中原因在下文交代). 正如 Eichler-Shimura 定理的证明过程一样, 我希望尝试证明它 (除了有限多个因子之外) 跟某一个我引进的自守 L-函数是同一个东西. 假如把 Langlands-对应想象为一种认同 (就是把某原相定义出来的 Tanaka-范畴跟另一个从自守表示定义出来的子范畴视为相同), 关于这样的对应, 是我在波恩才开始对 Shimura 簇认真研究的. 在这个方向的初始, 例如在我跟 Jacquet 所写的书上, 当时的目标 (相对而言) 是温和的, 这是指无论是关于 Weil 所定义出来的 Hecke 方法的局部或宏观的、在 GL (2) 上的应用, 又或者是 (偶然地) 某些不同的注释.

1970 年的秋天, 某一天当我站在波恩大学数学系前的 Wegeler 街头时 (那条街距离 W. Schmid 父母的房子只有 200 多米), 意识到 Schmid 的几何实现有如下的推论: 每一个对应于 σ 的离散级数都会在有关的向量丛上的同调群中给出一个一维的部分, 即在中间维数那里, 在那个与 Shimura 簇相同维数的地方. 更准确的说法是, 由于 $G(\mathbb{R})$ 的连通分支 $G_0(\mathbb{R})$ 的 L-袋里的很多元素纠缠在一起, 所以这部分给出来的维数等于 $[\Omega_K:\Omega_{K_0}]$. 原则上, 我们可以从一个 L-袋得到总共 $[\Omega_K:\Omega_{K_0}]$ 那么多的维数.

当我们想更好地理解以上到今天都没有搞清楚的断言, 我们就应该从加元理论出发从而理解它. 如果这样做, 那么相应的 Shimura 簇 (它是一个商 $G(\mathbb{Q})\backslash G(\mathbb{A})/K_0K_{\text{fin}}$) 将不一定是连续的, 其中 K_{fin} 是 $G(\mathbb{A}_{\text{fin}})$ 群的一个开的紧子群. 而集合 $\mathbb{A}_{\text{fin}}$ 则是有限加元组成的环. 为方便起见, 我们不妨假定商 $G(\mathbb{Q})\backslash G(\mathbb{A})$ 是紧的. 那么相应的 Shimura 簇就会是完备的. 这个 Shimura 簇给出来的同调群是群表示 $\pi=\otimes\pi_v=\pi_\infty\pi_{\text{fin}}$ 给出来的部分, 其中 π_∞ 为 $G(\mathbb{R})$ 的 (这表示存在于一个与群表示 σ 对应的 L-袋里面) 一个不可约表示, 并且 π_{fin} 也是 $G(\mathbb{A}_{\text{fin}})$ 的一个不可约表示. 现在令 $m_\pi(K_{\text{fin}})$ 为 K_{fin} 在 π_{fin} 的平凡表示的重数. 那么同一个 σ 就定义我们要研究的同调群. 然后令 m_π 为 π 出现在 $L^2(G(\mathbb{Q})\backslash G(\mathbb{A}))$ 的重数. 这样, π 就在中间维数时对于同调群给出维数等于

$$m_\pi m_\pi(K_{\text{fin}})[\Omega_K:\Omega_{K_0}] \tag{1}$$

的部分.

群表示 π_f 决定了对应于群表示 π 的 L-函数 (相差的只有那些 Γ-因子). 令 $\pi_\infty,\pi'_\infty,\pi''_\infty,\cdots$ 为对应于 σ 的 L-袋的元素, 另外令

$$\pi=\pi'_\infty\otimes\pi_v,\quad \pi''=\pi''_\infty\otimes\pi_v,\cdots$$

这样, 对于每一个全纯表示 ρ, L-函数 $L(s,\pi,\rho),L(s,\pi',\rho),\cdots$ 都相同. 所以假如所有重数 $m_\pi=m_{\pi'}=\cdots=m_{\pi_{\text{st}}}$ 都相等的话 (其中 π_{st} 是常用的关于袋 $\{\pi,\pi',\cdots\}$ 的符号), 那就差不多可以得到这样的结果: 即中间维数的、对应于 L-袋的、维数等于

$$m_{\pi_{\text{st}}}m_\pi(K_{\text{fin}})[\Omega_G:\Omega_{K_0}] \tag{2}$$

的同调群, 其实是原相定义出来的同调群的一部分. 假如以上内容是对的, 我当时觉得如果以下结果发生就最好了: 假如存在群 ${}^LG$ 的维数等于 $[\Omega_G:\Omega_{K_0}]$ 的表示 ρ, 使我们可以猜想这个通过原相定义的部

分的 L-函数为

$$L(s,\pi,\rho)^{m_{\pi_{\mathrm{st}}}m_\pi(K_{\mathrm{fin}})}. \tag{3}$$

因此我非常努力, 对每一个可以定义 Shimura 簇的群进行计算, 每一次都发现希望得到的群表示在其中. 后来我知道, 其中出现的最高权的群表示, 其实是 Deligne 关于 Shimura 理论的广义定义内的重要元素. 起初我不觉得这个事实重要. 其实, 以上的思考过程中令人不安的一点是, 我们不知道假定 $m_\pi = m_{\pi'} = \cdots = m_{\pi_{\mathrm{st}}}$ 是否合理. 对 PGL(2) 而言, 正如我前面提到的, 这是对的, 因为 L-袋由一个元素构成. 除此以外, 很可惜的是我发现以上的假定并不常常正确.

但这并不是很坏的事情. 我们可以想象, 由于种种原因, 在原相里面只出现一部分我们期待的 ℓ-进表示, 从而函数 (3) 只有一部分会出现. 这些想法很快把我们引到内窥理论, 但不是今天的那种形式, 而是引导我们到一个这样的问题: 即在一个 L-袋里, 重数 m_π 如何跟 π 有关. 要处理这个问题, 不但要在无穷大处引入 L-袋, 也要引进宏观的袋, 还有在每一个素位 v 上引进局部袋. 当时第一个要研究的情况显然是 SL(2) 这个群, 此时问题比一般情形简单. 除此以外, 这里还有迹公式可以用. 由于 Labesse 在第二学期到波恩大学作短期访问, 我就向他请教以上的问题. 如果我的记忆没有出错的话, 在这方面我应该已经跟当时在耶鲁攻读的学生 Shelstad 提过一些关于 $\mathbb{R}$ 上的群的问题. 在这些群上, Harish-Chandra 的广义的、对于实数群上的不变调和分析是管用的. 这方面的探讨在当时和后来对我来说都是非常有益的.

当我访问波恩大学时, 我在波恩和巴黎都遇到 Deligne 而且认识了他. 在我回到耶鲁后不久, 这是两年后的事, 那个不幸的 Antwerpen 的会议就召开了. 我一开始犹豫, 不想参加那会议, 但最后出于对朋友的忠诚, 还是答应了参加. Deligne 当时建议我负责 Eichler-Shimura 理论的几何部分 (就是他发展出来的), 然后他负责表示论的部分, 这部分类似我跟 Jacquet 所写的书的内容. 这个建议就像从前 Bochner 给我的建议, 叫我讲类域论的课题. 我战战兢兢地接受了他的邀请. 当时我受 Ihara 的想法的影响, 想应用迹公式. 这个我做到了, 而且我估计是成功的, 尽管我贫乏的代数几何知识令我的陈述有某些漏洞. 那位不懂表示论的会议组织人不喜欢我的演讲, 所以离开了会议厅. 而我在讲座上提议的迹公式, 很快就被 Illusie 证明了, 而且这个公式到今天都在 Shimura 簇的延伸理论里扮演着重要的角色.

§8. 高等研究所

差不多在四十年前, 也就是 Antwerpen 的会议之后, 我回到普林斯顿高等研究所, 并留在那里当永久的研究员, 直到现在退休为止. 我在高等研究所开始的或者一直研究的各个课题, 我到今天还在思考, 因为其中大部分我都没有达到目标. 由于不能排除 (而且非常有可能) 我永远不能达标, 我愿意在这里把那些目标形容给大家听, 而我不是讲关于已得到的成果 —— 这主要是因为 (我个人认为) 那些目标有部分被误解了. 这包括四个主题: (1) 内窥理论; (2) Shimura 簇和原相; (3) 普适性; (4) 内窥理论的进一步发展. 以上的课题除了第三项以外都是彼此有关的. 就让我从这三个课题开始, 之后才回到第三项 —— 关于这个课题, 我不但没有达标, 而且从来没有向别人清楚地解释过.

我在高等研究所的时候学到关于内窥的知识, 关于这个课题, 我已经于 1980 年在巴黎召开的会议上报告了. 其余两篇后来我跟 Shelstad 写的关于内窥理论的论文, 不是不重要, 但是其中的重要想法, 大部分是源于她和她的关于实数群的研究多过我自己的工作. 然而我觉得内窥理论是异常漂亮的, 而且 "稳定的不变调和分析" 也非常重要, 而我对这个领域的进展感到非常高兴 —— 在这里我们还有很多东西要学.

至于最近几年流行的 Shimura 簇, 我的猜想比证明来得多, 尤其是在 DeKalb 举行的 Hilbert 问题的会议上, 以及在 Corvallis 举行的会议之前. Shimura 簇的发展跟内窥的发展有密切的关系. 在这两个领域里 Kottwitz 都作出了许多的贡献, 而且从开始就已经引进并改良了 (我可能看漏的或者错误表达的) 一些重要的元素. 在发展 Ihara 方法 (就是我在 Antwerpen 陈述的那套) 的过程中, 重要的是把迹公式跟模 p 意义下的点的数量进行比较的这个想法. 在我的文章里, 我忽略了这个比较, 即关于那些组合论里面 (在计算数目时) 出现的数学对象, 原来本质上只不过是路径积分. 由于以上原因, 我们可以通过同样的方法处理它们, 那就是应用内窥理论. 我于 DeKalb 的会议上发表的, Shimura 簇上模 p 意义下的点在 Galois 群作用下产生的现象的描写, 也是完全正确的, 但当时还需等待 Kottwitz 把它改良. 改良版被他证明了. 今天已发展的自守 L-函数与对应 Shimura 簇的 L-函数的比较理论, 很受 Kottwitz 当时的工作的影响.

我在 Corvallis 的会议上所作的报告中给了一些提议, 这些提议主要由 James Milne 和他的合作者们处理了. 特别地, James Milne 处理了关于 Shimura 簇的共轭簇, 也处理了那里引入的 Taniyama 群, 他也跟 Deligne 一起说明了他们的猜想跟潜在 CM-类型原相的关系. Borovoi 最终做出来的 Shimura 簇的一般构造也深受这报告影响.

我认为, 借助于 Shimura 簇, 数学家们想到办法回答主要的问题: 有没有可能把所有的原相 L-函数表达成自守 L-函数? 今天我们知道, 答案是肯定的 "是". 虽然没有一个一般的证明, 但从已知的例子和一些旁证, 可知这想法是合理的. 到底有多大的需要来证明关于这问题的一般定理以及深入地探讨 Shimura 簇的理论, 这个我可不清楚, 但我有点失望, 因为看到许多年轻的数学家热切地研究 Shimura 簇而没有问自己以上的问题.

现在我稍为离开本来的话题, 给出一个我应该先前就说明的小注释, 因为我刚才关于函数 (3) 的断言并不完全正确. 我们有以下的对应:

$$\text{表示 } \pi \to \text{ 同调群 } \to \ell\text{-进表示 } \to \widetilde{\pi}.$$

其中最后一个对应就是 Langlands 对应. 究竟这对应到底是什么, 我们在这里不用讲. 但我们希望它有某些性质. 但 π 和 $\widetilde{\pi}$ 完全有可能是两个并不同构的表示, 即便它们有非常密切的关系. 我刚才应该在谈到 (3) 的时候提到这一点. 但需要做的只是一处非常微小的改动. 在某些圈子内, 有很强的倾向企图把以上提到的小改动 "定义" 掉, 这样做其实是一大误解.

我已经断言一些我认为重要的东西, 首先是证明函子性, 然后借助那里获得的知识和可利用的工具, 从而证明在 $\mathbb{Q}$ 上和在其他的宏观的域上的 Langlands 对应理论, 还同时证明该原相的理论, 也在 $\mathbb{C}$ 上建立这种理论. 显然, 在过去几年, 很多的研究, 特别是关于 p-进数的研究, 对于建立一个原相的理论和它跟自守形式的关系的理论, 是不可或缺的. 这种 p-进数理论的源头很多都存在于 Shimura 簇的理论里, 或者在与此有关的同调群的问题里. 我不清楚究竟一般的 Shimura 簇理论的进一步发展会有多么深远的影响, 或者会有多大的用处. 这个理论的难度基本上是异常高的. 今天, 由于这个理论已经确立了, 所以吸引了许多的专家参与.

我希望在我完全放弃数学前, 找到时间 (这并不是因为要发展 p-进数理论 —— 无论是有 Shimura 簇的或者是没有的) 能对这个理论的概览作出贡献. 我在这里强调的是 (虽然这对于大部分读者没有必要), 这个理论的建立不是一件容易的事情. 它的建立需要 (例如) 通过 Hodge 猜想的证明来达到. 我也强调, 到现在为止, 没有任何人尝试同一时间建立以上理论和发展 Langlands 对应.

关于内窥理论, 我还有话要说. 在这里, 多年来最大的障碍在于基本引理, 我跟我的学生 Rogawski, Hales 以及 Kottwitz, 从事了很多年的研究 —— 我其实只做了很短时间, 而 Hales 和 Kottwitz 则研究了很多年. 感谢他们的贡献, 另外还有 Waldspurger, Laumon 以及最后的 Ngô 的工作, 这引理现在被证明了, 因此今天我们可以引用函子性及它的证明. 其实我们在之前的 "理论" 上也可以做同样的事. 对于 SL (2) 或者 GL (2) 而言, 基本引理或者是容易证明的, 或者是根本没必要的. 虽然如此, 但 Ngô 的看法和 Hitchin 基的引入 (即便对这两个群) 都给出新的观点. 在群的框架上, 这个基跟李代数框架上的基是不同的, 这个基被称为 Steinberg-Hitchin 基. 这个基好像容许我们把稳定迹公式 (只有稳定的或者是已稳定化的) 的结果, 通过 Poisson 公式来解析处理 —— 这是我们以前做不到的.

在 "内窥理论的进一步发展" 这个统称下, 我们收集了很多目的在于证明函子性的方法, 特别是证明关于同构的函子性. 例如证明一个在有限代数域 F 上定义的有限 Galois 群 Gal (K/F) 到另一个有限代数域 G 定义出来的 L-群 ${}^LG$ 的同构的函子性. 这些方法跟那些可以在 Hasse 于二次大战前发表的工作里找到的方法很相似. 它的意义在于说明这些东西是解析的, 对于它们, L-级数在 $s=1$ 附近的探讨是奠基性的. 要应用它, 我们需要用足够强的分析方法, 这是当时没有的. 至于新的方法是否足够强, 这是一个现在探讨中但还没解决的问题, 而见于 (例如) 我的两篇将发表在 *Ann. Sci. Math. du Quebéc* 的文章里. 其中第一篇是我跟 Edward Frenkel 和 Ngô Bao Châu 合作写的. 但里面的实验还需要做下去. 我们还没有解决任何认真的问题, 即便是对群 SL (2) 而言. 要把问题完满解决, 还需要计算这个群在给定的扩张和给定的分歧下的数量 (就正如 Abel 理论里面的 Kummer 域一样). 这一点应该是转折点, 而从某一个角度看来, 是这个理论离开同调论的起点. 我希望在以后的几年能专注于这一点, 即专门理解那些扩张后能嵌入到 GL (2) 的群.

虽然暂时从某一个观点看, 我们认为单单处理 SL (2) 和 GL (2) 这两个群较有利, 但我觉得思考那些 SL (2) 和 GL (2) 上已经解决的局部问题的一般情况有用而且有鼓舞作用. 我觉得这个问题在 $\mathbb{R}$ 和 $\mathbb{C}$ 上有可能做到, 而且应该使用 Shelstad 用于内窥理论上的方法. 对于其他局部域的情形, 问题的解决方案可能远比以上艰难, 而且需要用上 Ngô用的代数几何方法. 这也是我本人希望思考的一个问题.

在我提到的四个课题里, 并没有包括几何 Langlands 对应. 感谢 Drinfeld 和其他人的工作, 在过去的几十年, 这对应一共可以归纳成三个形式: 代数域上的, 有限域上定义的一维函数域上的, 还有在黎曼面上的. 其中第三个, 我以前看漏了, 虽然这个肯定是令几何 Langlands 对应变得著名的. 对于第三个, 我希望能明白得更多, 但不是因为我想在这个领域工作 (虽然我觉得这里有很多可以做的东西), 而是因为我好奇, 想明白它跟物理的关系, 而更重要的是由于它跟常微分方程的本质性奇点理论有关. 上文曾经提到, 我年轻的时候, 在 Coddington 和 Levinson 的书里认识了这个理论, 之后也偶尔研究过它. 在数学的意义下, 到今天关于这对应的第三点所做的工作还是很少, 可是我觉得它跟代数几何和偏屈层 (perverse sheaf) 的关系非常有吸引性 (就是在收集了 Deligne, Malgrange 和 Ramis 的书信和文章的文集 *Singularités Irregulières* 里提到的).

第三个课题普适性几乎跟其他几个课题完全没有关系, 而且它与一个事实有关, 那就是说骨子里我更愿意自己成为一位研究数学分析的人. 但是非常偶然的是, 我花了这么多时间在数论上. 过去五十年, 许多不同物理领域里工作的科学家, 包括量子力学的、统计力学的、流体力学的 —— 他们向数学家们提了一个无疑在数学里极为中心的问题. 我认为, 不用太夸大其词, 这个问题可以跟那些 17, 18, 19 世纪时以微积分理论或者以常微分、偏微分方程理论和以 Fourier 级数、Fourier 积分理论解决的许多大问题一较高下. 显然, 除非拥有对有关科学领域的深厚理解, 而且拥有所需的数学的广泛知识, 否则我们不可以期待能对解决这问题作出什么认真的贡献. 可惜我没有上面提到的知识. 即便如此, 我还是尝试理解这问题的本质. 虽然我到今天在这方面只走了没有多远的路, 我还是抱着希望, 想向其他数学家形容它的本质. 这也是将来几年我的目标. 我当然清楚, 很有可能我会失败的.

上文提到的这个一般数学问题可以这样简单形容. 对于 (给定的或者是人工建构出来的) 有限维动力系统, 证明存在不动点, 而对于这些点, 它们的函数矩阵只拥有有限多个 (绝对值大于 1 的, 而且其余无穷多个很快趋于零的) 特征值. 即便是对于简单的构造出来的系统, 证明这样的命题也不容易. Oscar Lanford 就曾结合计算方法和理论方法来处理某一个漂亮的例子. 他的工作将在 *A computer assisted proof of the Feigenbaum conjectures* 这篇文章里陈述. 关于一般情况, 对我本人而言, 我学到这问题的重要性, 是通过一些跟物理学家 Giovanni Gallavotti 的非正式讨论得到的. 当我读那些有关的文献时, 我不期然地遇上渗流理论. 那是一个想出来的概念, 这个概念 (相比于深远的量子力学的或者热力学的以至湍流理论的知识) 只要求很少的各科学领域的知识.

函数矩阵的特征值的行为, 其实是相关的不动点的普适性的表现. 普适性的意思如下: 在一个有限维切空间里, 只有有限多个不稳定方向而已. 不动点通常与相关的物理系统无关. 假若没有这样的独立性, 那么普适性也不存在.

首先的问题在于不知道应该用哪一个坐标系统形容不动点 (这个问题对渗流问题也一样难). 在这个问题的框架里, 通常一眼间看不出任何显然的坐标系统. 没有这样的系统, 就不知怎么处理这个问题.

对于二维渗流问题, Harry Kersten 证明了交叉概率的存在性. 当我读他的书 *Percolation Theory for Mathematicians* 时, 我感到这些概率可能与渗流的形式无关 (就是与晶格或者其他的概率无关). 重要的是, 系统必须是临界的. 这样, 那些概率就可以用作坐标, 从而研究普适性. 我告诉了 Yvan Saint-Aubin 这个想法. 他对此怀疑, 所以我们决定通过实验查证这问题. 我后来在高等研究所里跟 Thomas Spencer 和 Michael Aizenman 讨论了实验的结果. Aizenman 问我, 这个交叉概率是否有可能是保角不变量. 其后 Saint-Aubin 和我就用计算方法查证这问题的正确性. 另外 Spencer 马上就与 John Cardy 讨论, 询问他的意见. 起初 Cardy 认为这不是保角不变的, 但很快他就觉得他的猜想不合理. 然后他想到办法, 从更高的科学水平上思考这个问题, 这是我们暂时能做到的. 他假定了保角不变性, 然后通过这个假定很快地给出他发现的很著名的公式. 这公式跟 (我们手上已有的) 以前为其他目的通过计算机得出来的结果是一致的. 当时我们就想回答普适性的问题. 我们后来从计算机得出来的 (就是那些我今天还是觉得漂亮的) 结果, 证实了 Aizenman 的问题 (或者) 猜想. 我们把这些结果发表在 BAMS (*Bulletin of American Mathematical Soceity*) 里的一篇长文中, 一些概率论专家也读了这篇文章. 特别值得一提的是, 我也跟两位读过我们文章的 Oded Schramm 和 Stanislas Smirnov 讨论了. 我在想, 我们会不会有一天成为一些传奇物理学家, 令一部分无知的数学家引用我们的计算结果, 来描写保角不变问题的产生呢? 保角不变性作为量子场论里的一般问题, 是一个 (跟上文稍微不同的) 在另一个层面上的问题, 也是一个很早就引入的问题.

Schramm 和 Smirnov 的工作主要利用了保角不变性. 他们的工作是重要的. Schramm 的 SLE-理论, 我觉得特别漂亮. 但是这正好使我相信, 问题的重点在于普适性. 如果谁能掌握普适性, 即便只是对于渗流的例子而言, 我觉得届时保角不变性将会成为它的一个简单推论. 但这并非说我们不去研究保角不变性, 因为与保角不变性有关的结果很漂亮, 加上数学家对保角不变性的熟悉多于对普适性. 但是我还是失望, 因为那么多的当代数学家没有察觉或者不明白, 决定数学历史的真正重要问题到底在那里.

§9. 作为通向精神世界的数学

当开始写这篇文章的时候, 我曾有点冲动, 想要补充一些关于这个题目的内容, 因为作为数学家的一生赋予我很多独一无二的机会从近距离认识这个缤纷的世界. 但我最后还是没有写. 如果我写了, 那么写出来的必定会是一首关于今日状况的哀歌, 一首没人想听的歌. 我非常羡慕今天的数学家作出的贡献和得到的成果. 虽然如此, 我还是感觉作为一个思想阶层, 今天的数学阶层再没有像以往 (我年轻的时代) 一样对世界作出有意义的贡献.

最后我想感谢 Volker Heiermann, Helmut Koch 和 Joachim Schwermer, 因为他们非常认真地阅读了这篇文章的初稿. 在这篇文章里, 还可以偶尔找到我的母语 (组织句子) 的痕迹. 但我希望, 差不多所有真正的错误都已被纠正.

《数学概览》(Panorama of Mathematics)

（主编：严加安　季理真）

9787040351675
1. Klein 数学讲座 (2013)
(F. 克莱因　著 / 陈光还、徐佩　译)

9787040351828
2. Littlewood 数学随笔集 (2014)
(J. E. 李特尔伍德　著，B. 博罗巴斯　编 / 李培廉　译)

9787040339956
3. 直观几何（上册）(2013)
(D. 希尔伯特，S. 康福森　著 / 王联芳　译，江泽涵　校)

9787040339949
4. 直观几何（下册）　附亚历山德罗夫的《拓扑学基本概念》(2013)
(D. 希尔伯特，S. 康福森　著 / 王联芳、齐民友　译)

9787040367591
5. 惠更斯与巴罗，牛顿与胡克：
数学分析与突变理论的起步，从渐伸线到准晶体 (2013)
(В. И. 阿诺尔德　著 / 李培廉　译)

9787040351750
6. 生命・艺术・几何 (2014)
(M. 吉卡　著 / 盛立人　译，张小萍、刘建元　校)

9787040378207
7. 关于概率的哲学随笔 (2013)
(P.–S. 拉普拉斯　著 / 龚光鲁、钱敏平　译)

9787040393606
8. 代数基本概念 (2014)
(I. R. 沙法列维奇　著 / 李福安　译)

9787040416756
9. 圆与球 (2015)
(W. 布拉施克　著 / 苏步青　译)

9787040432374
10.1. 数学的世界 I (2015)
(J. R. 纽曼　编 / 王善平、李璐　译)

9787040446401
10.2. 数学的世界 II (2016)
(J. R. 纽曼　编 / 李文林　等译)

9787040436990
10.3. 数学的世界 III (2015)
(J. R. 纽曼　编 / 王耀东、李文林、袁向东、冯绪宁　译)

9787040498011
10.4. 数学的世界 IV (2018)
(J. R. 纽曼　编 / 王作勤、陈光还　译)

9787040493641
10.5. 数学的世界 V (2018)
(J. R. 纽曼　编 / 李培廉　译)

9787040499698
10.6 数学的世界 VI (2018)
(J. R. 纽曼　编 / 涂泓　译；冯承天　译校)

9787040450705
11. 对称的观念在 19 世纪的演变：Klein 和 Lie (2016)
(I. M. 亚格洛姆　著 / 赵振江　译)

9787040454949
12. 泛函分析史 (2016)
(J. 迪厄多内　著 / 曲安京、李亚亚　等译)

9787040467468
13.Milnor 眼中的数学和数学家 (2017)
(J. 米尔诺　著 / 赵学志、熊金城　译)

9787040502367
14. 数学简史 (2018)
(D. J. 斯特洛伊克　著 / 胡滨　译)

9787040477764
15. 数学欣赏：论数与形 (2017)
(H. 拉德马赫，O. 特普利茨　著 / 左平　译)

9 787040 488074 >

16. 数学杂谈 (2018)
(高木贞治　著 / 高明芝　译)

9 787040 499292 >

17. Langlands 纲领和他的数学世界 (2018)
(R. 朗兰兹　著 / 季理真　选文 / 黎景辉　等译)

9 787040 516067 >

18. 数学与逻辑 (2020)
(M. 卡茨 , S. M. 乌拉姆　著 / 王涛、阎晨光　译)

9 787040 534023 >

19.1. Gromov 的数学世界 (上册) (2020)
(M. 格罗莫夫　著 / 季理真　选文 / 梅加强、赵恩涛、马辉　译)

9 787040 538854 >

19.2. Gromov 的数学世界 (下册) (2020)
(M. 格罗莫夫　著 / 季理真　选文 / 梅加强、赵恩涛、马辉　译)

9 787040 541601 >

20. 近世数学史谈 (2020)
(高木贞治　著 / 高明芝　译)

9 787040 549126 >

21. KAM 的故事：经典 Kolmogorov–Arnold–Moser 理论的历史之旅 (2020)
(H. S. 杜马斯　著 / 程健　译)

9 787040 557732 >

人生的地图 (2021)
(志村五郎　著 / 邵一陆、王奔阳　译)

9 787040 584035 >

22. 空间的思想：欧氏几何、非欧几何与相对论 (第二版)
(Jeremy Gray 著 / 刘建新、郭婵婵　译)